名师名著 规划精品系列

石油和化工行业“十四五”规划教材

普通高等教育“十一五”国家级规划教材

荣获中国石油和化学工业优秀教材一等奖

BIOCHEMISTRY

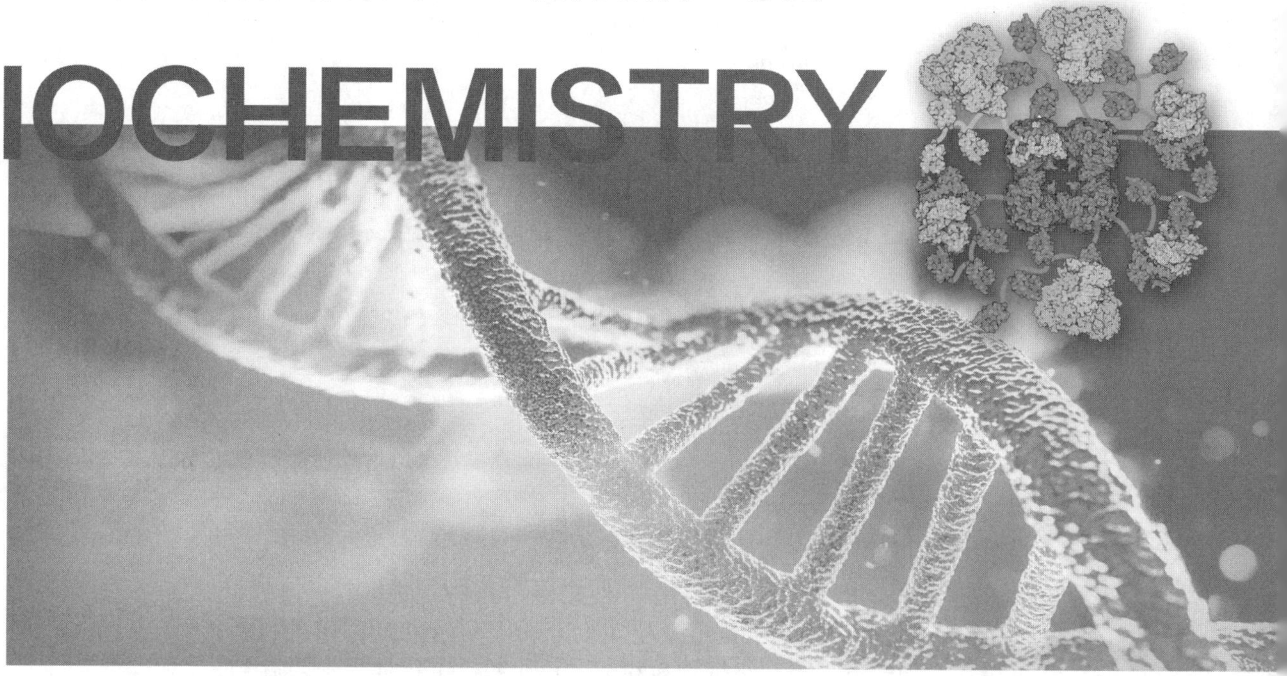

生物化学（工科类专业适用）

第四版

万海清　刘文彬　张洪渊　主编

化学工业出版社

·北京·

内容简介

本书主要根据工科学生的知识背景和学习、应用需要，以现代生物化学和分子生物学的基础知识为主体，以在工业中的实际应用为实例，并适当介绍发展趋势及最新成就；知识结构由浅入深，循序渐进，讲述通俗易懂，图表丰富。全书内容共分 14 章：绪论，糖类化学，脂质化学，蛋白质化学，核酸化学，酶化学，维生素、水和矿物质平衡，能量代谢与生物能的利用，糖代谢，脂代谢，核酸代谢，蛋白质代谢，代谢的调节控制，生物化学新技术。

本书为国家级规划教材，可作为生物工程、生物技术、生物制药、制药工程、生物医学工程、食品工程、环境工程、农业工程、林业工程等工科专业学生学习生物化学的教材，也可供生物科学、基础医学、临床医学、药学等相关专业的师生参考使用。

图书在版编目（CIP）数据

生物化学／万海清，刘文彬，张洪渊主编．--4 版．北京：化学工业出版社，2025．6．--（普通高等教育“十一五”国家级规划教材）（石油和化工行业“十四五”规划教材）．-- ISBN 978-7-122-48043-9

Ⅰ．Q5

中国国家版本馆 CIP 数据核字第 2025YE0700 号

责任编辑：赵玉清
文字编辑：徐　旸
责任校对：边　涛
装帧设计：张　辉

出版发行：化学工业出版社
（北京市东城区青年湖南街13号　邮政编码100011）
印　　装：河北鑫兆源印刷有限公司
880mm×1230mm　1/16　印张21½　字数670千字
2025年6月北京第4版第1次印刷

购书咨询：010-64518888
售后服务：010-64518899
网　　址：http://www.cip.com.cn
凡购买本书，如有缺损质量问题，本社销售中心负责调换。

定　　价：58.60元

前言

生物产业蓬勃发展，工程教育认证是高校工科教育实现内涵式发展的重要手段。为适应生物化学学科发展、高校专业改革，以及教育信息化趋势，第四版教材力求体现以下几个方面特点。

1. 立足基础

（1）强化关键原理介绍　如增加生物大分子的结构与功能、酶催化机制与调节、氧化磷酸化机制、初级代谢共有途径、氨基酸合成、代谢调控等内容。

（2）修订过时内容　如调整 ATP 生成 P/O 比等内容。

（3）补充最新成果　如增加人工智能预测蛋白质结构、microRNA、DNA 数据存储、酶的 EC 分类、基因编辑、合成生物学在生物制造中的应用等内容。

2. 培养能力

（1）模拟实训　模拟实训板块是本教材特色与创新。利用 PDB、KEGG、BRENDA、ExplorEnz、PubChem、GenBank、LipidMaps 等公共数据库进行蛋白质、核酸、酶、脂、代谢途径的检索，以及 AlphaFold、Protein Purification、EnzLab 等专业软件模拟蛋白质和酶的结构、分离纯化和动力学，有助于解决高级结构和代谢网络这些生物化学教学中的难点。不仅使学生通过交互性、可视化学习直观地理解、掌握相关知识，而且通过探究式学习接触到在专业领域广泛应用的前沿数据库与软件，培养数据处理分析能力和操作实践能力，提升科学思维，了解学科前沿，对进一步深造和从事专业相关工作，将大有裨益。

（2）拓展训练　教材设置了拓展训练任务，可通过小组共同完成任务，如制作蛋白质核酸模型，绘制代谢途径挂图，研讨酶的工业应用、纤维素生产燃料乙醇、味精工业生产等，实现协作式、项目式学习，培养动手能力和设计能力。

（3）工作手册式主题与流程　如工艺流程标准操作程序般详细而科学地设置了一系列具体和可衡量的目标、要求、步骤、方法、思考，以任务流程为导向，引导学生自学活动迅速上手并循序渐进地探索与开展研究，培养自主学习能力。

（4）案例分析和开放讨论　教材设置了大量与实际应用紧密结合的案例分析和开放讨论环节，培养问题解决能力，提升创新与批判思维。

3. 面向工业

（1）突出工程特色　每章增加或补充所涉及生物分子的应用及工业生产、所涉及代谢的工业应用，将知识与工程应用紧密联系，有助于学生理解生物化学在工业方面的重要性和应用方式，提升工程能力。

（2）精编工程案例　工程案例包含丰富细节、数据和工艺，让学生在工业场景中运用生物化学原理解决实际问题，了解工业生产流程，培养解决复杂工程问题能力。案例中很大部分来自国内工程实践，春风化雨润物无声，增强民族自豪感，树立工程报国和为民造福意识。

（3）聚焦产业趋势　强化生物医药、生物制造研发与生产的应用内容，并探讨人工智能在生物化学相关行业的融合。

（4）融入工程伦理　通过纤维素可再生资源综合利用、酶法制药、发酵废水处理等，培养学生遵循工程伦理和职业规范、考虑社会可持续发展的意识和能力。

4. 以工程教育认证理念为指导

首次融入工程教育认证理念，在指导思想、内容和体例各方面持续改进。基于成果导向，根据毕业要求反向设计多样化学习活动，支撑十一项毕业要求达成，每章学习目标进一步细化为与课程紧密相关的具体指标，为依据工程教育认证标准并结合学校及专业具体情况实施教学活动提供参考和建议。基于学生中心，贴合认知规律和生物化学知识体系内在逻辑编排内容，有助于学生构建完整知识框架；学习活动材料配套为线上数字资源，交互式个性化学习，有助于学生在自主学习中培养相应能力与素养；每章设置学习目标、知识导图、本章提要、课后习题、自我测评等辅助工具，有助于学生明确方向、梳理重点、评估成果；绪论阐述了生物化学在生物工程产业的重要意义和在生物工程专业的基础地位，正文中融入大量实用性案例、趣味性知识、探索性课题、开放性问题，如 Foldit 以游戏的形式实验蛋白质折叠，激发学习兴趣和动力。

第四版教材期望达成以下目标。

- 知识传授　深刻理解生命现象的化学本质和生物化学基本原理，掌握生物分子结构及功能，体内物质、能量及信息的化学变化、代谢及调控等扎实专业知识。
- 能力发展　培养运用生物化学原理解决生物工程领域复杂问题的高超工程能力。
- 素养培育　开拓宽广国际视野，能够检索、研读生物化学专业文献；了解学术前沿及存在问题，培育主动学习与强烈创新意识；掌握撰写课程论文及答辩的能力。
- 价值塑造　涵养可持续发展的深厚人文底蕴，厚植工程报国勇于探索的崇高理想信念。

本书由万海清、刘文彬、张洪渊主编并负责全书统稿；万海清、张洪渊编写第一章；刘文彬编写第六、十二章；姚舜编写第二、七章；李永红编写第三章；葛黎明、李德富编写第四章；陈靖编写第五、十四章；姚长洪编写第八、九章；刘家亨编写第十章；吴重德编写第十一章；秦久福编写第十三章。

对帮助和支持本书编写的有关领导及广大师生表示诚恳的感谢！编写不足之处，请读者批评指正。

万海清　刘文彬　张洪渊
2025 年 1 月于四川大学

目录

第四章 蛋白质化学 055

第五章 核酸化学 103

第十二章 蛋白质代谢 279

第十三章 代谢的调节控制 305

第一章　绪论

1-1　学习目标

- 绪论
  - 概述
    - 含义
    - 研究内容
      - 静态生物化学 → 生物分子结构功能
      - 动态生物化学 → 物质能量代谢调节
      - 功能生物化学 → 遗传信息表达调控
    - 基本规律
      - 生物分子基本特征
      - 生化反应基本规律
  - 与生物工程关系
    - 与分子生物学关系
    - 生物学科基础前沿
    - 生物工程基础
    - 课程性质
  - 生物化学的应用
    - 工业应用
    - 医学应用
    - 农业应用
  - 生物化学发展趋势
    - 结构与功能的关系
    - 代谢调控分子机理
    - 生化技术创新
    - 新技术

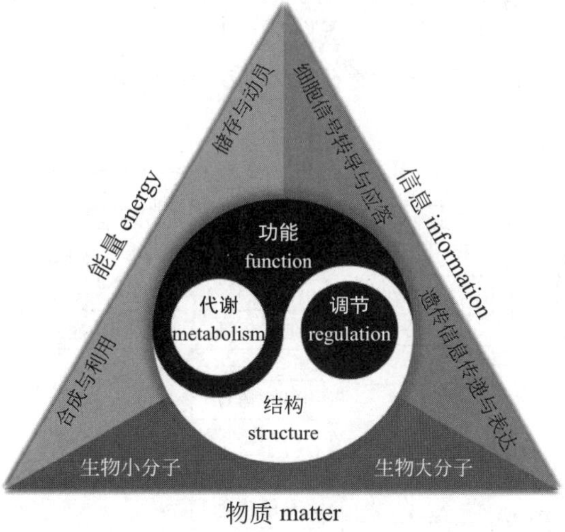

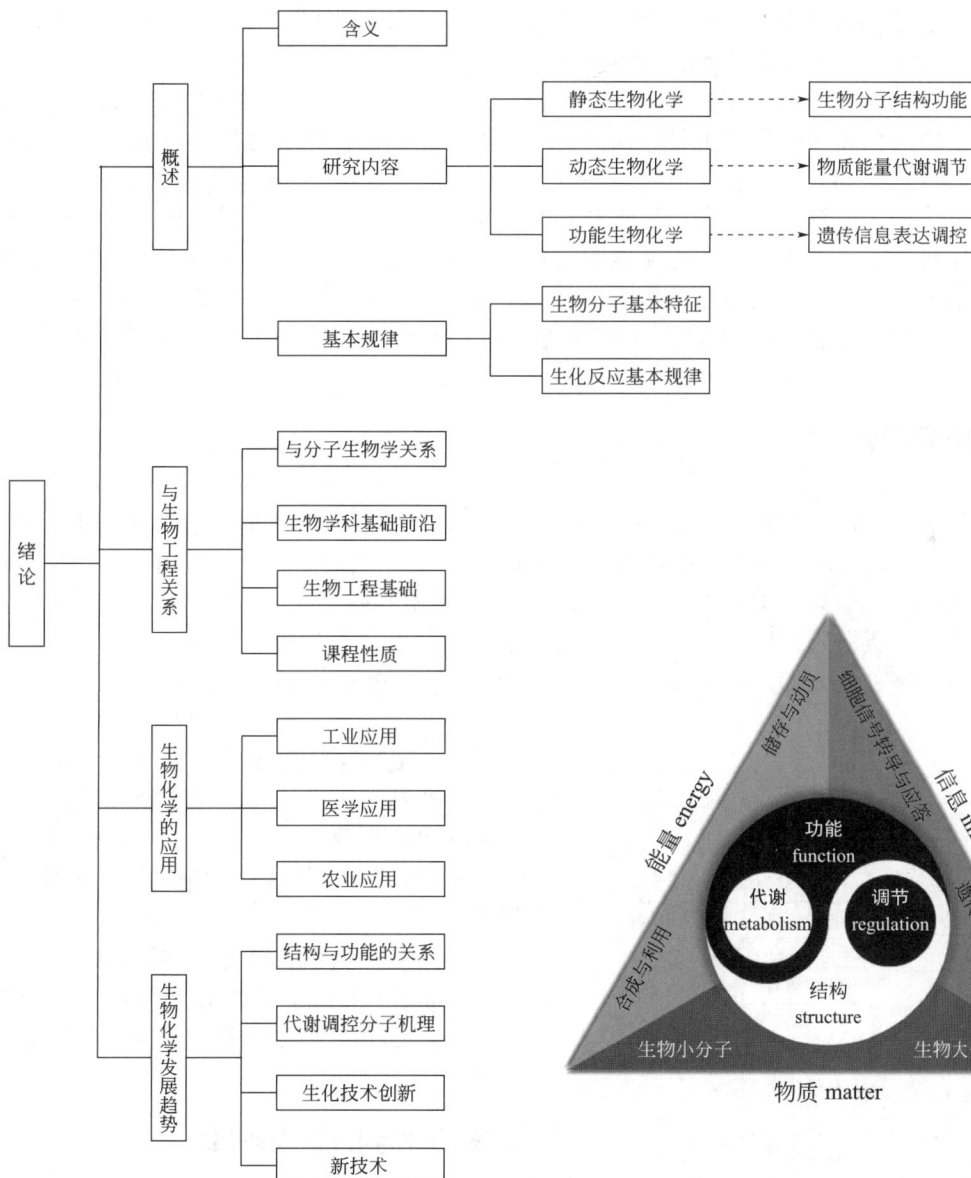

第一节　概述

生物化学（biochemistry）是生物学与化学交叉而产生的一个边缘学科，它是利用化学的理论和方法作为主要手段来研究生物的交叉学科，因此它又被称为生命的化学。

一、生物化学的含义

生物化学是研究生命活动的物质基础及其化学变化规律的科学，在分子水平上阐释生命现象的化学本质。生物化学起源于19世纪的欧洲。有机化学和实验生理学的兴起和迅速发展促使科学家开始研究生命有机体的化学组成，以及与生理功能有关的化学变化。20世纪40年代开始，从对细胞的研究，深入到对组成细胞物质的分子结构进行研究。生物化学的真正蓬勃发展，正是源于这一时期对构成生物体的基础物质——蛋白质和核酸的分子结构进行的初步探明。

1-2　生物化学简史

生物化学从不同角度进行研究，又产生许多分支。根据研究对象的不同，可分为动物生化、植物生化和微生物生化，如研究对象涉及整个生物界（包括动植物、微生物和人体），则称为普通生物化学。按生物化学应用领域的不同，分为工业生化、农业生化、医学生化、食品生化等。还有按照生命科学研究领域的不同，在分子水平研究拓展，又出现一些新的分支，如从分子水平探讨机体与免疫的关系，称为免疫生物化学；以生物不同进化阶段的化学特征为研究对象，称为进化生物化学或比较生物化学；以个体发育的分子基础为研究对象，称为发育生物化学；以神经系统的生化组成和生理功能的分子基础为研究对象，称为神经生物化学。

二、生物化学的研究内容

生物化学应用物理、化学、生物学的理论和方法去研究生物体内各种物质的化学物质及其化学变化规律（图1-1），通过对这些规律的了解，以期认识和阐明生命现象的本质，并将这些知识应用于工、农、医实践。

首先，生物化学要研究构成生物机体各种物质（称为生命物质）的组成、结构、性质及生物学功能。这些物质包括糖类、脂类、蛋白质、核酸、酶、维生素、激素、次生代谢物等。其中，多糖、蛋白质（包括酶）、核酸属于生物大分子；以及脂，是生物化学的主要研究对象。这部分内容称为静态生物化学（或有机生物化学）。

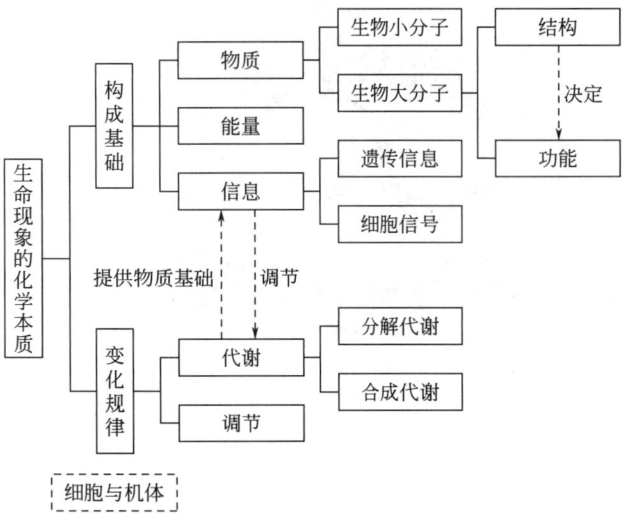

图1-1　生物化学的研究内容

其次，生物化学要研究生物体内各种物质的化学变化、与外界进行物质和能量交换的规律，即物质代谢与能量代谢及调节，称为动态生物化学（或代谢生物化学）。该部分是生物化学最基本、最重要的内容，是学习的重点。

再次，生物化学要研究生物信息的物质基础及实现途径，即遗传信息传递表达及调控、细胞信号转导与应答，称为功能生物化学（或机能生物化学）。

三、生物化学的基本规律

1. 生物分子的基本特征

几乎所有生物体都使用相同的生物小分子，但生物大分子的形式和种类是多样的，这是生命现象多样性的物质基础。生命的奥妙即在于以最基本的构件和最简单的方式，组合成最多样的有机体和最复杂的生命现象。

（1）主要功能基团为羧基、羰基、羟基、氨基、巯基、磷酸基团等极性亲水基团。其中氧、氮元素具有较强的电负性，氮、硫、磷具有可变的氧化数，与生物分子的功能密切相关。

（2）生物大分子的构件分子为单糖、氨基酸、核苷酸等，由其脱水聚合并按一定顺序连接，主链骨架呈周期性重复。

（3）主要化学键为糖苷键、肽键、磷酸酯键等。

（4）具有复杂的结构，包括一级结构和高级结构。

（5）具有手性。

（6）结构与功能相适应，结构是功能的基础。

（7）生物大分子是生物信息的载体，有序性是其基础。

1-3　探索生物大分子结构

2. 生物化学反应的基本规律

生命活动过程是由数千种生物化学反应组成的，相关联的化学反应构成代谢途径，不同的代谢途径连接交织形成复杂的代谢网络。

（1）生物化学反应是由酶催化的，反应的基本原理是相同的。主要涉及有限类型的反应，如氧化还原、基团转移、水解与缩合、异构与重排、C—C 键断裂与合成等反应。

（2）生物化学反应是动态平衡的，具有方向性。

（3）生物化学反应受到生命个体的精细调节，主要通过酶结构与酶合成两方面调节实现酶活性与酶含量的变化，使细胞的代谢活动有条不紊地进行。这是代谢受遗传根本控制的直观体现，也是生物工程以生物化学为基础累积并生产目的产物的关键所在。

（4）三羧酸循环为代谢的共同途径。三羧酸循环是糖、脂、蛋白质、核酸分解与合成的必经途径。重要的中间代谢物主要有丙酮酸、乙酰 CoA、α-酮戊二酸、草酰乙酸。

（5）ATP 是所有生物体内能量的共同载体。

（6）物质转化、能量传递和信息交流的统一。物质代谢为能量、信息提供物质基础，尤其是核酸和蛋白质的代谢（复制、转录和翻译）是遗传信息的基础，代谢又受遗传信息的调节控制。

（7）分解代谢通常释放能量，合成代谢通常消耗能量。

1-4　探索代谢网络

第二节　生物化学与生物工程的关系

生物化学既是其他生命学科发展的基础，其本身又是现代生物学中发展最快的一门前沿学科。它的迅猛发展为其他生命学科的研究提供了新的理论和方法，深刻影响了细胞学、微生物学、遗传学和生理学等领域的研究，同时也为应用生物学奠定了重要的理论基础。

一、生物化学是分子水平的生物学

生物化学的成就带动和促进了生命科学向分子水平发展，并与物理学、微生物学、遗传学、细胞学等其他学科相互渗透，产生一门崭新的生命学科——分子生物学，该学科成为了生物化学研究的主体。生物化学与分子生物学是在分子水平上研究生命现象的学科，代表当前生命科学的主流和发展的趋势，使人们对生命的本质和生物进化的认识向前迈进了一大步。以遗传学为例，如果分子遗传学从 Avery 对肺炎链球菌的转化实验算起到 20 世纪 90 年代的 50 余年的成就，与经典遗传学从 1865 年孟德尔发表“植物杂交实验”从而建立了遗传学上的几个基本定律以来的 100 多年所取得成就相比，不知大了多少倍。

一个新品种的产生，用经典遗传学的方法选育，需要几年、几十年；而应用现代分子遗传学方法，可以在几天、几小时内产生一个新品种。可见，生命科学深入到分子水平，使人们无论是对生命的认识，还是在实践上的应用，其影响的深度和广度都是前所未有的。传统生物化学通常从分离纯化生物分子开始，然后研究其结构与功能，但该方式难以全面了解其在生物体中的作用。借助分子生物学的理论与方法，从基因水平上了解蛋白质的结构，确定其在生命活动中的功能，使生物化学从研究宏观的代谢水平深入到微观的分子机制层面。分子生物学主要任务是从分子水平阐明生命现象和生物学规律，因此从广义而言，属于生物化学主要研究内容的蛋白质和核酸等生物大分子的结构与功能，也纳入了分子生物学的研究范畴，二者的关系非常密切，有时就很难将生物化学与分子生物学分开。正因为如此，国际生物化学联合会（The International Union of Biochemistry）现已改名为国际生物化学与分子生物学联合会（The International Union of Biochemistry and Molecular Biology），中国生物化学会也已更名为中国生物化学与分子生物学会。生物化学与分子生物学各有其侧重点，人们习惯于采用狭义的概念，将分子生物学的范畴偏重于核酸（或基因）领域，主要研究基因或核酸的复制、表达和调控等过程。

二、生物化学是现代生物学科的基础和前沿

生物化学既是现代各门生物学科的基础，又是其发展的前沿。说它是基础，是因为生物科学发展到分子水平，必须借助于生物化学的理论和方法，来探讨各种生命现象，包括生长、繁殖、遗传、变异、生理、病理、生命起源和进化等，因此它是各学科的共同语言；说它是前沿，是因为各生物学科的进一步发展欲取得较大的进展或突破，在很大程度上有赖于生物化学研究的进展和所取得的成就。事实上，没有生物化学对生物大分子（核酸和蛋白质）结构与功能的阐明，没有遗传密码以及信息传递途径的发现，就没有今天的分子生物学和分子遗传学；没有生物化学对信号转导途径分子机制的阐明，就没有今天的细胞生物学；没有生物化学对限制性核酸内切酶的发现及纯化，也就没有今天的生物工程。由此可见，生物化学与其他生物学科的关系是非常密切的，在生物学科中占有关键的基础地位。

三、生物化学是生物工程的基础

生物工程的本质是通过技术和工程的手段，利用酶或细胞生产在自然状态不能生产或难以累积的目标产品，或直接利用生物体系的机能（图 1-2）。生物工程的目标产品和原料，通常是生物分子，因此属于生物化学的研究范畴，如谷氨酸棒状杆菌发酵生产赖氨酸，其培养基原料是淀粉，以及其产品是赖氨酸。生物化学对生物大分子的结构和功能进行研究，为生物工程对生物大分子的设计、改造和利用提供理论依据。生物工程产品生产与机能利用，主要是通过生物体新陈代谢实现的，且常常需要对细胞代谢途径进行调控、优化和改造，生物化学阐述细胞内各种物质代谢和能量代谢的途径，为构建高效工程菌株提供理论指导，提高产品的产量和质量。基因工程是生物工程核心内容，其理论基础源于生物化学对遗传信息传递和表达的研究。生物化学发展的各种色谱技术、电泳技术、光谱技术，为生物工程产品分离、纯化和分析提供重要的技术支撑，确保产品质量和纯度符合要求。

四、生物化学的课程性质

生物工程产业所涉及产品研发与生产、机能利用、工艺设计、质量控制等领域，与生物化学息息相关。生物工程、生物技术、生命科学、生物制药、制药工程、生物医学工程、食品工程、环境工程、农业工程、林业工程、基础医学、临床医学、药学等相关专业必须具备生物化学基础知识和技能。生物化学的基础性还体现在其为微生物学、分子生物学、细胞生物学、生物反应工程、生物分离工程等专业基

础课的基础，这些学科都建立在生物化学之上（图 1-3）。

因此，生物化学是生物工程及相关专业的基础课程，为学习专业课程、开展科学研究、解决复杂工程问题奠定基础。在静态部分，应将重点放在理解生物大分子结构尤其是高级结构与功能的关系；在动态部分，应将重点放在理解代谢过程元素、物质的来源与去向、关键酶及其调节、能量计量、生物学意义、相互关系等；同时，在学习中应将上述两部分联系实际工程应用（图 1-4）。

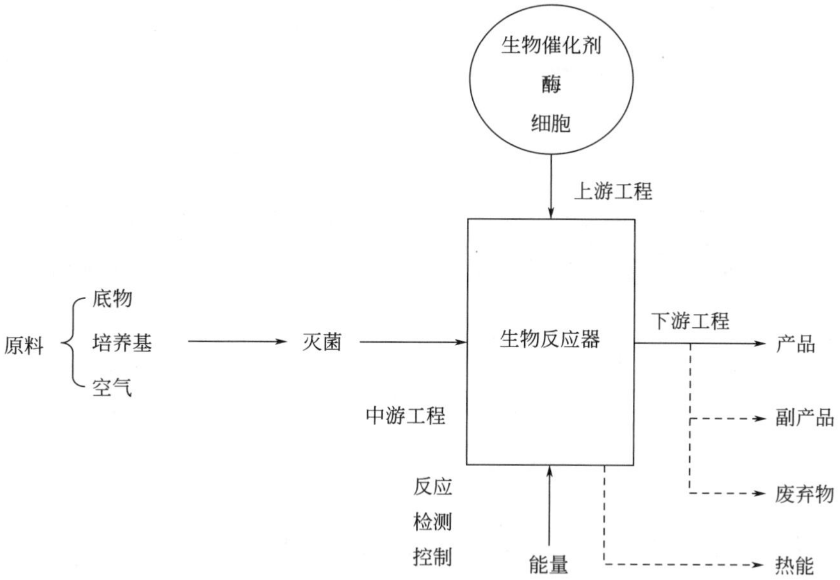

图 1-2　生物工程的主要流程

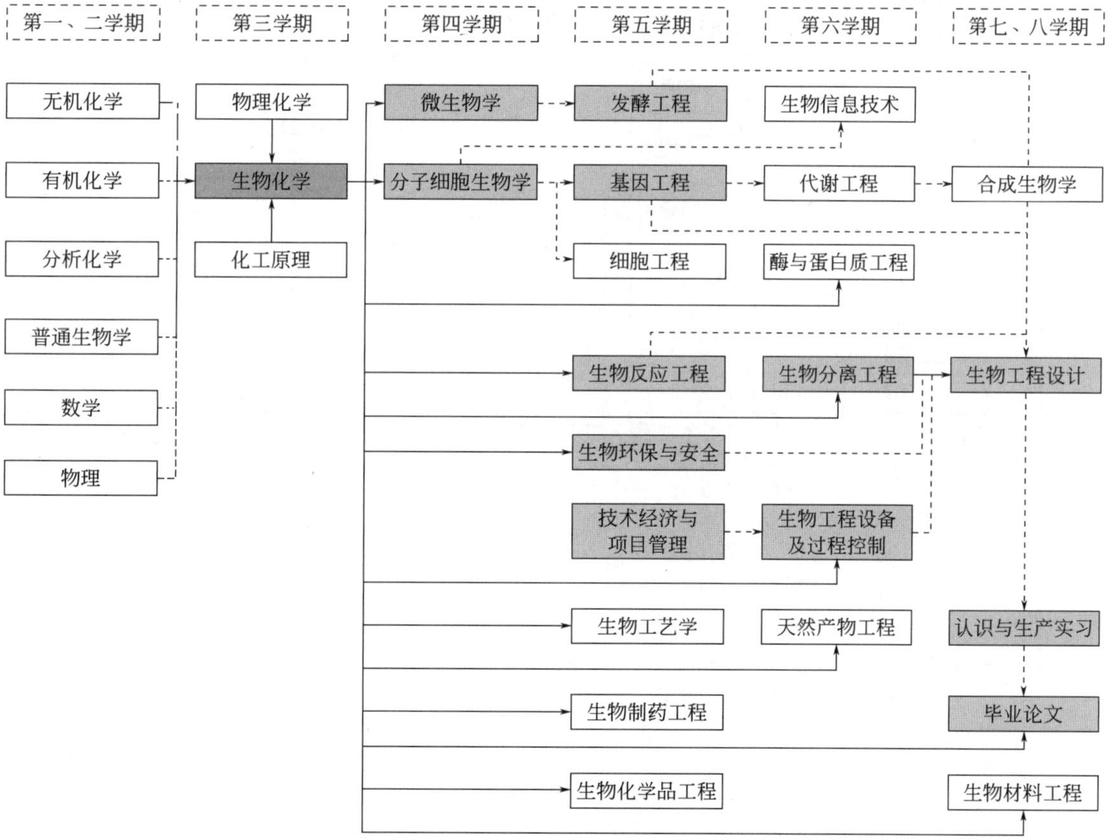

图 1-3　生物化学在生物工程专业的地位（灰色为专业核心课程）

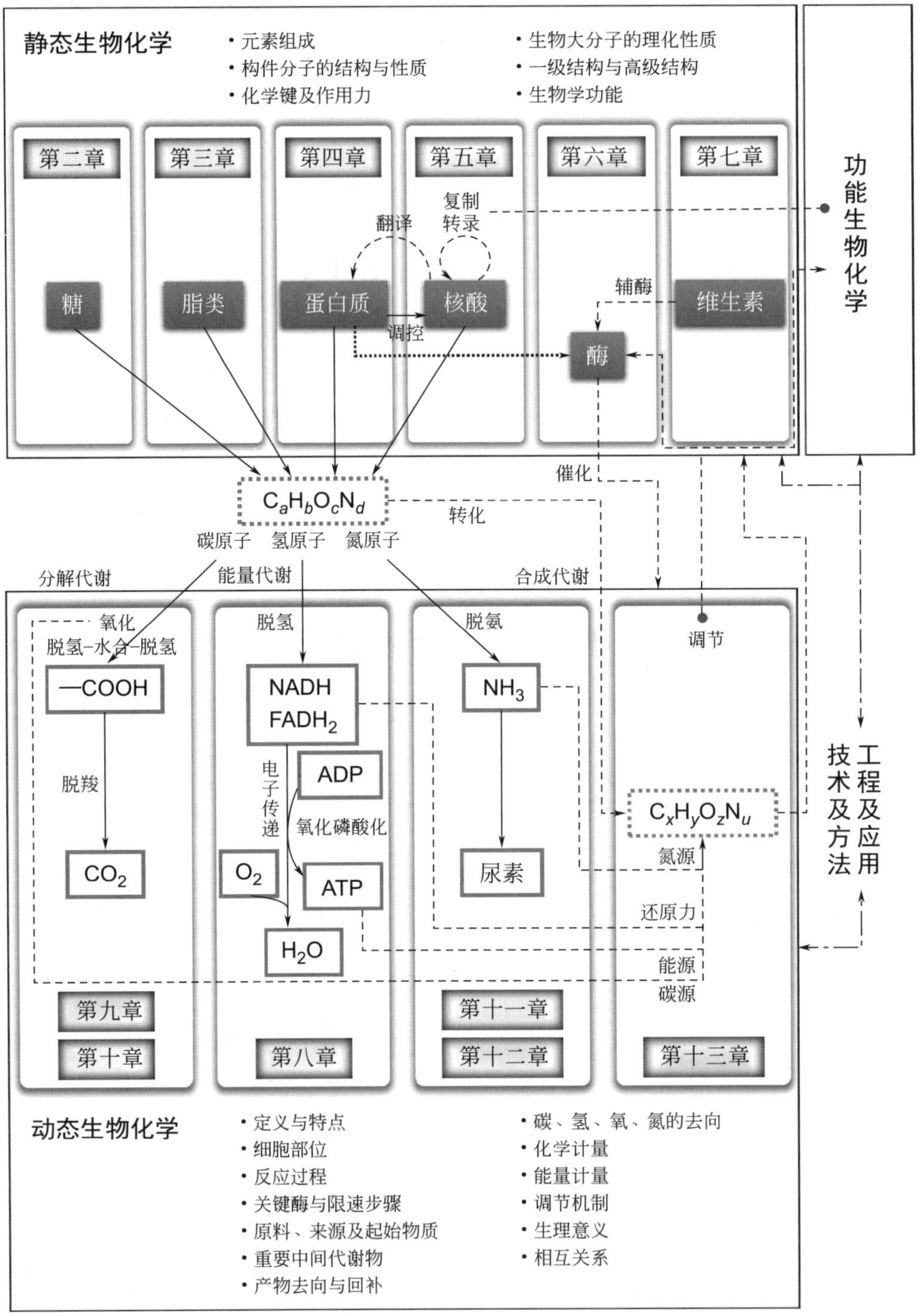

图 1-4 生物化学课程的主要内容与学习要点

第三节 生物化学与工农医

生物化学的产生和发展源于人类的生产实践，它的发展又有力地推动了生产实践；它在工业上的应用十分广泛，食品工业、发酵工业、抗生素制造工业、制药工业、生物制品工业、化工工业、皮革工业以至石油开采业都与生物化学有密切关系；对生物化学的研究不但为这些工业的生产过程建立科学基础，并为它们的技术革命、技术改造创造条件。并且随着生物化学技术和设备的进步，其在现代医学、工业和农业中起着越来越重要的作用。

一、生物化学与工业

早在4000多年前，我国劳动人民就已发明酿酒、制酱、制饴，所用的曲（酵母）又称“媒”，就是最早将“酶”用于实践生产食品。酶作为一种生物催化剂，由于具有专一性强、催化效率高、作用条件温和等特点，已在食品、轻工、化工、医药、环保、能源等领域大规模应用。1969年，日本的千畑一郎首次在工业上应用固定化氨基酰化酶，用DL-氨基酸生产L-氨基酸。1973年，日本在工业上成功地实现固定化大肠杆菌，利用菌体中的天冬氨酸酶，用延胡索酸连续生产L-天冬氨酸。

生物化学在发酵、食品、酿造、日化、纺织、皮革等行业都获得了广泛的应用。例如皮革的鞣制、脱毛，蚕丝的脱胶，棉布的浆纱都用酶法代替了原有工艺。近代发酵工业、有机溶剂、有机酸、氨基酸、酶制剂等均创造了相当巨大的经济价值。利用生物化学方法可以合成香料、表面活性剂等精细化工产品，如鼠李糖脂。蛋白质（酶）、糖、脂肪、核酸等生命物质的研究成就及应用，已使食品工业发生了根本的变化。生物化学作为开发食品资源、研究食品加工工艺、质量管理和储藏技术的理论基础，促进满足人的营养需要、适应人的生理特点和感官质量的新型食品生产的大发展。在环境领域，一些细菌通过酶促反应将石油烃类、农药等污染物转化为无害物质，实现土壤和水体的生物修复。在能源领域，利用生物化学转化法将木质纤维素转化为生物气、生物油等能源产品。在材料领域，利用壳聚糖制备可降解的包装材料，并通过转酰胺酶催化作用将多聚赖氨酸接枝到壳聚糖分子，增强其抗菌性；利用L-赖氨酸脱羧酶催化L-赖氨酸生产1,5-戊二胺的合成，用于合成耐高温尼龙。

二、生物化学与医学

将生物化学的理论和方法与临床实践相结合，对疾病的生理生化进行研究，有助于疾病的预防、诊断和治疗。如转氨酶用于肝病诊断、肌酸激酶同工酶用于冠心病诊断、淀粉酶用于胰腺炎诊断等。研究生理功能失调与代谢紊乱的病理生物化学，以酶的活性、激素的作用与代谢途径为中心的生化药理学，与器官移植和疫苗研制有关的免疫生化等，都是生物化学与医学的交叉学科。

在治疗方面，磺胺药物的发现开辟了利用酶抑制剂作为药物的新领域，青霉素的发现开创了抗生素的新时代，再加上各种疫苗的普遍应用，许多严重危害人类健康的疾病得到控制。基因工程和蛋白质工程，可以利用细菌来生产胰岛素、生长素、干扰素等重要蛋白质类药物，利用生物化学的手段可以不断研制具有高效性、长效性的新药，或者改造现有药物的疗效，减少毒副作用。也可利用酶合成药物中间体。

1-5 生物法制造戊二胺生物基尼龙

1-6 生化类药物

1-7 获得“美国总统绿色化学挑战奖”的西格列汀酶法生产

三、生物化学与农业

农林牧副渔各业都涉及生物化学，如防治植物病虫害使用的各种化学和生物杀虫剂，喂养家畜的发酵饲料等。随着生物化学研究的进一步发展，不仅可望采用基因工程的技术获得新的动、植物良种以及实现粮食作物的固氮；而且有可能在掌握了光合作用机理的基础上，使整个农业生产的面貌发生根本的改变。

育种是提高农业产量最重要的措施。筛选和培育农作物良种所进行的生化分析，在育种工作中显示出重要作用。杂种优势的利用是作物育种的重要手段，传统方法通过杂交试验选择亲本，要花费巨大的人力物力。大多数具有明显杂种优势的水稻、小麦和玉米等亲本幼苗匀浆氧化活性都具有显著的互补作用，可作为预测杂种优势的生化指标，从而缩短育种周期。也可利用生物化学技术鉴定各种作物的抗寒性、抗病性、抗旱性、耐盐碱性等遗传性状。

生物化学可提高农业资源的利用率。地球上的绿色植物，每年经光合作用合成的糖类，只有很少一部分可作为食物使用。利用生物化学方法可将这些糖类分解成人类需要的葡萄糖，如纤维素酶能水解纤维素，为酿造业和生物能源行业提供葡萄糖，从而减少粮食消耗。

1-8 生物化学技术鉴定作物性状

畜牧业最大的难题是群体的防病防疫，由于有新的疫苗不断被研究出来，使得烈性传染病、人畜共患的传染病得到有效控制。但由于病原体的变异，使得疫苗不得不更新。利用生物化学的方法研究出具有单一免疫功能的单克隆抗体，不仅可以用于传染病的检验，还能直接进行被动免疫治疗，为畜牧业的防病免疫和肉食品检验带来极大便利。

第四节 生物化学发展趋势

如果说，19 世纪中期细胞学说的建立从细胞水平证明了生物界的统一性，那么，在 20 世纪中期生物化学与分子生物学则在分子水平上揭示了生命世界的基本结构和基础生命活动方面的高度一致性。进入 21 世纪以来，信息技术、纳米技术、测序技术和基因技术的进步推动了生物化学高速发展。生物化学研究最活跃领域包括以下几方面。

一、大分子结构与功能的关系

生命的基础物质（蛋白质、核酸及糖）基本上是大分子，这些大分子结构与功能的关系以及相互作用，仍然是生物化学的首要任务。

蛋白质是生命活动的主要承担者，几乎一切生命活动都要依靠蛋白质来进行。蛋白质分子结构与功能的研究除了要继续阐明由氨基酸形成的一定顺序的肽链结构（称为一级结构）外，还要特别重视肽链折叠成的三维空间结构（高级结构）以及形成空间结构的密码，因为蛋白质的生物功能与它空间结构的关系更为密切。

核酸是遗传信息的携带者和传递者，研究核酸的结构与功能，特别是 DNA 及基因的结构，包括人体全套基因的结构，将会给整个生命科学、医学、农学带来崭新的面貌。

糖类不仅作为能源，而且在细胞识别、免疫、信息接收与传递方面具有重要作用。因此，糖的结构与功能的研究，也将受到重视。

二、机体自身调控的分子机理

生物体内的新陈代谢是按高度协调、统一、自动化的方式进行的，一个正常机体其体内各种生命物质既不会缺乏，又不会过多积累，它们间互相制约、彼此协调，这是由机体内一套高度发达、精密的调节控制机制来实现的。生物体内各种物质和能量代谢的调节控制，生物信息的传递及其对代谢的调控作用，遗传信息的传递及其调控，是机体自身调控研究中的主题，也是任何非生物系统所不能比拟的。阐明生物体内新陈代谢调节的分子基础，揭示其自我调节的规律，不仅有助于揭开生命之谜，而且可以借鉴用于工业体系，使其高效率、自动化生产某些产品。目前，生物的反馈调节原理初步用于发酵工业生产抗生素、氨基酸和核苷酸等产品的过程中。随着生物化学在这一领域的深入研究，其在工业上的应用将更大范围、更大规模地展现出更美好的前景。

三、生化技术的创新与发明

随着生命科学在分子水平研究的深入，不仅要求生物化学在理论上有所突破，而且要求生物化学技术要不断创新，才能真正使生物化学发挥基础和前沿的作用。现在生命科学某些重要领域的发展受到技术的限制，例如基因工程受到产品分离纯化技术的限制。有的基因工程技术实现了基因筛选、分离、转移，并得以表达，但其产品得不到理想的分离纯化，因此并未达到目的。可见，在这些领域的首要任务，就是要求生物化学在产品的分离纯化技术上有新的突破。生物化学应在蛋白质等物质的分离纯化、微量及超微量生命物质的检测与分析、酶功能基团的修饰、酶的新型抑制剂的筛选、酶的分子改造与模拟酶、生物膜的分离与人工膜制造等技术有较大的发展，才能适应科学发展的需要，促进生物化学理论和技术在工农业上的应用。

1-9　人工智能从头设计自然界不存在的酶

四、生物化学与现代新生物技术

随着人类基因组计划的实施和完成，带动和促进了一批新的生物科学的分支学科的诞生和发展，诸如基因细胞学及后基因组学、蛋白质组学、生物信息学和合成生物学技术等。生物化学不仅与这些新的领域紧密相关，并在其中大显身手，而且反过来这些新学科的发展必将大大促进生物化学新的革命，一定会以前所未有的速度迅猛发展和进步，为生命科学谱写新的篇章。通过有控制的基因修饰和基因合成，对现有蛋白质加以改造，设计、构建并最终产生出性能比自然界现有的蛋白质更加优良、更加符合人类需要的新型蛋白质。

1-10　合成生物学重塑生物产业

本章提要

生物化学主要研究生物分子结构与功能、物质与能量代谢及调节、遗传信息传递及表达，在分子水平上阐释生命现象的化学本质。生物化学是生物科学、生物工程的基础与前沿，广泛应用于工业、医学与农业。

课后习题

1. 什么叫生物化学？其研究的内容和目的有哪些？
2. 生物化学在生命科学中的地位如何？
3. 21 世纪生物化学的发展趋势怎样？

讨论学习

1. 基因编辑技术在生物化学领域的应用日渐成熟，将其用于大规模工业生产蛋白质类药物，可能会面临哪些技术瓶颈和伦理挑战？如何平衡技术突破与伦理规范，确保产业可持续发展？
2. 人工智能可能在哪些领域为生物化学的研究与应用带来变革性突破？对于人工智能与生物化学的交叉融合，还存在哪些关键问题需要突破？

1-11　自我测评

第二章　糖类化学

2-1　学习目标

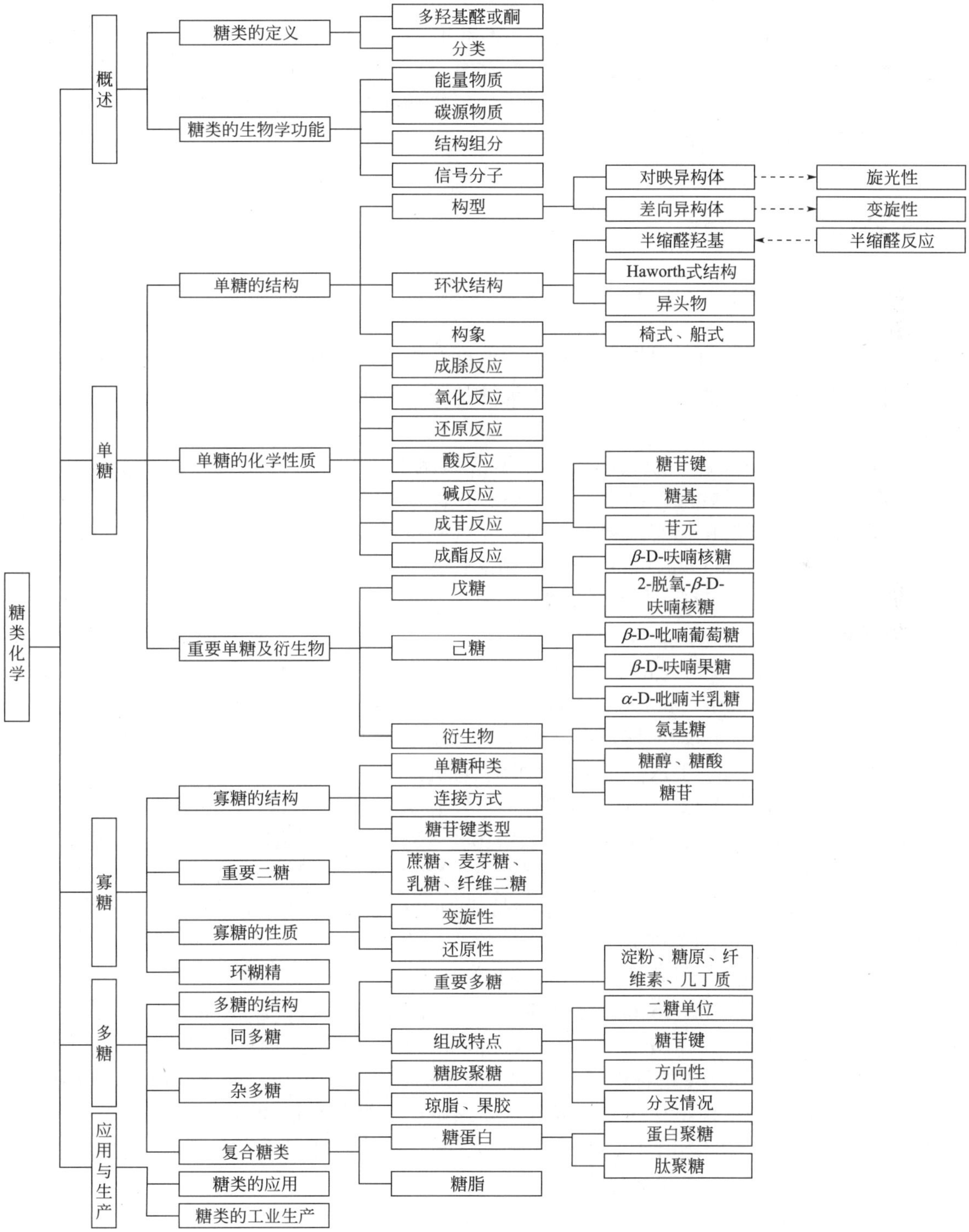

糖类化学
概述
糖类的定义
多羟基醛或酮
分类
糖类的生物学功能
能量物质
碳源物质
结构组分
信号分子
单糖
单糖的结构
构型
对映异构体
旋光性
差向异构体
变旋性
环状结构
半缩醛羟基
半缩醛反应
Haworth式结构
异头物
构象
椅式、船式
单糖的化学性质
成脎反应
氧化反应
还原反应
酸反应
碱反应
成苷反应
糖苷键
糖基
苷元
成酯反应
重要单糖及衍生物
戊糖
β-D-呋喃核糖
2-脱氧-β-D-呋喃核糖
己糖
β-D-吡喃葡萄糖
β-D-呋喃果糖
α-D-吡喃半乳糖
衍生物
氨基糖
糖醇、糖酸
糖苷
寡糖
寡糖的结构
单糖种类
连接方式
糖苷键类型
重要二糖
蔗糖、麦芽糖、乳糖、纤维二糖
寡糖的性质
变旋性
还原性
环糊精
多糖
多糖的结构
同多糖
重要多糖
淀粉、糖原、纤维素、几丁质
组成特点
二糖单位
糖苷键
方向性
分支情况
杂多糖
糖胺聚糖
琼脂、果胶
复合糖类
糖蛋白
蛋白聚糖
肽聚糖
糖脂
应用与生产
糖类的应用
糖类的工业生产

第一节　概述

糖类（saccharides）是广泛分布于自然界的一大类有机化合物。日常食用的蔗糖、粮食中的淀粉、植物体中的纤维素、人体血液中的葡萄糖等均属糖类，几乎所有的动物、植物、微生物体内都含有糖类物质。

从化学结构上看，糖类物质是一类多元醇的醛衍生物或酮衍生物，包括了多羟基醛、多羟基酮以及它们的缩聚物和衍生物。如常见的葡萄糖和果糖分别是多羟基醛和多羟基酮。从组成元素上来看，糖类物质由碳、氢、氧三种元素组成，多数糖类所含碳及氢氧元素的通式为 $C_n(H_2O)_m$，故过去常将糖类物质称为“碳水化合物”（carbohydrate）。但这种叫法并不准确，有些物质中的碳、氢、氧之比符合上述通式，然而从其理化性质看，却并不属于糖类，例如甲醛（CH_2O）、醋酸［$C_2(H_2O)_2$］、乳酸［$C_3(H_2O)_3$］等；而有些糖类物质的碳、氢、氧之比不符合上述通式，如鼠李糖（$C_6H_{12}O_5$）、脱氧核糖（$C_5H_{10}O_4$）等。因此将糖定义为多羟基醛或多羟基酮更为准确和科学。

一、糖类的基本情况

1. 分类——糖类分为单糖、寡糖、多糖三类

根据糖类物质聚合度的不同，可以将糖类分为单糖、寡糖和多糖三大类。多糖按照化学组成来划分又可分为同多糖和杂多糖；糖类和非糖物质以共价键结合还可形成复合糖。按其是否具有还原性可以分为还原糖及非还原糖。

（1）单糖（monosaccharides）　系简单的多羟基醛或酮的化合物，它是构成糖分子的基本单位，自身不能被水解成更简单的糖类物质。绝大多数天然存在的单糖碳原子数目为 5 ～ 7 个，最简单的单糖是甘油醛和二羟基丙酮，重要的单糖有核糖（ribose）、脱氧核糖（deoxyribose）、葡萄糖（glucose）、果糖（fructose）和半乳糖（galactose）等。单糖类多具结晶性，有甜味，易溶于水，可溶于稀醇，难溶于高浓度乙醇，不溶于极性小的有机溶剂，具有还原性。

（2）寡糖或称低聚糖（oligosaccharides）　是由 2 ～ 10 个单糖分子缩合而成，因而寡糖完全水解后可以得到几分子的单糖。最常见的寡糖为二糖，它可以看作两个单糖分子缩合失水形成的糖，蔗糖（sucrose）、麦芽糖（maltose）和乳糖（lactose）等均为二糖。此外，还有三糖、四糖等，如棉子糖（raffinose）和龙胆三糖（gentianose）均是由三个单糖分子缩合失水而成的三糖。低聚糖具有与单糖类似的性质：结晶性，有甜味，易溶于水，难溶或不溶于有机溶剂。有的具有还原性，如麦芽糖、乳糖、甘露三糖等；有的无还原性，如蔗糖、龙胆三糖等。

（3）多糖或称高聚糖（polysaccharides）　是由 10 个以上单糖分子缩合而成的，形成多个单糖分子组成的长链。大多为无定形化合物，分子量较大，无甜味，难溶于水，有的与水加热可形成糊状或胶体溶液，不溶于有机溶剂。大多数多糖在一端携带还原单糖残基，因此是还原多糖，但一些多糖在两端有非还原残基。若构成多糖的单糖分子都相同就称为同多糖或均一多糖（homopolysaccharide），如淀粉（starch）、糖原（glycogen）、纤维素（cellulose）等；而由不同种类单糖缩合而成的多糖称为杂多糖（heteroglycan）或不均一多糖（heteropolysaccharide），如黏多糖（mucopolysaccharides）等。

（4）复合糖（或称结合糖、糖缀合物，glycoconjugates）　如糖与蛋白质相结合，可分为糖蛋白及蛋白聚糖两大类，其中以蛋白质为主的称糖蛋白，如血液中的大部分蛋白质，卵清蛋白含糖基 1%；以糖为主的称蛋白聚糖，它是动物结缔组织的重要成分，如黏蛋白含糖基高达 80%。此外肽聚糖则含有与肽链共价结合的多糖链。糖类和脂质相结合的复合糖如脂多糖，它存在于细菌的外膜，成分以多糖为主；另外糖脂的组成则以脂质为主，大多和细胞的膜连在一起。

（5）糖的常见衍生物　包括糖醇、糖酸、糖胺、糖苷等。

2. 命名——糖类的命名方法

单糖的通俗名称常与它的来源有关，例如葡萄糖曾是从葡萄中提取出来的，果糖在水果中含量较高，故由此得名。另外可根据单糖分子中含有的碳原子数，分别称为丙糖（triose）、丁糖（tetrose）、戊糖（pentose）、己糖（hexose）等，如上面提到的核糖、脱氧核糖均含5个碳原子，故称为戊糖，而葡萄糖、果糖、半乳糖则是含6个碳原子的己糖。为了区别同碳数的糖，又可以根据糖分子中的羰基位置不同，分为醛糖（aldose）和酮糖（ketose），例如葡萄糖和果糖虽然都是己糖，但前者羰基位于分子末端，相当于醛的衍生物，把它称为己醛糖；后者的羰基位于C2位，相当于酮的衍生物，故将其称为己酮糖。

寡糖的命名除了依其所含碳原子数分别称为二糖、三糖、四糖等，一般采用的是沿用已久的习惯名称，如蔗糖、乳糖等。蔗糖最初提炼于甘蔗，乳糖则是从哺乳动物乳汁中发现的一种特有的双糖。

多糖命名遵循的总原则是已确定的有机化合物和碳水化合物命名法。对于缩写的命名，或参考低聚糖链缩写术语。一般采用的也是沿用已久的，以其来源、性状或者用途来命名的习惯名称，如淀粉、纤维素和果胶。

3. 检识——糖类的快速定性分析

（1）Molisch 试验　取浓度 1% ～ 2% 的糖类成分水溶液 1mL 置于小试管中，加数滴 α-萘酚试剂，摇匀，沿管壁缓缓滴加浓硫酸 1mL，两液面交界处出现红紫色环。此反应为单糖、低聚糖、多聚糖及糖的衍生物（如苷类）的共同反应。

（2）Fehling 试验　取糖类成分水溶液 2mL，加 Fehling 试剂（碱性酒石酸铜试剂，甲、乙两液，临用时等量混合均匀）2mL，于沸水浴中加热数分钟，如产生红色氧化亚铜沉淀则提示有还原糖存在。非还原性低聚糖与多糖须加酸水解后才显阳性反应。

4. 甜度——糖类的味觉特性

常见单糖及寡糖都有甜味，但甜度各不相同，如果把蔗糖的甜度定为1进行比较，21种糖类成分的相对甜度比较结果如表2-1所示。

表 2-1　糖类成分的相对甜度

糖类	相对甜度	糖类	相对甜度	糖类	相对甜度
蔗糖	1.0	麦芽糖醇	0.7 ~ 0.9	果葡糖浆（42%）	0.9 ~ 1.0
果糖	1.2 ~ 1.7	山梨糖醇	0.5 ~ 0.7	果葡糖浆（55%）	1.0 ~ 1.1
葡萄糖	0.7 ~ 0.8	半乳糖醇	0.6	果葡糖浆（90%）	1.2 ~ 1.6
麦芽糖	0.4 ~ 0.5	甘露糖醇	0.7	淀粉糖浆（30DE）	0.3 ~ 0.35
甘露糖	0.6	木糖醇	0.9 ~ 1.2	淀粉糖浆（42DE）	0.45 ~ 0.5
半乳糖	0.5	棉子糖	0.23	淀粉糖浆（54DE）	0.5 ~ 0.55
乳糖	0.2 ~ 0.4	转化糖	1.0	淀粉糖浆（62DE）	0.6 ~ 0.7

注：由蔗糖水解生成的葡萄糖与果糖的混合物称为转化糖。

二、糖类的生物学功能

1. 能量物质——淀粉和糖原是重要的体内能源

糖类氧化过程产热快，供能及时，每克糖类能提供 16.7kJ（4.0kcal）[1] 的能量。植物体内重要的储存多糖是淀粉，在种子萌发或生长发育时，植物细胞将它所储藏的淀粉降解为小分子糖类物质以提供能量。

[1] 1kJ=0.239kcal

糖原是储存于动物体中的重要能源物质，有动物淀粉之称。动物的肝脏和肌肉中糖原含量最高，分别满足机体不同的能量需要。人体脑神经及神经组织靠血液中的葡萄糖供给能量，如果血糖过低，可导致昏迷、休克和死亡。

2. 碳源物质——有机体碳骨架组成

构成生物有机体中的各种有机物质的碳架都是直接或间接地由糖类物质转化而来的，所以糖类还是生物体合成其他化合物的基本原料。比如糖类代谢的中间产物可为氨基酸、核苷酸、脂肪酸、类固醇的合成提供碳原子或碳骨架。

3. 结构组分——纤维素和细菌多糖是细胞壁组分

有些糖类物质在生物体内充当结构性物质，如植物细胞壁的主要成分就是纤维素和半纤维素。纤维素分子聚集成束，形成长的微原纤维，为植物细胞壁提供了一定的抗张强度。构成细菌细胞壁的主要成分是一类特殊多糖，称为细菌多糖，其组成成分较复杂，且因细菌类型的不同而有所差异。还有些多糖作为动物细胞外的间质中的构造分子。

4. 其他重要生物功能——复合糖类和寡糖具有重要生物功能

人体所有的神经组织和细胞中都含有糖类，作为控制和代替遗传物质的基础，脱氧核糖核酸和核糖核酸都含有核糖。某些复合糖类参与细胞与细胞的识别（分子识别），病毒的吸附及抗原抗体的反应。人类的ABO血型是由所谓的血型物质决定的，这类血型物质实际上是一种糖蛋白，即蛋白质分子与寡糖链共价相连构成的复合多糖，寡糖链的末端糖组分主要有岩藻糖（fucose）、半乳糖（galactose）、氨基葡萄糖（glucosamine）等。大多数情况下，糖的部分所占比例较小，但却构成了血型的决定因子，从而决定血型的特异性。正因为以上重要功能，糖类在生物化学中的地位显得越来越重要。

2-2 ABO 血型与糖基化

第二节　单糖的结构和性质

一、单糖的结构和立体化学

1. 开链结构与旋光性——具有游离的羰基和手性碳原子

1885年德国的吉连尼发现葡萄糖可以与HCN加成，产物水解成酸后，再用氢碘酸将其羟基还原得到正庚酸，从而推断出葡萄糖是一个直链的五羟基醛。紧接着他还以类似的方法推断出果糖是一个直链的五羟基酮。

确定葡萄糖的开链结构现在多用以下三种方法同时来证明：

① 与Fehling试剂或其他醛试剂反应，证明其含有醛基；

② 与乙酸酐反应，产生具有五个乙酰基的衍生物；

③ 用钠、汞剂作用，还原生成直链的山梨醇。

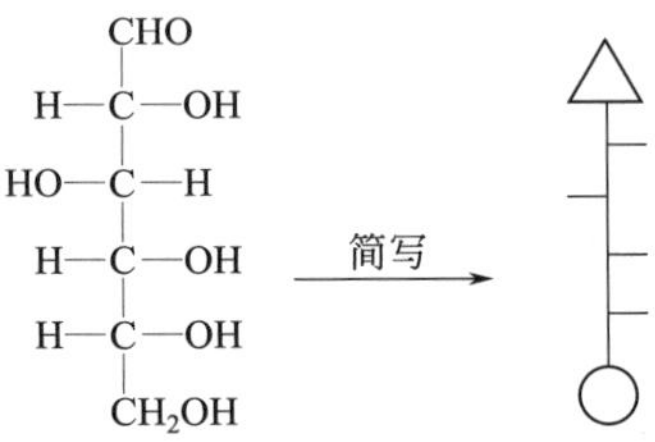

图 2-1　葡萄糖的开链结构投影式及其简写式

单糖的开链结构多用Fischer（费歇尔）投影式表示，以六个碳（己糖）的葡萄糖为例，其投影式如图2-1所示。

其中碳骨架需直立；与骨架碳原子相连的两个横键伸向前方，两个竖键伸向后方；氧化程度高的碳原子（羰基碳）放在上方。简写时醛基和羟甲基分别标记为三角形和圆形，骨架碳上所连羟基以横线代替，氢原子省去。

研究发现，葡萄糖及绝大多数糖都有使平面偏振光发生偏转的能力，即糖具有旋光性，若使偏振面向右（即顺时针方向）旋转，常用（+）表示，向左（即反时针方向）旋转，则用（–）表示。该现象是因为糖都具有手性碳，如果糖上的一个碳原子连接了四个不相同的原子或基团，这种碳原子就被称为手性碳原子，又称为不对称碳原子，常用 C^* 表示，单糖从丙糖到庚糖，除二羟丙酮外，都含有手性碳原子。一个手性碳会产生两种构型，它们彼此非常相像，但不能相互重叠，如同左手与右手或实物与镜像的关系。这两种构型一种使偏振光的偏振面向右旋转，另一种则使偏振光的偏振面向左旋转。像这种由于不对称分子中原子或原子团在空间的不同排布对平面偏振光的偏振面发生不同影响所引起的异构现象，称为旋光异构现象，所产生的异构体，称为旋光异构体。甘油醛的两个旋光异构体在结构上不是同一物质，而是实物与镜像的关系，对映但不重合，所以这种异构体又称为对映异构体。如果糖上含有多个手性碳（如葡萄糖），则糖的旋光性和旋光度由糖分子中的所有手性碳上的羟基方向所决定。

为了区别，1906 年规定，凡是糖分子中距羰基（官能团）最远的手性碳原子所连羟基在费歇尔投影式中朝右为 D-构型，朝左则为 L-构型。天然葡萄糖为 D-构型（C5-OH 在右边），并能使偏振光右旋，故完整的表示应为 D-(+)-葡萄糖。

由此可知，D-(+)-甘油醛（醛糖）和 D-(–)-果糖（酮糖）的费歇尔投影式及简写为：

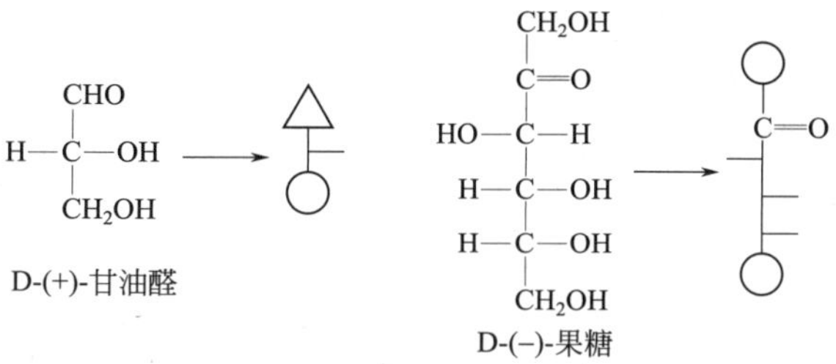

通常规定，旋光管的长度为 1dm，待测物质溶液的浓度为 1g/mL，在此条件下测得的旋光度叫作该物质的比旋光度，比旋光度像物质的熔点、沸点、密度一样，对每一种旋光物质而言是一个物理常数，因此借助比旋光度可对糖做定性定量测定。

需注意以下几点：①构型是人为规定的，而旋光性是用旋光仪测定时偏振面偏转的实际方向，具有 D 型的物质可能具右旋性，也可能具左旋性（如图 2-2 所示）；②所有的醛糖都可以看成是甘油醛

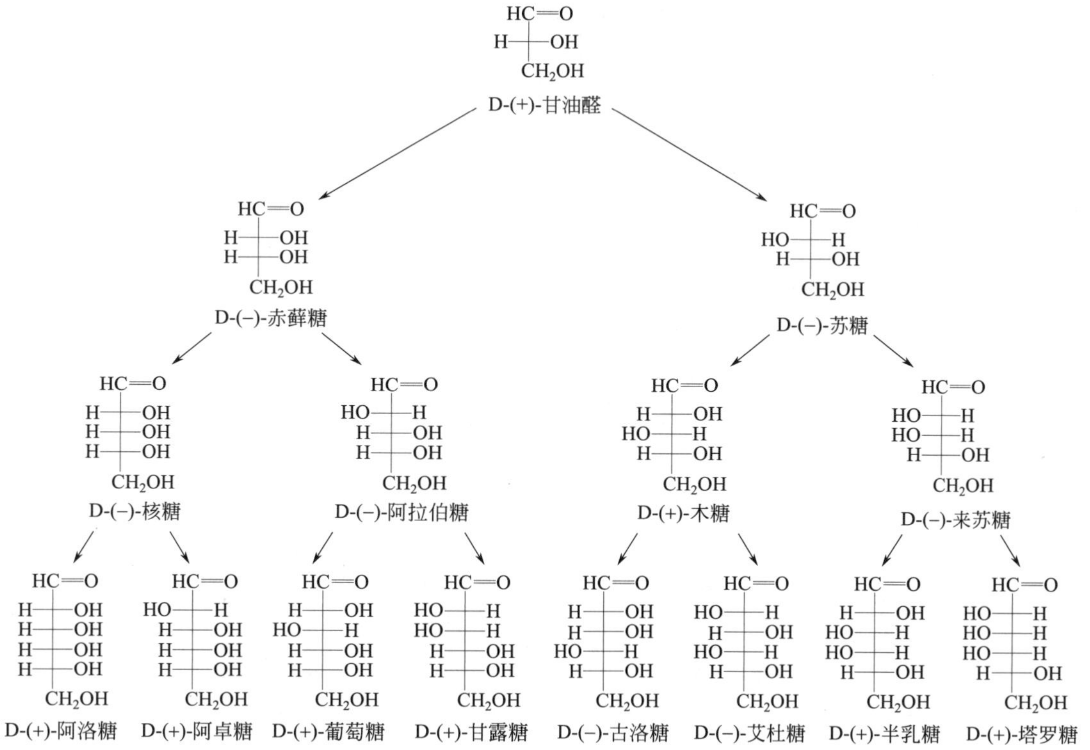

图 2-2　D-甘油醛衍生而来的 D 系醛糖

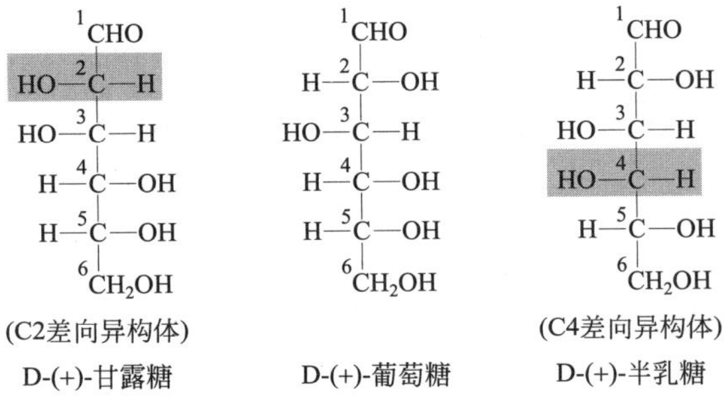

图 2–3 三种六碳糖差向异构体

的醛基碳下端逐个插入 C* 延伸而成，D-甘油醛衍生而来的称 D 系醛糖（见图 2-2），由 L-甘油醛衍生而来的称 L 系醛糖；③天然存在的己醛糖都是 D 型的；④含有 n 个 C* 的化合物，旋光异构体的数目为 2^n，组成 $2^n/2$ 对对映体。

除了对映异构体之外，单糖的结构里还存在差向异构体（epimer）现象。即含有多个手性碳原子的两种单糖彼此之间的差别只在于单一不对称碳原子的构型，也叫表异构体。图 2-3 是三种互为差向异构体的单糖。

2. 环状结构——单糖的半缩醛（半缩酮）形式

研究发现，D-葡萄糖在不同条件下得到的结晶，其比旋光度是不同的。室温下从酒精中结晶出来的比旋光度为 +112.2°；另一种由吡啶中结晶出来的比旋光度为 +18.7°。将这两种葡萄糖结晶分别溶解在水中时，比旋光度会随时间逐渐改变，最后都固定于 +52.5°。这种旋光度自行改变的现象，称为变旋（mutarotation）现象。但葡萄糖的开链结构无法解释这一现象。此外，醛基是相对较活泼的基团，醛基上的碳氧双键可以与其他物质起加成反应（如与亚硫酸氢钠加成），葡萄糖虽然有醛基，但不能发生此反应。而且葡萄糖与醛类化合物不同，不能与两分子醇反应，只能与一分子醇反应，说明它不能生成缩醛，只能生成半缩醛。

根据这些情况，费歇尔（E. Fischer）提出了单糖的环状结构。单糖分子中醛基和其他碳原子上的羟基能发生成环反应，称为半缩醛反应（hemiacetal reaction）。由于单糖为多羟醛（或酮），理论上 C1 位的醛基可以和多个羟基分别发生半缩醛反应。实验证明仅有两种可能：一种是醛基与 C5 位上的羟基反应生成吡喃环（六元环中含 5 个碳原子，如图 2-4 所示）；另一种是与 C4 位上的羟基反应生成呋喃环（五元环中含 4 个碳原子，如图 2-5 所示）。因此前者称为吡喃糖（pyranose），后者称为呋喃糖（furanose）。天然葡萄糖以吡喃型为主，呋喃型葡萄糖不稳定。

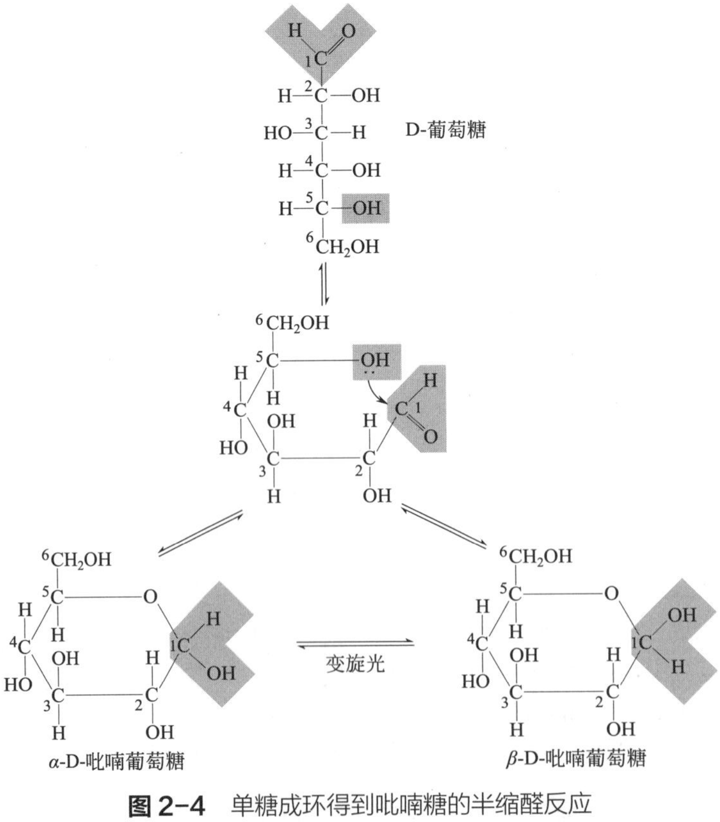

图 2–4 单糖成环得到吡喃糖的半缩醛反应

总体看来糖分子的结构既有开链的醛式，也有环状的半缩醛式，而且以后者为主。

C1 上的醛基成环后会出现一个新的羟基，称为半缩醛羟基。此羟基在空间的不同排布方式，可产生两种不同构型的非对映异构体。在费歇尔（Fischer）投影式中（图 2-6），对环状结构异构体作如下规定：凡半缩醛（或半缩酮）羟基与决定直链结构构型（D 或 L）的手性碳上的羟基具有相同取向者为 *α* 型（如图 2-6 上列的吡喃葡萄糖）；反之，具有相反取向者为 *β* 型（如图 2-6 下列的吡喃葡萄糖）。这两种只是在羰基碳原子上的构型不同的差向异构体，称为异头物（anomer）。决定异头现象的碳原子称为异头碳原子。

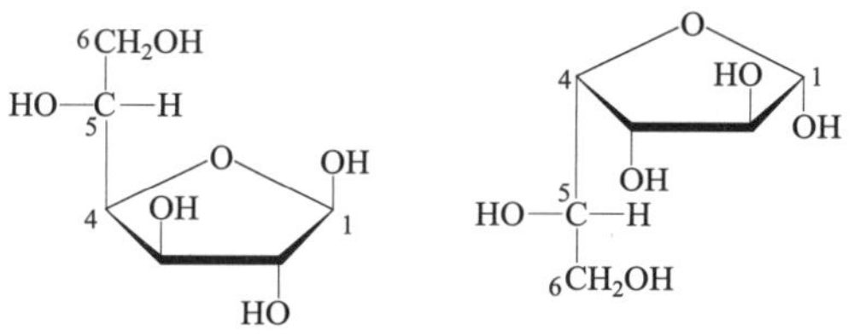

图 2-5　两种五元呋喃糖产物形式及其碳原子编号

单糖的环状结构常用所谓的哈沃斯（Haworth）透视式结构来表示，吡喃环或呋喃环以一个大致垂直于纸平面的六角形环或五角形环表示，环中省略碳原子，粗线表示向外伸出纸面的环边缘，细线（含氧桥）表示向内伸入纸面的环边缘，例如葡萄糖的两种环状结构形式如图 2-6 所示。

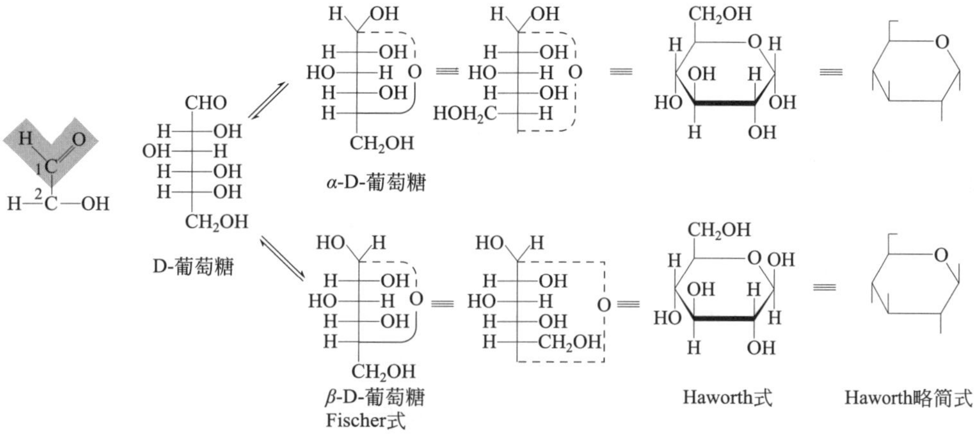

图 2-6　葡萄糖两种环状结构的 Fischer 和 Haworth 表示法

将 Fischer 式书写成 Haworth 式时需遵循两条原则：

①将直链碳链右侧的羟基写在环的下面，左侧的羟基写在环的上面。

②当糖的环形成后还有多余的碳原子时（未成环的碳原子），如果直链环是向右的，则未成环碳原子规定写在环之上，反之写在环之下（酮糖的第一位碳例外）。Fischer 式中的 D、L 型糖转化为 Haworth 式，距羰基最远的手性碳原子上的取代基（如羟甲基），向上的为 D 型，向下的为 L 型。

基于以上规则，Haworth 式不论是 D 型糖还是 L 型糖，半缩醛羟基与末端羟甲基反式的为 *α* 型，顺式的为 *β* 型。可将图 2-6 中的两种吡喃葡萄糖命名为 *α*-D-吡喃葡萄糖和 *β*-D-吡喃葡萄糖。

用糖的环状结构就可以解释前述用开链结构无法解释的糖的某些性质。由于糖的环式结构中存在一个半缩醛羟基，而此羟基在空间排布位置的不同将导致不同的异构体，因此会有不止一个比旋光度；在成环过程中该羟基位置会不断改变，最终达到平衡，所以有变旋现象；此外，由于糖的醛基在成环后变成了半缩醛羟基，其性质不如醛基活泼，因而不能与亚硫酸氢钠发生加成反应。

2-3　绘制 D-葡萄糖的 Haworth 式

3. 立体构象——单糖的三维结构

构型（configuration）指的是分子中由于各原子或基团间特有的固定的空间排列方式不同而使它呈现出不同的稳定的立体结构。而构象（conformation）是由于分子中的某个原子（基团）绕 C—C 单键自由旋转而形成的不同的、暂时性的、易变的空间结构形式。由此可知前面介绍的 *β*、*α*、D、L 涉及的都是构型问题。以葡萄糖为例，根据 X 射线衍射结果得知，葡萄糖的吡喃环上的 5 个碳原子并不在一个平面上，而是和环己烷一样扭曲成两种不同的结构（构象）——船式和椅式。船式构象和椅式构象可相互转变，由于空间排斥作用较小，所以主要以椅式构象存在，船式构象极不稳定，很难存在。

在葡萄糖的构象式中，α-和 β-端基异构体有差别。α-异构体的 C1 位上羟基取 a 键，它与 C3 和 C5 位上的氢原子（a 键）有空间排斥作用（1,3-干扰）。而 β-异构体的 C1 位上羟基取 e 键，没有这种作用。而且 β-异构体环上所有比较大的基团都处在 e 键，相互之间距离最远，没有空间排斥作用，如下所示：

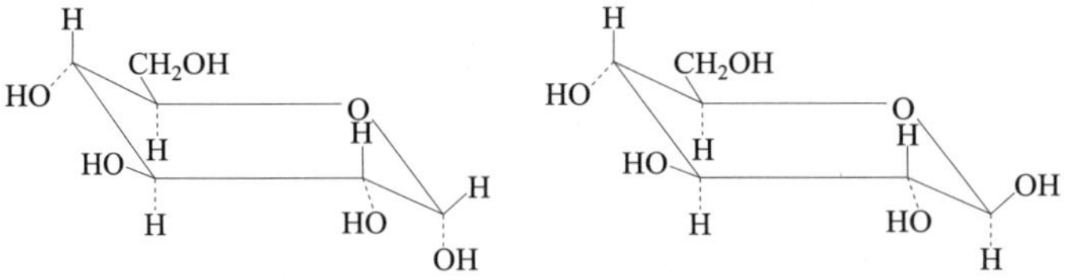

α-D-(+)-吡喃-葡萄糖(N式)　　β-D-(+)-吡喃-葡萄糖(N式)

因此，对于 α 及 β 两个异构体来说，又以 β-异构体占优势构象，故在平衡体系中存在量也较多，这就可以解释在前面说过的，葡萄糖在水溶液中达到平衡时 β-异构体占 64% 而 α-异构体占 36% 的原因。

二、单糖衍生物

1. 磷酸衍生物——糖代谢的重要中间产物

所有活细胞中都有单糖的磷酸衍生物，它们是糖代谢的重要中间产物。有代表性的是己糖 C1 与 C6 上的羟基与磷酸构成的酯。

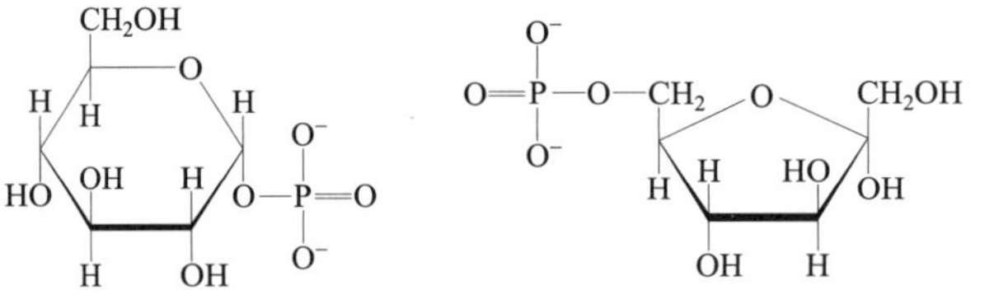

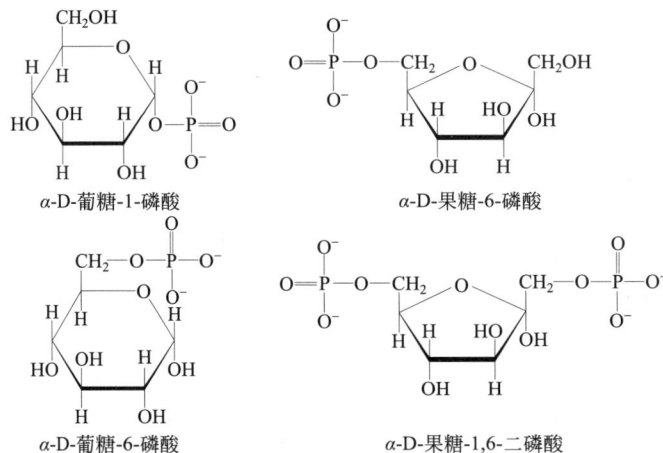

α-D-葡糖-1-磷酸　　α-D-果糖-6-磷酸

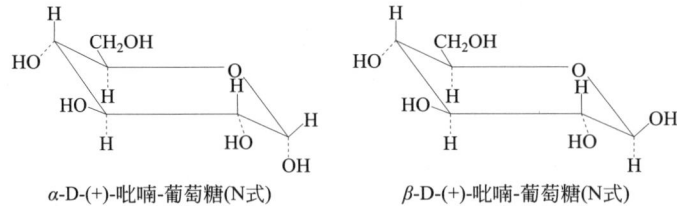

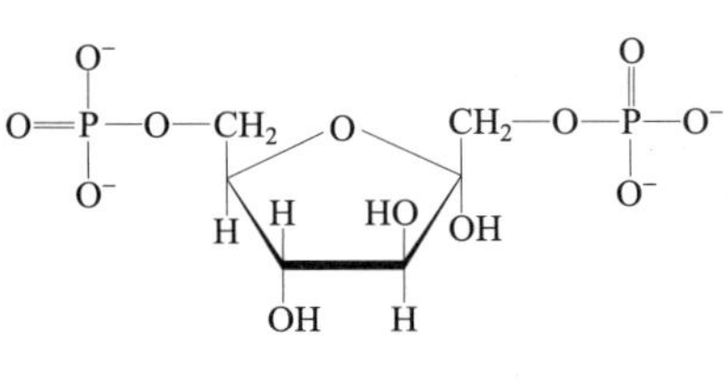

α-D-葡糖-6-磷酸　　α-D-果糖-1,6-二磷酸

2. 氨基糖——羟基被氨基取代的单糖

单糖分子中的某些基团可以被其他一些化学基团取代，生成取代单糖。最常见的是构成多种多糖的基本组成单位——氨基糖（glycosamine），例如氨基葡萄糖（glucosamine）和氨基半乳糖（galactosamine）。因为它们是 C2 位上的羟基被氨基取代，所以全称是 2-脱氧氨基葡萄糖和 2-脱氧氨基半乳糖。已发现天然存在的氨基糖有 60 多种，除大多在 C2 位上被氨基取代外，也有 C3、C4 和 C6 位上取代的氨基酸。

氨基糖的氨基常常乙酰化，称为 *N*-乙酰氨基糖。氨基葡萄糖和氨基半乳糖均可乙酰化形成 *N*-乙酰葡萄糖胺（*N*-acetylglucosamine）和 *N*-乙酰半乳糖胺（*N*-acetylgalactosamine）。构成细菌细胞壁的乙酰胞壁酸（acetylmuramic acid）则是胞壁酸乙酰化的产物，胞壁酸（muramic acid）是由氨基葡萄糖 C3 位上的羟基与乳酸的羟基失水缩合而成的一种酸性氨基糖。存在于动物神经组织的唾液酸（*N*-乙酰神经氨酸，sialic acid）也是一种乙酰化的酸性氨基酸。常见的几种氨基糖的结构见图 2-7。

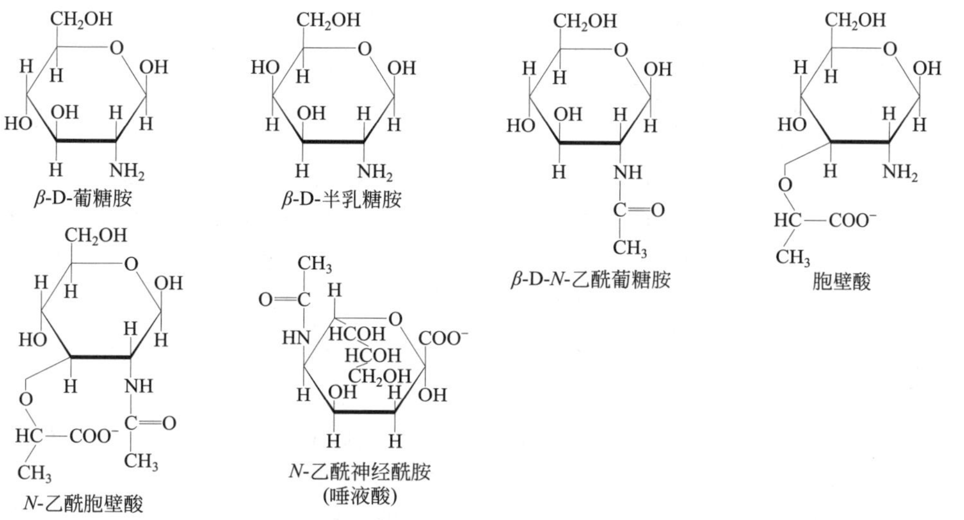

图 2-7　六种常见的氨基糖

氨基糖常存在于动物甲壳素、软骨、糖蛋白、血型物质、细菌细胞壁中。

3. 糖醇——重要的工业产品

在还原剂的作用下，单糖中的醛基还原成羟基生成糖醇（glycitol）。它们通常是有机体的组成和代谢产物，同时也是化工、医药、食品上的重要原料物质。

常见的糖醇有山梨糖醇、甘露糖醇（甘露醇）、葡萄糖醇（见图 2-8）、赤藓糖醇、麦芽糖醇、乳糖醇、木糖醇等。和糖不同，这些糖醇对酸、热有较高的稳定性，常作为食糖替代品广泛应用于食品工业中低热值食品配方。葡萄糖用电解法还原时，产物中主要是山梨醇，另含少量甘露醇。此外，海藻和海带中甘露醇的含量较高，它们是制取甘露醇的主要原料。

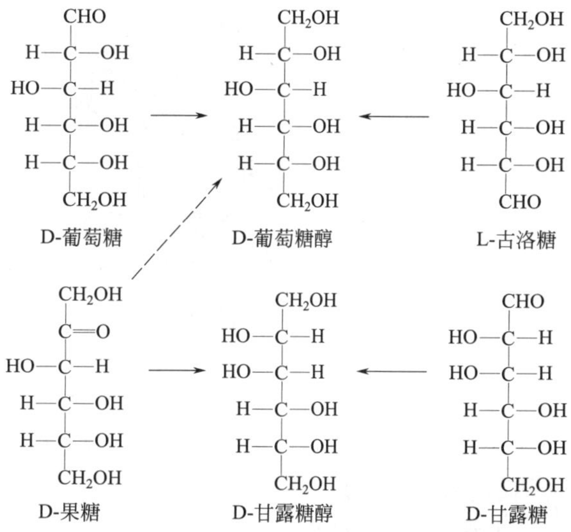

图 2-8　单糖和糖醇之间的转化关系

木糖醇（xylitol）的甜度与蔗糖相当，是糖醇中最甜的。许多水果和蔬菜中含有木糖醇，而且木糖醇在人体中亦存在，是葡萄糖正常代谢的中间物。外源性的木糖醇主要在肝脏代谢，一部分通过氧化提供能量，另一部分转化为葡萄糖。木糖醇在许多国家作为甜味剂或湿润剂而被广泛用于食品、口腔卫生用品、化妆品和药品中。商业使用的木糖醇是大规模生产的，主要来自含丰富木聚糖半纤维素的桦树、玉米芯等植物，通过水解、脱氢、提纯得到。山梨醇（sorbitol）可用于制造抗坏血酸，在某些方面可代替甘油。此外甘露醇是降低颅内压的药物，还可用于治疗青光眼，防止肾功能衰竭等疾病。在制备生化药物时甘露醇还可替代明胶。

4. 糖酸——单糖的氧化态

单糖氧化后可生成相应的糖酸（glyconic acid），单糖的醛基或半缩醛基被氧化为羧基后，称为糖酸或醛糖酸（aldonic acid）；伯羟基被氧化为羧基的单糖，称为糖醛酸或糖尾酸（uronic acid）；2-酮糖的 1-位羟基被氧化为羧基的单糖，称为酮糖酸（ulosonic acid）；单糖分子的两端若都变为羧基，则称为糖二酸（aldaric acid）。常见的糖酸有葡萄糖酸、葡萄糖醛酸、葡萄糖二酸。

葡萄糖酸可通过葡萄糖氧化酶作用于葡萄糖而大量制备；葡萄糖与硝酸作用又可得到葡萄糖二酸，但葡萄糖醛酸不能通过直接氧化葡萄糖制得，因为葡萄糖中的醛基比羟基更易被氧化。工业上常以淀粉为原料，仍用硝酸将淀粉中的葡萄糖基上C6位的羟基氧化成羧基，同时淀粉在反应过程中发生水解，C1位的醛基游离出来，于是生成葡萄糖醛酸。

葡萄糖酸和葡萄糖醛酸都是机体的代谢中间物，葡萄糖酸钙在医药上用于消除过敏，补充钙质；葡萄糖醛酸具解毒作用，能与进入体内的或代谢分解物中含羟基的有害化合物结合，形成葡萄糖醛酸的糖苷随尿排出。较重要的糖酸还有抗坏血酸（维生素C），广泛存在于植物和某些动物体内，是人类必需的一种维生素。从结构上看，它是古洛糖（gulose）的糖酸，由葡萄糖在体内转化而成。

5. 糖苷——多种天然药物的活性成分

糖类通过半缩醛羟基与其他化合物的基团共价结合脱水后形成的化合物称为糖苷（glycoside），也称配糖体。因此一个糖苷可分为两部分。一部分是糖的残基（糖去掉半缩醛羟基），另一个部分是苷元（aglycone，或叫配基，即非糖部分），其键称为糖苷键。糖苷键可以通过氧、硫、氮、碳原子彼此连接起来，它们的糖苷分别简称为*O*-苷、*S*-苷、*N*-苷或*C*-苷。糖苷广泛分布于植物的根、茎、叶、花和果实中，并在生物体内起着重要的生理功能。糖苷可用作药物，在医药工业上有很大的实用价值。例如强心苷（cardiac glycoside，如图2-9）就是糖苷的一种，其代表性来源为洋地黄，它不仅可以加强心跳，调整脉搏节律，还有利尿的作用。

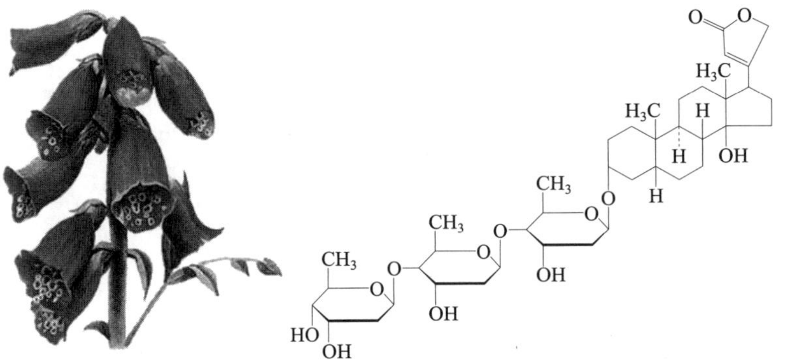

图2-9 洋地黄及其所含强心苷

2-4 在数据库中检索洋地黄强心苷结构

在糖苷中，若糖的成分是葡萄糖就称为葡萄糖苷，是果糖就称为果糖苷。糖苷是缩醛，单糖是半缩醛。半缩醛易变为醛式，因而性质较活泼，而糖苷需水解后才能分为糖与配糖体，所以糖苷较稳定。糖苷的化学性质和生物功能主要由配糖体决定。由糖的半缩醛羟基与配糖体缩合后生成的化学键称糖苷键（glycosidic bond），糖苷键的α和β构型由糖基决定，在自然界存在的苷类中，葡萄糖的苷（葡萄糖苷）和其他糖的苷，大多数是β型糖苷。

大多数糖苷易溶于水、酒精、丙酮或其他有机溶剂。与游离态配基相比，糖苷的溶解度要大得多，可利用这一性质增加有关化合物的溶解度。如2-烷基-1,4-萘氢醌为一种止血剂，若以它作为配基生成糖苷后，溶解度会显著增加，提高了临床应用效果。

三、单糖的化学性质

1. 成脎——糖脎的生成

成脎反应：单糖+苯肼→苯腙，仅在C1、C2上进行；C2以下结构相同的单糖形成相同的糖脎。糖脎为黄色结晶，有固定的熔点，可帮助推测糖的结构；糖脎也易水解成原来的糖和苯肼，可用于糖的分离和提纯。以葡萄糖为例，生成糖脎的反应需用三分子的苯肼与一分子的糖进行反应。当苯肼用量为一分子时，得到苯腙。而后经互变异构发生 1,4-消除，转化为亚氨基酮，再与两分子的苯肼成脎。

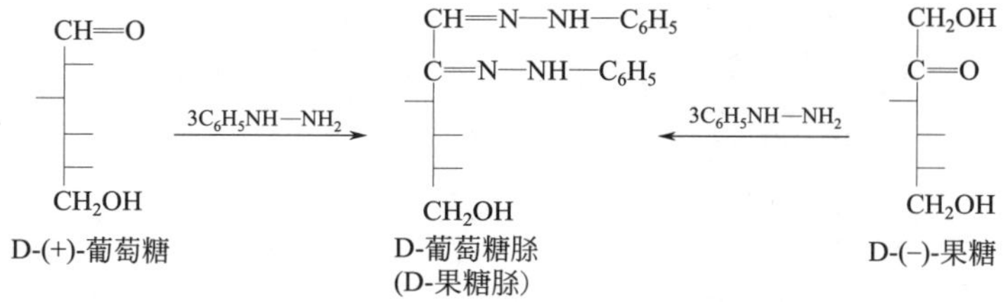

成脎后，借助氢键形成较稳定的分子内六元螯合物，故只在 C1、C2 上进行：

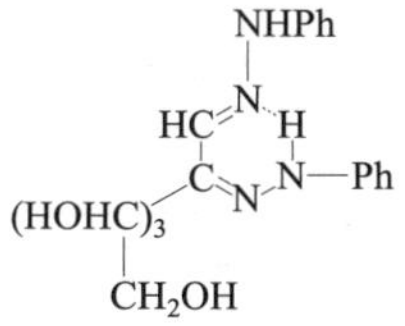

2. 碱反应——单糖与氨反应与食品褐变有关

单糖在浓碱溶液中很不稳定，因条件不同可分解成不同的产物。单糖在稀碱溶液中则易发生异构化，通过烯醇化产生差向异构体。用稀碱处理 D-葡萄糖、D-果糖、D-甘露糖中的任何一种，都会得到三者的平衡混合物体系。因为 α-H 较活泼，在稀碱溶液中可使链形结构通过烯二醇中间体进行异构化：

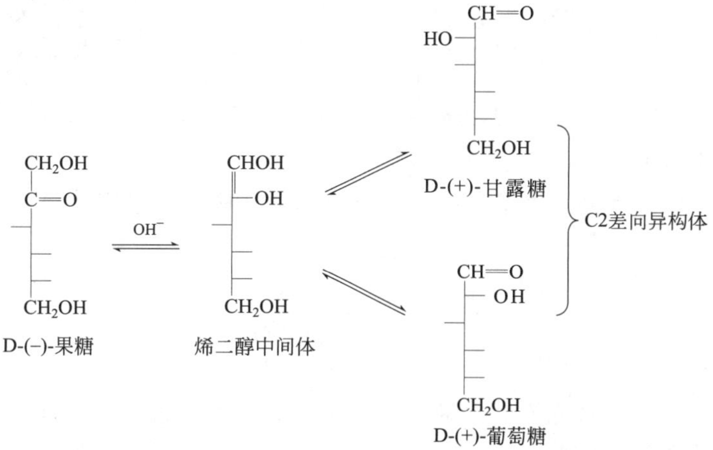

单糖与弱碱溶液（氨水、氨基酸等氨基类物质）会发生美拉德反应，通过缩合等一系列反应（见图 2-10），产生棕褐色的聚合物。

还原糖种类与美拉德反应有着重要联系，五碳糖褐变速率是六碳糖的 10 倍，还原性单糖中五碳糖褐变速率排序为：核糖 > 阿拉伯糖 > 木糖。六碳糖则为：半乳糖 > 甘露糖 > 葡萄糖。还原性双糖分子量大，反应速率较慢。在羰基化合物中，α-乙烯醛褐变最快，其次是 α-双糖基化合物，酮类最慢。胺类褐变速率快于氨基酸。

3. 氧化反应——糖类具有还原性

（1）碱性氧化剂　有托伦试剂、斐林试剂、班氏试剂等。

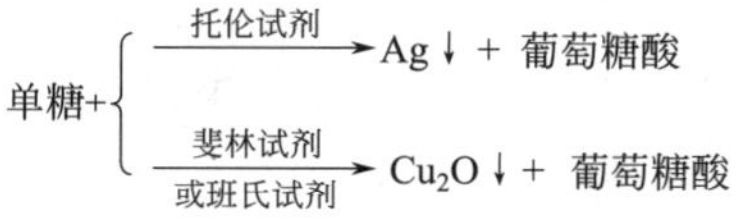

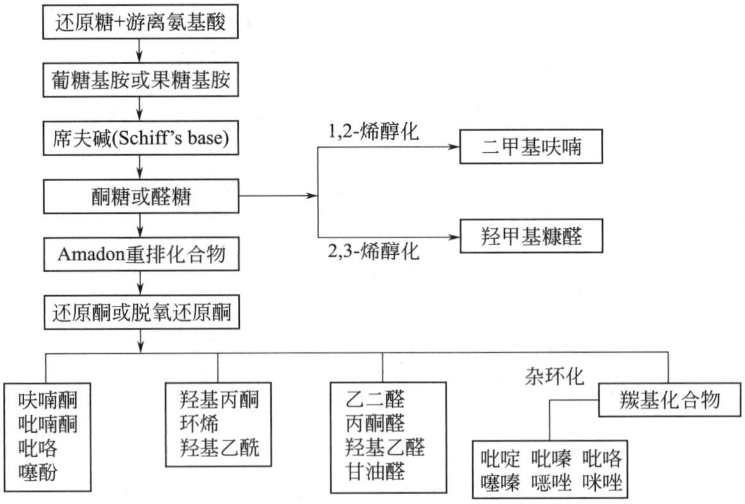

图 2-10 美拉德反应

① 单糖都可以与弱氧化剂反应得到相应的沉淀和糖酸；

② 单糖可以被弱氧化剂氧化，因此单糖都是还原糖；

③ 酮糖也具还原性，是因为在碱性的弱氧化剂中首先异构化为醛糖，进而被氧化。

（2）酸性氧化剂 溴水。

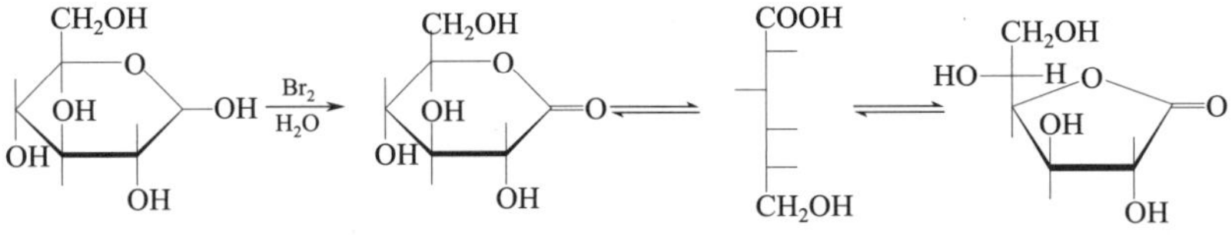

D-葡萄糖 D-葡萄糖酸-δ-内酯 D-葡萄糖酸-γ-内酯

① 醛糖可被溴水氧化成糖酸，进而形成内酯；

② 酮糖不可被溴水氧化，因为溴水呈酸性，不能使酮糖异构化为醛糖；

③ 可用溴水来区分醛糖和酮糖：

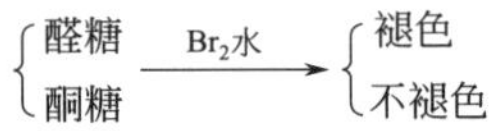

（3）强氧化剂 稀硝酸。

稀硝酸氧化性强，可把醛糖氧化为糖二酸，进而形成双内酯（酮糖会导致羰基碳与相邻碳之间的键断裂；浓硝酸使醛糖和酮糖都发生碳碳键的断裂）。

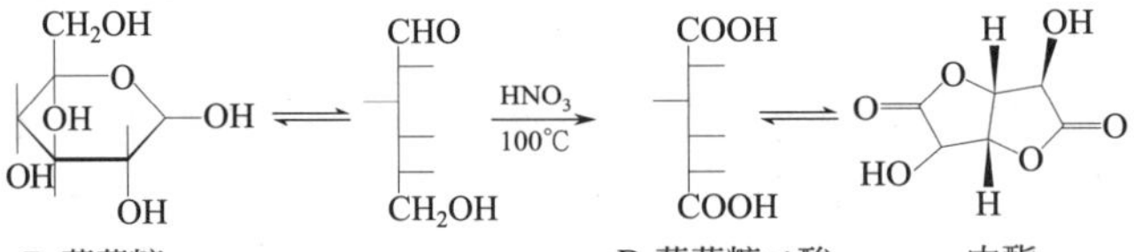

D-葡萄糖 D-葡萄糖二酸 内酯

（4）特殊氧化 高碘酸。

醛、酮糖用高碘酸氧化时，邻二醇型、α-羟基醛和α-羟基酮结构的碳碳键均会断裂，每破坏一个碳碳键，消耗 1mol 高碘酸，反应定量完成（可用于测定糖结构）：

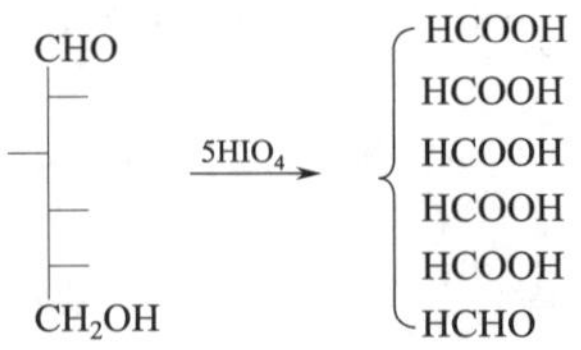

4. 还原反应——糖醇的生成

单糖还原生成多元醇。D-葡萄糖还原生成D-山梨醇，D-甘露糖还原生成甘露醇，D-果糖还原生成甘露醇和山梨醇的混合物。

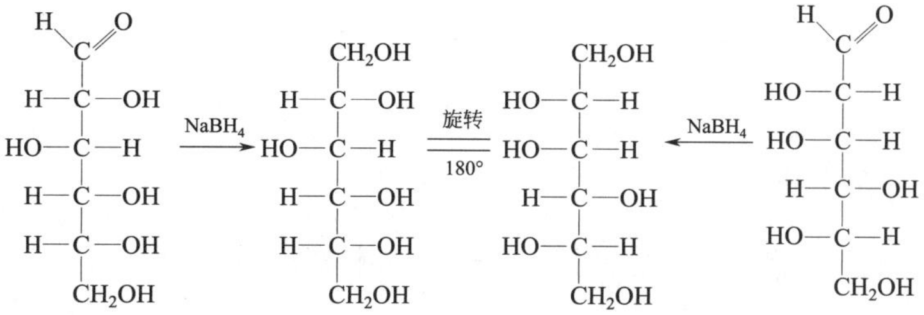

D-葡萄糖　D-山梨醇　L-古洛糖醇　L-古洛糖

5. 酸反应——脱水环化过程

戊糖和己糖在非氧化性强酸作用下发生脱水环化，分别生成呋喃甲醛和羟甲基呋喃甲醛，呋喃甲醛又名糠醛。

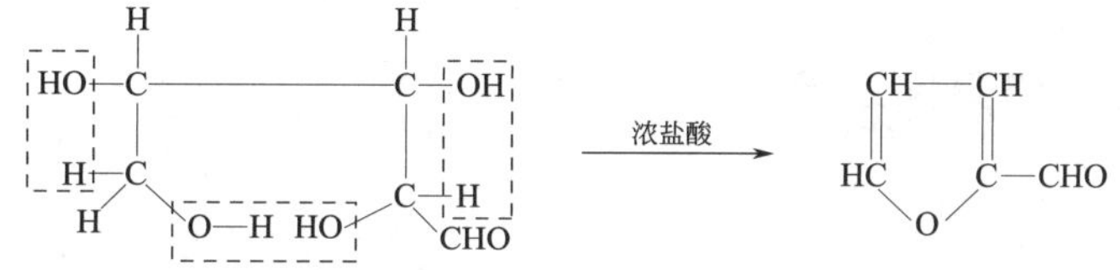

戊醛糖　糠醛

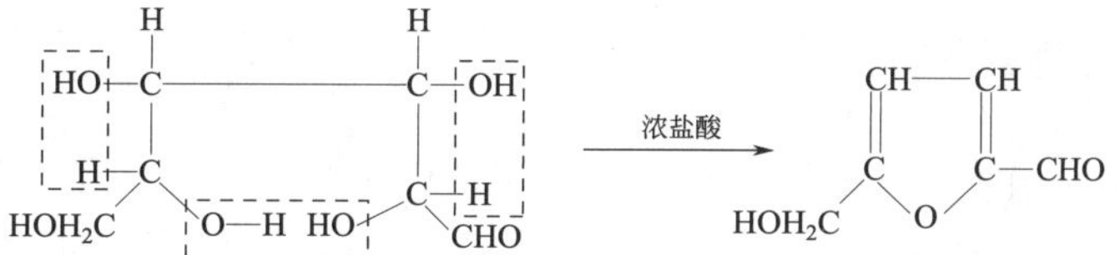

α-羟甲基糠醛

己醛糖

糠醛是一种化工原料，用于合成塑料、药物、染料和溶剂，它的水溶液可以抑制小麦黑穗病。玉米棒芯中含有丰富的多聚戊糖，工业上常将其与稀酸在高温高压下作用，经水解、脱水和蒸馏制得糠醛。

不同单糖在强酸作用下脱水成的呋喃甲醛类化合物，可与酚试剂形成有色物质，借此对糖进行定性定量测定。

6. 成苷反应——脱水形成缩醛

糖的半缩醛羟基与醇、酚或氨（胺）反应，脱去一分子水形成缩醛，即为成苷反应。

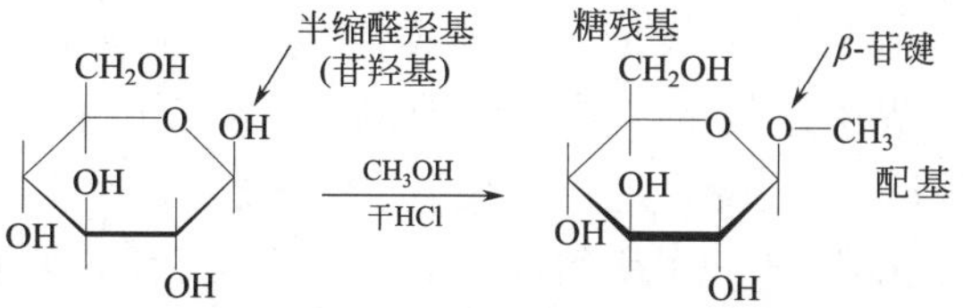

β-D-吡喃葡萄糖　甲基-β-D-吡喃葡萄糖苷
(β-D-吡喃葡萄糖甲苷)

糖苷分子中无半缩醛羟基，因此糖苷不能形成开链结构、无变旋现象、无还原性、不成脎；但可以选择性水解：麦芽糖酶可水解α-苷键，苦杏仁酶可水解β-苷键。

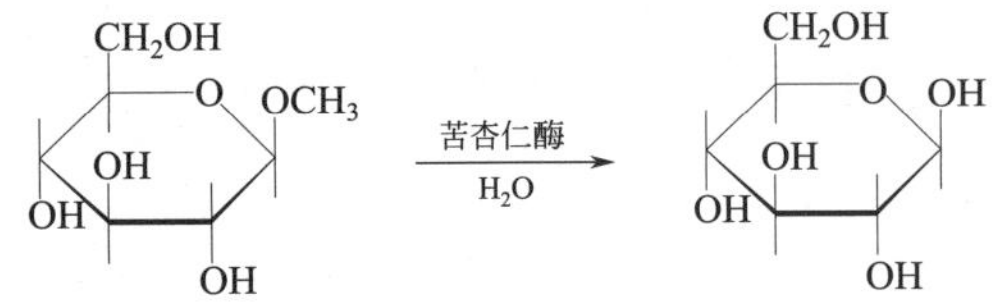

β-D-吡喃葡萄糖甲苷

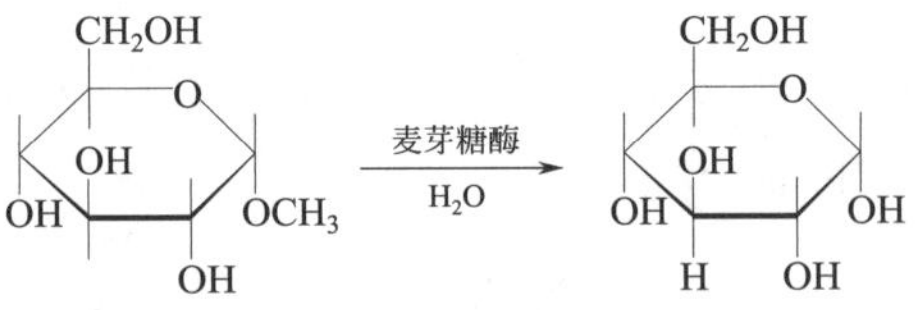

α-D-吡喃葡萄糖甲苷

7. 成酯反应——羟基与羧基成酯

单糖中的羟基均可与酸形成酯。例如葡萄糖在体内代谢首先形成磷酸酯：

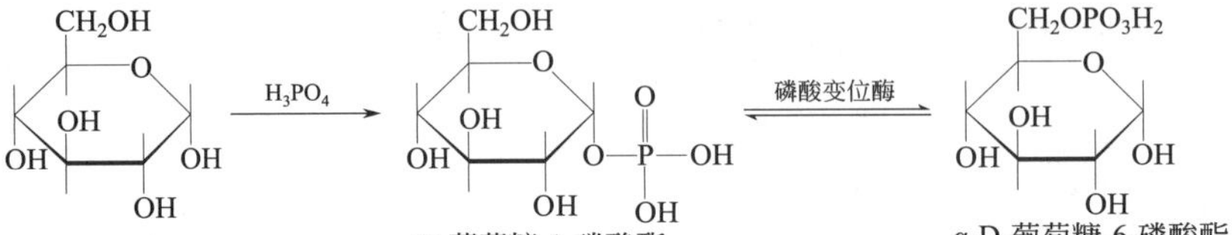

α-D-葡萄糖　α-D-葡萄糖-1-磷酸酯 (α-D-G-1-Ⓟ)　α-D-葡萄糖-6-磷酸酯 (α-D-G-6-Ⓟ)

第三节　寡糖的结构和性质

一、寡糖的结构

1. 概念——寡糖是单糖的缩醛衍生物

寡糖，也称为低聚糖，是由少数几个单糖通过糖苷键连接起来的缩醛衍生物，构成寡糖的单糖基数一般为 2 ～ 10 个。若糖基数大于 10 则称为多糖或高聚糖。根据组成寡糖的糖基数可以将寡糖分为二糖、三糖、四糖等。寡糖还可以按组成的单糖类型是否相同分为同质寡糖和异质寡糖。按是否存在半缩醛羟基分为还原性寡糖和非还原性寡糖。寡糖是生物体内一种重要的信息物质，在生命过程中具有重要的功能，它们常常与蛋白质或脂类共价结合，以糖蛋白或糖脂的形式存在于多种生物组织中。现已发现在激素、抗体、维生素、生长素和其他各种重要分子中都有寡糖。寡糖也存在于细胞膜中，寡糖链凸出于细胞膜的表面，使整个细胞表面均覆盖有寡糖，可能是细胞间识别的基础。

2. 常见寡糖——二糖和三糖

最常见的寡糖是二糖（disaccharides）和三糖（trisaccharides）。

由两个连接成一起的单糖组成的糖类，称为二糖或者双糖。它们是最简单的多糖，如蔗糖和乳糖。二糖是由两个单糖单元通过脱水反应，形成糖苷键连接而成。在脱水过程中，一分子单糖脱除氢原子，而另一分子单糖脱除羟基。自然界中重要的二糖有蔗糖、麦芽糖、乳糖以及纤维二糖等。虽然二糖种类繁多，但大多数并不常见。蔗糖（sucrose）是存量最为丰富的二糖，它是植物体内存在最主要的糖类。蔗糖由一个 D-葡萄糖分子与一个 D-果糖分子所组成，其系统命名为：*O*-*α*-D-葡萄吡喃糖基 -（1 → 2）-D-果糖呋喃糖苷。其中蕴含了三种信息：①它由两种单糖组成——葡萄糖与果糖；②两种单糖的类型——葡萄糖为吡喃糖，果糖为呋喃糖；③两种单糖的连接方式——在 D-葡萄糖的一号碳（C1）上的氧原子连接 D-果糖的二号碳（C2）。

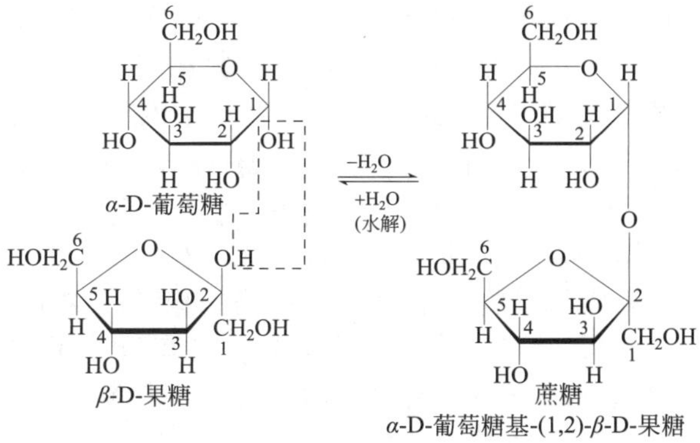

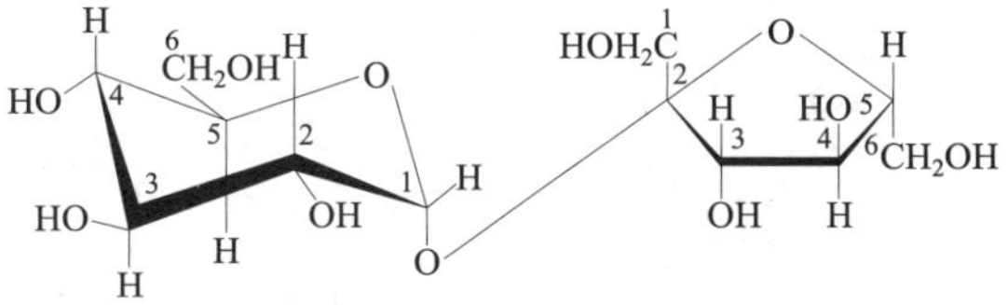
蔗糖构象式

后缀糖苷表明两个单糖异头碳参与了糖苷键的形成。

乳糖（lactose）是一种由一分子D-半乳糖与一分子D-葡萄糖形成的二糖，广泛存在于天然产物中，如哺乳动物的母乳。工业生产中多从乳清中提取，用于制造婴儿食品、糖果、人造牛奶等，医学上常用作矫味剂。为白色的结晶性颗粒或粉末；无臭，味微甜，在水中易溶，在乙醇、氯仿或乙醚中不溶。乳糖在乳酸菌的作用下，分解成半乳糖和葡萄糖。

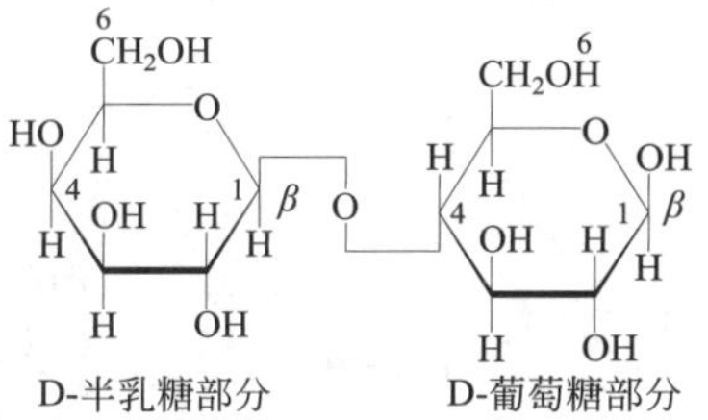

乳糖(β式)

2-5　乳糖的来源和作用

海藻糖（trehalose）又称漏芦糖、蕈糖等。由黑麦的麦角菌中首次提取出来，随后的研究发现海藻糖在自然界中许多可食用动植物及微生物体内都广泛存在，如人们日常生活中食用的蘑菇类、海藻类、豆类、虾、面包、啤酒及酵母发酵食品中都有含量较高的海藻糖。海藻糖是由两个葡萄糖分子以1,1-糖苷键构成的非还原性糖，有3种异构体，即海藻糖（α,α）、异海藻糖（β,β）和新海藻糖（α,β），并对多种生物活性物质具有非特异性保护作用，在医学上已经成功地应用海藻糖替代血浆蛋白作为血液制品、疫苗、淋巴细胞、细胞组织等生物活性物质的稳定剂。

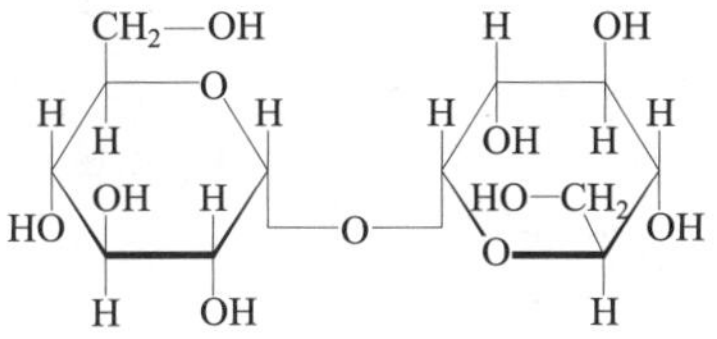
海藻糖(α式)

另外常见的二糖还有麦芽糖（两个D-葡萄糖通过1,4-碳原子连接为α糖）与纤维糖（两个D-葡萄糖通过1,4-碳原子连接为β糖），麦芽糖大量存在于发芽的各类种子中，淀粉水解后也可得到麦芽糖。纤维二糖则是纤维素的基本构成单位。

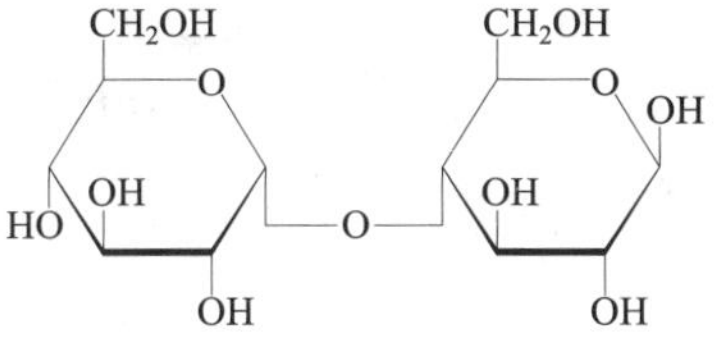
麦芽糖(α式)

三糖，顾名思义就是由三个单糖缩合而成的缩醛衍生物之总称。天然存在的三糖，有龙胆属（龙胆）根中的龙胆三糖（gentianose），广泛分布于甘蔗、棉籽、桉树和甜菜中的棉子糖（raffinose），以及松柏类分泌的松三糖（melezitose）和车前属（plantago）种子中分离出的车前三糖（planteose）等。其他还有作为多糖部分水解产物的如麦芽三糖等。三糖是根据结构进行系统命名的。如棉子糖命名为 O-α-D-半乳糖吡喃基 -（1 → 6）-α-D-葡萄糖吡喃基 -（1 → 2）-β -D-果糖呋喃苷。

棉子糖又称蜜三糖，由半乳糖、果糖和葡萄糖结合而成，在大部分的植物中都存在，它也被称为蜜里三糖、棉子糖。棉子糖可作为人体和动物活器官移植用保护输送液的主要成分及延长活菌体在常温下存活期的增效剂。棉子糖为白色结晶粉末，从水溶液结晶时带有五分子结晶水，相对密度 1.465，熔点 80℃，缓缓加热至 100℃时失去结晶水。无水物熔点 118 ～ 119℃，溶于水，极微溶于乙醇，有右旋光性，可供医药、微生物培养基等用。

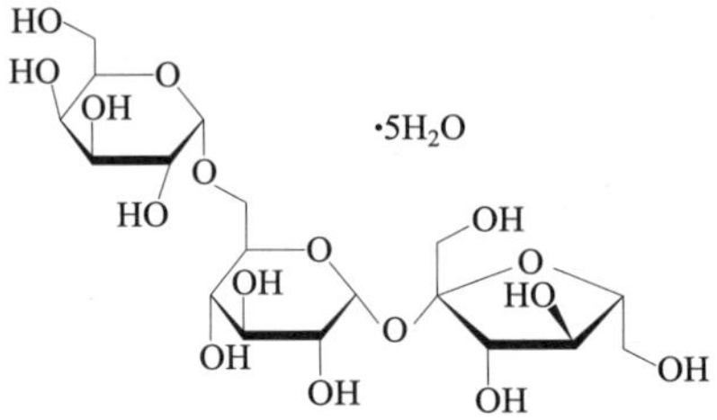

棉子糖

松三糖（melezitose）为一种非还原三糖，可从数种树的汁液中被萃取出来，如落叶松或黄杉，具有独特药用价值。松三糖可以部分被水解成葡萄糖和松二糖（松二糖为蔗糖的同分异构体）。

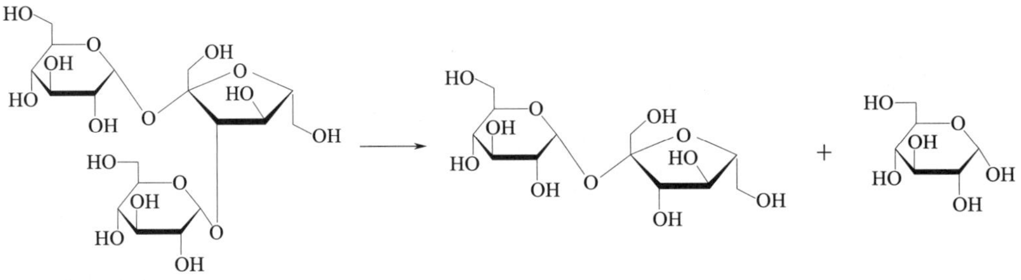

松三糖　　松二糖　　葡萄糖

麦芽三糖（maltotriose）具有柔和的甜味，甜度约为蔗糖的 0.32 倍。麦芽三糖耐热性、耐酸性均比蔗糖、葡萄糖好，在酸性及高温下稳定，不易发生美拉德反应，有较好的护色作用。同时麦芽三糖拥有良好的吸湿性并可以抑制淀粉老化。此外麦芽三糖兼具营养性和抑制肠内腐败菌生长的功能。

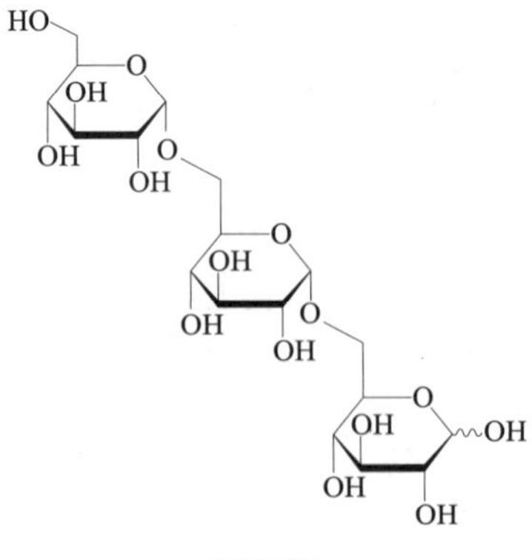

麦芽三糖

二、寡糖的性质

1. 旋光性和变旋性——寡糖都有旋光性，个别没有变旋性

寡糖分子中都存在不对称碳原子，因而都有旋光性，个别没有变旋性。例如蔗糖具右旋性，比旋光度为 +66.5°；麦芽糖和乳糖也都具有各自的比旋光度。但并非所有寡糖都有变旋性，蔗糖由于分子中不存在半缩醛羟基，所以不具有变旋性；麦芽糖和乳糖保留有半缩醛羟基，因而具有变旋性。

2. 还原性——多数具有还原性

分子中含有自由醛（或酮）基或半缩醛（或酮）基的糖都具有还原性。单糖和部分寡糖具有还原性，而糖醇和多糖则不具有还原性。有还原性的糖称为还原糖。还原性寡糖的还原能力随着聚合度的增加而降低。海藻糖型的糖分子中两个单糖都是以还原性基团形成糖苷键，不具有还原性，不能还原斐林试剂，不生成脎和肟，不发生变旋现象；而麦芽糖型分子中一分子糖的还原性半缩醛羟基与另一个糖分子的非还原性羟基相结合成糖苷键，因此有一个糖分子的还原性基团是游离的，可以还原斐林试剂，也可生成脎和肟，能发生变旋现象，麦芽糖、乳糖、异麦芽糖、龙胆二糖等属于此类。

3. 发酵性——酒精和二氧化碳的生成

不同微生物对各种糖的利用能力和速度不同。霉菌在许多碳源上都能生长繁殖。酵母菌可使葡萄糖、麦芽糖、果糖、蔗糖、甘露糖等发酵生成酒精和二氧化碳。大多数酵母菌发酵糖速度的顺序为：葡萄糖 > 果糖 > 蔗糖 > 麦芽糖。乳酸菌除可发酵上述糖类外，还可发酵乳糖产生乳酸。但大多数低聚糖却不能被酵母菌和乳酸菌等直接发酵，低聚糖要在水解后产生单糖才能被发酵。由于蔗糖、麦芽糖等具有发酵性，生产上应注意避免微生物生长繁殖。

三、环糊精

1. 结构——环糊精为含有 6 ～ 8 个葡萄糖基的环状寡糖

一种特殊的淀粉酶（环状糊精糖基转移酶）作用于淀粉溶液可以得到一系列结构相关的寡糖，称为环糊精（cyclodextrins）。环糊精是 D-吡喃葡萄糖残基以(1 → 4)糖苷键连接而成的环状结构分子，分子内的葡萄糖残基数一般为 6 ～ 12 个，最常见的含有 6、7、8 个残基，分别为 α、β、γ 型环糊精。其分子呈上宽下窄、两端开口、中空的筒状物，腔内部呈相对疏水性，而所有的羟基则在分子外部，其结构见图 2-11。

由于环糊精的环状结构分子所具有的刚性，使得环糊精具有一定程度的抗酸、碱和酶的作用。它们在热的碱性溶液中较稳定，对酸水解较慢，对淀粉酶也有较大抗性。

2. 用途——广泛的工业用途

环糊精因其特殊的分子结构和上述的特殊性质，常作为稳定剂、乳化剂、增溶剂、抗氧化剂、抗光解剂等，广泛用于食品、医药、轻工及农业化工等方面。比如环糊精能有效地增加一些水溶性不良的药物在水中的溶解度和溶解速率，如前列腺素 -CD 包合物能增加主药的溶解度从而制成注射剂。它还能提高药物（如肠康颗粒挥发油）的稳定性和生物利用度，减少药物（如穿心莲）的不良气味或苦味，降低药物（如双氯芬酸钠）的刺激和毒副作用，以及使药物（如盐酸小檗碱）缓释和改善剂型。包合物可能是环糊精和目标分子 1 ∶ 1 的方式结合而形成，也可能是其他比例的结合方式。

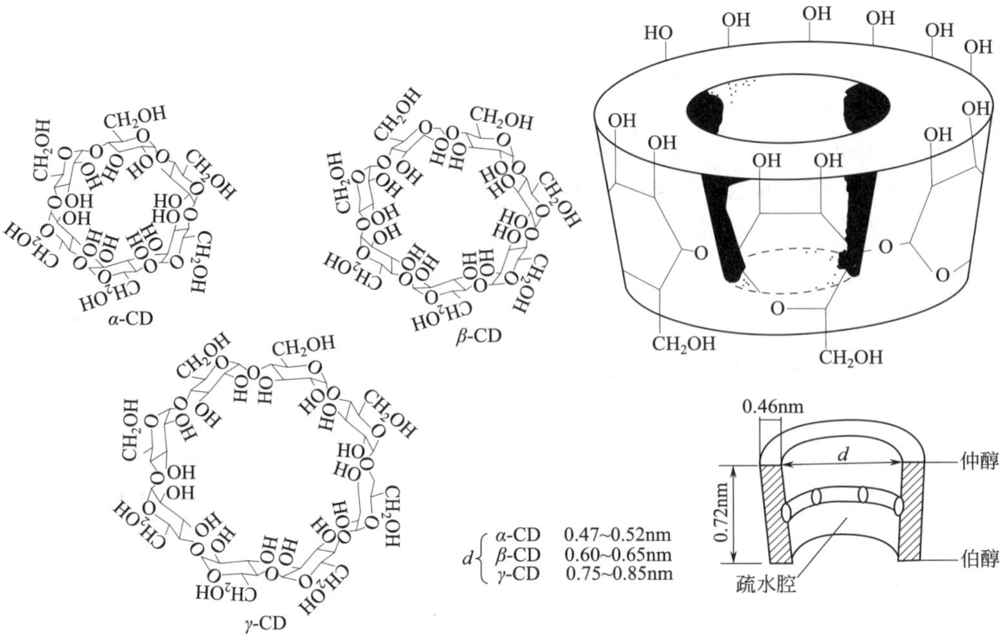

图 2-11　三种环糊精结构、形态和相关参数

第四节　多糖的结构和性质

一、同多糖

多糖相对于单糖和寡糖而言是一类结构复杂的大分子糖类物质，它一般由 10 个以上单糖分子缩合而成。自然界中植物、动物、微生物都含有多糖。按多糖的组成成分，可将其分为同多糖（homopolysaccharides）和杂多糖（heteropolysaccharides）两种。前者由一种单糖组成，后者则由一种以上的单糖或衍生物组成，其中有些还含有非糖物质。常见的同多糖有淀粉、糖原、纤维素和几丁质等。

1. 淀粉——天然淀粉及改性淀粉

淀粉（starch）广泛分布于自然界，特别在植物的种子、根茎及果实中含量较高，是植物体内重要的储藏多糖，亦可作为重要的营养物质为人体所代谢利用。淀粉由许多 α-D-葡萄糖分子以糖苷键连接而成。天然淀粉有两种组成成分，一种是溶于水的直链淀粉（糖淀粉），另一种是不溶于水的支链淀粉（胶淀粉）。这两种淀粉在不同植物中的含量不同，玉米淀粉和马铃薯淀粉分别含有 27% 和 20% 直链淀粉，其余为支链淀粉；也有的全部为直链淀粉，如豆类淀粉；而糯米则全为支链淀粉。一般天然淀粉中直链淀粉占 10% ～ 20%，支链淀粉占 80% ～ 90%。

2-6　人工合成淀粉

直链淀粉（amylose）由 α-D-葡萄糖分子通过 1 → 4 糖苷键连接而成，分子量为 3.2×10^4 ～ 1.6×10^5，相当于含有 200 ～ 980 个葡萄糖残基。每个直链淀粉分子是一条线性的无分支的链型结构，它的真实结构是以平均每 6 个葡萄糖单位构成一个螺旋圈，许多螺旋圈再构成弹簧状的空间结构。

支链淀粉（amylopectin）是一种带支链的多糖，组成它的葡萄糖残基之间以 α(1 → 4) 糖苷键连接，在结合 11 ～ 12 个葡萄糖残基后即产生一个分支，支链与主链以 α(1 → 6)糖苷键连接。支链内的葡萄糖残基仍通过 $\alpha(1\rightarrow4)$糖苷键连接。支链的平均长度为 24 ～ 32 个葡萄糖残基，支链的数目可达 50 ～ 70 个。因此支链淀粉的分子量比直链淀粉大，一般在 1×10^5 ～ 1×10^6 之间，相当于含有 600 ～ 6000 个葡萄糖残基。

一个直链淀粉分子具有两个末端，一端由于存在一个游离的半缩醛羟基，具有还原性，称为还原端，另一端为非还原端（见图 2-12）。单个直链淀粉分子具有一个还原端和一个非还原端，一个支链淀粉分子有一个还原端和 n+1 个非还原端，n 为分支数。

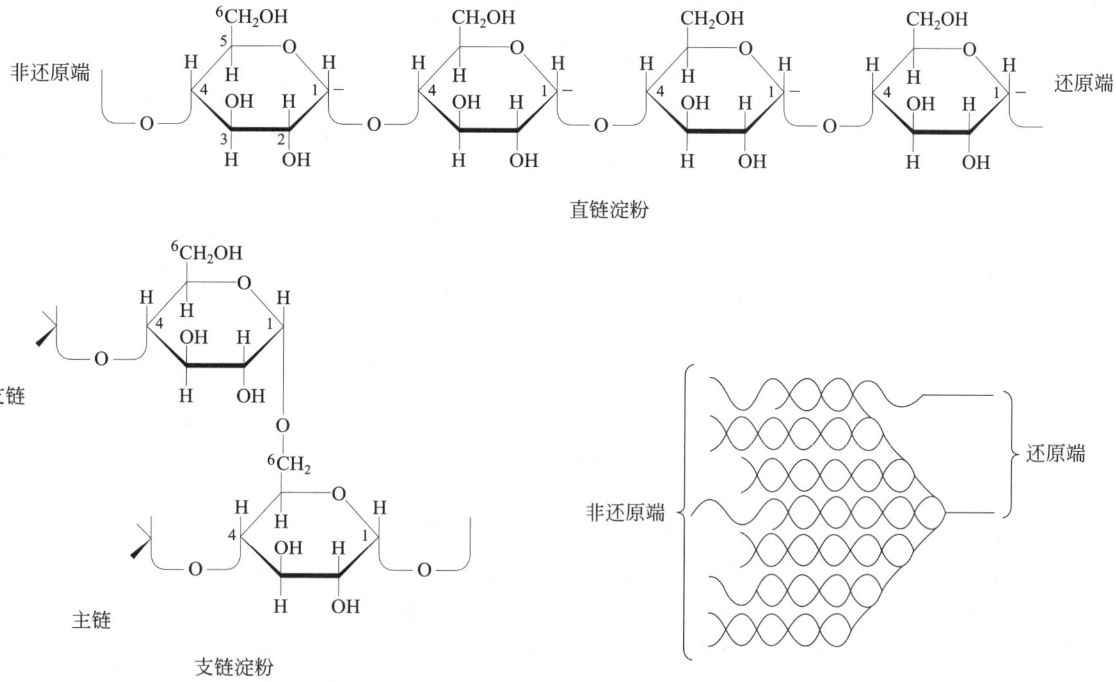

图 2-12　不同淀粉的还原与非还原端

可利用淀粉与碘的颜色反应来区分直链淀粉和支链淀粉，直链淀粉遇碘产生蓝色，支链淀粉遇碘产生红色。以上两种不同的反应结果是与淀粉的螺旋结构有关的。当淀粉形成螺旋圈时，碘分子进入其中，糖的羟基成为供电子体，碘分子成为受电子体，形成配合物。一个螺旋圈所含葡萄糖基数称为聚合度或重合度。当聚合度为 20 左右时，与碘形成的配合物显红色，20 ～ 60 时为紫红色，大于 60 则呈蓝色。当链长小于 6 个葡萄糖基时，不能形成一个螺旋圈，遇碘不显色。

淀粉无还原性，具右旋光性。天然淀粉一般不溶于水，且密度较大，其悬浮液放置一段时间后很容易沉淀，工业上常用此法来精制淀粉。

在工业上不仅直接利用淀粉作为原料，用于食品、制药、化工、纺织等领域，而且更常用淀粉的改性产品：淀粉糖和改性淀粉，特别是食品工业和医药工业。利用淀粉为原料生产的糖品统称为淀粉糖，包括结晶葡萄糖、全糖、淀粉糖浆、果葡糖浆等。淀粉糖品与淀粉相比，许多性质都有较大的改变，包括甜度、溶解度、结晶性质、吸潮性和保潮性、黏度、化学稳定性、抗氧化性、发酵性和代谢性质等，这些性质的变化更有利于工业上对淀粉的利用。

改性淀粉又称变性淀粉，是指淀粉经过物理、化学或生物化学方法，改变其天然性质，增强其某些机能或引进新的特性而制备的淀粉产品。这种产品是根据淀粉本身的固有特性，利用加热、酸、碱、氧化剂、酶制剂等改变淀粉的部分性质，以扩大淀粉的应用范围。工业上常用的改性淀粉有预糊化淀粉（溶解速度快，用于食品的增稠、保形等）、酸变性淀粉（具有黏度较低、膨胀系数低、分子量较小等特性，用于食品、纺织、造纸工业）、氧化淀粉（具有低黏度、高清晰度、低胶凝势等特性，作为增稠剂、乳化稳定剂）、磷酸淀粉（具有高极性、高黏度、低凝沉作用，用作增稠剂、乳化剂）等。

2. 糖原——动物的储存燃料

糖原（glycogen）是动物体内的储存多糖，相当于植物体内的淀粉，所以也称为动物淀粉。糖原主要分布在动物的肝脏（肝糖原）和骨骼肌（肌糖原）中，在一些低等植物、真菌和细菌中，也存在糖原类似物。肝脏中的糖原含量与血糖的水平高低有关。人体需要能量时，肝糖原经分解并进入血液而变成葡萄糖（见图 2-13），供机体消耗；在饭后或其他情况下血中葡萄糖的含量升高时，多余的葡萄糖又可以转变成糖原而储存于肝中。肌糖原则为肌肉收缩提供能源。

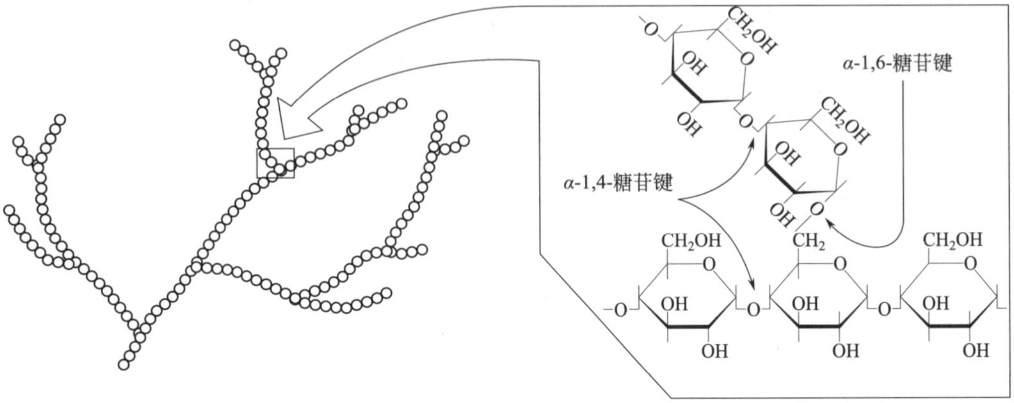

图 2-13 糖原的结构

糖原的基本组成单位与淀粉相同，也是葡萄糖，分子量很大（肝糖原为 10^6，肌糖原为 5×10^6），相当于3万个葡萄糖单位。糖原的基本结构与支链淀粉相似，主链以 $\alpha(1\rightarrow4)$糖苷键连接，再通过 $\alpha(1\rightarrow6)$糖苷键将主链与支链相连。但糖原的分支更多，且支链长度一般由 10 ～ 14 个葡萄糖单位组成，主链上每 3 ～ 5 个葡萄糖基就有一个分支，整个糖原分子呈球形。

糖原无还原性，遇碘呈红色；糖原具右旋性。糖原能溶于水和三氯醋酸，但不溶于乙醇及其他有机溶剂。因此，可用冷的三氯醋酸抽提动物肝脏中的糖原，然后再用乙醇将其沉淀。

3. 纤维素——植物结构多糖

纤维素（cellulose）是自然界中分布最广、含量最多的一种多糖，天然纤维素主要来源于棉花、麻、木材等。纤维素主要以结构多糖的形式存在于植物体内，它是构成植物细胞壁和支撑组织的重要成分，使细胞保持足够的抗张韧性和刚性。

纤维素的结构类似于直链淀粉，分子中无分支，而是一条螺旋状的长链，该长链由 D-葡萄糖分子以 $\beta(1\rightarrow4)$糖苷键连接而成，葡萄糖残基的分子数一般为 8000 个左右。纤维素在植物体内集结成一种称为微纤维的生物学结构单元，微纤维由一束沿分子长轴平行排列，但又存在交叉重叠的纤维素分子构成。这种结构决定了纤维素的化学稳定性和机械性能。纤维素的分子量会因植物种类、处理过程及测定方法不同而有较大出入，一般为 5 万至 200 万。

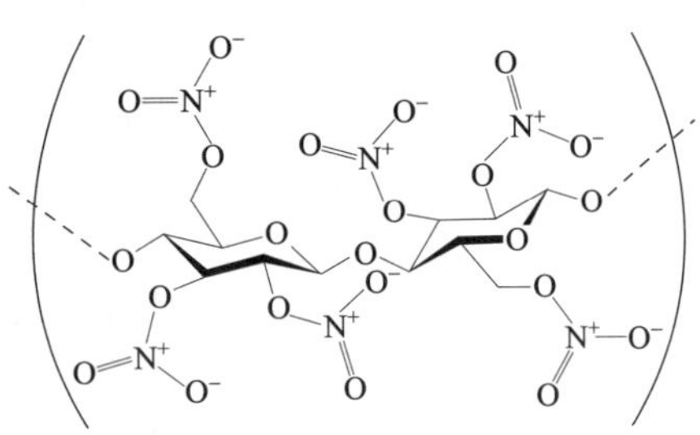

图 2-14 硝化纤维素结构片段

2-7 纤维素的利用历史

纤维素的主要特点是极难溶于一般的有机溶剂，也不溶于稀酸、稀碱。从纤维素的结构可以看出，每一个葡萄糖分子含有 3 个自由羟基，因此在一定条件下均能与酸发生成酯反应。如果将纤维素加入浓硝酸和浓硫酸的硝化剂中，由于所用酸的浓度和硝化时间的不同，可以将其中的 3 个羟基逐步酯化。分别生成纤维素一硝酸酯、纤维素二硝酸酯和纤维素三硝酸酯。其中纤维素三硝酸酯，即所谓的硝化纤维素（俗称火棉，见图 2-14），是制造炸药的原料，其外表与棉花相似，但遇火迅速燃烧。前两者的混合物溶于醚和醇的混合液中，可得到一种黏稠的制品火棉胶或珂罗酊，这种制品可作为工业和医药的原料。

4. 几丁质——动物结构多糖

几丁质（chitin）又称壳多糖、甲壳素，是构成昆虫、甲壳类动物硬壳的主要成分，有些真菌细胞壁的结构中也含有壳多糖。其基本组成单位是 *N*-乙酰 -2-氨基葡萄糖（或称 *N*-乙酰葡萄糖胺），通过 β（1 → 4)糖苷键连接。壳多糖的结构类似于纤维素，为线形分子。

几丁质的性质稳定，不溶于水和绝大多数有机溶剂，仅溶于少数几种溶剂中，如六氟异丙醇、六氟丙酮水化物、一些氯醇和浓无机酸中；浓碱可使其水化成黏稠物，但易使乙酰基水解下来，成为脱乙酰壳多糖。

在虾、蟹等动物甲壳中含有 10% ～ 30% 的几丁质，因此，工业上常以甲壳为原料生产几丁质。用亚硫酸氢钠漂白法、草酸漂白法等方法可制得不溶性几丁质。作为工业原料，不溶性几丁质用含卤代烃的三氯乙酸处理，可制成透明薄膜，用于制备食品包装袋、记录带及磁带。因具有良好的透气、吸水性能，还可用作“人工皮肤”，将其贴在烧伤或烫伤的创口上，创口中的溶菌酶可缓慢地分解此薄膜，最后使伤口愈合。

如果将不溶性的几丁质溶于三氯乙酸、三氯乙醛和二氯甲烷的混合溶剂中，用喷嘴喷入丙酮，再用甲醇化的碱液处理，制成细纤维，最后制成纸质薄膜。由于这种制品不含黏合剂、多孔、透气性好，因此是良好的医用材料。几丁质也可用于包裹植物种子，既不影响种子的萌发，同时又具有保温、防止细菌侵袭、提高抗病力的作用。

若将不溶性几丁质再用碱法等方法除去分子中的乙酰基，制成脱乙酰化的可溶性几丁质（chitosan）（如图 2-15 所示），则更具有广泛的工业用途。这种产品具有耐碱、耐晒、耐热、耐腐蚀、不潮解、不风化、不畏虫蛀等特性，对织物、皮革等具有牢固的附着力及防皱、防缩、耐摩擦、易固着色素等能力，可用作黏结剂、上光剂、填充剂、乳化剂、净水剂、固发剂等，所以，在医疗、纺织、食品、印染、水处理、化妆品等行业具有广阔的应用前景。

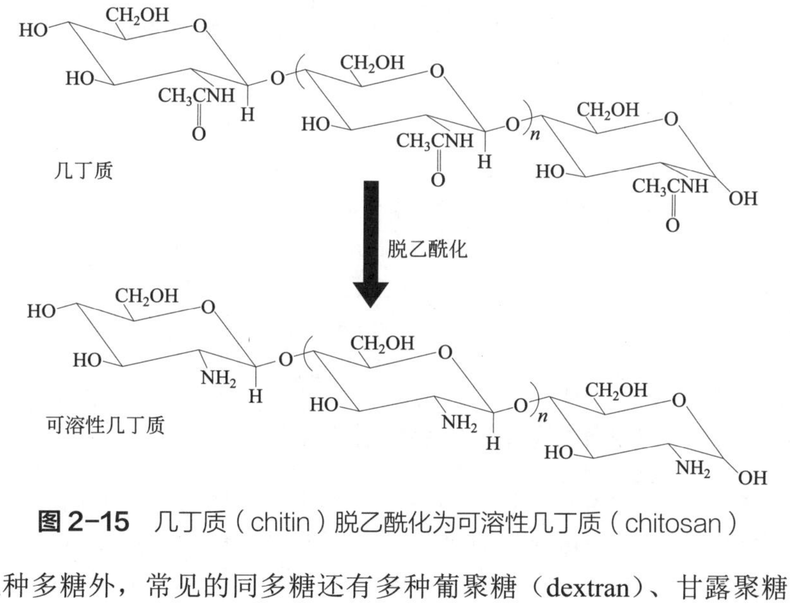

2-8　几丁质的工业化生产

图 2-15　几丁质（chitin）脱乙酰化为可溶性几丁质（chitosan）

除以上介绍的几种多糖外，常见的同多糖还有多种葡聚糖（dextran）、甘露聚糖（mannan）、木聚糖（xylan）等。

二、杂多糖

前面提到过杂多糖是指由一种以上单糖或衍生物组成的多糖，有些还含有非糖物质。下面将简单介绍几种常见的杂多糖。

1. 糖胺聚糖——细胞的外基质成分

作为细胞的外基质成分，糖胺聚糖（glycosaminoglycan）是一类含氮的杂多糖，以氨基己糖和糖醛酸组成的二糖单位为基本结构单元，不同的氨基己糖和糖醛酸以及糖分子上取代基的不同都会形成不同的糖胺聚糖。由于这类多糖大多呈现黏性，故也称为黏多糖（mucopolysaccharides）。又因为分子中含有许多酸性基团，也称为酸性黏多糖。黏多糖常存在于动物的软骨、筋、腱等部位，是结缔组织间质和细胞间质的主要成分。常见的黏多糖有肝素（heparin）、硫酸软骨素（chondroitin sulfate）、透明质酸（hyaluronic acid）等（见图 2-16）。

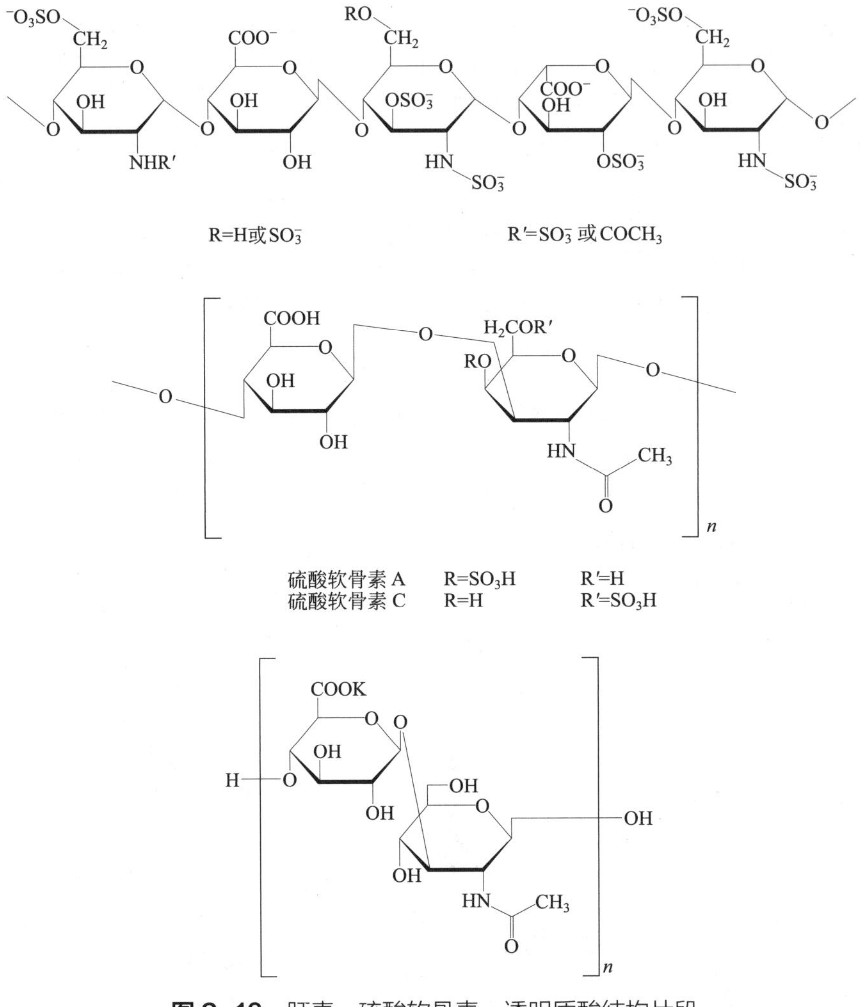

图 2-16　肝素、硫酸软骨素、透明质酸结构片段

糖胺聚糖的种类繁多，其生物学功能也多种多样。肝素是天然的抗凝血剂，它还可加速血浆中三酰甘油的清除，防止血栓形成。透明质酸则可以增加关节间的润滑性，在剧烈运动时起减震作用，使关节免受伤害。硫酸软骨素的用途更为广泛，它不仅具有特殊的免疫抑制作用，还能减少局部胆固醇的沉积，起到抗动脉粥样硬化的作用。在临床上，硫酸软骨素用于风湿痛、关节炎、神经痛及腰痛的治疗取得了较好的效果。此外，硫酸软骨素具有吸湿保水、改善皮肤细胞代谢的机能，精细化工工业上已将其用在化妆品中，主要作为水包油型表面促进剂，达到充分吸收的目的。

2. 琼脂——海藻多糖

琼脂（agar）是一类海藻多糖的总称，石花菜科（Gelidiaceae）几个属的海藻中含量较高，常作为琼脂的生产原料。琼脂是琼脂糖（agarose）和琼脂胶（agaropectin）的混合物，琼脂糖为聚半乳糖，每 9 个 D-半乳糖［互相以 β(1 → 3)糖苷键连接］与 1 个 L-半乳糖通过 β(1 → 4)糖苷键连接起来；琼脂胶则是琼脂糖的硫酸酯（大约每 53 个糖单位有 1 个—SO_3H 基，磺酸酯化位置在 L-半乳糖的 C6 上）。

琼脂在医药、食品工业中广泛用作凝固剂、赋形剂、浊度稳定剂等，它还可以作为微生物培养基组分，此外糖琼脂在生化实验中常用作色谱、电泳支持物。

3. 果胶和树胶——植物多糖

果胶（pectin）是典型的植物多糖，它是植物细胞壁的特有组分。果胶是果胶酸的甲酯，果胶酸（pectic acid）是 D-半乳糖醛酸以 α(1 → 4)糖苷键连接而成的直链多糖，在这条多糖链上连有一些侧链，侧链主要由半乳糖、鼠李糖、甘露糖等糖基构成。侧链与主链通过 α、β(1 → 2)等糖苷键连接。果胶酸的羧基约有 9% 甲基酯化后形成果胶。果胶分为可溶性和不溶性果胶，不溶性果胶是由许多果胶分子链借助于多价金属离子通过未酯化的半乳糖醛酸 C6 羧基互相连接而成网状结构，也称为原果胶（protopectin）。

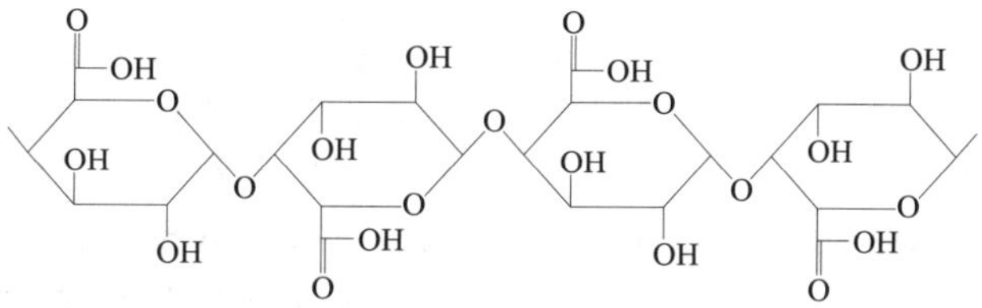

果胶类物质的一个特性是可以形成凝胶和胶冻。果胶水溶液在一定酸度（pH 2 ～ 3.5）下与糖共沸，冷却后形成果胶 - 糖 - 酸固体胶冻，因此果胶广泛用于制糖、饮料、面包、蜜饯、奶品等食品加工业。此外，果胶还用于制药、化妆品等工业。

树胶（gum）是植物表皮的一类渗出液，它们是由葡萄糖、葡萄糖醛酸、半乳糖、甘露糖、阿拉伯糖等糖基组成的一类杂多糖。不同植物产生不同的树胶，在各种树胶中，糖基成分常常含有羧基等氧化基团，而羧基又多以钙、镁、钾盐形式存在。树胶在工业上有广泛的用途，已用于食品、制药、纺织、印染、造纸、印刷、水泥、涂料、皮革、橡胶、陶瓷、电镀、金属加工、包装材料、化妆品、农业、渔业、国防等工业。按用途可将其分为食品胶和工业胶两大类。常用工业胶有：①阿拉伯胶——主要是阿拉伯胶树的分泌物，浅黄至黄褐色固体、性脆、有光泽，其溶液黏度低，能配成浓度 50% 以上的溶液，其胶黏性能与黏度无关，世界年产量 5 万吨，其中 90% 产于苏丹，是工业上用途最广的树胶，常用于食品、医药、化妆品、颜料、墨水、印刷、纺织等方面，也用于油库内壁防止渗漏；②黄蓍胶——是黄蓍胶树等的分泌物，在树胶中以它的溶液的黏度最高，主要用于食品、医药和化妆品；③桃胶——由桃的分泌物水解而制得，主要用于水彩颜料和印刷；④落叶松阿拉伯半乳聚糖——由落叶松属木材用水或稀碱液浸提加工而得，属低黏度高分散性树胶，主要用于医药、食品等。

4. 细菌多糖——细菌细胞壁杂多糖

胞壁质（murein）也称为肽聚糖（peptidoglycan），是构成细菌细胞壁骨架结构的一种杂多糖。它是由 *N*-乙酰葡萄糖胺和乙酰胞壁酸通过 β(1 → 4)糖苷键交替连接而成的多聚体，这种多聚体再作为交联结构的重复单位通过肽链连接，如图 2-17 所示。

这种骨架链通过 L-和 D-氨基酸短肽链连接起来构成肽聚糖。革兰氏阳性菌和革兰氏阴性菌细胞壁肽聚糖，结构上的区别在于各有不同的氨基酸及不同方式构成的肽链。

在革兰氏阳性菌的细胞壁中，连接肽聚糖骨架链的次级结构性多糖主要是磷壁酸（teichoic acid）和磷壁糖醛酸（teichuronic acid），这是革兰氏阳性菌细胞壁的特有成分。磷壁酸是磷酸甘油或磷酸核糖醇的多聚体，其中相邻的多元醇通过磷酸二酯键连接。迄今发现的磷壁糖醛酸有 3 种类型：一类为相等比例的 *N*-乙酰半乳糖胺和 D-葡萄糖醛酸组成的多聚糖；另一类为相等比例的 D-葡萄糖和 *N*-乙酰 -D-甘露氨

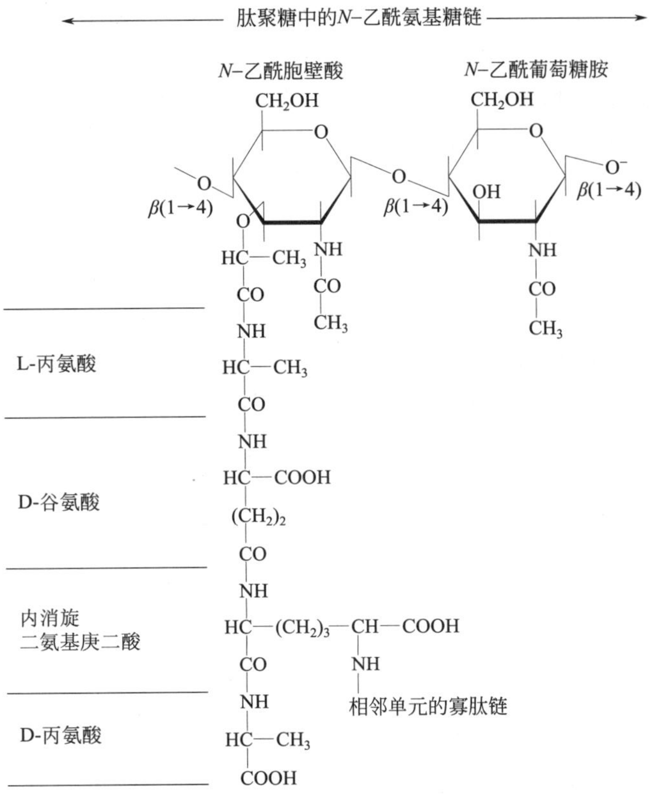

图 2-17　通过肽链连接的交联结构

基糖醛酸组成的多糖；第三类也称为脂磷壁酸，是D-丙氨酸取代的 1,3-多聚磷酸甘油组成的酸性多聚体。革兰氏阴性菌的细胞壁成分较复杂，除含有 10% 的胞壁质外，在细胞外膜上还覆盖有一层脂多糖。

三、复合糖类

复合糖类是指糖和非糖物质的复合物。糖成分与蛋白质共价相连就构成糖蛋白，与脂类相连就构成糖脂。复合糖的分布很广，功能也多种多样。

1. 糖蛋白——糖蛋白中的寡糖具有重要生物功能

糖蛋白（glycoproteins）专指由寡糖链与多肽链共价相连所构成的复合糖类，多数情况下糖的部分所占比例较小，以蛋白质成分为主。糖蛋白中的糖链一般为低聚糖，常有分支，且整个分子具不均一性。至今发现构成糖蛋白的糖有 10 余种，己糖为主，戊糖次之。已发现有 D-葡萄糖、D-半乳糖、D-甘露糖、D-木糖、L-阿拉伯糖、L-岩藻糖、*N*-乙酰氨基己糖和唾液酸等。参与糖肽连接的氨基酸种类很有限，常见的是丝氨酸、苏氨酸、天冬酰胺等。

由于连接方式的不同，糖蛋白分为 *O*-型糖蛋白和 *N*-型糖蛋白两种，*O*-型糖蛋白是指蛋白质中的丝氨酸或苏氨酸残基的羟基与糖基相连接，而 *N*-型糖蛋白则主要是蛋白质中的天冬酰胺的氨基与糖基相连。

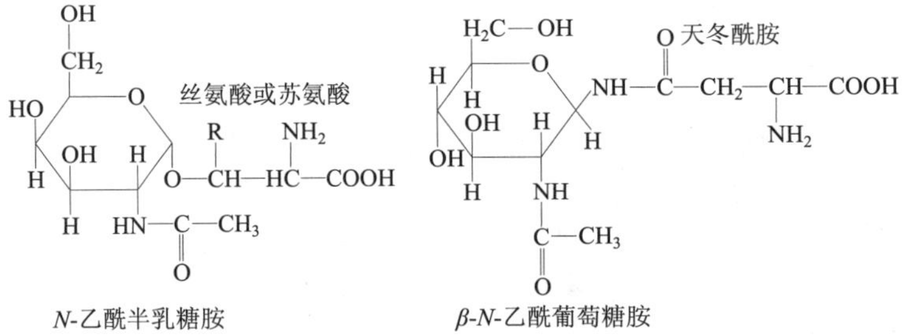

糖类蛋白的寡糖链在不同情况下呈现多方面的作用：寡糖链不仅可作为识别标记和多肽链构象的决定因子，而且寡糖链的存在与否还会影响某些糖蛋白与其他分子的结合，甚至改变糖蛋白的溶解度、沉淀性和在水溶液中的黏度。此外，糖蛋白对蛋白水解酶的耐受能力、糖蛋白的分泌及运输等也常与所含的寡糖链相关。

2. 糖脂——糖脂和脂多糖是生物膜组分

糖脂（glycolipids）是一类含有糖基的脂质化合物，是一种普遍的膜组分，主要存在于质膜的外层，它一方面有助于稳定质膜的结构，另一方面可使细胞接受胞外信息，调节细胞功能。常见的糖脂有两类：鞘糖脂（glycosphingolipids）和甘油糖脂（glyceroglycolipids）。鞘糖脂主要存在于哺乳动物中，而植物和微生物中的糖脂以甘油糖脂为主。

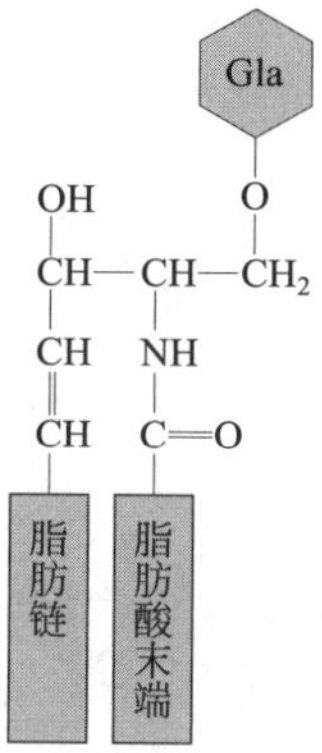

半乳糖脑苷脂

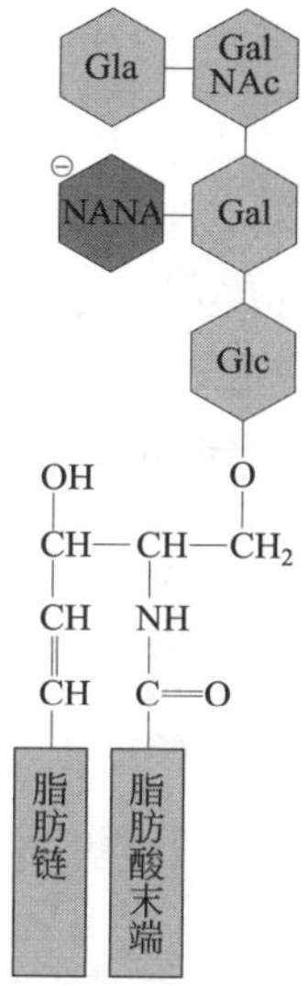

GM1神经节苷脂

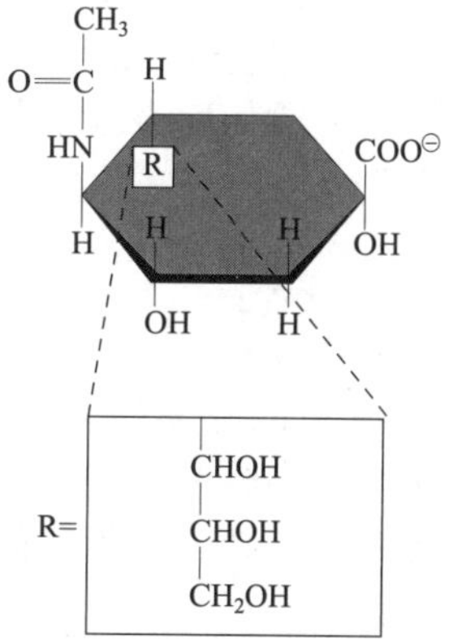

唾液酸

脂多糖（lipopolysaccharide）是革兰氏阴性细菌细胞壁成分。不同细菌所含糖组分及其结构都有较大差别。通常含有 5 ～ 9 种糖，如肠道细菌除含有 D-葡萄糖、D-半乳糖、*N*-乙酰葡萄糖胺外，还含有一些特殊的糖组分如 3,6-二脱氧岩藻糖、L-甘油甘露庚糖、2-酮 -3-脱氧辛糖酸等。脂多糖除对细胞具有保护作用外，通常还具有抗原性，因而又称抗原性多糖。

第五节　糖类的应用与工业生产

一、糖类的应用

在前述章节中，已分别介绍了各典型单糖、寡糖、多糖及其衍生物的主要应用，本节再做简要补充。糖类与生物工程关系最为密切，是最易被微生物利用的碳源，葡萄糖（主要由淀粉水解产生）是目前发酵工业的基础，为发酵提供碳源和能源，作为主要原料在整个生产成本中所占比例较高。

糖类最主要应用领域为食品工业，可作为功能食品，以及甜味剂、增稠剂（如黄原胶、结冷胶）、凝胶剂（如结冷胶、琼脂）等添加剂，还可作为包装材料（如普鲁兰多糖）。

作为营养补充剂、免疫调节剂大量应用于医药工业，还可作为药物载体（如壳聚糖、纤维素）、伤口敷料（如海藻多糖、普鲁兰多糖）、药用辅料（阿拉伯胶、海藻酸盐）等。

糖类具有良好的保湿性能和填充效果，如透明质酸、硫酸软骨素、海藻糖、羧甲基葡聚糖等，使皮肤保持湿润、光滑和弹性，可应用于化妆品行业，如乳液、面霜、精华液、面膜等，也用于医美注射填充剂等产品。

多糖可再生、生物降解等特点使其成为绿色化工原料，在替代传统塑料制品方面具有巨大潜力，淀粉、纤维素等可用于生产生物降解塑料袋、餐具、农业地膜等，减少白色污染。纤维素、壳聚糖可用于污水处理和重金属离子的吸附，展现出其在环境治理方面的独特价值。黄原胶、威兰胶、瓜尔胶等多糖可用于石油化工行业，作为钻井泥浆的增稠剂和稳定剂，提高钻井效率和安全性。

二、糖类的工业生产

淀粉、纤维素等多糖主要是从农作物、植物中提取。以多糖为原料，通过化学法或酶法水解，可制备寡糖和单糖。肝素、透明质酸可从动物组织中提取。一些功能性糖，则可通过发酵法生产。

1. 糖类的提取制备

纤维素从植物细胞壁中提取，如木材、棉花等是常见的原料。首先将原料进行预处理，去除杂质和非纤维素成分，然后通过化学法或生物法等手段，如碱处理、酶解等，将纤维素从原料中分离出来，经过进一步的纯化和加工，可得到不同纯度和用途的纤维素产品。

肝素主要从猪小肠黏膜或牛肺等动物组织中提取。动物组织预处理后经过酶解、提取、纯化等多道工序，去除蛋白质、核酸等杂质和其他生物活性物质，得到高纯度的肝素产品。

2-9 乳糖的提取

2. 水解法生产葡萄糖

淀粉水解法是最常见的葡萄糖生产方法。工业上主要有酸法、酶法和酸酶结合法。酶法利用淀粉酶和糖化酶等多种酶水解淀粉。葡萄糖的生产工艺包括水解、脱色、离子交换和结晶等步骤。首先将淀粉、纤维素等多糖进行水解，生成葡萄糖溶液，然后通过脱色、离子交换等工艺提高葡萄糖的纯度，最后通过结晶纯化。从保障粮食安全、降低生产成本、环境可持续性等角度，开发非粮食可再生资源作为生产葡萄糖的替代原料，如农林废弃物纤维素等，具有重要意义和广阔前景。

2-10 酶法生产果葡糖浆

3. 发酵法生产透明质酸

透明质酸是一种重要的多糖类物质，属于大分子的生物高分子化合物。它具有良好的亲水性和润滑性，在医疗、美容、食品等领域都有着广泛的应用。透明质酸的生产工艺主要有两类，分别为以动物组织如鸡冠、牛眼为原料的提取法，以及微生物发酵法。发酵法是化妆品和药用透明质酸的主要生产方法。常用菌种有链球菌、产酸杆菌等。生产过程包括以下环节：

（1）菌种培养

（2）发酵过程　将已经培养好的菌株接种到培养基中，培养一定时间后进行转移。在接种菌株后，通过调整培养基的温度、pH 值、氧气供应等条件来促进菌株的繁殖和产酸。

（3）透明质酸的分离提取　发酵结束后，过滤菌体和培养液，经乙醇沉淀和络合沉淀，然后采用真空干燥，最终得到高纯度的透明质酸产品。

本章提要

糖类是多元醇的醛或酮衍生物，包括多羟基醛、酮及其缩聚物和衍生物，可分为单糖、寡糖和多糖。多糖分同多糖和杂多糖，糖类与非糖共价结合形成复合糖。按还原性分还原糖和非还原糖。糖类有多种生物学功能，淀粉和糖原是能源物质和碳源物质，纤维素和细菌多糖是细胞壁组分，复合糖和寡糖有重要生物功能。糖类通过半缩醛羟基与其他化合物基团共价结合脱水形成糖苷，含糖残基和苷元，糖苷键可以通过氧、硫、氮原子连接。糖蛋白是寡糖链与多肽链相连的复合糖，糖链多为低聚糖、分支且不均一，参与连接的氨基酸主要为丝氨酸、苏氨酸、天冬酰胺等残基。

课后习题

1. 戊醛糖和戊酮糖各有多少个旋光异构体（包括 α、β 异构体）？请写出戊醛糖的开链结构式（注明构型与名称）。

2. 乳糖是葡萄糖苷还是半乳糖苷？是 α 糖苷还是 β 糖苷？蔗糖是什么糖苷？是 α 糖苷还是 β 糖苷？两分子 D-吡喃葡萄糖可以形成多少种不同的双糖？

3. 请写出龙胆三糖［β-D-吡喃葡萄糖 $(1 \rightarrow 6)\alpha$-D-吡喃葡萄糖 $(1 \rightarrow 2)\beta$-D-呋喃果糖］的结构式。

4. 试比较淀粉、糖原和纤维素在结构和功能上的异同点。

5. 若一支链淀粉的分子量为 1×10^6，分支点残基占全部葡萄糖残基数的 11.8%。问：① 1 分子支链淀粉含有多少个葡萄糖残基？②在分支点上有多少个残基？③有多少个残基在非还原末端上？

6. 今有 32.4mg 支链淀粉，完全甲基化后酸水解，得 10μmol 2,3,4,6-四甲基 D-葡萄糖。问：①此外还有哪些甲基化产物，每种是多少？②通过 1,6-苷键相连的葡萄糖残基的百分数是多少？③若该支链淀粉的分子量为 1.2×10^6，则 1 分子支链淀粉中有多少分支点残基？

7. 请用两种方法分别区分下列各组糖类物质：①葡萄糖与半乳糖；②蔗糖与乳糖；③淀粉与糖原；④淀粉与纤维素；⑤香菇多糖与阿拉伯聚糖。

8. 某一糖类物质可溶于水，但加入乙醇后又发生沉淀，斐林试剂反应阴性。当加入浓 HCl 加热后，加碱可使 Cu^{2+} 还原为 Cu^{+}。加酸、加入间苯二酚无颜色变化，但加入间苯三酚却有黄色物质生成。试判断这是哪类糖类物质，并说明其判断依据。

讨论学习

1. 环糊精为什么可与脂溶性成分结合并增加其水溶性？
2. 动物多糖和植物多糖有哪些不同？

2-11　自我测评

第三章　脂质化学

3-1　学习目标

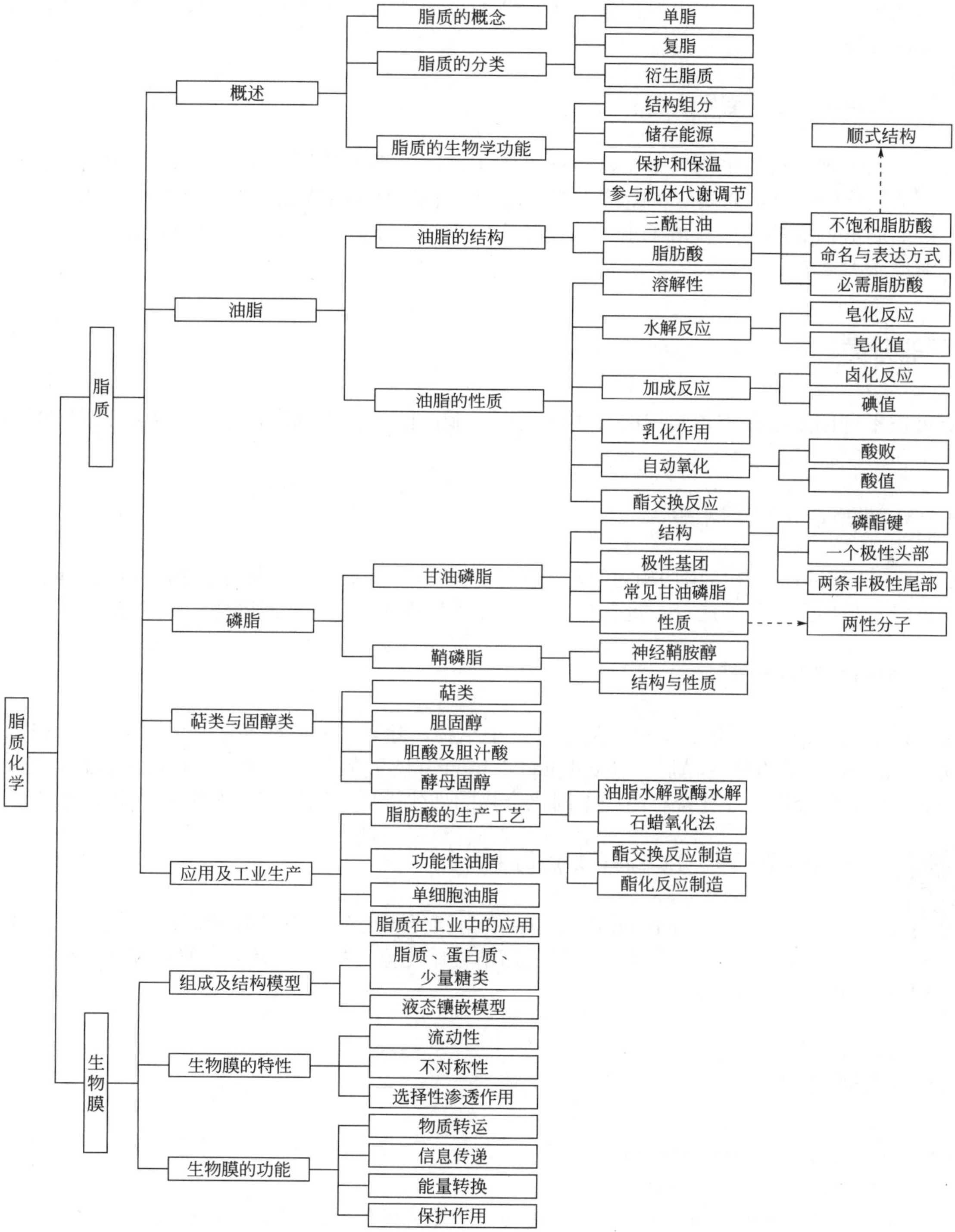
脂质化学
脂质
概述
脂质的概念
脂质的分类
单脂
复脂
衍生脂质
脂质的生物学功能
结构组分
储存能源
保护和保温
参与机体代谢调节
油脂
油脂的结构
三酰甘油
脂肪酸
顺式结构
不饱和脂肪酸
命名与表达方式
必需脂肪酸
油脂的性质
溶解性
水解反应
皂化反应
皂化值
加成反应
卤化反应
碘值
乳化作用
自动氧化
酸败
酸值
酯交换反应
磷脂
甘油磷脂
结构
磷酯键
一个极性头部
两条非极性尾部
极性基团
常见甘油磷脂
性质
两性分子
鞘磷脂
神经鞘胺醇
结构与性质
萜类与固醇类
萜类
胆固醇
胆酸及胆汁酸
酵母固醇
应用及工业生产
脂肪酸的生产工艺
油脂水解或酶水解
石蜡氧化法
功能性油脂
酯交换反应制造
酯化反应制造
单细胞油脂
脂质在工业中的应用
生物膜
组成及结构模型
脂质、蛋白质、
少量糖类
液态镶嵌模型
生物膜的特性
流动性
不对称性
选择性渗透作用
生物膜的功能
物质转运
信息传递
能量转换
保护作用

第一节　概述

一、脂质的概念

1. 定义——脂质是醇与酸缩合的产物

脂质（lipid）或称脂类是一类广泛存在于自然界中的有机化合物，主要是由脂肪酸与醇作用生成的酯及其衍生物。脂质包括的范围很广，这些物质虽然在化学成分和化学结构上有较大差异，但它们都具有脂质特有的性质。它们在生物体内发挥着多种重要的生理功能，包括能量储存、细胞膜结构组成、信号传递和激素合成等。

2. 特点——脂质通常是水不溶化合物

脂质，作为一种独特的生物大分子，一般不溶于水，而溶于乙醚、氯仿、苯等有机溶剂。这是因为脂质分子中碳氢比例较高。脂质这种能溶于有机溶剂而不溶于水的特性称为“脂溶性”。但这并不是绝对的，由低级脂肪酸构成的脂质就溶于水。即使是完全不溶于水或微溶于水的脂质，在特定条件下如高温高压环境中也能大量溶于水。

二、脂质的分类

脂质可按不同的方法分类，常用的分类法是根据脂质的主要成分进行分类，依此原则可将脂质分为单脂、复脂和衍生脂质。

1. 单脂——单纯脂仅含脂肪酸和醇

单脂（simple lipid），是指结构相对简单的脂质，其分子组成单一，通常是由长链脂肪酸和醇类物质通过酯化反应形成的酯，如油脂等。也包括主要由长链脂肪酸和长链醇或固醇组成的蜡。

2. 复脂——复合脂含有多种成分

复脂（complex lipid）则包含了更为复杂的分子结构，除含有脂肪酸和各种醇以外，还含有其他成分的酯。如结合了糖分子的称为糖脂（glycolipid），结合有磷酸的称为磷脂（phospholipid），还有脂蛋白（lipoprotein）等。复合脂质往往兼有两种不同化合物的理化性质，因而有特殊的生物学功能。

3-2　在 LipidMaps 数据库中检索脂质

3. 衍生脂质——由单脂和复脂衍生而来

衍生脂质（derived lipid）由单脂和复脂衍生，也具有脂质的一般性质，如取代烃、固醇类（甾类）、萜类等，以及脂溶性维生素、类二十碳烷（前列腺素、白三烯等）、脂多糖、脂蛋白等。

三、脂质的生理功能

1. 结构组分——磷脂是生物膜的核心构建单元

磷酸甘油酯，简称磷脂（phospholipid），作为一类蕴含磷酸基团的复合型脂质，广泛分布于动物、植物乃至微生物体内，扮演着至关重要的结构脂质角色。磷脂以其独特的降低表面张力的物理属性，自然而然地聚集于细胞的界面区域，尤其是生物膜这一关键的膜相结构中，成为其不可或缺的主要构成部分。事实上，细胞内绝大多数的磷脂成分均集中于生物膜之中，这一分布特征不仅彰显了磷脂在维持细胞结构稳定性方面的核心作用，还直接关联到生物膜所展现的柔软性、半通透性以及高电阻性等独特性质。磷脂不仅是生物膜结构的基石，更是决定其功能特性的关键分子，影响着细胞内外物质交换与信息传递的效率。

2. 储存能源——脂质是机体的储存燃料

脂质在生物体内的核心价值，体现于其作为能量储备的重要角色，为机体提供必需的代谢燃料。三酰甘油，作为主要的能量存储形式，每克油脂在体内彻底氧化后可释放出37kJ（约9kcal）的能量，这一数值远超同等重量的糖类或蛋白质所能提供的能量，约为其二倍有余。当摄入的营养超出日常所需时，多余的部分将转化为脂肪，在特定组织中得以存储；而在营养匮乏之际，这些储备则会被动员分解，以满足机体的能量需求。这一机制在冬眠动物身上尤为显著，它们在进入冬眠状态前，会预先积累大量脂肪，以此作为漫长休眠期间的能量源泉，确保生命活动的持续进行。

3. 溶剂——脂质是一些活性物质的溶剂

在生物体内，一系列至关重要的活性分子需依赖脂质介质方能有效传输与吸收，其中包括了脂溶性维生素等关键物质。脂质，以其独特的疏水性质，构建了一条高效的输送通道，使得这类不易溶于水的生物活性物质得以顺利穿越复杂的生理环境，到达其功能发挥的靶点。

这一过程不仅促进了脂溶性维生素的高效吸收，更凸显了脂质在维持细胞代谢平衡中的不可或缺的角色。作为这些重要分子的载体，脂质实质上扮演了一个多功能溶剂的身份，确保了生命活动的精细调控与有序进行。

4. 保护和保温——脂质是润滑剂和防寒剂

在生物体及其构成的组织器官层面，脂质展现出一种天然的保护机能，扮演着至关重要的润滑剂角色。它们在各生理界面形成一层细腻的防护膜，有效缓冲外界机械力的冲击，从而避免了组织损伤的发生，保障了生物体结构的完整与稳定。

更为重要的是，脂质，尤其是皮下脂肪组织，构筑了一道坚实的热绝缘屏障。在寒冷环境下，这层脂肪能够显著减缓体温的流失速度，如同内置的保暖装备，维持机体的核心温度，抵御低温侵袭。这种由内而外的保温机制，不仅体现了脂质在适应环境挑战中的灵活应变能力，也深刻揭示了生物体在进化过程中，为求生存而演化出的复杂而精妙的自我保护体系。

5. 其他——参与机体代谢调节

脂质家族中的胆固醇，作为一种基础生物分子，承载着重要的生理意义。在人体内，它可通过复杂的生化途径转化成为一系列激素，如肾上腺皮质激素及性激素，这些激素在调控机体代谢平衡、影响生长发育与生殖机能等方面发挥着核心作用。

脂类代谢过程中衍生出的各类中间产物，诸如甘油二酯、三磷酸肌醇等，亦非等闲之辈，它们在细胞内部信号转导网络中占据关键位置，作为信息传递的信使，参与调节多种生理反应，确保细胞功能的精准执行。

此外，脂溶性维生素家族，包括维生素A、D、E、K以及类胡萝卜素，均源自萜类化合物的衍生，它们不仅是维持视觉、骨骼健康、抗氧化及血液凝固等生命活动所必需，更在机体防御系统中扮演着不可替代的角色。

磷酸丝氨酸，作为另一重要脂类衍生物，其在凝血机制中的表现同样令人瞩目，可作为凝血因子的激活剂，确保血液在损伤部位的适时凝结，维护循环系统的稳定。

还有泛醌，这一线粒体内的电子载体，是细胞能量生产链中不可或缺的环节，它在电子传递链中承担着承上启下的桥梁作用，驱动 ATP 合成，为细胞活动提供源源不断的动力。

第二节 油脂的结构和性质

油脂，这一术语涵盖了油与脂两大类，普遍分布于动物与植物界，乃构成生物体不可或缺的组成部分。依据其物理状态，传统上将常温下呈液态者称为“油”（oil），而固态或半固态者则归为“脂”（fat）。然而，这一分类标准并非绝对，究其化学本质，二者皆由甘油和脂肪酸经酯化反应而成，构成了同源异形的化学结构。

一、油脂的结构

1. 结构——三酰甘油是甘油的脂肪酸酯

三酰甘油（triacylglycerol，TAG），亦被称为甘油三酯，乃油脂中最常见的形态。其分子结构由一分子甘油（即丙三醇）与三分子脂肪酸通过酯键紧密联结而成，形成了一种复合脂质。这种化学构造不仅赋予了三酰甘油独特的物理与化学特性，还使其在生物体内能量储存与传输中扮演着中心角色，是机体能量代谢与生物膜构建的关键组分之一。

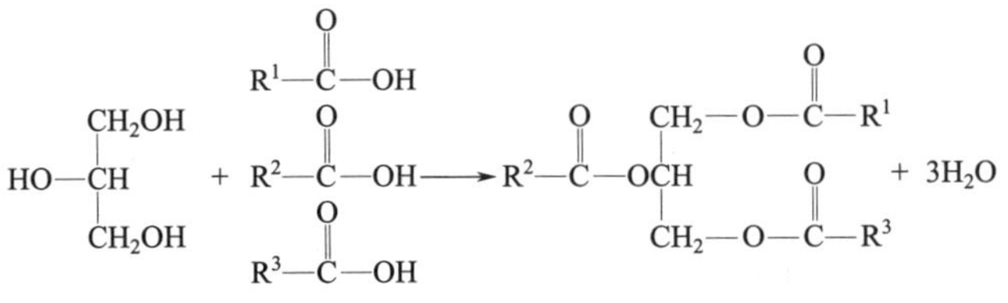

甘油分子以其三个可供反应的羟基，展现出与脂肪酸结合的多重可能性。当仅一个羟基与脂肪酸形成酯键时，产物被称为单酰甘油（monoacylglycerol），这种结构的存在，因其保留有游离羟基，使其在食品工业领域展现出优异的乳化性能，成为诸多加工食品中不可或缺的添加剂。而当甘油分子中的两个羟基与脂肪酸结合时，则生成了二酰甘油（diacylglycerol）。二酰甘油在细胞信号转导中扮演着至关重要的角色，作为第二信使，它能够介导激素与神经递质的细胞内效应，参与调控基因表达、细胞增殖与分化等复杂生命过程，彰显了脂质在细胞通信网络中的独特地位与功能多样性。

油脂的结构通式如下：

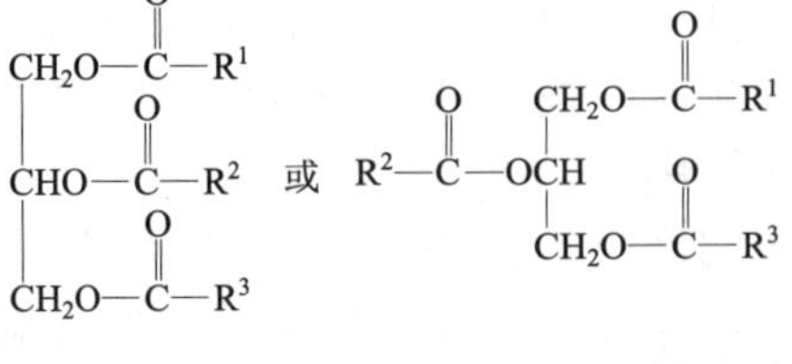

式中 R^1、R^2、R^3 代表各种脂肪酸的烃基部分。当这三个烃基完全相同时，所形成的三酰甘油结构被定义为单纯甘油酯（simple triacylglycerols），展现出高度的化学均一性。反之，若 R^1、R^2、R^3 之中至少有两个烃基互不相同，则此类分子被视为混合甘油酯（mixed triacylglycerols），其化学组成呈现出多样化的特征。值得注意的是，自然界中的大多数油脂并非单一形态存在，而是由单纯甘油酯与混合甘油酯构

成的复杂混合体，这种混合物的形成，不仅反映了生物体内脂质代谢的丰富层次，也为食品科学、医药化学等领域提供了广泛的原料基础。

2. 脂肪酸——脂肪酸是一元羧酸

脂肪酸，作为构成油脂的基本单元，是一种有机羧酸，其分子结构特征为一条长链烃基与一个终端羧基相连。天然状态下，脂肪酸骨架的碳原子数量几乎都是偶数，且碳链长度多介于 3 至 33 个碳原子之间，其中尤以含有 12 至 20 个碳原子的高级脂肪酸最为常见。在碳链的命名规则中，从羧基末端开始编号，α 位和 β 位碳原子分别对应第二位和第三位碳原子。

根据烃基的饱和程度，脂肪酸可分为饱和与不饱和两大类。饱和脂肪酸，如硬脂酸（stearic acid，$C_{18:0}$）和软脂酸（palmitic acid，$C_{16:0}$），因缺乏不饱和双键，其烃链呈现出较高的柔韧性，导致由其构成的脂质在常温下多呈现固态。相比之下，不饱和脂肪酸，包括油酸（oleic acid，$C_{18:1}$）和亚油酸（linoleic acid，$C_{18:2}$）等，因含有一个或多个不饱和双键，致使分子结构中形成局部刚性，在常温下多为液态。由于单键可以完全自由旋转而双键不能旋转，饱和脂肪酸中烃链的柔性很大，不饱和脂肪酸出现一个或多个结节，二者构象明显不同。

不饱和脂肪酸进一步细分为单烯酸和多烯酸，前者仅包含一个双键，通常位于第 9 至 10 碳原子间；后者则拥有两个或更多双键，且双键间通常间隔三个碳原子。值得一提的是，不饱和双键的存在赋予了脂肪酸顺反异构的特性，而自然界中，脂肪酸的双键多呈现顺式（*cis*）结构。

鉴于脂肪酸间的差异主要体现在碳链长度与双键的数量、位置，故采用一套标准化的简写方式对其加以描述：首先注明碳原子数，随后标记双键数，最后以最低编号的双键位置结束。例如，硬脂酸可简写为 $C_{18:0}$，表示含 18 个碳原子，无双键（对于饱和脂肪酸，通常将“0”省去）；亚油酸则表示为 $C_{18:2}(9,12)$，意味着 18 个碳原子中包含 2 个顺式双键，分别位于第 9 ～ 10 碳原子与第 12 ～ 13 碳原子间。

3-3　在数据库中检索脂肪酸

在哺乳动物体内，油酸是最常见的不饱和脂肪酸类型，而亚油酸和亚麻酸这两种不饱和脂肪酸，由于自身无法合成，却对身体健康至关重要，必须通过膳食摄入，因此被定义为必需脂肪酸，凸显了膳食平衡与营养供给在维持生物体健康状态中的关键作用。

3-4　前列腺素和相关分子的研究

二、油脂的性质

油脂的理化性质在很大程度上受制于其所含脂肪酸的种类与特性，下面介绍油脂的几个主要性质。

1. 溶解性——三酰甘油不溶于水

三酰甘油，由于其疏水性的脂肪酸链，展示出典型的脂溶性特征，故不溶于水，也没有形成高度分散态的倾向，但可溶于乙醚、丙酮、氯仿等非极性溶剂。二酰甘油和单酰甘油因为存在游离羟基，故有形成高度分散态的倾向。这些游离羟基的存在，使得分子能够在水环境中形成稳定的微小聚集体——微团（micelles）。微团的形成基于两亲性原理，即分子的一部分倾向于与水分子接触（亲水性），而另一部分则倾向于避开水（疏水性）。在水中，二酰甘油和单酰甘油的疏水端朝内聚集，亲水端朝外与水分子接触，形成球状或圆柱状的微团结构，这一过程显著提高了脂质在水相中的溶解度，是生物体内脂质消化吸收与运输的重要机制之一。

2. 水解反应

所有油脂均具备被酸、碱或脂肪酶催化水解的能力，这一过程导致油脂分子分解为甘油与各类高级脂肪酸。

$$脂肪 + 3H_2O \longrightarrow 甘油 + 3\ 脂肪酸$$

值得注意的是，酸性条件下的水解反应可逆，而碱性条件下的水解则不可逆，原因在于过量的碱会与分解产生的脂肪酸反应，生成脂肪酸的盐（通常为钠盐或钾盐）。这一终产物，即为广义上的肥皂，因此，油脂的碱性水解过程亦被称为皂化作用（saponification）。制皂工艺流程见图 3-1，具体反应式如下：

$$\underset{脂肪}{C_3H_5(OCOR)_3} + 3\ H_2O \longrightarrow \underset{脂肪酸}{3RCOOH} + \underset{甘油}{C_3H_5(OH)_3}$$

$$\underset{脂肪酸}{RCOOH} + NaOH \longrightarrow \underset{肥皂}{RCOONa} + H_2O$$

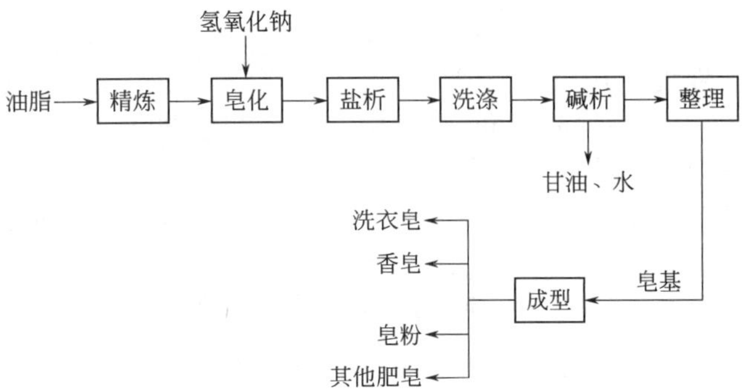

图 3-1　制皂工艺流程

皂化作用在油脂分析与鉴定领域占有举足轻重的地位，通过测定皂化值，不仅能评估油脂品质，鉴别是否掺杂其他物质，监测油脂的水解程度，还能估算将油脂转化为肥皂所需的碱量。

皂化值（saponification number）是指完全皂化 1 克油脂所需氢氧化钾的质量，其计算公式为：

$$皂化值 = \frac{c(V_1 - V_2) \times 56.1\ g/mol}{m \times 1000}$$

式中，V_1 和 V_2 分别代表滴定样品与空白时消耗的氢氧化钾 - 乙醇标准滴定溶液体积，mL；c 为氢氧化钾 - 乙醇标准滴定溶液的摩尔浓度，mol/L；56.1g/mol 为 KOH 的摩尔质量；m 为测定时所用油脂的质量，g。也可以采用盐酸反滴定测定。

皂化值的高低可间接反映油脂中脂肪酸的平均分子量，二者呈反比关系，即皂化值越大，油脂中脂肪酸的平均分子量越小，反之亦然。

3. 加成反应

油脂分子中含有的不饱和脂肪酸，其双键在特定条件与催化剂辅助下，能够与氢气或卤素发生加成反应，转变为饱和脂肪酸。与卤素的加成过程称作卤化作用（halogenation）。对于液态油脂而言，其运输不便、易酸败的特性，加之海产品油脂还有腥臭味，经氢化后可克服这些缺点。在食品、肥皂制造和脂肪酸等工业中，常借助镍催化剂，实施加氢反应，将植物油中的不饱和脂肪酸转化为饱和状态，由此将原本液态的油脂转化为固态脂质（即氢化油），作为食品（如人造奶油）、肥皂及脂肪酸生产的重要原料。

卤化反应中，油脂吸收卤素的量直接反映出不饱和键的丰度，这一指标通常以碘值（iodine number）的形式表达，标志着每 100g 油脂与碘卤化时所需碘的质量（g）。具体计算公式如下：

$$碘值 = \frac{c(V_1 - V_2) \times \frac{127g/mol}{1000}}{m} \times 100$$

式中，V_1 和 V_2 分别表示滴定样品与空白时消耗的硫代硫酸钠标准溶液的体积，mL；c 为硫代硫酸钠的摩尔浓度，mol/L；127g/mol 为碘的摩尔质量；m 为样品油脂质量，g。

碘值的大小直观地反映油脂中不饱和脂肪酸的含量及油脂的不饱和程度。高碘值意味着油脂中含有更多不饱和脂肪酸，不饱和度随之升高，这一量化指标对于评估油脂的化学性质、预测其在加工与储存过程中的稳定性具有重要价值。

4. 乳化作用

油脂虽不溶于水，但在乳化剂的作用下，可变成很细小的颗粒，均匀地分散在水里面而形成稳定的乳状液，这个过程叫乳化作用（emulsification）。所谓乳化剂是一种表面活性物质，能降低水和油两相交界处的表面张力。

在日常生活中，用肥皂去污就是一种典型的乳化作用，肥皂充当了乳化剂的角色，将衣物上附着的油渍转化为微小颗粒，使其在水中得以均匀分散，从而实现高效清洁的目的。

5. 自动氧化

油脂长期暴露于空气中，往往会经历化学变化，产生令人不悦的臭味，这种现象称为油脂的酸败（rancidity）。酸败现象是由于油脂的自动氧化或微生物作用造成的，其中涉及复杂的化学反应。

一方面，油脂中不饱和脂肪酸的双键在氧气的作用下，逐步转化为过氧化物，过氧化物继续分解，生成一系列带有刺鼻气味的低级醛、酮、羧酸及醛或酮的衍生物，这些挥发性化合物正是造成油脂酸败气味的罪魁祸首。

另一方面，霉菌或脂肪酶的存在，会促使油脂水解，产生低级脂肪酸，而这些脂肪酸经过 β-氧化过程（见第十章第二节），最终生成 β-酮酸，后者在脱羧反应中，进一步被转化为低级酮类，加剧了油脂的酸败进程。

多种因素，包括铜、铁等金属盐、光照、热能及湿度，都可加速油脂的自动氧化过程，从而加速酸败的进程。油脂酸败的反应如图 3-2。

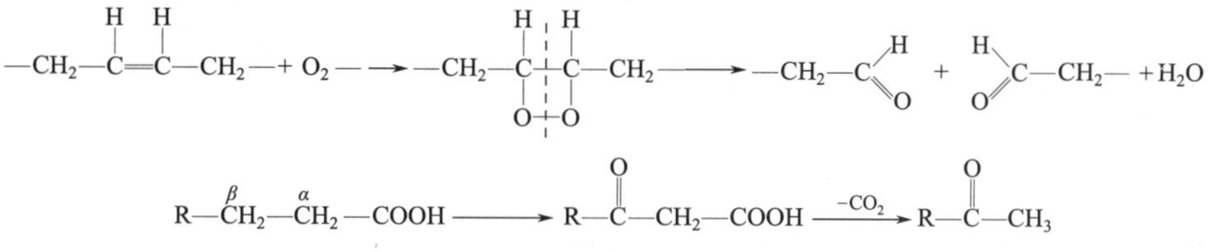

图 3-2 油脂酸败的反应

油脂的酸败对油脂的品质及食品的质量有重要影响，为了维护油脂品质及食品安全，在储存和运输过程中采取低温、干燥、避光措施，以及有效控制微生物活动，显得尤为重要。

然而，油脂的氧化作用也有其可利用的一面。富含高度不饱和脂肪酸的油脂，经空气氧化后，表面可形成一层坚硬而富于弹性的氧化薄膜。这一特性与脂肪酸的不饱和程度呈正相关，即不饱和程度愈高，就愈容易形成氧化膜。工业上，干性油和半干性油的分类与应用，即是基于此原理。

酸败程度的量化指标通常采用酸值（acid number）来衡量，具体定义为中和 1g 油脂中的游离脂肪酸所需要的 KOH 的质量（mg）。酸值的大小与油脂酸败程度呈正相关，即酸值越高，表明油脂品质下降越严重。因此，酸值成为了检测油脂品质、监控其酸败状况的关键参数。

6. 酯交换反应与生物柴油生产

3-5 生物柴油的制备与应用

酯交换反应是在酸、碱或酶的催化下，酯与醇之间发生的一种反应，生成新酯和新醇的反应，即酯的醇解反应。当油脂与甲醇进行酯交换反应时，会生成甘油和脂肪酸甲酯。

生物柴油是一种清洁可再生的生物燃料，是由植物油、微藻油脂、动物油脂以及餐饮垃圾油等为原料油，与醇经酯交换工艺制成的脂肪酸单烷基酯，其中最典型的是脂肪酸甲酯。生物柴油的生产工艺如图 3-3 所示。在工业生产中，生物柴油的生产工艺已经趋于成熟，主要包括转酯化法和酯交换法等。

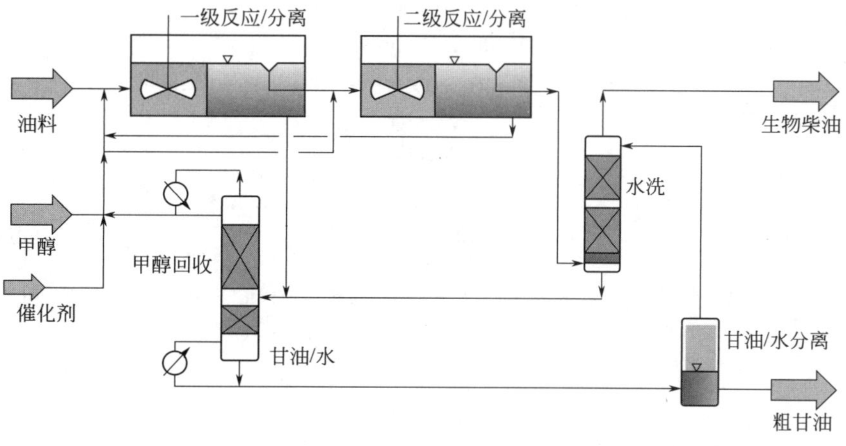

图 3-3 生物柴油的生产工艺

第三节 磷脂和固醇类

一、磷脂

磷脂是一类含磷酸的复合脂质，其主要成分是磷脂酸和含碱性的醇胺，如胆碱、胆胺和肌醇。它们包括甘油磷脂和鞘磷脂两类，广泛存在于动植物与微生物中，是生物膜特有的结构组分，具有重要的生物学意义。

1. 甘油磷脂——磷脂酸衍生物

甘油磷脂，也称磷酸甘油酯（phospholipid），实际上为磷脂酸的衍生物。磷脂酸（phosphatidic acid）为磷脂的母体物质，其结构为1,2-二脂酰-3-磷酰甘油。磷脂酸的磷酸基进一步被极性醇酯化，形成甘油磷脂。甘油磷脂均含有甘油、脂肪酸、磷酸及含碱性化合物（胆碱或胆胺）或其他成分，它们的结构通式如下：

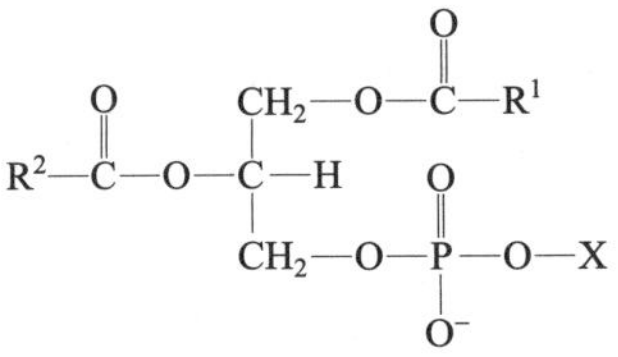

其中，R^1 通常为饱和脂肪酸基；R^2 为不饱和脂肪酸基；X 为极性醇，如胆碱（磷脂酰胆碱 phosphatidylcholine 或卵磷脂 lecithin）、胆胺（磷脂酰胆胺 phosphatidylethanolamine 或脑磷脂 cephalin）、丝氨酸（磷脂酰丝氨酸 phosphatidylserine）、肌醇（磷脂酰肌醇 phosphatidylinositol）等。而存在于线粒体膜的心磷脂含有 2 分子磷脂酸。它们的结构如下：

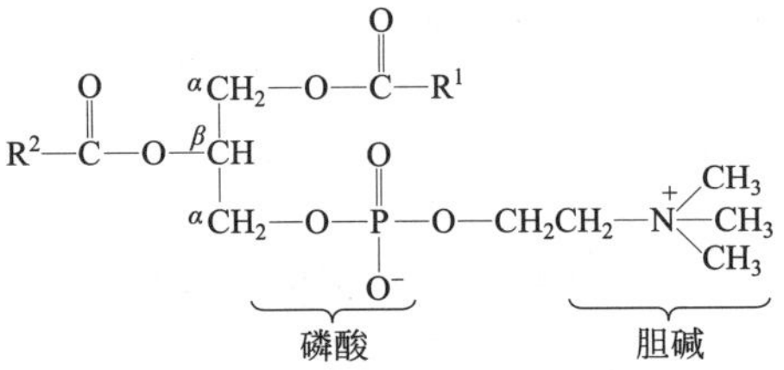

磷脂酰胆碱(卵磷脂)

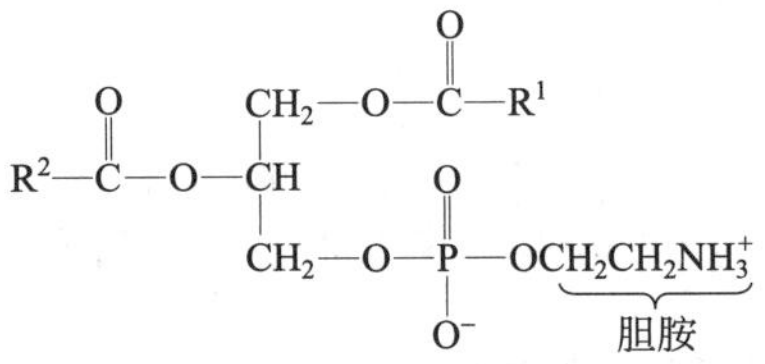

α-磷脂酰胆胺(脑磷脂)

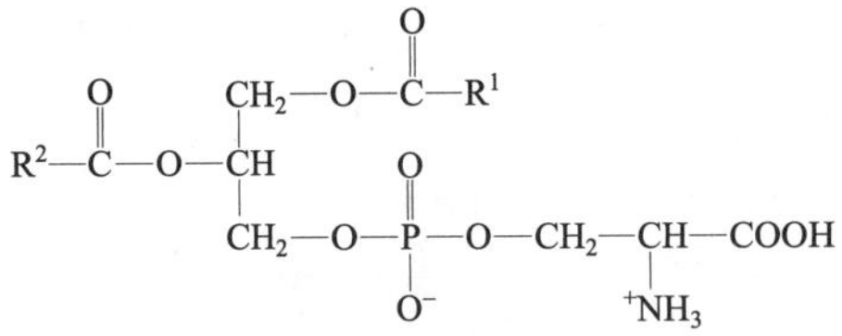
α-磷酸酰丝氨酸

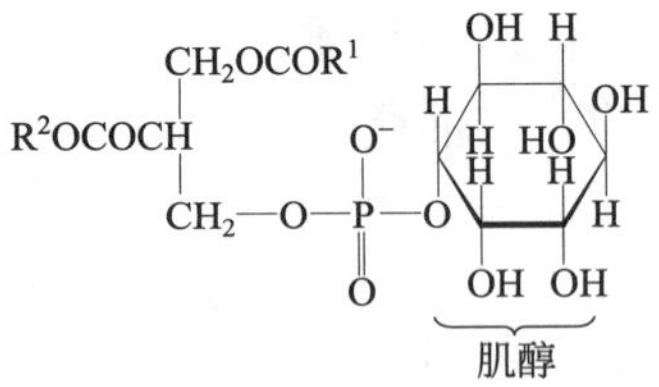

肌醇磷脂

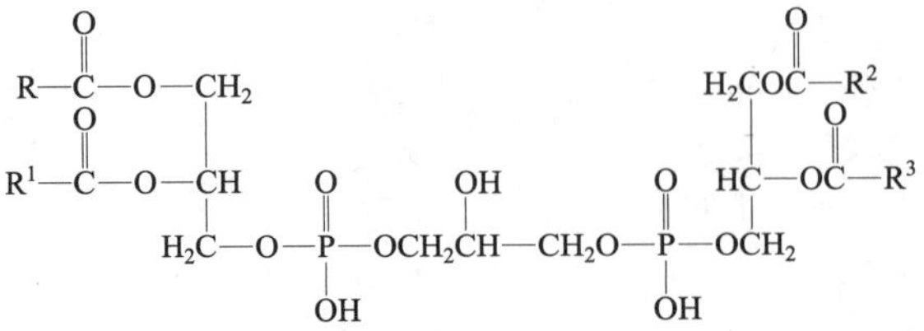
二磷脂酰甘油(心磷脂)

磷脂酰胆碱（卵磷脂）是生物体中分布最广的一类磷脂，尤以大豆、卵黄、脑、精液、肾上腺中含量最高。磷脂酰胆碱为白色蜡状物，在低温下可结晶，易吸水变成棕黑色胶状物，不溶于丙酮，溶于乙醚及乙醇。磷脂酰胆碱有控制动物体代谢、防止脂肪肝形成的作用。卵磷脂在食品工业中广泛用作乳化剂，主要从大豆油精炼的副产品中获得。

磷脂酰胆胺（脑磷脂）与磷脂酰胆碱同为动植物中含量最为丰富的磷脂，主要存在于脑组织和神经组织中，心脏、肝脏等组织中亦有存在。其性质也与磷脂酰胆碱相似，易吸水氧化成棕黑色物质，不溶于丙酮及乙醇，但溶于乙醚。脑磷脂与凝血有关，血小板中的凝血酶致活素即由脑磷脂和蛋白质组成。当脑磷脂受某些生物毒素中的特殊酶作用而水解时，将会失去一个脂肪酸而形成溶血脑磷脂，可引起溶血现象。

磷脂酰丝氨酸是动物脑组织和红细胞中的重要类脂物之一，可以与卵磷脂和脑磷脂相互转化。性质与磷脂酰胆胺相似。

磷脂酰肌醇（肌醇磷脂）存在于多种动植物组织中，常与卵磷脂混合在一起。根据结构不同，磷脂酰肌醇类分为磷脂酰肌醇、磷脂酰肌醇磷酸、磷脂酰肌醇二磷酸等几种。

1967 年国际纯粹化学和应用化学联合会及国际生物化学联合会的生物化学命名委员会建议对甘油磷脂采取下列命名原则：

$$\begin{array}{l} CH_2OH \quad 1 \\ HO-C-H \quad 2 \\ CH_2OH \quad 3 \end{array} \Bigg\} 立体专一编号$$

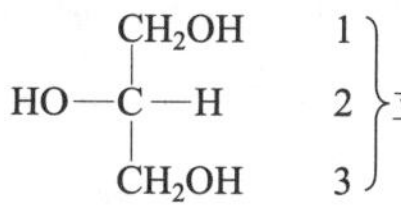

将甘油的 3 个碳原子指定为 1、2、3（其顺序不能颠倒）。第二个碳原子的羟基用投影式（Fischer 式）表示，一定要放在左边，位于碳 2 上面的碳原子称为碳 1，位于碳 2 下面的碳原子称为碳 3。这种编号称为立体专一编号，用 *Sn* 表示，写在化合物名称的前面。根据这一命名原则，磷酸甘油的命名如下：

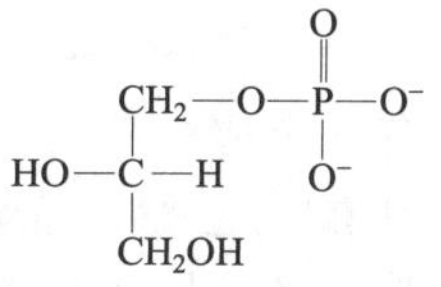

Sn-甘油-1-磷脂　　　　　*Sn*-甘油-3-磷脂

天然存在的甘油磷脂均属于 L-构型的 *Sn*-甘油-3-磷酸。

从甘油磷脂的结构可知，甘油分子中 2 个碳原子被脂肪酸基酯化成疏水的非极性尾部；第三个碳原子被磷酸酯化，并带有亲水性的胆碱、胆胺等基团，构成亲水的极性头部。整个磷脂分子既有非极性的尾部，又有极性的头部，把这种分子称为两性脂类或两性分子（amphipathic），这种两性性质对于磷脂构成生物膜结构的功能极为重要，决定了其在生物膜中的双分子排列（图 3-4）。

极性头部

非极性尾部

3-6　在数据库中检索磷脂和固醇

图 3-4　甘油磷脂的结构

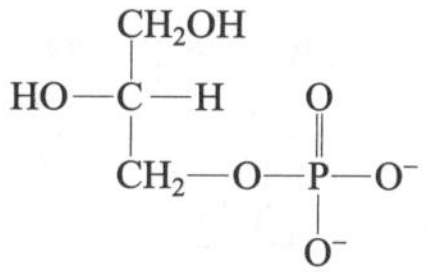

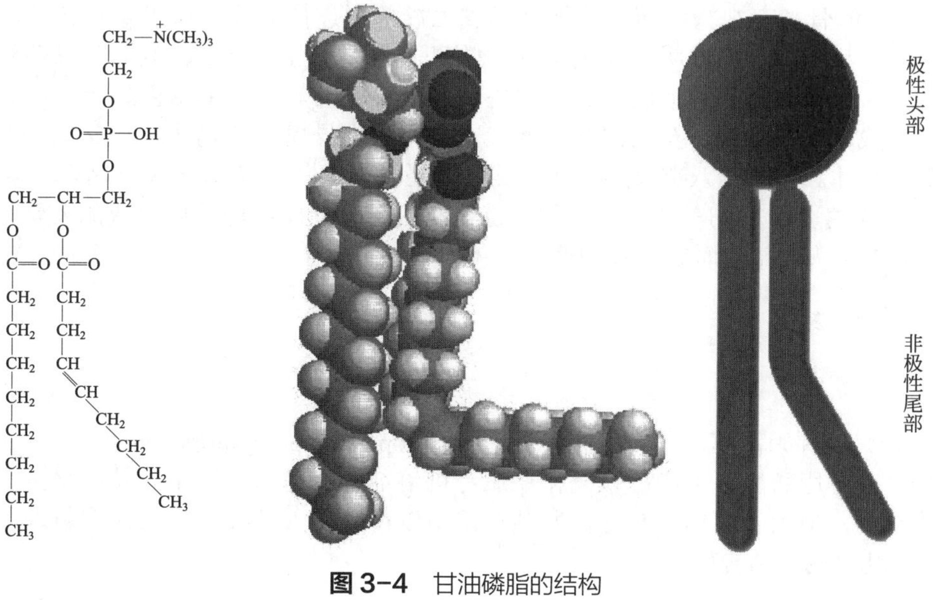

2. 鞘磷脂——鞘氨醇衍生物

鞘磷脂（sphingomyelin）在神经组织和脑内大量存在，是动植物细胞膜的重要组分。它的分子中不含甘油，而由磷酸、脂肪酸、胆碱以及鞘氨醇（sphingosine）或二氢（神经）鞘氨醇组成。鞘氨醇是 1 个有 18 碳的氨基二醇，携带有 3 个功能基，很像甘油分子的 3 个羟基。目前发现的天然鞘氨醇有 30 余种，哺乳动物主要含鞘氨醇和二氢鞘氨醇，植物鞘氨醇为 4-羟基二氢鞘氨醇。在哺乳动物中常见的结构如下：

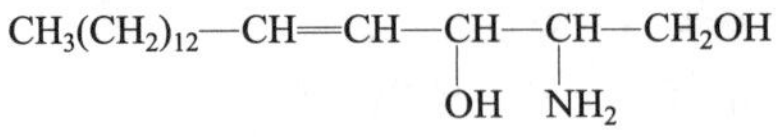

$$CH_3(CH_2)_{12}—CH=CH—CH—CH—CH_2OH$$
$$\qquad\qquad\qquad\qquad\quad OH \quad NH_2$$

神经鞘氨醇

$$CH_3(CH_2)_{12}—CH_2—CH_2—CH—CH—CH_2OH$$
$$\qquad\qquad\qquad\qquad\qquad\quad OH \quad NH_2$$

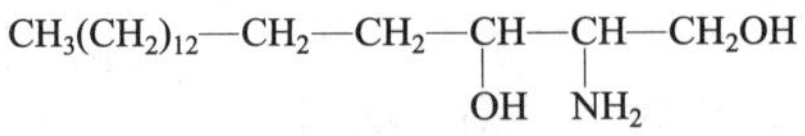

二氢(神经)鞘氨醇

神经鞘磷脂与前述的几种甘油磷脂不同，它的脂肪酸并非与醇基相连，而是借酰胺键与鞘氨醇 C2 上的氨基结合，形成神经酰胺。神经酰胺 C1 上的羟基再与磷酸胆碱连接，即为神经鞘磷脂。可见在神经鞘磷脂中的酯键位于神经鞘氨醇、磷酸与胆碱之间，因此，在神经鞘磷脂中只有 1 个脂肪酸分子。神经鞘磷脂的结构如下：

$$CH_3(CH_2)_{12}—CH=CH—CH—CH—CH_2—O—P—O—CH_2CH_2\overset{+}{N}(CH_3)_3$$

神经酰胺　　　磷酸胆碱

3-7　磷脂在药物传递系统中的应用

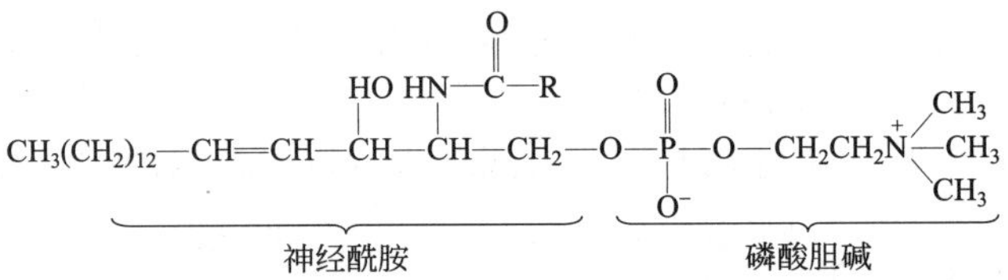

鞘磷脂的构象与甘油磷脂类似，也具有一个极性头部和两条由烃链构成的非极性尾部，为两性分子。鞘磷脂为白色晶体，不溶于丙酮与乙醚，而溶于热乙醇中，具有两性解离性质。鞘磷脂主要位于细胞膜、脂蛋白（尤其低密度脂蛋白）和其他富含脂类的组织结构上，对于维持细胞膜结构尤其是细胞膜的微控功能（如膜内陷）十分重要。它可调节生长因子受体和超细胞基质蛋白的活动，并为一些微生物及毒素、病毒提供结合位点。

二、萜类

萜类（terpene）的骨架可视为由两个或多个异戊二烯单位连接而成。可以是直链的，也可以是环状的，包括单环、双环和多环。根据所含异戊二烯的数目，萜类可分为单萜、双萜、三萜和多萜。单萜由两个异戊二烯构成，许多是植物精油的成分，如香茅醛、柠檬烯等。倍单萜由三个异戊二烯构成。双萜由四个异戊二烯构成，如叶绿醇、全反式视黄醛。三萜由六个异戊二烯构成，如鲨烯、羊毛固醇，是胆固醇和其他固醇的前体。四萜由八个异戊二烯构成，如番茄红素、胡萝卜素等类胡萝卜素（carotenoid），其中 β-胡萝卜素是维生素 A 对的前体。泛醌的侧链含有由十个异戊二烯单位组成的多萜，而天然橡胶是由几千个异戊二烯单位头尾相连而成的大分子。

三、固醇类

固醇类（sterol）也称为甾醇，是环戊烷多氢菲（cyclopentanoperhydrophenanthrene）的衍生物，具有独特的化学结构。不含脂肪酸，不能被碱皂化，在有机溶剂中容易结晶出来。从严格意义上说，固醇类不应属于脂类化合物，但由于它们常常与油脂共存，所以将其归入脂类。环戊烷多氢菲是菲的饱和环与环戊烷结合的稠环化合物，结构如下：

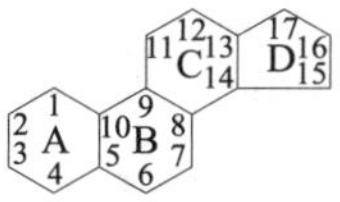

环戊烷多氢菲

它们在自然界中存在多种衍生物，各种环戊烷多氢菲衍生物不但基本碳骨架相同，而且所含侧链的位置也往往相同。例如C3上有一羟基；C10和C13上各有一甲基，称为角甲基；C17上有侧链。这一大类物质称为甾醇，即固醇。

各种固醇物质都具有上述共同的骨架，差别只是在B环中的双键位置、双键数目以及C17上侧链的结构各不相同。常见的固醇有胆固醇、7-脱氢胆固醇、麦角固醇等。

1. 胆固醇——甾体活性物质前体

胆固醇（cholesterol）是一种重要的甾体活性物质前体，不仅存在于动物细胞和组织中，还参与多种生物代谢过程。它普遍存在于动物细胞和组织中，尤以神经组织和肾上腺中含量最高。胆固醇的结构如下：

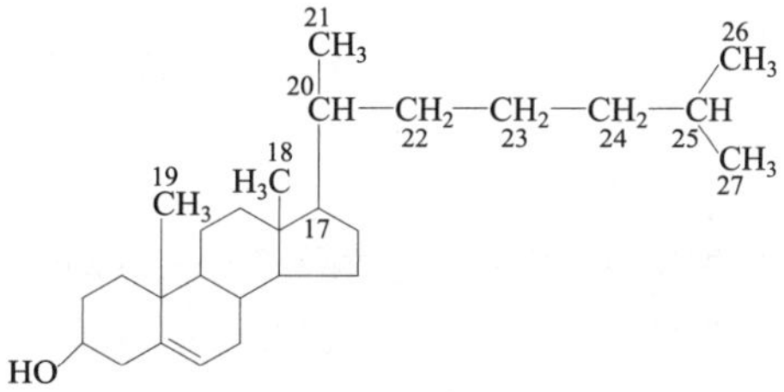

胆固醇为白色斜方晶体，无味、无臭，熔点为148.5℃，高度真空条件下能被蒸馏。

胆固醇除与磷脂共同构成细胞膜的结构组分外，还与神经兴奋传导有关，参与脂质代谢，参与血浆脂蛋白的合成。此外，胆固醇还是体内许多其他类固醇物质，如胆酸（cholic acid）、肾上腺皮质激素（adrenocortical hormone）、性腺中的类固醇激素（steroid hormone）、维生素D_3（cholecalciferol）等的前体物质。但血清中胆固醇含量过高易引起动脉硬化和心肌梗死。

7-脱氢胆固醇是胆固醇在7、8位上脱氢后的产物，它经阳光或紫外线照射后，能转变成维生素D_3。维生素D_3参与机体的钙磷代谢，与骨骼的生长发育有关。7-脱氢胆固醇的结构如下：

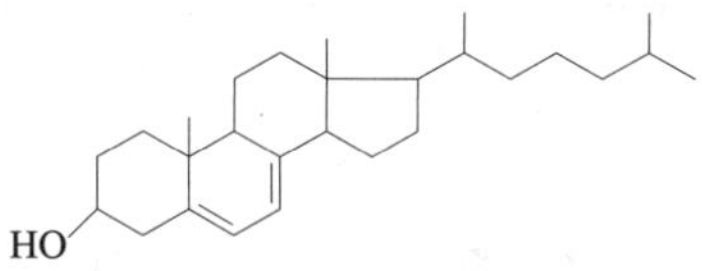

胆固醇还是临床生化的一个重要指标，它的含量与一些疾病的发生密切相关，因此对其浓度进行准确测定具有重要意义。在正常情况下，机体在肝脏中合成和从食物中摄取的胆固醇，将转化为甾体激素或成为细胞膜的组分，并使血液中胆固醇的浓度保持恒定。当肝脏发生严重病变时，胆固醇浓度会降低。而黄疸性梗阻和肾病综合征患者血液中的胆固醇浓度往往会升高。

胆固醇与毛地黄糖苷容易结合生成沉淀，利用这一特性可以测定溶液中胆固醇的含量。胆固醇在氯仿溶液中与乙酸酐及浓硫酸作用产生蓝绿色，胆固醇氯仿溶液与浓硫酸混合产生蓝紫色，这两种颜色反应，都可用来测定胆固醇的含量。

2. 胆酸及胆汁酸——脂肪消化的乳化剂

胆汁中的重要成分是胆酸及其衍生物。除常见的胆酸外，还有脱氧胆酸（deoxycholic）、鹅脱氧胆酸（chenodeoxycholic acid）和石胆酸（lithocholic acid）等，它们的结构如下：

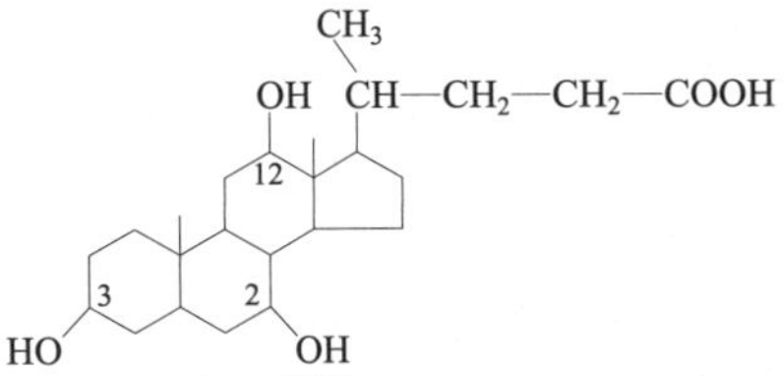

胆酸

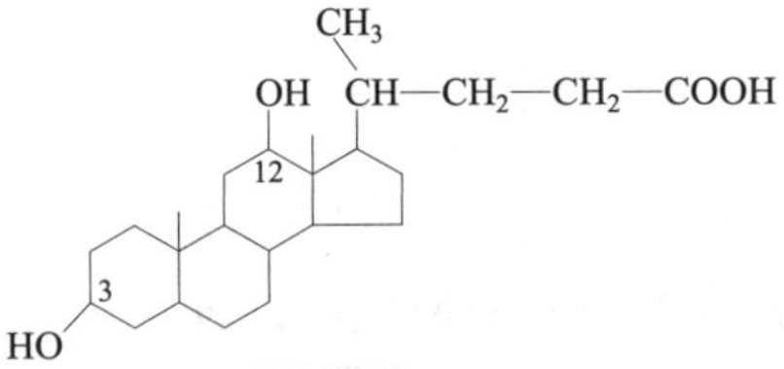

脱氧胆酸

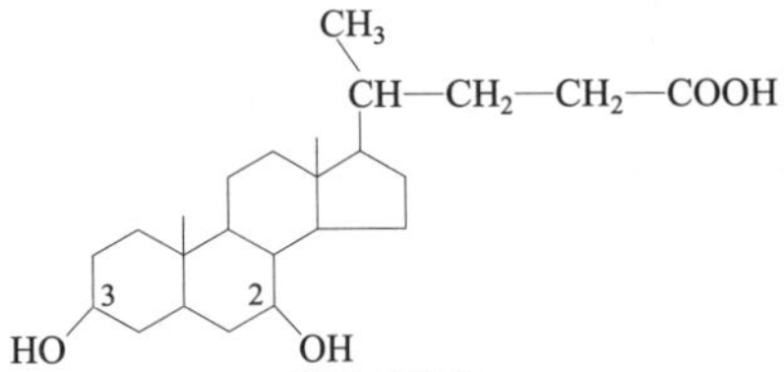

鹅脱氧胆酸

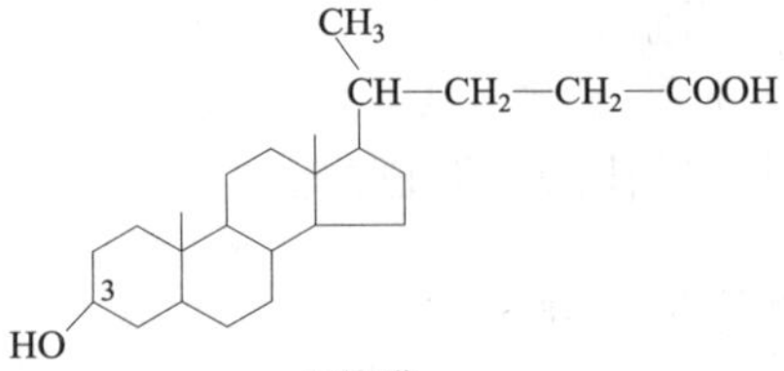

石胆酸

在胆汁中，胆酸通常不是以游离状态存在，而是与甘氨酸或牛磺酸结合成甘氨胆酸或牛磺胆酸，称为胆汁酸，常以钠盐形式存在。胆汁酸盐为水溶性成分，是一种表面活性物质，能将肠道中的脂肪、胆固醇和脂溶性维生素乳化，促进肠壁细胞对脂肪的吸收。此外，胆汁酸盐还可激活脂肪酶，所以它对脂肪的消化和吸收具有重要生理意义。

3. 麦角固醇——可转变成维生素 D_2

在某些植物、酵母和麦角菌等微生物中含有麦角固醇（ergosterol）。它的 B 环上有 2 个双键，17 位上的侧链是 9 个碳的烯基。经日光和紫外线照射，麦角固醇 B 环开裂生成维生素 D。麦角固醇的结构为：

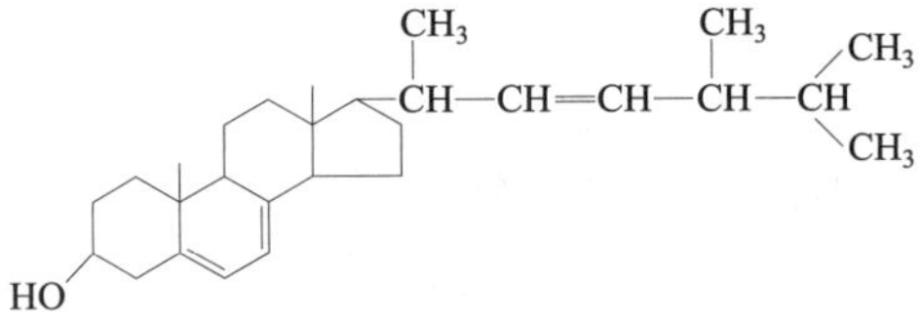

3-8　固醇类药物的研发

此外，在植物中还存在多种固醇，其结构与胆固醇很相似，是植物新陈代谢不可缺少的物质，统称为植物固醇。例如大豆中的豆固醇（stigmasterol）和多种植物中的谷固醇（sitosterol），它们与胆固醇的主要区别在于 24 位多一个乙基。麦角固醇、豆固醇和谷固醇不能被人体肠道吸收，饭前服用谷固醇还能抑制肠黏膜细胞对胆固醇的吸收，因此可作为一种降低血胆固醇的药物。

第四节　脂质的应用与工业生产

油脂工业以植物油料和动物脂肪为基本原料，根据油脂化学和食品营养学原理，生产各种食用植物油、动物脂和油料蛋白产品，并将工艺过程中产生的副产物转化成精细化工产品，与食品工业、饲料工业和化学工业密切相关。

一、脂肪酸的应用与生产

1. 脂肪酸的应用

脂肪酸是有机化工和精细化工的重要原料，其应用范围广泛，涵盖了纺织印染、食品、医药、日用化工、塑料、采矿、交通运输、铸造、金属加工、油墨、涂料、颜料和能源等多个行业。具体来说，脂肪酸作为基础原料，被用于生产表面活性剂，应用于橡胶工业中的硫化活化剂、塑料加工中的润滑剂和稳定剂、毛纺业中的洗毛剂、造纸业中的抗水剂、医药工业中的赋形剂、食品工业中的乳化剂、润滑脂工业中的皂基、精密铸造中的蜡模等。某些特定的脂肪酸，如亚油酸、油酸等，已被应用于合成高性能药物及功能性食品。而在化妆品行业，脂肪酸的衍生物也被广泛应用于护肤品、洗发水和洗面奶中，作为润肤剂和乳化剂。

2. 脂肪酸的生产

脂肪酸的工业生产主要通过天然油脂水解或酶水解实现。石蜡氧化法也可以制备天然油脂中未出现的单碳脂肪酸（见图 3-5）。通常，以棕榈油、棉籽油和菜籽油为主要原料，生产出的脂肪酸包括硬脂酸和油酸等。脂肪酸的生产工艺一般采用加压塔式无催化水解工艺（见图 3-6）。使用酸化油为原料时，多采用中低压无催化塔式水解工艺；而使用油脂作为原料时，则采用高压无催化连续塔式水解工艺。脂肪酸分离技术主要通过精馏分离法进行，以分离不同碳数的脂肪酸。冷冻压榨法主要用于饱和脂肪酸和不饱和脂肪酸的分离。

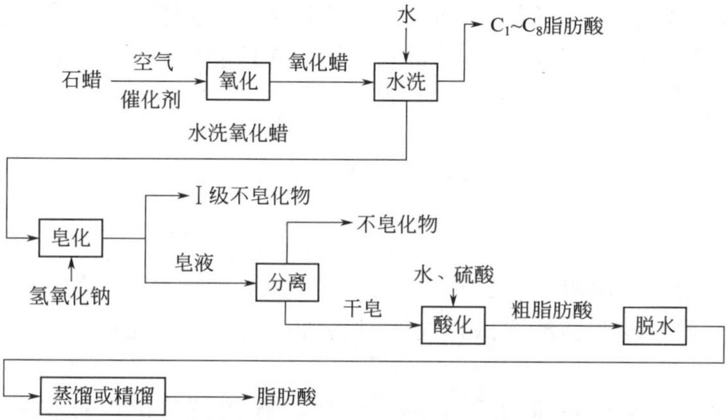

图 3-5 石蜡氧化法制取脂肪酸工艺

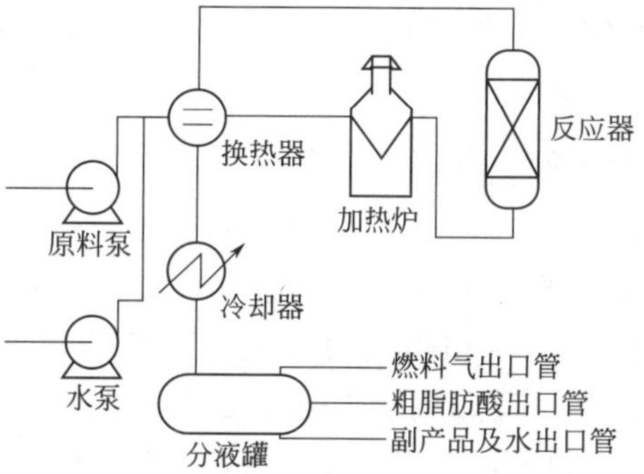

图 3-6 脂肪酸连续水解工艺

3. 多不饱和脂肪酸的生产

多不饱和脂肪酸（PUFA）通常具有重要的生物活性和生理作用，如促进身体、智力、视力发育等，还可预防心脑血管疾病的发病，在食品、饲料、医药工业中应用广泛。PUFA 可通过海洋生物提取法生产，或通过微生物、微藻培养发酵生产，也可通过脂肪酶以转化 α-亚麻酸生产二十碳五烯酸（EPA）和二十二碳六烯酸（DHA）。如 EPA 的提取均以海鱼为原料，来源十分有限；提取方式有压榨法、溶出法和溶剂浸提法，工艺复杂。因此 EPA 价格昂贵，且有固有的鱼腥味。寻找 EPA 商业化生产的可替代性来源受到了广泛关注，已将微藻用于 EPA 的开发，其中红藻纲 *Rhodophyceae* 中 EPA 含量高达 50% 左右，而粉枝藻（*Liagora boergesenii*）藻丝体的 EPA 含量高达 29.8mg/L，适宜于批量生产。

二、功能性油脂

除基本的食用油脂外，油脂工业的另一个重要研究方向就是通过酶法和微生物法开发功能性油脂。这类油脂具有特定的物理性质和营养功能。天然甘油三酯的甘油骨架 1,3 位多为饱和脂肪酸或不饱和程度低的脂肪酸，2 位为不饱和程度高的脂肪酸。将 1,3 位的脂肪酸与特定脂肪酸酯交换，就能制造具有物理性质和营养功能特征的功能性油脂。

1. 利用酯交换反应制造的功能性油脂

来源于 *Rhizomucor miehei*、*Rhizopus oryzae* 的脂肪酶只识别三酰甘油的 1,3 位酯键，在含有或不含有

3-9 反式脂肪酸

3-10 最地道的油

机溶剂的反应体系中能有效制造功能性油脂。

（1）可可脂代替脂　可可脂主要由1、3位结合软脂酸和硬脂酸，2位结合油酸的甘油三酯组成，具有接近体温的熔点，通常用于巧克力的原料，但价格较高。利用固定化的1,3位特异性的脂肪酶在正己烷中与廉价棕榈油进行硬脂酸酯交换反应，可以制造出1,3位结合硬脂酸、2位结合油酸的甘油三酯（SOS脂），可在固定层型反应器中进行连续生产，作为可可脂代替脂，其物理性能接近天然可可脂。

（2）含有中链脂肪酸的油　大豆油和菜籽油中的TAG分子主要由C_{18}长链脂肪酸构成。相较之下，C_8、C_{10}的中链脂肪酸吸收更快，在肝脏中可迅速分解，而不积蓄在脂肪组织中。通过酯交换反应，将中链脂肪酸的TAG与长链脂肪酸的TAG进行处理，可以得到功能性中链脂肪酸油。

2. 利用酯化反应制造的功能性油脂

食物中摄取的TAG分解成脂肪酸和甘油单酯被吸收后，能再合成TAG并积累在脂肪组织中，导致肥胖。而利用固定化的1,3-位特异性的脂肪酶为催化剂，可将甘油和脂肪酸酯化合成功能性油脂如甘油二酯（DAG）。其分解吸收后很难再合成TAG，可以有效减少身体脂肪的形成。

三、单细胞油脂

单细胞油脂（single-cell oil），又称微生物油脂，是由霉菌、酵母菌、细菌和微藻等产油微生物在特定条件下合成和积累的脂质。通常具有与植物油相似的脂肪酸组成，同时具备细胞增殖快、生产周期短的优点，广泛应用于生物柴油产业。

利用微生物培养还可以生产含有具有特定生理活性的脂肪酸的油。例如，丝状菌黄褐色被孢霉 *Mortierella isabellina* 可生产的γ-亚麻酸油具有缓解遗传过敏性皮炎、风湿病症状功能；高山被孢霉 *Mortierella alpinas* 生产的含有40%以上花生四烯酸（AA）的油可促进婴儿发育，适用于婴儿奶粉；海洋真菌裂殖壶菌 *Schizochytrium limacinum* 则可用于生产富含DHA的油，克服了金枪鱼鱼腥味的问题。

四、磷脂的应用

磷脂是两性分子，具有一系列界面特性和胶体性质，具有优良的乳化性、分散性、润湿性以及良好的蜡感。它不仅可用于皮革加脂剂，还能用于皮革填料、复合树脂和手感剂等产品的开发。

3-11 固醇类化合物的应用与生产

3-12 甘油的应用与生产

在皮革加脂过程中，磷脂既发挥油脂的功能，又能作为表面活性剂，润滑皮纤维、增塑蛋白质、增厚皮革并使其疏水，促进油脂均匀渗透，赋予皮革柔软和良好的手感。浓缩磷脂可直接与乳化剂复配成复合磷脂加脂剂，也可将磷脂经过一系列化学改性后生产加脂剂。磷脂还可用于生产皮革护理剂，提供优良的色散作用和光泽，使皮革保持柔软和光亮。此外，磷脂作为乳化剂和分散剂，能改善涂料和油漆的性能，防止颜料沉淀和稀释分层，提高粉刷效果，增强涂膜的均匀性、覆盖力和流平性。

磷脂作为乳化剂和分散剂，可添加在涂料、油漆中，对防止颜料沉淀及稀释分层有一定作用；此外还可增进粉刷性能，使粉刷面平滑光亮，涂膜均匀，增大覆盖力和流平性，提高油漆质量。

磷脂主要由大豆为原料，以有机溶剂或者超临界流体通过提取法生产。一些具有特殊药用价值的磷脂，可通过磷酸甘油酯合成法或磷脂交换反应法化学合成，也可通过微生物发酵法生产。

第五节　生物膜

第三章第五节

3-13　脂质体药物

本章提要

脂类物质在水里不溶解，包括单脂和复脂。单脂由脂肪酸和醇类结合形成，复脂含有其他额外成分，如糖脂和磷脂。脂质不仅是细胞的重要组成部分，也是能量的储存形式。油脂是由甘油和脂肪酸组成的三酰甘油。磷脂含有磷酸，是具有一个极性头部和两条非极性尾部的两性分子，是细胞膜的重要组成部分。萜类和固醇类物质，如胆固醇，是许多生物活性物质的前体。在工业应用方面，油脂工业将植物油和动物脂肪转化为食品和其他化工产品。生物膜是由脂质和蛋白质构成的，它们不仅起到分隔细胞的作用，还参与物质转运、信息传递、能量转换。

课后习题

1. 判断对错。如果不对，请说明原因。

（1）混合甘油酯是指分子中除含脂肪酸和甘油外，还含有其他成分的脂质。

（2）磷脂是生物膜的主要成分，它的两个脂肪酸基处于膜的内部。

（3）7-脱氢胆固醇是维生素 D_3 原，而麦角固醇是维生素 D_2 原。

（4）生物膜内外两侧的膜脂质和膜蛋白分布都是不对称的。

（5）膜脂的流动性并不影响膜蛋白的运动。

2. 三酰甘油有没有构型？什么情况下有构型？什么情况下没有构型？

3. 计算一软脂酰二硬脂酰甘油酯的皂化值。

4. 计算用以下方法测定的菜油的碘值。称取 80mg 菜油，与过量的溴化碘作用，并加入一定量的碘化钾。然后用 0.05mol/L 硫代硫酸钠标准溶液滴定，消耗硫代硫酸钠 11.5mL。另作一空白（不加菜油），消耗硫代硫酸钠标准溶液 24.0mL。

5. 生物膜表面亲水内部疏水的特性是由膜蛋白决定的，还是由膜脂决定的？如何构成这种特性？

讨论学习

1. 讨论转基因植物油及其安全性。

2. 讨论油炸食品与健康的关系。

3. 讨论油脂与心血管健康的关系。

3-14　自我测评

第四章　蛋白质化学

4-1　学习目标

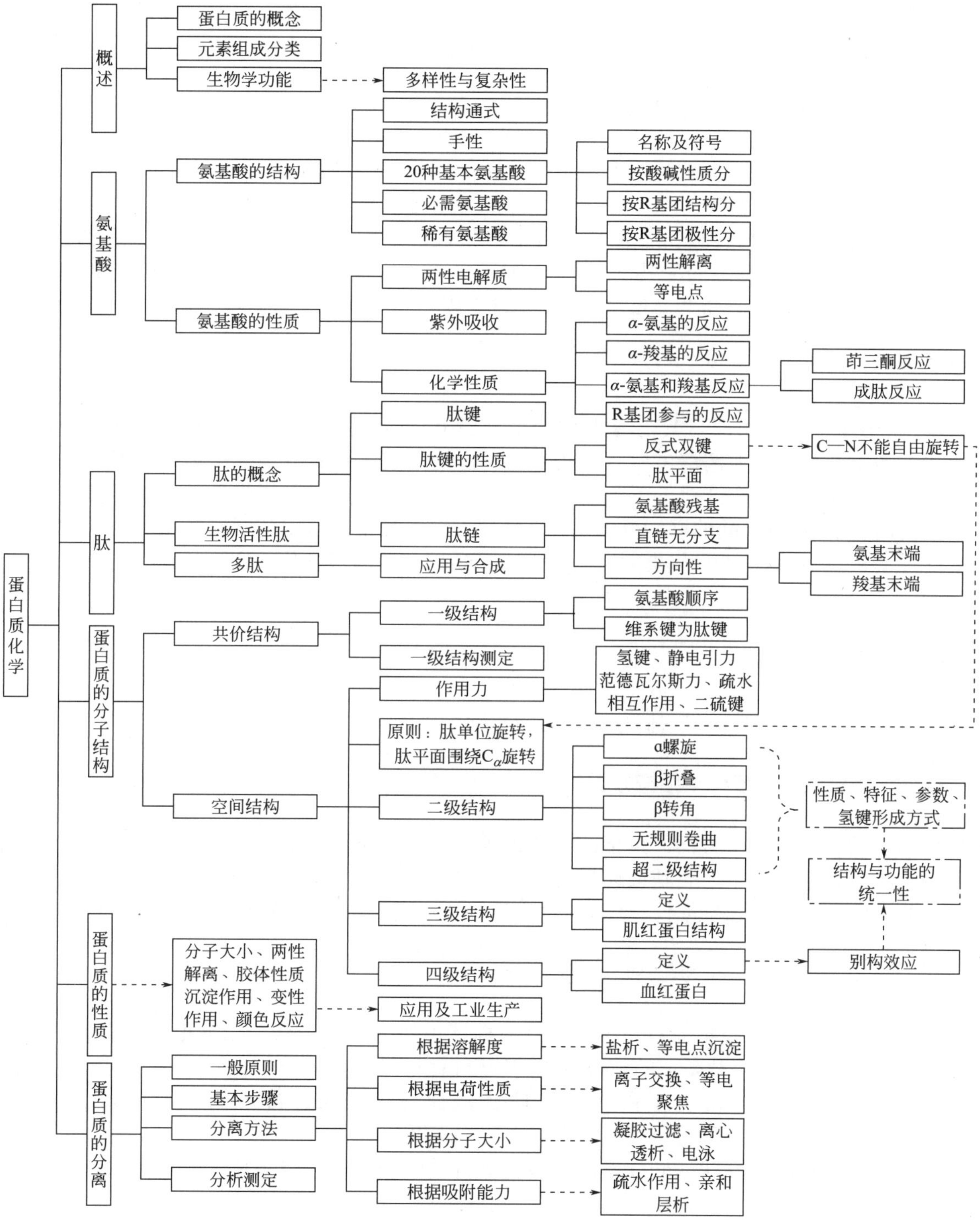
蛋白质化学
概述
蛋白质的概念
元素组成分类
生物学功能
多样性与复杂性
氨基酸
氨基酸的结构
结构通式
手性
20种基本氨基酸
名称及符号
按酸碱性质分
按R基团结构分
按R基团极性分
必需氨基酸
稀有氨基酸
氨基酸的性质
两性电解质
两性解离
等电点
紫外吸收
化学性质
α-氨基的反应
α-羧基的反应
α-氨基和羧基反应
茚三酮反应
成肽反应
R基团参与的反应
肽
肽的概念
肽键
肽键的性质
反式双键
C—N不能自由旋转
肽平面
肽链
氨基酸残基
直链无分支
方向性
氨基末端
羧基末端
生物活性肽
多肽
应用与合成
蛋白质的分子结构
共价结构
一级结构
氨基酸顺序
维系键为肽键
一级结构测定
空间结构
作用力
氢键、静电引力
范德瓦尔斯力、疏水
相互作用、二硫键
原则：肽单位旋转，
肽平面围绕Cα旋转
二级结构
α螺旋
β折叠
β转角
无规则卷曲
超二级结构
性质、特征、参数、
氢键形成方式
结构与功能的
统一性
三级结构
定义
肌红蛋白结构
四级结构
定义
血红蛋白
别构效应
蛋白质的性质
分子大小、两性
解离、胶体性质
沉淀作用、变性
作用、颜色反应
应用及工业生产
蛋白质的分离
一般原则
基本步骤
分离方法
根据溶解度
盐析、等电点沉淀
根据电荷性质
离子交换、等电
聚焦
根据分子大小
凝胶过滤、离心
透析、电泳
根据吸附能力
疏水作用、亲和
层析
分析测定

第一节 概述

一、蛋白质的概念

1. 重要性——蛋白质是生命的物质基础

蛋白质与生命现象密切相关，凡是有生命的地方，基本上都有蛋白质在起作用。蛋白质是细胞内除水外含量最高的组分，酶、抗体、多肽激素、运输分子乃至细胞的自身骨架都是由蛋白质构成的。蛋白质在生物体中的含量约占干重的 45% ～ 50% 以上。蛋白质是结构和功能上形式种类最多，也是最为活跃的一类分子，几乎在一切生命过程中起着关键作用，因此蛋白质是生命的物质基础。

2. 元素组成——蛋白质是含氮元素恒定的生命物质

蛋白质的元素组成与糖、脂相比，都含有 C、H、O，而蛋白质还含有 N 等元素。从动、植物组织细胞中提取的各种蛋白质的主要元素 C、H、O、N 的含量分别是 50% ～ 55%、6% ～ 8%、20% ～ 23%、15% ～ 18%；其中 N 元素的含量在各种蛋白质中很相近，平均为 16%，故 N 为蛋白质的特征性元素，即蛋白质是一类含氮元素恒定的生物大分子。除了主要元素，蛋白质大多数还含有 S（0 ～ 4%）、P（0.4% ～ 0.9%）、Fe^{3+}、Cu^{2+}、Zn^{2+}、Mn^{2+} 等，个别含有碘。

3. 蛋白质的大小

蛋白质是分子量很大的分子，其范围从 6000 到 1×10^6 或更大。有些蛋白质仅由一条肽链构成，称为单体蛋白质，如肌红蛋白和血清清蛋白；有些蛋白质由两条或多条肽链构成，称为寡聚蛋白质或多聚蛋白质，如血红蛋白和肌球蛋白。对于不含辅基的简单蛋白质，其分子量可由其氨基酸残基的数目粗略估算。构成蛋白质的 20 种氨基酸的平均分子量约为 138，但多数蛋白质中分子量较小的氨基酸占优势，平均分子量接近 128。每形成一个肽键会脱去一分子水，所以氨基酸残基的平均分子量约为 110。

二、蛋白质的分类

研究蛋白质时也常常人为地将它们分成不同的类别，以便认识和了解。

1. 分类依据——蛋白质不能按化学结构分类

蛋白质分类的依据有几个方面，包括：生物来源、理化性质、分子形状、化学组成、化学结构与功能等。其中，按照化学结构来分类是很理想的，因为化学物质的结构与其功能有密切的关系；然而迄今人们所知道的蛋白质的化学结构尚不多，故这种方法尚不适用于蛋白质的分类。

2. 三种分类方法——按组成分类是常用的分类方法

现在采用的蛋白质的分类主要有 3 种，一是根据蛋白质分子的形状，二是根据蛋白质的溶解性质，三是根据蛋白质的组成。大多数采用的是按组成进行蛋白质分类的方法。

（1）根据分子的形状，可将蛋白质分为球状蛋白质（globular protein）和纤维状蛋白（fibrous protein）。这是根据分子轴比（即分子长度与直径之比）来区分的。

球状蛋白：分子形状呈球状或椭球形。其多肽链折叠紧密，疏水残基藏于分子内部，亲水的侧链暴露在外部，故较易溶解，如血液中的血红蛋白、血清球蛋白，豆类的球蛋白等。

纤维状蛋白：形状似纤维或细棒，具有比较规则的线性结构。不溶于水，在体内主要起结构作用，如指甲、羽毛中的角蛋白和蚕丝中的丝蛋白等。

（2）根据溶解度，可将蛋白质分为下列几类。

清蛋白（albumin）：又称白蛋白，是溶于水的，如血清白蛋白、乳清白蛋白等。

精蛋白（protamine）：溶于水及酸性溶液，含碱性氨基酸多，呈碱性，如鲑精蛋白。

组蛋白（histone）：溶于水及稀酸溶液，含碱性氨基酸较多，故呈碱性，它们常是细胞核染色质组成成分。

球蛋白（globulin）：微溶于水而溶于稀中性盐溶液，如血清球蛋白、肌球蛋白和大豆球蛋白等。

谷蛋白（glutelin）：不溶于水、醇及中性盐溶液，但溶于稀酸、稀碱，如米蛋白、麦蛋白。

醇溶蛋白（prolamin）：不溶于水，溶于 70% ～ 80% 乙醇，如玉米蛋白。

硬蛋白（scleroprotein）：不溶于水、盐、稀酸、稀碱溶液，如胶原蛋白、丝蛋白、毛发及蹄甲等角蛋白和弹性蛋白等。

（3）根据组成，可将蛋白质分为单纯蛋白质（simple protein）和结合蛋白质（conjugated protein）。

① 单纯蛋白质：仅由氨基酸组成的蛋白质，水解后产物只有氨基酸。前述中的清蛋白、球蛋白、谷蛋白、醇溶蛋白、精蛋白、组蛋白、硬蛋白都属于单纯蛋白质。

② 结合蛋白质：除含有氨基酸外，还含有糖、脂肪、核酸、磷酸以及色素等非蛋白成分。即结合蛋白质由蛋白质部分与非蛋白质部分两部分组成。非蛋白质部分与蛋白质部分共价或非共价结合，称为辅基或配体。主要的结合蛋白质有以下几类。

核蛋白（nucleoprotein）：是由蛋白质与核酸组成的，在生命活动过程中极为重要，存在于一切细胞中，如核糖体。

糖蛋白（glycoprotein）：由蛋白质与糖类物质结合而成。糖类物质常常是半乳糖、甘露糖、氨基己糖、葡萄糖醛酸等。如黏性蛋白、软骨素蛋白等。糖蛋白几乎存在于所有组织中，如在血液、骨骼、角膜、内脏、黏膜等组织及生物膜中都存在大量的各类糖蛋白，并具有多种功能。

脂蛋白（lipoprotein）：由蛋白质与脂类结合而成，主要存在于乳汁、血液、生物膜和细胞核中，如血浆脂蛋白、膜脂蛋白等。脂蛋白与脂质代谢、运输等功能有关。

磷蛋白（phosphoprotein）：含有与丝氨酸、苏氨酸或酪氨酸残基的羟基酯化的磷酸基，如酪蛋白、糖原磷酸化酶 a 等。

金属蛋白（metalloprotein）：含有金属元素，如铁蛋白含铁，细胞色素氧化酶含铜和铁，丙酮酸羧化酶含锰。

色蛋白（chromoprotein）：由蛋白质与含金属的色素物质结合而成，如血红蛋白，辅基为血红素，其卟啉中心含铁离子。还有其他色蛋白如含铁的肌红蛋白、细胞色素，含镁的叶绿蛋白，含铜的血蓝蛋白等。

黄素蛋白（flavoprotein）：含黄素，辅基为 FAD 或 FMN，如 NADH 脱氢酶含 FMN，琥珀酸脱氢酶含 FAD，二氢乳清酸脱氢酶含 FAD 和 FMN。

三、蛋白质的生物学功能

生命是物质运动的高级形式，这种运动形成是通过蛋白质来实现的。因此，蛋白质具有重要的生物学功能。

1. 蛋白质结构的层次——蛋白质功能的基础

蛋白质分子是由氨基酸首尾相连形成的多肽链。但天然蛋白质分子并不是走向随机的松散多肽链，在生理条件下，每一个天然蛋白质都有其特有的复杂空间结构，即蛋白质的构象。蛋白质分子获得复杂结构的全部信息存在于其多肽链的氨基酸序列中，因此蛋白质能自身折叠成高级空间结构。蛋白质结构具有不同的组织层次，包括一级、二级、三级和四级结构。独特的空间结构是蛋白质行使生物学功能的基础。

2. 功能多样——蛋白质功能的多样性

（1）催化功能。生物体的各种组成部分的自我更新是生命活动的本质，而构成新陈代谢的所有化学反应几乎都是在一类特殊的生命高分子——酶（enzyme）催化下进行的，目前已发现的酶基本上都是蛋白质。

（2）调节功能。生物体的一切生物化学反应有条不紊地进行，是由于有调节蛋白在起作用，如激素（hormone）、受体（receptor）、毒蛋白（toxoprotein）等。许多蛋白质能调节其他蛋白质执行其生理功能或参与基因表达调控。

（3）结构功能。蛋白质是一切生物体细胞和组织的主要成分，也是生物体形态结构的物质基础。体表和机体构架部分还具有保护、支持功能。这类蛋白质多数是不溶性纤维状蛋白质，一般聚合成长的纤维。如毛发的α-角蛋白，肌腱、韧带和皮肤的胶原蛋白等。

（4）运输功能。生命活动所需要的许多小分子和离子是由蛋白质来输送和传递的。如：O_2 的运输由红细胞中的血红蛋白来完成，脂质的运输由载脂蛋白来完成，铁离子由运铁蛋白运输等。膜转运蛋白在生物膜内形成通道，转运代谢物和养分进出细胞或细胞器。

（5）防御功能。生物机体产生的用以防御致病微生物或病毒的抗体（antibody）就是一种高度专一的免疫球蛋白（immunoglobulin）；它能识别外源性物质，并与之结合，起到免疫作用，使机体免受伤害。另一类保护蛋白是血液凝固蛋白，如凝血酶原和血纤蛋白原。深海鱼类含有抗冻蛋白，能防止血液冷冻。此外动物中的抗菌肽、植物毒蛋白、细菌毒素、蛇毒和蜂毒中的神经毒蛋白也都起到防御作用。

（6）运动功能。生物体的运动也由蛋白质来完成。如动物的肌肉主要成分就是蛋白质，肌肉收缩和舒张是由肌动蛋白（actin）和肌球蛋白（myosin）的相对运动来实现的。草履虫、绿眼虫的运动由纤毛和鞭毛完成，纤毛和鞭毛都是蛋白质。

（7）储藏功能。为生物体生长发育提供C、H、O、N、S元素。乳液中的酪蛋白、蛋类中的卵清蛋白、植物种子中的醇溶蛋白等，它们有储藏氨基酸的作用，以备机体及其胚胎或幼体生长发育的需要。另外，铁蛋白还能储存铁元素。

（8）生物膜的功能。生物膜的通透性、信号传递、遗传控制、生理识别、动物记忆、思维等多方面的功能都是由蛋白质参加完成的。

3. 功能复杂——蛋白质功能的复杂性

同一种蛋白质，其功能又呈现出复杂性。如糖蛋白的细胞识别功能涉及糖蛋白及其相应受体、糖基转移酶及其底物、糖苷水解酶及其底物所参与的一系列生化过程。又如酶催化功能受许多因素的影响，并表现出竞争性、可调节性等。有的酶具有几种不同的催化功能，以适应多变的内外环境。

第二节　蛋白质的基本单位——氨基酸

一、蛋白质的水解——产生氨基酸的基本手段

蛋白质是一类含氮的生物高分子，分子量大，结构非常复杂，为研究其组成和结构，常通过酸、碱和酶法等方法将其水解成小分子。

1. 酸水解

酸水解蛋白质时，常以5～10倍体积的20% HCl溶液煮沸回流16～24h，或于120℃下水解12h，可将蛋白质水解成氨基酸（amino acid）。酸水解的优点是水解彻底，最终产物是L-氨基酸，没有旋光异

构体产生；缺点是营养价值较高的色氨酸几乎全部被破坏，并与含醛基的化合物（如糖）作用生成一种黑色物质，称为腐黑质（melanoidins），因此水解液呈黑色，需脱色去除。此外，含羟基的丝氨酸、苏氨酸、酪氨酸也有部分被破坏。此法常用于蛋白质的分析与制备，是氨基酸工业生产的主要方法之一，也可用于蛋白质的分析。

2. 碱水解

蛋白质在进行碱水解时，可用 6mol/L NaOH 溶液或 4mol/L Ba(OH)$_2$ 溶液煮沸 6h 即可完全水解得到氨基酸。此法的优点是色氨酸不被破坏，水解液清亮；但缺点是水解产生的氨基酸发生旋光异构现象，产物有 D 型和 L 型两类氨基酸。D 型氨基酸不能被人体分解利用，因而营养价值减半；此外，丝氨酸、苏氨酸、赖氨酸、胱氨酸等大部分被破坏。因此，碱水解法一般很少使用。

3. 蛋白酶水解

蛋白质借助一些蛋白酶（protease）可发生水解。这种水解法的优点是条件温和，常温（36～60℃）、常压和 pH 值在 2～8 时，氨基酸完全不被破坏，不发生旋光异构现象；其缺点是水解不彻底，需几种酶协同作用，中间产物（短肽等）较多，且酶解时间较长。因此酶水解法主要用于部分水解，常用的蛋白酶有胰蛋白酶（trypsin）、胃蛋白酶（pepsin）以及糜蛋白酶（胰凝乳蛋白酶，chymotrypsin）。

在蛋白质的水解过程中，由于水解方法和条件的不同，可得到不同程度的降解物。

蛋白质 ⟶ 胨 ⟶ 腖 ⟶ 多肽 ⟶ 二肽 ⟶ 氨基酸

分子量：　>10^4　　约 5×10^3　约 2×10^3　500～1000　约 200　约 100

蛋白质煮沸时可凝固，而胨、腖、肽均不能；蛋白质和胨可被饱和的硫酸铵和硫酸锌沉淀，而腖以下的产物均不能；腖可被磷钨酸等复盐沉淀，而肽类及氨基酸均不能，借此可将各产物分开。

二、氨基酸的结构特征

1. 结构特征——氨基酸是氨基取代羧酸

氨基酸是含有氨基的羧酸，即羧酸中 α-碳原子（C$_\alpha$）上一个氢原子被氨基取代而生成的化合物。其结构通式为：

$$R-\overset{NH_2}{\underset{H}{C_\alpha}}-COOH \quad 或 \quad R-\overset{+NH_3}{\underset{H}{C_\alpha}}-COO^-$$

式中，R 表示化学基团（因为它们常常处于蛋白质链状分子的侧链上，故又称为侧链基团）。R 基不同就构成不同的氨基酸。这些氨基酸的 α-氨基和 α-羧酸连在同一个碳原子上，统称为 α-氨基酸，这是氨基酸在结构上的共同特点。

氨基酸的结构式还可写成两性离子形式（见上式的右边结构式），在溶液及反应中氨基酸常以两性离子形式存在。

从结构通式可以看出，除 R 为氢原子（即甘氨酸）外，所有 α-氨基酸的 α-碳原子都是不对称碳原子，即是手性碳原子，它是 α-氨基酸的不对称中心。所以，氨基酸都有旋光活性，每种氨基酸都有 D 型和 L 型两种立体异构体。在这里构型是以 α-氨基在空间的排布来区分的。

$$\overset{COOH}{\underset{R}{H-C-NH_2}} \qquad \overset{COOH}{\underset{R}{H_2N-C-H}}$$

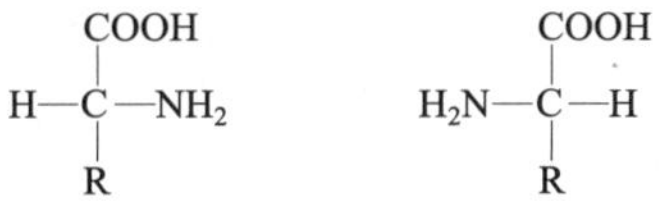

D-氨基酸　　　　　　L-氨基酸

像糖类一样，构型与实际旋光性是两个不同的概念。构成蛋白质的氨基酸都是 L-构型，大多具右旋性，少数具有左旋性。人体不能利用 D 型氨基酸。

2. 常见氨基酸——蛋白质由 20 种基本氨基酸构成

　　在各种生物体中发现的氨基酸已有 180 多种，但参与蛋白质组成的常见氨基酸只有 20 种（更确切地说，脯氨酸应为亚氨基酸）。由蛋白质水解得到的氨基酸都是 L 型氨基酸，故一般可以不注明其构型和旋光方向。构成蛋白质的 20 种氨基酸的名称、结构、存在及用途见表 4-1。

表 4-1　构成蛋白质的 20 种氨基酸的名称、结构、存在及用途

名称	符号	结构式	存在及用途
甘氨酸（glycine）	Gly G	$H-\overset{\overset{\displaystyle NH_2}{\mid}}{\underset{\underset{\displaystyle H}{\mid}}{C}}-COOH$	有甜味，胶原中含25%～30%，可治疗胃酸过多与肌力衰竭
丙氨酸（alanine）	Ala A	$H_3C-\overset{\overset{\displaystyle NH_2}{\mid}}{\underset{\underset{\displaystyle H}{\mid}}{C}}-COOH$	丝纤维蛋白中含25%
缬氨酸（valine）	Val V	$\begin{matrix}H_3C\\H_3C\end{matrix}CH-\overset{\overset{\displaystyle NH_2}{\mid}}{\underset{\underset{\displaystyle H}{\mid}}{C}}-COOH$	卵蛋白及乳蛋白含10%
亮氨酸（leucine）	Leu L	$\begin{matrix}H_3C\\H_3C\end{matrix}CH-CH_2-\overset{\overset{\displaystyle NH_2}{\mid}}{\underset{\underset{\displaystyle H}{\mid}}{C}}-COOH$	谷物、玉米蛋白中含22%～24%
异亮氨酸（isoleucine）	Ile I	$H_3C-CH_2-\underset{\underset{\displaystyle H_3C}{\mid}}{CH}-\overset{\overset{\displaystyle NH_2}{\mid}}{\underset{\underset{\displaystyle H}{\mid}}{C}}-COOH$	糖蜜、肉蛋白中含5%～6.5%
苯丙氨酸（phenylalanine）	Phe F	⬡$-CH_2-\overset{\overset{\displaystyle NH_2}{\mid}}{\underset{\underset{\displaystyle H}{\mid}}{C}}-COOH$	一般蛋白质含4%～5%
酪氨酸（tyrosine）	Tyr Y	$HO-$⬡$-CH_2-\overset{\overset{\displaystyle NH_2}{\mid}}{\underset{\underset{\displaystyle H}{\mid}}{C}}-COOH$	奶酪中含量高，明胶中最少
色氨酸（tryptophan）	Trp W	(吲哚环)$-CH_2-\overset{\overset{\displaystyle NH_2}{\mid}}{\underset{\underset{\displaystyle H}{\mid}}{C}}-COOH$	各种蛋白质中均含少量
丝氨酸（serine）	Ser S	$HO-CH_2-\overset{\overset{\displaystyle NH_2}{\mid}}{\underset{\underset{\displaystyle H}{\mid}}{C}}-COOH$	丝蛋白中含量最丰富，精蛋白含7.8%
苏氨酸（threonine）	Thr T	$H_3C-\underset{\underset{\displaystyle OH}{\mid}}{CH}-\overset{\overset{\displaystyle NH_2}{\mid}}{\underset{\underset{\displaystyle H}{\mid}}{C}}-COOH$	酪蛋白中较多，肉蛋白、乳蛋白、卵蛋白中占4.5%～5%，有抗贫血作用
半胱氨酸（cysteine）	Cys C	$HS-CH_2-\overset{\overset{\displaystyle NH_2}{\mid}}{\underset{\underset{\displaystyle H}{\mid}}{C}}-COOH$	毛、发、角、蹄等角蛋白中含量较多，有解毒作用，可促进肝细胞再生
甲硫氨酸（methionine）	Met M	$H_3C-S-CH_2-CH_2-\overset{\overset{\displaystyle NH_2}{\mid}}{\underset{\underset{\displaystyle H}{\mid}}{C}}-COOH$	肉蛋白、卵蛋白中占3%～4%，用于抗脂肪肝，治疗肝炎、肝硬化等

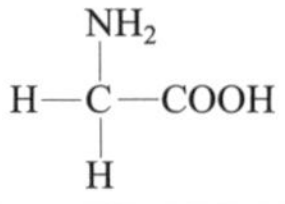

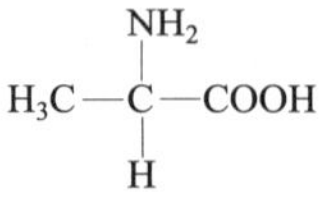

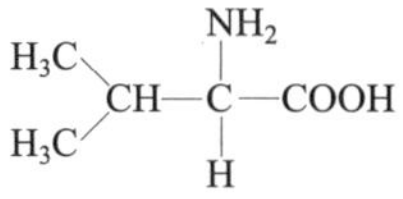

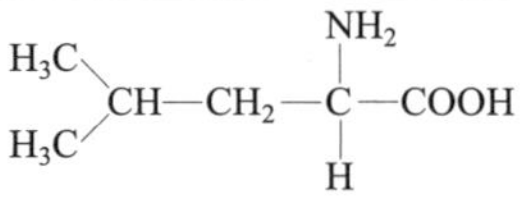

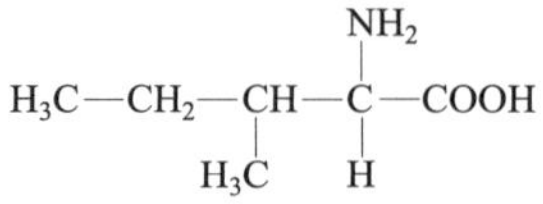

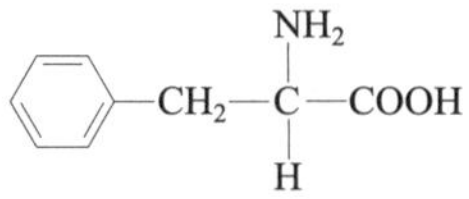

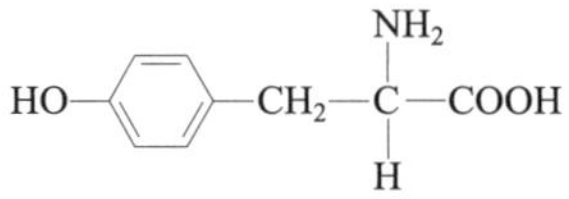

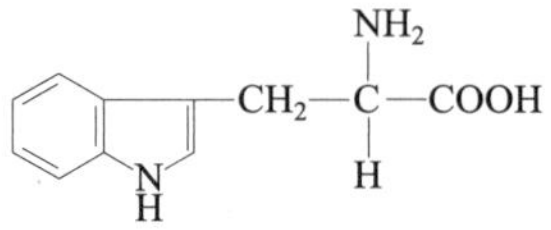

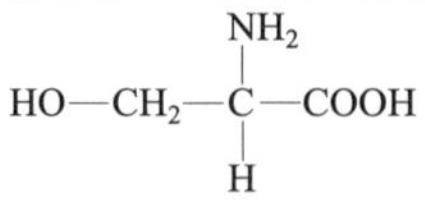

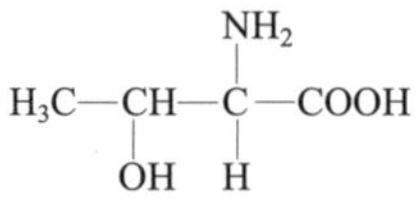

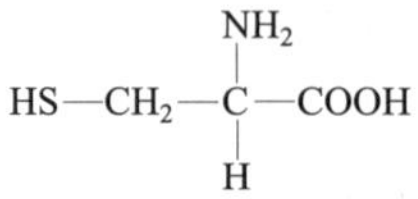

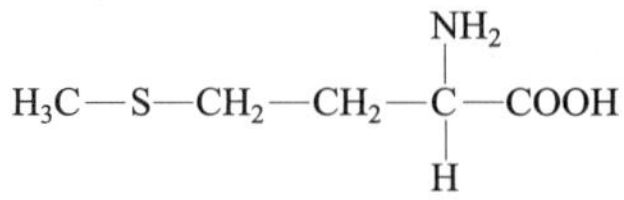

续表

名称	符号	结构式	存在及用途
天冬氨酸 （aspartic acid）	Asp D	$\text{HOOC}-\text{CH}_2-\underset{\underset{\text{H}}{\vert}}{\overset{\overset{\text{NH}_2}{\vert}}{\text{C}}}-\text{COOH}$	多种蛋白质中均含有，植物蛋白中尤多
谷氨酸 （glutamine acid）	Glu E	$\text{HOOC}-\text{CH}_2-\text{CH}_2-\underset{\underset{\text{H}}{\vert}}{\overset{\overset{\text{NH}_2}{\vert}}{\text{C}}}-\text{COOH}$	谷蛋白中含20%～45%，用于降血氨，治疗肝昏迷，其钠盐即食用味精
天冬酰胺 （asparagine）	Asn N	$\text{H}_2\text{N}-\overset{\overset{\text{O}}{\Vert}}{\text{C}}-\text{CH}_2-\underset{\underset{\text{H}}{\vert}}{\overset{\overset{\text{NH}_2}{\vert}}{\text{C}}}-\text{COOH}$	多种蛋白质中均含有
谷氨酰胺 （glutamine）	Gln Q	$\text{H}_2\text{N}-\overset{\overset{\text{O}}{\Vert}}{\text{C}}-\text{CH}_2-\text{CH}_2-\underset{\underset{\text{H}}{\vert}}{\overset{\overset{\text{NH}_2}{\vert}}{\text{C}}}-\text{COOH}$	多种蛋白质中均含有
精氨酸 （arginine）	Arg R	$\text{H}_2\text{N}-\overset{\overset{\text{NH}}{\Vert}}{\text{C}}-\text{NH}-\text{CH}_2-\text{CH}_2-\text{CH}_2-\underset{\underset{\text{H}}{\vert}}{\overset{\overset{\text{NH}_2}{\vert}}{\text{C}}}-\text{COOH}$	鱼精蛋白的主要成分
赖氨酸 （lysine）	Lys K	$\text{H}_2\text{N}-\text{CH}_2-\text{CH}_2-\text{CH}_2-\text{CH}_2-\underset{\underset{\text{H}}{\vert}}{\overset{\overset{\text{NH}_2}{\vert}}{\text{C}}}-\text{COOH}$	肉、乳、卵的蛋白质中占7%～9%，血红蛋白中含量也多
组氨酸 （histidine）	His H	咪唑环$-\text{CH}_2-\underset{\underset{\text{H}}{\vert}}{\overset{\overset{\text{NH}_2}{\vert}}{\text{C}}}-\text{COOH}$	血红蛋白中含量最多，一般蛋白质含1%～3%，明胶、玉米中最少，可做消化性溃疡的辅助治疗
脯氨酸 （proline）	Pro P	吡咯烷环$\text{CH}-\text{COOH}$	结缔组织与谷蛋白中最多，明胶中含20%

　　氨基酸的名称常用三字母的简写符号表示，单字母的简写符号主要用于表示长多肽链的氨基酸序列。20 种常见氨基酸，又称为构成蛋白质的基本氨基酸。除此之外，还有几种稀有氨基酸，也是构成蛋白质的组成成分，但含量少，且是蛋白质合成后由相应的基本氨基酸经修饰形成的。重要的稀有氨基酸有以下几种。

　　羟脯氨酸（hydroxyproline，Hyp）：是脯氨酸经过羟化反应生成的。羟脯氨酸在明胶中含量较多，占 14%，一般蛋白质中含量较少。

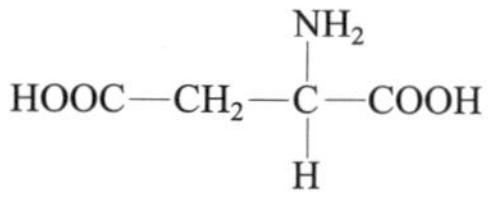

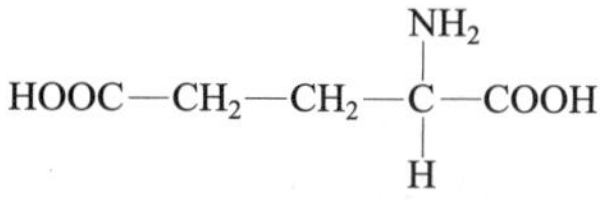

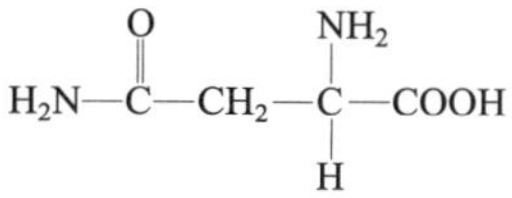

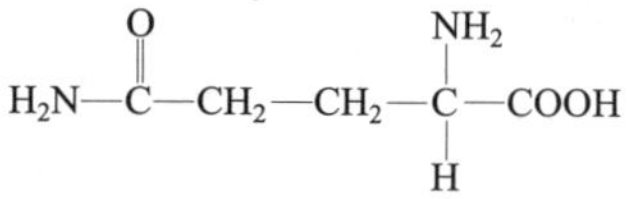

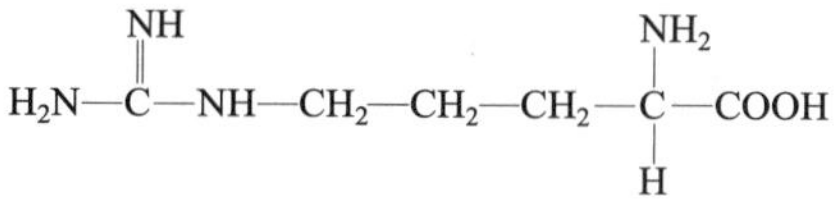

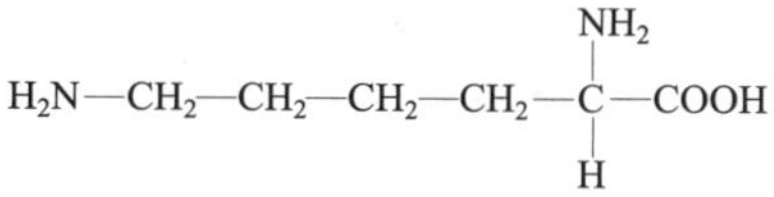

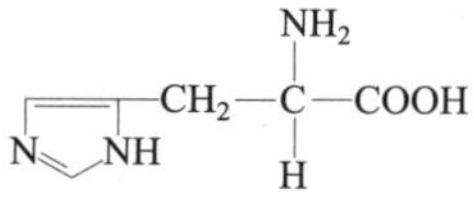

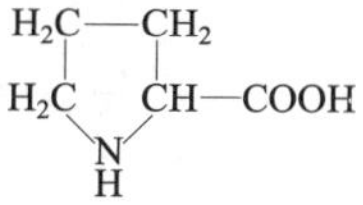

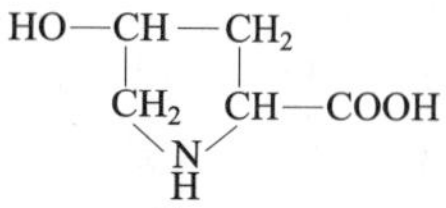

$$\text{HO}-\text{CH}-\text{CH}_2$$
$$\text{Hyp}$$

　　羟赖氨酸（hydroxylysine，Hyl）：由赖氨酸经过羟化反应生成，是动物组织蛋白成分之一。

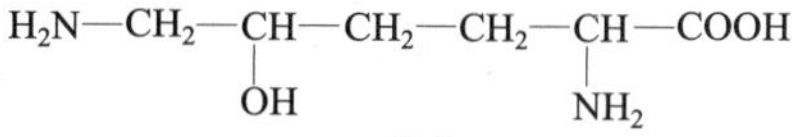

$$\text{H}_2\text{N}-\text{CH}_2-\underset{\underset{\text{OH}}{\vert}}{\text{CH}}-\text{CH}_2-\text{CH}_2-\underset{\underset{\text{NH}_2}{\vert}}{\text{CH}}-\text{COOH}$$
$$\text{Hyl}$$

　　胱氨酸（cystine，Cys）：由两个半胱氨酸氧化后生成，在毛发、蹄角等蛋白质中含量丰富。

$$\text{HOOC}-\underset{\underset{\text{NH}_2}{\vert}}{\text{CH}}-\text{CH}_2-\text{S}-\text{S}-\text{CH}_2-\underset{\underset{\text{NH}_2}{\vert}}{\text{CH}}-\text{COOH}$$
$$\text{Cys}$$

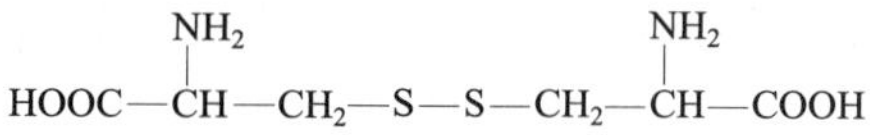

三、氨基酸的分类

1. 氨基酸的三种分类方法

对组成蛋白质的 20 种常见氨基酸的分类方法，主要有 3 种。

（1）根据酸碱性质分为 3 类：

① 酸性氨基酸　有 2 种，即谷氨酸和天冬氨酸。它们含有一个氨基和两个羧基。

② 碱性氨基酸　有 3 种，即精氨酸、赖氨酸和组氨酸。它们含有一个羧基、两个以上的氨基或亚氨基。

③ 中性氨基酸　有 15 种，是含一氨基一羧基的氨基酸，其中包括两种酸性氨基酸产生的酰胺。

（2）根据 R 基的化学结构分为 4 类：

① 芳香族氨基酸　有 3 种，即苯丙氨酸、酪氨酸和色氨酸。它们的 R 基含有芳香环。

② 杂环氨基酸　只有 1 种，即组氨酸，其 R 基中含有咪唑基。

③ 杂环亚氨基酸　1 种，即脯氨酸，其 R 基取代了氨基的一个氢而形成一个杂环，从而使脯氨酸中没有自由氨基，而只含有一个亚氨基。

④ 脂肪族氨基酸　共 15 种，这与中性氨基酸的 15 种不完全一致。

（3）根据 R 基团的极性分成 4 类：

① 极性带正电荷的氨基酸　实为 3 种碱性氨基酸。是在 pH 7 时带净正电荷的氨基酸。

② 极性带负电荷的氨基酸　即 2 种酸性氨基酸。在 pH 6 ～ 7 时，带净负电荷。

③ 极性不带电氨基酸　它们的 R 基中含有不解离的极性基团，能与水形成氢键。共有 7 种，包括：含羟基的丝氨酸、苏氨酸和酪氨酸；含酰胺基的天冬酰胺和谷氨酰胺；含巯基的半胱氨酸；甘氨酸的 R 基为氢，对强极性的氨基、羧基影响很小，其极性最弱，有时将它归于非极性氨基酸类。其中半胱氨酸和酪氨酸的 R 基极性最强。

④ 非极性氨基酸　它们的 R 基中含有脂肪烃链或芳香环等，共有 8 种。其中带有脂肪烃链的有丙氨酸、缬氨酸、亮氨酸和异亮氨酸；含有芳香环的有苯丙氨酸和色氨酸；含硫的甲硫氨酸；还有一种亚氨基酸——脯氨酸。非极性氨基酸在水中的溶解度比极性氨基酸小。其中丙氨酸的疏水性最小，它介于非极性氨基酸和极性不带电氨基酸之间。

2. 非蛋白质氨基酸——非蛋白质氨基酸也具有生物活性

除了构成蛋白质的20种常见氨基酸外，还有存在于多种组织和细胞中的非蛋白质氨基酸（大约700种），有一些是重要的代谢物前体和中间代谢物。这些氨基酸大多是 L 型 α-氨基酸的衍生物，但还有一些是 β、γ、δ-氨基酸和 D-氨基酸，如 γ-氨基丁酸由谷氨酸脱羧产生，是一种重要的神经递质，能传递神经冲动。在细菌中含有多种 D 型氨基酸，如 D-丙氨酸（细菌细胞壁组成）、D-胱氨酸（短杆菌肽 D、放线菌素 D）、D-亮氨酸（短杆菌肽 D、多黏菌肽）、D-天冬氨酸（枯草菌肽 A）和 D-谷氨酸（细菌肽聚糖）等。

非蛋白质氨基酸也具有生物活性，功能不尽相同。其重要非蛋白质氨基酸见表 4-2。

表 4-2　重要的非蛋白质氨基酸

名称	结构式	存在
β-丙氨酸（β-alanine）	$H_2N—CH_2—CH_2—COOH$	泛酸及辅酶A的组织成分
γ-氨基丁酸（γ-aminobutyric）	$H_2N—CH_2—CH_2—CH_2—COOH$	存在于脑组织中，与脑组织营养及神经传递有关
高半胱氨酸（homocysteine）	$HS—CH_2—CH_2—C(NH_2)(H)—COOH$	甲硫氨酸生物合成的中间产物

续表

名称	结构式	存在
高丝氨酸 （homoserine）	$HO-CH_2-CH_2-\overset{\overset{NH_2}{\mid}}{\underset{\underset{H}{\mid}}{C}}-COOH$	苏氨酸、天冬氨酸、甲硫氨酸代谢的中间产物
鸟氨酸 （ornithine）	$H_2N-CH_2-CH_2-CH_2-\overset{\overset{NH_2}{\mid}}{\underset{\underset{H}{\mid}}{C}}-COOH$	尿素生成的中间产物
瓜氨酸 （citrulline）	$H_2N-\overset{\overset{O}{\parallel}}{C}-NH-CH_2-CH_2-CH_2-\overset{\overset{NH_2}{\mid}}{\underset{\underset{H}{\mid}}{C}}-COOH$	尿素生成的中间产物
苯甘氨酸 （phenylglycine）	$\overset{\overset{NH_2}{\mid}}{\underset{\underset{H}{\mid}}{C}}-COOH$（苯基）	合成半合成青霉素和头孢菌素的关键中间体

四、氨基酸的性质

构成蛋白质的 α-氨基酸为白色晶体；熔点较高（高于 200℃，可达 250℃左右）；一般能溶于水、稀酸或稀碱中，但不溶于有机溶剂；通常酒精能使氨基酸从其溶液中析出。除甘氨酸外都有旋光性，比旋是 α-氨基酸的物理常数之一，可用于氨基酸的鉴别。

1. 两性性质——氨基酸是弱两性电解质

同一氨基酸分子中含有碱性的氨基（—NH_2）和酸性的羧基（—COOH），因此它是两性电解质（ampholytes）。它的—COOH 基可解离释放 H^+，其自身变为—COO^-，释放出的 H^+ 与—NH_2 结合，使—NH_2 基变成—NH_3^+，此时氨基酸成为同一分子上带有正、负两种电荷的偶极离子或称兼性离子，这也是氨基酸在水中或结晶态时的主要存在形式。即氨基酸在水中的偶极离子既起到酸（质子供体）的作用，又起到碱（质子受体）的作用，是一种两性电解质。

氨基酸的氨基和羧基的解离情况以及氨基酸本身带电情况取决于它所处环境的酸碱性。当它处于酸性环境时，由于羧基结合质子而使氨基酸带正电荷；当它处于碱性环境时，由于氨基的解离而使氨基酸带负电荷；当它处于某一 pH 值时，氨基酸所带正电荷和负电荷相等，即净电荷为零，此时的 pH 值称为氨基酸的等电点（isoelectric point），用 pI 表示。

氨基酸的两性解离式为：

$$\underset{\substack{\text{在酸性溶液中}\\(pH<pI)}}{R-\overset{\overset{\overset{+}{N}H_3}{\mid}}{CH}-COOH} \underset{H^+}{\overset{OH^-}{\rightleftharpoons}} \underset{\substack{\text{晶体或水溶液中}\\(pH=pI)}}{R-\overset{\overset{\overset{+}{N}H_3}{\mid}}{CH}-COO^-} \underset{H^+}{\overset{OH^-}{\rightleftharpoons}} \underset{\substack{\text{在碱性溶液中}\\(pH>pI)}}{R-\overset{\overset{NH_2}{\mid}}{CH}-COO^-}$$

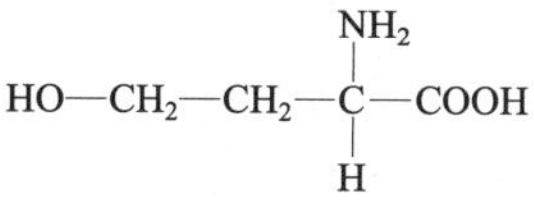

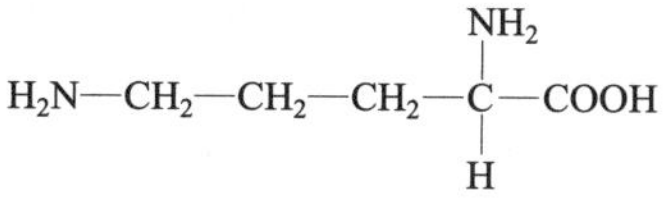

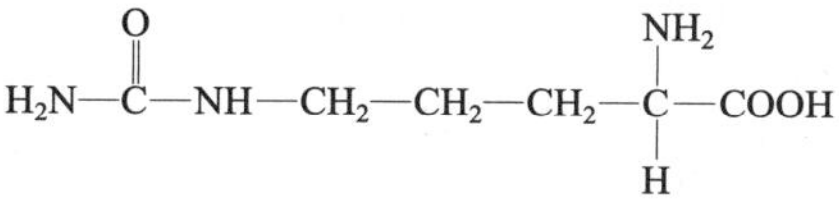

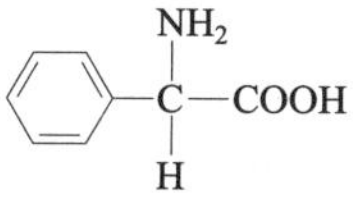

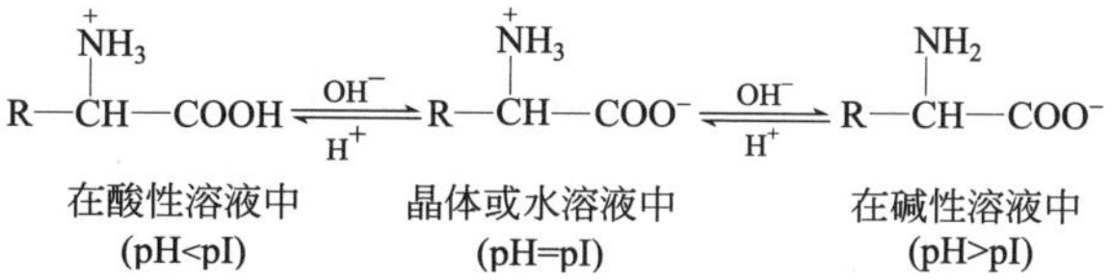

在生理 pH 值时，大多氨基酸以两性离子为主存在。在等电点时，由于静电作用，氨基酸的溶解度最小，容易沉淀。利用这一性质可以分离制备某些氨基酸。例如，谷氨酸的生产，就是将微生物发酵液的 pH 值调节到 3.22（谷氨酸的等电点）而使谷氨酸沉淀析出。

由于氨基酸是两性电解质，在水溶液中，它既可被酸滴定，又可被碱滴定。通过对氨基酸进行的酸碱滴定，可以说明氨基酸的两性解离，并可计算出各种解离基团的解离常数和等电点，例如甘氨酸的酸碱滴定。图 4-1 为甘氨酸的酸碱滴定曲线，左段是用标准盐酸滴定得到的曲线，右段是用标准氢氧化钠滴

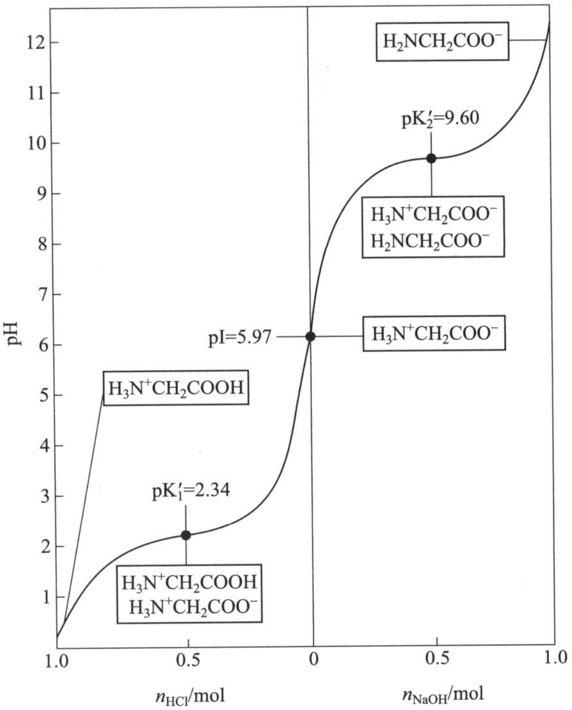

图 4-1 甘氨酸的酸碱滴定曲线

定得到的曲线。

从滴定曲线的左段可以看出，当加酸滴定时，溶液的 pH 值由大逐渐变小（pH 6 → pH 1），表明溶液的碱性在逐渐下降，而酸度在逐渐增高。曲线中部的转折点（pK'_1=2.34）是甘氨酸羧基（—COOH）的解离常数，这个常数说明被滴定的两性甘氨酸分子中可作为 H^+ 受体的—COO^-已半数被中和了。

从滴定曲线的右段可以看出，当使用碱液滴定甘氨酸溶液时，溶液中的 pH 值由小变大（pH 6 → pH 12），这说明溶液的酸度在逐渐下降，而碱度在逐渐升高。在曲线中部出现的转折点（pK'_2=9.6），是两性离子甘氨酸的—NH_3^+ 的解离常数，表明被滴定的甘氨酸分子中可解离提供 H^+ 与碱基 OH^-结合的—NH_3^+ 已有半数被中和了。

这两条曲线都说明甘氨酸有两性解离，被碱滴定的是两性甘氨酸的—NH_3^+ 解离出的 H^+（来自羧基的解离），被酸滴定的是两性甘氨酸的—COO^-。在两性离子解离度相等（指正、负离子浓度相等）时即是它的等电点。

由氨基酸的滴定，可以求出各种解离基团的解离常数（pK′），计算公式为：

$$pK' = pH - \lg\frac{c[\text{质子受体}]}{c[\text{质子供体}]}$$

由上式可见，解离常数 pK′ 是一种特定条件下的 pH 值，即当质子供体与质子受体浓度相等时的 pH 值。由 pK′ 又可求出氨基酸的等电点（pI），pI 值相当于氨基酸的两性离子状态两侧的基团 pK 值之和的一半，即 pI=1/2（$pK'_n+pK'_{n+1}$），式中，n 表示氨基酸完全质子化时所带正电荷的最大数字。

对于中性和酸性氨基酸：$pI = \frac{1}{2}(pK'_1 + pK'_2)$

对于碱性氨基酸：$pI = \frac{1}{2}(pK'_2 + pK'_3)$

各种氨基酸的 pK′ 值及 pI 见表 4-3。

表 4-3 各种氨基酸的 pK′ 值及 pI

氨基酸	pK'_1(COOH)	$pK'_2(NH_3^+)$	pK'_3(R)	pI
甘氨酸	2.34	9.60		5.97
丙氨酸	2.34	9.69		6.02
缬氨酸	2.32	9.62		5.97
亮氨酸	2.36	9.60		5.89
异亮氨酸	2.36	9.68		6.02
丝氨酸	2.21	9.15		5.68
苏氨酸	2.63	10.43		6.53
天冬氨酸	2.09	3.86（β-COOH）	9.82（NH_3^+）	2.89
天冬酰胺	2.02	8.80		5.41
谷氨酸	2.19	4.25（γ-COOH）	9.67（NH_3^+）	3.22
谷氨酰胺	2.17	9.13		5.65

续表

氨基酸	pK$_1'$(COOH)	pK$_2'$(NH$_3^+$)	pK$_3'$(R)	pI
精氨酸	2.17	9.04（NH$_3^+$）	12.48（胍基）	10.76
赖氨酸	2.18	8.95（α-NH$_3^+$）	10.53（ε-NH$_3^+$）	9.74
组氨酸	1.82	6.00（咪唑基）	9.17（NH$_3^+$）	7.59
半胱氨酸	1.71	8.33（NH$_3^+$）	10.78（SH）	5.02
甲硫氨酸	2.28	9.21		5.75
苯丙氨酸	1.83	9.13		6.48
酪氨酸	2.20	9.11（NH$_3^+$）	10.07（OH）	5.66
色氨酸	2.38	9.39		5.89
脯氨酸	1.99	10.60		6.30

由表 4-3 可知，不同氨基酸的 pI 值不一样，酸性氨基酸的 pI 较小；碱性氨基酸的 pI 较大；中性氨基酸的 pI<7，一般在 6.0 左右。

2. 紫外线吸收——芳香族氨基酸具有特征紫外线吸收

构成蛋白质的氨基酸在可见光区都没有光吸收，但在紫外光区芳香族氨基酸苯丙氨酸、酪氨酸和色氨酸因含有苯环共轭双键，而具有紫外光吸收能力。苯丙氨酸的最大吸收波长在 259nm，酪氨酸的最大吸收波长在 278nm，色氨酸的最大吸收波长在 279nm。蛋白质由于含有这些芳香族氨基酸，所以也有紫外线吸收能力，一般采用紫外分光光度计在 280nm 波长处测最大光吸收来测定蛋白质的含量。

3. 化学性质——氨基酸的一些特殊反应用于定性与定量

氨基酸的化学反应主要是指它的 α-氨基、α-羧基以及侧链上的基团所参与的一些反应。在蛋白质化学中具有重要意义的化学反应有以下几种。

（1）由 α-氨基参与的反应

① 与亚硝酸反应。氨基酸的氨基和其他伯胺一样，在室温下与亚硝酸作用生成氮气。相关反应为：

$$\underset{\underset{NH_2}{|}}{R-CH-COOH} + HNO_2 \longrightarrow \underset{\underset{OH}{|}}{R-CH-COOH} + N_2\uparrow + H_2O$$

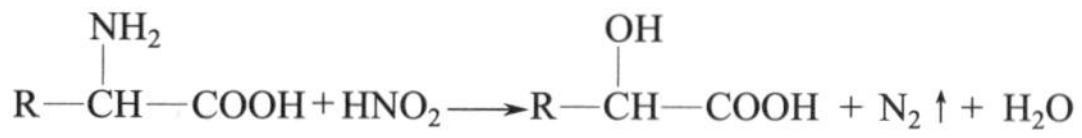

所产生的氮气（N$_2$）只有一半来自氨基酸的氨基氮，另一半来自亚硝酸。在标准条件下测定生成的氮气体积，即可计算出氨基酸的量，这就是 Van Slyke（范斯莱克）法测定氨基酸氮的基础。在生产上，可用此法来进行氨基酸定量和蛋白质水解程度的测定。因为在水解过程中，蛋白质的总氮量是不变的，而氨基氮却不断上升，用氨基氮与总蛋白氮的比例可表示蛋白质的水解程度。

② 与甲醛反应。氨基酸分子在溶液中主要是两性离子。氨基酸的酸性羧基与碱性氨基相距很近，当用碱滴定羧基时，由于氨基的影响，致使氨基酸这种两性离子即使达到滴定终点也不会完全分解，因而不能准确测定。如果用中性甲醛与氨基酸的氨基反应，将氨基保护起来使其不生成两性离子，然后再用碱来滴定氨基酸中的羧基，就能测定出氨基酸的量。相关反应为：

$$\underset{\underset{NH_3^+}{|}}{R-CH-COO^-} + HCHO \Longleftrightarrow \underset{\underset{NH-CH_2OH}{|}}{R-CH-COO^-} + H^+ \xrightarrow{OH^-} 中和$$
$$\Big\downarrow HCHO$$
$$\underset{\underset{N(CH_2OH)_2}{|}}{R-CH-COO^-}$$

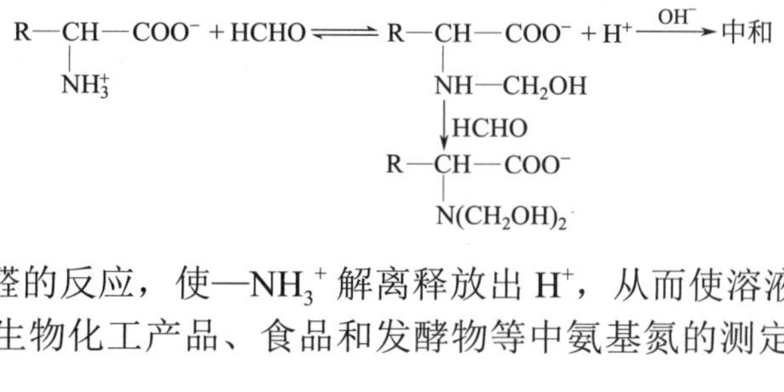

由于氨基酸的氨基与甲醛的反应，使—NH$_3^+$解离释放出 H$^+$，从而使溶液酸性增加，就可以酚酞作指示剂用 NaOH 来滴定。这是生物化工产品、食品和发酵物等中氨基氮的测定原理和方法，称为甲醛滴定

法（formol titration）。

③ 与2,4-二硝基氟苯的反应。在弱碱溶液中，氨基酸的 α-氨基很容易与2,4-二硝基氟苯（DNFB）作用，生成稳定的黄色2,4-二硝基苯氨基酸（简写DNP-氨基酸）。

该反应可用于鉴定氨基酸，也用于蛋白质的结构测定。因为此反应首先为Sanger用于蛋白质结构测定，所以现在也常将DNFB称为Sanger试剂。

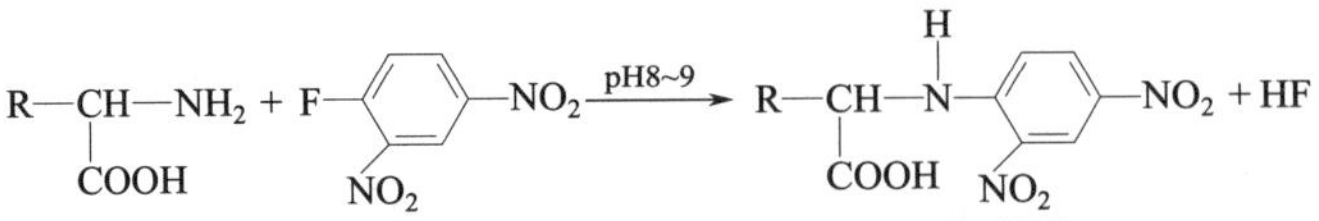

DNFB　　　　DNP-氨基酸

④ 酰化反应。氨基酸与酰氯或酸酐作用时，氨基中有一个或两个氢原子被酰基取代而被酰化。即：

$$R-CH(NH_2)-COOH \xrightarrow{R'COCl} R-CH(NH-COR')-COOH + HCl$$

其中，氨基酸与苯二甲酸酐反应生成的苯二甲酰氨基酸，是人工合成多肽方面很有用的保护 α-氨基的中间体。有关反应为：

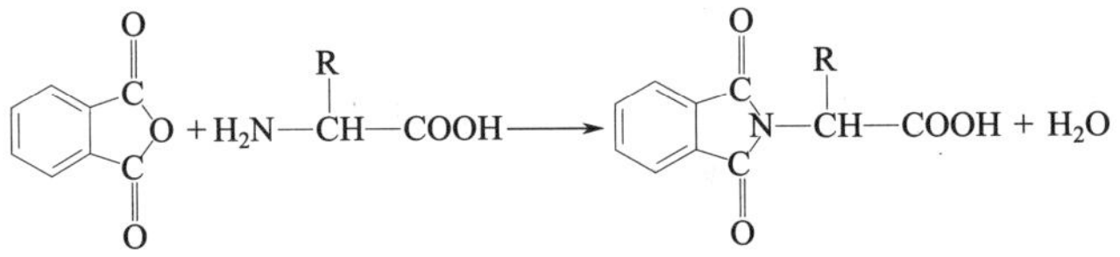

苯二甲酸酐　　　　苯二甲酰氨基酸

苄氧酰氯与氨基酸作用生成氨基酸取代的苄氧甲酰氨基酸，这个反应也在人工合成多肽中用于保护氨基。反应如下：

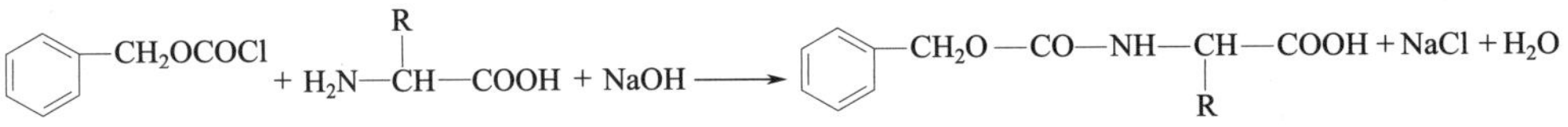

苄氧酰氯　　　　苄氧甲酰氨基酸

⑤ 成盐反应。氨基酸的氨基与HCl作用产生氨基酸盐化合物。用HCl水解蛋白质制得的氨基酸就是氨基酸盐酸盐，见以下反应：

$$R-CH(NH_2)-COOH + HCl \longrightarrow R-CH(NH_3^+ \cdot Cl^-)-COOH$$

氨基酸盐酸盐

⑥ 席夫碱反应。氨基酸的 α-氨基能与醛类化合物反应生成弱碱，即所谓席夫碱（Schiff-base），其反应如下：

$$R'-C(=O)-H + H_2N-CH(R)-COOH \rightleftharpoons R'-CH=N-CH(R)-COOH + H_2O$$

这是引起食品褐变的反应之一。食品中的氨基酸与葡萄糖醛基发生羰氨反应，生成席夫碱，进一步转变成有色物质，这是非酶促褐变的一种机制。

⑦ 脱氨基反应。氨基酸在生物体内经酶催化可脱去 α-氨基而转变成 α-酮酸。即：

$$R-CH(NH_2)-COOH + \frac{1}{2}O_2 \xrightarrow{酶} R-C(=O)-COOH + NH_3$$

（2）由 α-羧基参与的反应

氨基酸的 α-羧基和其他有机酸的羧基一样，在一定条件下可发生成盐、成酯、成酰氯、成酰胺、脱羧和叠氮化等反应。

① 成盐反应。氨基酸的 α-羧基可以和碱作用生成盐。例如：

$$\underset{\text{谷氨酸}}{HOOC-CH_2-CH_2-CH(NH_2)-COOH} + NaOH \longrightarrow \underset{\text{谷氨酸单钠盐(味精)}}{HOOC-CH_2-CH_2-CH(NH_2)-COONa} + H_2O$$

如果是与重金属离子形成的盐则不溶于水。

② 成酯反应。在干燥氯化氢气体存在下，氨基酸可与醇酯化形成相应的酯。例如：

$$R-CH(NH_2)-COOH + \underset{\text{乙醇}}{C_2H_5OH} \xrightarrow{\text{HCl(气)}} \underset{\text{氨基酸乙酯}}{R-CH(NH_2)-COOC_2H_5} + H_2O$$

羧基被酯化后，可增强氨基的化学活性，氨基更易发生酰化反应，生成酰胺或酰肼。所以在蛋白质人工合成中可通过成酯反应将氨基酸活化。成酯反应也可用于氨基酸的分离纯化，因为各种氨基酸与醇所生成的酯的沸点不同，故可进行分级蒸馏而分离。另外，在曲酒酿造中，不同氨基酸所生成的酯具有不同的芳香气味。

③ 酰化反应。氨基酸羧基中的羟基可以被卤素取代，所生成的化合物称为酰卤。由于氨基酸中氨基与羧基相距很近，难于直接形成酰卤，所以常先用一种酰化剂（如氯乙酰）将氨基保护起来，然后再用另一种酰化剂（如 PCl_5、PCl_3 等）使羧基酰化：

$$R-CH(NH_2)-COOH + CH_3-CO-Cl \longrightarrow R-CH(NH-CO-CH_3)-COOH + HCl$$

$$R-CH(NH-CO-CH_3)-COOH + PCl_5 \longrightarrow R-CH(NH-CO-CH_3)-CO-Cl + POCl_3 + HCl$$

该反应可活化氨基酸的羧基，使之易与另一氨基酸的氨基结合，常用于多肽的人工合成。

④ 脱羧基反应。生物体内的氨基酸经脱羧酶作用放出 CO_2，并产生相应的胺。即：

$$R-CH(NH_2)-COOH \xrightarrow{\text{脱羧酶}} CO_2 + RCH_2NH_2$$

生物体内的胺主要由氨基酸脱羧产生。胺有一定的生理效能。

⑤ 叠氮反应。氨基酸可以通过酰基化和酯化先将自由氨基酸变为酰化氨基酸甲酯，然后与联氨和 HNO_2 作用变成叠氮化合物：

$$H_2N-CH(R)-COOH \xrightarrow{NH_2NH_2} H_2N-CH(R)-CO-NH-NH_2 \xrightarrow{HNO_2} \underset{\text{酰化氨基酸叠氮}}{H_2N-CH(R)-CON_3} + 2H_2O$$

此反应能使氨基酸的羧基活化，在人工合成肽的过程中也是常用的。

（3）由 α-氨基和 α-羧基共同参与的反应

① 与茚三酮（ninhydrin）的反应。α-氨基酸与水合茚三酮溶液一起加热，经过氧化脱氨、脱羧作用，生成蓝紫色物质。其反应如下：

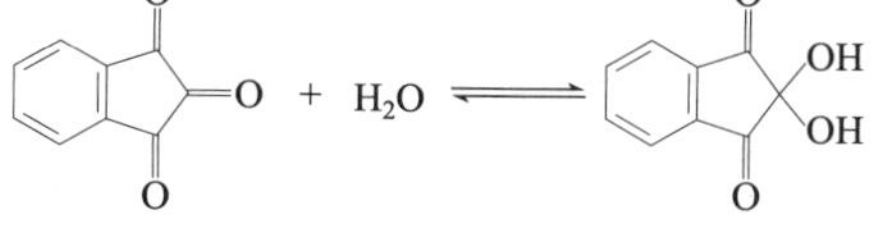

水合茚三酮

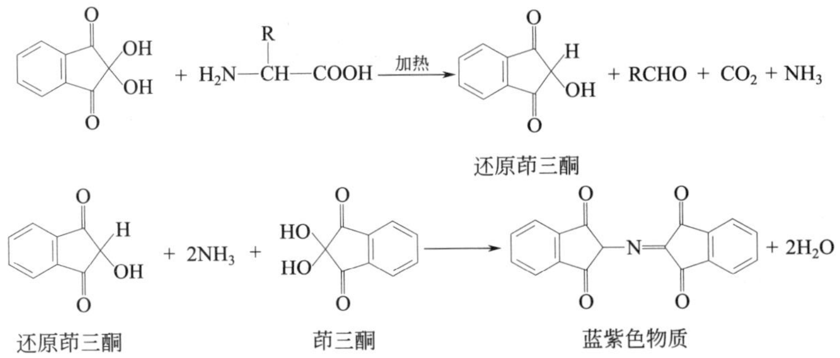

脯氨酸和羧脯氨酸与茚三酮反应不释放 NH_3 而直接生成黄色物质。其他所有 α-氨基酸与茚三酮反应均产生蓝紫色物质。此反应非常灵敏，0.5μg 氨基酸就能显色。根据蓝紫色的深浅，在 570nm 处进行比色，就可以测定样品中的氨基酸的含量。采用纸色谱、离子交换色谱和电泳等技术分离氨基酸时，常用茚三酮溶液作显色剂，以定性和定量分析氨基酸。

② 成肽反应。一个氨基酸的氨基与另一个氨基酸的羧基可以缩合成肽，形成的键为酰胺键。例如：

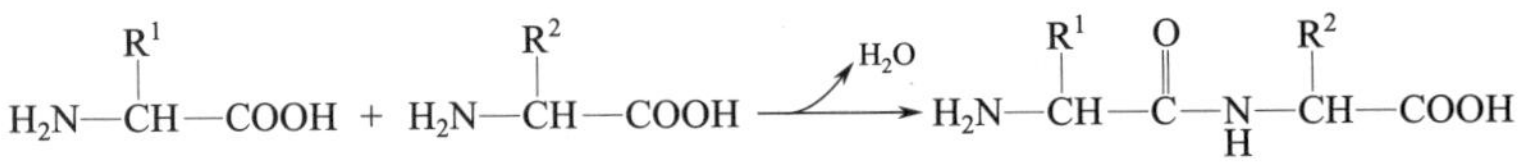

多个氨基酸可按此反应方式生成长链状的肽化合物。

（4）侧链 R 基参加的反应

α-氨基酸分子中侧链基团（R 基）也能发生化学反应，这些基团包括巯基、羧基、酚基、吲哚基、咪唑基、胍基等，含有相应基团的氨基酸就具有相关化学性质。这些性质可用鉴别特定氨基酸，也可对蛋白质进行分子修饰并改变蛋白质的功能。

① 巯基及二硫键。巯基还原性强，很活泼，可与苄氯、碘乙酰胺等结合，从而使巯基得到保护而不被破坏。在肽合成中常用到。例如：

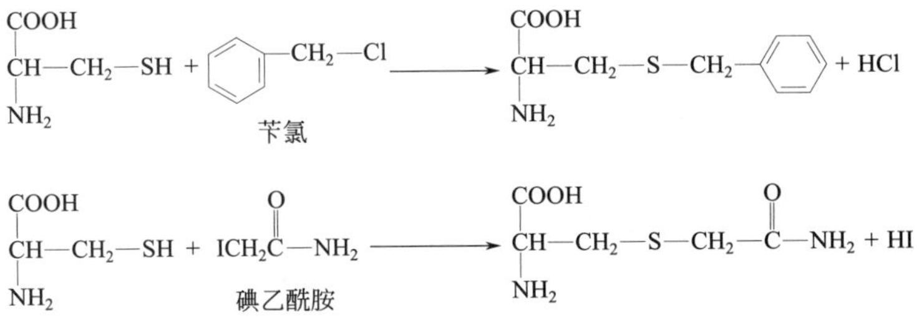

两个半胱氨酸的—SH 基通过氧化可失去两个氢原子而形成—S—S—，称之为二硫键。例如：两个半胱氨酸通过氧化而形成胱氨酸。相反，二硫键也可通过还原作用形成两个—SH，如巯基乙醇作还原剂。所以，—SH 和—S—S—组成一个氧化还原体系。

② 羟基。羟基可与羧酸生成酯，如丝氨酸或苏氨酸与乙酸、磷酸反应，生成相应的酯。磷蛋白中磷酸通常都是与这两种氨基酸的侧链羟基缩合成磷酸酯。

特殊侧链基团参与的反应及用途见表 4-4。

表 4-4　氨基酸特殊侧链基团参与的反应及用途

R基名称	化学反应	用途及重要性
苯基 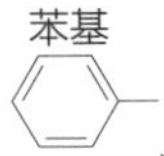 （Tyr，Phe）	黄色反应：与HNO_3作用产生黄色物质	做蛋白质定性试验，用于鉴定苯丙氨酸和酪氨酸
酚基 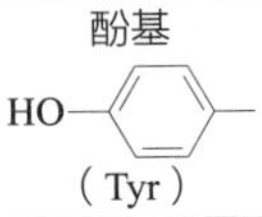 （Tyr）	Millon反应：与$HgNO_3$、$Hg(NO_3)_2$和HNO_3反应呈红色 Folin反应：酚基可还原磷钼酸、磷钨酸成蓝色物质	用于鉴定酪氨酸，进行蛋白质定性定量测定

续表

R基名称	化学反应	用途及重要性
吲哚基 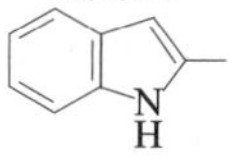 （Trp）	乙醛酸反应：与乙醛酸或二甲基氨甲醛反应（Ehrlich），产生紫红色化合物 还原磷钼酸、磷钨酸成钼蓝、钨蓝	鉴定色氨酸，做蛋白质定性试验
胍基 NH ‖ $H_2N—C—NH—$ （Arg）	坂口反应（Sakaguchi反应）：在碱性溶液中胍基与含有α-萘酚及次氯酸钠的物质反应生成红色物质	进行精氨酸的测定
咪唑基 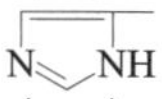 （His）	Pauly反应：与重氮盐化合物结合生成棕红色物质	用于组氨酸及酪氨酸的测定
巯基 HS— （Cys）	亚硝酸亚铁氰酸钠反应：在稀氨溶液中与亚硝酸亚铁氰酸钠反应生成红色化合物	进行半胱氨酸及胱氨酸的测定
羟基 HO— （Thr，Ser）	与乙酸或磷酸作用生成酯	保护丝氨酸及苏氨酸的羟基，用于蛋白质合成

五、氨基酸的应用与工业生产

1. 氨基酸的应用

氨基酸是构成蛋白质的基本单位，广泛用于食品、医药、日用化工、农业、冶金、环保等行业。

（1）在食品行业的应用。氨基酸是天然蛋白的组成成分，对人体无害，在食品行业中主要是用作调味品，以及食品的成味剂和香料，也可作为抗氧化剂。

味精的主要成分为谷氨酸钠，是人类应用的第一个氨基酸，也是世界上产量最大的一种氨基酸。甘氨酸、丙氨酸、天冬氨酸、脯氨酸也具有调味作用，应用于食品行业。

赖氨酸是必需氨基酸之一，也是蛋白质的第一限制氨基酸，缺乏赖氨酸会导致蛋白质代谢障碍和机能障碍。植物蛋白的氨基酸不平衡，在谷类食品中添加适量的赖氨酸，可增加蛋白质的营养价值，提高粮食中蛋白质的利用率，故赖氨酸被列为营养强化剂。赖氨酸可作食品除臭剂、防腐剂和发色剂，长期储存稻米的特殊气味可通过添加赖氨酸而消除。

甘氨酸与纯碱中和产出的甘氨酸钠，可用作营养添加剂；甘氨酸溶液与碱式碳酸钠的反应产物氨酸铜，可用于治疗铜缺乏症等。另外甘氨酸还可用作食品香料、抗菌剂和抗氧化剂，使用甘氨酸可延长鱼制品的保存期并能改善味道。

天冬氨酸与苯丙氨酸、甘氨酸与赖氨酸合成的甜味二肽（俗称蛋白糖），甜度为蔗糖的150倍左右，分解产物能被人体吸收利用，热值低，多用于汽水、咖啡、乳制品等。

（2）在医药行业的应用。氨基酸是人体合成蛋白质、酶、激素以及抗体的原料，参与正常的代谢和生理活动。氨基酸及其衍生物可作为营养剂、代谢改良剂。由多种氨基酸按一定配比组成的氨基酸输液或口服液除了作为营养剂外，还具有提高机体免疫力、抗菌消炎、抗癌、催眠、镇痛等功效。氨基酸对某些疾病具有一定的治疗作用，如谷氨酸是肝病辅助用药，谷氨酰胺可用于治疗胃肠溃疡，苯丙氨酸与氮芥子气合成的苯丙氨酸氮芥子气对骨髓瘤治疗有效。以氨基酸为原料合成激素、抗生素等生物活性多肽，如谷胱甘肽、促胃液素、催产素及降钙素等已工业生产。天冬氨酸和丙氨酸用于合成维生素 B_6、谷氨酸用于合成叶酸等。

氨基酸还可作为药用中间体，在手性药物合成中作为药物分子的手性结构模块可为药物分子引入手性。血管紧张素转化酶抑制剂是有效的抗高血压药物，都含有氨基酸结构单元，如赖诺普利含有赖氨酸结构单元，依那普利含有苯丙氨酸结构单元，丙氨酸、脯氨酸、赖氨酸、苯丙氨酸、胱氨酸是这类药物合成的重要原料。抗肿瘤药物胸苷酸合成酶抑制（如替曲塞）和二氢叶酸还原酶抑制剂（如氨基蝶呤、氨甲蝶呤、培美曲塞、依达曲沙）均含有谷氨酸残基结构，谷氨酸是该类药物的重要原料。碳青霉烯类抗生素抗菌谱广，是治疗严重细菌感染最主要的药物，厄他培南和多利培南的合成均以反 4-羟基 -L-脯氨酸为手性源进行修饰。喹诺酮类抗生素具有广谱、高效、低毒、药代动力学特征好、半衰期长、组织分布广等优点，是临床治疗细菌感染性疾病常用药物，左氧氟沙星和帕珠沙星的工业化生产以(*S*)-2-氨基丙醇为手性合成砌块，(*S*)-2-氨基丙醇由对 L-丙氨酸还原生产。HIV 蛋白酶抑制剂如利托那韦和洛匹那韦，能够有效抑制病毒复制，是治疗艾滋病的主要药物，以苯丙氨酸为手性源进行不对称合成。

（3）在饲料行业的应用。外源性氨基酸不仅具有营养作用，对畜禽摄食行为也有着极强的刺激作用，可改善饲料风味。甲硫氨酸和赖氨酸可作为饲料添加剂，具有增强畜禽食欲、提高抗病能力的作用，能促进动物生长、改善肉质、提高畜禽生产能力，还能提高饲料利用率，节省蛋白饲料。

（4）在化妆品行业的应用。氨基酸及其衍生物易被皮肤吸收，皮肤角质层中的游离氨基酸对保持皮肤的健康具有重要作用，使老化和硬化的表皮恢复水合性和弹性，延缓皮肤衰老。羟脯氨酸用于生产保湿剂，半胱氨酸具有祛斑美白作用。因此氨基酸在日用化工上的应用已有取代普通化工原料的趋势。精氨酸、苯丙氨酸和聚天冬氨酸等用于生产护发剂、染发剂和永久型烫发剂。

（5）在其他行业的应用。在农业方面，以氨基酸为原料合成除草剂、杀虫剂、杀菌剂和植物生长调节剂等氨基酸衍生物类农药，具有毒性低、高效无公害、易被生物全部降解利用等优点。草甘膦是甘氨酸的衍生物，能有效控制世界上危害最大的 78 种杂草中的 76 种。缬氨酰胺是一类具有应用前景的农用杀菌剂。亮氨酸、胱氨酸等作为发酵工业中多种氨基酸生产菌的添加剂。聚丙氨酸和聚谷氨酸用于生产具有良好透气性和保温性的高级人造纤维和人造皮革。天冬氨酸、谷氨酸、组氨酸以及丝氨酸能极大提高溶金能力；另外，胱氨酸可用于铜矿探测，氨基酸烷基酯可用于海上浮油回收。

4-2　氨基酸的生产历史

4-3　氨基酸的生产技术

4-4　L-缬氨酸的生产

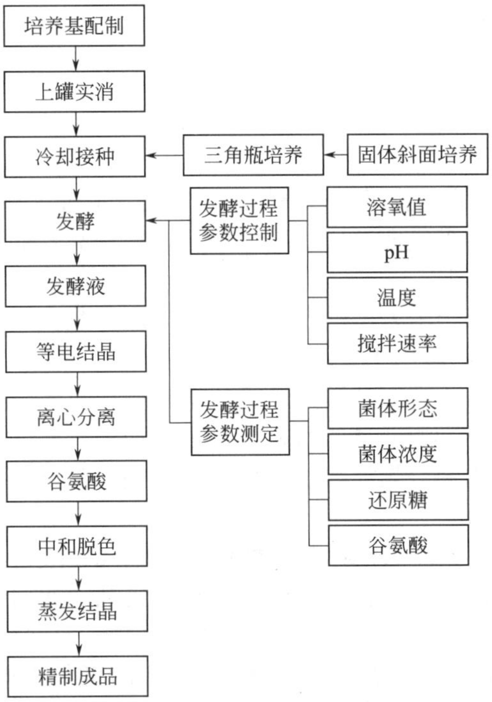

图 4-2　氨基酸发酵工艺流程

2. 氨基酸的工业生产

氨基酸工业始于 1908 年生产谷氨酸钠，氨基酸生产方法包括蛋白质水解抽提法、化学合成法、微生物发酵法和酶法等。蛋白质水解法是最传统的氨基酸生产方法。而提取法、酶法和化学合成法均由于前体物的成本高，工艺复杂，难以实现工业化生产，目前多采用诱变筛选获得的菌株进行发酵生产氨基酸（图 4-2）。

第三节　肽

一、肽的概念

氨基酸通过肽键连接形成的链状化合物就称为肽（peptide）。肽可由氨基酸缩合形成，也可由蛋白质水解产生，还包括存在于生物体内的天然活性肽。

肽中氨基酸间的连接是肽键（peptide bond）。肽键是由一个氨基酸的 α-氨基与另一个氨基酸的 α-羧基缩合失水而形成的酰胺键。可表示为：

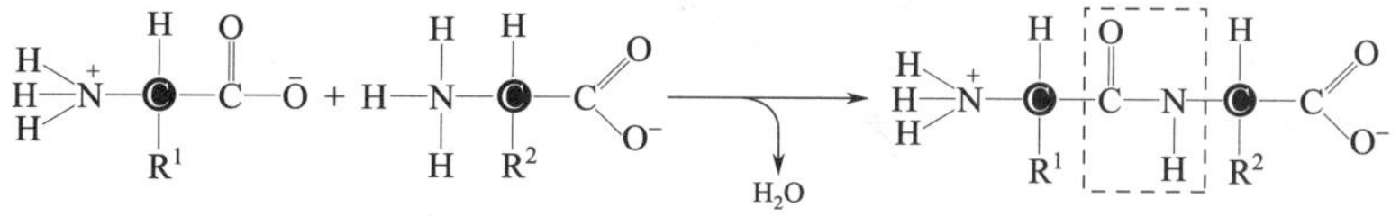

肽键这种酰胺键和一般酰胺键一样，由于酰胺氮上的孤对电子与相邻羧基之间的共振相互作用，从而使 C—N 键具有部分双键的性质，使 C═O 具有部分单键的性质。肽键的共振结构形式为：

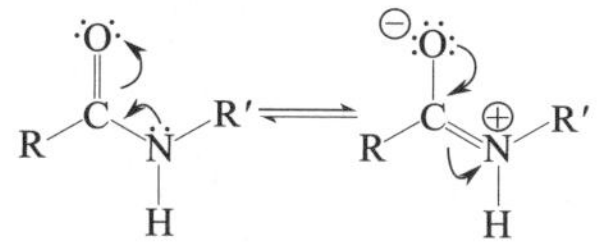

由于肽键具有双键性质，因而不能沿 C—N 轴自由转动。O—C—N—H 四个原子和两个相邻的 C_α 原子处于一个平面内，即：

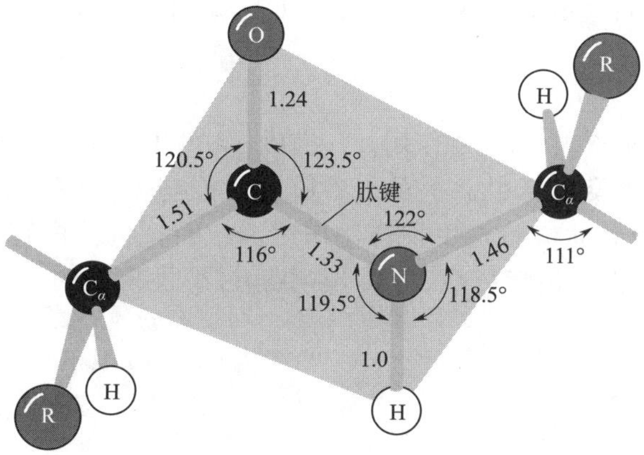

肽键C—N为反式构型，氧和氢分别在C—N轴的两边。肽键中C—N键长为1.32Å❶，介于普通C—N单键（1.49Å）和 C═N 双键（1.27Å）之间。因此肽键中的 C—N 键比较牢固。虽然肽键中的 C—N 键不能自由旋转，但羰基碳原子和 α-碳原子之间的 C_α—C 键以及氨基氮原子和 α-碳原子之间的 N—C_α 键是一般的单键，可以旋转。

肽呈链状，因而称为肽链（peptide chain）。肽链中每个氨基酸单位由于失去 1 分子水，称为氨基酸残基（residue）。肽链中仍保留有类似于氨基酸的 α-NH_2 和 α-COOH，它们分别位于肽链的两端，这两端分别称为氨基末端（N 末端）和羧基末端（C 末端）。在阅读和书写时，从左至右则为从 N 末端到 C 末端，这就是肽链的方向性。命名时，从 N 末端开始，氨基酸残基的名称变为某氨酰，C 末端氨基酸残基用氨基酸的本名。由几个残基构成即称为几肽。如有 Ser-Gly-Tyr 结构的三肽命名为丝氨酰甘氨酰酪氨酸，其 N 端为丝氨酸，C 端为酪氨酸。残基数在 10 个以下称为寡肽（oligopeptide），在 10 个以上称为多肽（polypeptide）。

二、生物活性肽

生物活性肽又称为天然肽（natural peptide），是生物体内一些具有特殊功能的肽的统称，一般为寡肽和较小的多肽。生物活性肽（active peptide）是沟通细胞与细胞之间、器官与器官之间的重要化学信使，通过内分泌、旁分泌、神经内分泌，乃至神经分泌等作用方式，传递各种特异信息，使机体构成一系列

❶ 1Å=1×10^{-10}m。

严密的控制系统，从而调节生长、发育、繁殖、代谢和行为等生命过程。对生物活性肽的研究甚至涉及人类意识、行为、学习、记忆等更高层次的生命形态和活动规律，涉及免疫防御、肿瘤病变、抗衰防老、生殖控制、生物钟节律等一系列理论和实际问题，因而具有重要的理论意义和实践意义。

1. 谷胱甘肽——参与体内氧化还原反应的重要物质

谷胱甘肽（glutathione）是谷氨酸、半胱氨酸和甘氨酸构成的三肽，广泛存在于动植物和微生物细胞中。其结构组成与大多数肽类不同，第一是谷氨酸的γ-羧基参与反应，形成γ-肽键；第二是谷胱甘肽的侧链中含有巯基，见下式：

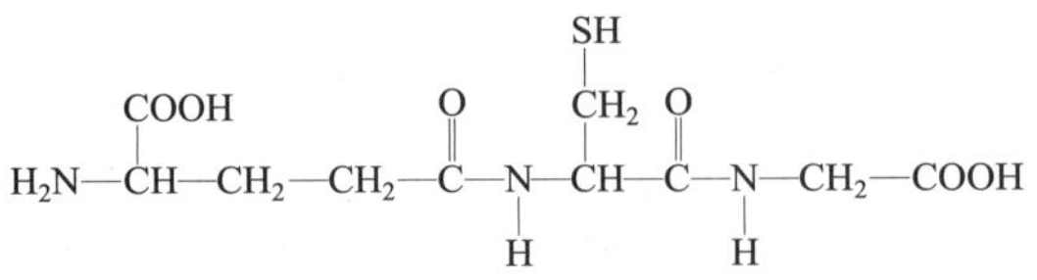

谷胱甘肽

由于侧链—SH的存在，可由还原型（GSH）脱氢氧化成氧化型（GSSG），即：

$$2GSH \underset{+2H}{\overset{-2H}{\rightleftharpoons}} GSSG(\text{氧化还原反应})$$

该反应在体内的氧化还原反应中起重要作用。—SH在体内可起保护作用，保护含巯基的蛋白质，尤其是保护以—SH为活性基团的酶的活性。另外，谷胱甘肽能与外源的亲电子毒物结合，从而阻断其毒性，具有广谱解毒作用。谷胱甘肽能参与生物转化作用，从而把机体内有害的毒物转化为无害的物质，排泄出体外。如临床上常用它作为治疗肝病、药物中毒和过敏性疾病的一种药物。谷胱甘肽还能在氨基酸运输中起载体作用。

2. 神经肽——参与神经体液调节

神经肽（nervonic peptide）是首先从脑组织中分离出来并主要存在于中枢神经系统的一类活性肽，参与动物体内的多种生理功能的调节，如痛觉、睡眠、情绪、学习与记忆。重要的包括脑啡肽、内啡肽、强啡肽等一系列脑肽和P-物质。因为这些肽类都具有吗啡（morphine）一样的镇痛作用，所以就把它们称作脑内产生的吗啡样肽（脑啡肽，enkephalin）或内源性吗啡样肽（内啡肽，endorphin）。

脑啡肽是1975年英国Hughes等从猪脑内发现并分离出来的，为5肽。有两种：

Tyr-Gly-Gly-Phe-Met　　甲硫氨酸脑啡肽

Tyr-Gly-Gly-Phe-Leu　　亮氨酸脑啡肽

两者都具有镇痛作用。它们由同一前体——前脑啡肽原（含267个残基）转变而来。

内啡肽有3种：α-、β-和γ-内啡肽，它们由同一前体——促黑素促皮质激素原（proopiomelanocortin）（含265个残基）转变而来。其中β-内啡肽（31肽）的镇痛作用最强，而α-内啡肽（16肽）和γ-内啡肽（17肽）除具有镇痛作用外，还对动物行为起调节作用。α-内啡肽和γ-内啡肽对动物的行为效应刚好相反。

3. 抗菌肽——一种防御细菌的武器

抗菌肽是一种抗生素（antibiotic），是一类抑制细菌和其他微生物生长或繁殖的物质，对传染性疾病的治疗有重要意义。抗菌肽是由特定微生物和动植物产生的，并含有一些通常不在蛋白质或肽类中存在的氨基酸如D-氨基酸，或含有异常的酰胺式的结合方式。该类物质中最常见的是青霉素（penicillin），青霉素的主体结构可以看作是由半胱氨酸和缬氨酸结合成的二肽衍生物，不过这种结合为非肽键连接。青霉素即氨基酸的二肽衍生物，其侧链R基不同，即为不同的青霉素。其结构通式为：

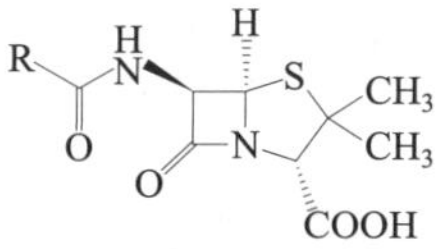

青霉素主要破坏细菌细胞壁肽聚糖的合成，引起溶菌。

另外，短杆菌肽 S（gramicidin S）和短杆菌酪肽（tyrocidine）都是环状 10 肽，分子中含有两个 D-苯丙氨酸残基。这些环状肽主要作用于革兰氏阴性细菌的细胞膜。

放线菌素（actinomycin）的结构复杂，它有一个染料基以酰胺的方式分别连接在两个五肽的末端氨基处。五肽的末端羧基形成大的内酯环。放线菌素起抗菌和细胞生长抑制剂的作用，也能抑制细胞分裂。常用作 RNA 合成抑制剂。

三、多肽

（一）多肽的应用

多肽的应用主要在多肽药物、多肽药物载体、组织工程材料和多肽营养食品等方面。

1. 潜在药物

除抗菌肽外，现已发现很多药用小肽。从人参、银杏等植物内分离出治疗心血管疾病的多肽。有些多肽能特异作用于与病毒、肿瘤有关的活性位点，可用于抗肿瘤、抗病毒的治疗。

多肽抗原比天然微生物或寄生虫蛋白抗原的特异性强，且易于制备，从相应病原菌筛选获得多肽用于疾病诊断，其检测抗体的假阴性率和本底反应都很低，易于临床应用。多肽疫苗是按照病原体抗原基因中已知或预测的某段抗原表位的氨基酸序列，通过化学合成技术制备的疫苗，由于完全是合成的，不存在毒力回升或灭活不全的问题。如从丙肝病毒外膜蛋白筛选出一种多肽，可有效刺激机体产生保护性抗体。

多肽既可以用作药物载体的修饰剂，也可以作为药物载体的主要组成部分。蛋白酶断裂点连接的肽段在合适的溶剂中自组装后将药物包覆在微球内，遇到靶向蛋白酶使得断裂点断开，实现药物的靶向释放。

2. 添加剂

活性肽类食品作为一种新型保健食品或食品添加剂，具有独到的特性和功能，在营养学上也有着许多优点，在食品工业中具有广阔的应用前景。应用在化妆品的多肽主要是六个氨基酸残基以内的多肽，如类肉毒杆菌素六肽，为乙酰化的六肽（Ac-Glu-Glu-Met-Gln-Arg-Arg），可作为抗皱成分用于化妆品。

3. 新材料

一些不具生物活性的高分子多肽，如聚天冬氨酸、聚赖氨酸、聚谷氨酸等，由于具有良好的生物相容性、可控生物降解速率、可修饰性、设计的可塑性、结构的可控性等优点，成为组织工程中极具应用前景的一类新型材料。高分子多肽作为组织工程支架材料既便于细胞识别，又能支持细胞生长。亮氨酸和酯化的谷氨酸共聚物可用作仿天然皮肤的层状伤口裹敷物，包扎伤口后可成为皮肤的一部分因而不必再解开。γ-聚谷氨酸是一种出色的绿色塑料原料，易于降解，广泛用于食品包装和一次性餐具中。聚精氨酸可用于生产用量极大的农用保湿地膜以及作为洗涤剂、废水处理剂等工业用产品。以谷氨酸、天冬氨酸

4-5 天然生物活性抗菌多肽 ε-聚赖氨酸和乳酸链球菌素

等为基本原料的低分子聚合氨基酸广泛用于洗洁精、显影药水和其他各种工业用途。

（二）多肽的人工合成

1. 人工合成方法

多肽人工合成是由不同氨基酸按照一定顺序的控制合成，是一个将单个氨基酸反复添加到生长的肽链上形成肽键的过程，通常从合成链的C端氨基酸开始。接肽反应时，N端残基的游离氨基、C端残基的游离羧基以及侧链上的一些活泼基团均能同接肽试剂发生作用，因此需要将这些不应参加反应的基团先封闭，以免生成不需要的键。肽键形成之后再将保护剂去除。

4-6 “神药”司美格鲁肽的研发与生产

2. 固相肽合成

在固相肽合成（solid-phase peptide synthesis）中，羧基端氨基酸先与树脂反应，共价连接在树脂上，再与第二个氨基酸缩合反应，使肽链在树脂小珠上逐步从羧基端向氨基端延长，肽链合成后再与树脂脱离。固相肽合成促进了肽合成的自动化，利用多肽合成仪现在已能一次性合成长达200个氨基酸残基的多肽。

第四节　蛋白质的分子结构

蛋白质的化学结构原则上讲比较简单，是由许多氨基酸以肽键缩合而成的。然而蛋白质分子量大，组成氨基酸数量很多，许多个氨基酸残基构成一条长链，其排列方式必然是多种多样的。这条长链要么形成一个线团，要么绕成有规律的螺旋或折叠，功能性蛋白质都是球状的而非线性纤维状。为了研究的方便，早在20世纪50年代，丹麦科学家Linderstrom-Lang曾建议将蛋白质的结构分为不同的结构层次，分别称为一级结构、二级结构、三级结构和四级结构（图4-3）。一级结构是指蛋白质的共价结构，称为初级结构；二、三、四级结构是指蛋白质链的空间排布（即链的构象），称为高级结构。

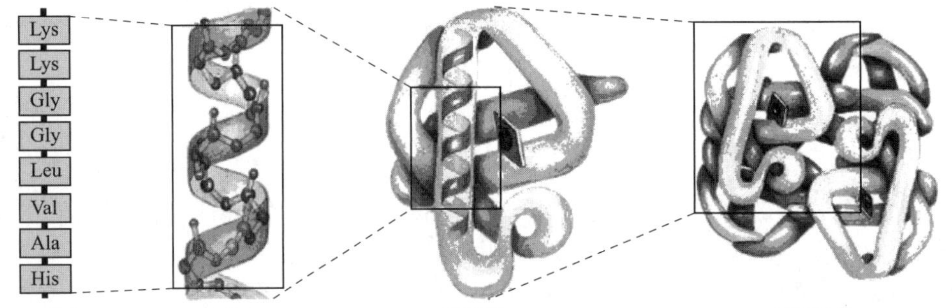

图4-3　蛋白质的结构层次

一、蛋白质的共价结构

1. 一级结构概念——特指氨基酸的顺序

（1）蛋白质的化学结构　曾经将蛋白质的化学结构视为一级结构（primary structure），包括：①多肽链数目；②每条链中氨基酸的数目、种类及排列顺序；③链间或链内桥键的位置和数目。1969年，国际纯粹化学和应用化学联合会（IUPAC）为了对化学结构和一级结构加以区别，规定蛋白质的一级结构特指肽链中的氨基酸顺序。

（2）维持一级结构的化学键　维持一级结构的化学键为共价键，主要为肽键。所以蛋白质分子的一级结构称为共价结构。

（3）一级结构的书写方式　尽管天冬氨酸和谷氨酸具有两个羧基，赖氨酸和精氨酸具有两个氨基，天然蛋白质的多肽链是一条没有分支的直链。蛋白质线性结构与其生物合成有关。从 N 末端到 C 末端，用氨基酸的 3 字母缩写符号或单字母符号连续排列。若用 3 字母符号，每个氨基酸之间用横线（-）隔开，用单字母表示则不用圆点。

2. 一级结构的测定——氨基酸序列的自动程序测定

一级结构指的是以肽键连接而成的肽链中氨基酸的排列顺序。通常蛋白质由 20 种不同氨基酸组成，如果从数学的排列组合来看，蛋白质的种类将是一个很大的数字。然而在生物界，进化选择结果是，对一种蛋白质分子而言只有一种特定的氨基酸排列顺序才能执行特定的生物功能。

蛋白质一级结构测定要求样品必须是均一的、已知分子量的蛋白质。总的策略是：将大化小，逐段分析，并对照两套以上肽段分析结果，排出肽段前后位置，最后确定完全顺序。这个方法称为片段重叠法。其大体步骤为：①首先测定氨基酸末端的数目，由此确定蛋白质分子是由几条肽链构成的，并知其末端组成；②若蛋白质分子含有多条肽链，对肽链进行拆分、分离；③对肽链的一部分样品进行完全水解，做氨基酸组成分析；④对肽链的另一部分样品进行不完全水解，得出一套大小不等的片段（第一套），分离出各片段，并测定每个片段的氨基酸顺序；⑤再用另一种酶或化学试剂对第二步中所得的样品（即肽链）进行不完全水解，从而得到另一套片段（第二套），分离各片段并测定氨基酸顺序；⑥比较两套片段的氨基酸顺序，拼凑出整个肽链的氨基酸顺序；⑦最后确定原来多肽链中的二硫键（disulfide bond）的位置。这样就能确定出全部一级结构。

（1）肽链末端分析

① N 末端测定

a. DNFB 法（Sanger 法）。由于氨基酸的 α-NH_2 可与卤素化合物发生取代反应，肽链末端的 α-NH_2 也可与二硝基氟苯（DNFB）反应，生成二硝基苯衍生物，即 DNP-肽链。由于新生成的 DNP-肽链中苯核与氨基之间的键比肽键稳定，不易被酸水解。因此 DNP-肽链经酸水解后，得到一个 DNP-氨基酸和其余所有游离氨基酸的混合液。相关反应为：

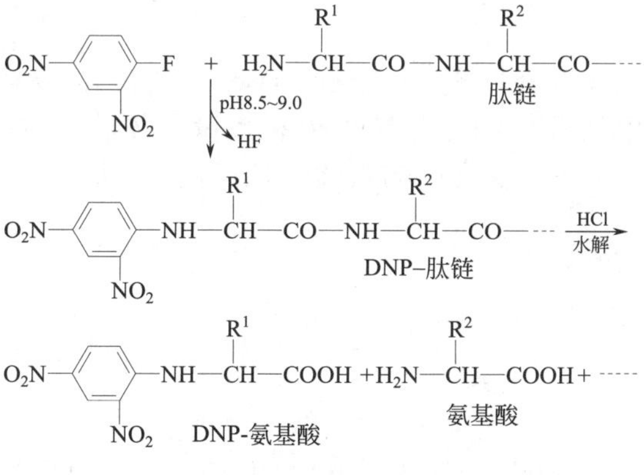

4-7　两次获得诺贝尔化学奖的 Frederick Sanger

DNP-氨基酸为黄色，可用乙醚抽提，然后用色谱法进行分离鉴定和定量测定，即可知道肽链的 N 末端是何种氨基酸。Sanger 首先用此法测出了牛胰岛素分子的 N 末端。

b. 苯异硫腈法（Edman 法）。肽链的末端氨基能与苯异硫腈（PITC）作用，生成苯氨基硫甲酰衍生物（PTC-肽链）。在温和酸性条件下，末端氨基酸环化并释放出来，即苯乙内酰硫脲氨基酸（PTH-氨基酸），留下一条完整的、缺少一个氨基酸残基的肽链。反应如下：

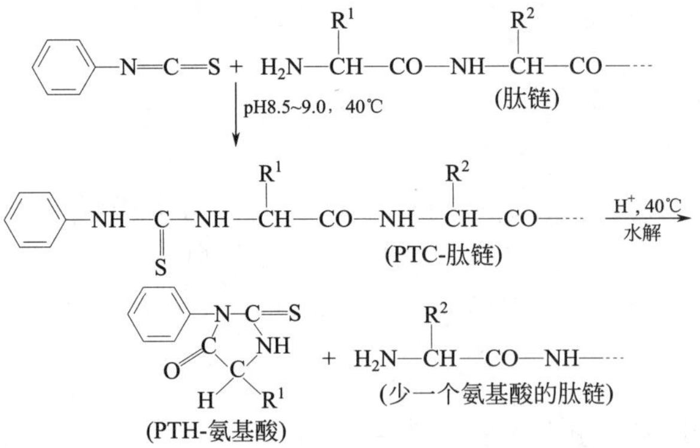

PTH-氨基酸用乙酸乙酯抽提后，可用纸色谱或薄层色谱鉴定。抽提后剩余的肽链又可参加第二轮反应，多次重复上述降解步骤，每次从肽链的N末端依次移去一个氨基酸残基，最终测出全部肽链或肽段的氨基酸顺序。此法目前采用较多。全部操作程序自动化的蛋白质序列自动分析仪就是根据Edman降解法的原理设计的。

c. 二甲基氨基萘磺酰氯法（DNS法）。二甲基氨基萘磺酰氯简称丹磺酰氯（DNS-Cl）。DNS法的原理与DNFB法相同，只是用DNS代替DNFB试剂。由于丹磺酰基具有强烈的荧光，此法的灵敏度比DNS高100倍，并且水解后的DNS-氨基酸不需要抽提，可直接用纸电泳或薄层色谱进行鉴定，还可用荧光计检测。反应如下：

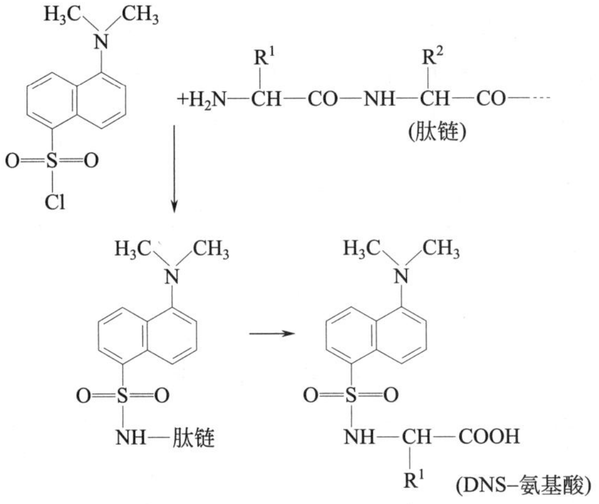

d. 氨肽酶法。氨肽酶是一类肽链外切酶（exopeptidases），它们能从多肽链的N端逐个地向C端切。根据不同的反应时间测出酶水解所释放的氨基酸种类和数量，按反应时间和残基释放量作动力学曲线，就能知道该蛋白质的N末端残基顺序。最常用的氨肽酶是亮氨酸氨肽酶。

② C末端测定

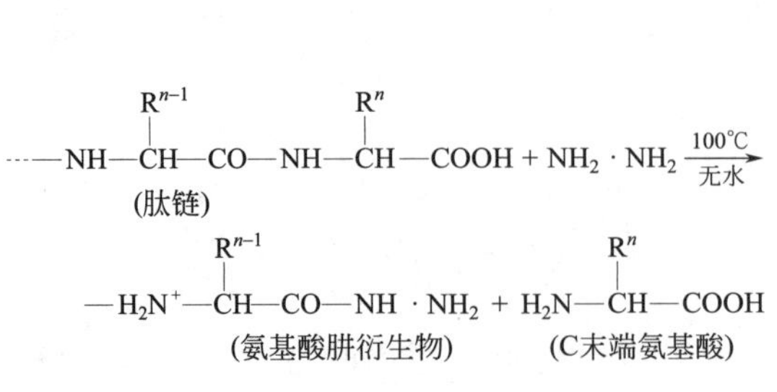

a. 肼解法。这是测定C末端最常用的方法。多肽与肼在无水条件下加热可以断裂所有的肽键，除C末端氨基酸外，其他氨基酸都转变成相应的酰肼化合物。肼解下来的C末端氨基酸借DNFB法或DNS法以及色谱技术可以进行鉴定。肼解法的反应如下：

此法的缺点是：肼解中天冬酰胺、谷氨酰胺和半胱氨酸等被破坏而不易测出，精氨酸转变为鸟氨酸，致使C末端由这几种氨基酸组成的分析不够准确。

b. 羧肽酶法。羧肽酶是一种专门水解并释放肽链C末端氨基酸的蛋白水解酶。被释放的氨基酸数目与种类随反应时间而变化，以此测定C末端氨基酸的排列顺序。

（2）二硫键的拆开和肽链的分离

如果蛋白质分子含有几条肽链，就应设法把这些肽链分开，测定每条肽链的氨基酸顺序。如果几条肽链是借非共价键连接，则可用酸、碱、高浓度的盐或其他变性剂（如8mol/L脲、6mol/L盐酸胍）处理，将肽链分开；如果几条肽链是通过共价键（二硫键）交联，或者虽然蛋白质分子只由一条肽链构成，但存在链内二硫键，则必须先将二硫键打开。通常采用氧化还原法，即用过量的β-巯基乙醇处理，然后用碘乙酸保护还原生成的半胱氨酸的巯基，以防它重新被氧化。也可以用发烟甲酸处理，使二硫键氧化成磺酸基而将链分开。

（3）肽链的部分水解和肽段的分离

由于顺序分析一次只能连续降解分析几十个残基，而天然蛋白质分子有100个以上的残基，因此必须先将经分离提纯并打开二硫键的多肽链用两种或几种不同的断裂方法（指断裂的专一性不同，形成彼此错位的切口）有控制地裂解成两套或几套重叠的长短不一的肽段，然后通过电泳或色谱的方法分离并测定肽段（peptide fragment）的氨基酸顺序。如首先利用一种酶水解产生一个或两个可知末端特征的片段；再用另一种酶作用产生另一组片段；将后一组片段色谱分离，并进行末端测定。

对肽链的部分水解条件的基本要求是：选择性强，裂解点少，反应产率高。基本方法有化学裂解法和酶解法。化学裂解法最常用的是溴化氰裂解和酸水解，酶解法最常用的是胰蛋白酶、胃蛋白酶、凝乳蛋白酶、弹性蛋白酶等内切肽酶。

（4）肽段的氨基酸顺序测定

主要采用Edman降解法、酶水解法等。使用Edman降解法时通常把肽链的羧基端与不溶性树脂偶联，每轮Edman反应后过滤回收剩余的肽链，有利于反应循环进行。

（5）肽段在多肽链中次序的推断

采用肽段重叠法进行对照推断。不同断裂方法形成两套或几套肽段，每套肽段相互跨过切口而重叠，以此确定肽段在原多肽链中的正确位置，拼凑出整个多肽链的氨基酸序列。如果两套肽段不能提供全部的重叠肽段，则必须使用第三种甚至更多种断裂方法。

上述蛋白质一级结构测定的方法称为重叠法，是Sanger进行蛋白质一级结构测定时建立的。1955年，Sanger小组用此方法花了将近10年测定了第一个蛋白质的一级结构，他们测定出牛胰岛素（insulin）的结构如图4-4所示。

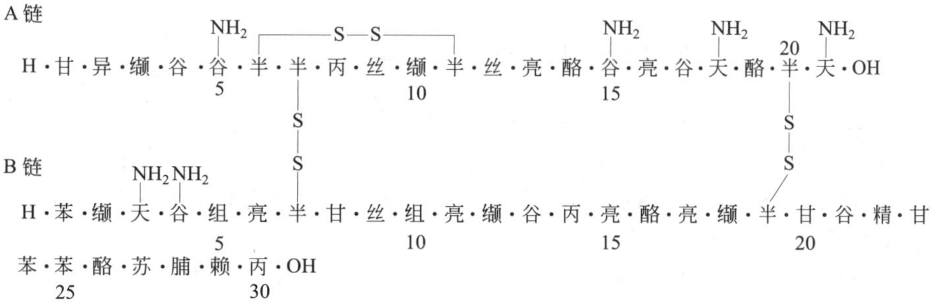

图4-4 牛胰岛素（insulin）的结构

如今对于蛋白质一级结构测定已经做到自动化，是采用根据Edman降解法原理设计的自动顺序分析仪器——蛋白质序列仪。目前采用的有液相序列仪、固相序列仪、气相序列仪等类型，并由电脑全自动控制。用这些先进的测定仪已测定了数万种蛋白质一级结构，并通过计算机建立了蛋白质序列库，为结构研究提供了更方便的手段。

质谱法（mass spectrometry，MS）也已用于蛋白质序列测定，如电喷射电离串联质谱法（ESI-MS/MS）、基质辅助激光解吸电离飞行时间质谱法（MALDI-TOF-MS）。

4-8 AI与蛋白质结构预测的里程碑：2024年诺贝尔奖新突破

3. 蛋白质序列数据库

目前DNA测序技术相当成熟，是因为测定基因的核苷酸序列比测定蛋白质的氨基酸序列简单得多且更有效。现在大多数蛋白质序列信息都是从基因的核苷酸编码序列翻译成氨基酸序列的，这些信息可从数据库中获得，如PIR（Protein Information Resource，蛋白质信息库）、GenBank（Gene Sequence Data Bank）、EMBL（European Molecular Biology Laboratory Data Bank，欧洲分子生物学实验室数据库）。研究者可将新序列与数据库进行比对，确定其中是否存在同源性，从而研究基因或蛋白质分子的进化，或比较物种的亲缘关系。

二、蛋白质的空间结构

蛋白质分子的空间结构又称为构象、高级结构、立体结构、三维结构，指的是蛋白质分子中所有原子在三维空间中的排布，分为二、三、四级结构三个不同层次。

1. 概念——蛋白质的空间结构系非共价结构

（1）含义

二级结构（secondary structure）指的是多肽链借助氢键排列成沿一个方向具有周期性结构的构象。如α-螺旋、β-折叠等。二级结构不涉及氨基酸残基的侧链构象。三级结构（tertiary structure）是指多肽链借助各种次级键盘绕成特定的不规则的球状结构的构象。四级结构（quaternary structure）是指寡聚蛋白质中各亚基之间排布上的相互关系或结合方式。

（2）维持蛋白质分子构象的化学键（图4-5）

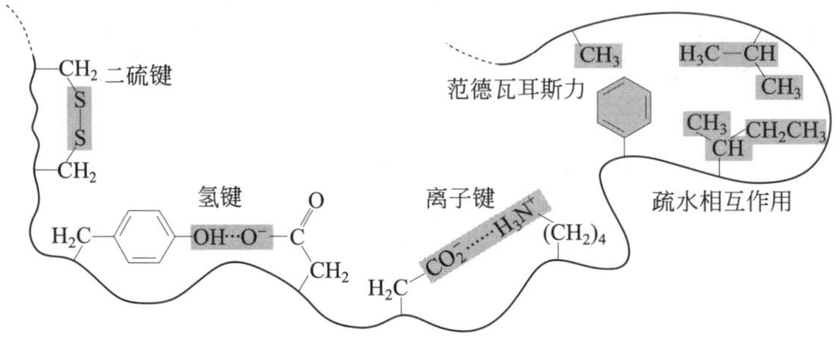

图4-5 维持蛋白质分子构象的化学键

① 氢键（hydrogen bond）。电负性原子与氢形成共价键（如—NH和—OH），正电荷的氢核在外侧裸露，当遇到另一个电负性强的原子时产生的一种静电吸引力即称为氢键。在α-螺旋和β-折叠中占有极重要的地位，对蛋白质分子三维构象的维护也很重要。蛋白质折叠的策略是使主链肽基之间形成分子内氢键的数目最多，同时使形成氢键的侧链处于蛋白质分子的表面以与水相互作用。

② 静电引力。正负带电基团之间的吸引力。如—NH_3与—COO^-，静电引力较强，但对蛋白质构象的稳定贡献不是很大。有时也称为离子键（ionic bond）或盐键。

③ 范德瓦耳斯力。偶极子和偶极子之间的微弱引力。这种力是原子团相互接近时诱导所至。范德瓦耳斯力是一种很弱的作用力，但其数量巨大并具有加和效应和位相效应，成为一种不可忽视的作用力，对维持蛋白质活性中心的构象尤为重要。

④ 疏水相互作用。是非极性基团为了避开水相而群集在一起的作用力。水介质中球状蛋白质倾向于将疏水残基埋藏在分子内部。疏水相互作用是蛋白质高级结构的重要决定因素。

⑤ 二硫键。两个硫原子之间形成的共价键。此键作用很强，可把不同肽链或同一条肽链的不同部分连在一起，对稳定蛋白质构象起到重要作用。多数蛋白质分子的二硫键断裂后，活性中心的构象会发生

改变，导致其生物活性的丧失。

维持蛋白质构象的化学键主要是次级键，在某些蛋白质分子中，离子键、二硫键甚至配位键也参与维持蛋白质的构象。

（3）蛋白质分子中肽链的空间结构原则

① 肽键—CO—NH—带有部分双键的性质，不能沿 C—N 键自由旋转。

② 由肽键中的 4 个原子和它相邻的两个 *α*-碳原子构成一个刚性平面，称为肽平面或酰胺平面（amide plane），如图 4-6 所示。肽平面上各原子所构成的键长、键角固定不变。

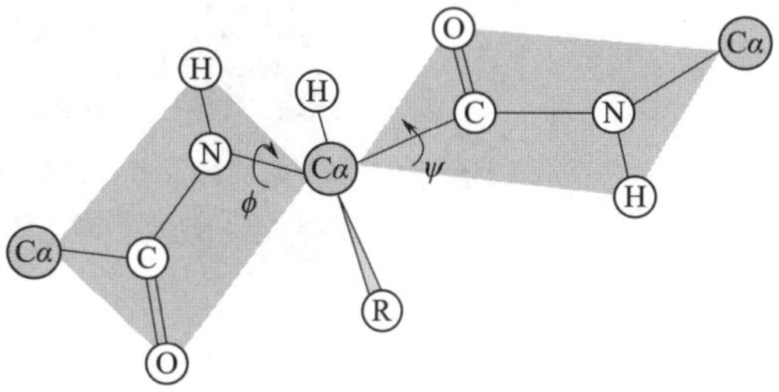

图 4-6　肽平面示意图

肽链主链上的重复结构称为肽单元或肽单位（peptide unit），它包括完整的肽键及 *α*-碳原子，即—$C_α$—CO—NH—。肽单元旋转，就出现各种主链构象，使侧链 R 基处于不同位置，相互影响，达到最稳状态。

③ 肽平面之间可以旋转。一个 *α*-碳原子连接两个肽平面，可以分别围绕 N1—$C_α$ 和 $C_α$—C2 两个单键旋转，构成不同的构象。一个具有生物活性的蛋白质多肽链在一定条件下往往只有一种或很少几种构象。

2. 二级结构——肽链的螺旋折叠

蛋白质的二级结构是指它的多肽链中有规则重复的构象，限于主链原子的局部空间排列，不包括与肽链其他区段的相互关系及侧链构象。二级结构的类型有：α-螺旋、β-折叠、β-转角和无规卷曲等。

（1）α-螺旋　α-螺旋（α-helix）是蛋白质中最常见的一种二级结构，是 1951 年由美国人 Pauling 和 Corey 根据对角蛋白的 X 射线衍射结果而提出来的（图 4-7 所示）。α-螺旋结构模型要点如下。

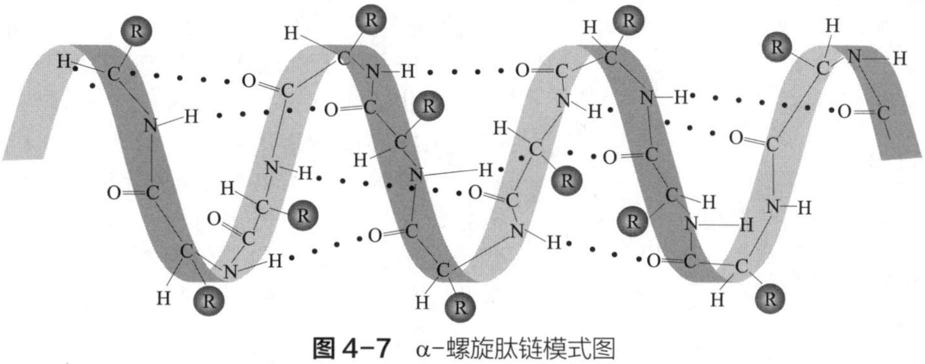

图 4-7　α-螺旋肽链模式图

① 多肽链的主链围绕一个“中心轴”螺旋上升，每隔 3.6 个氨基酸上升一圈，氢键跨越 13 个主链原子螺距 0.54nm，每个氨基酸上升 0.15nm，每个氨基酸旋转 100°。这种典型的 α-螺旋可用 3.6_{13} 来表示。

② 相邻螺圈之间要形成链内氢键，在每个氨基酸残基的氨基与其前面第 4 个氨基酸残基的羰基间形成。氢键的取向几乎与中心轴平行（氢键的 4 个原子位于一条直线上），是维系 α-螺旋的主要作用力。

③ R 侧链在螺旋的外侧。

④ 天然蛋白质中的 α-螺旋大多数是右手螺旋。

（2）β-折叠　在研究丝蛋白的 X 射线衍射时，发现丝蛋白肽链存在一种与 α-螺旋不同的结构，Pauling 等提出一种折叠式结构，称为 β-折叠（β-pleated sheet）。β-折叠与 α-螺旋相比较，它具有以下特点。

① 肽链几乎是完全伸展的。

② 肽链呈锯齿状，按层平行排列，肽平面成片状，称为折叠片（图 4-8）；*α*-碳原子总处于折叠的“角”上。

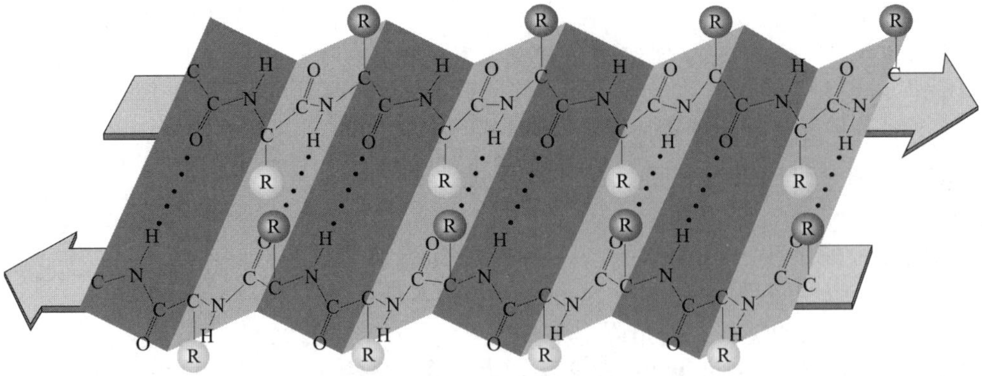

图 4-8 β-折叠结构示意图

③ 相邻肽链上或一条肽链的不同肽段的—CO—与—NH—形成氢键，氢键几乎垂直于肽链，用以维持片层间结构稳定性。

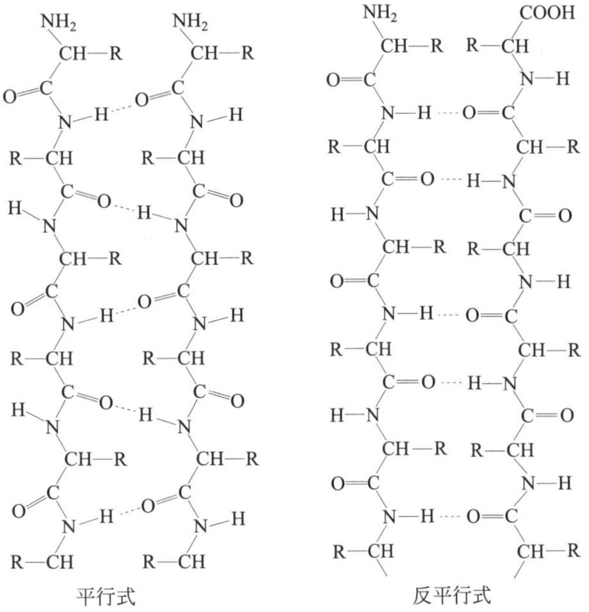

图 4-9 β-折叠结构类型

④ 肽链的 R 侧链基团在肽平面上、下交替出现，处于折叠的棱角上并与之垂直。

⑤ 折叠片分平行式和反平行式两种类型（图 4-9）。在两种 β-折叠中，反平行式结构更稳定。因为平行式中氢键不垂直于肽键，角度较大，氢键中各原子与主链各原子间排斥力较小。纤维状蛋白质中 β-折叠主要是反平行式的，而球状蛋白质中两种方式几乎同样广泛存在。

在某些蛋白质分子结构中，α-螺旋可与 β-折叠互相转变。如在加热条件下，α-螺旋可转变为 β-折叠。这是由于受热时，α-螺旋中氢键受破坏，肽链伸长。头发（α-角蛋白）在湿热时伸长，就是由于角蛋白的 α-螺旋伸展变成了平行式 β-折叠；在冷却干燥时，交联的二硫键又使肽链恢复 α-螺旋构象。这也是卷发行业的生化基础。头发卷成一定形状后，涂上巯基化合物作为还原剂破坏二硫键，并加热破坏氢键使 α-角蛋白伸展为 β-折叠构象。然后去除还原剂再涂上氧化剂使肽链的半胱氨酸残基之间建立随机的二硫键。新的二硫键交联方式与处理前不同，在冷却后使多肽链恢复 α-螺旋构象，头发将以希望的形式卷曲。

（3）β-转角　β-转角（β-turn）是球状蛋白中广泛存在的一种非重复性结构类型，可占全部氨基酸残基总数的 1/4 左右。β-转角是多肽主链回转 180° 所形成的部分，它使肽链的走向发生改变。β-转角由 4 个连续的氨基酸残基组成，第 *n* 个氨基酸残基的—CO—与第 *n*+3 个氨基酸残基的—NH—形成氢键，构成一个紧密的环，维持 β-转角的稳定（图 4-10）。在这种结构中，Gly 和 Pro 出现频率高。β-转角促进肽链自身回折，有助于反平行 β-折叠的形成。

（4）无规卷曲　又称为自由回转（random coil），是上述几种结构单元以外的松散肽链结构形式。

以上所述的二级结构实际上都是多数蛋白质中最常见的结构单元，仅涉及多肽主链本身的盘曲、折叠。然而活性蛋白质绝大多数不是纤维状蛋白肽链而是球状蛋白质，如果涉及侧链 R 基团的情况，蛋白质的空间结构（构象）将更复杂。在蛋白质中，若干个二级结构单元通常按照一定规律有规则地组合在一起，彼此相互作用，形成空间构象上可彼此区别的二级结构组合单位，可作为三级结构的构件，称为超二级结构。常见的超二级结构单元有：αα、βαβ、βββ（图 4-11）。αα 为相邻两股 α-螺旋相互缠绕而成的左手卷曲螺旋。ββ 为两个反平行的 β-折叠通过一个连接链（β×β）或两条平行的 β-折叠链间由一条 α-螺旋链连接（βαβ）。βββ 为三条反平行 β-折叠通过 β-转角连接。

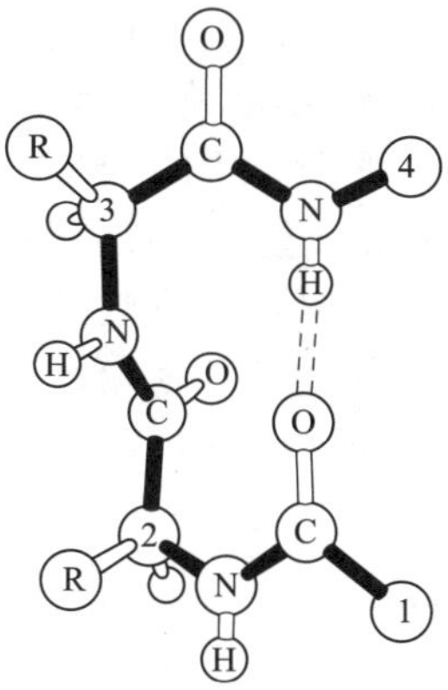

图 4-10　β-转角

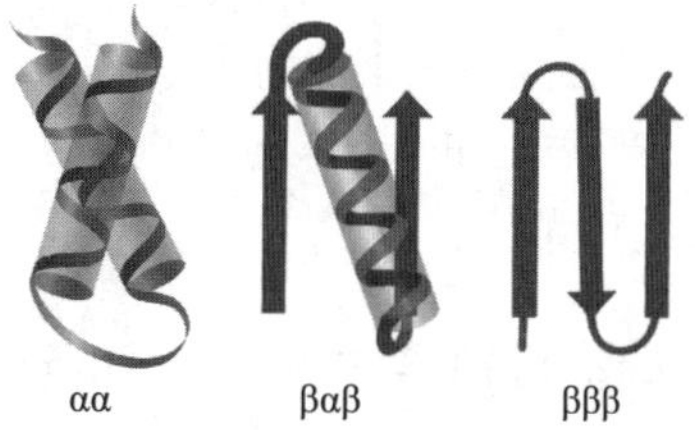

图 4-11　超二级结构

3. 三级结构——肽链非几何形的进一步折叠

蛋白质的三级结构是指一条多肽链在二级结构基础上进一步卷曲折叠，构成一个不规则的特定构象，它包括全部主链、侧链在内的所有原子的空间排布，但不包括肽链的相互关系。在一级结构上相距甚远的残基在三级结构中可能相互靠近，这对于蛋白质的功能是必须的。维系三级结构稳定的作用力有氢键、二硫键、离子键、疏水作用力和范德瓦耳斯力，其中疏水作用力起主要作用。

在蛋白质三级结构的局部折叠区域，多肽链在二级结构或超二级结构的基础上形成相对独立的紧密球状实体，称为结构域（domain）。蛋白质可能具有一个或多个结构域。结构域之间通常由一段柔性的肽链连接而易于相对运动，铰链区形成的空穴是结合底物、效应物等配体并行使生物功能的活性部位。功能域则是蛋白质分子能独立存在的功能单位，可以是一个结构域，也可以由多个结构域构成，甚至是结构域之间松散的铰链区。

球状蛋白质的构象比纤维状蛋白质的构象复杂得多，它们具有多种多样的生物功能。球状蛋白三级结构是由二级结构单元恰当配置（组合、盘绕等）而成的，如有规律地反复出现的返折（发夹弯曲）所形成的螺旋或折叠片段的回折。只有三级结构才是蛋白质生物活性的特征构象。例如，鲸肌红蛋白（myoglobin）是第一个被阐明三级结构的蛋白质，是由 Kendrew 等用 X 射线衍射技术确定的，如图 4-12 所示。

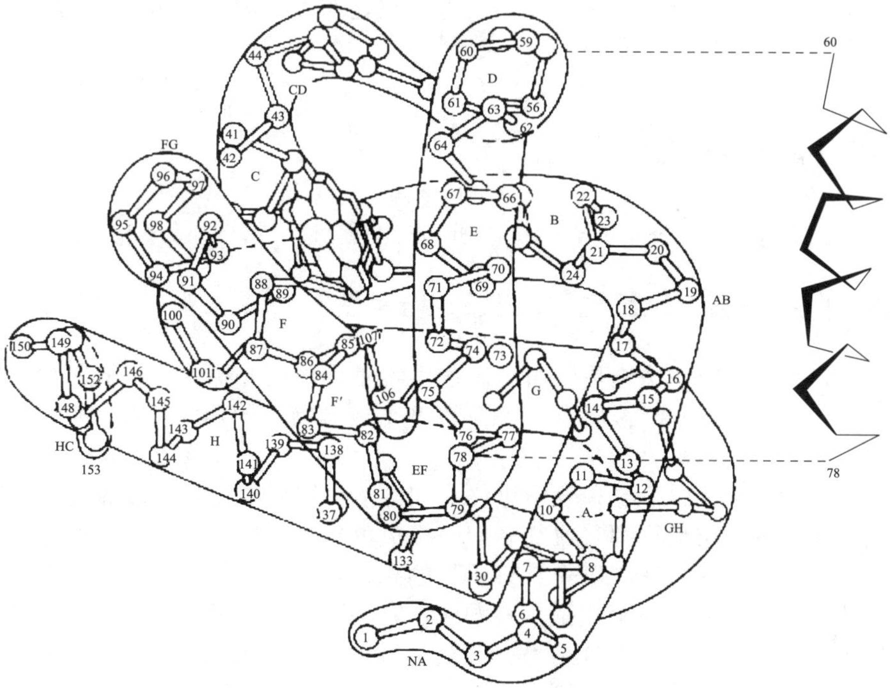

图 4-12　肌红蛋白的三级结构

肌红蛋白是肌细胞储存和分配氧的蛋白质，由一条多肽链和一个辅基血红素构成。肌红蛋白的三级结构由α-螺旋和无规卷曲共同构成的，整个分子呈球状结构，共分为8段α-螺旋，螺旋间是无规卷曲（位于螺旋段间拐角处），肽链的羧基末端也是无规卷曲。α-螺旋构象约占整个分子的75%，每段α-螺旋区段长度为7～24个氨基酸残基。拐角处的无规卷曲长度为1～8个氨基酸残基，主要为脯氨酸和羟脯氨酸。整个分子十分紧密结实，分子内部有一个可容纳4个H_2O分子的空间。极性氨基酸残基几乎全部分布于分子的表面，从而使肌红蛋白成为水溶性蛋白质，而非极性氨基酸残基侧被埋在分子内部。辅基血红素就处于肌红蛋白分子表面的一个洞穴内，并通过组氨酸残基与肌红蛋白分子内部疏水空穴非共价相连。O_2与血红素通过配位键结合。

4. 四级结构——亚基间的相互关系

许多天然球状蛋白质是由两条或多条肽链构成的，在这些蛋白质分子中，肽链间借非共价键聚集在一起。这种由两条或两条以上的具有三级结构的多肽链借非共价键聚合而成的特定构象称为蛋白质的四级结构（图4-13）。四级结构的蛋白质中每个具有三级结构的最小共价单位称为亚基或亚单位（subunit）。亚基单独存在时没有生物活性，只有聚合成四级结构才具有完整生物活性。亚基一般由一条肽链组成，也有由几条肽链组成（链间以二硫键连接）的情形。四级结构涉及亚基的种类和数目以及各亚基在整个分子中的空间排布，包括亚基间的接触位点和相互作用关系，而不包括亚基本身的构象。由两个或两个以上亚基组成的蛋白质称为寡聚蛋白质（oligomeric protein），若为单一类型亚基组成则为同多聚蛋白质，若为几种不同亚基组成则为杂多聚蛋白质。大多数寡聚蛋白质亚基的排列方式都是对称的。

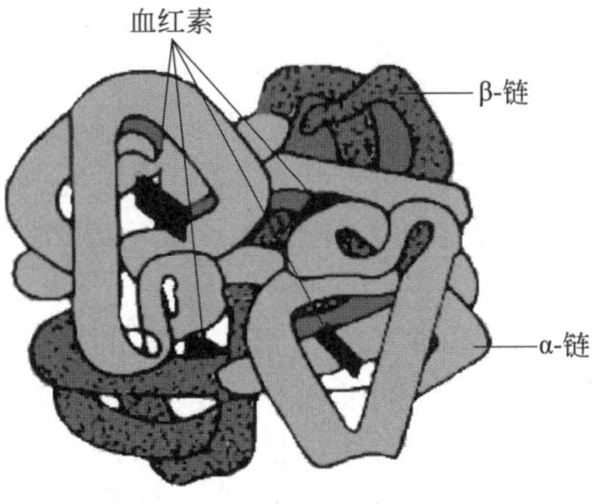

图4-13 血红蛋白的四级结构

维持蛋白质四级结构的化学键主要是疏水作用，此外，氢键、离子键及范德瓦耳斯力也参与四级结构的形成。

最简单的具有四级结构的蛋白质是血红蛋白。血红蛋白是由两条α-链和两条β-链组成的四聚体，四条链的三级结构很像肌红蛋白，它们的肽链是同源的。每条肽链与一个血红素结合。病毒外壳蛋白质的亚基结合方式也是四级结构，例如TMV病毒（烟草花叶病毒）的外壳蛋白由2130个亚基聚合而成棒状。

4-9 在PDB数据库中检索蛋白质结构

三、蛋白质结构与功能的统一性

蛋白质的生物学功能是蛋白质分子的天然构象所具有的属性，功能依赖于相应的构象。

1. 一级结构与功能的关系——氨基酸顺序提供重要的化学信息

一级结构决定空间结构，空间结构是蛋白质表现生物学功能所必需的，因此蛋白质的一级结构也与其功能密切相关。比如一条多肽链能否形成α-螺旋以及形成螺旋后的稳定程度如何，取决于其氨基酸的组成和排列顺序。

（1）同源蛋白质氨基酸的种属差异和分子进化　同源蛋白质是指不同种属来源的执行相同或相似生物学功能的蛋白质，如各种脊椎动物都有血红蛋白负责氧的转运。同源蛋白质一般具有几乎相同长度的多肽链，三级结构相似。它们的氨基酸序列具有明显的相似性，又称为序列同源。同源蛋白质的氨基酸组成上可区分为两部分，一部分是不变的氨基酸顺序，它决定蛋白质的空间结构与功能，各种同源蛋白质的不变氨基酸顺序完全一致；另一部分是可变的氨基酸顺序，这是同源蛋白质的种属差异的体现。例如，牛、猪、羊、鲸、人等，虽在种属上差异很大，但它们的胰岛素在化学结构上几乎一致，仅在A

链的第 8、9、10 位上的 3 个氨基酸有差异（表 4-5），但这些差异并不影响功能，可能仅表现其种属特异性。

表 4-5　不同种属来源的胰岛素分子中氨基酸顺序的部分差异

胰岛素来源	氨基酸序列的部分差异			
	A8	A9	A10	B30
人	苏	丝	异亮	苏
猪	苏	丝	异亮	丙
狗	苏	丝	异亮	丙
兔	苏	丝	异亮	苏
牛	丙	丝	缬	丙
羊	丙	甘	缬	丙
马	苏	甘	异亮	丙
抹香鲸	苏	丝	异亮	丙

同源蛋白质在组成上的差异也表现出生物进化中亲缘关系的远近。例如细胞色素 c（cytochrome c）是一种广泛存在于生物体内的含铁卟啉的色蛋白，在线粒体内膜上负责电子转运。大多数生物的细胞色素 c 由 104 个氨基酸残基组成，对已弄清的近 100 种生物的细胞色素 c 的氨基酸顺序进行比较（表 4-6），发现亲缘关系越近，其结构越相似；亲缘关系越远，在结构组成上差异越大。来自两个物种的同源蛋白质，氨基酸差异数目与系统发生差异是成比例的。根据同源蛋白质在组成上的差异程度，可以断定它们亲缘关系的远近，可以反映出生物系统进化树，甚至粗略估算物种的分歧时间，从而阐明分子进化过程。通过研究生物大分子如蛋白质和核酸的进化速率、模式及机制，可以为生物进化过程提供佐证，为研究进化机制提供重要依据。

表 4-6　不同生物细胞色素 c 的氨基酸差异（与人比较）

生物名称	与人不同的氨基酸数目	生物名称	与人不同的氨基酸数目	生物名称	与人不同的氨基酸数目
黑猩猩	0	狗、驴	11	狗鱼	23
恒河猴	1	马	12	小蝇	25
兔	9	鸡	13	小麦	35
袋鼠	10	响尾蛇	14	粗糙链孢霉	43
鲸	10	海龟	15	酵母	44
牛、猪、羊	10	金枪鱼	21		

（2）同源蛋白质中氨基酸顺序的个体差异和分子病　对同种生物而言，同种蛋白质的一级结构在不同生物个体中也存在细微差异，称为个体差异。这种差异常常引起多种疾病，即分子病。这是由于同源蛋白质的氨基酸组成上的个体差异引起蛋白质结构改变，从而导致生物学功能的改变。例如，镰刀形细胞贫血病，病人的血红蛋白分子与正常人血红蛋白分子比较，主要差异在于 β-链上第 6 位氨基酸残基，正常人为谷氨酸，病人则为缬氨酸。缬氨酸侧链与谷氨酸侧链的性质和在蛋白质分子结构形成中的作用完全不同，所以导致病人的血红蛋白结构异常。在缺氧时，病人红细胞呈镰刀状，使运输氧的能力减弱，引起镰刀形细胞贫血症状。

（3）一级结构的局部断裂与蛋白质的激活　在某些生化过程中，蛋白质分子的部分肽链要按特定方式先断裂，然后才呈现生物活性。

① 血液凝固的生化机理。血液中包含着对立统一的两个系统：凝血系统和溶血系统。它们相互制约，既保证血液畅流，又保证血管出现创伤时能及时堵漏。如果凝血因子都处于活性状态，则血液会随时凝

固而阻流；如果血中无凝血因子，一旦受创则流血不止。

4-10 制作蛋白质结构模型

动物解决这个矛盾的有效办法是凝血因子以无活性的前体（precursor）形式存在。一旦动物体受到创伤而流血时，这些前体就在其他因子作用下被激活，这是一个复杂的过程。血浆中的凝血酶原（prothrombin）受血小板中一些因子的激活断裂成凝血酶（thrombin）。纤维蛋白原（fibrinogen）在凝血酶激活下转变为纤维蛋白（fibrin），形成不溶性纤维蛋白网状结构，使血液凝固。另一方面，正常情况下血液在血管内不会凝固。而对于血液在血管内发生凝固（血栓）的情况，血液内还有另一套系统——纤维蛋白溶酶原（profibrinolysin），激活后变为纤维蛋白溶酶（fibrinolysin），它可以溶解血栓。凝血和溶血两套系统的激活都是蛋白质的一级结构发生特异水解作用，断裂适当片段而实现的。

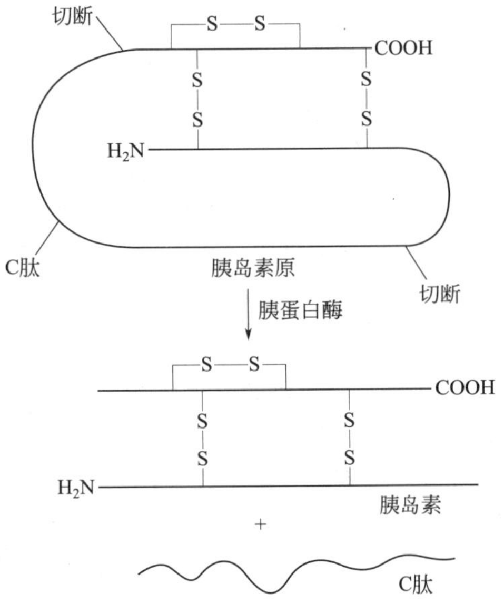

图 4-14 胰岛素原的激活

② 胰岛素原的激活。胰岛素是胰岛的β细胞合成的，最初合成的是一个比较大的单链多肽（比胰岛素分子大一倍），称为前胰岛素原，它是胰岛素原（proinsulin）的前体，而胰岛素原是胰岛素的前体。（人）胰岛素原含有 86 个氨基酸残基，分 A、B、C 三段，被胰蛋白酶作用后切去 C 肽而转变为活性胰岛素。如图 4-14 所示。

2. 蛋白质空间结构与功能的关系——构象决定功能

蛋白质空间结构与生物学功能是统一的、对应关系，只有蛋白质具备了特定的空间结构，它才具有相应的生物学功能，空间结构的变化必然会导致功能的改变。

（1）变构现象。有些蛋白质在完成其生物功能时往往空间结构发生一定的变化，从而改变分子的性质，以适应生理功能的需要。例如，血红蛋白（hemoglobin）是一个四聚体蛋白质，具有四级结构，四个亚基占据相当于四面体的四个角，整个血红蛋白分子接近于一个圆球。血红蛋白在完成运输氧的功能时就要发生变构作用。血红蛋白有两种构象，一种构象对氧亲和力高，另一种构象对氧亲和力低。当血红蛋白氧合后，由于铁原子移到血红素中心，拖动与之络合的 His，使其靠近血红素，His 的移动引起亚基构象的一系列变化，从而导致亚基的重排。这种蛋白质与效应物的结合引起整个蛋白质分子构象发生改变的现象就称为蛋白质的变构效应，又称为别构效应或变构作用（allostery）。并且，当第一亚基与氧结合后，也导致其余 3 个亚基的构象发生改变，亚基间重排时其间的次级键也被破坏，整个分子的构象由致密态变成松弛态，致使各亚基都变得适合与氧结合，最终表现为血红蛋白和氧的亲和力急剧增加，血红蛋白运输氧能力大大加强。这种一个亚基与氧结合后增加其余亚基对氧的亲和力的现象称为协同效应（cooperative effect）。

4-11 蛋白质折叠游戏 Foldit

（2）变性作用。天然蛋白质受到各种不同理化因素的影响，氢键、盐键等次级键维系的高级结构被破坏，分子内部结构发生改变，致使蛋白质的理化性质和生物活性改变或丧失，这种现象称为蛋白质的变性作用（denaturation）。

蛋白质变性后，理化性质均要发生改变，最显著的是等电点改变、溶解度降低、黏度增大、分子扩散减慢、渗透压降低，同时失去结晶力并表现出一些新的颜色反应等。蛋白质变性后其生物活性降低或丧失，如酶失去活性，激素蛋白失去原有生理功能等，而且变性蛋白质易于被酶水解。

4-12 AlphaFold 在线预测蛋白质结构

之所以存在蛋白质的变性现象，是由于分子内部的结构发生了改变。天然蛋白质分子内部通过氢键等化学键连接使整个分子具有紧密的结构。变性后，氢键等次级键被破坏，蛋白质分子就从原来有秩序的紧密结构变为无秩序的松散结构。

由变构现象和变性现象可知，蛋白质的空间结构是蛋白质完成其功能所必需的。

第五节　蛋白质的性质

蛋白质的性质由它们的分子大小、化学组成——氨基酸和化学结构所决定的。

一、蛋白质分子的大小

1. 分子量——蛋白质是巨大分子

蛋白质是大分子物质，分子量很大，一般为一万到几百万。具体每种蛋白质分子量的大小是在某种测试方法下得到的蛋白质分子的分子量。同种蛋白质在不同方法下测得的分子量大小不完全相同。

2. 测定方法——蛋白质分子量的测定

由于蛋白质分子量较大，故不能用小分子物质分子量的测定方法来进行测定。对于蛋白质分子量的测定，主要方法有以下几种。

（1）根据化学组成测定最低分子量。利用化学分析定量测出蛋白质中某一特殊元素的含量，并且假设蛋白质分子中只含有一个被测元素的原子，则可以计算出蛋白质的最低分子量。例如，血红蛋白含铁量为 0.335%，其最低分子量为：

$$55.84\times\frac{100}{0.335}\approx 16700$$

(55.84为铁的原子量)

用其他方法测得的分子量为 68000，故血红蛋白含有 4 个铁原子，其真实分子量为：16700×4=66800。又如，牛血清蛋白含色氨酸 0.58%，由此计算所得的最低分子量为 35000；而用其他方法测得的分子量为 69000，所以每个牛血清蛋白分子中含有 2 个色氨酸残基，真实分子量为 70000。

这些例子说明，化学方法测得的蛋白质的最低分子量只有和别的物理化学方法配合使用，才能测出真实分子量。真实分子量常常应用最低分子量计算核定，因为用化学方法测得的最低分子量是比较准确的。

（2）用物理化学方法来测蛋白质的分子量。这是目前测蛋白质分子量的常用方法，具体包括：测质点的扩散系数、渗透压、光散射，以及沉降超离心法、SDS-聚丙烯酰胺凝胶电泳法与凝胶过滤法等。其中，渗透压测定法最简便，但误差较大；超离心法最为准确，但设备昂贵。超离心法测蛋白质分子量一般有沉淀速率法和沉降平衡法两种。

在离心场中，蛋白质分子所受到的净离心力（离心力减去浮力）与溶剂的摩擦阻力平衡时，单位离心力场下的沉降速率为一定值，称为沉降系数或沉降常数（sedimentation coefficient），单位为秒（s）。蛋白质分子的沉降系数一般在 1×10^{-13} ～ 200×10^{-13}s 范围内。在实际使用时将 10^{-13} 省去，而用另一符号 S 来表示。在生物化学中，常用 S 值来表示分子、颗粒（细胞、细胞器、病毒等）的大小。S 值越大，分子量越大。

二、两性解离和等电点

1. 两性解离——蛋白质是多价解离的两性电解质

由于蛋白质除了具有 α-NH_2 和 α-COOH 外，参与蛋白质结构组成的碱性、酸性氨基酸残基侧链也有酸性基团和碱性基团，所以蛋白质也是两性电解质。蛋白质分子的可解离基团主要指侧链的可解离基团，因此蛋白质的两性解离情况比氨基酸复杂。

蛋白质的可解离基团在特定 pH 范围内解离时会产生带一定电荷的基团。但由于蛋白质含有多个可解离基团，因此在一定 pH 下可发生多价解离。蛋白质分子所带电荷的性质和数量是由蛋白质分子中的可解离基团的种类和数目以及溶液的 pH 值所决定的。

2. 等电点——在等电点时蛋白质的多种性质达到最低值

对某一蛋白质而言，当在某一 pH 值时，其所带正、负电荷恰好相等（净电荷为零），这一 pH 值称为该蛋白质的等电点（pI）。处于等电点的蛋白质分子在电场中既不向阳极移动，也不向阴极移动；在小于等电点的 pH 溶液中，蛋白质带正电荷，在电场中向阴极移动；在大于等电点的 pH 溶液中，蛋白质带负电荷，在电场中向阳极移动。如下式所示：

$$
\underset{\substack{(pH<pI)\\ \text{阳离子}}}{Pr\!-\!COOH(\overset{+}{N}H_3)} \underset{H^+}{\overset{OH^-}{\rightleftharpoons}} \underset{\substack{(pH=pI)\\ \text{两性离子}}}{Pr\!-\!COO^-(\overset{+}{N}H_3)} \underset{H^+}{\overset{OH^-}{\rightleftharpoons}} \underset{\substack{(pH>pI)\\ \text{阴离子}}}{Pr\!-\!COO^-(NH_2)}
$$

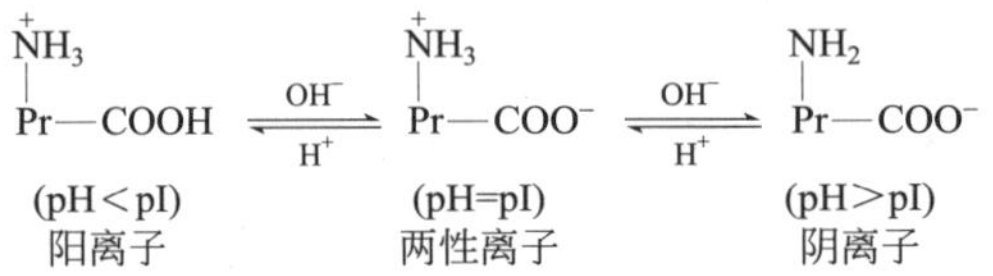

蛋白质的等电点不是固定不变的，它随溶剂性质、离子强度等而变化，在一定程度上取决于介质中的离子组成。在不含任何盐的纯水中进行蛋白质等电点的测定时，所得的等电点则称为等离子点（isoionic point）。等离子点对每种蛋白质都是一种特征常数。

蛋白质分子在等电点时，其电导率、渗透压、溶解度、黏度等均达最低值。这是由于在等电点时，蛋白质分子以两性离子存在，总净电荷为零，这样的蛋白质颗粒无电荷间的排斥作用，就容易凝集成大颗粒，因而最不稳定，溶解度最小，易沉淀析出。常利用这一性质，测定蛋白质的等电点、分离纯化蛋白质或鉴定蛋白质的纯度。

利用蛋白质的两性解离性质，可电泳分离各种蛋白质，如血清蛋白的电泳分离。

三、胶体性质

1. 胶体性质——蛋白质溶液是亲水胶体

由于蛋白质分子直径大，一般在 2 ~ 20nm 的范围内，属于胶体（colloid）溶液质点大小范围（1 ~ 100nm）内，所以蛋白质溶液是胶体溶液。因而具有布朗运动、丁达尔现象、不能透过半透膜等特性。蛋白质颗粒表面有许多亲水极性基团，因而蛋白质溶液是亲水胶体。

2. 渗析和超滤

由于蛋白质分子量大，在溶液中形成的颗粒大，因此，不能通过半透膜。利用这种性质可将蛋白质和一些小分子物质分开，这种分离方法称为渗析（或透析）（dialysis）。即将要纯化的蛋白质溶液盛入半透膜袋内放在流水中，让无机盐等小分子物质扩散入水中而除去的一种分离方法。

超滤（ultrafiltration）是利用外加压力或离心力使水和其他小分子通过半透膜，而蛋白质留在膜上。超滤是工业生产上常用的一种蛋白质纯化方法。渗析和超滤只能分开大、小分子物质，而不能分开不同的蛋白质。

四、沉淀作用

蛋白质溶液这种亲水胶体比较稳定，其稳定因素为：水化层和带电层。水化层是蛋白质分子表面的许多亲水基团与水分子结合形成的一层水膜，它使蛋白质颗粒不能相互接触聚集成大颗粒；带电层是蛋白质分子表面的可解离基团在一定 pH 环境下解离产生的，由于带同性电荷的蛋白质颗粒相互排斥，也会导致蛋白质颗粒不能聚集。

蛋白质溶液的稳定是生物机体正常新陈代谢所必需的，也是相对的、暂时的、有条件的。当条件改变时，稳定性就被破坏，蛋白质分子相聚集而从溶液中析出，这种现象称为蛋白质的沉淀作用（precipitation）。任何破坏水化层和带电层的因素都能使蛋白质分子聚集而沉淀。如加入脱水剂以除去水化层，或者改变溶液的 pH 达到等电点，或者加入电解质使质点表面失去同种电荷。

五、变性作用

1. 变性的本质——空间结构的解体

由于理化因素引起维持蛋白质空间结构的次级键被破坏，所以导致其空间结构解体。引起蛋白质变性的因素有：加热、紫外线、超声波、振荡、射线等物理因素；重金属盐、强酸、强碱、尿素、有机溶剂等化学因素。它们都能破坏蛋白质的氢键、离子键等次级键。如非极性溶剂、去污剂能破坏疏水作用；尿素和盐酸胍能破坏氢键和疏水作用，是强变性剂。但是维持蛋白质一级结构的共价键没有被破坏，所以蛋白质的一级结构是未变的，一旦解除引起变性的条件，蛋白质又可能重新形成空间结构，并恢复部分理化特性和生物学活性，即存在复性可能。因此蛋白质的变性可分为可逆变性和不可逆变性两种类型。条件剧烈时常引起的变性是不可逆的，反之则可逆。可逆变性一般是三级以上结构遭到破坏，若除去变性因素后，蛋白质分子的空间结构得以恢复，可完全或部分恢复其生物活性，称为复性。而不可逆变性则是二级结构也遭到了破坏，不能再恢复为原来的构象。

2. 变性的应用——变性作用具有实际意义

变性蛋白质常常相互凝聚成块，这种现象称为凝固（coagulation），凝固是蛋白质的变性深化的表现。在实际应用中，对于蛋白质变性，有时可以加以利用，有时则要防止。例如，在防止病虫害、消毒、灭菌等时，就应利用高温、高压、紫外线及高浓度有机溶剂等促进和加深蛋白质的变性；熟食易于消化的原因即在于变性蛋白质比天然蛋白质更易受蛋白水解酶作用；生鸡蛋、牛奶和豆浆可以缓解重金属中毒，则是利用其丰富的蛋白质与重金属离子发生变性作用；大豆加工做食品很多反应与蛋白质变性有关，生豆浆热处理并点入盐卤使大豆蛋白变性是豆腐形成的必要条件；鞣制是制革的重要工序，鞣剂使生皮变性为不易腐烂的革；煮茧是制丝过程中的关键性工序，利用湿热易使丝胶蛋白变性，把丝素外围的丝胶适当膨润，使茧丝间的胶着力小于茧丝的湿润张力。而在生产和保存激素、酶、抗体、血清等有活性的蛋白质产品时，要防止蛋白质的变性，需在低温条件下进行。

六、颜色反应

蛋白质分子中某些氨基酸的侧链基团和肽键，可发生一些特殊的颜色反应，具体包括以下几类。

1. 一般颜色反应——蛋白质具有氨基酸的颜色反应

氨基酸可以发生黄色反应、米伦反应、乙醛反应、茚三酮反应、坂口反应、酚试剂反应，蛋白质也具有这些反应特性，它们可用于蛋白质的定性鉴定和定量测定，酚试剂反应还可用于检定蛋白质水解是否彻底（表 4-7）。

表 4-7　蛋白质的颜色反应

反应名称	试剂	颜色	反应基团	有此反应的蛋白质或氨基酸
双缩脲反应	NaOH+CuSO₄	紫红色	两个以上的肽键	所有蛋白质均具有此反应
米伦反应（Millon反应）	HgNO₃及Hg（NO₃）₂混合物	红色	酚基	酪氨酸、酪蛋白
黄色反应	浓硝酸及碱	黄色	苯基	苯丙氨酸、酪氨酸
乙醛酸反应（Hopkins-Cloe反应）	乙醛酸	紫色	吲哚基	色氨酸
茚三酮反应	茚三酮	蓝色	自由氨基及羧基	α-氨基酸、所有蛋白质
酚试剂反应（Folin-Ciocalteu反应）	碱性硫酸铜及磷钨酸、磷钼酸	蓝色	酚基、吲哚基	酪氨酸、色氨酸
α-萘酚-次氯酸盐反应（Sakaguchi反应，即坂口反应）	α-萘酚、次氯酸钠	红色	胍基	精氨酸

2. 特殊颜色反应——蛋白质更具有氨基酸不具备的颜色反应

最典型的是蛋白质能发生特殊的双缩脲反应（biuret reaction）。双缩脲生成的反应为：

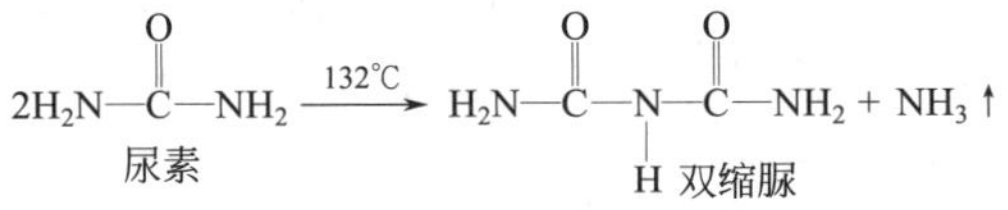

$$2H_2N-\overset{\overset{O}{\|}}{C}-NH_2 \xrightarrow{132℃} H_2N-\overset{\overset{O}{\|}}{C}-\underset{H}{N}-\overset{\overset{O}{\|}}{C}-NH_2 + NH_3\uparrow$$
尿素　　　　　　　　　　　　　双缩脲

$$双缩脲 \xrightarrow{CuSO_4+NaOH} 紫红色物质$$

在碱性溶液中，双缩脲与硫酸铜结合，生成紫红色或红色物质，这一反应称为双缩脲反应。凡含 2 个或 2 个以上肽键结构的化合物都能发生这个反应。

蛋白质中的肽键与双缩脲的部分结构相似，所以有同样的反应。双缩脲反应可用于定性鉴定、定量测定蛋白质（比色波长为 540nm）。

七、蛋白质的应用与工业生产

1. 蛋白质的应用

蛋白质因其独特的结构和性质，在食品、农业、医药、化妆品、纺织、塑料、皮革、造纸、化工等工业领域中有着非常重要的地位和作用，展现出巨大的应用前景和市场潜力。

（1）食品工业　蛋白质在食品加工中发挥着重要作用，可以用于制造面包、调味品、果冻、冰激凌、蛋糕、汤和乳饮料等。蛋白质在食品工业中作为重要的添加剂，用于改善食品的质地、口感和营养价值。例如，蛋白质可以作为乳化剂、增稠剂和稳定剂，用于制作乳制品、面包和糕点等食品。此外，蛋白质还可以作为营养强化剂，为食品提供必需的氨基酸，满足消费者的营养需求。胶原蛋白广泛用于食品添加剂、乳饮料等液体乳制品中，具有降血脂和体重管理的功效；乳清蛋白因其高蛋白、低脂肪、低乳糖和低胆固醇的特点，常用于酸奶中减少培养时间并延长保质期，同时也可作为肉制品的乳化剂；大豆蛋白则用于肉类罐头、香肠、火腿等产品中，增加蛋白质含量并改善口感和质量；小麦蛋白作为面团改良剂，用于制作可食用膜和人造肉，还可用作黏合剂、填充剂及食品包装等；在咖啡伴侣、植脂末等产品中，酪蛋白酸钠可以使油脂均匀分散，防止乳液分层，同时还能增加产品的稠度。

（2）农业领域　蛋白质在动物饲料、生态农业、生物防治和土壤改良等领域被广泛应用。蛋白质是动物饲料的重要添加剂，通过添加适量的鱼粉、豆粕蛋白粉等，可以显著提升饲料的蛋白质含量，满足动物生长过程中对蛋白质的高需求，从而提高动物的生长速度和肉质品质，同时也有助于改善动物的健康状况。蛋白质水解成氨基酸等小分子物质后，可以更容易地被植物吸收利用。这些氨基酸为植物提供氮源，促进植物的生长和发育，提高作物的产量和品质。蛋白质农药是由微生物产生的一种新型生物农

药，它通过激发植物自身的抗病防虫相关基因的表达，增强植物的免疫能力，促进植物生长，同时提高作物的品质。这种农药安全无毒，不会引起植物的抗性，符合绿色农业和有机农业的要求。

（3）医药健康　蛋白质可用于生产抗体、激素和药物等生物制品，例如重组人胰岛素、重组人纤维蛋白原激活剂、干扰素、乙肝疫苗、单克隆抗体等。蛋白质在新药研发中作为理想载体和稳定剂，能够延长药物在体内的循环时间，提高生物利用度和治疗效果。例如，在抗肿瘤药物研发中，人血白蛋白被用作药物的载体。在免疫调节与组织修复方面，某些蛋白质如人血白蛋白具有免疫调节功能，可以抑制炎症反应，促进伤口愈合和组织修复。此外，蛋白质还可以用于注射用药和血液制品等，以及作为药物载体或生物材料用于制造医疗器械，如胶原、丝蛋白用作可降解的缝合线。蛋白质已成为现代医药发展中不可或缺的重要组成部分。

随着健康意识的提升，含有蛋白质的保健品越来越受到消费者的青睐。蛋白质粉、蛋白棒等作为便捷的蛋白质补充剂，深受健身爱好者、运动员及需要特殊营养支持的人群喜爱。此外，功能性蛋白粉如胶原蛋白粉、乳铁蛋白粉等，因其独特的生物活性，被用于美容养颜、增强免疫力等保健领域。

（4）化工领域　蛋白质可用于制备高性能涂料、胶黏剂、润滑剂、胶凝剂、增塑剂、洗涤剂、表面活性剂等化工产品。蛋白质因其良好的可生物降解性，在生物塑料领域的应用逐渐受到重视。利用蛋白质或其他生物材料制成的塑料具有可降解性，有助于减少环境污染。这些生物塑料可应用于包装、农业和其他领域，替代传统的石化塑料，促进可持续发展。如将角蛋白纤维添加到聚乳酸中，可增强塑料的力学性能，提高其拉伸强度和抗冲击性能，改善塑料的热稳定性。羊毛纤维、蚕丝蛋白是一种优质的纺织原料。角蛋白可以用于制作头发护理产品。大豆蛋白可以作为纸张的施胶剂，提高纸张的强度和抗水性。

（5）典型的工业应用蛋白　胶原（collagen）及其部分水解产物明胶（gelatin）是哺乳动物体内含量最多的一类蛋白质，因其良好的生物相容性和可加工性而被广泛应用于医药敷料、组织工程支架材料以及作为动物细胞培养中的细胞载体。胶原蛋白具有营养性、保湿性、修复性、亲和性和配伍性的优点，是十分有效的化妆品原料，许多化妆品中添加有胶原蛋白。胶原和明胶在食品加工行业中被用于制造肠衣、食品标签等可食用包装材料、食品涂层材料、薄膜材料、填充剂和凝胶。胶原和明胶的分散性使其可作为啤酒、白酒和果汁的澄清剂。胶原是皮革的主要成分，在制革过程中，通过对动物皮中的胶原进行处理，如鞣制等工艺，使其变成具有耐用性、柔韧性和美观性的皮革材料。在造纸行业中，胶原蛋白作为助剂加入浆中可增强纸的物理强度。明胶对除去树脂酸和脂肪酸等有很好的效果，可用作废水处理中的絮凝剂。另外，明胶还是照相工业中制造感光胶片的重要原料之一。

丝蛋白对肌肤的润滑性极好，展性优良，并具有保湿性及吸收紫外线等特点，是良好的护肤品。丝蛋白易为头发吸收，对头发有较好的成膜性与结晶性，防止头发因机械作用而造成的损伤，使头发表面平滑化，能起到保护和保形的作用，可作为美发剂使用。

酪蛋白广泛适用于皮革、化学品、造纸、乳剂、药品及油漆，也可用于抛光、染色、固色等工艺的添加剂。基于大豆蛋白制备的生物降解热塑性材料，有较好的生物降解性、加工流动性、拉伸强度和耐水性。

2. 蛋白质的改性

不少天然蛋白质的特性尚不突出，需要通过特定的方法提高其功能特性，拓展应用领域。如改性大豆蛋白分子在分散液中有较强界面活性，能降低界面张力，用改性大豆蛋白做橙汁浑浊剂可产生良好的浑浊效果。

化学改性的实质是通过化学试剂或酶改变蛋白质的结构、官能团、分子量等，最终改善或增加蛋白质功能性。氨基（特别是赖氨酸的 ε-氨基）的活性很高，是改性的主要部位。特定点位的改性则需要专一性强的酶。

（1）酰胺基的改性——水解、聚合与脱氨基

蛋白质经酸、碱部分水解可改进其功能特性，如溶解性、起泡性、乳化能力等。天然丝素纤维结晶

度高而难以生物降解，碱液处理后部分肽链断裂使分子量降低，提高了生物降解性，有利于其作为生物医学材料的应用。乳清蛋白和β-乳球蛋白在酸性或弱碱性中热水解，提高了其增稠、起泡和乳化性质。蛋白酶可使蛋白质部分降解成小分子肽，改善其吸收率和风味。

与水解相反，蛋白分解产物（小肽或低分子蛋白）可以在一定条件下重新组合生成类蛋白质，改善蛋白质的营养价值。

蛋白质中的天冬酰胺和谷氨酰胺侧链酰胺基可脱去氨基，大豆蛋白、花生蛋白脱氨基后乳化能力、乳化稳定性、吸水性和黏度都得以提高。

（2）氨基的改性——酰胺化、磷酸化、糖基化与烷基化

预脱色蚕蛹蛋白中导致褐变的赖氨酸ε-氨基被乙酰酐酰胺化后，获得了具有稳定白色的改性蚕蛹蛋白。鱼肌纤维蛋白琥珀酰化，稳定性提高，避免凝结或沉淀。

酪蛋白酸钠是一种天然乳化剂，通过三聚磷酸钠加入磷酸酯键对氨基改性后增强蛋白的乳化功能。鱼精蛋白的氨基被半乳甘露糖非酶糖基化后，其乳化活性和稳定性得以提高。

蛋白质赖氨酸的氨基还可以与醛、酮反应进行烷基化从而引入疏水基团，使蛋白质吸水性和乳化性有所提高。美拉德反应即是醛糖对蛋白质氨基的改性反应，产物能提供给食品特殊的气味，还具有抗氧化的特性。

（3）羧基的改性——酯化与酰胺化

蛋白质端基和侧链上羧基可与醇形成酯键。酪蛋白、明胶、大豆蛋白和鱼蛋白溶液被高级醇改性后，可用作低温保护液，能抑制冰晶的形成。

羧基还可与胺类化合物形成酰胺。胶原水解物被乙醇胺酰胺化制得阳离子蛋白填充剂，可提高铬鞣革的厚度和粒面紧实度，增加染料吸收率。

（4）巯基的改性——氧化还原反应

二硫基团进行氧化硫解，可增加乳清蛋白的起泡力以及乳化力，也可制得高吸收角蛋白固体纤维。过一硫酸处理羊毛将巯基氧化为磺酸基，乙醇胺处理羊毛破坏碳硫键形成赖丙氨酸，都可赋予纤维很好的防缩性。还原剂处理大豆蛋白增加巯基量，可改善蛋白质的加工性能，用于制造高拉伸强度的生物降解塑料。

（5）接枝改性——多聚化

牛血清白蛋白以丙烯酸为单体原位聚合接枝，制备空心结构的微囊，实现对抗癌药物盐酸阿霉素的可控释放，并提高载药量和靶向性。丝蛋白水溶液添加丙烯酸接枝聚合，能获得高吸水性胶体，用作经皮肤吸收的膏状药物辅料，达到缓释药效的目的。将胶原水解物与丙烯接枝共聚可制备用于鞋面革的蛋白改性聚丙烯酸类复鞣剂，复鞣过的皮革表现出更好的粒面性能、填充性能和透气性能。蛋白质经聚氨酯接枝后能改变蛋白材料的硬脆、耐水性能差的缺点。

4-13 基于席夫碱反应构建具有可注射和自修复功能的水凝胶材料

（6）交联改性

物理法如紫外照射和射线辐射等，化学交联法如戊二醛、植物多酚、环氧化合物、碳化二酰亚胺及羟基琥珀酰亚胺等，以及酶法如谷氨酰胺转氨酶等，能使多肽链间以及蛋白质分子间通过末端基团或侧基形成的共价键而相互交联，可改善蛋白质材料变性温度、机械强度、耐水性能和抗蛋白酶降解等方面的性能。

4-14 胶原纤维固化单宁及其对水体中有毒重金属离子的吸附

3. 蛋白质的工业生产

蛋白质进行工业生产的时间可以追溯到20世纪。我国在1965年完成了世界上第一个蛋白质——牛胰岛素的全合成，这标志着蛋白质的人工合成达到了一个新的高度，但此时尚未形成大规模的工业化生产。人工合成蛋白长期以来被国际学术界认为是影响人类文明进程和对生命现象认知的革命性前沿科学技术。20世纪80年代用工程菌发酵制备了人胰岛素。新工艺、新材料和智能化控制技术等的应用提高了蛋白质生产过程的精确性和自动化程度，促进蛋白类产品如酶类蛋白、发酵产物蛋白、血清蛋白和基因

工程蛋白等实现规模化工业生产。

蛋白质的工业生产方法主要包括提取法和生物发酵法。从动物组织、植物或微生物中提取蛋白质。例如，从哺乳动物的皮、跟腱和骨等组织中提取胶原和明胶，从牛奶中提取酪蛋白，从大豆中提取大豆蛋白等。生物发酵是利用生物技术手段在细胞内合成目标产物。利用生物发酵技术合成的蛋白质具有天然蛋白质的结构和功能，产量高。当前，发酵法是蛋白质工业生产中最常用的方法之一。

4-15　蛋白质工业生产的历史

重组蛋白生产技术是利用基因工程技术，将目标蛋白质的基因序列插入到外来宿主细胞，并利用其表达和分泌蛋白质的能力而生产出目标蛋白质的前沿技术。目前，大肠杆菌是最常用的重组蛋白表达基因工具，但也有许多其他类型的细胞可以用于蛋白质生产，例如真菌、酵母和哺乳动物细胞等。重组蛋白的工业生产通常可以分为四个步骤：设计、合成、重组和表达。重组蛋白药物是生物药物中的核心产品，对疾病的治疗发挥关键作用。目前，市场上重组蛋白药物种类繁多，包括多肽药物、基因工程药物、重组蛋白疫苗、抗体类药物等。重组人胶原蛋白具有与天然人胶原蛋白结构高度一致的全长氨基酸序列和三螺旋结构，生物学活性完整，稳定性强。相比提取的动物源胶原蛋白，重组人胶原蛋白更容易被身体吸收，且不会发生排斥反应，大大提升了胶原蛋白的安全性及有效性。

近年来，我国科学家首创了由一氧化碳一步生物合成蛋白质的万吨级蛋白质工业生产技术，实现了从 0 到 1 的自主创新，具有完全自主知识产权。中国农业科学院饲料研究所与北京首钢朗泽新能源科技有限公司联合攻关，突破了乙醇梭菌蛋白制备核心关键技术，全球首次实现了从一氧化碳到蛋白质的一步合成，并已形成万吨级工业产能。该技术以工业废气为原料，将无机氮和碳转化为有机氮和碳，开辟了一条低成本、非传统动植物资源生产优质饲料蛋白质的新途径。这项技术的工业化应用不仅解决了我国饲用蛋白原料对外依存度高的问题，还对促进国家“双碳”目标的达成具有重要意义，标志着蛋白质工业化生产进入了一个新阶段。

蛋白质生产行业正处于快速发展阶段，市场规模不断扩大，技术进步和政策法规的推动为行业提供了广阔的发展空间。当前，伴随着健康与环保需求的提升，面对未来可能出现的“蛋白质缺口”，替代蛋白如昆虫蛋白、微生物蛋白、植物蛋白和细胞蛋白等的开发具有重要的战略意义，为蛋白质工业生产向更高效、更环保、更健康和可持续发展提供助力。

4-16　明胶和重组人胰岛素的工业生产

第六节　蛋白质和氨基酸的分离纯化与测定

无论是对蛋白质结构与功能的研究，或是生产所需要的蛋白质产品，都涉及蛋白质的分离纯化。由于蛋白质种类繁多，性质各异，目前还没有一个固定的程序适合于各类蛋白质的分离；但多数分离工作的关键部分，基本手段还是相同的。本节介绍蛋白质及氨基酸分离纯化的一般原理。

一、分离纯化的一般原则及基本步骤

1. 一般原则——根据蛋白质的性质来设计分离纯化方法

① 所用的原料要来源方便、成本低；目标蛋白质含量、相对活性要高；可溶性和稳定性要好；目标蛋白质的基因背景、表达水平、表达方式、理化和生化性质都要明确。

② 分离纯化的目的是从复杂的混合物中尽量提高目标蛋白质的纯度或比活力（即增加单位重量中目标蛋白质的含量或生物活性），即去除不需要的和变性的杂蛋白，并尽可能提高蛋白质产量。尽可能多地去除各种杂质、脂类、核酸及毒素。

③ 保持目标蛋白质的天然状态，结构、功能和生物活性不受损害。

④ 分离纯化的大部分操作是在溶液中进行的。操作缓冲液中物质成分要审慎考虑，避免随意性；还要考虑蛋白水解酶的抑制剂、抑制微生物生长的杀菌剂、酶活性的还原剂及金属离子等。

⑤ 纯化方案通常由几种分离方法组成，分离方法应先选用粗放、快速、有利于缩小样品体积和后续处理的方法，而精确、费时和样品量少的方法宜放在后面。步骤应尽量少，避免同一方法反复使用。

⑥ 建立灵敏、特异、精确的检测方法。

2. 基本步骤——分离纯化的战略

（1）取材。即目标蛋白质及氨基酸原料的选取。

（2）组织细胞破碎。主要有机械、物理、化学和酶学 4 种方法。

（3）提取。选用溶解性能理想的溶剂进行。双液相蛋白萃取技术可同时去除核酸、脂质等杂质。

（4）分离纯化。根据待分离蛋白质的特异理化性质设计分离纯化方法。一般采用等电点沉淀、盐析、超滤和有机溶剂分级分离等方法先粗分级分离，再综合离子交换色谱、凝胶过滤、吸附色谱等色谱方法进行纯化。如有必要和可能，还可用亲和色谱以及各种电泳法如区带电泳、等电聚焦等方法进行高度纯化。

对纯化过程的每一步收集到的溶液都要进行有效成分含量测定，并计算比活力（活性单位数 /mg 蛋白）、纯化倍数（该步的比活力 / 粗提液的比活力）、回收率（该步的总活性 / 粗提液的总活性）。能较快增大纯化倍数和较缓降低回收率的方法有应用价值。纯化工作一直要进行到比活力不再增加为止，通常以电泳检测为单一条带或 HPLC 的洗脱图谱上呈现单一对称峰为标准。

（5）结晶。分离提纯的蛋白质常常要制成晶体，结晶也是进一步纯化的步骤。结晶的最佳条件是使溶液略处于过饱和状态，可通过控制温度、加盐盐析、加有机溶剂或调节 pH 等方法来实现。结晶也是判断制品是否处于天然状态的有力证据。

（6）鉴定、分析。对所制得的蛋白质产品还需进行蛋白质的纯度、含量、分子量等理化性质的鉴定和分析测定，主要方法有电泳法、色谱法、定氮法及分光光度法等。

二、分离纯化的基本方法

对蛋白质分离纯化的方法，可根据蛋白质的不同性质来选择。蛋白质的性质主要包括溶解度、电荷性质、分子大小、吸附性质和对配体分子的特异亲和力等。

1. 盐析与等电点沉淀——根据溶解度不同的分离方法

（1）盐析。大多数蛋白质是水溶性的，其溶解度与它们自身的理化性质、蛋白质的溶剂环境有关。高浓度的中性盐可降低蛋白质的溶解度，是因为高浓度的盐既争夺了蛋白质分子的水膜层，降低了环境中水的相对浓度，又中和了蛋白质表面的电荷，破坏了蛋白质胶体的稳定。这种由于在蛋白质溶液中加入大量中性盐，使蛋白质沉淀析出的作用称为盐析（salting out）。盐析所需盐浓度一般较高，但不引起蛋白质变性。不同蛋白质因所带电荷和水化程度不同，而在不同的盐浓度下分别沉淀析出，达到分级分离的目的。在蛋白质溶液中逐渐增大中性盐（常用硫酸铵）的浓度，不同蛋白质就先后析出，这种方法称为分段盐析（fractional salting out）。例如血清中加入 50% 饱和度的 $(NH_4)_2SO_4$ 时就可使球蛋白析出，加入 100% 饱和度的 $(NH_4)_2SO_4$ 可使清蛋白析出。

（2）等电点沉淀。由于蛋白质分子在等电点时净电荷为零，减少了分子间的静电斥力，因而容易聚集并沉淀，此时溶解度最小。当蛋白质混合物的 pH 值被调到其中一种成分的等电点时，该蛋白质大部分或全部将沉淀下来，其他等电点高于或低于该蛋白质等电点的蛋白质则仍留在溶液中。这样沉淀出来的蛋白质保持着天然构象，能再溶解。

2. 离子交换色谱——根据电荷性质不同的分离方法

色谱法（chromatography），是利用被分离样品混合物中各组分的化学性质的差别，使各组分以不同程度分布在固定相（stationary phase）和移动相（mobile phase）中，当移动相流过固定相时，各组分在两相中分配情况不同而以不同速度前进从而分离。

离子交换色谱（ion-exchange chromatography）分离蛋白质是根据在一定 pH 条件下蛋白质所带电荷不同而进行的分离方法。常用于蛋白质分离的离子交换剂有弱酸型的羧甲基纤维素（CM-纤维素）和弱碱型的二乙氨基乙基纤维素（DEAE-纤维素），前者为阳离子交换剂，后者为阴离子交换剂。还有改进型 CM-Sephadex（葡聚糖凝胶）、DEAE-Sephadex 等。

蛋白质与离子交换剂的结合是靠相反电荷间的静电吸引，吸引力的大小与溶液的 pH 值有关。阳离子交换剂含有酸性基团，能与带正电荷的蛋白质结合，当改变 pH 时，带正电的蛋白质又能可逆地洗脱。反之，阴离子交换剂亦然。常通过改变溶液中盐类离子强度（加盐梯度洗脱或分段洗脱）和 pH 值来完成蛋白质混合物的分离，结合力小的蛋白质先被洗脱出来，分部收集柱下端的洗脱液。阳离子交换色谱时，带正电荷越少的蛋白质结合较松或几乎不被吸留，因而最先被洗脱下来；带正电荷越多的蛋白质结合越牢固，最后被洗脱（图 4-15）。

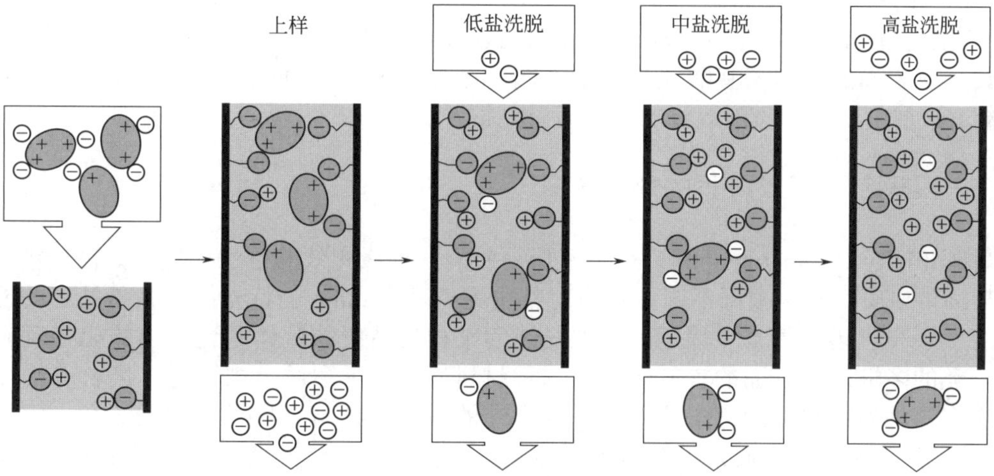

图 4-15　离子交换色谱的原理

带不同正电荷的蛋白质；⊖Mes阴离子；CM纤维素；⊕ Na^+；⊖ Cl^-

3. 凝胶过滤——根据分子量不同的分离方法

凝胶过滤（gel filtration）又称为分子筛色谱（molecular sieve chromatography），是一种柱色谱，是根据分子大小来分离蛋白质混合物的最有效的方法之一。当不同分子大小的蛋白质混合液通过装填有高度水化的惰性多聚体（常用葡聚糖凝胶和琼脂糖凝胶，商品名分别为 Sephadex 和 Sepharose）的色谱柱时，凝胶介质内部是具有不同交联度的网状结构，比凝胶“网眼”大的蛋白质分子不能进入“网眼”而被排阻在凝胶颗粒之外，比“网眼”小的分子则进入凝胶颗粒的内部。这样，由于不同大小的分子所经历的路程不同而得以分离，大分子先洗下来，小分子后洗下来，见图 4-16。

4. 吸附色谱——根据吸附力不同的分离方法

吸附色谱法利用吸附力的强弱不同和解吸性质不同而达到分离的目的。蛋白质与非极性吸附剂作用主要通过范德瓦耳斯力和疏水作用，与极性吸附剂作用主要通过离子吸引和氢键。蛋白质纯化中使用最广泛的吸附剂是羟基磷灰石（hydroxyapatite，HA），蛋白质分子中带负电荷的基团与羟基磷灰石晶体的

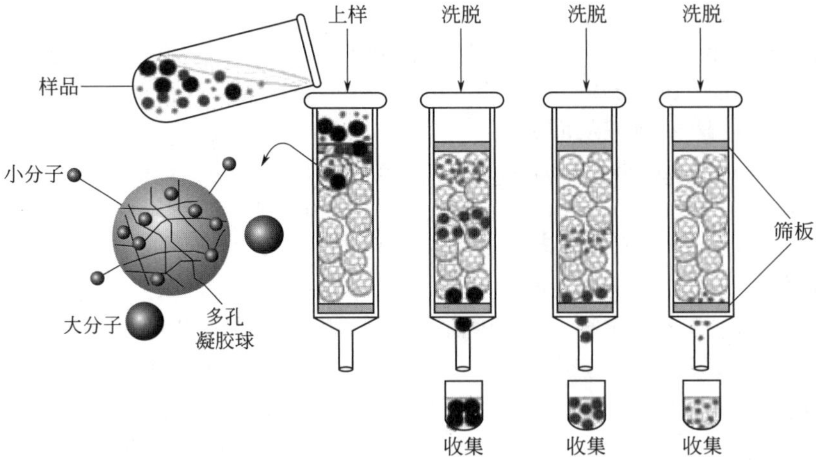

图 4-16 凝胶过滤的原理

钙离子结合，再用磷酸缓冲液洗脱下来。

疏水作用色谱（hydrophobic interaction chromatography）根据蛋白质表面的疏水性差异分离蛋白质，不同蛋白质其分子表面的疏水氨基酸残基数量不同，在高盐条件下与连接在支持介质上的非极性基团相互作用，以盐溶液梯度洗脱，吸附最弱的蛋白质首先被洗脱。

5. 亲和色谱——根据特异亲和力不同的分离方法

亲和色谱（affinity chromatography）是分离蛋白质的一种极有效的方法，通常只需一步处理即可得到纯度较高的某种蛋白质。它是根据不同蛋白质对特定配体（ligand）的特异而非共价结合的能力不同进行蛋白质分离的。亲和色谱的基本步骤是：先把提纯的某种蛋白质的配体通过适当的化学反应共价地连接到像琼脂糖一类的多糖颗粒表面的官能团上，这种材料能允许蛋白质自由通过；当含有待提纯的蛋白质的混合样品加到这种多糖材料的色谱柱上时，待提纯的蛋白质则与其特异的配体结合，而被吸附在载体（琼脂糖）表面上；而其他蛋白质，因对这个配体不具有特异的结合位点，将通过柱子而流出；被特异地结合在柱子上的蛋白质可用含自由配体的溶液洗脱下来。

6. 高效液相色谱——可用于分配色谱、吸附色谱、离子交换色谱、凝胶过滤

高效液相色谱（high performance liquid chromatography，HPLC）的优点是快速、灵敏、高效。其特点是分离物质是在高压下（3.4×10^7Pa）进行的。

HPLC 可用于分配色谱、吸附色谱、离子交换色谱和凝胶过滤。

快速蛋白质液相色谱（fast protein liquid chromatography，FPLC）是基于各种柱色谱法，专门用于蛋白质快速分离的系统。

7. 电泳

电泳（electrophoresis）是指带电质点在电场中向与本身所带电荷相反的电极移动的现象。电泳可用于氨基酸、肽、蛋白质和核酸的分离和分析。

由于不同蛋白质具有不同的等电点，在一定 pH 条件下（非等电点），不同蛋白质就带不同性质的电荷，从而在外加电场下被分离开。电泳的方向和速度主要取决于缓冲液 pH 值及蛋白质分子的大小。缓冲液的 pH 值与蛋白质的等电点相差越大，蛋白质带电荷越多，在电场中移动速度越快。蛋白质分子大小不同，因而可通过电泳将其分开（图 4-17）。

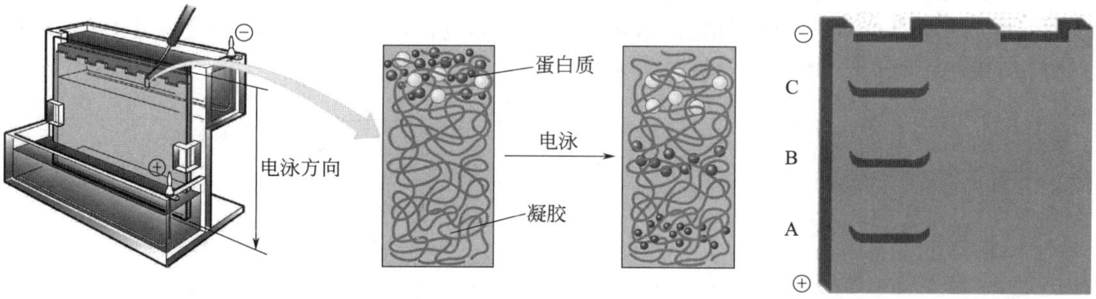

图 4-17　电泳原理及装置

（1）聚丙烯酰胺凝胶电泳（polyacrylamide gel electrophoresis，PAGE）。聚丙烯酰胺凝胶是由单体丙烯酰胺和少量交联剂亚甲基双丙烯酰胺在催化剂（如过硫酸铵或核黄素）以及加速剂（四甲基乙二胺，TEMED）的作用下，聚合交联而成的具有三维网状结构的凝胶。

为了提高分离的灵敏度，常常在样品中加入一种蛋白质去污剂十二烷基硫酸钠（sodium dodecyl sulfate，SDS）。SDS 能使蛋白质变性，由于 SDS 带负电荷，使得各种蛋白质 -SDS 复合物都带上相同密度的负电荷，从而掩盖了各种蛋白质间的电荷差异，去除了电荷效应。在 SDS-PAGE 中，蛋白质的移动速率（迁移率）主要取决于蛋白质的分子量。

蛋白质经 PAGE 后对目的条带进行切胶回收，即能纯化到目的蛋白质。

（2）等电聚焦（isoelectric focusing，IEF）。蛋白质在具有 pH 梯度的凝胶介质中进行电泳，各种蛋白质将移向并聚焦（停留）在其等电点的 pH 梯度处，形成很窄的区带。IEF 的关键在于调制稳定的连续 pH 梯度，通常用两性电解质载体实现，目前主要使用固相 pH 梯度（immobilized pH gradient，IPG）。

（3）双向电泳（two-dimensional electrophoresis，2-DE）。同时利用等电点和分子大小这两种性质的差别进行蛋白质的分离。2D 电泳是将 IEF 和 PAGE 结合，使溶质在二维平面上分离。首先以 IEF 为第一向电泳，在水平方向上通过 pH 梯度使蛋白质泳动到各自等电点处。再将胶条转至另一种凝胶介质中。然后以普通的 PAGE 为第二向电泳，在垂直方向上使蛋白质根据分子质量和荷电量相互分离。凝胶切成小块分别回收各组分，即能得到目的蛋白质。2D 电泳分辨率极高，能够在同一块凝胶上同步检测和定量数千种蛋白质，是蛋白质组学研究的重要工具。

三、氨基酸的分离

氨基酸的分离在氨基酸的生产和利用、蛋白质研究等方面都有重要意义，是了解蛋白质化学结构的基础，也是生产上鉴定氨基酸产品纯度的必要手段。

1. 滤纸色谱——根据溶解度不同进行的分配色谱

滤纸色谱（filter paper chromatography）是一种分配色谱。滤纸色谱是以滤纸为支持物，以滤纸纤维所吸附的水为固定相，以水饱和的有机溶剂为移动相。将氨基酸的混合样品点于滤纸上，当有机相经过样品时，混合物中的各种氨基酸就在有机溶剂和水中进行两相分配。由于水相被滤纸纤维固定，而有机相不断地前进，不同氨基酸的极性不同，它们在水与有机溶剂中的分配情况（溶解度）不同，各氨基酸随有机相前进的速度也就不一样。经过一定时间后，各种氨基酸彼此就分开了，再经茚三酮显色。各种物质在色谱中前进的速率可用 R_f 值（比移值）来表示：

$$R_f = \frac{\text{原点到色谱点中心的距离}}{\text{原点到溶剂前沿的距离}}$$

各种物质在一定溶剂系统中，其 R_f 值是一定的，借此可作简单的定性判断。R_f 值愈大，说明该物质前进愈快，在有机相中的溶解度愈大。

用滤纸色谱分离氨基酸，可用单向色谱（图 4-18），但更常用的是双向色谱（图 4-19）。双向色谱时，两向所用的溶剂系统不相同，这有利于各种氨基酸更好地分开。

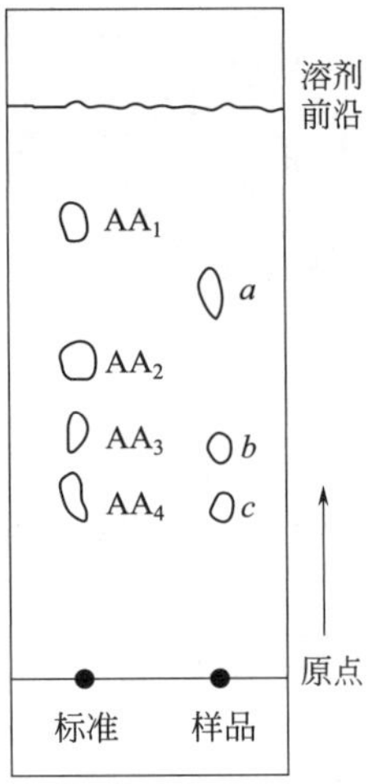

图 4-18　氨基酸单向纸色谱展开结果

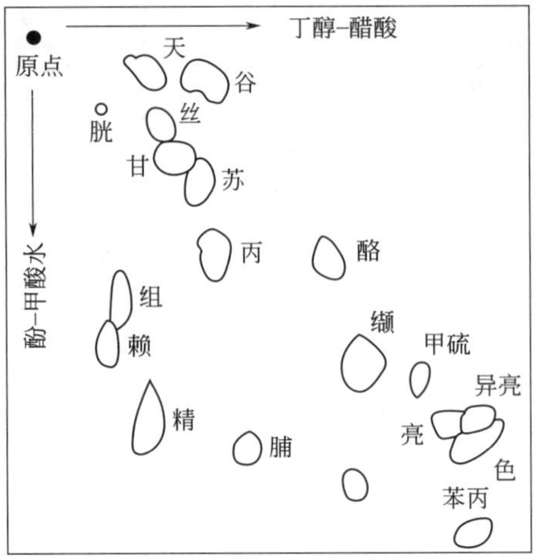

图 4-19　氨基酸双向纸色谱展开结果

2. 离子交换——根据电荷不同进行的分离方法

除了可应用于蛋白质分离之外，离子交换色谱法还是一种常用的氨基酸分离、制备方法。常用酸性或碱性的人工合成的高分子化合物（如聚苯乙烯）作为离子交换树脂装填于柱内进行色谱分离。具体化学机理是：固定相阳离子交换树脂（如国产 732 型树脂），它含酸性基团磺酸基，SO_3^{2-}基在固定相中，并与带相反电荷的 Na^+、H^+ 等正离子静电结合，当流动相中有另一种带正电荷离子（如氨基酸阳离子）存在时，可与其发生正离子交换，即氨基酸阳离子被交换后固定在树脂上，Na^+、H^+ 等离子被洗脱下来。在一定 pH 值时，不同氨基酸所带电荷不同，因此其交换行为也不同。当改变 pH 时，氨基酸阳离子又能可逆地被洗脱下来。用阳离子交换柱时，氨基酸一般按酸性、中性、碱性氨基酸的顺序先后被洗脱。在带电荷相同情况下，极性大的氨基酸先被洗脱下来；在极性基团相同的情况下，分子量小的先被洗脱下来。氨基酸的阳离子交换原理见图 4-20。阴离子交换树脂含有碱性基团［如—$N(CH_3)_3^+OH^-$］，碱性基团解离出的 OH^-可以和溶液里的阴离子（如氨基酸阴离子）发生交换，然后被洗脱。氨基酸的洗脱顺序与阳离子交换柱相反。

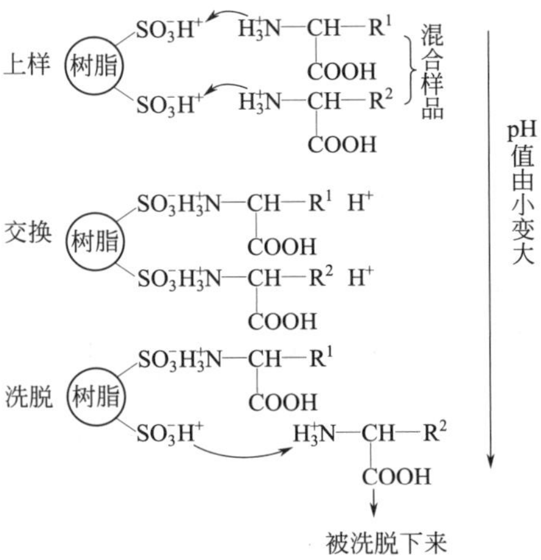

图 4-20　氨基酸的阳离子交换色谱原理

自动化的氨基酸分析仪就是完成全部离子交换色谱过程，在洗脱液中，氨基酸的浓度由茚三酮反应的颜色深浅来检测并进行自动记录。

3. 薄层色谱——根据吸附性不同进行薄层色谱

4-17　模拟纯化混合物中蛋白质

薄层色谱（thin-layer chromatography，TLC）是一种快速而微量的色谱分析方法，是将固体吸附剂（如纤维素粉末、硅胶粉等）涂布在玻璃板等上，对物质进行色谱分离的方法。薄层色谱用于氨基酸分离、鉴定和定量测定，主要是根据吸附剂对样品中各种氨基酸的吸附力不同，吸附力强者迁移速率慢于吸附力弱者。

四、蛋白质及氨基酸的分析测定

对已分离纯化的蛋白质、氨基酸样品，还需要测定其含量并对其纯度进行分析鉴定。

1. 蛋白质含量测定——常用定氮法、比色法和紫外吸收法

常用蛋白质含量测定的方法有 5 种：凯氏定氮法、双缩脲法、福林 - 酚试剂法、紫外光谱法、Bradford 法。双缩脲、福林 - 酚试剂法属于比色法。

（1）凯氏定氮法。此法最早是 19 世纪丹麦化学家凯道尔（Kjeldahl）所创。定氮法是根据氮在蛋白质分子中含量恒定（平均占 16%），将样品蛋白质中的氮通过硝化全部转变成无机氮，再通过分析化学的手段，测出氮的含量，从而得出蛋白质含量（氮质量乘以 6.25）。所得结果误差较小，比较准确，至今仍常采用。

将蛋白质样品用浓 H_2SO_4 硝化分解（加热常加少量的硫酸铜、硫酸钾作催化剂），使其中的氮转变为铵盐，碳转变为 CO_2，硫转变为 SO_2、SO_3 等逸出；铵盐再与浓碱反应，放出的氨被硼酸吸收，滴定剩余的酸，算出氮的含量。有关反应为：

$$NH_3+H_3BO_3 \longrightarrow NH_4H_2BO_3 \xrightarrow{\text{HCl 滴定}} NH_4Cl+H_3BO_4$$

凯氏定氮法本质测的是表观氮含量，再估算蛋白质含量，无法区分氮是来源于蛋白质还是其他含氮化合物，如三聚氰胺（化学式为 $C_3N_6H_6$）。因此只有在被测物的组成是蛋白质时才能用此方法来估算蛋白质含量。

（2）双缩脲法。在碱性条件下，蛋白质与硫酸铜所生成的颜色深浅与蛋白质浓度成正比。将样品同标准蛋白质同时试验，并于 540 ～ 560nm 下比色测光吸收值，通过标准曲线求蛋白质的含量。此法简便、迅速，但灵敏度较差，所需样品量大（0.2 ～ 1.7mg/mL）。

（3）福林 - 酚试剂法。又称 Lowry 法。蛋白质分子中的肽键在碱性条件下能与 Cu^{2+} 配合生成配合物，同时将 Cu^{2+} 还原成 Cu^{+}。试剂中包含碱性铜试剂和磷钼酸、磷钨酸混合试剂。碱性铜试剂与蛋白质发生双缩脲反应，然后蛋白质中的酚基（酪氨酸）在碱性条件下很容易将混合试剂还原成蓝色的钼蓝和钨蓝，蓝色的深浅与蛋白质含量成正比；在 650 ～ 660nm 下测定光吸收值，即可测定蛋白质含量。此法比双缩脲法灵敏 100 倍，操作简便，蛋白质的测定范围为 25 ～ 250μg/mL。

BCA 法（二喹啉甲酸法）是 Lowry 测定法的改进，灵敏度更高。二喹啉甲酸及其钠盐在碱性条件下，可以和 Cu^{+} 结合生成深紫色的化合物，在 562nm 处具有强吸收值，并且化合物颜色的深浅与蛋白质的浓度成正比。

（4）紫外光谱法。蛋白质分子中酪氨酸、色氨酸在 280nm 左右具有最大吸收，且各种蛋白质中这两种氨基酸含量差别不大，所以 280nm 的吸收值与浓度成正相关，可用于蛋白质含量的测定。

此法简便但准确度较差，因为存在其他具有紫外线吸收的物质（如核酸）的干扰。在测定工作中尽可能减小误差，如利用在 280nm 及 260nm 下的吸收差求出蛋白质的浓度，即：

$$\text{蛋白质浓度(mg/mL)} = 1.45A_{280} - 0.74A_{260}$$

（5）Bradford 法（考马斯亮蓝结合法）。采用考马斯亮蓝 G-250 染料，在酸性溶液中与蛋白质中的碱性氨基酸和芳香族氨基酸残基相结合，使染料的最大吸波长由 465nm 变为 595nm，溶液的颜色也由棕黑色变为蓝色。在 595nm 下测定的吸光度 A_{595}，与蛋白质浓度成正比。该方法简便快速，灵敏度高，干扰物质少。

4-18 基于三聚胺事件理解蛋白质定量测定方法

2. 电泳技术——凝胶电泳常用于纯度鉴定及分子量测定

对已分离纯化的蛋白质样品，常需要鉴定其纯度，测定其分子量。纯度鉴定和分子量测定的方法很多，但在实验室中常采用的聚丙烯酰胺凝胶电泳法（PAGE）是既灵敏又方便的方法。

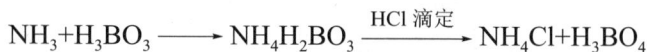

（1）纯度鉴定。进行蛋白质纯度鉴定时，将纯化的蛋白质样品在高 pH 缓冲液（碱性系统）中及在低 pH 缓冲液（酸性系统）中分别进行 SDS-PAGE 盘状电泳。如果在两种系统中电泳都得到均一的一条区带，表明该样品达到了电泳纯；否则，说明含有其他蛋白质。

（2）分子量的测定。用 SDS-PAGE 平板电泳进行。在 SDS 存在下，蛋白质分子的迁移率主要取决于它的分子量，与所带电荷及分子形状无关。蛋白质的分子量与迁移率的关系为：

$$M_r = k\left(10^{-bm}\right)$$

即：

$$\lg M_r = \lg k - bm = k_1 - bm$$

式中，M_r 为分子量；k 及 k_1 为常数；b 为斜率；m 为相对迁移率。

分子量（M_r）的对数与相对迁移率（m）呈线性关系。

在实际测定中，常常用几种已知分子量的单体蛋白质作为标准（marker），根据分子量和实际迁移率作图，然后由样品的迁移率即可从图上求得其分子量。在电泳前，如果样品用巯基乙醇处理则可测定亚基的分子量。

3. 氨基酸的显色测定——色谱、电泳检测的最终手段

由于氨基酸一般为无色，所以需借助一定的手段使它们显现出来，即利用显色剂来实现。显色剂的种类很多，灵敏度也各不相同，有的适用于纸上显色，有的适于溶液显色。有些显色剂对各种氨基酸都有作用，如茚三酮、吲哚醌等；而某些显色剂对个别氨基酸有显色作用（表 4-8）。有些显色剂同氨基酸所生成的颜色深浅与氨基酸的含量在一定范围内成正比，借此可作定量测定。

表 4-8 氨基酸的显色

氨基酸	显色试剂	颜色
各种氨基酸	0.1%～0.5%茚三酮（或乙醇）溶液	蓝紫色
各种氨基酸	1%吲哚醌酒精冰醋酸溶液	不同氨基酸显不同颜色
各种氨基酸	1%溴酚蓝酒精溶液	蓝色
甘氨酸	0.1%邻苯二酚酒精溶液	墨绿色
酪氨酸	α-亚硝基-β 萘酚酒精硝酸溶液	红色
酪氨酸	对氨基苯磺酸-碳酸钠溶液	浅红色
组氨酸	对氨基苯磺酸-碳酸钠溶液	橘红色
丝氨酸	碘酸钠甲醇溶液及醋酸铵处理	黄色
精氨酸	尿素萘酚酒精溶液、氢氧化钠溴溶液	红色
半胱氨酸	亚硝酸铁氰化钠甲醇溶液	红色
脯氨酸	吲哚酸-醋酸锌异丙醇溶液	蓝色
色氨酸	对甲基苯甲醛丙酮溶液	蓝紫色

4. 免疫印迹——一种高精度的分析鉴定蛋白质的技术

免疫印迹法（immunoblot），又称蛋白质印迹法、蛋白质转移电泳法或 Western 印迹法（Western blot）。它是将经过 SDS-PAGE 电泳后，凝胶中所含的样品蛋白质借助电泳方法转印、固定到硝酸纤维素（NC）膜上，然后利用酶标记的抗体、激素或凝集素等物质便可特异地检出固定在 NC 膜上相应的组分——抗原、受体或不同类型的蛋白质。免疫印迹法具有分析容量大、敏感度高、特异性强等优点，是检测蛋白质特性、表达与分布的一种最常用的方法（图 4-21）。

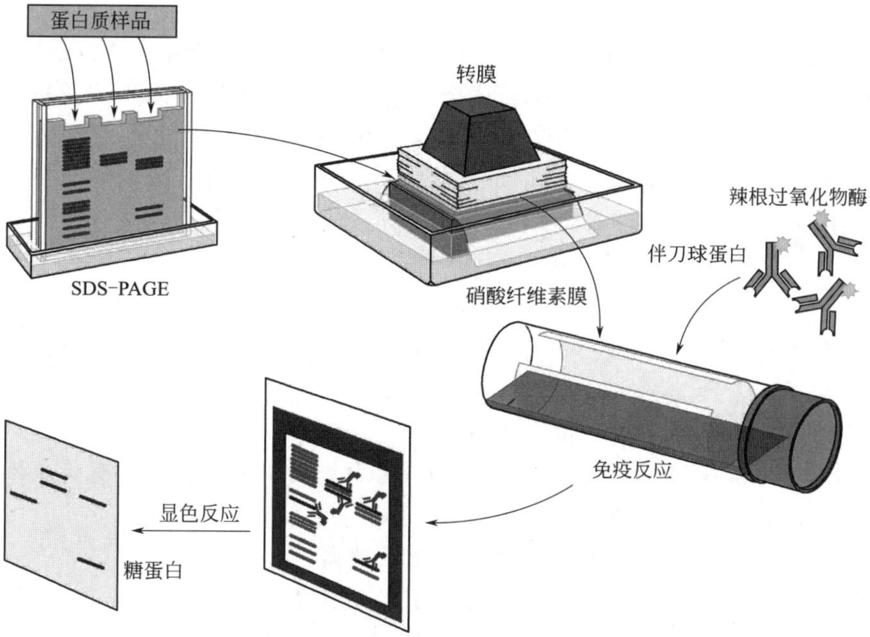

图 4-21　免疫印迹原理

5. 酶联免疫吸附试验——利用抗原抗体特异结合定量测定蛋白质

酶联免疫吸附试验（enzyme-linked immunosorbent assay，ELISA）是用酶标记抗体，与吸附在固相载体上的已知的蛋白质（抗原或抗体）发生特异性结合，用洗涤法将液相中的游离成分洗除，最后通过酶作用于底物，进行显色反应，由酶标仪进行定量测定（原理见图 4-22）。颜色反应的深浅与样品中相应蛋白质的量成正比。ELISA 方法是一种既特异又灵敏的检测方法，用于标记抗体的酶有辣根过氧化物酶、碱性磷酸酶、葡萄糖氧化酶等。

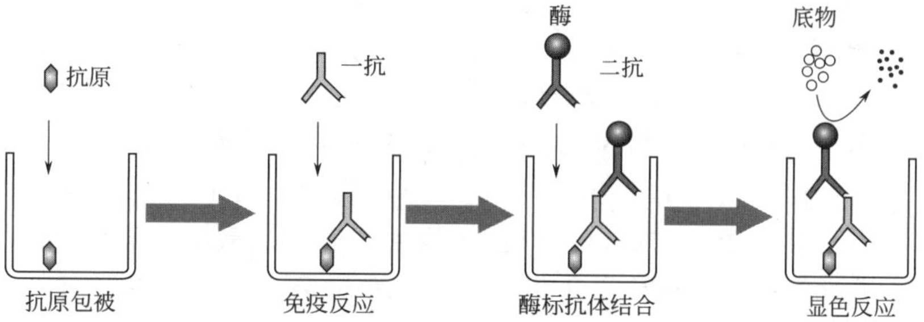

图 4-22　ELISA 原理

本章提要

蛋白质是含氮 16% 的生命物质，具有催化、调节等多种生物学功能。氨基酸是构成蛋白质的基本单位，参与蛋白质组成的有 20 种，可按酸碱性质、极性、R 基结构进行分类。氨基酸具有两性性质。两个氨基酸 α-NH_2 和 α-COOH 脱水缩合形成肽键。肽键具有反式双键性质，构成肽平面。肽是氨基酸经肽键连接成的链状化合物，具有方向性，两端为 N 末端和 C 末端。蛋白质结构包括共价结构和空间结构。蛋白质一级结构是氨基酸排列顺序。空间结构包括二级、三级、四级结构。二级结构包括 α-螺旋、β-折叠、β-转角和无规卷曲等；三级结构是多肽链构成一个不规则的、具有特定构象的全部空间结构；四级结构指多条具有三级结构的多肽链（即亚基）借非共价键聚合而成的特定构象。维持高级结构的作用力有氢键、离子键、疏水作用力、范德瓦尔斯力和二硫键。一级结构决定空间结构，空间结构决定功能，其变化会致功能改变。蛋白质具有两性解离、胶体等性质。基于蛋白质的溶解度、电荷等性质，可用盐析、色谱、电泳等方法分离纯化。

课后习题

1. 用对或不对回答下列问题。如果不对，请说明原因。

① 构成蛋白质的所有氨基酸都是 L 型氨基酸。因为构成蛋白质的所有氨基酸都有旋光性。

② 只有在很低或很高 pH 值时，氨基酸的非电离形式才占优势。

③ 当 pH 值大于可电离基团的 pK'_a 时，该基团半数以上被解离。

④ 一条肽链在回折转弯时，转弯处的氨基酸常常是脯氨酸或甘氨酸。

⑤ 如果一个肽用末端测定不出它的末端，这个肽只能是个环肽。

⑥ 如果用 Sephadex G-100 来分离细胞色素 c、血红蛋白、谷氨酸和谷胱甘肽，则洗脱顺序为：谷氨酸→谷胱甘肽→细胞色素 c →血红蛋白。

⑦ α-螺旋中每个肽键的酰胺氢都参与氢键形成。

⑧ 蛋白质的等电点是可以改变的，但等离子点不能改变。

2. 向 1L 1mol/L 的处于等电点甘氨酸溶液中加入 0.3mol HCl，问所得溶液的 pH 值是多少？如果加入 0.3mol NaOH 以代替 HCl 时，pH 值又是多少？

3. 1.068g 的某种结晶 α-氨基酸，其 pK'_1 和 pK'_2 值分别为 2.4 和 9.7，溶解于 100mL 的 0.1mol/L NaOH 溶液中时，其 pH 值为 10.4。计算该氨基酸的分子量，并提出其可能的分子式。

4. 已知 Lys 的 ε-氨基的 pK'_a 为 10.5，问在 pH 9.5 时，Lys 水溶液中将有多少这种基团给出质子？

5. 有一个肽段，经酸水解测定知由 4 个氨基酸组成。用胰蛋白酶水解成为两个片段，其中一个片段在 280nm 有强的光吸收，并且对 Pauly 反应、坂口反应都是阳性；另一个片段用 CNBr 处理后释放出一个氨基酸与茚三酮反应呈黄色。试写出这个肽的氨基酸排列顺序及其化学结构式。

6. 一种纯的含钼蛋白质，用 1cm 的比色杯测定其吸光系数 $\varepsilon_{280}^{0.1\%}$ 为 1.5。该蛋白质的浓溶液含钼量为 10.56μg/mL。1 ∶ 50 稀释该浓溶液后 A_{280} 为 0.375。计算该蛋白质的最小分子量（Mo 的原子量为 95.94）。

7. 1.0mg 某蛋白质样品进行氨基酸分析后得到 58.1μg 的亮氨酸和 36.2μg 的色氨酸，计算该蛋白质的最小分子量。

8. 某一蛋白质分子具有 α-螺旋及 β-折叠两种构象，分子总长度为 5.5×10^{-5}cm，该蛋白质分子量为 250000。试计算该蛋白质分子中 α-螺旋及 β-折叠两种构象各占多少（氨基酸残基平均分子量以 100 计算）？

讨论学习

1. 基于蛋白质的特殊生物学功能，讨论蛋白质在医药、食品、化妆品和环境等化工领域的应用价值和前景。

2. 基于蛋白质与茚三酮发生颜色反应，设计实验以定量测定蛋白质的氨基含量。

3. 头发能烫卷和拉直的原因是什么？

4. Arg、Lys 以及 Asp、Glu 等氨基酸其侧链基团具有氨基或羧基，蛋白质为何是直链形式而不存在支链？

5. 讨论肽平面在蛋白质的结构和功能中发挥的至关重要的作用。
6. 讨论蛋白质一级结构与物种进化的关系。
7. 举例说明蛋白质的结构与其功能之间的关系。
8. 当前测定蛋白质分子量最常用的技术、原理及设备是什么？
9. 讨论蛋白质的沉淀、变性和凝固的关系。
10. 讨论 SDS-PAGE 用于分离纯化蛋白质的操作方法及注意事项。
11. 利用 SDS-PAGE 测定蛋白质的分子量时，影响测量精度的因素有哪些？

4-19　自我测评

第五章　核酸化学

5-1　学习目标

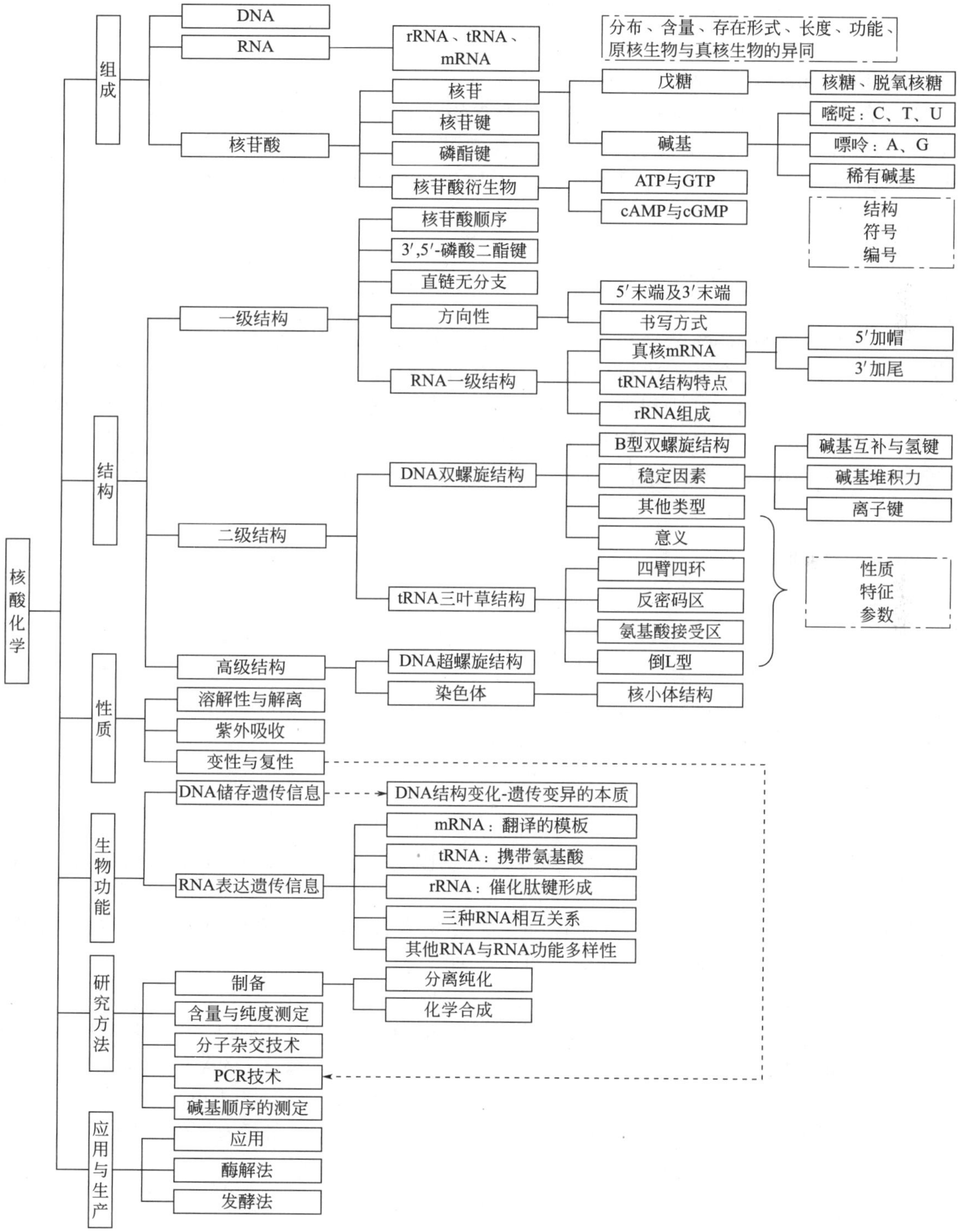

核酸化学
组成
DNA
RNA
rRNA、tRNA、mRNA
分布、含量、存在形式、长度、功能、原核生物与真核生物的异同
核苷酸
核苷
核苷键
磷酯键
核苷酸衍生物
戊糖
核糖、脱氧核糖
碱基
嘧啶：C、T、U
嘌呤：A、G
稀有碱基
结构
符号
编号
ATP与GTP
cAMP与cGMP
结构
一级结构
核苷酸顺序
3′,5′-磷酸二酯键
直链无分支
方向性
5′末端及3′末端
书写方式
RNA一级结构
真核mRNA
5′加帽
3′加尾
tRNA结构特点
rRNA组成
二级结构
DNA双螺旋结构
B型双螺旋结构
稳定因素
碱基互补与氢键
碱基堆积力
离子键
其他类型
意义
tRNA三叶草结构
四臂四环
反密码区
氨基酸接受区
倒L型
性质
特征
参数
高级结构
DNA超螺旋结构
染色体
核小体结构
性质
溶解性与解离
紫外吸收
变性与复性
生物功能
DNA储存遗传信息
DNA结构变化-遗传变异的本质
RNA表达遗传信息
mRNA：翻译的模板
tRNA：携带氨基酸
rRNA：催化肽键形成
三种RNA相互关系
其他RNA与RNA功能多样性
研究方法
制备
分离纯化
化学合成
含量与纯度测定
分子杂交技术
PCR技术
碱基顺序的测定
应用与生产
应用
酶解法
发酵法

第一节 概述

核酸（nucleic acid）是生物体内一类含有磷酸基团的生物大分子，担负着生命信息的储存和传递，对它的研究是生命化学研究的一个重要领域。

一、染色体、基因和核酸

1. 染色体和基因——遗传的基本单位

染色体（chromatin）是细胞核（nucleus）内能被碱性染料着色的螺旋集缩体，由核酸、组蛋白、非组蛋白等组成（原核生物染色体仅含 DNA，不含组蛋白和非组蛋白）。染色体是遗传信息（genetic information）的载体，是细胞中主宰遗传的结构。经典遗传学认为，染色体和基因（遗传因子）间有平行现象，基因（gene）存在于染色体上，基因在遗传中具有完整性和独立性，随染色体的配对、分离而进行独立的分配。

5-2 核酸化学与诺贝尔奖

2. 核酸——遗传信息的载体

1869 年 Mischer 从外科手术绷带上脓细胞的细胞核中分离出一种可溶于碱不溶于酸的强酸性含磷有机化合物，1944 年 Avery 等在肺炎双球菌转化实验中发现转化物质是 DNA。经过一个多世纪的研究，现已完全证实：基因是核酸的一些组成部分或结构区域，即基因存在于核酸分子上。所以核酸是遗传变异的物质基础，是遗传信息的载体，在蛋白质生物合成中起十分重要的作用。生物体的遗传、变异、生长发育、细胞分化等都与核酸密切相关。

二、核酸的化学组成

核酸除含有碳、氢、氧、氮外，还含有较多的磷和少量的硫，其中磷的含量为 9% ～ 10%。含磷高是核酸元素组成的特点，可用定磷法来测核酸含量。

核酸同蛋白质一样，也是高分子有机化合物，经过不同程度的水解，可得到：多核苷酸、寡核苷酸和核苷酸；彻底水解产物为戊糖、含氮碱基和磷酸。

1. 分类——核酸分 RNA 和 DNA

根据彻底水解产物中所含糖的不同，核酸分为脱氧核糖核酸（deoxyribose nucleic acid，DNA）和核糖核酸（ribonucleic acid，RNA）两类。

DNA 主要存在于染色体中，少部分在核外（如线粒体 DNA、叶绿体 DNA 和质粒 DNA 等）。DNA 是主要的遗传物质，是遗传信息的主要载体，通过复制将遗传信息传递给子代。

RNA 在细胞核和细胞质内都有分布，与遗传信息表达有关。参与蛋白质合成的 RNA 主要分为 mRNA（信使 RNA，messenger RNA）、tRNA（转运 RNA，transfer RNA）和 rRNA（核糖体 RNA，ribosomal RNA）。mRNA 约占总 RNA 量的 5%，其作用是将遗传信息从 DNA 传到蛋白质，在肽链合成中起决定氨基酸排列顺序的模板作用。tRNA 约占总 RNA 的 15%，分子量较小，游离于胞质中，主要功能是在蛋白质合成中转运氨基酸。rRNA 约占总 RNA 量的 80%，分子量较高，是核糖体的组成成分（占 60% 左右），核糖体是蛋白质合成的场所，rRNA 起到一定的催化作用。

除了上述三种主要的 RNA 外，在细胞核和细胞质中实际上还有大量的由 300 个左右或更少核苷酸组成的小分子 RNA，如 microRNA（miRNA，微 RNA），具有特殊功能，几乎涉及细胞功能的各个方面。

2. 核酸中的糖——核糖和脱氧核糖

核酸中的糖主要有两种：D-核糖和 D-2-脱氧核糖，两者都是 β 构型的戊糖，分别为：

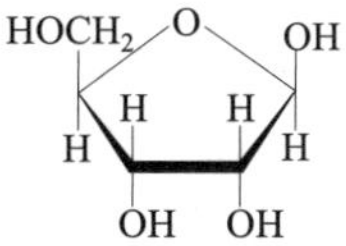

β-D-呋喃核糖

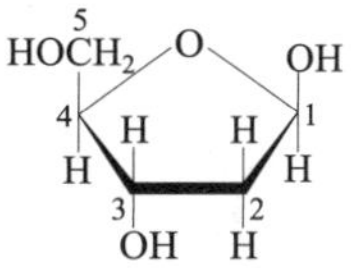

β-D-2-脱氧呋喃核糖

β-D-核糖为 RNA 所含，β-D-2-脱氧核糖为 DNA 所含。D-核糖可与苔黑酚反应呈绿色，D-2-脱氧核糖可与二苯胺反应呈蓝色。

3. 含氮碱基——嘌呤和嘧啶衍生物

含氮碱基是核酸中含氮的碱性杂环化合物，主要有两类。

（1）嘧啶碱基　嘧啶的母体环为：

核酸中嘧啶碱基主要有三种，都是嘧啶的衍生物：RNA 含胞嘧啶和尿嘧啶，DNA 含胞嘧啶和胸腺嘧啶。

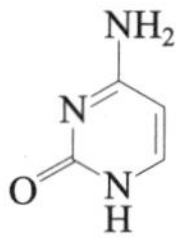

胞嘧啶(Cyt)

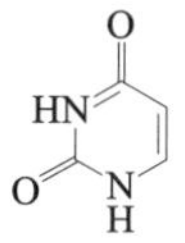

尿嘧啶(Ura)

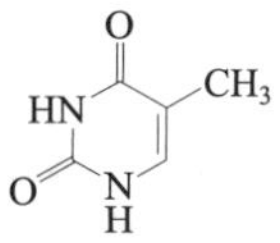

胸腺嘧啶(Thy)

（2）嘌呤碱基　嘌呤环为：

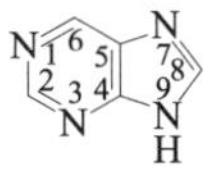

核酸中主要有两种嘌呤碱基：腺嘌呤和鸟嘌呤，这两种嘌呤碱在 RNA 和 DNA 中都含有。

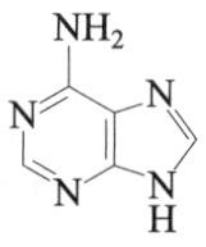

腺嘌呤(Ade)

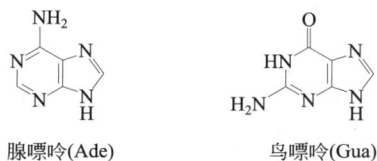

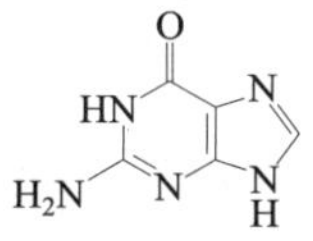

鸟嘌呤(Gua)

除了上述几种主要的碱基外，核酸中还有一些稀有碱基，如 5-甲基胞嘧啶、次黄嘌呤和黄嘌呤等，大多数为主要碱基甲基化、硫代、乙酰化等的衍生物。

4. 核苷酸——核酸的基本结构单位

核酸在化学上是多聚核苷酸，核苷酸（nucleotide）是构成核酸分子的基本结构单位。核苷酸是核苷的磷酸酯，核苷（nucleoside）又由核糖或脱氧核糖和碱基组成，所以核苷酸由碱基、戊糖和磷酸三部分组成。

（1）碱基与戊糖的连接　碱基与戊糖连接形成核苷，其连接键是由戊糖的半缩醛羟基缩合而成的，所以为糖苷键，称为 *N*-糖苷键。核酸分子中的糖苷键均为 β-糖苷键。嘧啶碱基和戊糖的连接：嘧啶环的第 1 位 N 与戊糖的第 1′位 C 相连（为与碱基编号区别，在核苷中糖的编号数字上加一撇“′”），即 N1—C1′。

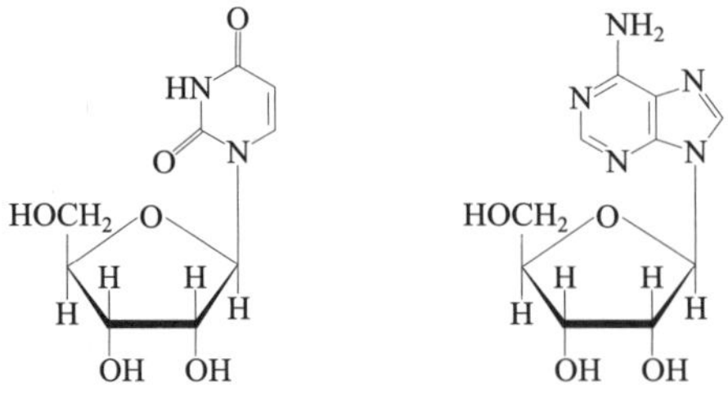

嘌呤碱基和戊糖的连接：嘌呤环的第 9 位 N 与戊糖的第 1′位 C 相连，即 N9—C1′。

核苷的碱基环平面与戊糖环平面相垂直，碱基环可以沿 *N*-糖苷键自由旋转。但由于空间障碍，在天然核酸中，碱基的排布主要为反式结构。

（2）核苷酸的种类　核苷的核糖上有三个羟基（2′、3′、5′）可以和磷酸酯化；脱氧核糖上有两个羟基（3′、5′）可以和磷酸酯化，因此生成的核苷酸有：2′-核苷酸、3′-核苷酸和 5′-核苷酸，其中 5′-核苷酸最重要。生物体内 2′-核苷酸、3′-核苷酸都不如 5′-核苷酸稳定，所以生物体内游离核苷酸主要是 5′-核苷酸或 5′-脱氧核苷酸。它们各有四种：

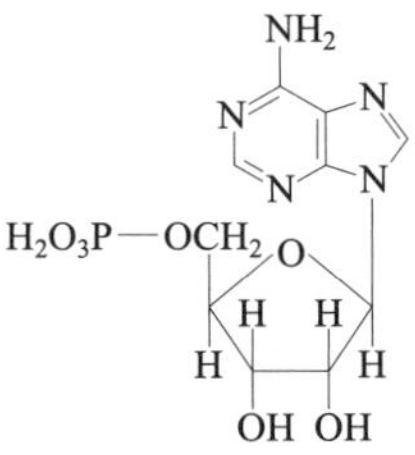

5′-磷酸腺苷
(5′-AMP)

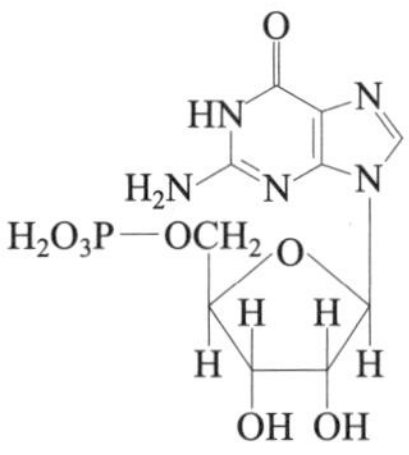

5′-磷酸鸟苷
(5′-GMP)

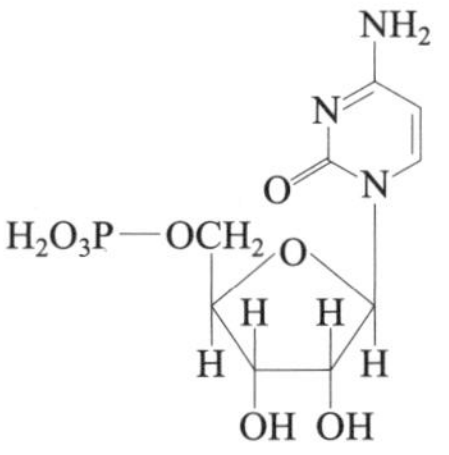

5′-磷酸胞苷
(5′-CMP)

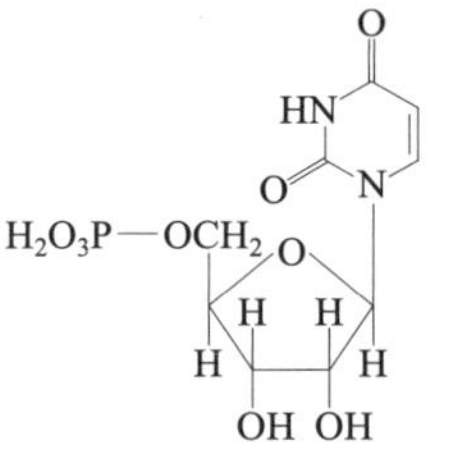

5′-磷酸尿苷
(5′-UMP)

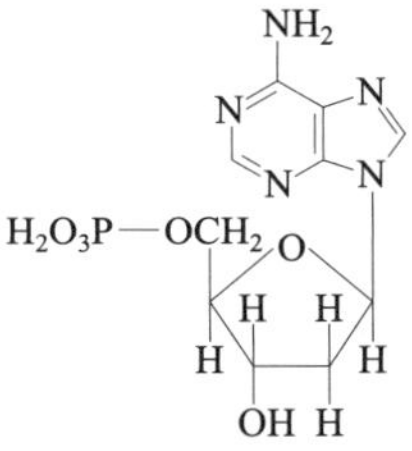

5′-磷酸脱氧腺苷
(5′-dAMP)

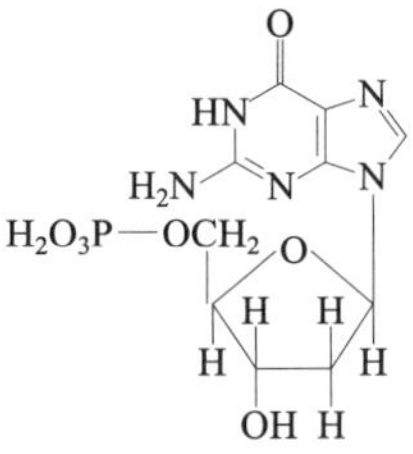

5′-磷酸脱氧鸟苷
(5′-dGMP)

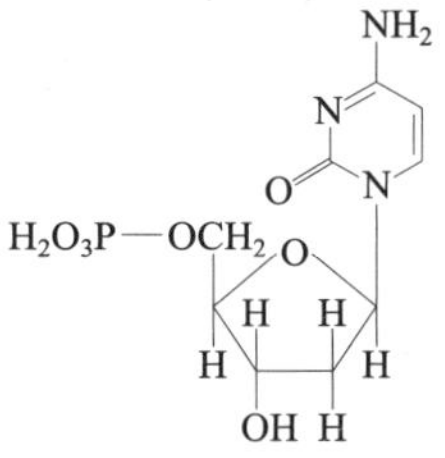

5′-磷酸脱氧胞苷
(5′-dCMP)

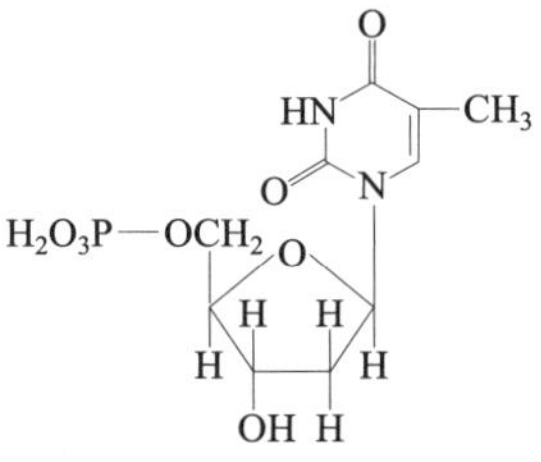

5′-磷酸脱氧胸苷
(5′-dTMP)

参与核酸生物合成的直接原料不是核苷一磷酸，而是核苷三磷酸，它具有三个磷酸基，靠近核糖 C5′位的为 α-磷酸基，依次为 β、γ-磷酸基，如腺苷三磷酸（ATP）：

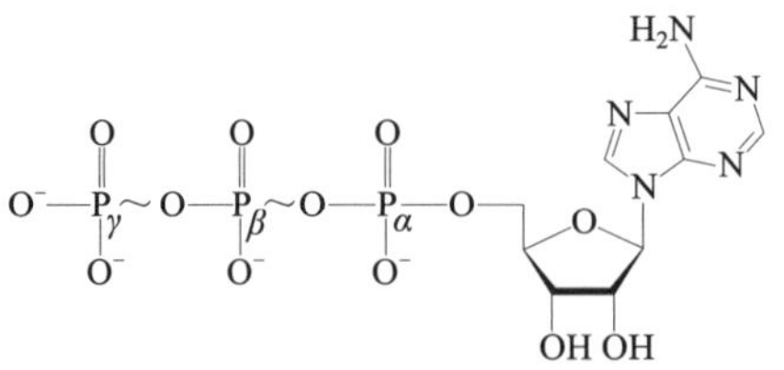

（3）核酸组分的表示方式　通常用 3 字母表示碱基，1 个字母表示核苷。如 Ade 为腺嘌呤，A 为腺苷。腺苷酸用 pA（磷酸 5′位）或 Ap（磷酸 3′位）表示。B 代表任一碱基，N 代表任一核苷。甲基化稀有组分，如 $m_3^{2,2,7}G$ 为 N^2，N^2，N^7-三甲基鸟苷，m 代表甲基，右上角数字为甲基所在位置，右下角数字为甲基数目。

5. 核苷酸的衍生物

核苷酸的衍生物以游离的形式广泛存在于细胞中。它们除了作为合成核酸的基本单元外，还具有其他方面的重要功能。

（1）ATP 和 GTP

① ATP　ATP 是生物体内分布最广和最重要的一种核苷酸衍生物。

ATP 分子结构的最显著特点是含有两个高能磷酸键。ATP 水解时，可以释放出大量自由能，可以作为推动生物体内各种需能反应的能量来源。ATP 也是一种很好的磷酰化剂。磷酰化反应的底物可以是普通的有机分子，也可以是酶。磷酰化的底物分子具有较高的能量（活化分子），是许多生物化学反应的激活步骤。

ATP 是生物体内最重要的能量转换中间体。ADP 和磷酸在外界能量作用下，可以重新合成 ATP。

$$\mathrm{ATP} + \mathrm{H_2O} \xrightleftharpoons[\text{光能或化学能}]{\text{释放能量}} \mathrm{ADP} + \mathrm{Pi} + \mathrm{H^+}$$

ATP-ADP 循环是自然界生物赖以生存的基础。

② GTP　GTP 是生物体内游离存在的另一种重要的核苷酸衍生物。它具有 ATP 类似的结构，也是一种高能化合物。GTP 主要是作为蛋白质合成中磷酰基供体。在细胞内，ATP 和 GTP 可以相互转换。

$$\mathrm{GTP+ADP} \xrightleftharpoons{\text{酶}} \mathrm{GDP+ATP}$$

在生物体内，GTP 可以通过 GMP 和 ATP 作用来合成。

$$\mathrm{GMP+ATP} \xrightleftharpoons{\text{酶}} \mathrm{GTP+AMP}$$

$$\mathrm{GDP+ATP} \xrightleftharpoons{\text{酶}} \mathrm{GTP+ADP}$$

（2）cAMP 和 cGMP　生物细胞中存在着两种重要的环状核苷酸：cAMP（3′,5′-环腺嘌呤核苷一磷酸）和 cGMP（3′,5′-环鸟嘌呤核苷一磷酸）。cAMP 和 cGMP 的主要功能是作为细胞之间传递信息的信使。

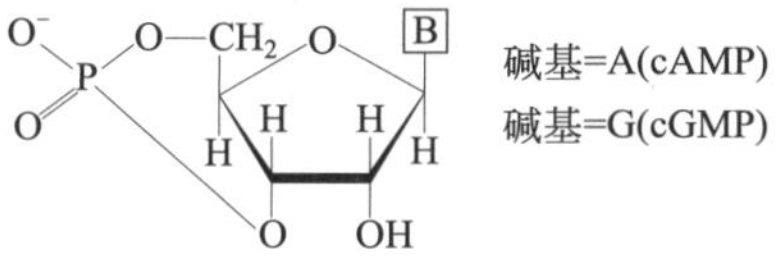

5-3　环鸟苷酸 cGMP

6. 核苷酸的重要作用

核酸的基本组成单位——核苷酸，它也是生物体内一类重要的生物化学成分。在许多生物化学反应中，核苷酸都起着重要作用，主要表现在如下方面。

① 核苷酸是合成 DNA 和 RNA 的前体。

② 在多糖合成中 UDPG 是葡萄糖的活性形式，在磷脂合成中 CDP-甘油二酯是含磷酸基团的活性形式，在卵磷脂的合成中还涉及 *S*-腺苷甲硫氨酸的参与。

③ ATP 是生物体内生物能生成、储藏、转运的中心，是最普遍、最重要的能量形式。

④ 各种代谢反应中所需要的 NAD^+（H）、$NADP^+$（H）、CoA_{SH}、FAD、FMN（其结构见第七章）等都是腺苷酸的衍生物。

⑤ cAMP 由 ATP 转变而来，在生物体细胞内具有传递生理信息的重要作用，被称为第二信使。

⑥ GTP 是生物大分子移位反应的主要动力。

第二节　核酸的结构

核酸为生物大分子，其分子结构也像蛋白质一样，可分为几个不同层次。

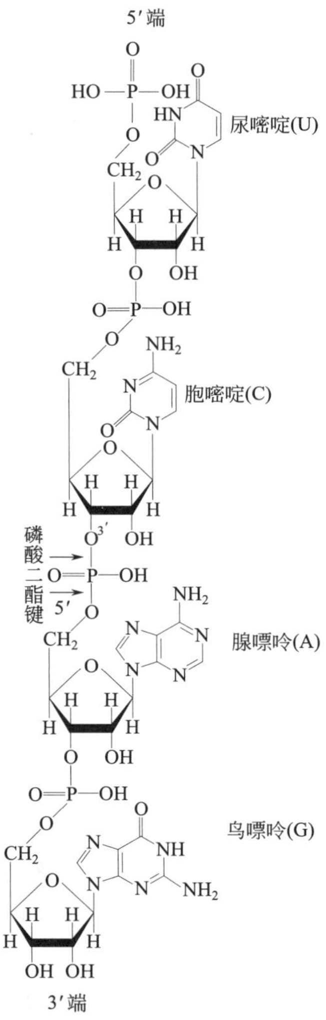

图 5-1　核苷酸链

一、核酸的一级结构

核酸的一级结构是指核苷酸的排列顺序，包括核苷酸间的连接键。不同的生物性状就是由核酸分子上的核苷酸排列顺序决定的。

1. 磷酸二酯键——核苷酸间的基本连接键

核苷酸之间是通过 3′,5′-磷酸二酯键连接起来的，即磷酸分子的一个酸性基与一个核苷的核糖 C3′ 位羟基缩合成酯，磷酸分子的另一个酸性基团与第二个核苷的核糖 C5′ 位羟基缩合成酯。核酸的一级结构就是通过 3′,5′-磷酸二酯键连接的核苷酸链，如图 5-1。

2. 一级结构——核苷酸的排列顺序

核酸的一级结构是多核苷酸链中的核苷酸排列顺序。脱氧核糖 C2′ 位不含羟基，DNA 链只能形成 3′,5′-磷酸二酯键，是无支链的线性分子。但原核细胞染色体 DNA、质粒 DNA 以及真核细胞细胞器 DNA 都是环状。尽管核糖 C2′ 位含羟基，天然 RNA 仍为无分支的直链结构，这是因为 RNA 是以 DNA 为模板进行生物合成的。

由于 3′,5′-磷酸二酯键的存在，使得核苷酸链具有特殊的方向性，即核苷酸链存在两个末端，一个称为 5′ 末端，含磷酸基；一个称为 3′ 末端，含游离羟基。核酸一级结构的阅读或书写时按 5′ → 3′ 方向进行。核酸一级结构的具体表示如下。

① 线条式缩写

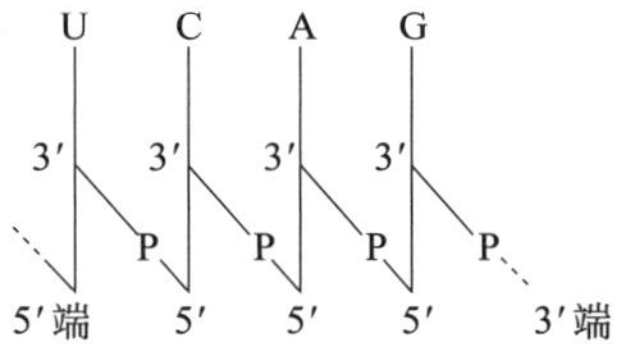

② 字母式缩写：5′…UpCpApGp…3′ 或 5′…U C A G…3′。

二、核酸的高级结构

核酸分子分子量比较大，有复杂的三维结构。在一级结构基础上折叠或盘曲，从而形成高级结构。

1. DNA 的二级结构——双螺旋结构模型

（1）DNA 双螺旋结构模型提出的依据　对于 DNA 高级结构的研究，主要依赖于 20 世纪 40 年代 X 射线衍射技术用于核酸结构的研究，Wilkins 和 Franklin 用高纯度 DNA 纤维拍摄的高质量 X 射线衍射图，对 DNA 结构模型的提出作出了重大的贡献。1953 年，Watson 和 Crick 主要根据 Wilkins 和 Franklin 的研究成果及 Chargaff 对 DNA 碱基组成的研究提出了 DNA 二级结构模型——双螺旋结构模型（图 5-2）。从此开创了分子生物学的新纪元。

（2）DNA 双螺旋结构模型的特征

① 主链　两条反向平行的脱氧核苷酸链围绕同一“中心轴”相互缠绕，形成双螺旋，碱基对位于双螺旋的内侧，糖和磷酸在外侧构成链的骨架；碱基平面与纵轴垂直，糖环平面平行于纵轴；两条链均为

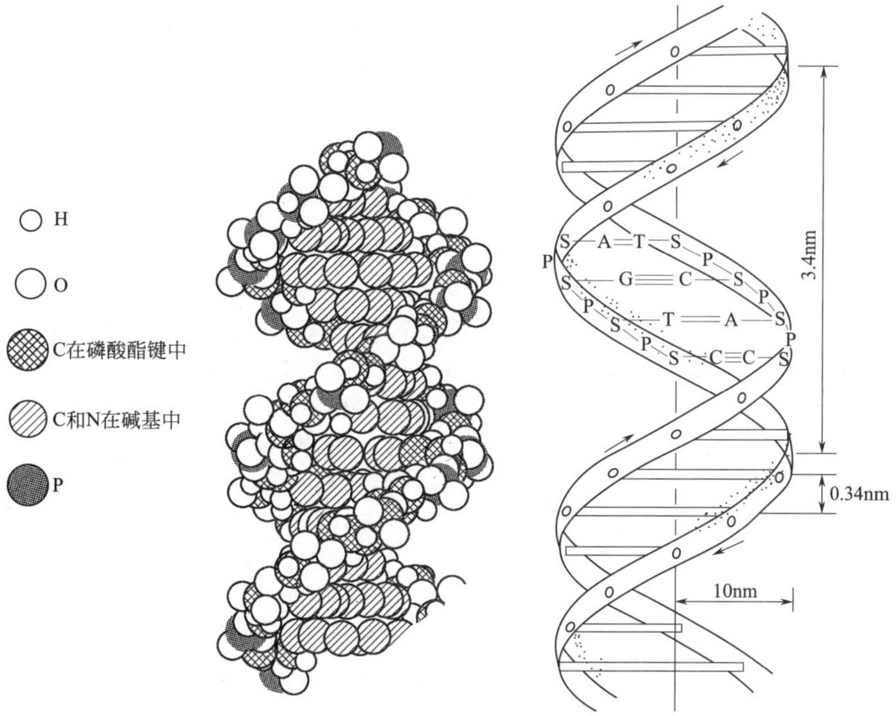

图 5-2　DNA 双螺旋结构模型

右手螺旋，其磷酸二酯键的方向相反，即一条为 5′→3′，另一条为 3′→5′，其中 3′→5′者为正链。

② 碱基配对　两条核苷酸链依靠彼此碱基之间形成的氢键而结合在一起。为了让碱基间尽可能多地形成氢键，A 只能与 T 配对，形成两个氢键；G 只能与 C 配对，形成 3 个氢键。GC 之间的连接更稳定。这种碱基之间相互对应的关系称为碱基互补。因此在 DNA 分子中一个单位是一个碱基对（base pairing，bp）。碱基配对规律是 DNA、RNA 乃至蛋白质生物合成的分子基础。

③ 碱基参数　双螺旋的平均直径为 2nm，两个相邻的碱基对之间的高度即碱基垂直堆积距离为 0.34nm，两个脱氧核苷酸之间的夹角是 36°，所以每圈螺旋含有 10 个核苷酸（残基），螺距为 3.4nm。

④ 螺旋表面　配对碱基并不充满双螺旋的全部空间，而且碱基对占据的空间不对称，因而在双螺旋的表面形成两条螺形凹沟，一条较深称为大沟（major groove，宽 1.2nm，深 0.85nm），一条较浅称为小沟（minor groove，宽 0.6nm，深 0.75nm）。沟状结构与蛋白质和 DNA 的识别作用有关。

（3）DNA 双螺旋结构的稳定因素

① 氢键　两条链间碱基的相互作用。虽然氢键是一个弱键，但 DNA 中氢键数量大，所以氢键是比较重要的因素。

② 碱基堆积力　一条链上相邻两个平行碱基环间的相互作用，这是来自杂环碱基 π 电子之间的相互作用，本质为范德瓦耳斯力，是维持 DNA 双螺旋稳定的主要因素。碱基堆积使双螺旋内部形成疏水核心，从而有利于碱基间形成氢键。

③ 离子键　DNA 分子中磷酸基团在生理条件下解离，使 DNA 成为一种多阴离子，有利于与带正电荷的组蛋白或介质中的阳离子之间形成静电作用，能减少双链间的静电排斥，有利于双螺旋的稳定。

（4）DNA 双螺旋的结构类型　每个核苷酸残基都有 6 个可自由旋转的单键，使得 DNA 分子具有柔性，并具有不同的构象形式。根据对天然及合成核酸的 X 射线衍射分析，DNA 构象形式可分成几种类型，各种构象在一定条件下可以相互转变。主要取决于制备 DNA 晶体时的相对湿度、盐的种类及盐浓度。上述 Watson-Crick 模型主要指 B-DNA，这是溶液中及细胞内天然状态 DNA 的重要构象。左旋 DNA 如 Z-DNA 也可能是天然 DNA 的一种构象。

5-4　双螺旋结构发现及其意义

（5）Watson-Crick 双螺旋模型　该模型能够解释许多重要的生命现象，如 DNA 复制、RNA 转录、蛋白质翻译、遗传与变异等，是目前公认的一个模型。

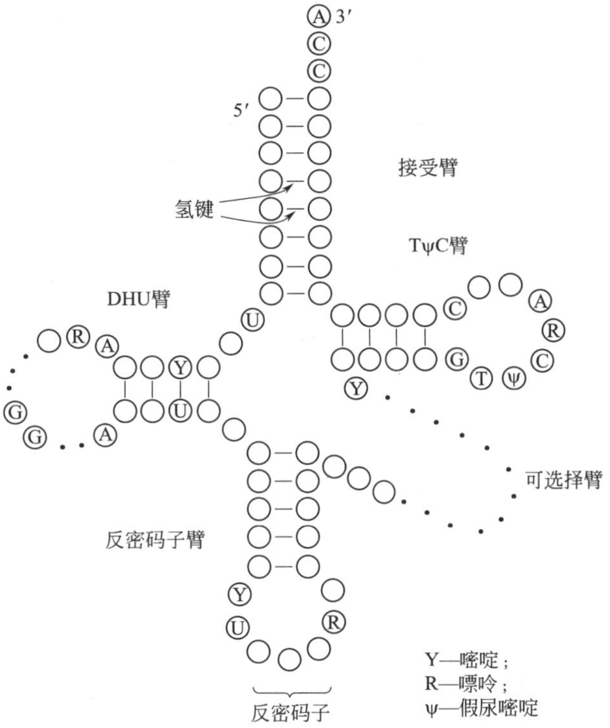

图 5-3 酵母 $tRNA^{Ala}$ 的二级结构

2. tRNA 二级结构——三叶草结构模型

多数 RNA 为单链，可以自身回折发生部分区域碱基配对形成局部双链，构成发夹结构（或茎环结构），进而折叠成三级结构。除 tRNA 外，细胞中的 RNA 几乎都与蛋白质形成核蛋白复合物，可以看作 RNA 的四级结构。

tRNA 是 RNA 中分子量较小的（25000 左右），一般由 70 ～ 90 个核苷酸残基组成。1965 年，Holley 在测出酵母丙氨酸转移核糖核酸（$tRNA^{Ala}$）的一级结构后，提出了酵母 $tRNA^{Ala}$ 的“三叶草”形二级结构模型（图 5-3）。该模型的基本特征如下。

（1）四臂四环　形如三叶草，以氢键连接的双螺旋区称为臂；臂连接的以单链形式存在的突出部位称为环（loop）。

（2）氨基酸接受区（包括一臂）　是 5′端和 3′端由 7 个核苷酸对形成的臂；3′端有一不成对的游离—CCA_{OH} 区段，末端羟基在 tRNA 执行功能时与氨基酸的羧基以酯键相连。

（3）反密码区（一臂一环）　在氨基酸接受臂对侧，一般由 5 个核苷酸对组成的臂连接一个突环——反密码环，反密码环一般由 7 个核苷酸组成，突环正中的 3 个核苷酸称为反密码子（anticodon），能识别 mRNA 链上的密码子形成碱基配对。次黄嘌呤核苷酸（I）常出现在反密码子中。

（4）二氢尿嘧啶区（一臂一环）　在“三叶草”的左侧（5′端侧）存在一个含二氢尿嘧啶的单链环，即二氢尿嘧啶环，由 8 ～ 12 个核苷酸组成；与该环相连的臂就称为二氢尿嘧啶臂，由 3 ～ 5 个核苷酸对组成。二氢尿嘧啶（D）是 5、6 位加双氢饱和的尿嘧啶，为一种稀有组分。

（5）TψC 区（一臂一环）　在分子的右侧（3′端侧）有一个含 TψC 的环，称为 TψC 环，由 7 个核苷酸组成；连接它的臂就称为 TψC 臂，由 5 个核苷酸对组成。“ψ”称为假尿嘧啶核苷，是一种稀有组分，是尿嘧啶的 5 位碳与核糖形成 C—C 苷键，这种键比 *N*-苷键稳定。

（6）可变区　在反密码区和 TψC 区之间存在一个额外区，这个区的长度变化较大，随 tRNA 的种类而异，常作为 tRNA 分类的标准。此区较小的，仅形成一个小臂，比较大的则形成一个突环。

在 tRNA 的三叶草形二级结构中，维持其稳定的是氢键。而且在此结构基础上，突环上未配对的碱基也可因分子结构扭曲而形成配对，这样就形成了倒“L”形的 tRNA 三级结构，具有两个反平行右手双螺旋区（如图 5-4）。所有 tRNA 折叠后其三级结构都有相似的空间构象，有利于携带氨基酸的 tRNA 进入核糖体的特定部位。

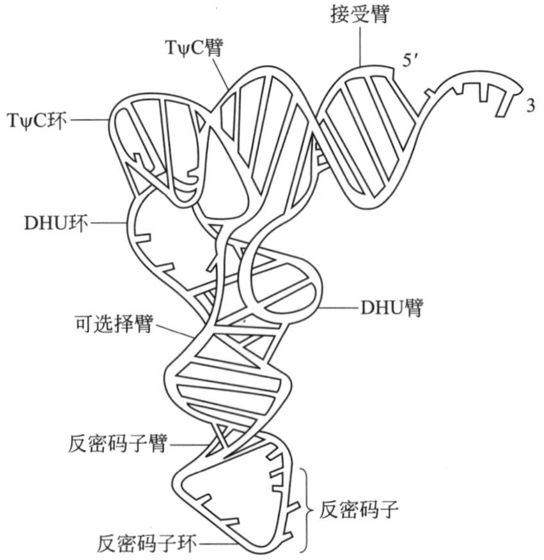

图 5-4 酵母 $tRNA^{Phe}$ 三级结构模型

3. DNA 三级结构——超螺旋

DNA 的三级结构是指双螺旋基础上分子的进一步扭曲或再次螺旋所形成的构象。其中，超螺旋（superhelix）是最常见的，也是研究最多的 DNA 三级结构。

由于DNA双螺旋是处于最低能量状态的结构，如果使正常DNA的双螺旋额外地多转几圈或少转几圈，就会使双螺旋内的原子偏离正常的位置，这样在双螺旋分子中就存在额外的张力。如果双螺旋末端是开放的，张力会通过链的旋转而释放；如果DNA分子两端是以某种方式固定的或者是环状DNA，这些额外张力就不能释放到分子之外，而只能在DNA分子内部重新分配，从而造成原子或基团的重排，并导致DNA形成超螺旋，即双螺旋的螺旋。细胞内的DNA主要以负超螺旋形式存在。

真核细胞的染色体DNA与组蛋白非共价结合。DNA双链缠绕组蛋白八聚体构成核小体结构，核小体串珠链再螺旋形成螺线管，并进一步反复折叠盘绕，最后形成染色体，人的DNA共压缩8400倍左右，因此能组装到有限的细胞核空间中。这种DNA与蛋白质的复合物属于DNA的四级结构。

5-5 在PDB数据库中检索核酸结构

5-6 装模作样：制作核酸结构模型

5-7 不能承受的生命之氢：生命世界中的氢键

第三节 核酸的性质

核酸的性质是由其组成成分和结构决定的。核酸的主要组分是碱基、戊糖和磷酸。核酸的结构特点是分子量大，分子中具有共轭双键、氢键、糖苷键和3′,5′-磷酸二酯键，还有许多活性基团，如羟基、磷酸基、氨基等。这些组分及结构特点决定了核酸的性质，是核酸设计、研究、制备技术的依据。

一、核酸的溶解性

RNA和DNA及其组成成分核苷酸、核苷、碱基的纯品都是白色粉末或结晶，而大分子DNA则为疏松的石棉样的纤维状结晶。

1. 溶解性——碱基、核苷酸和核酸具有不同的溶解性

DNA和RNA都是极性化合物，一般都微溶于水，不溶于乙醇、乙醚、氯仿、三氯乙酸等有机溶剂。

核酸、核苷酸、碱基在水中的溶解度依次减小，但核酸的钠盐比自由酸易溶于水；不同核酸在水中溶解所需盐浓度不同。

2. 0.14摩尔法——分离DNA蛋白和RNA蛋白的方法

在生物体细胞内，大多数核酸（DNA和RNA）都与蛋白质结合成核蛋白形式存在，即DNA蛋白（DNP）和RNA蛋白（RNP）。

两种核酸蛋白在水中的溶解度受盐浓度的影响不相同。DNA蛋白的溶解度在低浓度盐溶液中随盐浓度的增加而增加，在1mol/L NaCl溶液中的溶解度要比纯水中高2倍，可是在0.14mol/L的NaCl溶液中溶解度最低（几乎不溶）。RNA蛋白在溶液中的溶解度受盐浓度的影响较小，在0.14mol/L NaCl溶液中溶解度却较大。因此，在核酸分离提取时，常用0.14mol/L NaCl溶液来分别提取DNA蛋白和RNA蛋白，然后用蛋白质变性剂（如十二烷基硫酸钠）去除蛋白，即得纯的DNA或RNA。此法就称为0.14摩尔法。

二、核酸的解离

1. 多价解离——体内DNA呈多阴离子态

核酸分子上含有较多的磷酸基，在生理条件下，核酸可解离而成多价阴离子，即多元酸；同时核酸

分子又含有许多含氮碱基，具有碱性，所以核酸是两性电解质。磷酸基的解离常数比碱基的解离常数低，磷酸基全部处于解离态，故核酸呈现出多阴离子状态，带负电。尤其对 DNA 分子而言，由于分子内碱基通过形成氢键而配对，使可解离的碱基减少，磷酸基的解离相对增强，因而可把 DNA 看成是酸性较强的多元酸。DNA 的这种多阴离子态，有利于在染色体中与组蛋白等碱性蛋白结合，便于调节基因的活性。

2. 带电性——核酸和核苷酸可用离子交换分离

由于核酸、核苷酸是两性电解质，在一定 pH 条件下各解离基团的解离情况各不相同，使核酸、核苷酸带一定种类和数量的电荷，因而可用离子交换法对核酸、核苷酸进行分离。

在一定 pH 下，如果核酸、核苷酸带正电荷，可用阳离子交换树脂进行分离。带正电荷越少的核酸或核苷酸与阳离子树脂结合较松或几乎不被吸留，因而最先被洗脱下来；带正电荷越多的核酸或核苷酸与树脂结合越牢固，洗脱时最后被洗脱下来。如果核酸或核苷酸在一定 pH 下带负电荷，则用阴离子交换树脂进行分离。

三、紫外线吸收

由于嘌呤碱和嘧啶碱具有共轭双键，碱基、核苷、核苷酸、核酸都在 240 ～ 290nm 范围内有特征吸收。由于各组分结构上的差异，其紫外吸收也有区别。例如，最大吸收波长（λ_{max}）AMP 为 257nm、GMP 为 256nm、CMP 为 280nm、UMP 为 262nm。通常在对核酸及核苷酸测定时，选用 260nm 波长。

四、变性与复性

核酸和蛋白质一样，分子都具有一定的空间构象，维持空间构象的主要作用力是氢键、碱基堆积力等弱的次级键，因而也容易被破坏而变性。

1. DNA 变性——DNA 生物功能表现所必需

DNA 受到某些理化因素的影响，使分子中的氢键、碱基堆积力等被破坏，双螺旋结构解体，分子由双链（dsDNA）变为单链（ssDNA）的过程称为变性（denaturation）。变性的实质是维持二级结构的作用力受到了破坏，即双螺旋破坏。但是 DNA 的一级结构未变，即变性不引起共价键的断裂。

引起变性的外部因素包括加热、极端的 pH、有机溶剂、尿素、甲酰胺等。它们都能破坏氢键、疏水键、碱基堆积力，从而破坏双螺旋。

DNA 变性后，分子由具有一定刚性变为无规则线团，DNA 溶液的黏度降低，沉降速率增加；藏在里面的碱基全部暴露出来，使 DNA 的 A_{260} 增加，即表现出增色效应（hyperchromic effect）。

在活细胞内，DNA 在表现其生物活性时，要解开双螺旋链，实质上也是一个变性过程。因此，DNA 变性也是其发挥生物功能所必需的。这与蛋白质变性有很大的区别，蛋白质变性通常引起功能丧失。

在实际应用时，DNA 的热变性用得较多。DNA 热变性是一个跃变过程。在熔解曲线中，当 A_{260} 达到最大值的一半时，所对应的温度称为熔点或熔解温度（melting temperature，T_m）。在近似生理条件下，DNA 的 T_m 值一般在 85 ～ 95℃之间。

根据 A-T、G-C 碱基对中所含氢键的数目可知，DNA 的 T_m 值与它所含 G-C 的多少有关，可用以下经验公式进行计算：

$$(G+C)\% = (T_m - 69.3) \times 2.44 \tag{5-1}$$

由式（5-1），通过测定 DNA 的 T_m 值，即可计算其 G-C 的含量，并进而计算 A-T 的含量。DNA 分子中 G-C 含量越高，T_m 越高，分子就越稳定。

2.DNA 复性——核酸研究中的常用手段

DNA 的变性是可逆的，解除变性因素并满足一定条件后，解开的两条 DNA 互补链又可以重新恢复形成双螺旋结构，并恢复原有理化性质。这个过程称为 DNA 复性（renaturation）。例如，对热变性的 DNA 溶液，缓慢冷却（又称为退火），双螺旋又重新形成，如图 5-5。之所以变性 DNA 能够复性，是由于互补链存在，且满足了复性条件得以重新碱基配对，如复性温度、DNA 浓度、溶液离子强度等。

不同来源的、某些区域具有互补序列的 DNA 或 RNA 片段，在热变性条件下，它们会成为游离的单链，然后缓慢冷却到复性温度，各种单链会按照碱基互补配对原则重新缔合成双链片段或部分双链区段，并可能形成双螺旋，进而形成不同的杂合核酸分子，包括 DNA 双链、DNA-RNA 双链。在核酸研究中，尤其是在核酸分子杂交研究和基因工程（见第十四章）中，要经常利用核酸分子的变性和复性。在分子生物学中应用极广的 Southern 印迹、Northern 印迹、聚合酶链反应（PCR）和生物芯片技术，其基本原理都是基于核酸的变性与复性。根据这些异源 DNA 或 RNA 间重新配对的概率大小和新双链区段长短，可判断异源核酸分子间的相似程度或同源性大小，进行基因定位及测定基因频率等。

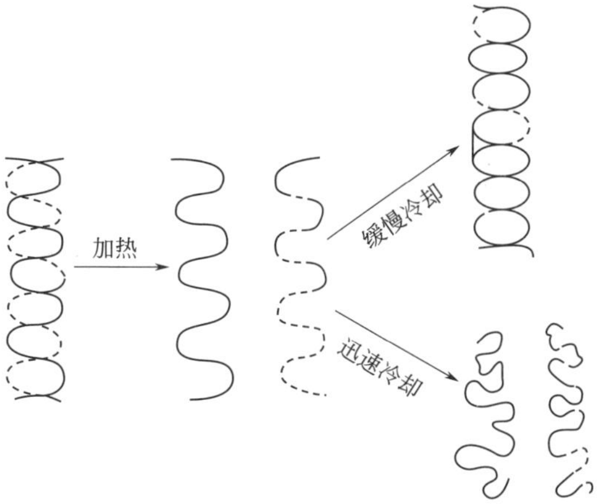

图 5-5　DNA 的热变性与复性

第四节　核酸的生物功能

一、DNA 的复制与生物遗传信息的储存

DNA 是主要的遗传物质，是遗传信息的载体，生物的性状就是由 DNA 分子上脱氧核苷酸的排列顺序决定的。遗传的基本单位是基因（gene）。基因有三个基本性质：一是遗传信息由亲代传递给子代；二是决定生物表型；三是突变形成各种等位基因。DNA 具有基因的所有属性，是基因的化学本质和分子基础，基因就是 DNA 分子上的一个片段。

DNA 具有以下三种属性。

（1）具有基因遗传的属性　Watson 和 Crick 发现了 DNA 的双螺旋结构不久，就提出了著名的 DNA 复制机制假说。1958 年，生物学家们用实验精确地证明了 DNA 复制理论的正确性。生物的遗传，实际上是通过 DNA 复制与信息表达将生物性状从亲代传给子代的过程。DNA 复制是保持生物个体和种群遗传性状稳定性的基本分子机制，是 DNA 最重要的生物功能。

（2）具有基因决定表型的属性　生物的遗传信息是以 DNA 的碱基顺序形式储存在细胞之中，而生物遗传信息最终要以蛋白质的形式表现出来。基因的表达其实质是以 DNA 为模板转录成 RNA，再以 RNA 为模板翻译成蛋白质和酶，最终决定性状。

（3）具有基因突变的属性　一切生物的变异和进化都是由于 DNA 结构的改变而引起蛋白质组成和表型变化的结果。

二、RNA 是生物遗传信息表达的媒介

在 DNA 分子所携带的遗传信息表达过程中，RNA 起着重要的作用。DNA 通过转录作用，将其所携

带的遗传信息（基因）传递给 mRNA，在三种 RNA（mRNA、tRNA 和 rRNA）的共同作用下，完成蛋白质的合成。生物的遗传信息从 DNA 传递给 RNA 的过程称为转录。根据 mRNA 链上的遗传信息合成蛋白质的过程称为翻译。

1. 基因的转录——mRNA 的合成

基因转录是以 DNA 为模板合成与其碱基顺序互补的 RNA 的过程。

细胞生长周期的某个阶段，DNA 双螺旋解开其中一条链成为转录模板，在 RNA 聚合酶催化下，按碱基配对的原则合成一条互补的 RNA 链。mRNA 不能自我复制，即其本身不能作为复制模板，因此在转录过程中即使出现某些差错，也不会遗传下去。mRNA 是 DNA 的转录本，携带有合成蛋白质的全部信息。蛋白质的生物合成实际上是以 mRNA 作为模板进行的。tRNA 和 rRNA 及其他 RNA 也是由 DNA 转录而来。

2. tRNA 和 rRNA 的功能

（1）tRNA 的功能　tRNA 的作用是将 mRNA 携带的遗传密码翻译成氨基酸信息，并将相应的氨基酸活化后，带到核糖体进行蛋白质合成。

（2）rRNA 的功能　rRNA 是含量最大的一种 RNA。核糖体是蛋白质生物合成的基地。rRNA 是构成核糖体的主要组成部分，能够催化肽键形成。

3. 核酸与蛋白质的生物合成关系

核酸与蛋白质的生物合成关系可以用图 5-6 来说明。

蛋白质的合成过程非常复杂，涉及的问题很多。下面就主要问题进行讨论。

（1）tRNA 对氨基酸的识别、结合和活化 tRNA 在氨基酰 -tRNA 合成酶的帮助下，能够识别相应的氨基酸，并通过 tRNA 氨基酸臂的 3′-OH 与氨基酸的羧基形成活化酯——氨基酰 -tRNA。每一种氨基酸至少有一种对应的氨基酰 -tRNA 合成酶。氨基酰 -tRNA 合成酶具有高度的专一性，只能识别一种相应的 tRNA。tRNA 分子能接受相应的氨基酸，决定于它特有的碱基顺序，而这种碱基顺序能够被氨基酰 -tRNA 合成酶所识别。因此 tRNA 只能携带与其反密码子对应的氨基酸。

（2）氨基酰 -tRNA 在 mRNA 模板指导下组装成蛋白质氨基酰 -tRNA 通过反密码臂上的三联体反密码子通过碱基配对识别 mRNA 上相应的密码子，并将所携带的氨基酸按 mRNA 遗传密码的顺序安置在特定的位置，最后在核糖体中合成肽链（图 5-7），从而将 DNA 的核苷酸序列信息转换为蛋白质的氨基酸序列信息。

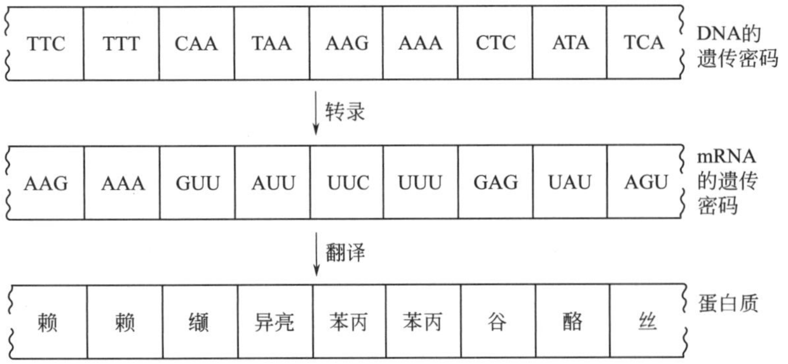

图 5-6　核酸与蛋白质的生物合成关系

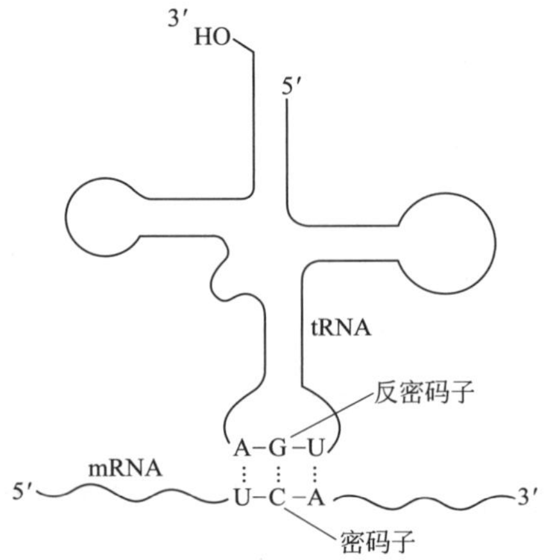

图 5-7　mRNA 的遗传信息被 tRNA 反密码子阅读和识别示意图

4. RNA 功能的多样性

除了作为遗传信息表达的中间传递体这一核心功能外，体内有大量非编码 RNA（non-coding RNA，ncRNA），RNA 分子还参与各种各样的生物学过程。如：小分子 RNA 在 RNA 成熟加工中起作用，有调控基因表达的功能；细胞质中的小分子 RNA 帮助运输新合成的分泌蛋白；RNA 是有些病毒的遗传物质；RNA 具有催化功能，如核酶；RNA 还是 DNA 复制时的引物。

小 RNA（small RNA）是一类小于 200 个核苷酸的非编码 RNA，miRNA（microRNA，微小 RNA）和 siRNA（small interfering RNA，小干扰 RNA）都属于小 RNA 的范畴。小 RNA 不参与编码蛋白质，但是能够通过不同的作用机制参与基因表达调控。目前，在对动物、植物和病毒的研究中，已经发现了超过 20000 个不同的微小 RNA 分子，其介导的基因调控在细胞分化、器官形成、脂肪代谢等生理过程中发挥重要的作用。1998 年，科学家在秀丽隐杆线虫中，发现了双链微小 RNA 介导的靶基因沉默现象，即 RNA 干扰（RNAi）。因为“发现微小 RNA 及其在转录后基因调控中的作用”，2024 年的诺贝尔生理学或医学奖颁发给了美国的科学家维克多 · 安布罗斯（Victor Ambros）和加里 · 鲁夫昆（Gary Ruvkun）。微小 RNA 是一类长度为 21 ～ 23 个核苷酸的小 RNA，被广泛应用与 RNA 干扰相关的基因功能和疾病治疗的研究领域中。

5-8　RNA 的功能及生物分子的起源

RNA 不仅是信息的携带者，还可以是功能的执行者。在生物进化过程中，最早出现的生物大分子可能是 RNA，而不是 DNA 和蛋白质，即在进化某个阶段有一个“RNA 世界”。因此研究 RNA 成为最活跃的研究领域之一，新的 RNA 功能被不断发现。

三、生物遗传变异的化学本质——DNA 结构变化

生物遗传变异是指在生物繁衍生息过程中，子代表现出与亲代不同的某些特征或性状。生物遗传变异是生物进化的基本机制。另一方面，遗传变异也是遗传性疾病以及某些病变，如癌症等产生的主要原因。

DNA 结构的改变将导致相应蛋白质一级结构（氨基酸顺序）的变化，从而引起生物特征或性状发生变异。所以，一切生物的变异和进化都是由于 DNA 结构的改变而引起蛋白质组成和性质变化的结果。

5-9　DNA 数据存储器

生物遗传变异的分子机制是 DNA 分子中为氨基酸编码的三联体密码子的改变。DNA 遗传密码的改变主要有如下几种类型：①碱基顺序颠倒，如 TA 被颠倒成 AT；②某个碱基被调换，如 GC 换成 GT；③少了或多了一对或几对碱基。例如：

5′-ATGGCTATGC-3′　变成　5′-ATGGTATGC-3′

3′-TACCGATACG-5′　变成　3′-TACCATACG-5′

上述 DNA 碱基顺序的改变是 DNA 在复制过程中出现错误产生的。由于 DNA 是具有复制功能的分子，一旦 DNA 碱基顺序出错，它就会通过复制机制遗传下去。

5-10　DNA 数据存储卡和信息编译

第五节　核酸的研究方法

一、核酸的制备

1. 核酸的分离纯化

（1）一般原则　细胞内 DNA、RNA 都以核蛋白（DNP/RNP）形式存在，核酸的纯化即是去除蛋白质、糖和脂质等杂质。在提取须防止核酸的降解和变性。通常使用核酸酶的抑制剂或去激活剂如 EDTA（乙二胺四乙酸）。

（2）DNA 的分离 利用 0.14 摩尔法，将细胞提取物用 0.14mol/L NaCl 溶液溶解，使 DNP 纤维沉淀，再用苯酚或氯仿抽提除去蛋白质，最后用乙醇沉淀 DNA。

（3）RNA 的分离 RNA 比 DNA 更不稳定，且 RNase 无处不在又很难抑制，RNA 的分离较为困难。提取 RNA 多采用酸性胍盐 / 苯酚 / 氯仿提取法，用酚溶液处理以去除蛋白质和核酸。

（4）核酸组分的分离 常用于核苷、核苷酸的分离方法有离子交换柱色谱、凝胶过滤、薄层色谱及高效液相色谱等。

2. 寡核苷酸的化学合成

寡核苷酸固相合成通常由 3′→ 5′方向合成单链寡核苷酸。需要将待掺入的核苷酸的游离基团如 5′-OH 和碱基上的氨基保护起来，并活化 3′-OH。第一个核苷酸通过 3′-OH 结合在树脂上，其 5′-OH 与活化的核苷酸之间形成亚磷酸三酯中间物，被碘氧化成磷酸三酯中间物后再除去生长链上的 5′-OH 保护基团，因此增加了一个核苷酸单位。按照输入程序重复进行延伸反应，寡核苷酸合成后与固相树脂断开再洗脱纯化。可通过自动化的寡核苷酸合成仪固相合成，DNA 片段能到达上百个核苷酸且较便宜，RNA 片段的合成要困难一些，目前合成长片段 RNA 成本昂贵。

二、核酸的含量与纯度测定

核酸含量测定的方法有紫外吸收法、定磷法、定糖法、凝胶电泳法。紫外吸收法方便，样品便于回收，是常用的方法，但灵敏度不高。凝胶电泳法配合分析扫描仪能够精确测出核酸含量。定糖法和定磷法则是用化学方法测定戊糖或磷酸，从而测定核酸的含量。

1. 紫外线吸收法——核酸和核苷酸测定的基本方法

通常利用测定 260nm 和 280nm 光吸收比值来确定核酸纯度。纯 DNA 的 A_{260}/A_{280} 为 1.8，纯 RNA 的 A_{260}/A_{280} 为 2.0。因此，在纯化 DNA 时，通常用 A_{260}/A_{280}=1.8 ～ 2.0 作为纯度标准，若大于此值，表示有 RNA 污染；若小于此值，则有蛋白质或酚类等成分的污染。

做定量测定时，可用下式求出核苷酸含量（质量分数）：

$$\text{核苷酸含量}=\frac{M_{\mathrm{r}}A_{260}}{\varepsilon_{260}lC}\times 100\% \tag{5-2}$$

式中，M_{r} 为核苷酸摩尔质量，g/mol；ε_{260} 为在 260nm 的摩尔吸光系数，L/（mol · cm）；C 为样品质量浓度，g/L；A_{260} 为样品在 260nm 波长下的吸收值；l 为光程，cm。

对于大分子核酸的测定，常用摩尔吸光系数法或摩尔磷原子吸光系数法。摩尔吸光系数 ε 是指一定质量浓度（mg/mL、μg/mL）的核酸溶液在 260nm 的吸收值，是非常有用的数据。如天然状态的 DNA 的比吸光系数为 0.020，是指浓度为 1μg/mL 的天然 DNA 水溶液在 260nm 的吸收值。也就是说当测得 A_{260} 为 1 时，就相当于样品中含 DNA 为 50μg/mL。RNA 的比吸光系数为 0.025。

摩尔磷原子吸光系数 ε(P）是指含磷为 1mol/L 浓度时的核酸水溶液在 260nm 处的吸收值。在 pH 7.0 条件下，天然 DNA 的 ε(P）值为 6000 ～ 8000，RNA 的 ε(P）值为 7000 ～ 10000。当核酸变性或降解时，ε(P）值大大升高。因为大分子核酸的分子量难以确定，所以用摩尔磷原子吸光系数法测定大分子核酸更为方便。

2. 定磷、定糖——测定核酸含量

（1）定磷法 由于核酸含有磷酸基，且纯的核酸含磷元素的量为 9.5% 左右，故可通过测定磷的量来测定核酸含量。其原理是：先将核酸样品用强酸（如浓硫酸、过氯酸等）消化成无机磷酸；然后，磷酸与

定磷试剂中的钼酸铵反应生成磷钼酸铵，它在还原剂作用下被还原成钼蓝复合物；最后在 $650 \sim 660nm$ 下比色测定，得出总含磷量（核酸磷加上无机磷）再减去无机磷（即不经消化直接测定）的量即为核酸磷的真实含量。此值乘以系数 10.5（即 100/9.5）即为核酸含量。定磷法的适用范围为 $10 \sim 100\mu g$ 核酸。

（2）定糖法　核酸分子含有核糖或脱氧核糖，这两种糖具有特殊的呈色反应，据此可进行核酸的定量测定。

① RNA　在浓盐酸或浓硫酸作用下，RNA 受热发生降解，生成的核糖进而脱水转化成糠醛，糠醛与 3,5-二羟甲苯（苔黑酚或地衣酚）反应生成绿色物质，最后在 $670 \sim 680nm$ 下比色测定。有关反应为：

$$RNA或核苷酸 \xrightarrow{浓HCl} \begin{matrix} CHO \\ HCOH \\ HCOH \\ HCOH \\ CH_2OH \end{matrix} \xrightarrow[-3H_2O]{浓HCl} \underset{糠醛}{\text{O}}CHO \xrightarrow[Fe^{3+}]{地衣酚} 绿色物质$$

② DNA　DNA 受热酸解放出脱氧核糖，后者在浓硫酸或冰醋酸存在下可与二苯胺反应生成蓝色物质，在 $595 \sim 620nm$ 波长下进行比色测定。化学反应为：

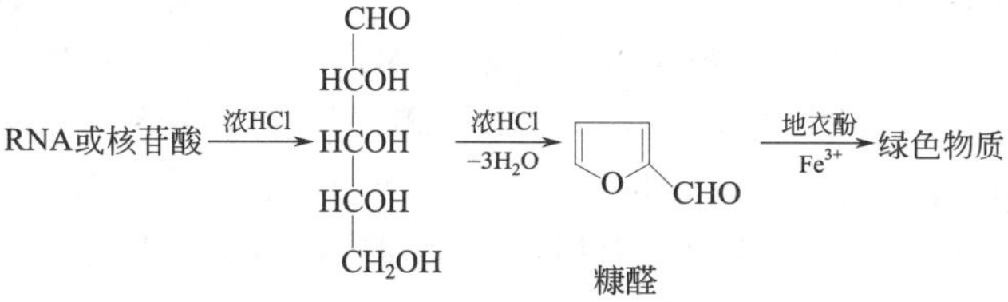

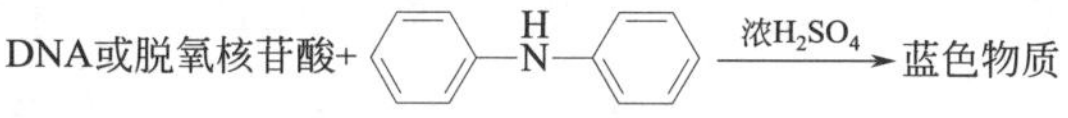

$$DNA或脱氧核苷酸 + \underset{二苯胺}{\bigcirc\!\!\overset{H}{N}\!\!\bigcirc} \xrightarrow{浓H_2SO_4} 蓝色物质$$

③ 定糖法的测定范围　苔黑酚法为 $20 \sim 250\mu g$ RNA，二苯胺法为 $40 \sim 400\mu g$ DNA。在此范围内光吸收与核酸浓度成正比。

3. 凝胶电泳——DNA 纯度鉴定

核酸分子带负电，电泳时向正极运动。在核酸研究中用得较多的是琼脂糖凝胶电泳，它是目前分离纯化和鉴定核酸特别是 DNA 的标准方法。琼脂糖（agarose）凝胶电泳操作简单迅速，用低浓度的溴化乙锭（EB）染色，就可直接在紫外灯下观察、鉴定和分析 DNA，十分灵敏，还可根据荧光强度大体判断样品浓度（图5-8）。可对相应区带切胶回收以制备 DNA。用于分析 RNA 时，必须加入蛋白质变性剂如甲醛，以失活核糖核酸酶。

在凝胶电泳中，DNA 分子量的对数与它的泳动率成反比。分子量越大，迁移率越慢。分子量不同的 DNA 分子因此彼此分开。聚丙烯酰胺凝胶电泳（PAGE）分辨率更高，甚至能区分出一个碱基差异的 DNA 分子。电泳也能区分分子量相同但构象不同的 DNA 分子，通常超螺旋分子迁移速率最快，线状分子次之，开环状分子最慢。因此，凝胶电泳法可鉴定 DNA 纯度。如果 DNA 样品不纯，或含有 RNA 成分，或含有小分子量的 DNA，则在电泳过程中这些杂质可明显区分开来，表现为非单一的谱带；相反，如果 DNA 样品很纯，电泳后则会呈现出一条区带。

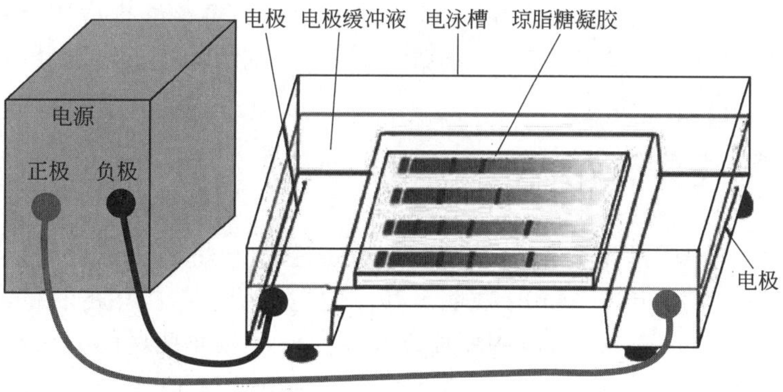

图 5-8　琼脂糖凝胶电泳

三、核酸的分子杂交技术

分子杂交（hybridization）是基因工程和分子生物学的重要技术之一，能定性定量检测特异 DNA 和 RNA 序列，是鉴定阳性重组体、筛选基因、确定 DNA 的同源性、研究基因定位、组建 DNA 的物理图谱、研究 DNA 的间隔顺序、研究基因表达等的有效手段。

核酸分子杂交分为鉴别 DNA 和鉴定 RNA 的杂交，其原理是依赖核酸的变性和复性的性质。在带有互补顺序的异源单链间的配对过程中，DNA 单链可重新形成双链，DNA 单链也可与互补的 RNA 成为杂交分子，RNA 单链间也能彼此杂交，即核酸杂交分子有 DNA-DNA 类、DNA-RNA 类、RNA-RNA 类。把已知序列的预先标记（如放射性同位素 ^{32}P、荧光素、生物素或地高辛标记等）的核酸片段（称为探针，probe），用它来识别或“钓出”另一分子中与其同源的部分。

核酸分子杂交，主要采用印迹法（图 5-9）。1975 年，Southern 创立的 Southern 印迹法，是将琼脂糖凝胶上的 DNA 片段变性后按原有顺序转移到硝酸纤维膜上并固定起来，然后与 ^{32}P 标记的 DNA 探针杂交，用放射自显影技术确定能与探针杂交的互补 DNA 条带。1977 年，Stark 利用同样的原理建立了测定 RNA 的分子杂交技术，即 Northern 印迹法。此法与 Southern 印迹法的主要区别是在变性剂条件下，以琼脂糖凝胶电泳分离 RNA。变性剂的作用是防止 RNA 分子二级结构发卡环的形成，保持其单链线型状态。电泳分离后，将凝胶上的 RNA 带转移到硝酸纤维薄膜上，用 RNA 作探针进行杂交。

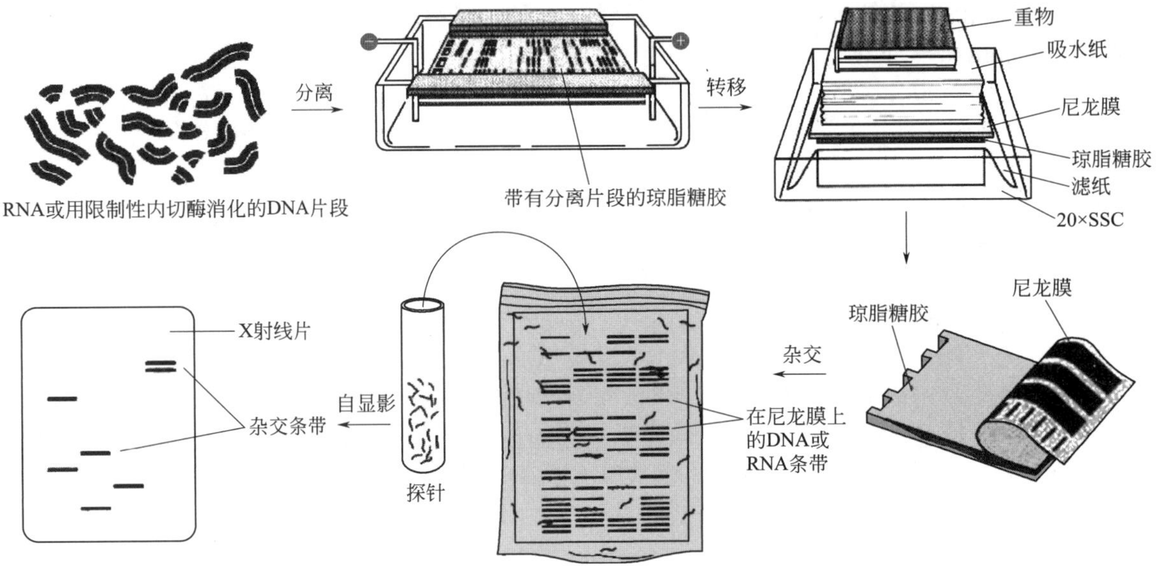

图 5-9　印迹法

原位杂交（in situ hybridization）是不将核酸提取出来，而将标记的核酸探针直接与细胞或组织中的核酸进行杂交，能准确反映出核酸在细胞组织中的功能状态。

四、PCR 技术

PCR 是聚合酶链反应（polymerase chain reaction）的简称。它是一种体外快速扩增特定 DNA 的技术，1985 年由 Mullis 发明。其原理是应用与待扩增的目的 DNA 片段两侧互补的引物，在 DNA 聚合酶的作用下，引发目的 DNA 片段反复合成，从而使目的 DNA 片段拷贝迅速增加。PCR 的基本过程如图 5-10 所示。

待扩增目的 DNA 分子由 A 和 B 两条单链组成。首先合成出一对分别与 A、B 链 3′端互补的寡核苷酸（约 20 个核苷酸），即特异引物。然后将起始反应液中的模板 DNA（含有目的 DNA 片段）加热变性解链。在降低温度复性时，引物与 A、B 链两端的互补序列配对结合。最后，在 DNA 聚合酶的催化下，以 4 种脱氧核苷三磷酸（dNTP）为原料，分别以 A 和 B 单链为模板进行聚合反应（复制）。第一轮反应结束后，目的 DNA 分子数目增加了一倍。新合成的目的 DNA 通过加热解链后，又能作为下一轮反应的模板。如此反复进行“变性-退火-

5-11　PCR 引物设计

延伸”循环，目的 DNA 分子的数目可以呈 2 的指数增加。只需数小时（二三十个循环）DNA 片段就能扩增几百万倍。PCR 扩增片段的长度、位置完全由一对引物决定，因此能获得特异 DNA 片段。由于在 PCR 操作过程中，需要反复加热解链，一般的 DNA 聚合酶容易变性失活。从耐热菌中纯化得到一种特殊的 Taq DNA 聚合酶，可以在较高的温度下（70 ～ 75℃）进行催化聚合。这样就不需要在每次循环时加入新酶，而且可以获得质量更好的 DNA 片段，从而使 PCR 在技术上更成熟，应用更方便。

PCR 技术非常灵敏，在生命科学和临床医学中具有重要的应用价值。已广泛应用于分子生物学研究、遗传病的诊断、致癌基因的检测以及特定基因的筛选、法医鉴定等方面。

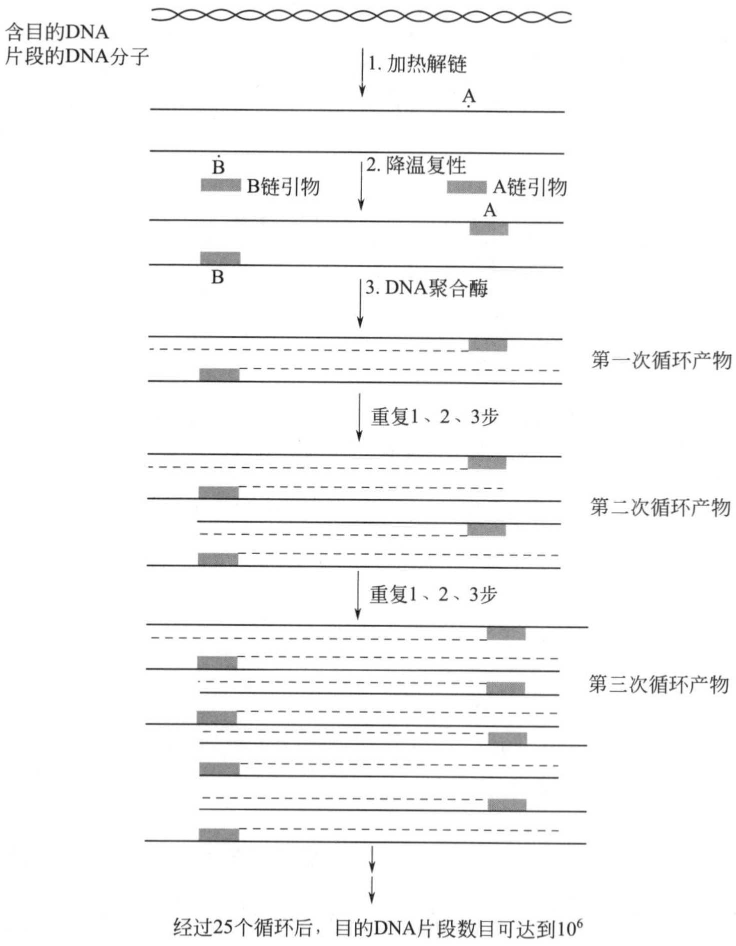

图 5-10 PCR 的基本过程示意图

五、核酸碱基顺序的测定

核酸碱基顺序的测定，是从分子水平上揭示生物遗传信息的化学本质，研究核酸与蛋白质合成关系的基础。因此，分析核酸碱基顺序在核酸化学及分子生物学中占有重要地位。

1. DNA 碱基顺序测定方法

目前广泛采用的测序方法主要有两种：以化学裂解反应为基础的 Maxam-Gilbert 法（化学降解法）；以 DNA 聚合酶为基础的 Sanger 法（末端终止法）。这两种方法的设计思想都是通过测定 DNA 小片段（由化学试剂或酶催化产生）的长度来推测碱基顺序。两者的主要区别是获得 DNA 小片段的方法不同。

（1）Maxam-Gilbert 法（化学降解法） 这种方法的基本原理是应用一定化学试剂，选择性地切断某种特定核苷酸（A、G、C 或 T）所形成的磷酸二酯键，得到不同链长的 DNA 小片段，故又称为化学降解法。这种方法主要包括两个步骤：利用 4 组不同的特异反应对碱基选择性水解；对水解产物 DNA 小片段进行电泳分析和碱基顺序的推测。

（2）Sanger 法（末端终止法） 2′,3′-双脱氧核苷三磷酸（ddNTP）是 DNA 合成链延伸的抑制剂，能随机掺入合成中的 DNA 链使合成终止。Sanger 法的原理是以 DNA 的酶促合成为基础，以被测 DNA 单链为模板，以 5′端标记的短链为引物，通过特殊设计的“末端终止”技术合成出一系列相差一个核苷酸长度的互补链，然后利用凝胶电泳分离这些不同长度的 DNA 小片段，以此推测确定待测 DNA 链的碱基顺序（图 5-11）。

（3）DNA 自动测序法 DNA 自动测序法的设计原理是以 Sanger 法为基础，主要的改进是利用 PCR 技术合成 DNA 小片段，并以荧光标记物代替同位素标记。即以不同颜色的荧光分别代表 A、G、C 和 T 四种碱基，毛细管电泳结果经激光束激发后，其最大的发射波长被转换成四种碱基含义的电信号，再由仪器的检测系统识别和记录。

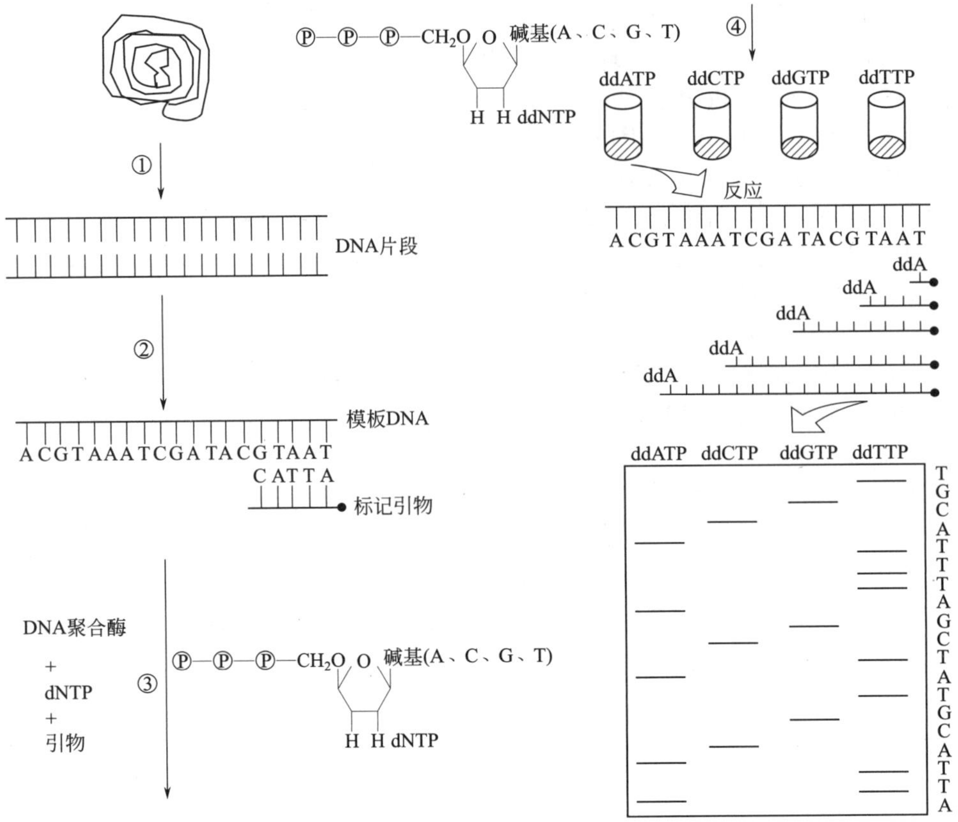

图 5-11 末端终止法测定 DNA 序列的原理

（4）DNA 的高通量测序 DNA 测序方法日趋成熟。高通量测序技术能一次并行对几十万到几百万条 DNA 分子进行序列测定。测序原理和技术不同，大多是通过 DNA 合成的方法进行测序，主要有以下几种：大规模平行签名测序（massively parallel signature sequencing）、454 焦磷酸测序（454 pyrosequencing）、Illumina Solexa sequencing、ABI SOLiD sequencing、离子半导体测序（ion semiconductor sequencing）、单分子实时测序（single molecule real time DNA sequencing）、DNA 纳米球测序（DNA nanoball sequencing）等，其特点是边合成边测序，一般读长较短。高通量测序技术是对传统测序技术革命性的改变，使得对基因组和转录组进行细致全貌的分析成为可能，又被称为深度测序技术。

5-12 纳米孔测序

2. RNA 链碱基顺序测定方法

RNA 链碱基顺序的测定比较复杂。虽然已有多种方法可用以 RNA 的测序，但都不是很理想。近年来，在 DNA 测序法基础上发展的 RNA 测序法得到了广泛的应用。此法是应用逆转录法，以待测的 RNA 链为模板，在逆转录酶催化下，合成互补 DNA（一种与 RNA 互补的 DNA 分子，常用 cDNA 表示）。然后测定 DNA 的碱基顺序，间接得出 RNA 的碱基顺序。

第六节 核酸的应用与工业生产

一、核苷酸的应用

核苷酸是生物体内重要的化合物，除作为 DNA 和 RNA 的前体，还具有许多生理功能，在细胞结构、代谢、能量和调节方面起着重要作用。

1. 医药行业

工业生产的核苷酸主要用作药物或者医药中间体。

核酸类药物可分为两类。第一类为具有天然结构的核酸类物质，有助于改善机体的物质代谢和能量平衡，是天然的代谢调控剂。临床上用于放射病、急慢性肝炎、心血管等疾病。如AMP、cAMP、CTP、CDP-胆碱、GMP、UTP、IMP、腺苷、肌苷等。AMP具有显著的扩展血管和降压作用，适于肝病、静脉曲张性溃疡并发症等。

第二类为自然结构碱基、核苷、核苷酸结构的类似物或聚合物，是治疗病毒感染、肿瘤、艾滋病的重要手段，也是产生免疫抑制的临床药物。如6-巯基嘌呤、6-巯基嘌呤核苷、5-氟尿嘧啶、阿糖胞苷、阿糖腺苷、环胞苷、5-氟环胞苷和无环鸟苷等。5-氟尿嘧啶为尿嘧啶抗代谢物，可抑制胸腺嘧啶脱氧核苷酸合成酶，影响DNA的生物合成，抑制肿瘤细胞的增殖，用于固型癌的治疗。这一类核酸类药物通常由核苷酸医药中间体衍生而来，AMP即是医药工业上合成阿糖腺苷的重要原料。

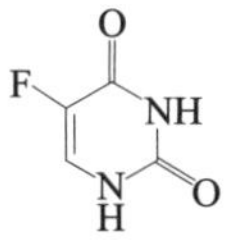

5-氟尿嘧啶

2. 食品行业

5′-肌苷酸（次黄嘌呤核苷一磷酸，5′-IMP）、5′-鸟苷酸（5′-GMP）、5′-黄苷酸（5′-XMP）具有独特风味，可作为化学调味品。特别是呈味核苷酸二钠（5′-鸟苷酸二钠与5′-肌苷酸二钠，I+G）与谷氨酸钠的协调作用产生强烈的香味，形成完美的鲜醇滋味，使味觉改善，俗称强力味精。在食品中添加呈味核苷酸还能消除异味，如应用于肉类罐头中，能抑制铁锈味和淀粉味。

核苷酸具有广泛而稳定的营养保健作用，可制作功能性食品和保健品。母乳含有较多核酸，而普通奶粉大多不含核酸，婴儿饮用易出现过敏反应且抗感染力较弱。将核苷酸添加到以牛奶为基础的代乳品中，有利于婴儿生长发育。

3. 其他行业

在农业方面，用核苷酸对农作物进行浸种、拌种有明显的增产效果。核糖核酸及其降解物的衍生物具有抗菌作用，可用于防治植物病菌的生物农药。核苷酸也能促进畜禽水产的生长，可作为饲料添加剂。

核苷酸在化妆品行业的应用也很广泛，可添加于洗涤剂、乳化剂、化妆品中，具有防皱、生肌保湿和使皮肤柔软的效果。

二、核苷酸的工业生产

核苷酸在工业上主要由RNA酶解法、发酵法、合成法及菌体自溶法生产。

1. 酶解法

酵母RNA的含量高并易于提取，培养酵母菌体收率高，因此RNA通常由酵母制造，最常用的生产菌是*Candida utilis*。

工业中5′-IMP和5′-GMP主要以酵母RNA为原料通过酶分解制造，由酵母RNA的生产、回收RNA的酶解和分解产物的分离纯化三个主要工艺构成（图5-12）。

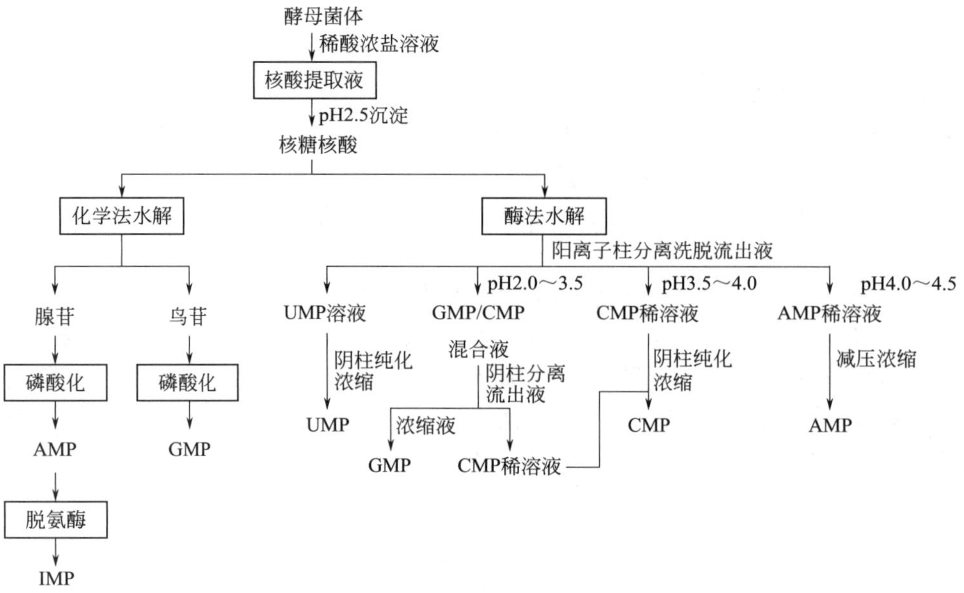

图 5-12 RNA 水解制取核苷酸

① 首先用选择性生成 5′-核苷酸的核酸酶水解 RNA 得到 5′-核苷酸混合物。

② 用离子交换树脂分离各种化合物。

③ 再用 5′-AMP 脱氨酶将 5′-AMP 转变为 5′-IMP。

酶解法既能得到核苷酸，又消除了废菌排放的污染，甚至可利用制糖厂的废糖蜜、造纸厂的亚硫酸纸浆废水为原料进行好氧培养，实现综合利用。生产过程中得到的一些其他核苷酸、核苷可以用作药物中间体。

2. 发酵法

5′-IMP 可通过发酵生产。5′-IMP 通常在细胞内较少积累，因此使用 *Corynebacterium ammoniagenes* 的变异株，解除反馈抑制，提高 5′-IMP 在细胞内浓度。细胞内积累的 5′-IMP 没有膜通过性，通常使其去磷酸化以肌苷形式分泌到细胞外得以在培养基中积累。然后再磷酸化获得最终产物 5′-IMP。核苷酸生物合成途径和调节机理的研究，极大地推动了发酵法生产核苷酸。

5′-GMP 的工业生产主要是从 *Bacillus subtilis* 的变异株发酵液中粗纯化鸟苷，再磷酸化生成 5′-GMP，并用离子交换树脂分离纯化。

三、核酸的应用

核酸在生物制药工业中具有重要意义。反义核酸药物是与致病基因或 mRNA 特定序列互补的反义核酸，可阻断基因表达，达到治疗疾病的目的，如反义核酸药物 mipomersen 治疗家族性高胆固醇血症。小干扰 RNA（siRNA）药物可引发细胞内 RNA 干扰（RNAi），特异性地降解靶 mRNA，如针对乙肝病毒的 siRNA 药物。mRNA 疫苗是将编码抗原蛋白的 mRNA 序列导入人体后，利用人体细胞合成抗原蛋白，激活免疫反应，如商品名为 Spikevax 的预防新型冠状病毒感染的 mRNA-1273。DNA 疫苗是将编码抗原的 DNA 序列构建到质粒载体中，导入人体后，利用人体细胞合成抗原蛋白，激活免疫反应。鲑鱼精 DNA 可作为药物载体，将药物分子包裹在其中，实现药物的靶向传递和缓释。

5-13 核酸药物的研发与制造

在农业领域，从植物或微生物中提取的核酸可作为植物生长调节剂、生物肥料添加剂，促进农作物生长、提高产量和品质。鲑鱼精 DNA 具有抗氧化作用，可用作化妆品添加剂。

利用人工合成的脱氧核糖核酸（DNA）作为存储介质，可用于存储数据，即 DNA 数据存储，具有存储密度高、保存寿命长、能耗低等优点，是不常用却需要长期保存信息的理想存储方式。

本章提要

核酸主要由 DNA、RNA、D-核糖和 D-2-脱氧核糖、嘌呤和嘧啶的衍生物组成。基本结构单元是核苷酸。核苷酸通过 3′,5′-磷酸二酯键按照一定顺序排列，形成了核酸的一级结构。核酸分子具有复杂的三维结构，二级结构包括 DNA 双螺旋结构和 tRNA 三叶草结构等；DNA 超螺旋结构属于三级结构。核酸具有溶解性、解离、紫外线吸收的性质，能进行可逆的变性和复性；其中 DNA 是遗传信息储存的载体，RNA 是遗传信息表达的媒介；生物遗传变异的化学本质是 DNA 的结构发生了变化。核酸通过分离纯化或化学合成的方法来制备；采用紫外线吸收法、定磷法和定糖法可进行核酸含量和纯度的测定；还能通过分子杂交技术、PCR 技术和碱基序列的测定来进行核酸的研究。核苷酸常用于医药和食品等行业，在工业生产中常通过酶解法和发酵法来生产。

课后习题

1. 判断对错，如果不对，请说明原因。

① 腺嘌呤和鸟嘌呤都含有嘧啶环，并都含有氨基。

② RNA 用碱水解可得到 2′-核苷酸，而 DNA 用碱水解却不能得到 2′-脱氧核苷酸。

③ 在碱基配对中，次黄嘌呤可以代替腺嘌呤，与胸腺嘧啶配对。

④ 真核细胞与原核细胞的 DNA 都与组蛋白结合成核蛋白。

⑤ tRNA 是胞浆 RNA 中分子量最小的，但所含稀有组分却是最多的。

2. 比较 DNA、RNA 在化学组成、大分子结构和生物功能上的特点？

3. DNA 双螺旋结构基本要点是什么？ DNA 双螺旋结构有何重要生物学意义？

4. 某 RNA 完全水解得到四种单核苷酸样品 500mg，用水定容至 50mL，吸取 0.1mL 稀释到 10mL，测 A_{260}=1.29。已知四种单核苷酸的平均分子量为 340，摩尔吸光系数为 6.65×10^3，求该产品的纯度。

5. 有一假定的圆柱状的 B 型 DNA 分子，其分子量为 3×10^7，试问此 DNA 分子含有多少圈螺旋（一对脱氧核苷酸残基平均分子量为 618）？

6. 有甲、乙、丙 3 种不同生物来源的 DNA 样品，它们的 T_m 值分别为 84℃、87℃和 89℃。它们的碱基组成各是多少？哪一种含 G-C 高，哪一种含 A-T 高？

讨论学习

1. 核糖具有 2′-OH，RNA 为何是直链形式而不存在支链？

2. 如何应用核酸的溶解性、变性与复性的特点，开发核酸分离提取技术？

5-14 自我测评

第六章　酶化学

6-1　学习目标

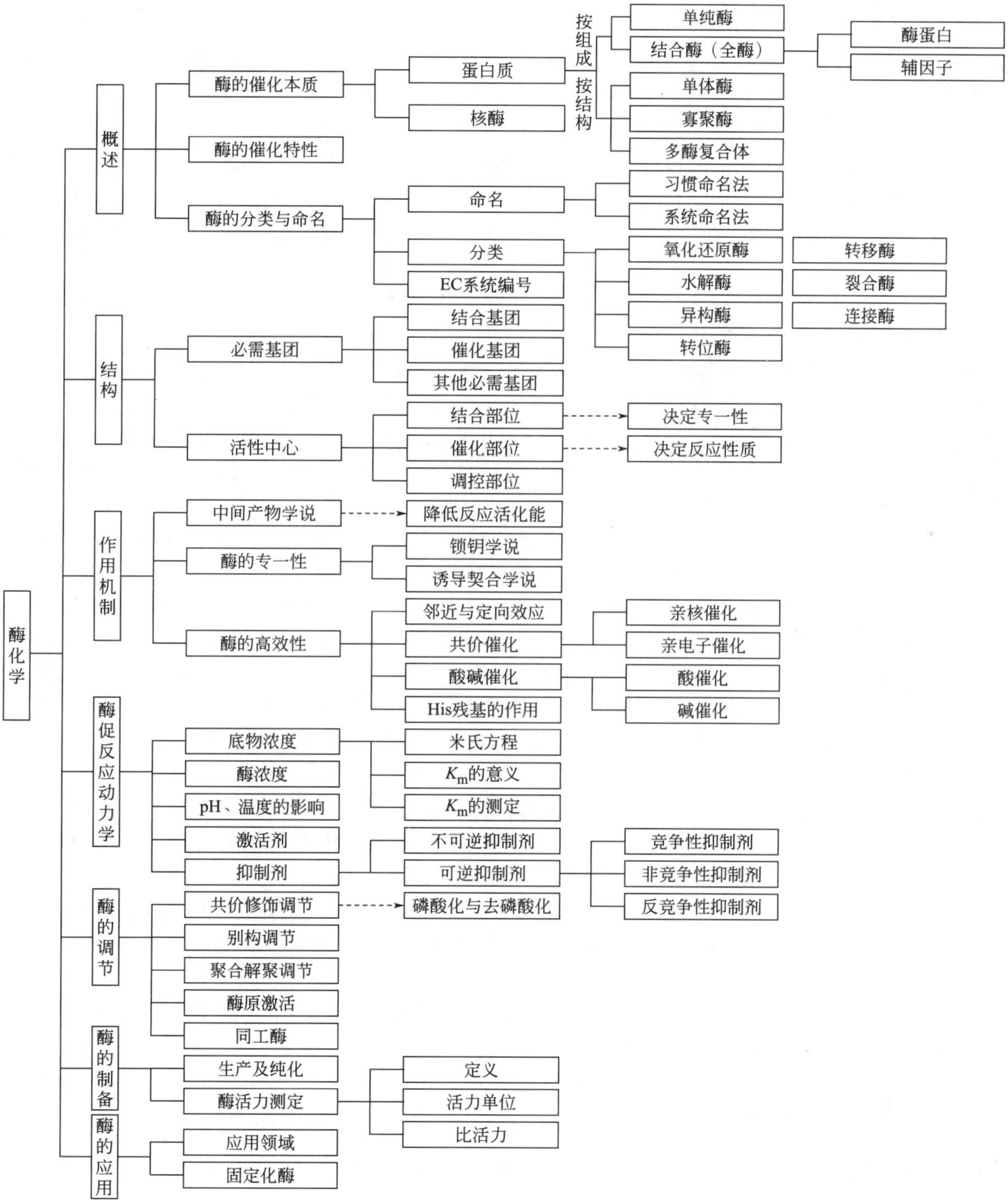
酶化学
概述
酶的催化本质
蛋白质
按组成
单纯酶
结合酶（全酶）
酶蛋白
辅因子
按结构
单体酶
寡聚酶
多酶复合体
核酶
酶的催化特性
酶的分类与命名
命名
习惯命名法
系统命名法
分类
氧化还原酶
转移酶
水解酶
裂合酶
异构酶
连接酶
转位酶
EC系统编号
结构
必需基团
结合基团
催化基团
其他必需基团
活性中心
结合部位
决定专一性
催化部位
决定反应性质
调控部位
作用机制
中间产物学说
降低反应活化能
酶的专一性
锁钥学说
诱导契合学说
酶的高效性
邻近与定向效应
共价催化
亲核催化
亲电子催化
酸碱催化
酸催化
碱催化
His残基的作用
酶促反应动力学
底物浓度
米氏方程
K_m的意义
K_m的测定
酶浓度
pH、温度的影响
激活剂
抑制剂
不可逆抑制剂
可逆抑制剂
竞争性抑制剂
非竞争性抑制剂
反竞争性抑制剂
酶的调节
共价修饰调节
磷酸化与去磷酸化
别构调节
聚合解聚调节
酶原激活
同工酶
酶的制备
生产及纯化
酶活力测定
定义
活力单位
比活力
酶的应用
应用领域
固定化酶

第一节 概述

一、酶的概念

1. 酶的概念——酶是生物催化剂

构成生物机体的各种物质并不是孤立、静止不动的状态，而是经历着复杂的变化。体内进行的这一系列化学变化都由一类特殊的蛋白质所催化，这类蛋白质就是酶（enzyme）。

6-2 “酶”文化：酶的发现与研究

酶是高效、高度专一的生物催化剂，其特征如下。

（1）所有酶均由生物体产生

所有的生物都能合成酶，甚至病毒也具有酶的编码基因或含有某些酶。

（2）酶和生命活动密切相关

① 几乎所有生命活动或过程都有酶参加。酶在生物机体内担负四类功能：

a. 执行具体的生理机制，如乙酰胆碱酯酶（acetylcholinesterase）与神经冲动传导有关；

b. 催化代谢反应，在生物体内建立各种代谢途径，形成相应的代谢体系，其中最基本的是生命物质的合成系统和能量的转换生成系统，如己糖激酶（hexokinase）催化葡萄糖磷酸化生成6-磷酸葡萄糖，是糖酵解途径的第一个关键酶；

c. 协同激素等物质起信号转化、传递与放大作用，如细胞膜上的腺苷酸环化酶（adenylate cyclase）、蛋白激酶（protein kinase）等可将激素信号转化并放大，使代谢活性增强；

d. 参与机体防御、消除药物毒物等过程，如限制性核酸内切酶（restriction endonuclease）能特异性地水解外源DNA，防止异种生物物质的侵入。

6-3 半乳糖血症

酶和正常生命特征密切相关，如果代谢系统某一环节酶异常，或缺失，可导致许多先天性遗传病。例如，苯丙酮尿症（phenylketonuria）就是由于苯丙氨酸羟化酶（phenylalanine hydroxylase）先天性缺失，使正常的苯丙氨酸代谢受阻，导致该氨基酸代谢中间物在血液中积累，从而使大脑的智力发育受到影响；同时由于酪氨酸生成被切断，因此皮肤中黑色素不能形成，伴随着出现“白化”病症。

② 酶的组成和分布是生物进化与组织功能分化的基础。由于生命物质的合成与能量转换是一切生物所必需的，因此不论动物、植物还是微生物都具有与此相关的酶系和辅酶。但是，不同生物又有各自特殊的代谢途径和代谢产物，它们还有各自相应的特征酶系、酶谱。即使是同类生物，酶的组成与分布也有明显的种属差异，例如精氨酸酶（arginase）只存在于排尿素动物的肝脏内，而排尿酸的动物则没有。另外，在同种生物各种组织中酶的分布也有所不同，例如，由于肝脏是氨基酸代谢与尿素形成的主要场所，因此精氨酸酶几乎全部集中在肝脏内。

在同一类组织中，由于功能需要与所处的环境不同，酶的含量也可能有显著差异。例如，与三羧酸循环、氧化磷酸化有关的酶系（见本书第九章）在心肌中的含量就比骨骼肌高得多，而与糖酵解有关的酶，如醛缩酶（aldolase）等则恰恰相反。

为适应特定功能的需要，酶在同一细胞内，甚至同一细胞器内，它的组成和分布也是不均一的。例如，线粒体的内膜上集中着呼吸链和氧化磷酸化有关酶系（见本书第八章），而且呼吸链组成在内膜上的分布也有一定规律。

③ 在生物的长期进化过程中，为适应各种生理机能的需要，和外界条件的变化，还形成了从酶的合成到酶的结构与活性的各种水平的调节机制。

2. 酶的化学本质——大多数酶都是蛋白质

对已纯化的酶进行化学组成及理化性质分析后发现，酶几乎都是蛋白质。因此，凡是蛋白质所共有的一些理化性质，酶几乎都具备。大多数酶是蛋白质的观点，相关证据如下：

（1）酶的分子量很大　据已测定的酶的分子量看，属于典型的蛋白质分子量的数量级（表 6-1），如胃蛋白酶（pepsin）的分子量为 36000，牛胰核糖核酸酶（pancreatic ribonuclease）为 14000，脲酶（urease）为 480000 等。酶的水溶液具有亲水胶体的性质。酶不能透过半透膜，因而也可用透析方法纯化。

（2）酶由氨基酸组成　将酶制剂水解后可得到氨基酸。某些酶的氨基酸组成已确定，如核糖核酸酶由 124 个氨基酸残基组成，木瓜蛋白酶（papain）由 212 个氨基酸残基组成等。

（3）酶具两性性质　酶和蛋白质一样，也是两性电解质，在溶液中是带电的，即在一定 pH 下，它们的基团可发生解离。由于基团解离情况不同而带有不同电荷，因此每种酶都有其等电点（表 6-1）。

表 6-1　一些结晶酶的分子量及等电点

酶	分子量	等电点
核糖核酸酶（ribonuclease）	14000	7.8
胰蛋白酶（trypsin）	23000	7.0～8.0
碳酸酐酶（carbonic anhydrase）	30000	5.3
胃蛋白酶（pepsin）	36000	1.5
过氧化物酶（peroxidase）	40000	7.2
α-淀粉酶（α-amylase）	45000	5.2～5.6
脱氧核糖核酸酶（deoxyribonuclease）	60000	4.7～5.0
β-淀粉酶（β-amylase）	152000	4.7
过氧化氢酶（catalase）	248000	5.7
木瓜蛋白酶（papain）	420000	9.0
脲酶（urease）	480000	6.8
磷酸化酶a（phosphorylase a）	495000	6.8
L-谷氨酸脱氢酶（glutamate dehydrogenase）	1000000	4.0

（4）酶的变性失活与水解　一切可以使蛋白质变性失活的因素同样可以使酶变性失活。如酶受热不稳定，易失去活性，一般蛋白质变性的温度往往也是酶开始失活的温度；一些使蛋白质变性的试剂如三氯乙酸等，也是酶变性的沉淀剂。所以在提取和分离酶时，可采用防止蛋白质变性的一些措施来防止酶失去活性。

二、酶的催化特性

酶作为一种特殊催化剂，在催化化学反应时具有一般催化剂的特征。例如，在反应前后，酶本身并没有量的改变，它只能加快一个化学反应的速率，而不能改变反应的平衡点。但是，酶作为一种生物催化剂，它又与一般催化剂不同，对化学反应的催化作用更有显著特点。酶和生命活动的密切关系是因为酶具有特殊的催化特性。

1. 高效率——酶具有很高的催化能力

酶的催化效率比一般化学催化剂高 10^6 ～ 10^{13} 倍。如在 0℃时，1mol 亚铁离子（Fe^{2+}）每秒只能催化分解 10^{-5}mol H_2O_2；而在同样情况下，1mol 过氧化氢酶能催化分解 10^5mol H_2O_2，两者相比，酶的催化能力比 Fe^{2+} 高 10^{10} 倍。又如存在于血液中催化 $H_2CO_3 \longrightarrow CO_2+H_2O$ 的碳酸酐酶，1min 内每分子的碳酸酐酶可使 96000 万个 H_2CO_3 分子分解，因此能维持血液中正常酸碱度和及时完成排出 CO_2 的任务。由此可见，酶的效率通常是非常高的，在细胞内，虽然各种酶的含量很低，但却可催化大量底物发生反应。

2. 专一性——酶对底物具有选择性

一种酶只能作用于一类或一种物质的性质称为酶作用的专一性或特异性（specificity）。通常把被酶作用的物质（反应物）称为该酶的底物（substrate）。所以也可说酶的专一性是指一种酶仅作用于一种或一类底物。一般无机催化剂对其作用物没有严格的选择性，如 HCl 可催化糖、脂肪、蛋白质等多种物质水解，而蔗糖酶（sucrase）只能催化蔗糖水解，蛋白酶（protease）催化蛋白质水解，它们对其他物质则不具有催化作用。酶作用的专一性是酶与一般催化剂最主要的区别，具有很重要的生物学意义。

酶对底物的专一性可分为几种不同的类别。

（1）绝对专一性　这类酶仅催化一种底物反应，称为绝对专一性，如脲酶唯一的底物为尿素。

（2）相对专一性　这类酶对底物专一性程度较低，能作用于结构类似的一系列化合物，如核酸酶。

① 键专一性　仅要求底物中有一定的化学键，如酯酶（esterase）只作用于酯键，对酯键所连接的两个基团不作要求，能催化简单酯类、甘油酯类、一元醇酯、乙酰胆碱等水解。

② 族专一性（基团专一性）　除要求底物中的某一化学键外，还要求该化学键连接一定基团，如麦芽糖酶（maltase）作用于糖基为葡萄糖基的 α-糖苷键；对配基并无要求，如水解麦芽糖。

（3）立体异构专一性　这类酶能识别底物的空间结构，只能作用于底物立体异构体中的一种，甚至能区分对称分子中的两个等同的基团。如从有机化学观点来看，甘油分子中的两个伯醇基是等同的；但甘油激酶仅催化 C1 位磷酸化生成甘油 -1-磷酸，而不生成甘油 -3-磷酸，说明这两个伯醇基是不等同的。

① 光学专一性　这类酶只作用于底物的两种旋光异构体中的一种。如 D-乳酸脱氢酶（D-lactate dehydrogenase）只催化 D-乳酸脱氢反应，而不能作用于 L-乳酸。

② 几何专一性　这类酶只作用于底物的顺式或反式异构体中的一种。如延胡索酸酶（fumarase）只催化反丁烯二酸水化生成苹果酸，而不催化顺丁烯二酸反应。

3. 活性可调节

酶的活性受多种机理的调节控制。如异亮氨酸能反馈抑制苏氨酸生物合成异亮氨酸的关键酶苏氨酸脱氨酶，限制异亮氨酸的生成；当异亮氨酸浓度下降时，反馈抑制解除，又能重新合成异亮氨酸。

另外酶的浓度也受到基因表达调控。如乳糖能诱导大肠杆菌（*Escherichia coli*）通过乳糖操纵子合成 β-半乳糖苷酶，酶浓度提高，从而分解乳糖；当乳糖被全部降解后，阻遏物再次关闭乳糖操纵子，细胞不再合成 β-半乳糖苷酶。

酶活性受到调节和控制，保证了生物体代谢活动的协调性与有序性，保证了生命活动的正常进行。

4. 酶催化反应条件温和

酶是蛋白质，其催化作用在接近生物体温的温度和接近中性的环境下进行。而一般无机催化剂所需的高温高压、强酸强碱条件反而导致酶失活。

三、酶的组成及分类

1. 酶的组成——根据组成分为单纯酶和结合酶

酶和其他蛋白质一样，根据其组成成分可分为简单蛋白质和结合蛋白质两类。

有些酶的活性仅仅决定于它的蛋白质结构，如水解酶类（淀粉酶、蛋白酶、脂肪酶、纤维素酶、脲酶等），这些酶仅由蛋白质构成，故称为单纯酶（simple enzyme）；另一些酶，其结构中除含有蛋白质外，还含有非蛋白质部分，如大多数氧化还原酶类，这类酶由结合蛋白质构成，因而称为结合酶（conjugated enzyme）。在结合酶中，蛋白质部分称为酶蛋白或脱辅基酶蛋白（apoenzyme），非蛋白部分统称为辅因子

（cofactor）。酶蛋白与辅因子结合成的完整分子称为全酶（holoenzyme），即：

全酶 = 酶蛋白 + 辅因子（辅酶或辅基）

只有全酶才有催化活性，将酶蛋白和辅因子分开后均无催化作用。

酶的辅因子又可分成辅酶（coenzyme）和辅基（prosthetic group）两类。这两者的含义，现在一般是按其与酶蛋白结合的牢固程度来区分的。与酶蛋白结合比较疏松（一般为非共价结合），并可用透析方法除去的称为辅酶（简写为 Co）；与酶蛋白结合牢固（有共价键结合，也有非共价键结合），不能用透析方法除去的称为辅基。这种根据结合的松紧程度来区别辅酶和辅基的方法并不是很严格，因此习惯上都统称为辅酶。近年来的研究表明辅酶和辅基参与酶促反应时所需要的条件是不相同的。

酶的种类很多，但辅因子的种类却不多。一些酶的辅因子见表 6-2。辅酶及辅基从其化学本质来看可分为两类：一类为无机金属元素，如铜、锌、镁、锰、铁等；另一类为小分子有机物，如维生素、铁卟啉等。维生素（见本书第七章）是一类在机体中含量很少，但具有重要生理功能的物质。多数维生素及其衍生物在活细胞中主要作用即是构成酶的辅因子。通常一种酶蛋白只能与一种特定的辅因子结合，成为一种有特异性的酶，如谷氨酸脱氢酶其辅因子为辅酶Ⅰ，与辅酶Ⅱ结合则无活性；但同一种辅因子却常能与多种不同的酶蛋白结合，构成多种特异性能很强的全酶。所以酶蛋白决定着酶促反应的专一性；而辅酶或辅基在酶促反应中常参与化学反应，主要起着传递氢、传递电子、传递原子或化学基团，以及某些金属元素起着“搭桥”等作用，它们决定着酶促反应的性质和类型。

表 6-2 一些酶的辅因子

类别	酶	辅因子	辅因子的作用
金属离子	酪氨酸酶、细胞色素氧化酶、漆酶、抗坏血酸氧化酶	Cu^{+}或Cu^{2+}	连接作用或传递电子
	酪氨酸羟化酶	Fe^{2+}	传递电子
	碳酸酐酶、羧肽酶、醇脱氢酶	Zn^{2+}	连接作用
	精氨酸酶、磷酸转移酶、肽酶	Mn^{2+}	连接作用
	磷酸水解酶、磷酸激酶	Mg^{2+}	连接作用
含铁卟啉的辅基	过氧化物酶、过氧化氢酶、细胞色素、细胞色素氧化酶	铁卟啉	传递电子
含维生素的辅酶	α-酮酸脱羧酶	焦磷酸硫胺素（VB_1）	脱羧基反应、转移醛基
	各种黄酶	FMN或FAD（VB_2）	传递氢
	多种脱氢酶	NAD或NADP（VB_3）	传递氢、电子
	乙酰化酶	辅酶A（VB_5）	转移酰基
	转氨酶、氨基酸脱羧酶	磷酸吡哆醛（VB_6）	转移氨基、脱羧
	羧化酶	生物素（VB_7）	传递CO_2
	甲酰转移酶	四氢叶酸（VB_9）	转移一碳单位
	变位酶	脱氧腺苷钴胺素（VB_{12}）	分子内重排
其他	α-酮酸脱氢酶系	二氢硫辛酸	转移酰基
	磷酸基转移酶	ATP	转移磷酸基
	磷酸葡萄糖变位酶	1,6-二磷酸葡萄糖	转移磷酸基
	UDP葡萄糖异构酶	二磷酸尿苷葡萄糖	异构化作用

根据酶蛋白分子的特点和分子大小又把酶分成三类：①单体酶（monomeric enzymes），仅由一条肽链构成；②寡聚酶（oligomeric enzymes），由多个亚基构成，亚基可以是相同的，也可以是不同的，许多寡聚酶都是调节酶，在代谢调控中起重要作用；③多酶复合体（multienzyme complexes），代谢途径中相关的几种酶按照一定方式非共价地彼此嵌合而成。所有反应依次连接有利于反应的连续进行。如丙酮酸脱氢酶复合体由 3 种酶的 60

6-4 辅因子工程构建高效生物催化剂

个亚基以及 6 种辅因子组成，催化丙酮酸氧化脱羧。

2. 酶的命名

酶的命名有两种方法，一种为习惯命名法，另一种为系统命名法。按前一种方法命名的习惯名称要求简短，使用方便。习惯命名有的根据酶的来源，有的按照酶所催化反应的性质，有的将二者结合起来给一个名称。这种命名方法的缺点是不够系统、不够准确，难免有时会出现一酶数名或一名数酶的混乱情况。为此，1961 年，国际酶学委员会（Enzyme Commission，EC）提出了系统命名法。按此法规定的系统名称包括两部分：底物名称和反应类型。如果反应中有多个底物，则每个底物均需写出（水解反应中的“水”可以省去），底物名称间用“：”隔开。如果底物有构型，亦需表明。例如，习惯命名谷丙转氨酶（glutamic-pyruvic transaminase，GPT）的系统名称为 L-丙氨酸：α-酮戊二酸氨基转移酶（L-alanine：2-oxoglutarate aminotransferase，ALT）。

催化水解作用的酶在名称上不标明反应类型，如水解蛋白质的酶叫蛋白酶（protease），水解淀粉的酶叫淀粉酶（amylase），有时在酶的名称前面加上来源，如胃蛋白酶（pepsin）、胰淀粉酶（amylopsin）等以区别同一类酶。

3. 酶的分类——酶按其催化反应分类

国际通用的系统分类法是国际生物化学与分子生物学联合会（IUBMB）以酶所催化的反应类型为基础，将酶共分七大类：氧化还原酶类、转移酶类、水解酶类、裂合酶类、异构酶类、连接酶、转位酶类。每一大类又可进一步细分。

（1）氧化还原酶（oxidoreductases，EC 1） 催化氧化还原反应，往往冠以脱氢酶、氧化酶、还原酶等名称。这类酶与细胞内能量代谢紧密相关。还包括过氧化物酶、加氧酶等。

$$\mathrm{A{-}2H+B \rightleftharpoons A+B{-}2H}$$

（2）转移酶（transferases，EC 2） 催化基团转移反应，大多数需要辅酶参与，并且底物与酶或辅酶会在一些部位形成共价键。这类酶包括激酶（它们参与 ATP 磷酸基团的转移）、转氨酶等。

$$\mathrm{A{—}X+B \rightleftharpoons A+B{—}X}$$

（3）水解酶（hydrolases，EC 3） 催化加水分解的反应。包括淀粉酶、酯酶、蛋白酶、核酸酶等。

$$\mathrm{A{—}B+H_2O \longrightarrow A{-}H+B{-}OH}$$

（4）裂合酶（lyases，EC 4） 催化从底物上移去基团形成双键。包括醛缩酶、水合酶、脱氨酶等。它们催化的反应往往可逆，在底物双键上引入新的基团，此时也称为合酶（synthase）。

$$\mathrm{A{—}B \rightleftharpoons A+B}$$

（5）异构酶（isomerases，EC 5） 催化各种同分异构体的相互变换。

（6）连接酶（ligase，EC 6） 曾被称为合成酶（synthetase），催化两个底物分子反应生成一个分子，需要提供能量才能进行，如 ATP 参与反应。

$$\mathrm{A+B+ATP \longrightarrow A{—}B+ADP+Pi}$$

（7）转位酶（translocases，EC 7） 催化离子或分子跨膜转运或在细胞膜内易位反应。

4. 酶的系统编号

根据以上分类标准，每种酶给予一个编号，酶与编号一一对应，称为酶标数（EC）。每大类酶使用四个分类数字和一个系统名称，编号之前冠以 EC。例如在糖代谢途径中有下列反应：

$$\mathrm{ATP+D{-}葡萄糖 \longrightarrow ATP+D{-}葡萄糖{-}6{-}磷酸}$$

催化这个反应的酶的国际系统名称是 ATP：D-葡萄糖磷酸转移酶（ATP：D-hexose 6-phosphotransferase，EC 2.7.1.1）。酶的名称表示它催化磷酸基从 ATP 转移到葡萄糖的反应，这个酶属于第二大类，它的分类数字是 2.7.1.1，第一个数字“2”表示大类（转移酶），

6-5 在 BRENDA 数据库中检索酶

第二个数字“7”表示亚类（磷酸转移酶），第三个数字“1”表示亚亚类（磷酸转移酶以羟基为受体），第四个数字“1”表示该酶在亚亚类中的流水编号。由于酶的系统名称往往太长，一般使用习惯名称。上述酶的习惯名称是己糖激酶（hexokinase）。

6-6　EC的第七类酶

第二节　酶的结构与功能的关系

一、酶的活性与一级结构的关系

酶分子本质是蛋白质，肽键是酶蛋白的主键。酶的一级结构是酶的基本化学结构，是催化功能的基础。一级结构的改变使酶的催化功能发生相应的改变。例如核糖核酸酶在其C末端用羧肽酶（carboxypeptidase）去掉3个氨基酸时，对酶的活性几乎没有影响，但用胃蛋白酶去掉C末端的4个氨基酸时，则酶活性全部丧失。许多酶都存在着二硫键（—S—S—），一般二硫键的断裂将使酶变性而丧失其催化功能。但是某些情况下，二硫键断开，而酶的空间构象不受破坏时，酶的活性并不完全丧失，如果使二硫键复原，酶又重新恢复其原有的生物活性。

1. 必需基团——酶分子中只有少数几个氨基酸侧链基团与活性直接相关

酶分子中有各种功能基团，如—NH_2、—COOH、—SH、—OH等，但并不是酶分子中所有基团都与酶活性直接相关，而只是酶蛋白一定部位的若干功能基团才与催化作用有关。这种关系到酶催化作用的化学基团称为酶的必需基团（essential group）。常见的有组氨酸的咪唑基、丝氨酸的羟基、半胱氨酸的巯基、谷氨酸的γ-羧基等。

必需基团可分为两类：能与底物结合的必需基团称为结合基团（binding group）；能促进底物发生化学变化的必需基团称为催化基团（catalytic group）。有的必需基团兼有结合基团与催化基团的功能。还有一些必需基团起间接作用，对结合基团和催化基团有促进作用，或稳定酶活性中心的构象。

2. 酶原激活——切去部分片段是酶原激活的共性

有的酶，当其肽链在细胞内合成之后，即可自发盘曲折叠成一定的三维结构，一旦形成了一定的构象，酶就立即表现出全部酶活性，例如溶菌酶（lysozyme）。然而有些酶（大多为水解酶）在生物体内首先合成出来的只是其无活性的前体，即酶原（zymogen）。酶原在一定的条件下才能转化成有活性的酶，这一转化过程称为酶原激活（zymogen activation）。常见的几种酶原激活情况见表6-3。

表6-3　酶原的激活

激活作用	激活剂
胃蛋白酶原 ⟶ 胃蛋白酶+42肽 （分子量42500）（34500）（8000）	H^+、胃蛋白酶
胰蛋白酶原 ⟶ 胰蛋白酶+六肽 （24000）（23800）	肠激酶、胰蛋白酶
胰凝乳蛋白酶原 ⟶ α-胰凝乳蛋白酶+2个二肽 （22000）（约22000）	胰蛋白酶、胰凝乳蛋白酶
羧肽酶原A ⟶ 羧肽酶A+几个碎片 （96000）（34000）	胰蛋白酶
凝血酶原 ⟶ 凝血酶+多肽	凝血酶原激活剂、K^+
弹性蛋白酶原 ⟶ 弹性蛋白酶+几个碎片	胰蛋白酶

酶原的激活过程是通过水解去掉分子中的部分肽段，引起酶分子空间结构的变化，从而形成或暴露出活性中心，转变成为具活性的酶。不同酶原在激活过程中去掉的肽段数目及大小不同（表 6-3）。使酶原激活的物质称为激活剂（activator）。虽然不同酶原的激活剂不完全相同，但有的激活剂可激活多种酶原，例如胰蛋白酶可以激活动物消化系统的多种酶原。

3. 共价修饰——改变一定基团可使酶活性改变

一些化学试剂可与某些氨基酸侧链基团发生结合、氧化或还原等反应，生成共价修饰物，使酶分子的一些基团发生结构和性质的变化。修饰氨基常用顺丁烯二酸酐、乙酸酐、二硝基氟苯等；修饰组氨酸咪唑基常用溴丙酮、二乙基焦磷酸盐以及光氧化；修饰精氨酸胍基常用丙二醛、2,3-丁二酮或环己二酮；修饰半胱氨酸巯基常用碘乙酸、对氯汞苯甲酸、磷碘苯甲酸等；修饰丝氨酸羟基常用二异丙基氟磷酸。

在细胞内有一些酶存在天然的共价修饰，从而实现酶的活性态与非活性态的相互转变。这种酶大多与代谢速率的调节有关（见本书第十三章），称为调节酶（regulatory enzyme）。细胞内酶的共价修饰包括磷酸化与去磷酸化、乙酰化与去乙酰化、甲基化与去甲基化等。不同的调节酶其修饰情况不一样，有的酶接上一个基团后有活性，去掉该基团后失去活性；另外的酶则刚好相反。

二、酶的活性与高级结构的关系

1. 活性中心——酶分子中只有很小的结构区域与活性直接相关

酶的活性不仅决定于一级结构，而且与其高级结构紧密相关。就某种程度而言，在酶活性的表现上，高级结构甚至比一级结构更为重要，因为只有高级结构才能形成活性中心。通常把酶分子上，必需基团比较集中并构成一定空间构象、与酶的活性直接相关的结构区域称为酶的活性中心（active center）或称活性部位（active site）。

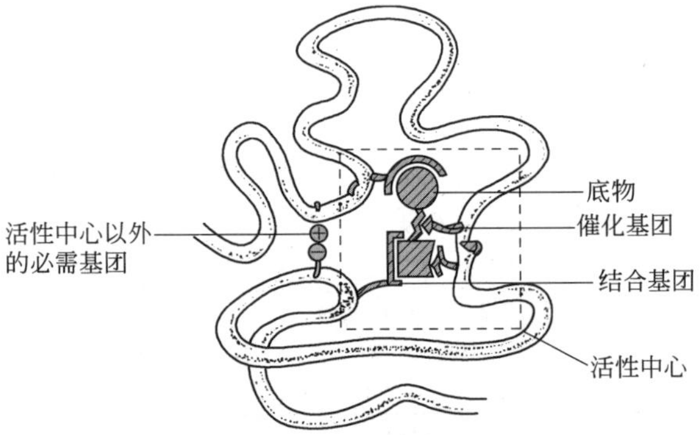

图 6-1　酶的活性中心

6-7　探索酪氨酸酶活性中心

6-8　棉织物染整前处理关键酶制剂改造、生产和应用

活性中心是直接将底物转化为产物的部位，它通常包括两个部分：与底物结合的部分称为结合部位（binding site）；促进底物发生化学变化的部分称为催化部位（catalytic site）。前者决定酶的专一性，后者决定酶所催化反应的性质；有些酶的结合部位和催化部位是同一部位（图 6-1）。

不同的酶，其构成活性中心的基团和构象均不同，对不需要辅酶的单纯酶而言，活性中心就是酶分子在三维结构中比较靠近的少数几个氨基酸残基或是这些残基上的某些基团，它们在一级结构上可能相距甚远，甚至位于不同肽链，通过肽链的折叠盘绕而在空间构象上相互靠近；对需要辅酶的结合酶而言，活性中心主要是辅酶分子或辅酶分子上的某一部分结构，以及与辅酶分子在结构上紧密偶联的蛋白质的结构区域。活性中心的构象具有柔性和可塑性，酶活性的调节与之相关。

酶分子的活性中心一般只有一个，有的有数个，在酶分子的总体中只占相当小的部分。催化部位常常只有一个，包括 2 ～ 3 个氨基酸残基，主要为组氨酸、丝氨酸、天冬氨酸、赖氨酸等。结合部位则随酶而异，有的仅一个，有的有数个。每个结合部位的氨基酸数目也很不一致。在同一种酶中，其活性中心的氨基酸顺序具有保守性。

2. 牛胰核糖核酸酶折合实验——二、三级结构与酶活性的关系

酶的二级、三级结构是所有酶都必须具备的空间结构，是维持酶的活性中心所必需的构象。当酶蛋白的二级和三级结构彻底改变后，酶的空间结构遭受破坏从而使其丧失催化功能，这是以蛋白质变性理论为依据的。另一方面，有时使酶的二级和三级结构发生改变，能使酶形成正确的催化部位从而发挥其催化功能。由于底物的诱导而引起酶蛋白空间结构发生某些精细的改变，与适应的底物相互作用，从而形成正确的催化部位，使酶发挥其催化功能，这就是诱导契合学说（见本章第三节）的基础。

牛胰核糖核酸酶（RNase A）由 124 个氨基酸残基构成，其活性中心主要由第 12 位和第 119 位两个组氨酸残基构成，这两个残基在一级结构上相隔 106 个氨基酸残基，但在高级结构中相距得很近，两个咪唑基之间约 0.5nm，这两个氨基酸（还有 41 位的赖氨酸）就构成了酶的活性中心。用枯草杆菌蛋白酶（subtilisin）水解 RNase A 分子中的 Ala^{20}-Ser^{21} 间的肽键，其产物仍具有活性，称为 RNase S。产物中含有两个片段：一个小片段，含有 20 个氨基酸残基（1 ～ 20），称为 S 肽；一个大片段，含有 104 个氨基酸残基（21 ～ 124），称为 S 蛋白。S 肽含有 His^{12}，S 蛋白含有 His^{119}。S 肽与 S 蛋白单独存在时，均无活性，但若将二者按 1 ∶ 1 的比例混合，则恢复酶活性，但此时第 20 与 21 之间的肽键并未恢复。这是因为 S 肽通过氢键及疏水作用与 S 蛋白结合，使 His^{12} 和 His^{119} 在空间位置上互相靠近而重新形成了活性中心（图 6-2）。可见，只要酶分子保持一定的空间构象，使活性中心必需基团的相对位置保持恒定，一级结构中个别肽键的断裂，乃至某些区域的小片段（如 RNase 中的第 15 ～ 20 氨基酸）的去除，并不影响酶的活性。

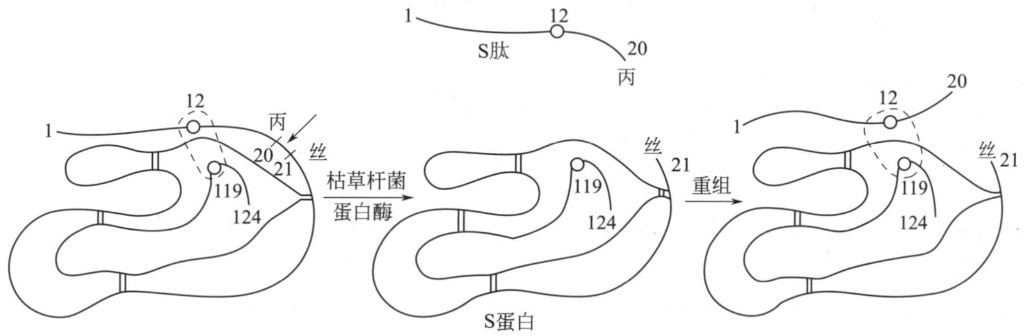

图 6-2 牛胰核糖核酸酶分子的切断与重组

3. 聚合与解聚——四级结构与酶活性的关系

具有四级结构的酶，按其功能分为两类：一类与催化作用有关，另一类与代谢调节关系密切。

只与催化作用有关的具有四级结构的酶，由几个相同或不同的亚基组成，每个亚基都有一个活性中心。四级结构完整时，酶的催化功能才会充分发挥出来；当四级结构被破坏时，若采用适当的方法分离，亚基仍保留着各自的催化功能。例如，天冬氨酸转氨甲酰酶（aspartate carbamoyltransferase）的亚基是具有催化功能的，当用温和的琥珀酸使四级结构解体时，分离的亚基仍各自保持催化功能；当用强烈的条件如酸、碱、表面活性剂等破坏其四级结构时，得到的亚基就没有催化活性。

在一些调节酶中，其分子结构常常是寡聚蛋白，酶的活性通过亚基的聚合与解聚来调节。有的酶在聚合态时为活性态，解聚成亚基后为非活性态，如乙酰 CoA 羧化酶（acetyl-CoA carboxylase）为聚合态时是具活性的；相反，有的酶在解聚态时为活性态，聚合体则是无活性态，如 cAMP 依赖性蛋白激酶（常称蛋白激酶 A，PKA）。PKA 为含有两个催化亚基、两个调节亚基的四聚体，当聚合在一起时是无活性的；当有 cAMP 存在时，cAMP 与调节亚基结合，使得两类亚基解聚，游离出催化亚基，解除了调节亚基对催化亚基的抑制作用，则成为活性态。

4. 同工酶——高级结构与酶活性关系的典型

（1）同工酶的概念　同工酶（isozyme）是指能催化相同的化学反应，但其酶蛋白本身的分子结构

组成不同的一组酶。生物体的不同器官、不同细胞，或同一细胞的不同部分，以及在生物生长发育的不同时期和不同条件下，都有不同的同工酶分布。1959 年 Market 发现乳酸脱氢酶（lactate dehydrogenase，LDH）同工酶以来，迄今已发现的同工酶有许多种。由于蛋白质分离技术的发展，使得许多同工酶能够从细胞提取物中分离出来，特别是利用凝胶电泳的方法。现在已知许多酶都存在着多种分子形式，同工酶是广泛存在的一种分子形式。

同工酶是由不同基因或等位基因编码的多肽链，或由同一基因生成的不同 mRNA 产生的多肽组成的蛋白质。同工酶都是由两个或两个以上的肽链聚合而成，它们的生理性质、理化特性及免疫性能，如血清学性质、K_m 值及电泳行为等都是不同的。

（2）同工酶的结构与功能　同工酶的结构主要表现在非活性中心部分不同，或所含亚基组合情况不同。对整个酶分子而言，各同工酶与酶活性有关的部分结构相同。同工酶的存在并不表示酶分子的结构与功能无关，或结构与功能不统一，而只是表示同一种组织或同一细胞所含的同一种酶可在结构上显示出器官特异性或细胞部位特异性。

从电泳图谱分析，LDH 有 5 种同工酶（图 6-3）。

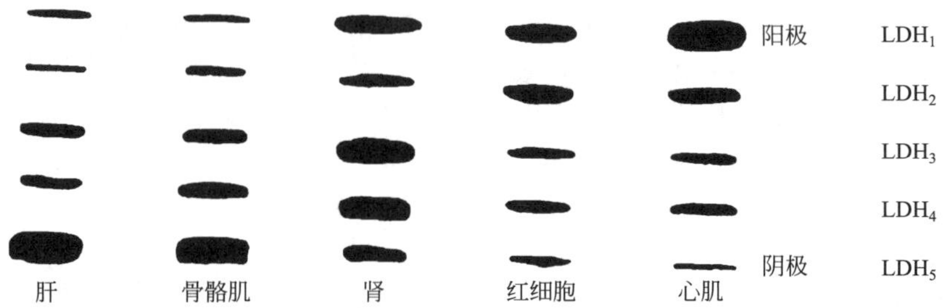

图 6-3　乳酸脱氢酶同工酶电泳图谱

LDH 为一四聚体蛋白，含有 α 和 β 两种亚基，每个亚基分子量约 35000，整个酶的分子量为 140000。LDH 同工酶各成分在不同组织的分布不相同，反映组织器官特异性。LDH_1 全由 α 亚基构成，主要分布于心肌中；LDH_5 全由 β 亚基构成，主要分布于骨骼肌中。因而也将 α 亚基称为心肌型（H 型），β 亚基称为骨骼肌型（M 型）。从阳极到阴极的 5 个带依次称为 LDH_1、LDH_2、LDH_3、LDH_4、LDH_5。LDH 五种同工酶的亚基组成不同：

$$
\begin{array}{llll}
\alpha & \alpha & \alpha & \alpha(\alpha_4) & LDH_1 \\
\alpha & \alpha & \alpha & \beta(\alpha_3\beta) & LDH_2 \\
\alpha & \alpha & \beta & \beta(\alpha_2\beta_2) & LDH_3 \\
\alpha & \beta & \beta & \beta(\alpha\beta_3) & LDH_4 \\
\beta & \beta & \beta & \beta(\beta_4) & LDH_5 \\
\end{array}
$$

LDH 是一种参与糖酵解（糖的无氧分解代谢，见本书第九章）的酶，它既可以催化丙酮酸还原成乳酸，也可以催化乳酸脱氢氧化为丙酮酸，这种功能上的差异与不同组织的 LDH 同工酶不同有关。一般在厌氧环境的器官，如骨骼肌中 LDH_5 含量高，在这些环境中主要反应是催化丙酮酸还原为乳酸；在有氧环境的器官，如心脏、脑及肾脏中 LDH_1 含量高，在这些环境中因为氧气供应充足，该酶可催化乳酸氧化为丙酮酸，从而使丙酮酸进一步氧化（有氧代谢），为机体提供能量。由此可见，不同的同工酶在功能上也是有差别的。LDH_1 和 LDH_5 的功能差异如下：

$$
骨骼肌(无氧代谢)：葡萄糖 \longrightarrow 丙酮酸 \xrightarrow[\text{(M型)}]{LDH_5} 乳酸
$$

$$
(血液)
$$

$$
心肌(有氧代谢)：CO_2+H_2O \longleftarrow 丙酮酸 \xleftarrow[\text{(H型)}]{LDH_1} 乳酸
$$

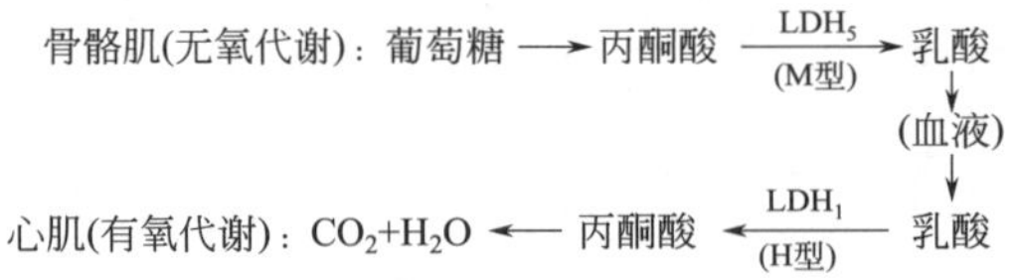

（3）研究同工酶的意义　对同工酶的研究具有重要的理论意义及实践意义。如前所述，同工酶具有

组织器官特异性和细胞部位特异性，这在体内的调节上具有重要的意义；另外，由于同工酶在胚胎发育、细胞分化及生长发育的不同阶段，各同工酶的相对比例会发生改变，因而同工酶的研究为细胞分化、发育、遗传等方面的研究提供了分子基础。

同工酶的研究已应用于生产及医疗实践中。同工酶是分子水平的指标，可作为遗传标志。同工酶分析法在农业上已开始用于优势杂交组合的预测，例如番茄优势分配杂交组合种子与弱优势杂交组合种子中的酯酶同工酶（esterase isozyme）是有差异的，从这种差异可以帮助判断杂种优势。同工酶相对含量的改变能敏感地反映脏器的功能状况，在临床上可用同工酶作某些病变的诊断指标，例如冠心病及冠状动脉血栓引起的心肌受损患者血清中 LDH_1 及 LDH_2 含量增高，而骨骼肌损伤、急性肝炎及肝癌患者血清中 LDH_5 增高。因此，可以通过测定血清中某些酶的同工酶为某些疾病的诊断提供证据。

第三节　酶催化反应的机制

一、酶促反应的本质

1. 酶是催化剂——只影响反应速率，而不改变反应平衡点

酶是生物催化剂，它对化学反应的作用，也遵从一般催化剂的规律：

① 能加速化学反应速率，反应前后它的质和量都无改变，只需微量即可促进大量反应物的化学变化；

② 只能加速在热力学上有可能进行的化学反应，而不可能引发热力学上不可能进行的化学反应；

③ 只能缩短化学反应达到平衡所需要的时间，而不能改变化学反应的平衡点；

④ 催化可逆反应的酶对可逆反应的正反应和逆反应都有催化作用。

2. 加速反应的本质——降低活化能

分子进行反应所必须取得的最低限度的能量称为活化能。在一个化学反应体系中，活化分子越多，反应就越快，因此，设法增加活化分子数，就能提高反应速率。要使活化分子增多，有两种可能的途径：一种是使一部分分子获得能量而活化，直接增加活化分子的数目，以加速化学反应的进行，如加热或光照射等；另一种是降低活化能的高度（即能垒，energy barrier），间接增加活化分子的数目。催化剂的作用就是能够降低活化能（activition energy）。活化能愈低，反应物分子的活化愈容易，反应也就愈容易进行（图 6-4）。

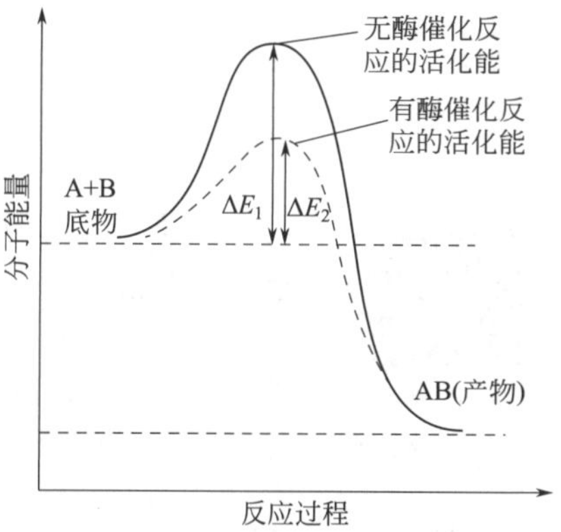

图 6-4　由酶催化与无酶催化反应的自由能变化

酶催化作用的实质就在于它能降低化学反应的活化能，使反应在较低能量水平上进行，从而使化学反应加速。如在没有催化剂时，蔗糖水解所需活化能为 1340kJ/mol，H^+ 为催化剂使活化能降低至 105kJ/mol，而用蔗糖酶催化时活化能只需要 40kJ/mol。

3. 中间产物学说——酶的作用方式

酶之所以能降低活化能，加速化学反应，可用目前公认的中间产物学说（intermediate theory）来解释。该理论认为，在酶促反应中，酶先与底物特异性结合生成不稳定的过渡态中间物，然后再转化为产物并释放出酶。可用下式表示：

$$E+S \rightleftharpoons ES \longrightarrow E+P$$

这里 E 代表酶（enzyme），S 代表底物（substrate），ES 为过渡态中间物，P 为反应的产物（product）。

中间产物学说解释了酶促反应的高效性和特异性。底物具有一定的活化能，当底物和酶结合成过渡态中间物时，释放一部分结合能，使得过渡态中间物处于比 E+S 更低的能级，因此使整个反应的活化能降低，底物分子能够跨越较低的能垒转化为产物，使反应大大加速。酶和底物形成复合物的过程是专一性的识别过程，保证了只有特定的底物才能与酶形成过渡态中间物，使分子间反应变为分子内反应，反应基团互相邻近并定向，提高了催化效率。

二、酶反应机制

1. 酶作用专一性的机制——诱导契合学说

酶与底物作用的专一性是由于酶与底物分子的结构互补，通过分子的相互识别而产生的。一种酶只能催化一定的物质发生反应，即一种酶只能同一定的底物结合。针对酶对底物的这种选择特异性的机制，曾经提出过几种不同的假说。如锁钥学说（lock-key theory）、诱导契合学说（induced-fit theory）、结构性质互补学说（structure-property complementation theory）、三点附着学说（three-point attachment theory）。目前公认诱导契合学说，可以较好地解释酶作用的专一性。该学说认为酶和底物在接触以前，二者并不是完全契合的，只有在底物和酶的活性中心接近时，产生了相互诱导，酶的构象发生了微妙变化，同时底物分子发生形变，酶与底物才完全互补契合，催化基团转入了有效的作用位置，酶才能高速地催化反应。如图 6-5，图 6-5（a）为酶和底物结合前的状态，催化基团处于没有活性的构象状态；图 6-5（b）为酶和适宜的底物结合后，催化基团获得有效的位置，形成酶 - 底物复合物，并开始发挥催化功能。底物与酶的这种契合关系可比喻为手与手套的关系。

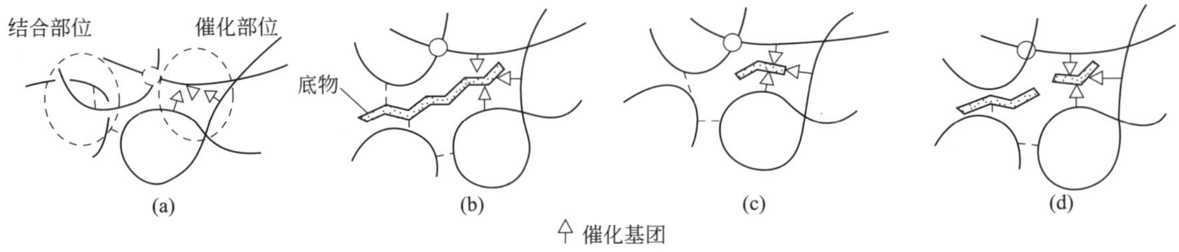

图 6-5 诱导契合学说示意图

6-9 L-薄荷醇的化学酶法合成

诱导契合学说的关键点在于：①酶的活性中心在结构上具有一定的柔性；②酶的作用专一性不仅取决于酶和底物的结合，也取决于酶的催化基团有正确的取位。诱导契合学说认为催化部位要诱导才能形成，而不是“现成的”，因此可以排除那些不适合的物质偶然“落入”现成的催化部位而被催化的可能。诱导契合学说也能很好地解释所谓“无效”结合，因为这种物质不能诱导催化部位形成。

2. 酶作用高效性的机制

酶促反应通常不是单一机制起作用，对不同的酶起主要作用的因素不同，可能分别受一种或几种因素的影响。酶活性中心通常位于酶分子表面的裂缝内，裂缝内非极性基团较多，构成疏水、低介电微环境，底物分子的敏感键和酶的催化基团之间有很大的反应力，有利于酶的催化作用。

（1）邻近效应和定向效应　底物分子浓集于酶活性中心，有效浓度增高有利于反应发生，称为邻近效应（proximity effect）。在底物诱导下，酶构象改变，使底物分子中参与反应的基团相互接近，底物和酶的反应基团正确定向，使分子间反应近似于分子内反应，有利于形成过渡态中间物，加速反应进行，称为定向效应（orientation effect）。

（2）共价催化　有一些酶以共价催化（covalent catalysis）来提高其催化反应的速率。在催化时，亲核催化剂能提供电子并作用于底物的缺电子中心，或亲电子催化剂能吸收电子并作用于底物的富电子中心，迅速形成不稳定的共价中间复合物，该中间物很容易变成过渡态。因此，反应的活化能大大降低，底物可以越过较低的能垒而形成产物。

通常这些酶的活性中心都含有亲核基团（nucleophilic group），亲核基团都有共用的电子对作为电子供体；以及底物的亲电子基团（electrophilic group），如脂肪酸中羧基的碳原子和磷酸基中的磷原子，以共价键结合。此外，许多辅酶也有亲核中心。酶的亲核基团主要包括下列几种，丝氨酸的羟基、半胱氨酸的巯基、组氨酸的咪唑基：

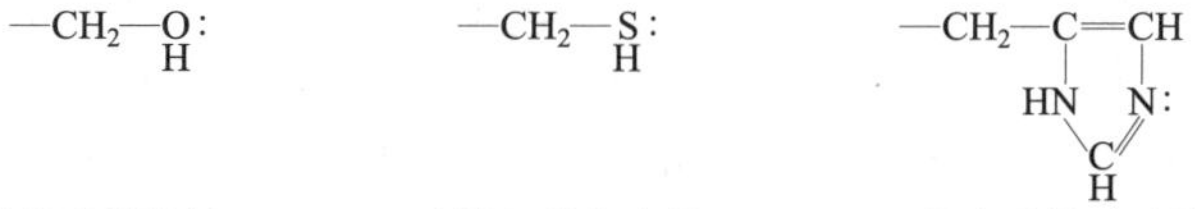

丝氨酸的羟基　　半胱氨酸的巯基　　组氨酸的咪唑基

以酰基转移反应（转移如脂肪酰和磷酸）为例来说明共价催化的原理。这类酶分子活性中心的亲核基团首先与含酰基的底物（如脂类分子）通过酰基 - 丝氨酸或酰基 - 半胱氨酸以共价结合，形成酰化酶中间产物，接着酰基从中间产物转移到另一酰基受体（醇或水）分子中。这可用下列反应式表示。

含亲核基团的酶 E 催化的反应（R 为酰基）：

第一步： $RX + E \xrightarrow{\text{快}} RE + X^-$
（RX：酰基供体（底物）；E：酶；RE：酰化酶）

+ 第二步： $RE + H_2O \xrightarrow{\text{快}} ROH + E + H^+$
（H_2O：最终酰基受体）

总反应： $RX + H_2O \xrightarrow{\text{酶，快}} ROH + X^- + H^+$

非催化反应： $RX + H_2O \xrightarrow{\text{慢}} ROH + X^- + H^+$

在酶催化的反应中，第一步是有酶参加的反应，因而比没有酶时对底物与酰基受体的反应快一些；第二步反应，因酶含有易变的亲核基团，形成的酰化酶与最终的酰基受体的反应，也必然要比无酶的最初的底物与酰基受体的反应要快一些。合并两步催化的总速率要比非催化反应大得多，因此，形成不稳定的共价中间物可以大大加速反应。

（3）酸碱催化　酸碱催化（acid-base catalysis）是通过瞬时地向反应物提供质子或从反应物接受质子以稳定过渡态、加速反应的一类催化机制。酸碱催化剂是催化有机反应中最常见、最有效的催化剂，有两种酸碱催化剂：一种是狭义的酸碱催化剂，即 H^+ 及 OH^-，由于酶反应的最适 pH 一般接近于中性，因此 H^+ 与 OH^- 的催化在酶反应中的意义比较有限；另一种是广义的酸碱催化剂，即质子受体和质子供体的催化，它们在酶反应中的重要性大得多，发生在细胞内的许多类型的有机反应都是受广义的酸碱催化的，例如将水加到羰基上、羧酸酯的水解，以及许多取代反应等。

酶蛋白中含有多种可以起广义酸碱催化作用的功能基团，如氨基、羧基、巯基、酚羟基及咪唑基等（见表 6-4）。其中组氨酸的咪唑基值得注意，因为它既是一个很强的亲核基团，又是一个有效的广义酸碱功能基团。

表 6-4　酶蛋白中可作为广义酸碱的功能基团

广义酸基团（质子供体）	广义碱基团（质子受体）	广义酸基团（质子供体）	广义碱基团（质子受体）	广义酸基团（质子供体）	广义碱基团（质子受体）
—COOH $—NH_3^+$	$—COO^-$ $—NH_2$	—SH 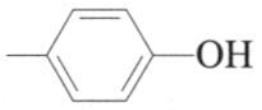	$—S^-$ 	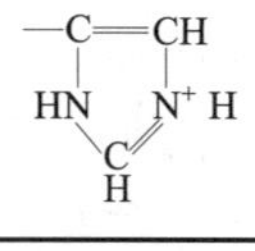	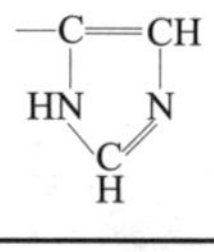

影响酸碱催化反应速率的因素有两个。第一个因素是酸碱的强度。这些功能基团中，组氨酸咪唑基的解离常数约为 6.0，这意味着由咪唑基上解离下来的质子的浓度与水中的氢离子浓度相近。因此，它在接近于生理 pH 条件下（即在中性条件下），有一半以酸形式存在，另一半以碱形式存在。也就是说咪唑

基既可以作为质子供体，又可以作为质子受体在酶促反应中发挥催化作用。因此，咪唑基是最有效、最活泼的一个催化功能基团。第二个因素是这些功能基团供出质子或接受质子的速率。在这方面咪唑基又有其优越性，它供出或接受质子十分迅速，半衰期小于 10^{-10}s，且供出质子或接受质子的速率几乎相等。由于咪唑基有如此优点，尽管组氨酸在大多数蛋白质中含量很少，却很重要。推测很可能在生物进化过程中，它不是作为一般的蛋白质结构成分，而是被选择作为酶分子中的催化成员而存留下来的。事实上，组氨酸是许多酶的活性中心的构成成分。

由于酶分子中存在多种提供质子或接受质子的基团，因此酶的酸碱催化效率比一般酸碱催化剂高得多。广义酸碱催化为在接近中性的 pH（体内环境）下进行催化创造了有利条件，具有重要的生物学意义。例如肽键在无酶存在下进行水解时需要高浓度的 H^+ 或 OH^-，以及很长的作用时间（10 ～ 24h）和高温（10 ～ 120 ℃）；而以胰凝乳蛋白酶作为酸碱催化剂时，在常温、中性下很快就可使肽键水解。

第四节　酶促反应动力学

一、酶促反应的基本动力学

1. 底物浓度的影响——底物浓度对酶促反应速率的影响是非线性的

早在 20 世纪初即已发现底物浓度对酶促反应具有特殊的饱和现象，这种现象在非酶促反应中是不存在的。如果酶促反应的底物只有一种（称单底物反应），当其他条件不变、酶的浓度也固定的情况下，一种酶所催化的化学反应速率与底物浓度有如下的规律：在底物浓度低时，反应速率随底物浓度的增加而急剧增加，反应速率与底物浓度成正比，表现为一级反应；当底物浓度较高时，增加底物浓度，反应速率虽随之增加，但增加的程度不如底物浓度低时那样显著，即反应速率不再与底物浓度成正比，表现为混合级反应；当底物浓度达到某一定值后，再增加底物浓度，反应速率不再增加，而趋于恒定，即此时反应速率与底物浓度无关，表现为零级反应，此时的速率为最大速率（v_{max}），底物浓度即出现饱和现象。由此可见，底物浓度对酶促反应速率的影响是非线性的。对于上述变化，如以酶促反应速率对底物浓度作图，则得到如图 6-6 所示的矩形双曲线。

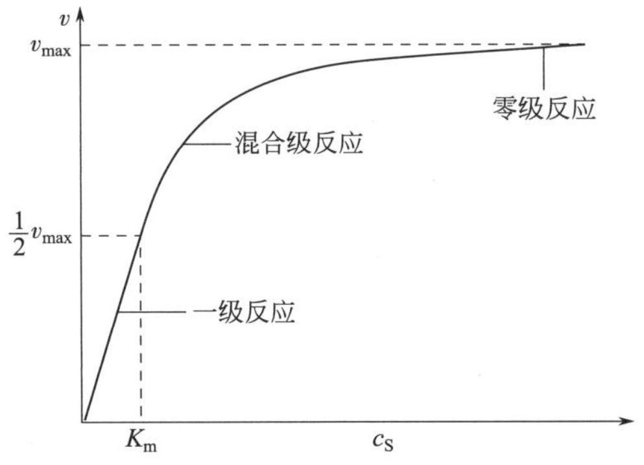

图 6-6　酶促反应速率与底物浓度的关系

2. 米氏方程——定量表达底物浓度与酶反应速率的关系

为了解释上述现象，并说明酶促反应速率与底物浓度间量的关系，Michaelis 和 Menten 提出了酶促反应动力学的基本原理，并归纳成一个数学式，称为米氏方程（Michaelis-Menten equation）：

$$v=\frac{v_{max}c_S}{K_m+c_S} \tag{6-1}$$

式中，v_{max} 为最大反应速率；c_S 为底物浓度；K_m 为米氏常数（Michaelis constant）；v 为 c_S 不足以产生最大速率 v_{max} 时的反应速率。

6-10　Michaelis-Menten 方程的建立

式（6-1）反映了底物浓度与酶促反应速率间的定量关系。

根据中间产物学说，酶促反应可按下列两步进行：

$$E+S \underset{k_2}{\overset{k_1}{\rightleftharpoons}} ES \underset{k_4}{\overset{k_3}{\rightleftharpoons}} E+P$$

反应中每一步有各自的速率常数：由酶和底物生成不稳定中间复合物 ES 的速率常数为 k_1，反向为 k_2；由 ES 转变成产物的速率常数为 k_3，反向为 k_4。由于 E +P 形成 ES 的速率极小（特别是在反应处于初速阶段时，产物的量 P 很少），即可将 ES 转变为 E +P 的反应视为不可逆，故 k_4 可忽略不计。

根据质量作用定律，由 E+S 形成 ES 复合物的生成速率为：

$$v = \frac{dc_{ES}}{dt} = k_1(c_E - c_{ES})c_S \tag{6-2}$$

式中，c_E 为酶的总浓度（游离酶与结合酶之和）；c_{ES} 为酶与底物形成的中间复合物的浓度；c_E-c_{ES} 为游离酶的浓度。

通常底物浓度比酶浓度过量得多，即 $c_S \gg c_E$，因而在任何时间内，与酶结合的底物的量与底物总量相比可以忽略不计。

同理，ES 复合物的分解速率，即 c_{ES} 的减少率可用下式表示：

$$v = \frac{-dc_{ES}}{dt} = k_2 c_{ES} + k_3 c_{ES} \tag{6-3}$$

当中间复合物 ES 处于稳态时，ES 复合物的生成速率与分解速率相等，保持浓度恒定，达到动态平衡，即：

$$k_1(c_E - c_{ES})c_S = k_2 c_{ES} + k_3 c_{ES} \tag{6-4}$$

将式（6-4）移项整理，可得到：

$$\frac{c_S(c_E - c_{ES})}{c_{ES}} = \frac{k_2 + k_3}{k_1} = K_m \tag{6-5}$$

K_m 称为米氏常数。从式（6-5）中解出 c_{ES}，即可得到 ES 复合物的稳定态浓度：

$$c_{ES} = \frac{c_E c_S}{K_m + c_S} \tag{6-6}$$

因为酶促反应的初速率与 ES 复合物的浓度成正比，所以可以写成：

$$v = k_3 c_{ES} \tag{6-7}$$

当底物浓度达到能使这个反应体系中所有的酶都与其结合形成 ES 复合物时，反应速率 v 即达到最大速率 v_{max}。因为这时 c_E 已相当于 c_{ES}，式（6-7）可以写成：

$$v_{max} = k_3 c_E \tag{6-8}$$

将式（6-6）的 c_{ES} 值代入式（6-7），得：

$$v = k_3 \frac{c_E c_S}{K_m + c_S} \tag{6-9}$$

以式（6-8）除式（6-9），则可得：

$$\frac{v}{v_{max}} = \frac{k_3 \dfrac{c_E c_S}{K_m + c_S}}{k_3 c_E}$$

故

$$v = \frac{v_{max} c_S}{K_m + c_S}$$

这就是米氏方程。如果 K_m 和 v_{max} 均为已知，便能够确定酶促反应速率与底物浓度之间的定量关系。

3. v_{max} 和 K_m——动力学的基本参数

当酶促反应处于 $v=\frac{1}{2}v_{max}$ 的特殊情况时，则米氏方程为：

$$\frac{v_{max}}{2}=\frac{v_{max}c_S}{K_m+c_S} \tag{6-10}$$

故

$$K_m=c_S \tag{6-11}$$

这就是说：米氏常数 K_m 为酶促反应速率达到最大反应速率一半时的底物浓度。因此 K_m 的单位为物质的量浓度（mol/L）。

（1）K_m 值的求法　从酶的 v-c_S 图上可以得到 v_{max}，再根据$\frac{1}{2}v_{max}$ 可求得相应的 c_S 即为 K_m 值。但实际上以该方法来求 K_m 值是行不通的，因为即使以很大的底物浓度，也只能得到趋近于 v_{max} 的反应速率，而达不到真正的 v_{max}，因此不可能测到准确的 K_m 值。为了得到准确的 K_m 值，可以将米氏方程的形式加以改变，使其成为相当于 $y=ax+b$ 的直线方程，然后用图解法求出 K_m 值。常用于测定 K_m 值的方法为 Lineweaver-Burk 作图法，即双倒数作图法。

Lineweaver 和 Burk 将米氏方程化为倒数形式：

$$\frac{1}{v}=\frac{K_m+c_S}{v_{max}c_S}$$

即

$$\frac{1}{v}=\frac{K_m}{v_{max}}\times\frac{1}{c_S}+\frac{1}{v_{max}} \tag{6-12}$$

以$\frac{1}{v}$对$\frac{1}{c_S}$作图可得一直线（图 6-7），纵轴截距为$\frac{1}{v_{max}}$，斜率为$\frac{K_m}{v_{max}}$，横轴截距为 $-\frac{1}{K_m}$，即可求得 v_{max} 和 K_m。

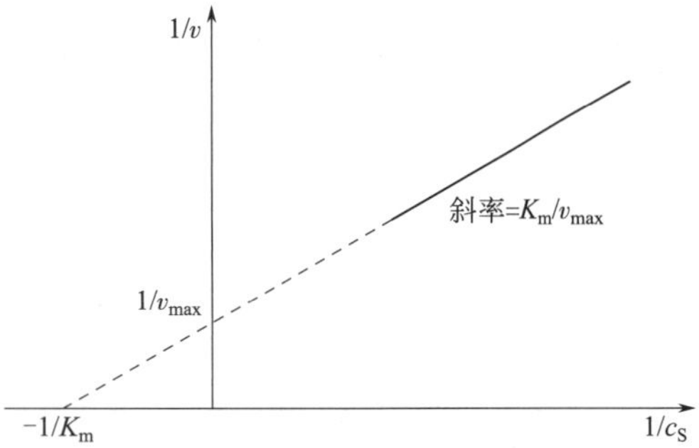

图 6-7　Lineweaver-Burk 作图

如果某一酶双倒数作图有线性偏离，就说明米氏方程的假设对该酶不适用。

双倒数作图法广泛应用于酶学研究。需要注意的是，双倒数作图法存在以下缺点：第一，直线外推至 $-1/K_m$ 时，通常已到坐标边缘，甚至需要重作图；第二，低底物浓度时测定往往不准确，底物浓度应由低到高全面选择。Eadie-Hofstee 作图法、Hanes-Woolf 作图法、Eisenthal-Cornish-Bowden 作图法等可一定程度上解决双倒数作图法的不足。随着计算机技术的发展，以最小二乘法等算法处理实验数据进行迭代计算直到满足收敛条件，非线性拟合求得 K_m、v_{max}，日益受到重视。

（2）米氏常数是酶学研究中的重要参数　在实际应用中，应注意它以下特点。

① K_m 是酶的特征常数　由 $K_m=\frac{k_2+k_3}{k_1}$ 说明，K_m 是反应速率常数 k_1、k_2 和 k_3 的函数，由于这些反应速率常数是由酶反应的性质、反应条件决定的，因此，对于特定的反应、特定的反应条件而言，K_m 才是一个特征常数。它只与酶的性质有关而与酶的浓度无关。不同的酶，具有不同的 K_m 值。各种酶的 K_m 值一般在 10^{-2} ～ 10^{-6}mol/L 数量级范围内（表 6-5）。

6-11　米氏方程线性化作图法

表6-5　一些酶的米氏常数

酶名称	底物	K_m/（mol/L）
蔗糖酶	蔗糖	2.8×10^{-2}
蔗糖酶	棉子糖	35×10^{-2}
α-淀粉酶	淀粉	6×10^{-4}
麦芽糖酶	麦芽糖	2.1×10^{-1}
脲酶	尿素	2.5×10^{-2}
己糖激酶	葡萄糖	1.5×10^{-4}
己糖激酶	果糖	1.5×10^{-3}
胰凝乳蛋白酶	*N*-苯甲酰酪氨酰胺	2.5×10^{-3}
胰凝乳蛋白酶	*N*-甲酰酪氨酰胺	1.2×10^{-2}
胰凝乳蛋白酶	*N*-乙酰酪氨酰胺	3.2×10^{-2}
过氧化氢酶	H_2O_2	2.5×10^{-2}
琥珀酸脱氢酶	琥珀酸盐	5×10^{-7}
丙酮酸脱氢酶	丙酮酸	1.3×10^{-3}
乳酸脱氢酶	丙酮酸	1.7×10^{-5}
碳酸酐酶	HCO_3^-	9×10^{-3}

② K_m 的应用是有条件的　K_m 值作为常数只是对固定的底物、一定的温度、一定的 pH 值等条件而言的。因此，在应用 K_m 值时，如用来鉴定酶，必须在指定的实验中进行。

③ K_m 值可以反映酶与底物的亲和力　如果一个酶对某底物的 K_m 值大，说明反应速率达到最大反应速率一半时所需的底物浓度高，表明酶同底物的亲和力小；反之，K_m 值小，酶同底物的亲和力大。

（3）K_m 在实际应用中的重要意义

① 鉴定酶　通过测定 K_m 值，可鉴别不同来源或相同来源但在不同发育阶段、不同生理状态下催化相同反应的酶是否属于同一种酶。

② 判断酶的最适底物　一种酶如果可以作用于多个底物，就有多个 K_m 值。测定各种底物的 K_m 值，可以找出酶的最适底物（optimum substrate），或称天然底物。K_m 值最小（或 v_{max}/K_m 最大）的底物就是最适底物。酶通常是根据最适底物来命名的。例如，蔗糖酶既可催化蔗糖分解（K_m 为 28mmol/L）也可催化棉子糖分解（K_m 为 350mmol/L），因为前者为最适底物，故称蔗糖酶，而不称为棉子糖酶。

③ 计算一定速率下的底物浓度　由 K_m 值及米氏方程可决定在所要求的反应速率下应加入的底物浓度，或者已知底物浓度来求该条件下的反应速率（估计产物生成量）。

④ 了解底物在体内具有的浓度水平　一般来说，作为酶的天然底物，它在体内的浓度水平应接近于它的 K_m 值，因为如果 $c_{S体内} \ll K_m$，那么 $v \ll v_{max}$，大部分酶处于“浪费”状态；相反，如果 $c_{S体内} \gg K_m$，那么，v 始终接近于 v_{max}，则这种底物浓度失去其生理意义，也不符合实际情况。

⑤ 判断反应方向或趋势　催化可逆反应的酶，对正逆两向的 K_m 值常常是不同的，测定 K_m 值的大小及细胞内正逆两向的底物浓度，可以大致推测该酶催化正逆两向反应的效率。这对了解酶在细胞内的主要催化方向及生理功能具有重要意义。

⑥ 判断抑制类型　测定不同抑制剂对某个酶的 K_m 及 v_{max} 的影响，可以判断该抑制剂的抑制作用类型。

⑦ 推测代谢途径　一种物质在体内的代谢途径往往不止一个，在一定条件下该代谢物究竟进入哪一条代谢路线，可由 K_m 推测。通常，K_m 值小的反应占优势。例如，丙酮酸在某些生物体内可转变成乳酸、乙酰辅酶 A 和乙醛，分别由乳酸脱氢酶、丙酮酸脱氢酶复合体（pyruvate dehydrogenase complex）和丙酮酸脱羧酶（pyruvate decarboxylase）催化，K_m 值分别为 1.7×10^{-5}mol/L、1.3×10^{-3}mol/L 和 1.0×10^{-3}mol/L。所以，当丙酮酸浓度较低时，主要转变成乳酸。

二、酶浓度对酶反应速率的影响

在酶催化的反应中，酶先要与底物形成中间复合物，当底物浓度远远超过酶浓度时，反应速率随酶浓度的增加而增加（当温度和 pH 不变时），两者成正比例关系（图 6-8）。酶反应的这种性质是酶活力测定的基础。在底物浓度低的条件下，酶没有全部被底物饱和，因此是不能正确测定酶活力的。例如，要比较两种酶活力的大小，可用同样浓度的过量底物和相同体积的甲乙两种酶制剂一起保温一定的时间，然后测定产物的量。如果甲产物是 0.2mg，乙是 0.6mg，则说明乙制剂活力是甲制剂活力的 3 倍。

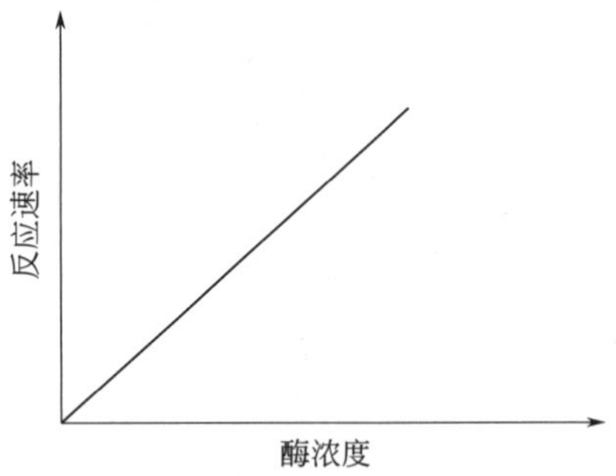

图 6-8　酶浓度对酶反应速率的影响

三、温度对酶反应速率的影响

酶促反应同其他大多数化学反应一样，受温度的影响较大。如果在不同温度条件下进行某种酶反应，然后再将测得的反应速率对温度作图，那么一般可得到如图 6-9 所示的曲线。在较低的温度范围内，酶反应速率随温度升高而增大，但超过一定温度后，反应速率反而下降，这种温度通常就称为酶反应的最适温度（optimum temperature）。这条曲线所表现的酶反应速率的改变，实际上是温度的两种影响的综合结果：温度加速酶反应；温度又能加速酶蛋白变性（参见图 6-9 虚线部分）。多数酶的最适温度在 30 ～ 40℃之间。

温度的这种综合影响与时间有密切关系，根本原因是温度促使酶蛋白变性是随时间累加的。在反应的最初阶段，酶蛋白变性尚未表现出来，因此反应的（初）速率随温度升高而增加；但是，反应时间延长时，酶蛋白变性逐渐突出，反应速率随温度升高的效应逐渐为酶蛋白变性效应所“抵消”，因此在不同反应时间内测得的“最适温度”也就不同，它随反应时间延长而降低（图 6-10，其中 t 为时间）。

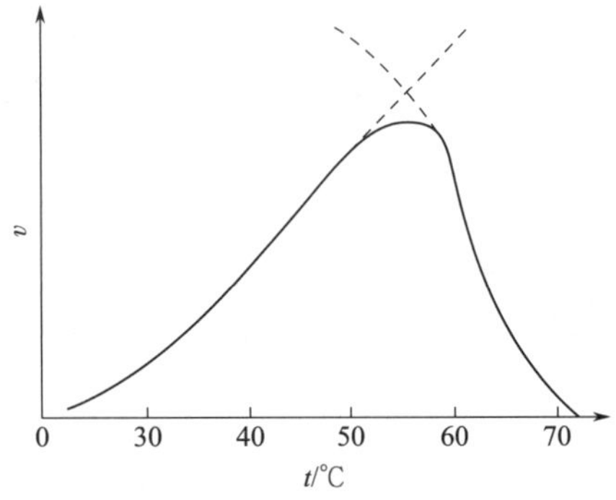

图 6-9　酶反应的“最适温度”

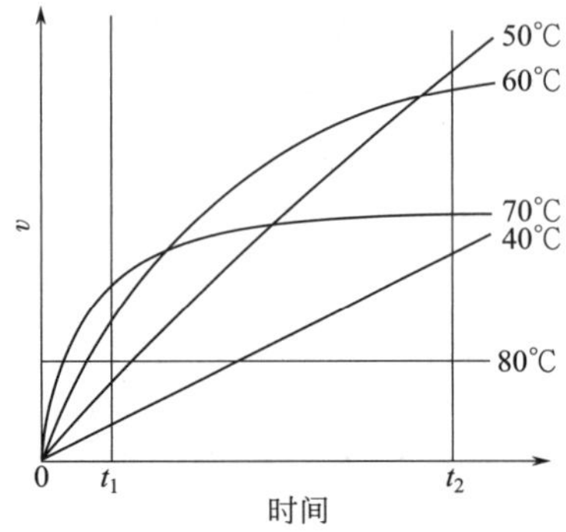

图 6-10　酶反应最适温度与时间的关系

最适温度不是酶的特征物理常数，因为一种酶所具有最适温度不是一成不变的，它要受到酶的纯度、底物、激活剂、抑制剂以及酶促反应时间等因素的影响。因此，对同一种酶来讲，应说明是在什么条件下的最适温度。

掌握温度对酶作用的影响规律，具有一定实践意义，如临床上的低温麻醉就是利用低温能降低酶的活性，减慢细胞的代谢速率，以利于手术治疗。低温保存菌种和作物种子，也是利用低温降低酶的活性，以减慢新陈代谢。相反，高温杀菌则是利用高温使酶蛋白变性失活，导致细菌死亡。酶的固体状态比在溶液中对温度的耐受力更高，因此酶制剂通常以冰冻干粉形式长期保存。

四、pH 值对酶反应速率的影响

酶的活性受 pH 值的影响较大。在一定 pH 值下酶表现最大活力，高于或低于此 pH 值，活力均降低。

酶表现最大活力时的 pH 值称为酶的最适 pH 值（optimum pH）。大多数酶的最适 pH 值在 5 ～ 8 之间。与最适温度一样，最适 pH 不是酶的特征物理常数，受底物性质和浓度、缓冲液性质和浓度、介质离子强度以及温度等因素的影响。

典型的酶活力 -pH 曲线有如钟罩形，它和两性电解质在不同 pH 的解离曲线很相似（图 6-11）。pH 对酶活性的影响可能是由于 pH 改变了酶的活性中心或与之有关的基团的解离状态。这就是说，酶要表现活性，它的活性中心有关基团都必须具有一定的解离形式，其中任何一种基团的解离形式发生变化都将使酶转入“无活性”状态（这与活性中心以外其他基团的解离状态关系不大）。

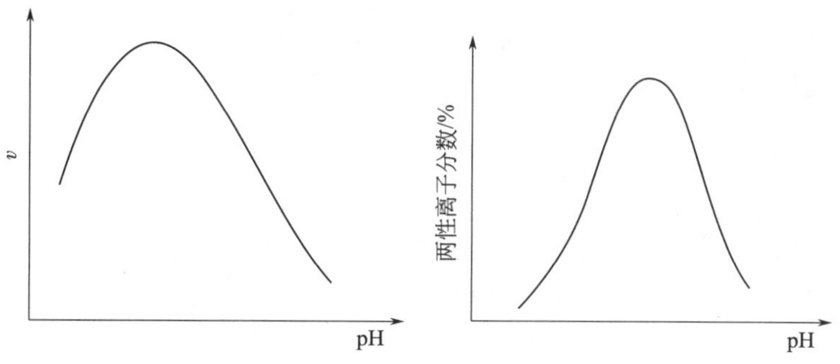

图 6-11 pH 值对酶活性的影响

五、激活剂对酶反应速率的影响

凡能提高酶的活性，加速酶促反应进行的物质都称为激活剂或活化剂（activator）。酶的激活与酶原的激活不同，酶激活是使已具活性的酶的活性增高，使其活性由小变大；酶原激活是使本来无活性的酶原变成有活性的酶。

有些酶的激活剂是金属离子和阴离子，如许多激酶需要 Mg^{2+}，精氨酸酶需要 Mn^{2+}，羧肽酶需要 Zn^{2+}，唾液淀粉酶（ptyalin）需要 Cl^-等；有些酶的激活剂是半胱氨酸、巯基乙醇、谷胱甘肽、维生素 C 等小分子有机物；有的酶还需要其他蛋白质激活。需要指出的是，金属离子又是许多酶的辅因子。如 Mn^{2+} 是磷酸转移酶的辅因子，起连接作用。激活剂与辅因子的区别在于：激活剂不是酶的固有成分，决定酶活性的大小；辅因子是酶的必需成分，决定酶活性的有无。

激活剂的作用是相对的，一种酶的激活剂对另一种酶来说，也可能是一种抑制剂。不同浓度的激活剂对酶活性的影响也不同。

六、抑制剂对酶反应速率的影响

研究抑制剂对酶的作用，对于研究生物机体的代谢途径、酶活性中心功能基团的性质、酶作用的专一性、酶的催化机制以及某些药物的作用机理等方面都具有十分重要的意义。

1. 抑制作用的概念——抑制作用不同于失活作用和去激活作用

一些物质能够降低酶活性，使酶促反应速率减慢，其机理，可分为下列三种情况。

（1）抑制作用（inhibition） 酶的必需基团（包括辅因子）的性质受到某种化学物质的影响而发生改变，导致酶活性的降低或丧失。这时酶蛋白一般并未变性，有时可用物理或化学方法使酶恢复活性，这就是抑制作用。能引起酶抑制作用的物质称为抑制剂（inhibitor）。抑制剂对酶有一定的选择性，只能引起某一类或某几类酶的活力降低或丧失，不像变性剂那样几乎可使所有酶都丧失活性。

（2）失活作用（inactivation） 酶蛋白分子受到一些理化因素的影响后破坏了次级键，部分或全部改变了酶分子的空间构象，从而引起酶活性的降低或丧失，这是酶蛋白变性的结果。因此，凡是蛋白质变性剂（denaturant）均可使各种酶失活，变性剂对酶普遍适用。

（3）去激活作用（deactivation） 某些酶只有在金属离子存在下才能表现其活性，如果用金属螯合剂去除金属离子，会导致其活性降低或丧失。常见的例子是用乙二胺四乙酸（EDTA）去除二价金属离子如 Mg^{2+}、Mn^{2+}，可降低某些肽酶或激酶的活性。但这并不是真正的抑制作用，因为抑制作用是指化学物质对酶蛋白或其辅基的直接作用。EDTA 等去激活剂（deactivator）并不和酶直接结合，而是通过去除金属离子而间接地影响酶的活性。因为这些金属离子大多是酶的激活剂，所以将这类对酶活性的影响称为去激活作用，以区别于抑制作用。

2. 抑制作用的类型——可逆抑制与不可逆抑制

根据抑制剂与酶作用的方式不同，可把抑制作用分为不可逆抑制和可逆抑制两类。

（1）不可逆抑制（irreversible inhibition） 抑制剂与酶活性中心必需基团共价结合，引起酶活性丧失，是酶的共价修饰抑制。由于抑制剂同酶分子结合牢固，故不能用透析、超滤、凝胶过滤等物理方法去除。根据不同抑制剂对酶的选择性不同，这类抑制作用又可分为非专一性不可逆抑制与专一性不可逆抑制两类；前者是指抑制剂可作用于酶分子上的一类或几类基团或作用于几类不同的酶，如烷化剂（碘乙酸、DNFB 等）可作用于氨基、羧基、咪唑基、巯基以及硫醚基，酰化剂（酸酐、磺酰氯等）可使酶蛋白的羟基、巯基和氨基酰化，有机汞（对氯汞苯甲酸）可作用于半胱氨酸的巯基而抑制含巯基的酶；后者是指抑制剂通常只专一地作用于某一种酶的活性中心必需基团，包括 K_S 型和 k_{cat} 型专一性不可逆抑制剂。

酶只与它的底物或底物的结构类似物之间有较高的亲和力。自然界存在或人工设计合成了一类酶的天然底物的衍生物或类似物，利用酶对底物的选择性专一地对酶进行修饰标记。K_S 型不可逆抑制剂具有底物类似结构，同时还带有一个活泼的化学基团，能与酶分子中的必需基团反应进行化学修饰，从而抑制酶。如对甲苯磺酰 -L-赖氨酰氯甲酮具有与胰蛋白酶底物类似结构，其活泼的化学基团能与胰蛋白酶活性中心必需基团 His^{57} 共价结合，引起胰蛋白酶不可逆失活。k_{cat} 型不可逆抑制剂本身也是酶的底物，还有一个潜伏的反应基团。只有遇到专一性靶酶时，酶将其作为底物结合并对其进行催化，潜伏的反应基团被激活或解开，作用于酶活性中心必需基团，使酶不可逆失活。k_{cat} 抑制剂具有高度专一性，又称为自杀性底物（suicide substrate）。

（2）可逆抑制（reversible inhibition） 抑制剂与酶蛋白非共价键结合，具有可逆性，可用透析、超滤、凝胶过滤等方法将抑制剂除去。这类抑制剂与酶分子的结合部位可以是活性中心，也可以是非活性中心。根据抑制剂与酶结合的关系，可逆抑制作用可分为竞争性抑制、非竞争性抑制和反竞争性抑制等类型。

① 竞争性抑制（competitive inhibition） 某些抑制剂的化学结构与底物相似，因而与底物竞争性地同酶活性中心结合。当抑制剂与活性中心结合后，底物就不能再与酶活性中心结合；反之，如果酶的结合部位已被底物占据，则抑制剂也不能与酶结合。所以，竞争性抑制作用的强弱取决于抑制剂与底物的浓度比例，而不取决于两者的绝对量。竞争性抑制通常可通过增大底物浓度得以消除。若抑制剂的化学结构与过渡态底物类似，其竞争性抑制效率更高，称为过渡态底物类似物抑制剂。

竞争性抑制是最常见的一种可逆抑制作用。最典型的竞争性抑制是丙二酸（malonic acid）对琥珀酸脱氢酶（succinate dehydrogenase）的抑制作用。丙二酸与琥珀酸结构相似，因而竞争性地争夺琥珀酸脱氢酶的结合部位，产生竞争性抑制：

② 非竞争性抑制（noncompetitive inhibition） 酶可以同时与底物及抑制剂结合，两者没有竞争作用。酶与抑制剂结合后，还可与底物结合；酶与底物结合后，也还可以与抑制剂结合。不管抑制剂与酶先结合还是后结合，只要抑制剂与酶结合后，酶 - 底物复合物就再不能转化为产物。非竞争性抑制剂通常与酶的非活性中心部位结合，这种结合引起酶分子构象变化，致使活性中心的催化作用降低。非竞争性抑制作用的强弱取决于抑制剂的绝对浓度，因此不能通过增大底物浓度来消除抑制作用。

③ 反竞争性抑制（uncompetitive inhibition） 酶只有与底物结合后，才能与抑制剂结合。反竞争性抑制常见于多底物反应，如 L-Phe 反竞争性抑制碱性磷酸酶。

3. 抑制作用的动力学——K_m 和 v_{max} 的变化

（1）竞争性抑制 在竞争性抑制中，抑制剂或底物与酶的结合都是可逆的，可用下式表示（I 表示抑制剂）：

$$E+S \underset{k_2}{\overset{k_1}{\rightleftharpoons}} ES \xrightarrow{k_3} E+P \quad 或 \quad E+I \underset{k_{i2}}{\overset{k_{i1}}{\rightleftharpoons}} EI$$

在竞争性抑制中，抑制剂与酶结合成为复合物 EI，不能与底物结合，即不存在：

$$EI+S \xrightarrow{k_i} ESI$$

式中，k_i 为抑制常数，$k_i=k_{i2}/k_{i1}$，因此 k_i 是复合物 EI 的解离常数，可写成：

$$k_i = \frac{c_E c_I}{c_{EI}} \tag{6-13}$$

按照米氏方程推导的方法，可推出竞争性抑制剂、底物浓度与酶反应的动力学方程：

$$\frac{1}{v} = \frac{K_m}{v_{max}}\left(1+\frac{c_I}{k_i}\right)\frac{1}{c_S} + \frac{1}{v_{max}} \tag{6-14}$$

依据此方程可作竞争性抑制作用的米氏方程和双倒数方程特征曲线（图 6-12）。

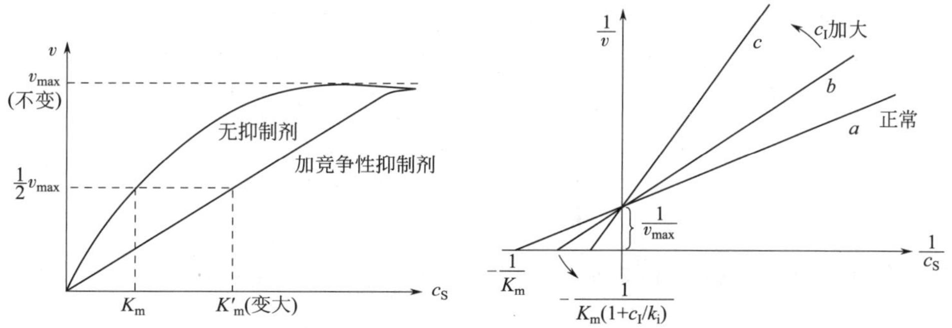

图 6-12 竞争性抑制作用特征曲线

图 6-12 中，a 为没有抑制剂的曲线，b 和 c 为存在抑制剂的曲线，抑制剂浓度 c_I 为 $c>b$。竞争性抑制作用的双倒数作图为一组相交于 Y 轴的直线，直线斜率随抑制剂浓度增加而增大。由图可见，v_{max} 没有改变，说明酶与底物的结合部位没有改变，在增加底物浓度的情况下，可达到同一最大反应速率。在存在竞争性抑制剂的情况下，K_m 值增大，$K'_m>K_m$，表明酶与底物结合能力（亲和力）降低，其原因是酶的活性中心被抑制剂占据，而且抑制剂浓度愈高（$c>b$），底物与酶结合的能力就愈低。

6-12 模拟酶动力学

（2）非竞争性抑制 在非竞争性抑制作用中，存在着如下的平衡：

$$E+S \xrightleftharpoons{K_m} ES \longrightarrow E+P$$

$$E+I \xrightleftharpoons{k_i} EI$$

$$ES+I \xrightleftharpoons{k_i} ESI \xrightleftharpoons[+S]{-S} EI$$

酶与底物结合后，可再与抑制剂结合，酶与抑制剂结合后，也可再与底物结合：

$$ES+I \xrightleftharpoons{k_i} ESI \quad k_i=\frac{c_{ES}c_I}{c_{EIS}}$$

$$EI+S \xrightleftharpoons{k_i'} ESI \quad k_i'=\frac{c_{ES}c_S}{c_{EIS}}$$

经过类似推导，可得出非竞争性抑制作用的动力学方程：

$$\frac{1}{v}=\frac{K_m}{v_{max}}\left(1+\frac{c_I}{k_i}\right)\frac{1}{c_S}+\frac{1}{v_{max}}\left(1+\frac{c_I}{k_i}\right) \tag{6-15}$$

其米氏方程及双倒数方程的特征曲线见图 6-13。

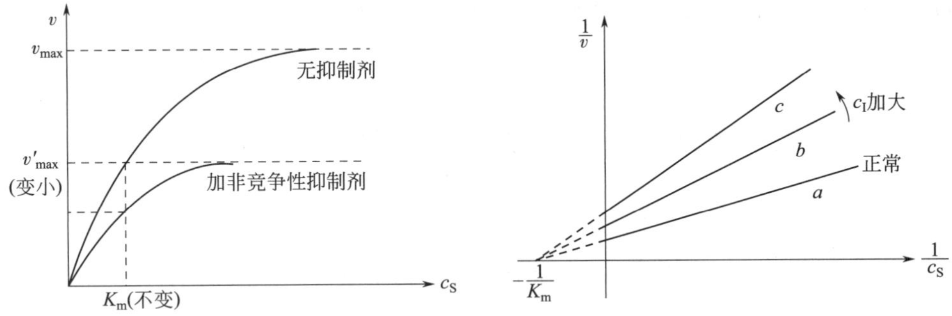

图 6-13 非竞争性抑制作用特征曲线

非竞争性抑制作用的双倒数作图为一组相交于 X 轴的直线，直线斜率随抑制剂浓度增加而增大。由图 6-13 可见，在存在非竞争性抑制剂（b 和 c）的情况下，增加底物浓度不能达到没有抑制剂存在时（a）的最大速率（v_{max}）。有非竞争性抑制剂存在时，虽然最大反应速率 v_{max} 减小，但 K_m 不变。

（3）反竞争性抑制　相对于竞争性抑制与非竞争性抑制，反竞争性抑制存在着下列平衡，抑制剂只能与酶 - 底物中间复合物结合：

$$E+S \xrightleftharpoons{K_m} ES \longrightarrow E+P$$

$$ES+I \xrightarrow{k_i} ESI$$

酶蛋白必须先与底物结合，然后才与抑制剂结合，抑制剂不能直接与酶结合：

$$E+I \xrightarrow{k_i} EI \quad ES+I \rightleftharpoons ESI$$

经过类似推导，可得出反竞争性抑制作用的动力学方程：

$$\frac{1}{v}=\left(\frac{K_m}{v_{max}}\right)\frac{1}{c_S}+\frac{1}{v_{max}}\left(1+\frac{c_I}{k_i}\right) \tag{6-16}$$

其米氏方程及双倒数方程的特征曲线见图 6-14。

反竞争性抑制作用的双倒数作图为一组平行的直线，直线在 Y 轴截距随抑制剂浓度增加而增大。由图 6-14 可见，在存在反竞争性抑制剂（b 和 c）的情况下，增加底物浓度不能达到没有抑制剂存在时（a）的最大速率（v_{max}）。在反竞争抑制作用下，K_m 及 v_{max} 都变小（见图 6-14）。

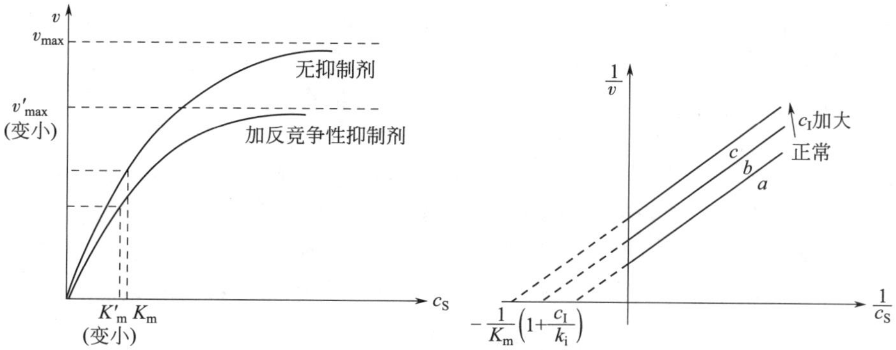

图 6-14　反竞争性抑制作用特征曲线

酶促反应与抑制剂的关系总结于表 6-6。

表 6-6　酶促反应与抑制剂的关系

类型	反应式	速度方程	v_{max}	K_m
无抑制剂	$E+S \longleftrightarrow ES \longrightarrow E+P$	$v=\frac{v_{max}c_S}{K_m+c_S}$	v_{max}	K_m
竞争性抑制	$E+S \longleftrightarrow ES \longrightarrow E+P$ $E+I \longleftrightarrow EI$	$v=\frac{v_{max}c_S}{K_m\left(1+\frac{c_I}{k_i}\right)+c_S}$	不变	增大
非竞争性抑制	$E+S \longleftrightarrow ES \longrightarrow E+P$ $E+I \longleftrightarrow EI$ $ES+I \longleftrightarrow ESI$	$v=\frac{v_{max}c_S}{\left(1+\frac{c_I}{k_i}\right)(K_m+c_S)}$	减小	不变
反竞争性抑制	$E+S \longleftrightarrow ES \longrightarrow E+P$ $ES+I \longleftrightarrow ESI$	$v=\frac{v_{max}c_S}{K_m+\left(1+\frac{c_I}{k_i}\right)c_S}$	减小	减小

4. 酶的抑制作用与药物设计——以酶为靶点开发新药

酶的抑制作用也可以为医药、农业、畜牧业设计新药提供理论依据，具有很重要的应用价值。由于抑制酶的活性可以杀死病原体或校正新陈代谢的不平衡，许多药物就是以酶为作用靶点的酶抑制剂。一些酶抑制剂还被用作除草剂或杀虫药。在应用中较多的是具有高度专一性的 k_{cat} 型不可逆抑制剂（自杀性底物）和竞争性抑制剂。

（1）不可逆抑制剂类药物　青霉素是临床上常用的抗生素，是糖肽转移酶的不可逆抑制剂，共价结合酶的丝氨酸羟基使酶失活，从而抑制细菌肽聚糖的交联而阻碍细胞壁合成。而青霉素耐药性产生的主要原因是耐药细菌获得了编码 β-内酰胺酶的基因，该酶能水解青霉素的内酰胺环，破坏了青霉素的杀菌能力。克拉维酸（clavulanic acid）是 β-内酰胺酶（β-lactamase）的自杀性底物（图 6-15），为青霉素亚砜衍生物。克拉维酸能与 β-内酰胺酶的活性中心结合，酶分子的丝氨酸羟基进攻内酰胺环上的羰基，导致内酰胺环开环形成酰化产物，该催化反应类似于 β-内酰胺酶对青霉素的催化反应。从而与 β-内酰胺酶牢固结合，生成不可逆的结合物，使 β-内酰胺酶不可逆地失活，可消除细菌的耐药性。尽管克拉维酸本身仅有微弱的抗菌性能，但将其与青霉素联合使用，能增强青霉素对抗性细菌株的抑制能力。

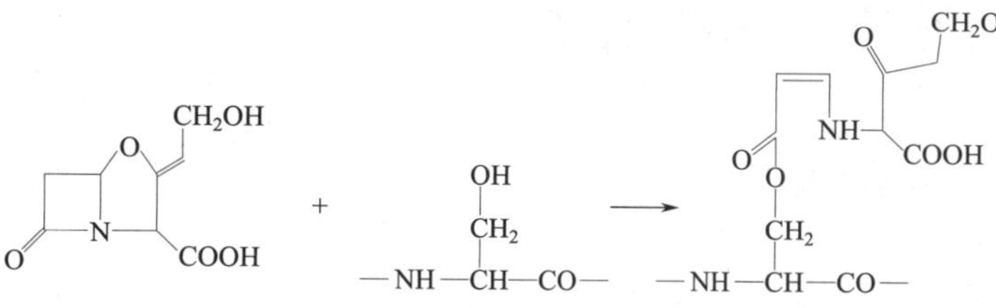

克拉维酸　　β-内酰胺酶　　酰化酶

图 6-15　克拉维酸抑制 β-内酰胺酶的机制

抗菌药 β-卤代-D-丙氨酸是细菌丙氨酸消旋酶（alanine racemase）的专一性不可逆抑制剂，属于以磷酸吡哆醛为辅酶的酶类的自杀性底物。β-卤代-D-丙氨酸本身也是其专一性靶酶丙氨酸消旋酶的底物，当被酶催化反应时，β-卤代-D-丙氨酸的潜伏的反应基团被活化，共价作用于丙氨酸消旋酶的必需基团，使酶不可逆失活。因此细菌无法将L-丙氨酸消旋为合成肽聚糖的原料D-丙氨酸，肽聚糖合成受阻，细菌不能合成细胞壁而死亡。

（2）竞争性抑制剂类药物　对氨基苯甲酸是叶酸结构的一部分，磺胺类药物对氨基苯磺酰胺的结构与对氨基苯甲酸类似，是二氢叶酸合成酶的竞争性抑制剂，能阻止细菌合成二氢叶酸，从而影响核酸代谢，导致细菌生长增殖被抑制。而人体能直接利用食物中的叶酸，因此磺胺类药物可作为抗菌药物。抗菌增效剂甲氧苄啶（trimethoprim，TMP）是二氢叶酸的类似物，能竞争性抑制二氢叶酸还原酶，与磺胺类药物联合使用可增强磺胺药的药效，使细菌的四氢叶酸合成被双重阻碍，严重影响细菌核酸和蛋白质合成（图6-16）。

6-13　红色的百浪多息

6-14　药王的诞生：阿托伐他汀的研发与酶法生产

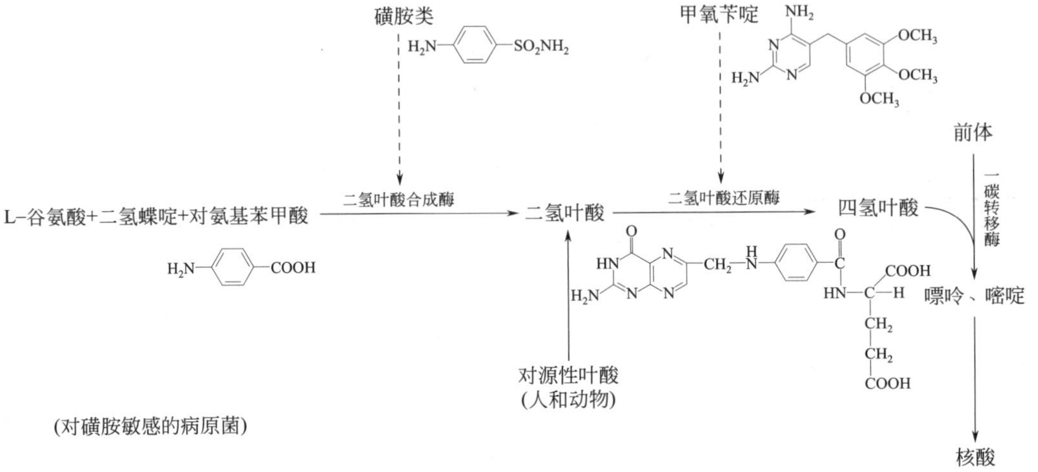

图6-16　磺胺类药物和TMP作用原理

（3）酶抑制剂在农业和畜牧业中的应用　有机磷化合物能共价修饰酶分子活性中心的丝氨酸羟基，是一些蛋白酶和酯酶的非专一性不可逆抑制剂。有机磷农药，如敌敌畏、敌百虫、对硫磷等，强烈抑制乙酰胆碱酯酶活性，导致乙酰胆碱无法分解而累积，使神经系统处于过度兴奋状态，引起神经中毒症状。解磷定能将酶上的磷酸根除去，恢复酶活性，可作为解毒药物。

尿素是廉价的氮源，但其降解率过高，易引起氨中毒。脲酶抑制剂可抑制脲酶活性，减慢尿素分解速率，提高反刍动物对尿素氮的利用率，避免氨中毒，还能减少粪尿产生氨从而降低环境污染。脲酶抑制剂作为饲料添加剂在畜牧业中广泛应用，如硼酸盐、磷酸盐等无机化合物，以及异丁酸、异戊酸等支链脂肪酸和胺磷酸。尿素衍生物如巯基脲、羟基脲，通过竞争性抑制降低尿素的分解。

6-15　酶抑制剂类药物与计算机辅助药物设计

（4）酶抑制剂新药　以酶为靶点的药物是发现新药的重要着手点，设计并合成病原或异常组织特异的酶的专一性抑制剂对于疾病的治疗非常有用。酶抑制剂类药物的发现主要有两种途径：一是来源于天然化合物，主要是动植物和各种微生物的代谢产物，放线菌是产生酶抑制剂药物最多的类群，其中最重要的是链霉菌属；二是化学合成物，新药筛选的化合物库中绝大部分为有机化学产物，合成药是新药的主要来源，将高通量筛选技术与组合化学、组合生物合成技术相结合，实现酶抑制剂大规模筛选，是开发酶抑制剂新药的主要渠道。

第五节　酶的制备

一、酶的生产

1. 酶制剂的生产方法

工业酶制剂被称为生物产业的“芯片”，全球酶制剂市场规模逐年增加，2019年已接近100亿美元，预计 2027 年将增长至 150 亿美元。酶制剂支撑着下游数百倍市场规模的工业，在超过 500 种工业产品生产及 150 个生产工艺中使用了酶制剂或微生物细胞催化。酶制剂应用十分广泛，包括食品、饲料、洗涤、日化、纺织、环保、制革、造纸、医药、化工等工业领域。食品加工业一直是酶的主要消费领域，占市场总额 26%，其中烘焙、酿造、乳品营养、香料、脂肪和油脂改性为主要领域。生物燃料为第二大酶消费领域，占市场总额 18%，预计未来五年市场增长最快，复合年增长率为 7.3%。洗涤剂行业占第三位，占市场总额 14%。大多数工业酶都是水解酶，主要是糖酶和蛋白酶，其次是氧化还原酶。目前自然界中发现的酶有数千种，但投入工业生产的仅有约 60 个品种，因此工业酶制剂发展前景广阔。

工业酶制剂主要是从各种微生物细胞、动植物组织中提取，可以是纯化酶或粗酶提取物，也可以直接用处理过的或活的微生物细胞。主要途径有提取分离法、生物合成法和化学合成法。

（1）提取分离法

提取分离法是最早被采用并沿用至今的方法，采用稀盐、稀酸或稀碱溶液或有机溶剂从动植物组织中提取粗酶，再通过各种分离、纯化技术获得纯度较高的酶，制成酶制剂（图 6-17）。动物器官、植物组织是酶工程发展初期最重要的酶来源，如提取自动物胃中的胃蛋白酶、肝脏的过氧化氢酶、胰腺的糜蛋白酶和胰蛋白酶、小肠的碱性磷酸酶，提取自番木瓜乳胶中的木瓜蛋白酶，提取自菠萝茎的菠萝蛋白酶等。该方法简单易行，但受制于原料供给与波动，提取效率较低，大量制备局限性较大，产品产量低、价格高，主要适用于目前还难以通过生物合成法生产的酶类，仍有其实用价值。

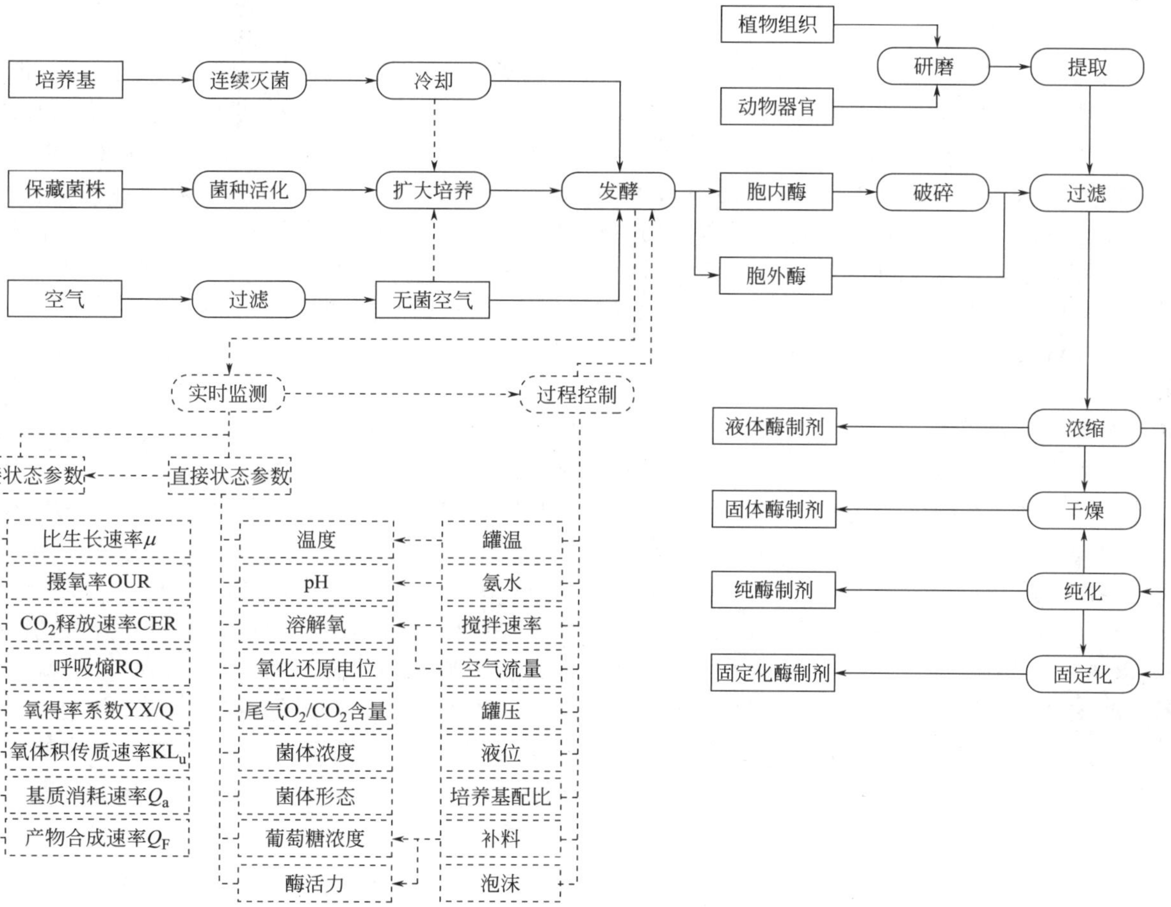

图 6-17　酶的生产工艺

（2）生物合成法

生物合成法是现代酶生产的主要方法，是在人工控制条件的生物反应器中进行细胞培养，利用细胞的生命活动合成所需目的酶，包括微生物细胞发酵法、植物细胞培养法和动物细胞培养法。由于微生物来源广泛、种类丰富、代谢旺盛、培养容易、繁殖速度快、产

6-16　胰蛋白酶提取制备工艺

酶效率高、易于遗传操作，而且产物分离提取简便、发酵工艺自动化和连续化程度高、生产周期短且不受季节波动，可大规模低成本生产，微生物细胞发酵法在酶制剂生产方面发挥着核心作用，约占市场份额 90% 以上。超过 50% 的工业酶制剂由真菌生产，33% 由细菌生产。

2. 微生物发酵产酶

（1）酶生产菌株

常用的产酶微生物包括大肠杆菌（*Escherichia coli*）、枯草芽孢杆菌（*Bacillus subtilis*）、链霉菌（*Streptomyces* sp.）、黑曲霉（*Aspergillus niger*）、米曲霉（*Aspergillus oryzae*）、红曲霉（*Monascus* sp.）、青霉（*Penicillium* sp.）、木霉（*Trichoderma* sp.）、根霉（*Rhizopus* sp.）、毛霉（*Mucor* sp.）、酿酒酵母（*Saccharomyces cerevisiae*）、假丝酵母（*Candida* sp.），以及镰孢霉（*Fusarium* sp.）、假单胞菌（*Pseudomonas* sp.）、红球菌（*Rhodococcus* sp.）和棒杆菌（*Corynebacterium* sp.）等。例如，大肠杆菌生产谷氨酸脱羧酶、青霉素酰化酶，枯草芽孢杆菌生产 α-淀粉酶、中性蛋白酶，黑曲霉生产糖化酶、果胶酶等。

还可以通过基因工程技术构建高效表达的工程菌或在适宜的底盘细胞中表达酶，摆脱对天然酶源的依赖，已越来越广泛地应用于酶制剂的工业生产。1990 年，以大肠杆菌 K-12 表达生产的牛凝乳酶，成为第一个获得美国 FDA 批准用于食品的重组酶制剂。新一代基因工程酶制剂的研发和生产，是酶工程的发展趋势。

（2）生产工艺

微生物产酶发酵工艺通常包括种子扩大培养（预培养）、发酵产酶、分离纯化三个工序（图 6-17）。发酵过程需要在无菌条件下进行，需要有一定量的初始细胞（接种量），通入空气或氧气，以 C、N、P、S 等元素作为营养物质供细胞生长和用于酶合成。产酶发酵方法分固体发酵法和液体发酵法两类。

固体发酵法也称麸曲培养法，以麸皮、米糠或豆粕为主要原料，及按需添加谷糠、豆饼等其他原料，加水拌成半固态物料作为培养基，进行微生物生长繁殖和产酶。该法设备简单、容易操作，尤其适于霉菌类生产酶制剂。酿酒工业的糖化酶，普遍采用固体发酵法。但固体发酵法也存在劳动强度大、原料利用低、提取精制困难、传质传热低下、条件不易控制、产酶不够稳定等明显不足。

液体发酵法以液态培养基进行微生物生长繁殖和产酶。按通气方式，分为液体表面发酵法和液体深层发酵法，其中液体深层通气发酵是普遍采用的方法，菌体处于悬浮状态，空气通过气液界面传质进入液相再扩散进入细胞内部。按过程连续性，分为分批发酵、补料分批发酵、半连续发酵和连续发酵，其中补料分批发酵技术是目前规模化工业发酵生产酶制剂的主要方式。所用主要设备是发酵罐，为一个具有搅拌桨叶和通气系统的密闭容器。液体深层通气发酵法易于对工艺条件控制，包括温度、pH、溶解氧、氧化还原电位、搅拌速率、营养成分、泡沫等，有利于自动化控制。在密闭发酵罐内进行纯菌发酵，所产酶纯度高、质量稳定，还具有机械化程度高、劳动强度小、设备利用率高等优点。

6-17 发酵法工业生产 α-淀粉酶工艺

包括酶合成在内的微生物细胞物质代谢处于自动调节的动态平衡，合成的酶量通常在能满足其自身需要又不至于过量合成造成浪费的状态。为了实现酶制剂的高产，必须人为打破微生物体内物质代谢平衡，深入了解酶生物合成的调节机制，通过合理调控或代谢工程手段，如改良发酵菌种、优化发酵条件、控制产物和酶合成阻遏物的浓度、利用酶合成诱导物等方式，有效提高酶产量。

3. 工业酶制剂

工业酶制剂应避免不必要的纯化，只需除去干扰酶催化反应的其他酶和原料即可。因为每增加一个步骤就增加设备、费用和人力，也使酶活力降低。若发酵生产的酶为胞内酶，以离心或过滤所得菌体作为酶源；当为胞外酶时，以过滤所得清液（根据需要可超滤浓缩）甚至直接以发酵液作为酶源。

酶制剂应按照质量标准、商品要求进行生产，达到稳定性强、批间重现性好、安全性高的要求，并制备成适合于流通、使用、贮存的剂型，包括液体酶制剂、固体粗酶制剂、纯酶制剂、固定化酶制剂。

液体酶制剂比较经济，但不稳定且成分繁杂，只适于就近的某些工业部门应用。固体粗酶制剂便于运输和短期保存，成本也不高，多用于工业加工。纯酶制剂可用于科研、分析，以及医疗与诊断。

二、酶的纯化

1. 纯化策略——活性蛋白提取的一般原则

酶分离纯化工作的最终目的就是要获得高纯度的酶制剂，整个工作包括三个基本环节：提取、纯化和制剂制备。第一步是将酶从原料中提取出来制成酶溶液；然后是纯化，即选择性地将酶从溶液中分离出来，或者选择性地将杂质从酶溶液中移除出去；最后是制剂制备，即将纯化的酶制作成一定形式的制剂。

在着手分离纯化工作时，下述问题应作为基本原则加以考虑。

第一，要注意防止酶变性失活，这一点在纯化的后期更为突出。一般凡是用以预防蛋白质变性的措施通常也都适用于酶的分离纯化工作。①除了少数例外，所有操作都应在低温条件下进行，尤其是在有机溶剂存在的情况下更应特别小心；②大多数酶在 $pH<4$ 或 $pH>10$ 的情况下不稳定，故必须控制整个系统不要过酸过碱，同时要避免在调整 pH 时产生局部酸碱过量的现象；③酶和其他蛋白质一样，常易在溶液表面或界面处形成薄膜而变性，故操作中应尽量减少泡沫形成；④重金属能引起酶失效，有机溶剂能使酶变性，微生物污染以及蛋白水解酶的存在能使酶分解破坏，所有这些都应予以足够的重视。

第二，从理论上说，凡是用于蛋白质分离纯化的一切方法都同样适用于酶。由于酶分离纯化的最终目的是要将酶以外的一切杂质（包括其他酶）尽可能地除去，因此，允许在不破坏“目的酶”的限度内使用各种手段。此外，由于酶和它作用的底物及它的抑制剂等具有亲和性，当这些物质存在时，酶的理化性质和稳定性往往会发生一些变化，此时酶的分离纯化工作需采用更多、更有效的方法与条件。

第三，酶具有催化活性，检测酶活力可以追踪酶，为酶的提取、纯化以及制剂制备过程中选择适当的方法与条件提供直接的依据。实际上，从原料开始，整个过程的每一步始终都应贯穿酶活力的测定与比较，因为只有这样，才能知道在某一步骤中采用的各种方法与条件，分别使酶的比活力提高了多少，酶回收了多少，从而决定它们的取舍。比活力提高倍数表示纯化方法的有效程度，总活力回收率表示提纯过程中酶的损失情况，二者是衡量纯化方法的指标。

2. 酶提取纯化的方法——不同目的选用不同方法

提取的要求是将尽可能多的酶、尽量少的杂质从原料引入溶液。

（1）预处理和破碎细胞　根据酶在体内的分布可分为细胞内酶和细胞外酶；根据细胞内酶的存在状态，即是否与细胞内的颗粒体或膜结合，又可分为结合酶与可溶酶。细胞外酶没有破碎细胞的问题，但是细胞内酶却只有在细胞破裂后才能释放出来，而且提取效果也往往与细胞破碎程度有关。至于结合酶，还有一个切断它与颗粒体或膜的联结问题。

（2）提取　细胞破碎后，可采用两种方式进行提取：一是“普遍”提取；二是先后用不同溶剂进行选择性提取，如先后采用不同浓度的乙醇选择性地提取肝匀浆中的酶，如果待分离的酶集中于细胞器颗粒体中，则先将颗粒体从细胞匀浆中分离出来，然后进行提取。在提取中应考虑 pH、盐、温度等因素。

有时还需要在提取液中加入某些物质。例如，为防止蛋白酶的破坏性水解作用可加入蛋白酶抑制剂如对甲苯磺酰氟（PMSF）；为防止氧化等因素的影响可加入半胱氨酸、惰性蛋白和底物等。

总的来说，破坏细胞壁、细胞膜以后，可溶酶一般不难提取。至于结合酶，其中有一些与颗粒体结合不太紧密，在颗粒体结构受损时就能释放出来，提取也不难，如 α-酮戊二酸脱氢酶（α-ketoglutarate dehydrogenase）、延胡索酸酶（fumarase）可用缓冲液提取；细胞色素 c（cytochrome c）可用 0.145mol/L 的三氯乙酸提取。但是，那些和颗粒体结合得很紧的酶，它们常以脂蛋白形式存在，其中有的在形成丙酮粉末以后就可提取出来，有的却需要使用较强烈的手段，如用正丁醇等处理。正丁醇的特点是兼具高度的亲水性和亲脂性，能破坏脂蛋白间的结合使酶进入溶液，如用于琥珀酸脱氢酶（succinate dehydrogenase）的提取。近年来广泛采用的还有去污剂，如用胆酸盐、Triton、Tween、Teepol 等提取呼吸链酶系；也可使用促溶试剂如过氯酸；有时还需用脂肪酶、核酸酶、蛋白酶等处理后才能使酶提取出来。

（3）浓缩 提取液和发酵液中酶的浓度一般都很低，所以在进行纯化前往往须先浓缩。常用的浓缩方法有蒸发、超滤、凝胶过滤、冰冻浓缩等。工业生产上应用较多的是薄膜蒸发浓缩法和超滤法。

（4）纯化

① 纯化的含义 在提取液中，除了待纯化的酶外，通常不可避免地混有其他小分子和大分子物质；其中小分子杂质在以后的纯化步骤中一般会自然地除去，大分子物质包括核酸、黏多糖和其他蛋白质。核酸和黏多糖往往干扰以后的纯化，特别是细菌的提取液中常含有大量核酸，所以应设法预先除去。核酸可加硫酸链霉素、聚乙烯亚胺、鱼精蛋白或 $MnCl_2$ 等使之沉淀除去，必要时也可使用核酸酶；黏多糖则常用醋酸铅、乙醇、单宁酸和离子型表面活性剂等处理除去，有时也可用酶。这些杂质移除后，余下的就是杂蛋白了，纯化的主要工作，同时也是比较困难的工作，就是要将粗酶液中的杂蛋白除去。

② 纯化方法的选择 关于酶与杂蛋白的分离，可参照现成的程序，也可另外建立新的流程。要获得较理想的分离效果应注意：第一，工作前应对所要纯化的酶的理化性质（溶解度、分子大小和解离特性）以及酶的稳定性等有一个较全面的了解，这样就可知道应选择哪些方法与条件，避免哪些处理，以及了解在什么情况下酶比杂蛋白更稳定而能加以利用。第二，判断选择的方法与条件是否适当，始终应以活力测定为准则；一个好的步骤应该是比活力（纯度）提高多，总活力回收高，而且重现性好；一般纯化过程不宜重复相同的步骤和方法，因为这样只能使酶的总活力下降，而不能使酶的纯度进一步上升。第三，要严格控制操作条件，特别是随着酶逐渐纯化、杂蛋白逐渐移除、总的蛋白浓度下降，蛋白质间的相互保护作用随之减小，酶的稳定性降低，就更应注意防止变性。

6-18 模拟酶纯化

6-19 脂肪酶制剂的发酵生产和应用技术

虽然亲和技术发展日新月异，但许多酶仍可方便地用“老式”的酒精沉淀或硫酸铵沉淀法制备。这些酶来源丰富，除用传统法制备得不到均质产品或产生部分失活外，一般不再费力采用亲和色谱技术。

（5）保存 将纯化后的酶溶液透析除盐后冷冻干燥成酶粉，低温下可长期保存。

三、酶活力的测定

1. 定性测定——根据酶催化的反应判断

酶的定性和定量测定的原理不同于一般化学物质，它不能用质量和体积来表示。要检查某一个酶是否存在，利用该酶所催化的化学反应特征，将所提取的酶液与它所催化的底物在一定条件下进行反应，如有产物产生，并且一经煮沸该活性即消失，就可以证明提取液中有该酶存在。例如，栖土曲霉的发酵液能促使酪蛋白水解，就可以断定栖土曲霉能形成蛋白酶（protease）；红曲霉发酵液能使淀粉糖化，证明红曲霉发酵液具有糖化淀粉酶（amylase）。

2. 活力单位——表示酶量的指标

酶催化一定化学反应的能力称为酶活力（activity）或酶活性。当底物浓度远远超过酶浓度时，酶催化反应对底物来说是零级反应，而对酶来说是一级反应，酶催化反应的反应速率与酶浓度成正比。酶活力通常以在一定条件下，酶所催化的化学反应的速率来确定。因此，酶活力的测定也就是酶所催化的反应速率的测定。所测反应速率大，表示酶活力高；反应速率小，表示酶活力低。

酶促反应的速率用单位时间内、单位体积中底物的消耗量或产物的生成量来表示。所以，反应速率的单位为：物质的量（或浓度）/ 单位时间。在酶活力测定中，底物往往是过量的，底物的消耗量不易测准，而产物是发生从无到有的变化，因此通常是测产物的生成量。

酶活力的高低是用酶活力单位（U）来表示的（active unit，U 为单位 unit 的缩写）。酶活力单位是根据某种酶在一定条件下（温度、pH、缓冲液、底物浓度），单位时间内酶作用的底物的消耗量或产物的生成量来定义的。例如，栖土曲霉蛋白酶的活力单位定义为：在 40℃、pH 7.2 的条件下，每分钟分解酪蛋白产生相当于 1μg 酪氨酸的酶量为一个活力单位；α-淀粉酶的活力单位定义为：在 60℃、pH 6.2 的条件下，每小时可催化 1g 可溶性淀粉液化所需要的酶量为一个活力单位，或是每小时催化 1mL 2% 的可溶性淀粉液化所需要的酶量为一个活力单位。可见，各种酶的活力单位是不同的，就是同一种酶也有不同的活力单位定义，所以在比较文献上记载的酶活力单位时必须注意这一点，以免造成差错。

为便于比较和统一活力标准，1961 年国际酶学委员会曾作过统一规定：在标准条件下，1min 内转化 1μmol 底物的酶量定义为一酶活力单位，亦即国际单位（IU）。如果底物有一个以上可被作用的键，则一个活力单位是指 1min 内使 1μmol 有关基团转化的酶量。上述“标准条件”是指温度 25 ℃，以及被测酶的最适条件，特别是最适 pH 及最适底物浓度。

1972 年国际酶学委员会又推荐一个新的酶活力国际单位，即 Katal（Kat）单位。1Kat 单位定义为：在最适条件下，每秒可使 1mol 底物转化的酶量；同理，可使 1μmol 底物转化的酶量为 μKat 单位。

3. 酶活力的定量测定方法——不同酶选用不同方法

（1）初速率

在酶催化反应过程中，反应速度只在最初一段时间内保持恒定；随着反应进行，底物消耗量或产物生成量并不是和时间一直保持线性关系，反应速度随时间的延长而降低（图 6-18）。因此，要真实测定酶活力，应该在产物生成量与反应时间成正比的这一段时间内进行速率的测定，即反应初速度（initial velocity），v_0。

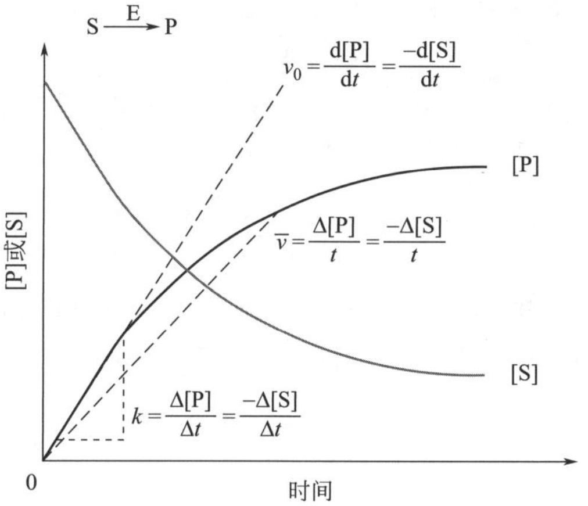

图 6-18　酶反应速率曲线

① 连续法　酶促反应开始后，在反应过程中直接对反应体系以较短的一定时间间隔连续多次测定产物或底物浓度，以其对酶反应的时间作关系曲线，即反应进程曲线，进一步作进程曲线初始部分的切线，其斜率即为酶催化反应的初速率。也可近似地将进程曲线初始部分视为直线，直线部分斜率作为初速率。直线部分的时间即初速率时间，在初速率时间内进行活力测定即为反应初速率，通常以底物浓度变化在起始浓度的 5% 以下的速率作为初速率的近似值。

② 终止法　很多酶催化反应在实际操作中难以连续测定，则可在初速度反应时间内，酶促反应一定时间后用终止剂终止反应，测定该时间段产物或底物浓度的总变化量，以底物消耗量或产物生成量除以反应时间，求出酶活力。实际上终止法测定的是平均速率而非初速率。终止法操作简单，是一种可以接受的酶活性测定方式，其关键在于测定应该控制在初速度反应时间内。

（2）酶活力测定的方式

① 直接测定法　直接测定底物或产物。

② 间接测定法　通过化学衍生反应使底物或产物转化为其他易于测定的物质或反应。例如，蔗糖酶（invertase）催化蔗糖水解生成葡萄糖和果糖等还原糖，还原糖在碱性条件下可将 3,5-二硝基水杨酸（DNS）还原为棕红色的 3-氨基 -5-硝基水杨酸，还原糖的量与棕红色物质颜色的深浅成正比关系，通过测定特定波长吸光度，即可计算出还原糖的含量，进而反映蔗糖酶活力。

③ 酶偶联分析法　有的酶反应本身不易测定，可通过与易于测定的另一酶反应偶联，以待测酶反应

的产物，作为辅助酶的底物，测量第二个酶促反应产物，以辅助酶的反应速率来代表待测酶的活力，该方法称为酶偶联分析法（enzyme-coupled assay）。酶偶联分析法具有信号放大、灵敏度高的优点，但对反应条件的控制要求较高，对测定结果的解释和分析相对复杂。酶偶联分析法要求第一个反应是限速反应。辅助酶在酶偶联反应中可以一个或多个，通常要求过量、专一。例如，葡萄糖氧化酶（glucose oxidase，GOD）催化葡萄糖氧化生成过氧化氢，过氧化物酶（peroxidase，POD）催化过氧化氢与特定的显色底物如3,3′,5,5′-四甲基联苯胺（TMB）反应，生成一种有色产物，通过测定产物吸光度测定葡萄糖氧化酶活力。

（3）酶活力测定的方法

酶活力测定的基本要求是精密、准确、灵敏、特异、稳定、迅速、微量、简便等。随着新技术、新方法的不断推出和应用，测定方法向实时、在线、自动、智能、高通量方向发展。

① 化学分析法　这是酶活力测定的经典方法，如滴定分析法、重量分析法等，至今仍常使用。几乎所有的酶都可以根据这一原理设计测定其活力的具体方法。此法的优点是不需特殊仪器，应用范围广，但一般工作量大，有时实验条件不易准确控制。

② 分光光度法　利用底物和产物光吸收性质的不同，选择适当的波长测定其吸收光谱的变化。根据比尔 - 朗伯定律（Beer-Lambert Law），以标准曲线换算底物或产物浓度。例如，乳酸脱氢酶活力催化乳酸和 NAD^+ 反应生成丙酮酸和NADH，NADH在340nm处有特征吸收峰，通过测定溶液在该波长的吸光度上升速率以反映乳酸脱氢酶活力。分光光度法是目前应用最广的酶活力测定方法，其最大的优点是迅速、简便，并可方便地测得反应进程，特别是对于反应速率较快的酶作用，能够得到准确的结果。微孔板读数仪（俗称酶标仪）对于酶活力测定和酶反应研究更是快速、准确和自动化。

6-20　酶活力测定在生物智能制造中的应用

③ 量气法　当酶促反应中底物或产物之一为气体时，可以测量反应系统中气相的体积或压力的改变，从而计算气体释放或吸收的量，根据气体变化和时间的关系，即可求得酶反应速率。

除上述方法外，还有其他方法也可用于酶活力的测定，如比色、旋光、荧光、黏度、极谱、电化学、色谱、波谱、以及同位素技术等。

4. 比活力——表示酶纯度的指标

比活力（specific activity）是指每毫克酶蛋白（或每毫克蛋白氮）所含的酶活力单位数（有时也用每克酶制剂或每毫升酶制剂含多少活力单位来表示）。即：

$$\text{比活力 (U/mg)} = \frac{\text{活力单位 (U)}}{\text{酶蛋白}\left(\text{氮}\right)\text{质量}\left(\text{mg}\right)} \tag{6-17}$$

比活力是表示酶制剂纯度的一个指标，在酶学研究和酶纯化时常用到。在纯化酶时不仅在于得到一定量的酶，而且要求得到不含或尽量少含其他杂蛋白的酶制品。在纯化步骤中，除了要测定一定体积或一定质量的酶制剂中含有多少活力单位外，往往还需要测定酶制剂的纯度，酶制剂的纯度一般都用比活力的大小来表示。比活力愈高，表明酶愈纯。

5. 转换数——另一种表示酶催化能力大小的方法

酶的转换数（turnover number）表示酶的催化中心的活性，指每秒内每一催化中心（或活性中心）所能转换的底物分子数，或每摩尔酶活性中心每秒转换底物的物质的量（mol），也称为催化常数（catalytic constant，k_{cat}，单位 s^{-1}）。米氏方程推导中的 k_3 即为转换数（$ES \xrightarrow{k_3} E+P$）。当底物浓度过量时，因为 $v_{max}=k_3 c_E$，故转换数可用下式计算：

$$\text{转换数} = k_3 = \frac{v_{max}}{c_E} \tag{6-18}$$

第六节 酶的多样性

酶的催化活性不是一成不变的，有些酶在不同条件下，其结构发生变化使活性改变；有些酶具有不同结构形式，从而具有不同的催化效率，甚至改变催化性质；有的酶一种酶分子甚至具有几种不同的功能；酶的本质也不仅仅是蛋白质，有的 RNA 也具有酶的催化特性。所有这些均说明，酶的结构和功能都是多种多样的，是变化的、动态的，也正因为如此，才构成了生物体内物质代谢的复杂性、多样性和统一性，以及环境适应性。

一、核酶

1982 年 Cech 发现，原生动物四膜虫的 26S rRNA 的前体加工转变成的 L19RNA 具有催化自我剪接（self-splicing）的能力；1983 年 Altman 又发现核糖核酸酶 P（RNase P，一种加工 tRNA 前体的酶）中的 RNA 具有该酶的催化活性；之后又逐渐发现另外一些 RNA 具有催化一定化学反应的能力。Cech 给这类具有酶催化特性的 RNA 取名为“ribozyme”，中译名为：核酶（酶性 RNA、类酶 RNA 等）。

1. 核酶的组成和结构

核酶是具有特殊结构的 RNA。不同核酶的多聚核苷酸链的长度有很大的差异。例如核酶 RNase P 链长在 345 ～ 417 核苷酸之间，而槌头状核酶只含 49 个核苷酸单元。体外研究证明，最小的核酶只含有 3 个核苷酸单元。

RNA 是核酶的功能部分。有些核酶的分子除了 RNA 外，还含有其他一些成分。例如核酶 RNase P 由 RNA 和蛋白质共同组成，蛋白质只起维护 RNA 构象的作用。此外，许多核酶还需要无机离子，如 Pb^{2+}、Mn^{2+} 或 Mg^{2+} 等的激活。

核酶具有相应的空间结构，核酶的二级结构与它们的催化活性密切相关。从现已研究的核酶的结构分析，最简单的核酶其催化部位的二级结构为槌头结构，由 13 个保守核苷酸序列和 3 个茎环结构构成，进行分子内催化，剪切反应在槌头结构右上方的 GUN 序列的 3′端自动发生（图 6-19）。

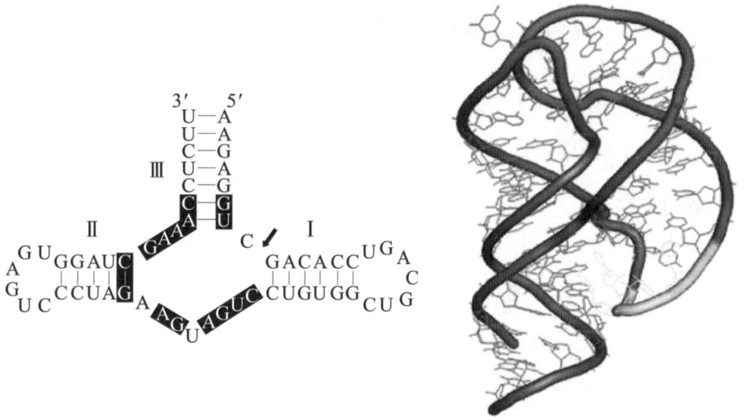

图 6-19 核酶槌头结构

2. 核酶的催化作用

核酶的作用底物基本上都是 RNA 分子，即 RNA 催化 RNA。核酶催化的反应主要包括：水解反应（RNA 限制性内切酶活性）、连接反应（聚合酶活性）和转核苷酰反应等。核酶水解 RNA，是催化 RNA 分子中一定部位的磷酸二酯键断裂。核酶 RNase P 在 Mg^{2+} 的存在下，能起核酸水解酶的作用，即可在 tRNA 前体的 5′端部分水解切除一个特殊序列，生成 tRNA。在发夹结构核酶中，含有 GUC 序列的 RNA 都可以作为底物，剪切发生在底物识别序列 GUC 的 5′端。

与蛋白酶相比，核酶的催化效率要低得多。如四膜虫 IVS（间插序列）水解 RNA 的速率每分钟只有两次；胰核酶水解 RNA 的速率每分钟也只有数千次。从作用方式上，不同的核酶各有特点。有的核酶催化分子内反应，有的催化分子间反应。切割型核酶一般只有水解酶功能，如 RNase P 能水解 tRNA 前体的 5′ 端特殊序列，形成自由的 3′-OH 和 5′-磷酸末端。剪接型核酶的特点是兼有水解酶和连接酶功能，如 IVS 所起的自催化剪接作用。

20 世纪 90 年代以来的研究表明，这类具 RNA 本质的新酶，基本底物是 RNA，但不局限于 RNA，它还可以作用于 DNA、多糖以及氨酰酯等，如催化 DNA 分子的断裂，直链淀粉的分支反应（branching reaction）。蛋白质生物合成中的氨酰 -tRNA 合成酶（aminoacyl-tRNA synthetase，催化氨基酸与它相应的 tRNA 相连接）及肽酰转移酶（peptidyl transferase）中的 RNA 组分也起催化作用（见本书第十二章）。这表明核酶很可能具有氨酰酯酶、氨酰 -tRNA 合成酶和肽基转移酶的活性。由于这些反应均与蛋白质的生物合成有关，因此核酶在核酸的翻译、表达和核糖体功能中可能具有重要作用。迄今已发现几十种 RNA 催化剂，这些新型催化剂的发现及新的催化机理的阐明，将极大地扩展和丰富酶学的内涵。

3. 核酶研究的现状与展望

核酶的发现具有重要意义，表明核酸既是信息分子又是功能分子。在生命起源上，解决自然界中是先有核酸还是先有蛋白质的问题，对于生命起源和生物进化的研究有着重要的启示。RNA 是一种即能携带遗传信息又有催化功能的物质，因此很可能 RNA 是生命起源中首先出现的生物大分子。

近年来，核酶的研究取得了许多重要进展。由于核酶具有 RNA 限制性内切酶活性，切割位点高度特异，可人工合成核酶用于切割特定的基因转录产物，抑制基因表达。利用槌头结构可设计出自然界不存在的核酶。设计时使核酶的配对区与待降解靶 mRNA 有合适的互补区域，就能进行特异切割，从而破坏 mRNA。广泛用于病毒、肿瘤的治疗和基因表达调控、基因功能研究等领域。

在核酶的研究中，目前仍然有两个问题没有得到很好的解决：①核酶催化效率太低；②由于核酶本身是 RNA，很容易被核酸水解酶（RNase）所破坏。因此，核酶的应用受到很大的限制。高效核酶的设计和合成、切割及连接机制和选择性的探讨，核酶在生物体内的稳定性，非 RNA 底物核酶的研究等，是核酶研究的主要方向。近年来，核酸技术的发展，如定向分子进化技术、PCR 技术等的应用，为筛选具有特殊性质的新型核酶开辟了新的途径。

二、调节酶

同一般无机催化剂比较，酶最重要的特点就是有些酶的催化活性是可以调节的。即在不同条件下，它所催化的化学反应速率是可变的，这种在体内活性可发生改变并调节代谢速率的酶，称为调节酶（regulatory enzyme）。调节酶通常是通过酶分子本身的结构变化来改变酶的活性。调节酶主要包括共价修饰酶和别构酶两大类。此外，有的酶还可通过亚基的聚合或解聚等方式来调节酶的活性。

1. 共价修饰酶（covalent modification enzyme）

酶蛋白分子肽链上某些氨基酸侧链基团，在另一种酶的催化下，发生可逆的化学修饰，使酶分子共价连接（或脱除）一定的化学基团，称为共价修饰或化学修饰（chemical modification）。酶被修饰后，有的被激活（或活性增高），有的被抑制（或活性降低）。通过这种修饰作用，使酶处于活性与非活性形式的互变状态，从而调节酶的活性。如糖原代谢中，糖原分解的关键酶糖原磷酸化酶，其磷酸化状态为有活性的磷酸化酶 a，去磷酸化状态为无活性的磷酸化酶 b；糖原合成的关键酶糖原合成酶则刚好相反，其磷酸化状态为无活性的合成酶 D，去磷酸化状态为有活性的合成酶 I。

磷酸化和去磷酸化是一种普遍的调节方式，磷酸化作用由蛋白激酶催化将 ATP 或 GTP 的 γ 位磷酸转移到蛋白质 Ser、Thr 以及 Tyr 残基的羟基通过磷酸酯键共价连接，去磷酸化作用则由蛋白磷酸酶催化水解磷酸酯键而脱除磷酸基团。

2. 别构酶（allosteric enzyme）

别构酶是另一类重要的调节酶，它同共价修饰酶不同，不是通过共价键（化学基团）的变化，而是通过酶分子非催化部位与效应物（或调节物，常常是代谢的产物）可逆地非共价结合后发生构象变化而改变酶的活性，因此又称为变构酶。这类酶具有两个在空间上彼此独立并分开的特异部位（或称中心）：即活性部位（active site）和调节部位（regulatory site）。前者是底物结合部位，后者是效应物结合部位，又称为别构部位。当底物与活性部位结合时，酶即催化底物转变为产物；当效应物与调节部位结合时，可导致酶分子的构象改变，从而引起酶活性的改变（降低或升高）。该现象称为别构效应（allosteric effect，变构效应）。

别构酶一般位于代谢途径中的第一步反应，控制着整个代谢途径的速率与途径之间的平衡。别构酶的动力学不符合米氏方程，具有协同效应，即一个配体分子与酶结合后能影响第二个配体的结合。

3. 聚合解聚调节酶（polymeric-depolymeric regulatory enzyme）

调节酶都是寡聚酶，有的酶通过酶的各个亚基的聚合与解聚来调节其活性。在这类调节酶中，有的是亚基聚合后才具有活性（或活性提高），有的则相反，解聚后才是有活性的，聚合后是无活性的（或活性降低）。

6-21 cAMP对蛋白激酶A的别构调节

三、多功能酶

多功能酶（multifunctional enzyme）是指结构上仅为一条肽链，却具有两种或两种以上功能的酶蛋白。例如，大肠杆菌的天冬氨酸激酶Ⅰ（aspartate kinase Ⅰ）和高丝氨酸脱氢酶Ⅰ（homoserine dehydrogenase Ⅰ）就组成一个多功能酶，尽管这个酶分子由4个相同亚基组成，但上述两种酶的活性中心却在一个亚基上，该亚基肽链N末端部分具有天冬氨酸激酶活性，C末端部分具有高丝氨酸脱氢酶活性。大肠杆菌DNA聚合酶I（DNA Polymerase I）是一条分子量109的肽链，具有5′→3′聚合酶活性，在模板和引物存在的条件下，以dNTP为底物，催化dNTP加到核苷酸链的3′-OH末端，使DNA链沿5′→3′方向延长，合成与模板互补的DNA；该酶同时具有单链特异性的3′→5′核酸外切酶活性，用于校正切除错配碱基，以及双链特异性的5′→3′核酸外切酶活性，用于切除引物。用蛋白水解酶轻度水解大肠杆菌DNA聚合酶I得到两个肽段，一个含5′→3′核酸外切酶活性，另一个含其余两种酶的活性，表明大肠杆菌DNA聚合酶I分子中含多个活性中心。DNA聚合酶I多功能性对于DNA复制及遗传信息保真性至关重要。

四、人工酶

人工酶（artificial enzyme）是指非天然存在的、在人工参与下体外合成、半合成、模拟或改造天然酶形成的酶。随着对酶的结构与功能研究的日益深入，人们已从多方面改造或构建天然酶，以便更好发挥酶的功能，或创建新酶，赋予酶的新功能。

1. 抗体酶（abzyme）

抗体酶是将抗体（免疫球蛋白）的高度选择性（专一性）与酶的高效催化能力融为一体的特殊蛋白质，它既具有酶的催化特性，又能与特异抗原相结合。

抗体酶是用人工合成的酶与底物结合的中间过渡态类似物作为半抗原（hapten）免疫动物，使动物产生抗体，这种抗体具有酶的催化功能和抗体专一性。

抗体介导前药治疗（ADEPT）技术利用抗体酶的高度专一性可用于药物对靶细胞的定位，临床应用时可减少药物对正常细胞的损害。5-氟尿嘧啶（5FdU）是临床常见的抗癌药物，但毒副作用大。用半抗原诱导产生的抗体酶能水解无毒的5-氟尿嘧啶前药转变为5-氟尿嘧啶。将此抗体酶与肿瘤专一性抗体偶联成双特异性抗体，从而开发成特异性抗癌药物，抗体酶通过肿瘤专一性抗体而存在于肿瘤细胞的表面。静脉给药后，当前药扩散至肿瘤细胞的表面或附近，抗体酶才会将前药迅速水解释放出有毒的5-氟尿嘧啶，从而提高肿瘤细胞局部药物浓度，增强对肿瘤的杀伤力，避免了化疗缺乏专一性而产生的高毒性、半衰期短等缺点。

2. 突变酶（mutation enzyme）

应用蛋白质工程（见本书第十四章）技术将天然酶的活性基团进行改造所得到的酶称为突变酶。因为目前蛋白质工程的主要手段是通过改变酶的基因来改造酶，故名突变酶。这种改造通常使活性中心的某些氨基酸被取代，从而改变酶的活性。如枯草杆菌蛋白酶（subtilisin）的第99位的天冬氨酸和第156位的谷氨酸，这两种酸性氨基酸被碱性氨基酸赖氨酸替换后，产生了一种活性很高的枯草杆菌蛋白酶。

3. 模拟酶（analog enzyme）

利用有机化学的方法合成比天然酶结构简单得多的具有催化功能的非蛋白分子，这种分子模拟天然酶对底物的结合和催化过程，既具有酶催化作用的高效率和专一性，又具有比天然酶稳定的特性，这种物质即称为模拟酶。现在也可以通过计算机进行模拟。这种模拟可分为3个层次：①合成具有类似酶活力的简单化合物；②酶活性中心模拟；③整个酶分子模拟。现在已利用环糊精，成功模拟了核糖核酸酶、胰凝乳蛋白酶、碳酸酐酶等。如利用β-环糊精的空穴作为底物结合部位，以连在环糊精侧链上的羧基、咪唑基及环糊精自身的羟基共同构成催化部位，可模拟胰凝乳蛋白酶。

第七节　酶在工业上的应用及酶工程

一、酶在食品工业中的应用

食品加工过程中如何保持食物的色、香、味和结构是很重要的问题，因此加工过程中要避免使用剧烈的化学反应。酶由于反应温和、专一性强、本身无色无味、反应容易控制，因而最适宜用于食品加工。与食品原料的主要成分糖类、蛋白质、脂类分解相关的淀粉酶、蛋白酶、脂肪酶等可用于原料的有效利用，也用于食品物理性质、营养价值和风味的改良，以及生理活性功能食品开发。如转谷氨酰酶广泛用于蛋白质的凝集性质的改良，能使食品蛋白质非加热凝胶化，赋予乳蛋白形成凝胶能力，提高鱼肉蛋白黏弹性。

酶在食品加工中最大的用途是淀粉加工，其次是乳品加工、果汁加工、烘烤食品以及啤酒发酵等。与此有关的各种酶如淀粉酶（amylase）、葡萄糖异构酶（glucose isomerase）、乳糖酶（lactase）、凝乳酶（chymosin）、蛋白酶（protease）等的总销售金额几乎占酶制剂市场总营业额的60%以上，其中一半用于淀粉加工，主要是制造果葡糖浆、葡萄糖、麦芽糖，以及各种淀粉糖浆、麦芽糊精等。

1. 淀粉加工业

常用于淀粉加工的酶是α-淀粉酶、β-淀粉酶、糖化酶、葡萄糖异构酶和脱支酶等，主要由*Bacillus*属细菌以通气搅拌液体培养法生产。葡萄糖的制造使用α-淀粉酶和葡萄糖淀粉酶；麦芽糖的制造使用β-淀粉酶和异淀粉酶。

加工的第一步是将淀粉先用α-淀粉酶液化，再通过各种酶的作用便可制成多种淀粉糖浆，其性质亦各不相同，风味各异，故适用于不同的用途。

2. 乳品工业

在乳品工业中所用的酶主要有：①凝乳酶用于制造干酪，凝乳酶使鲜奶凝固；②过氧化氢酶（catalase）

用于牛奶消毒；③溶菌酶（lysozyme）常用于婴儿奶粉；④乳糖酶用于分解乳糖；⑤脂肪酶（lipase）用于黄油增香。其中以干酪生产与分解乳糖最为重要，全世界干酪生产耗牛奶达一亿多吨，占牛奶总产量的1/4。自发现微生物凝乳酶以后，现在85%的动物酶已由微生物酶代替，凝乳酶已成为仅次于淀粉酶的酶产品。

3. 果蔬加工业

水果加工中最重要的酶是果胶酶（pectinase），果胶在植物中作为一种细胞间隙填充物质而存在。在果蔬保藏方面，用葡萄糖氧化酶（glucose oxidase）去除脱水蔬菜糖分，可防止储藏过程中发生褐变。用半纤维素酶处理咖啡豆制造速溶咖啡，可降低提取温度，增加收率，改善风味。

酶在橘子罐头加工中有着广泛的用处，黑曲霉（*Aspergillus niger*）所产生的半纤维素酶（hemicellulase）、果胶酶和纤维素酶（cellulase）的混合物可用于橘瓣去除囊衣，以代替耗水量大又费工时的碱处理。橘子中的柠檬苦素（limonin）是引起橘汁产生苦味的原因，用球节杆菌（*Arthrobacter globiformis*）固定化细胞的柠碱酶处理可消除苦味。花青素酶用于果汁的脱色。

4. 酿酒工业

啤酒是以麦芽为原料，经糖化发酵而成的酒精饮料，麦芽中含降解原料生成可发酵性物质所必需的各种酶类，主要为淀粉酶、蛋白酶、β-葡聚糖酶（β-glucanase）、纤维素酶以及核酸酶等。在糖化过程中，这些酶分解原料中淀粉与蛋白质生成还原糖、糊精、氨基酸、肽类等物质。使用微生物淀粉酶、蛋白酶、β-葡聚糖酶等酶制剂，可补充麦芽中酶活力不足的缺陷。脲酶能使尿素分解，用于酒质的保持。

5. 制糖工业

酶在制糖工业中主要是应用于分解棉子糖，清洗设备及降低蔗汁黏度。此外，还用于菊粉水解生成果糖，以及由葡萄糖直接变为果糖分解蔗汁淀粉，生产帕拉金糖（palatinose）。

6. 肉类加工业

酶在这方面的重要用途是改善肉质、嫩化肉类，及转化废弃蛋白成为供人类食用或作为饲料的蛋白浓缩物。常用的酶有木瓜蛋白酶、菠萝蛋白酶等植物蛋白酶和一些细菌蛋白酶。溶菌酶可作为肉类加工品的防腐剂。

7. 烘焙工业

淀粉酶活力是作为面粉质量的指标之一。为保证面团的质量，需要添加酶进行强化。α-淀粉酶、纤维素酶可防止冷冻坯和面包的老化，半纤维素酶、霉菌蛋白酶和木瓜蛋白酶用于坯的改良，脂氧合酶用于坯的漂白，脂肪酶用于维持坯的稳定，木聚糖酶用于体积增大，葡萄糖氧化酶用于强化谷蛋白结构。

8. 调味品制造业

利用蛋白酶水解鱼肉、鸡肉等动物性蛋白质或大豆、玉米等植物性蛋白质，制造天然调味液。根据蛋白酶不同种类的组合，可获得不同味道的调味液。

二、酶在化工、轻工方面的应用

1. 用于酶法合成有机酸

酶法合成有机酸是有机化学合成与生化合成相结合而构成的生产工艺，已经用于工业生产的有苹果酸、酒石酸和长链脂肪酸等。

（1）苹果酸　L-苹果酸在食品工业方面是优良的酸性剂，在化工、印染、医药品生产上也有不少用途。可用发酵法和酶法生产，工业上以延胡索酸为原料，通过微生物延胡索酸酶（fumarase）合成。

（2）酒石酸的酶法合成　L-（+）-酒石酸是一种食用酸，在医药化工等方面用途也很广，系从葡萄酒生产的副产物酒石中提取，但产量有限。用化学合成法也可以制造酒石酸，但产物是DL型体，水溶性较天然L-构型差，不利于应用。用酶法可以生产光学活性的酒石酸，酶法合成酒石酸首先以顺丁烯二酸在钨酸钠为催化剂下用过氧化氢反应生成环氧琥珀酸，再用微生物环氧琥珀酸水解酶开环而成为L-（+）-酒石酸。

微生物环氧琥珀酸水解酶是胞内诱导酶，培养基中须添加环氧琥珀酸诱导，转化反应可用细胞也可用固定化细胞，生产这种酶的微生物有假单胞杆菌、无色杆菌、产碱杆菌、根瘤菌、土直菌、诺卡氏菌等。

（3）长链二羧酸　长链二羧酸是香料、树脂、合成纤维的原料，可利用微生物加氧酶与脱氢酶氧化$C_9 \sim C_{18}$正烷烃来制造，二羧酸是正烷烃氧化分解（末端氧化与ω-氧化之后）的中间产物。

使用正烷烃氧化力强的二羧酸高产菌株假丝酵母（*Candida albicans*），将其进一步诱变筛选出不能降解烷烃的突变株，当其氧化C_{16}正烷烃时，正烷烃转化率为97%，其中60%转化成二羧酸。

2. 用于氨基酸的生产

酶在氨基酸生产上的用途有两个：一是用于DL-氨基酸的光学拆分，另一种用途是合成氨基酸。后者是先利用化学方法合成分子结构简单的化合物作为前体，然后通过酶反应合成所需要的氨基酸，这是结合化学合成与酶反应的优点而建立的一种有效的生产手段，能够价廉、高收率地生产一些采用发酵法或合成法尚难生产的氨基酸。不少氨基酸可采用酶合成（表6-7），L-天冬氨酸、L-赖氨酸、L-丙氨酸等已大规模工业化生产。甚至一些天然不存在的氨基酸也可通过酶催化合成，如构成β-内酰胺抗生素侧链的一些D-氨基酸（D-对羟苯基甘氨酸）和作为药物的D-苯甘氨酸、D-苯丙氨酸、D-天冬氨酸等。

表6-7　应用酶反应生产氨基酸

产品	反应	微生物（酶）
L-天冬氨酸	延胡索酸+NH_3→L-天冬氨酸	大肠杆菌（天冬氨酸酶）
L-赖氨酸	（1）DL-α-氨基己内酰胺+H_2O→L-赖氨酸+D-ACL	（1）卢氏隐球菌（内酰胺酶）
	（2）D-ACL→L-α-ACL	（2）无色杆菌（*A. obae*）（消旋酶）
L-酪氨酸	苯酚+丙酮酸+NH_3→L-酪氨酸+H_2O	β-酪氨酸酶
L-DOPA	儿茶酚+丙酮酸+NH_3→3,4-L-DOPA+H_2O	β-酪氨酸酶
L-色氨酸	吲哚+丙酮酸+NH_3→L-色氨酸+H_2O	变形杆菌色氨酸酶
D-对羟基苯甘氨酸	DL-5-对羟基苯基乙内酰脲→D-对羟基苯甘氨酸	沟槽假单胞菌（*P. striata*）（乙内酰脲酶）
L-异亮氨酸	苏氨酸+葡萄糖→异亮氨酸	黏质赛氏杆菌

3. 用于多肽合成

化学法合成多肽的活化步骤存在着氨基酸消旋化可能，终产物因含有多种相似序列多肽而分离纯化困难。酶法合成多肽使用蛋白酶通过水解逆反应、转肽反应，以及使用脂肪酶通过酯氨解反应等方式实现。

阿斯巴甜（aspartame，又称阿司帕坦）为二肽L-Asp-L-Phe-OMe，是一种低热量甜味剂，酶-化学法是最经济的合成方法。在两相体系中，氨基被苄基保护的L-天冬氨酸与过量的廉价D、L-苯丙氨酸甲酯在热稳定性嗜热菌蛋白酶（thermolysin）催化下缩合。嗜热菌蛋白酶对L-苯丙氨酸甲酯具有严格的选择性。产物与未反应的对映异构体D-Phe-OMe形成不溶盐加合物形式及时脱离反应体系，推动反应朝产物生成方向进行。酶在水相中进行酶促反应，产物随时被萃取到有机相中，实现连续生产。加合物在甲醇 - 盐酸中酸化后分离，获得产物，回收率高达 95%。产物经还原、脱保护基即可制备阿斯巴甜。D-Phe-OMe 经外消旋化而循环利用。

利用无色杆菌蛋白酶催化猪胰岛素 B 链 30 位 Ala 转换为 Thr，使猪胰岛素转化为人胰岛素。

4. 用于化工产品的生产

化工产品大部分都是以石油、天然气为原料生产的，需要高温高压的多阶段反应，且合成过程会使用有毒溶剂。酶催化合成化工产品是一种节省能源、减少污染的绿色化学。

重要的工业原料丙烯酰胺是聚合物和共聚物制造的单体，广泛用于各种聚合体如聚丙烯酰胺合成。传统上是以还原态雷尼铜等金属催化的水合法化学合成，不仅单体品质低下并生成副反应产物，反应催化剂容易造成中毒，而且工艺复杂、能耗高，产生含有重金属的废水。丙烯腈水合酶（nitrile hydratase，NHases，EC 4.2.1.84）能催化水分子与腈的加成反应，将丙烯腈转化为丙烯酰胺。腈水合酶具有高度的底物特异性，对丙烯腈的转化效率很高。腈水合酶是金属酶，以非血红素铁离子或非咕啉钴离子作为辅助因子。

酰胺水解酶可将丙烯酰胺进一步水解为丙烯酸。工业上使用的腈水合酶生产菌是一种酰胺水解酶和腈水解酶突变菌株，这从根本上解决了酰胺水解酶和腈水解酶引起的副产物丙烯酸的生成，使产物丙烯酰胺得到积累。对耐受丙烯腈和丙烯酰胺的紫红红球菌（*Rhodococcus rhodochrous*）菌株进行发酵培养，以大量生产腈水合酶，制成含酶细胞生物催化剂。在桨式搅拌生物反应器中工业生产丙烯酰胺，精制的底物丙烯腈以单独供给方式添加，在 20 ～ 23℃下丙烯腈经酶催化作用水合生成丙烯酰胺，反应液中的丙烯酰胺浓度可以达到 700g/L。当丙烯酰胺浓度达到工艺要求的浓度时，通过膜分离循环系统分离出细胞生物酶催化剂循环使用。丙烯酰胺则进入产品贮罐，经过减压蒸发浓缩，丙烯酰胺浓度达到 60% 后冷却结晶，得到结晶状丙烯酰胺产品。铜催化的水合反应温度大概在 100℃，而酶法反应温度可以降低到 20℃左右。介质的性质、水含量、pH、扩散因素底物和产物的溶剂化等影响酶活性。

Toagosei 开发了酶催化法制造丙烯酰胺，1985 年建成了世界上第一个生物酶催化法生产丙烯酰胺的工业装置。该方法产率高、无副产物且能耗低，成为丙烯酰胺生产的标准方法（图 6-20），是酶法工业规模应用的成功范例，为酶法生产大宗化学品开了先河。在工业上，酶法合成丙烯酰胺已经得到了广泛的应用。许多大型化工企业都采用酶法合成工艺来生产丙烯酰胺，并且不断地优化工艺条件，提高生产效率，如 2017 年 BASF 生物法丙烯酰胺项目在南京竣工投产。随着生物工程和生物技术的不断发展，利用腈水合酶和水解酶持续改进现有合成方法和工艺取得了长足的进步，改进途径包括现有酶分子改造、筛选优良特性的新酶，以提高酶的活性、稳定性和底物耐受性等性能，从而进一步扩大酶法合成丙烯酰胺

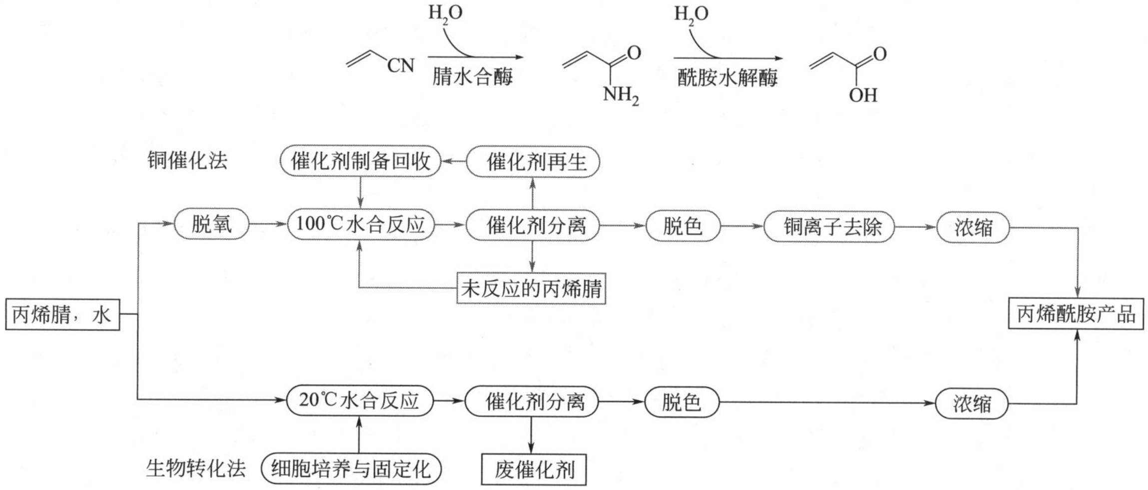

图 6-20 铜催化法和生物转化法合成丙烯酰胺

在工业生产中的优势。如紫红红球菌腈水合酶在高于30℃时热稳定性差，将 α 亚基辅助因子结合区域附近及 β 亚基部分氨基酸残基取代，Eβ93G 和 Nβ167S 突变腈水合酶具有更好的热稳定性和对由5%（质量分数）丙烯腈水解后的高浓度丙烯酰胺仍具有较好耐受性和更高的反应速率。

6-22　酶法合成丙烯酰胺

腈水解酶也成功地应用在其他化学品工业规模过程。DuPont 以来自敏捷食酸菌（*Acidovorax facilis*）的立体选择性腈水解酶作为生物催化剂，催化2-甲基戊二腈的转化为4-氰基戊酸，从而生产1,5-二甲基2-哌啶酮（1,5-dimethyl 2-piperidone，XolvoneTM），可用于电子设备、涂层和溶剂。BASF 和 Mitsubishi Rayon 利用腈水解酶催化过程以吨级规模生产（*R*)-(−)-苯乙醇酸［(*R*)-(−)-mandelic acid］及其衍生物。

5. 用于其他化工、轻工业

酶在其他化工、轻工业中的主要用途是：用于洗涤剂的制造，以增强去垢力，蛋白酶、脂肪酶等酶制剂的联合使用可以提高洗涤效果，淀粉酶大量用于餐具的自动化清洗；用于制革工业，碱性蛋白酶、脂肪酶用于原料皮脱毛，裘皮软化；用于纺织工业，淀粉酶用于棉花脱浆，过氧化氢酶用于棉纤漂白，纤维素酶用于织物整理，枯草芽孢杆菌蛋白酶用于羊毛除垢处理，胰蛋白酶用于生丝脱胶，脂肪酶用于涤纶纤维改性提高其润湿性和吸水性；用于明胶制造，以代替原料皮的浸灰，减少污水；用于造纸工业，作用于淀粉以制黏结剂，漆酶可降解木质素，在制浆和漂白工艺中作用都非常大；用于化妆品日化工业，超氧化物歧化酶（SOD）可清除自由基，弹性蛋白酶可水解皮肤表面老化细胞的蛋白质，能有效防止皮肤衰老、提高表面光洁，在化妆品中应用广泛，淀粉葡萄糖苷酶、右旋糖酐酶、葡萄糖氧化酶等作为牙膏或漱口水添加剂可防治龋齿等细菌所致的口腔疾病，多酚氧化酶用于染发剂；用于饲料行业，将各种水解酶如淀粉酶、蛋白酶、植酸酶、纤维素酶和半纤维素酶作为饲料添加剂，可增加饲料的可消化性，促进家禽家畜生长；用于环境保护，酪氨酸酶、辣根过氧化物酶用于处理含酚废水，漆酶用于处理造纸废水及印染废水，蛋白酶用于食品加工废水预处理，胆碱酯酶用于有机磷农药污染监测等。

三、酶在医药工业中的应用

1. 医药用酶

早期酶制剂主要用于治疗消化道疾病、烧伤及感染引起的炎症疾病上，现在国内外已广泛应用于多种疾病的治疗上，其制剂品种类已超过700余种，按应用可分为以下几类。

（1）促进消化酶类　利用酶作为消化促进剂，早已为人们所采用，这类酶的作用是水解和消化食物中的各种成分，如蛋白质、糖类和脂类等。淀粉糖化酶含有多种糖类分解酶，用于糖类消化异常的改善。早期使用的消化促进剂，其最适 pH 为中性至微碱性，主要用于胃中食物消化。后来从微生物制得不仅在胃中，同时也能在肠中促进消化的复合消化剂，内含蛋白酶、淀粉酶、脂肪酶和纤维素酶。

（2）消炎酶类　菠萝蛋白酶、舍雷肽酶作为消炎酶制剂被广泛使用。链球菌脱氧核糖核酸酶和蛋清来源的氯化溶菌酶可缓解手术后肿胀。

（3）与纤维蛋白溶解作用有关的酶类　提高血液中蛋白水解酶水平，将有助于促进血栓的溶解。目前已用于临床的酶类主要有链激酶（streptokinase）、尿激酶（urokinase）、纤溶酶（fibrinolysin）、凝血酶（thrombin）等。尿激酶作为末梢静脉血栓症和脑血栓症的治疗药物被广泛使用。

（4）抗肿瘤酶类　酶能治疗某些肿瘤，如天冬酰胺酶（asparaginase）是一种令人注目的抗白血病药物，能选择性地剥夺某些类型肿瘤组织的营养成分天冬氨酸，干扰或破坏肿瘤组织代谢，而不影响能自身的正常细胞合成天冬氨酸。谷氨酰胺酶（glutaminase）能治疗多种白血病、腹水瘤等。神经氨酸苷酶（neuraminidase）是一种良好的肿瘤免疫治疗剂。此外，尿激酶可用于加强抗癌药物如丝裂霉素C（mitomycin C）的药效，米曲溶栓酶能治疗白血病和肿瘤等。

（5）遗传性缺陷症治疗用酶　部分遗传缺陷症是由于缺失代谢系统重要酶，补充相应酶并模拟其在体内的催化环境，使机体完成代谢环节，对于治疗该类遗传缺陷症十分有效。比如，使用基因工程技术生产的重组苯丙氨酸羟化酶以固定化酶制剂的形式通过体外循环装置对苯丙酮尿症患者的血液进行处理，静脉输注重组 α-酸性麦芽糖酶进入患者体内进行糖原贮积症Ⅱ型酶替代治疗，可以有效地缓解临床症状。

（6）其他药用酶　除上述几类用于治疗的酶以外，还有许多药用酶，如青霉素酶（penicillinase）能分解青霉素，治疗青霉素引起的过敏反应；透明质酸酶（hyaluronidase）可分解黏多糖，使组织间质的黏稠性降低，有助于组织通透性增加，是一种主要的药物扩散剂；弹性蛋白酶（elastase）有降血压和降血脂作用；激肽释放酶（kallikrein）能治疗与血管收缩有关的各种循环障碍；葡聚糖酶（glucanase）能预防龋齿；细胞色素 C 是参与生物氧化的一种非常有效的电子传递体，可用作组织缺氧治疗的急救和辅助用药。

2. 诊断用酶

临床生化的中心任务是研究并定量分析疾病的生化改变。细胞外液（血浆、血清、尿、消化液、脑脊液及羊水等）是最常用的材料。虽然大多数酶存在于活细胞内，但细胞受损时，酶则逸出并进入细胞外液，于是细胞外液酶活性增高。测定这些酶活性增高的程度、类型及持续时间，可为临床鉴别受损组织，了解损伤程度，评估治疗效果及预后提供极为有用的资料。利用酶试剂构建检测系统特异性强、反应时间短，具有简便、快捷、准确的特点，且适于多项目自动分析，是十分理想的诊断用试剂。

目前，用于临床诊断的酶已超过 100 种，其中 50 多种酶在临床应用比较广泛。

（1）血清酶　根据酶的来源及血清中发挥作用的情况，可将血清酶分为四类：①血浆特异酶；②外分泌酶；③细胞内酶；④其他酶。

（2）其他体液及细胞和组织中的酶

① 其他体液中的酶　目前，血清或血浆以外的其他体液中的酶在诊断上的应用不如血清酶那样广泛、重要，这方面临床资料也不多，主要有脑脊液酶、胆汁中转氨酶、醇脱氢酶和酸性磷酸酶。

② 细胞和组织中的酶　细胞和组织中酶的测定对于某些疾病的研究和诊断有重要价值。在这方面已取得的显著成就是对许多遗传性疾病酶异常的证明。这些疾病主要包括：半乳糖血症、先天性溶血性贫血、糖原贮积病、进行性肌营养不良等。白细胞碱性磷酸酶（alkaline phosphatase）活性测定具有一定的临床意义，其活性降低可见于慢性粒细胞白血病。

（3）用于检测代谢产物的酶　除了检测细胞外液及组织中的酶活性，还可以利用酶试剂定性定量检测生物样品中具有医学意义的各种代谢产物。肌酸酐是肌酸的代谢终产物，血液或尿液中的肌酸酐含量是了解肾机能的最好指标，肌酸酐临床检测的主要方法是依次使用肌酸酐酶、肌酸酶、肌氨酸氧化酶降解肌酸酐，然后利用过氧化物酶生色系统对生成的过氧化氢进行测定。

（4）诊断酶的应用　临床诊断酶按应用类型可分为以下三类。

① 用于病情的诊断　这是诊断用酶最主要的用途，例如，线粒体谷草转氨酶（GOT_m）存在于肝细胞线粒体，当肝细胞坏死严重时，大量 GOT_m 释出进入血内，使血中 GOT_m 升高。因此，对于急性肝炎，测定血中 GOT_m 有助于了解病情严重程度。

② 用于病因的诊断　血清 GOT（谷草转氨酸）测定主要用于心肌梗死、肝病及肌肉疾病的诊断，但许多疾病均可引起血清 GOT 活性增高。GPT（谷丙转氨酶）在肝细胞中较多，当肝脏损伤时，此酶即释放进入血清中，因而其在血清中含量增加。目前，GPT 升高往往作为诊断肝炎的一个重要指标，但其他疾病亦可导致血清 GPT 不同程度的升高。因此对血清 GPT 活性升高，须从多方面分析综合考虑进行鉴别。

③ 用于疾病机制的探讨　先天性代谢异常是由于某种酶的缺损，从而形成某种化学反应途径的堵塞，比如缺损葡萄糖 -6-磷酸酶（glucose-6-phosphatase），导致肝内蓄积糖原，由于这些作用在肝内进行，用血清中酶的变化很难诊断。只有卵磷脂胆固醇酰基转移酶（lecithin-cholesterol acyltransferase）在肝细胞中生成是一例外，能从血中活化的酶来诊断。

6-23　酶联免疫吸附测定法中的标记酶

3. 酶在制药工业的应用

酶法制药在现代医药工业中占有十分重要的地位。酶可应用于药物或医药中间体的合成，尤其是利用酶的立体选择性，可获得光学活性的药物。非甾体抗炎类手性药布洛芬、萘普生是解热镇痛、消炎和抗风湿的基本化学药物，在其生产中，用脂肪酶在有机介质中进行消旋体拆分，可得 *S*-构型的活性成分2-芳基丙酸衍生物。水溶性维生素尼克酰胺可由腈水合酶催化 3-氰基吡啶制造。左旋多巴（L-DOPA）为治疗帕金森病的基础药物，而 D-DOPA 能引起毒性反应，化学方法合成的产物是 L 型和 D 型混合的外消旋体，难以拆分；以邻苯二酚、丙酮酸和氨为原料，使用酪氨酸苯酚裂解酶可以生产 L-DOPA。11-羟基孕酮可的松是合成许多甾体激素类药物的关键中间体，如氢化可的松等。利用根霉菌的 11β-羟化酶将孕酮转化为 11-羟基孕酮可的松是一种高效且具有选择性的合成策略，基于该反应，原来生产 11-羟基孕酮可的松的 30 步化学工艺被 15 步化学 - 酶法工艺取代，带来更高的产率，更少的废物，成本大幅下降。4-羟基 -L-脯氨酸是氨基甲酰类抗生素侧链的光学活性医药中间体，可由来自 *Dactylosporangium* 的 L-脯氨酸羟化酶对 L-脯氨酸立体选择性羟化制备，工业上在大肠杆菌中大量制备该特异性羟化酶；而在此之前只能由动物胶原蛋白提取。青霉素酰化酶在半合成抗生素的生产上起到重要作用，既可催化青霉素或头孢菌素水解生成 6-氨基青霉烷酸（6-APA）或 7-氨基头孢烷酸（7-ACA）母核，又可催化酰基化反应，合成新型青霉素或头孢菌素。

在医药领域，能够特异性地作用于疾病发生过程中的某些特定分子靶点的靶标药物是新药设计与研发的主要思路，酶是典型的靶点。慢性粒细胞白血病发病机制与 BCR-ABL 酪氨酸激酶有关，伊马替尼是一种酪氨酸激酶抑制剂，能够特异性地结合 BCR-ABL 酪氨酸激酶活性中心，抑制其激酶活性，阻断白血病细胞增殖信号，诱导细胞凋亡，从而有效治疗慢性粒细胞白血病，开创了肿瘤靶向治疗的先河。逆转录酶在人类免疫缺陷病毒（HIV）感染人体细胞过程中起着关键作用。阿巴卡韦是一种核苷酸类逆转录酶抑制剂，作用靶点为逆转录酶，阻止病毒的逆转录过程是治疗艾滋病的常用药物机制之一。另外，抗体酶、核酶和脱氧核酶在很大程度上改变着传统的制药工艺和药物设计理念。

6-24 半合成抗生素的酶法合成及工业化应用

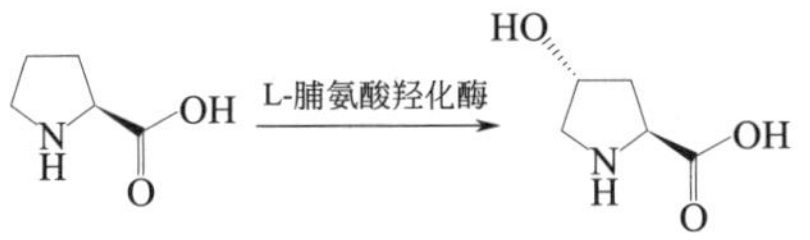

L-脯氨酸　　4-羟基-L-脯氨酸

四、固定化酶

1. 概述

酶是一种蛋白质，稳定性差，对热、强酸、强碱、有机溶剂等均不够稳定，即使在酶反应最适条件下，也往往会很易失活，随着反应时间的延长，反应速率会逐渐下降，反应后又不能回收，而且只能采用分批法生产手段等，对于现代工业来说还不是一种理想的催化剂。如果能设计一种方法，将酶束缚在特殊的“相”，使它与整体相（或整体流体）分隔开，但能进行底物和效应物（激活剂或抑制剂）的分子交换，这种固定化的酶就可以像一般化学反应的固体催化一样对待，既具有酶的催化特性，又具有一般化学催化剂能回收、反复使用等优点，并且生产工艺可以连续化、自动化。通常酶相是不溶于水的，因而被称为固相酶、水不溶酶（immobilized enzyme）。随着固定化技术的发展，作为固定化对象不一定是酶，亦可以是微生物细胞或细胞器，这些固定化物可统称为固定化生物催化剂。1969 年日本千畑一郎等首先应用固定化氨基酰化酶生产 L-氨基酸，至今已有多种固定化酶获得工业规模的应用。例如，固定化葡萄糖异构酶生产高果糖浆，固定化青霉素酰化酶生产 6-氨基青霉烷酸，固定化微生物细胞生产 L-天冬氨酸和 L-苹果酸，固定化乳糖酶生产低乳糖牛奶等。

固定化酶不但仍然具有酶的高度专一性及温和条件下高效率催化的特点，还具有离子交换树脂的优点，即有一定的机械强度，可以搅拌或装柱形式作用于底物溶液，使反应连续化、自动化，不带进杂质，产物容易精制，收率较高；反应结束后，固定化酶还可以回收，反复使用。另外，酶经固定化后，对于酸碱及温度等稳定性大大增加，便于反复使用及保存。固定化酶的许多优点将为酶学的研究和应用开辟广阔的前景，这是近年来酶学研究中的一项重大革新。

2. 固定化酶的制备方法

固定化酶的制备方法大致可分为四类。

（1）吸附法　吸附法是使酶分子吸附于不溶性载体上。

（2）载体偶联法（共价法）　这是一种让酶通过化学反应以共价键偶联于适当的载体上（如纤维素、葡聚糖凝胶等）的方法。先在载体上面接一些可与酶蛋白分子起反应的基团，然后再与酶通过共价键结合起来。此法已广泛被采用。

（3）交联法　在这种方法中，酶依靠双功能团试剂造成分子间交联而成为网状结构。常用的双功能团试剂有戊二醛、顺丁烯二酸酐等。酶蛋白分子中的氨基、酚基、咪唑基及巯基均可参加交联反应。

（4）包埋法　包埋法是将酶包埋在凝胶网格中或半透膜微型胶囊中的一种方法。

3. 研究固定化酶的意义

固定化酶的研究，在理论方面对生命规律的探讨具有一定的价值。现已知道，细胞内与呼吸作用中的电子传递、蛋白质合成、膜的主动运输以及神经传导等重要生理功能有关的酶都是天然的固定化酶，它们或者是在凝胶的环境中，或是吸附在界面上，或是在线粒体一类的细胞器上起作用。但迄今为止对酶的研究都是将酶从天然载体（如膜）上分离下来，因而是使酶处在一种与细胞内不完全相同的状态下来进行研究的，这就不易得到完全符合于机体中的真实情况的信息。理想的办法是将酶结合到细胞的凝胶物质或天然膜这一类固相载体上，再来研究细胞器中的多酶体系，为此，固定化酶提供了一种良好的模型。

目前固定化酶更吸引人的还是它在工业、医药和分析、分离等实际应用中的巨大潜力。固定化酶的成功使用将可能使有关的工业发生巨大变革。例如，使目前某些工厂的一些庞大的反应罐变为精巧的管道系统；如果多酶反应器研究成功，即可实现某些产品生产的连续化、自动化，这也是当前生物工程中的酶工程所面临的任务。在临床上，已经试验应用微型胶囊的固定化酶埋在人体内，以治疗因某些酶缺陷而导致的遗传性疾病。目前已将碳酸酐酶、脲酶、胰蛋白酶、过氧化氢酶及天冬酰胺酶制成微型胶囊，试验用于治疗遗传性酶缺陷症及慢性肾功能衰弱性等疾病。此外，固定化酶的研究对于日趋发展的医学生物学工程也一定有着重要的意义。

五、酶工程

随着酶学研究的迅速发展，特别是酶的应用的推广，使酶学和工程学相互渗透和结合，发展成一门新的技术科学——酶工程（enzyme engineering）。酶工程是工业上有目的地设计一定的反应器和反应条件，利用酶的催化功能，在常温常压下催化化学反应，生产人类需要的产品或服务于其他目的的一门应用技术；也就是把酶或细胞直接应用于化学工业的技术系统。从目前看，主要包括酶的分子改造、酶功能基团的化学修饰、酶和细胞的固定化技术、酶反应器、介质与溶剂工程、反应的检测和控制等。酶分子改造主要包括理性设计、定向进化、半理性设计等。广义地讲，还应包括酶的生产、分离和纯化。酶工程是生物工程的重要组成部分。

6-25　酶力无穷：酶的工业应用

酶工程是在应用酶催化作用的基础上逐渐发展起来的。20 世纪 50 年代以来，酶的应用技术有了很大的进步：50 年代酶制剂的生产有了迅速发展，这一时期主要是溶液酶的应用；60 年代出现了固定化酶技术，60 年代末已应用于工业生产；70 年代出现了固定化细胞的技术；近年又发展了固定化增殖细胞的研究，亦发展了包括辅因子再生的固定化多酶反应体系的研究。

本章提要

酶作为生物催化剂，除核酶为 RNA 外，其化学本质为蛋白质，具有高效、专一、可调控等特性。酶可分为单纯酶和结合酶，全酶由脱辅基酶蛋白和辅因子构成。酶被分为七大类，每一种酶只有一个系统名称与系统编号。酶的活性中心由底物结合部位和催化部位构成。酶结合底物形成过渡态中间物，降低反应活化能，包括邻近效应、定向效应、共价催化、酸碱催化。诱导契合学说认为酶活性中心具有一定柔性，底物诱导酶构象发生变化而互补契合。米氏方程描述底物浓度对酶促反应速率的影响，K_m 是酶特征常数，反映酶与底物的亲和力，可利用双倒数作图法测定。酶抑制包括不可逆抑制和可逆抑制。可逆抑制指抑制剂与酶以非共价键结合，可分为竞争性抑制、非竞争性抑制、反竞争性抑制。多数酶具有最适温度、最适 pH。对酶结构的调节包括别构调节、共价修饰、酶原激活等。

课后习题

1. 判断对错，如果不对，请说明原因。

（1）生物体内具有催化能力的物质都是蛋白质。

（2）所有酶都具有辅酶或辅基。

（3）酶促反应的初速率与底物浓度无关。

（4）当底物处于饱和状态时，酶促反应的速率与酶的浓度成正比。

（5）对于所有酶而言，K_m 值都与酶的浓度无关。

（6）测定酶的活力时，必须在酶促反应的初速率时进行。

2. 现有 1g 淀粉酶制剂，用水稀释 1000mL，从中吸取 0.5mL 测定该酶的活力，得知 5min 分解 0.25g 淀粉。计算每克酶制剂所含的淀粉酶活力单位数（淀粉酶活力单位规定为：在最适条件下，每小时分解 1g 淀粉的酶量为 1 个活力单位）。

3. 称取 25mg 蛋白酶粉配成 25mL 酶溶液，从中取出 0.1mL 酶液，以酪蛋白为底物，用 Folin 比色法测定酶活力，得知每小时产生 1500μg 酪氨酸；另取 2mL 酶液用凯氏定氮法测得蛋白氮为 0.2mg。根据以上数据，求出：

（1）1mL 酶液中所含的蛋白质量及活力单位；

（2）比活力；

（3）1g 酶制剂的总蛋白含量及总活力。

（每分钟产生 1μg 酪氨酸的酶量为 1 个活力单位）。

4. 当底物浓度 c_S 分别等于 $4K_m$、$5K_m$、$6K_m$、$9K_m$ 和 $10K_m$ 时，求反应速率 v 相当于多少倍的最大反应速率 v_{max}？

5. 根据下列实验数据，用 Lineweaver-Burk 作图法求：

（1）非抑制反应下的 K_m 和 v_{max}；

（2）抑制反应下的 K_m 和 v_{max}；

（3）判断抑制作用的类型。

c_S/(mmol/L)	v（无抑制剂时）/[μmol/(mg·min)]	v（有抑制剂时）/[μmol/(mg·min)]
3.0	2.29×10^3	1.83×10^3
5.0	3.20×10^3	2.56×10^3
7.0	3.86×10^3	3.09×10^3
9.0	4.36×10^3	3.49×10^3
11.0	4.75×10^3	3.80×10^3

6. 从某生物材料中提取纯化一种酶，按下列步骤进行纯化，计算最后所得酶制剂的比活力、活力回收率和纯化倍数（纯化率）。

纯化步骤	总蛋白质/mg	总活力/U	比活力/（U/mg蛋白）	回收率/%	纯化倍数
粗提液	18620	12650			
盐析	440	1520			
离子交换	125	985			
凝胶过滤	12	196			

讨论学习

1. 酶的催化特性在工业应用上有何优势？有何不足？可如何改进？
2. 水解酶与水合酶，合酶与合成酶有何区别与联系？为什么EC使用ligase替代synthetase命名第六类酶？
3. 如何实现非水介质中的酶促反应？
4. 将非线性方程和复杂图像进行线性化处理，在解决实际复杂工程问题中有何意义？有哪些常用的方法？需要哪些方面的知识？有何局限性？
5. 从工程角度讨论为何极端酶的研究和应用日益受到重视。
6. 从原料来源、生产工艺、产品质量、生产成本等角度，比较分析提取法与生物法生产医药酶制剂的优缺点。
7. 为何酶偶联分析法要求待测酶所催化的反应是限速反应？该特性在酶活性检测试剂盒研发中有何指导作用？
8. 核酶在EC分类系统中应该属于哪一类酶？
9. 别构抑制剂与非竞争抑制作剂的有何区别？
10. 制药企业利用酶法合成药物中存在酶活性低、特异性低、稳定性差等实际问题，以所学酶结构、催化机制，分析问题产生的可能原因，提出解决方案，并通过酶动力学进行评估。

6-26 自我测评

第七章　维生素、水和矿物质平衡

7-1　学习目标

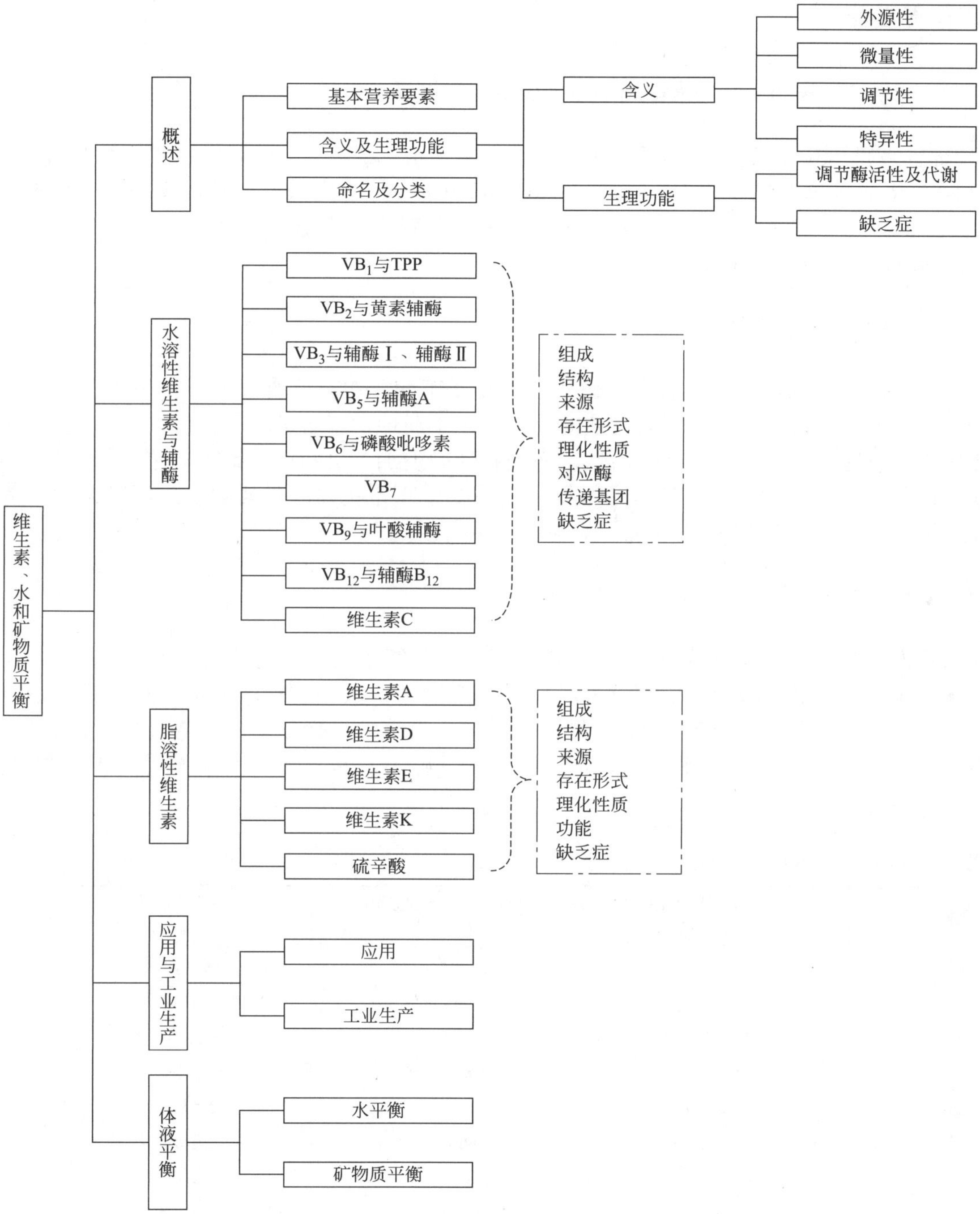

第一节　概述

人和动物为维持正常的生理功能而必须从食物中摄取各种营养物质，营养物质在人体生长、代谢、发育过程中发挥着重要的作用。这些营养物质统称为营养素。如果缺乏某些营养素，机体就会出现功能障碍，重则危及生命。所以人体需要获得合理的营养素，方能保证身体健康、增强抵抗力、防止疾病的发生。

一、基本营养要素

1. 六大要素——水、矿物质和维生素都是不可缺少的营养要素

营养素包括六大类：糖类、蛋白质、脂类、维生素、水、矿物质，这些营养素为机体提供能量、调节物质代谢并构成机体的结构成分。水在人体内所占的比例是 55% ～ 65%，蛋白质占 20%，脂肪占 15%，糖类占 2%，矿物质占 5%，维生素占 1%。蛋白质、糖类、脂肪三种营养素称为丰量营养素，维生素、矿物质则习惯称为微量营养素。

2. 维生素——重要的微量营养素

维生素与前面介绍的糖类、脂肪和蛋白质三大物质不同，在天然食物中仅占极少比例，但又为人体所必需。人体犹如一座极为复杂的化工厂，不断地进行着各种生化反应。其反应与酶的催化作用有密切关系。酶要产生活性，必须有辅酶参加。已知许多维生素是酶的辅酶或者是辅酶的组成分子。因此，维生素是维持和调节机体正常代谢的重要物质。可以认为，最好的维生素是以“生物活性物质”的形式，存在于人体组织中。

7-2　维生素的发现

3. 矿物质——机体所需常量元素与微量元素

人体内已发现的化学元素有 50 余种，除碳、氢、氧、氮主要以有机化合物的形式出现外，其余各种元素，无论其存在的形式如何，含量多少，统称为矿物质。其中含量较多的有钙、镁、钠、钾、氯、磷、硫 7 种元素，占人体总灰分的 60% ～ 80%；而另一些无机元素在体内含量甚少，有的甚至只有痕量，故称为微量元素，如铜、锌、铁、钴、锰、锡、铬、碘、氟等，这些元素同样具有重要生理功能（见表 7-1）。

表 7-1　常见的必需金属元素及其与人体的关系

金属	从食物及水中的摄入量 /（mg/d）	从空气吸入的数量 /（μg/m^3）	每日排泄量 /（mg/d）	平衡结果②
铁	15.0（6.5）①	266.00（1.74）	接近吸收量	=
锌	14.5（31～51）	33.80（0.23）	接近吸收量	=
铜	1.325（32～60）	23.00（1.74）	接近吸收量	=
锰	4.400（3～4）	28.80（0.65）	接近吸收量	=
铬	0.245（10）	3.60（1.44）	接近吸收量	–
钼	0.335（40～60）	0.60（0.18）	接近吸收量	=
钴	0.340（63～97）	0.12（0.03）	接近吸收量	=
硒	0.068（5）	0.07（0.1）	接近吸收量	=
镍	0.600（5）	2.40（0.4）	接近吸收量	=

续表

金属	从食物及水中的摄入量 / (mg/d)	从空气吸入的数量 / (μg/m³)	每日排泄量 / (mg/d)	平衡结果②
钒	0.116（5）	40.00（25.6）	接近吸收量	=
锡	7.300（2）	0.60（0.008）	接近吸收量	=
氟	2.400（80～90）		2.380	+
碘	0.205（100）		接近吸收量	=
锶	1.900（17～38）		接近吸收量	=

① 括号内的数字系指吸收的百分率，%。

② 平衡结果：= 表示有能力保持平衡；- 表示随年龄增加含量减少；+ 表示有蓄积倾向。

4. 水——溶解生命分子的作用

水是维持生命的重要物质。水是一种最理想的溶剂，许多生命物质都溶解于水中。水为生命活动提供了环境，给体内各组织细胞输送必需的营养物质并运出代谢产物；同时水又可以直接参与生命活动过程，例如，光合作用需要水的分解，呼吸作用中氢和氧又结合成水。

二、维生素的含义及其生理功能

1. 含义——维生素既不是基础物质也不是能源物质

维生素（vitamin）是生物体生长和代谢所必需的微量有机物。维生素都是小分子有机物，它们在化学结构上并无相似之处，有脂肪族、芳香族、脂环族、杂环族和甾类化合物等。各种维生素所属的成分类型以及性质虽然不同，但它们却有着以下共同点：

① 维生素均以维生素原（维生素前体）的形式存在于食物中；

② 维生素不是构成机体组织和细胞的组成成分，它也不会产生能量，其作用主要是参与机体代谢的调节；

③ 大多数的维生素，机体不能合成或合成量不足，不能满足机体的需要，必须通过日常食物中获得；

④ 人体对维生素的需要量很小，日需要量常以毫克（mg）或微克（μg）计算，但一旦缺乏就会引发相应的维生素缺乏症，对人体健康造成损害。

维生素的定义中要求维生素满足以下四个特点，才可以称为必需维生素。

① 外源性　人体自身不可合成（维生素 D 人体可以少量合成，但是由于较重要，仍被作为必需维生素），需要通过食物补充。

② 微量性　人体所需量很少，但是可以发挥巨大作用。

③ 调节性　维生素必须能够调节人体新陈代谢或能量转变。

④ 特异性　缺乏了某种维生素后，人将呈现特有的病态。

2. 生理功能——调节酶活性及代谢活性

维生素对有机体的生长、生理机能的调节起着十分重要的作用。尤为重要的是绝大多数维生素通过辅酶或辅基的形式参与生物体内的酶反应体系，调节酶活性及代谢活性。也有少数维生素还具有一些特殊的生理功能。

生物对维生素的需要情况是由两方面因素决定的。一方面是代谢过程中是否需要，另一方面是自身能否合成。人类所需维生素广泛存在于食物中，除了营养不良、饮食单调或食物保存加工不当可造成维生素缺乏外，某些疾病或其他特殊原因也可能引起维生素不足或缺乏。缺少维生素不仅会影响生物正常的生命活动，而且会引发疾病。常见维生素的来源与功能总结见表 7-2。

表 7-2 7 种常见维生素来源及功能

维生素种类	主要食物来源	主要功能	缺乏症
维生素A	动物的肝、蛋、奶，胡萝卜等	促进人体的正常生长发育。增强抵抗力、维持正常视觉	皮肤粗糙、夜盲症
维生素B_1	稻、麦等谷物的种皮，豆类，酵母菌，蛋类等	维持人体正常的代谢和神经系统的正常功能	神经炎、脚气病
维生素B_2	肝、绿叶蔬菜等	促进智力发展，促进细胞再生，促进生发等	口舌炎症等
维生素C	新鲜的蔬菜和水果，如番茄、柑、橘、山楂等	维持正常的代谢，维持骨骼、肌肉和血管的正常生理功能、增强抵抗力	坏血病、骨骼脆弱、骨坏死
维生素D	海洋鱼类的肝，禽畜的肝、蛋、奶等	促进钙、磷的吸收和骨骼的发育	佝偻病和骨质疏松症
维生素E	植物油、绿叶蔬菜等	抗氧化，延缓衰老以及与性器官的成熟和胚胎发育等有关	尚未发现典型的缺乏症
维生素K	肝、绿叶蔬菜等	参与合成多种凝血因子	成人一般不易缺乏

三、维生素的命名及分类

1. 命名——几种不同命名方法

维生素的命名尚无统一标准，有的按照发现的先后顺序以英文字母依次命名，如维生素 A、维生素 B、维生素 C、维生素 D、维生素 E、维生素 K 等；有的按照其化学本质命名，如维生素 B_1 称为硫胺素，维生素 B_2 称为核黄素等；有的则根据其生理功能命名，如维生素 B_1 称为抗脚气病维生素，维生素 C 称为抗坏血病维生素等。

应当注意的是有些化合物按其性质和特点不应归入维生素，但商业上仍以维生素命名。如，维生素 B_{13}，实际上是乳清酸［如图 7-1（a）所示］，它是人体内可合成的代谢产物；又如维生素 U［如图 7-1（b）所示］，即一种甲硫氨酸衍生物，大量存在于谷糠中，少量存在于甘蓝、莴苣、苜蓿和其他绿叶蔬菜中，非正常生理所必需。

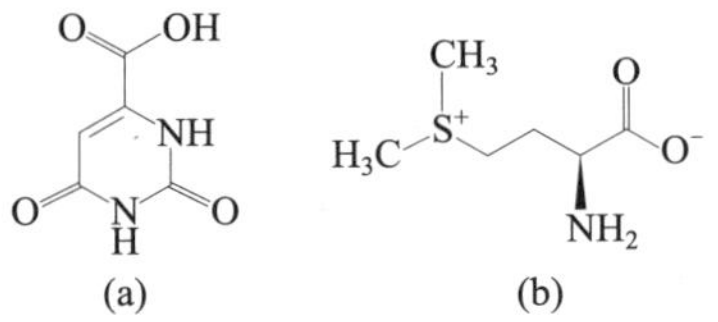

图 7-1 维生素 B_{13}（a）和维生素 U（b）

2. 分类——按溶解性分类

维生素是个庞大的家族，目前所知的维生素就有几十种，按照溶解性大致可分为水溶性和脂溶性两大类。

（1）水溶性维生素　包括 B 族维生素及维生素 C，B 族维生素所包括的各种维生素在化学结构和生理功能上彼此无关，但分布及溶解性大致相同。这是一类极为重要的维生素，因为它们的衍生物多为辅酶或辅基。

（2）脂溶性维生素　包括维生素 A、维生素 D、维生素 E、维生素 K，顾名思义，这类维生素只溶于脂类溶剂而不溶于水，所以它们在食物中常与脂肪共存。

脂溶性维生素在人体内排泄效率不高，摄入过多可在体内积蓄以致产生有害影响；而水溶性维生素排泄率高，一般不在体内积蓄，大量使用，一般不会产生毒性。

7-3　使用世界卫生组织（WHO）的 VMINS 系统检索维生素或矿物质信息

第二节　水溶性维生素与辅酶

一、维生素 B_1 与 TPP

1. 结构——含硫并含氨基的双环化合物

维生素 B_1 又叫硫胺素（thiamine）或者抗神经炎素（aneurin），是由一个含氨基的嘧啶环和一个噻唑环构成的双环化合物，已可以人工合成。纯品常以盐酸盐的形式存在，为白色结晶或结晶性粉末；有微弱的特异臭味，味苦，有引湿性，露置在空气中，易吸收水分。其化学结构和结晶显微照片如图 7-2 所示。

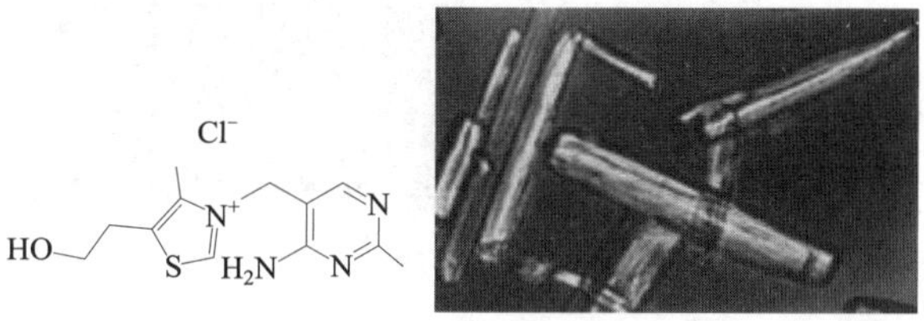

图 7-2　维生素 B_1 结构式及其结晶

硫胺素主要分布在谷类、豆类的种皮中，米糠，酵母以及动物的心、肝、肾中含量也很高。硫胺素是所有维生素中最不稳定的一种。维生素 B_1 很易被破坏，其水溶液煮沸 1h 就有 1/2 被分解；尽管其在中性及碱性溶液中加热易分解，但在酸性溶液中却很稳定。

硫胺素在 233nm 和 267nm 有两个紫外吸收峰；在铁氰化钾碱性溶液中，它可被氧化成深蓝色荧光的硫色素（thiochrome）；硫胺素与重氮化氨基苯磺酸和甲醛作用产生品红色，与重氮化对氨基乙苯酮作用产生红紫色。这些性质都可用于硫胺素的定性定量测定。

2. 硫胺素焦磷酸（TPP）——脱羧酶的辅酶

在机体中，硫胺素常以硫胺磷酸酯（TP）或硫胺素焦磷酸（TPP）的形式存在，广泛分布于骨骼肌、心肌、肝脏、肾脏和脑组织中，半衰期为 9 ～ 10d。

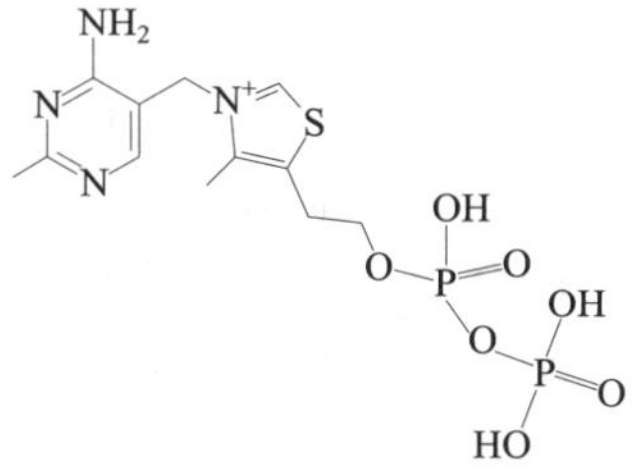

TPP 是 α- 酮酸脱羧酶和转酮醇酶等的辅酶，因此硫胺素对维持机体正常的糖代谢具有重要作用。若机体缺乏硫胺素，糖代谢受阻，丙酮酸、乳酸在组织中积累，从而影响心血管和神经组织的正常功能，表现为多发性神经炎、肢端麻木、心力衰竭、心率加快、下肢水肿等症状，俗称脚气病。

此外，硫胺素能抑制胆碱酯酶的活性，减少乙酰胆碱的水解，维持正常的消化腺分泌和胃肠道蠕动，从而促进消化。若硫胺素缺乏，消化液分泌会减少，肠胃蠕动减弱，出现食欲不振、消化不良等症状。

二、维生素 B_2 和黄素辅酶

1. 结构——含异咯嗪环和核糖醇

维生素 B_2 又称为核黄素（riboflavin），是核糖醇和 6,7-二甲基异咯嗪的缩合物。其溶液呈黄色，为体内黄酶类（黄酶在生物氧化中发挥递氢作用）辅基的组成部分，当缺乏时，就影响机体的生物氧化，使代谢发生障碍。其化学结构和结晶显微照片如图 7-3 所示。

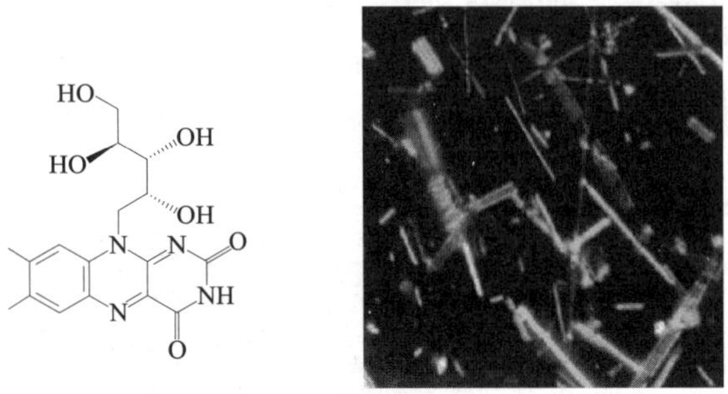

图 7-3 维生素 B_2 结构式及其结晶

核黄素分布较广，酵母、绿色植物、谷物、鸡蛋、乳类等均含有，动物性食物中含量较高。核黄素是橙黄色针状结晶，耐高温，但见光易分解。核黄素微溶于水及乙醇，极易溶于碱性溶液，在中性或酸性溶液中加热是稳定的。它的两个性质是造成其损失的主要原因：①可被光破坏；②在碱溶液中加热可被破坏。核黄素水溶液呈黄绿色荧光，荧光的强弱与核黄素的含量成正比，利用此性质可做定量分析。

2.FMN 和 FAD——脱氢酶的辅基

在机体内，核黄素主要以两种形式存在：黄素单核苷酸（flavin mononucleotide，FMN）和黄素腺嘌呤二核苷酸（flavin adenine dinucleotide，FAD），它们的结构如下：

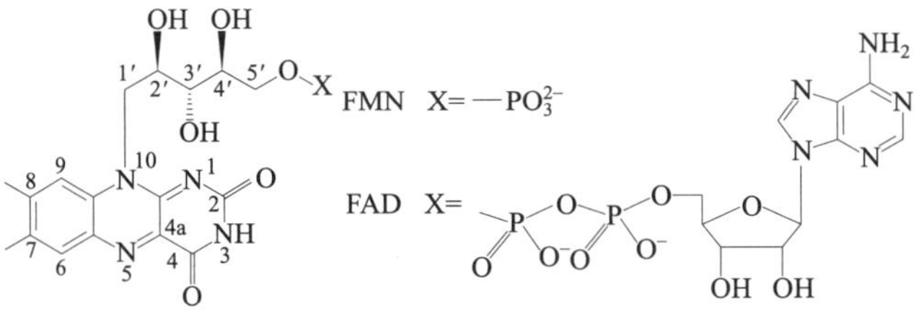

核黄素的这两种氧化形式 FAD 和 FMN 在 445 ～ 450nm 波长范围内都有吸收，显黄色，但它们的加氢产物 $FADH_2$ 和 $FMNH_2$ 却是无色的，因为当它们被还原后，异咯嗪的共轭双键系统消失了。$FMNH_2$ 和 $FADH_2$ 可以像 NADH 和 NADPH 那样参与电子转移，但 NADH 和 NADPH 只参与双电子转移，而 $FMNH_2$ 和 $FADH_2$ 既可以给出一个电子，也可以同时给出 2 个电子。当参与单电子转移时，可以形成部分氧化的化合物 FMNH · 和 FADH ·（见图 7-4）。这些中间产物是相对稳定的自由基，称为黄素半醌。由于 FMN 和 FAD 存在以上氧化型和还原型两种形式，因此它们常作为一类脱氢酶黄素酶（如琥珀酸脱氢酶、脂酰辅酶 A 脱氢酶）的辅基，通过氧化态与还原态的互变，促进底物脱氢或起传递氢的作用。核黄素广泛参与体内多种氧化还原反应，促进糖、脂肪和蛋白质代谢。

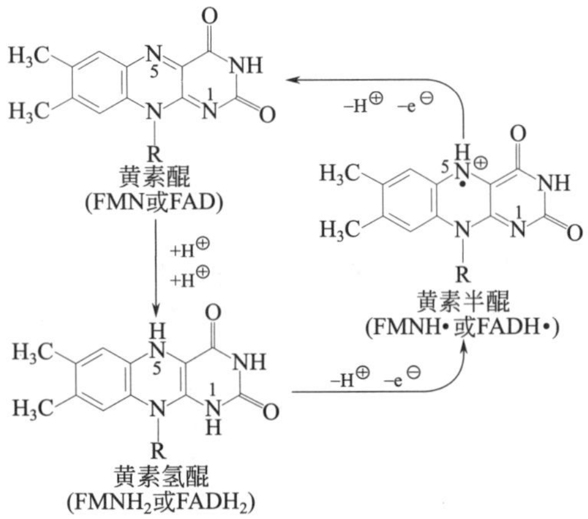

图 7-4 FMNH · 和 FADH · 的生成

三、维生素 B_3 和辅酶Ⅰ、辅酶Ⅱ

1. 结构——吡啶衍生物

维生素 B_3 即维生素 PP，人体缺乏时表现为舌炎、口角炎、皮炎等，这些症状俗称癞皮病（糙皮病），故维生素 B_3 又称抗癞皮病（糙皮病）维生素。具体包括尼克酸（又称烟酸、菸酸，nicotinic acid）和尼克酰胺（又称烟酰胺，nicotinamide）。二者均为吡啶的衍生物，但在体内主要以酰胺形式存在。它们的结构如下：

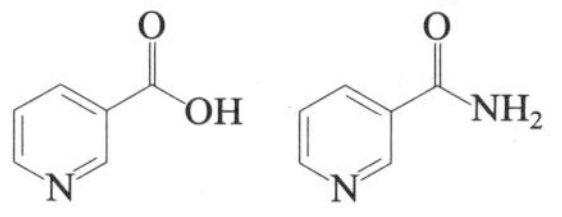

尼克酸　尼克酰胺

维生素 B_3 广泛分布于肉类、乳类、花生、蔬菜中，酵母和米糠中含量最高。维生素 B_3 为无色晶体，对酸、碱和热稳定，能溶于水和乙醇，不溶于丙二醇、氯仿、醚、脂类溶剂及碱溶液。能升华，无气味，微有酸味。它与溴化氰作用产生黄绿色化合物，此反应可用于定量测定。维生素 B_3 用于抗糙皮病，亦可用作血管扩张药，大量用作食品、饲料的添加剂。作为医药中间体，用于异烟肼、烟酰胺、*N,N*- 二乙基烟酰胺及烟酸肌醇酯等的生产。

2.NAD 和 NADP——脱氢酶的辅酶

在体内尼克酰胺主要转变成烟酰胺腺嘌呤二核苷酸（nicotinamide adenine dinucleotide，NAD）和烟酰胺腺嘌呤二核苷酸磷酸（nicotinamide adenine dinucleotide phosphate，NADP），即辅酶Ⅰ（CoⅠ）和辅酶Ⅱ（CoⅡ）。故维生素 PP 作为合成 NAD 和 NADP 的原料，在生物氧化过程中起着重要的作用。因为尼克酸是吡啶的 3-羧酸衍生物，所以含有尼克酰胺的这些辅酶也经常被称作吡啶核苷酸辅酶。

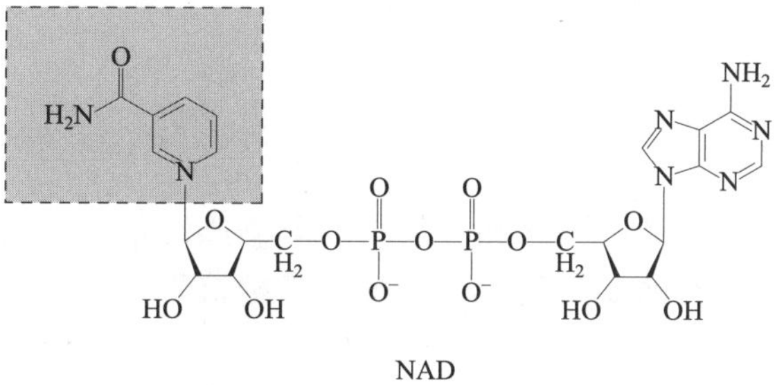

NAD

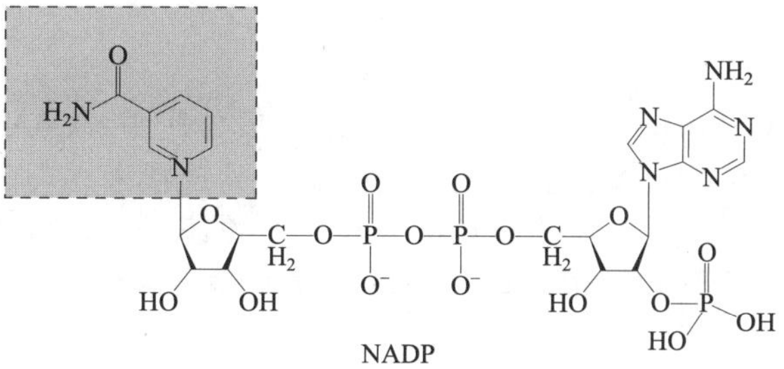

NADP

辅酶Ⅰ和辅酶Ⅱ均为脱氢酶的辅酶，在氧化过程中作为氢的受体和供体，起着传递氢的作用。两种辅酶都含有一个连接两个 5′- 核苷酸的磷酸酐键，这两个 5′- 核苷酸是腺苷单磷酸和尼克酰胺的核糖核苷酸，也称为尼克酰胺单核苷酸（NMN）。另外在 $NADP^+$ 和 NADPH 结构中的腺苷酸的核糖的 2′ 位上连有一个磷酸基团。NAD 和 NADP 的结构和它们的还原形式 NADH 和 NADPH 的结构如下：

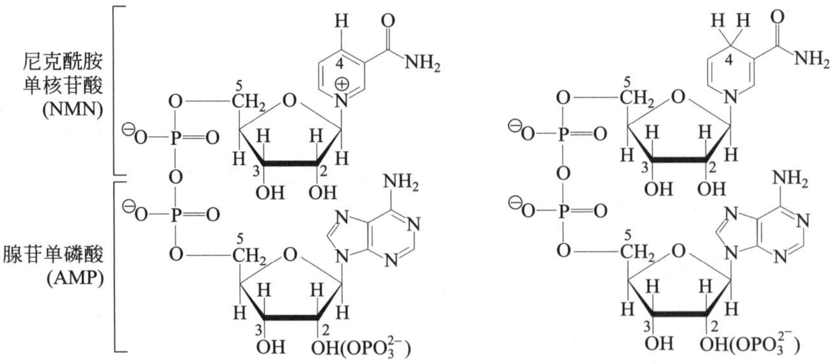

NAD⊕ (NADP⊕)
氧化形式

NADH(NADPH)
还原形式

NAD 和 NADP 都是脱氢酶的辅酶，它们通常被称为具有还原力的分子。NADPH 可以提供能量和氢用于还原反应；而大多数 NADH 是在分解代谢中生成的，在线粒体被氧化产生大量的 ATP。

7-4 检索辅酶Ⅰ和辅酶Ⅱ

NADH 和 NADPH 由于含有二氢吡啶环，在 340nm 处有一吸收峰，但 NAD 和 NADP 在这个波长没有吸收峰，所以 340nm 处吸收的出现和消失可以用作监测与氧化和还原相关的脱氢酶催化反应指标。

四、维生素 B_5 和辅酶 A

1. 结构——含有 *β*- 丙氨酸特征片段

维生素 B_5 即泛酸，又名遍多酸（pantothenic acid），因在自然界中分布很广而得名。泛酸是由 *β*- 丙氨酸与 *α*,*γ*- 二羟 -*β*,*β*- 二甲基丁酸缩合而成的，结构如下：

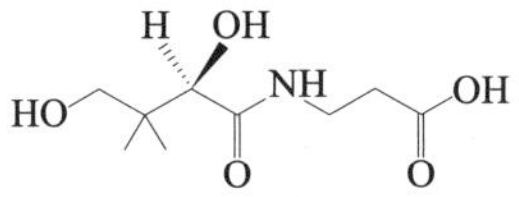

泛酸为淡黄色油状物，具酸性；易溶于水和乙醇，不溶于脂溶剂；在酸性溶液中易分解，在中性溶液中较稳定。具制造抗体功能，能帮助抵抗传染病，缓和多种抗生素副作用及毒性，并有助于减轻过敏症状，缺乏时则容易引起血液及皮肤异常，发生低血糖症。

2. 辅酶 A——酰基载体

泛酸在体内主要以辅酶 A（coenzyme A，CoA）的形式参与代谢。CoA 含有腺苷 -3′,5′- 二磷酸，这个腺苷酸通过 5′- 磷酸与泛酸-4-磷酸的磷酸基相连，泛酸部分又连接着巯基乙胺，CoA 是生物体内酰基的载体，与酰化作用密切相关。它通过自身的巯基接受和放出酰基，起着转移酰基的作用，因此泛酸对糖、脂类和蛋白质的代谢具有非常重要的作用。如其可以参与丙酮酸和脂肪酸的氧化，其活性基是巯基乙胺

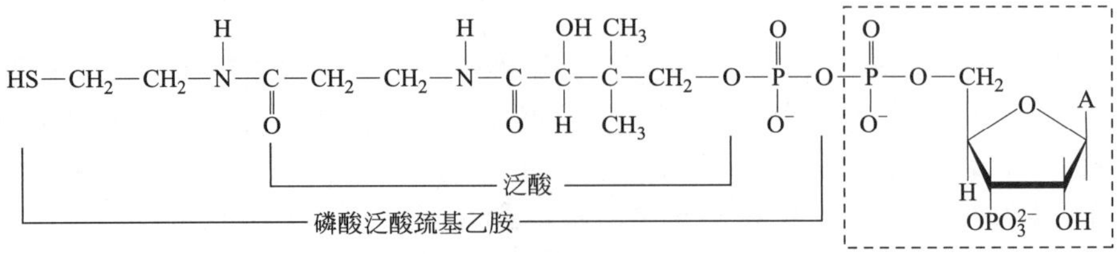

部分的巯基（—SH），所以辅酶 A 有时写作 CoA_{SH}。实际上细胞中的所有泛酸均结合成 CoA。重要的酰基 CoA 有乙酰 CoA 和脂肪酰 CoA。辅酶 A 的溶液在 pH 2 ～ 6 之间相对稳定，相对分子质量 767.6，最大吸收波长 257nm（pH 2.5 ～ 11.0）。

五、维生素 B_6 与磷酸吡哆素

1. 结构——含吡啶的醛或胺

维生素 B_6 即所有呈现吡哆醛生物活性的 3- 羟基 -2- 甲基吡啶衍生物的总称，也叫吡哆素（pyridoxine），包括吡哆醇（pyridoxol）、吡哆醛（pyridoxal）、吡哆胺（pyridoxamine）3 种化合物，它们均为吡啶的衍生物，其结构如下：

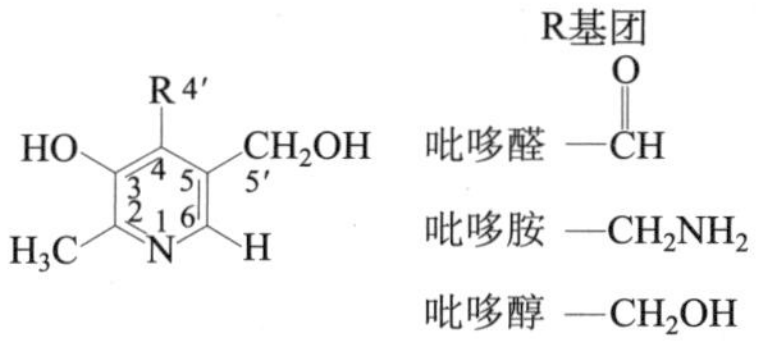

维生素 B_6 在动植物中分布很广，在酵母菌、肝脏、谷物、肉、鱼、蛋、豆类及花生中含量较高。纯品维生素 B_6 为无色结晶，在碱性溶液中易分解，但对酸稳定，吡哆醇耐热，吡哆醛和吡哆胺不耐高温。与三氯化铁作用显红色，与重氮化对氨基苯磺酸作用生成橘红色物质，与 2,6-二氯醌氯亚胺作用产生蓝色物质。这些显色反应均可用作维生素 B_6 的定性定量测定。

2. 磷酸吡哆醛和磷酸吡哆胺——转氨酶的辅酶

维生素 B_6 在生物体内都以磷酸酯的形式存在，参与代谢作用的主要是磷酸吡哆醛和磷酸吡哆胺，结构分别如下：

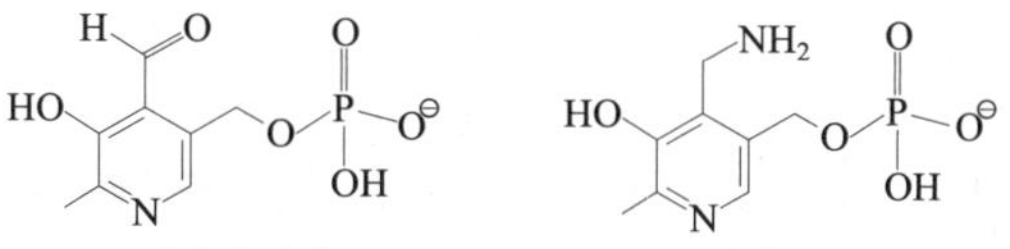

磷酸吡哆醛　　磷酸吡哆胺

两者均为转氨酶和大多数氨基酸脱羧酶的辅酶，因此与氨基酸代谢密切相关。人体很少缺乏维生素 B_6，但抗结核药物异烟肼可与吡哆醛结合形成异烟腙而从尿排出，导致维生素 B_6 缺乏。故维生素 B_6 可用于缓解大剂量异烟肼所致的中枢神经兴奋、周围神经炎等症状。此外，维生素 B_6 还用于治疗呕吐、动脉粥样硬化等病症。

六、维生素 B_7

1. 结构——含噻吩和咪唑的稠环化合物

维生素 B_7 即生物素（biotin），也叫维生素 H、辅酶 R（coenzyme R）等，由噻吩环和咪唑环结合而成的稠环化合物。其侧链上有一个戊酸，极微溶于水（22mg/100mL 水，25℃）和乙醇（80mg/100mL，25℃），较易溶于热水和稀碱液，不溶于其他常见的有机溶剂。遇强碱或氧化剂则分解。

第七章

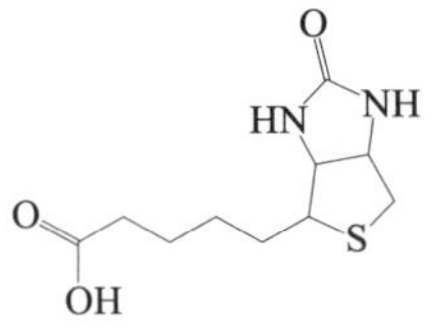

维生素B_7

生物素在动植物界分布很广，如肝、肾、蛋黄、酵母、蔬菜、谷类中都有。很多生物都能自身合成，人体虽不能合成，但人体肠道中的细菌能合成部分生物素。生物素是无色的长针状晶体，溶于热水而不溶于有机溶剂。生物素对热、酸、碱均很稳定，但易被氧化剂破坏。

2. 功能——羧化酶的辅酶

生物素与细胞内CO_2的固定有关，是羧化酶如丙酮酸羧化酶、乙酰辅酶A羧化酶的辅酶。动物缺乏生物素会导致毛发脱落、皮肤发炎等症状。大量食用生鸡蛋时，因蛋清中的抗生物素蛋白与生物素结合，会导致生物素缺乏，引发食欲不振、恶心呕吐、鳞屑状皮炎等病症。图7-5显示的是生物素和乙酰辅酶A所参与的脂肪酸合成过程。

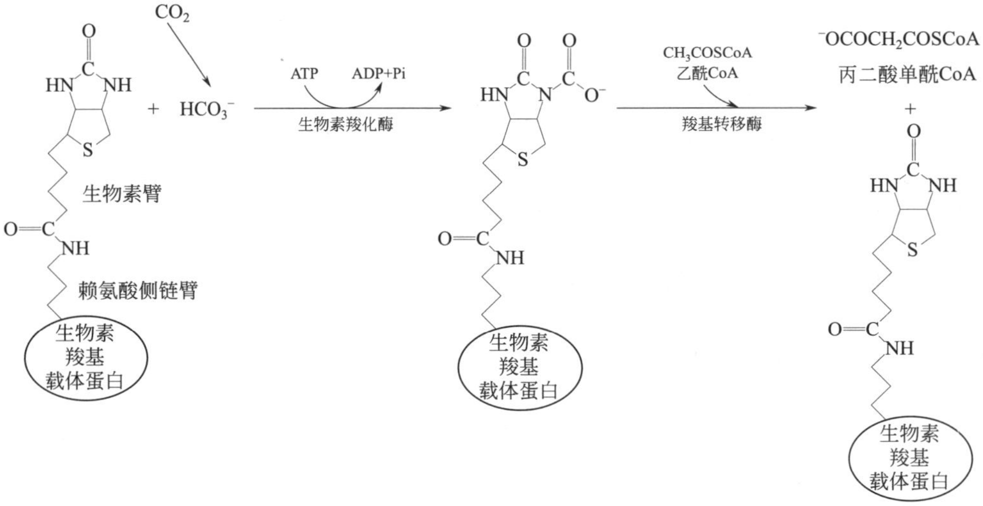

图 7-5 参与机体脂肪酸合成过程中的维生素

七、维生素 B_9（叶酸）和叶酸辅酶

1. 结构——蝶呤啶衍生物

叶酸（folic acid）又称维生素B_9、维生素B_c、维生素M、蝶酰谷氨酸（pteroylglutamic acid，PGA），由蝶呤、对氨基苯甲酸及L-谷氨酸三部分组成。

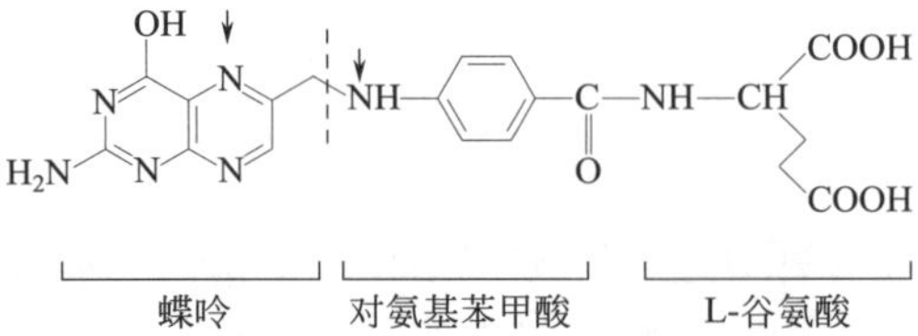

叶酸因广泛存在于植物叶中而得名，酵母及动物肝、肾中也有分布。纯品为浅黄色结晶，微溶于水，不溶于有机溶剂。叶酸的钠盐极易溶于水，不过其钠盐溶于水后受光照会分解为蝶啶和氨基苯甲酰谷氨

酸钠。叶酸在空气中稳定，但受紫外光照射即分解失去活力。其在酸性溶液中对热不稳定，但在中性和碱性环境中十分稳定，100℃下受热1h也不会被破坏。人体缺乏叶酸时，会出现巨幼红细胞贫血以及白细胞减少症。叶酸对孕妇尤其重要，应予以适当补充。

2. 四氢叶酸——一碳基团载体

叶酸在体内主要以四氢叶酸（tetrahydrofolic acid，代号为FH_4或THFA）形式存在。四氢叶酸又称辅酶F（CoF），它是叶酸分子中蝶啶的5、6、7、8位各加一个氢形成的，是辅酶形式的叶酸的母体化合物。接触空气容易氧化，其结构如下：

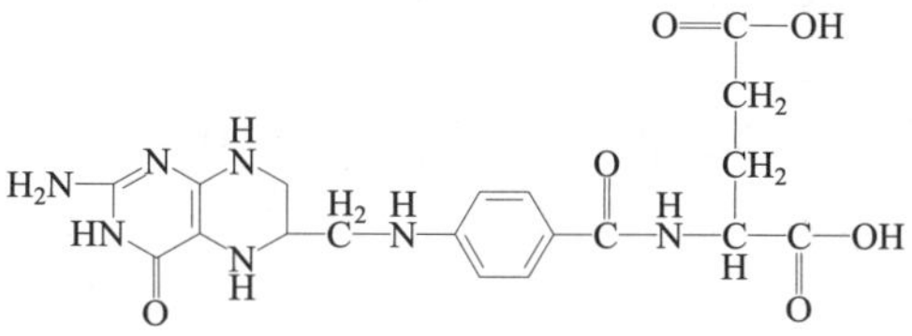

四氢叶酸在体内作为一碳基团转移酶系的辅酶，以一碳基团的载体参与一些生物活性物质的合成，如嘌呤、嘧啶、肌酸、胆碱、肾上腺素等。所谓一碳单位，是指在代谢过程中某些化合物分解代谢生成的含一个碳原子的基团，如甲基、亚甲基、次甲基、甲酰基、亚氨甲基等。四氢叶酸分子中第5、10位的两个氢原子即为一碳单位的传递体。

四氢叶酸携带这些一碳单位，形成10-甲酰基四氢叶酸、5,10-亚甲基四氢叶酸、5-甲基四氢叶酸及5-亚氨甲基四氢叶酸等。其中5-甲基四氢叶酸与血浆蛋白相结合，主要转运到肝脏储存。

八、维生素B_{12}和辅酶B_{12}

1. 结构——含钴的复杂维生素

维生素B_{12}是一种含钴的化合物，又称为钴胺素（cobalamin）。自然界中的维生素B_{12}都是微生物合成的，高等动植物不能制造维生素B_{12}。它是维生素中唯一含有金属元素的结构复杂的环系化合物。

维生素B_{12}由一个咕啉核和一个拟核苷酸两部分组成。咕啉核中心有一个三价钴原子，钴原子上可连接不同的基团。由于结构中连接的是氰基，称为氰钴素（cyanocobalamin），此外还可连接羟基、甲基等。如果钴与腺苷的5′位连接，就称为5′-脱氧腺苷钴素或辅酶B_{12}（coenzyme B_{12}）。维生素B_{12}及辅酶B_{12}的结构如下：

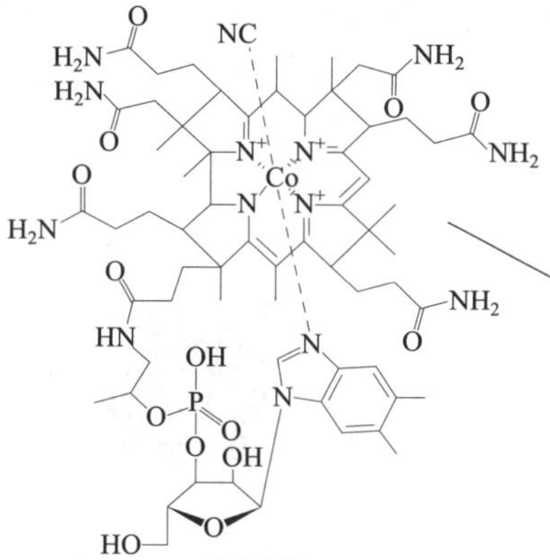

维生素B_{12}

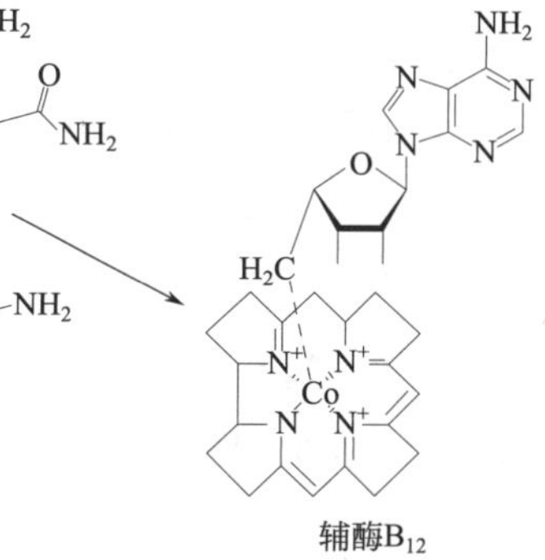

辅酶B_{12}

肝、肾、瘦肉、鱼及蛋类食物中维生素 B_{12} 含量较高。纯品为一种红色晶体，无臭无味；可溶于水、乙醇和丙酮，不溶于氯仿；在中性溶液中耐热，在强酸强碱下易分解。

2. 辅酶 B_{12}——参与体内一碳基团代谢

维生素 B_{12} 及其类似物对维持动物正常生长和营养、上皮组织细胞的正常代谢以及红细胞的新生和成熟都有很重要的作用；缺乏维生素 B_{12}，会导致巨幼红细胞贫血。它还以辅酶的形式参与体内一碳基团代谢，是生物合成核酸和蛋白质所必需的因子。

维生素 B_{12} 中的钴与甲基相连，生成甲基钴素（$CH_3 \cdot B_{12}$），它在体内参与甲基转换反应和叶酸代谢，是 N^5-甲基四氢叶酸甲基转换酶的辅酶。细胞内储存的甲基四氢叶酸在该酶的催化下与同型半胱氨酸之间发生甲基转换，产生四氢叶酸和甲硫氨酸。

前面提到的辅酶 B_{12} 是甲基丙二酰辅酶 A 的辅酶，此酶催化甲基丙二酰辅酶 A 转变成琥珀酰辅酶 A，该反应为联系脂代谢的反应之一。

九、维生素 C

1. 结构——酸性己糖衍生物

维生素 C 实质上是一种己糖衍生物，是烯醇式己糖酸内酯；它可预防坏血病，因此也称为抗坏血酸（ascorbic acid）。维生素 C 主要来源于新鲜蔬菜和水果，人类一般不能自身合成，只能靠食物供给。

维生素 C 与糖类相似，也有 D 型和 L 型两种异构体，但只有 L 型具有生理功能。由于分子中 2 位与 3 位碳原子之间烯醇式羟基上的氢易游离成 H^+，故具有酸性。维生素 C 的纯品为无色片状结晶，有酸味；易溶于水，不溶于有机溶剂；维生素 C 还是一种强还原剂，易被弱氧化剂如 2,6-二氯酚靛酚氧化脱氢而生成氧化型抗坏血酸。维生素 C 在酸性溶液中比中性溶液及碱性溶液中稳定，但易被热、光及某些金属离子（如 Cu^{2+}、Fe^{2+}）破坏。

2. 功能——还原剂、促进胶原及黏多糖合成

维生素 C 有氧化型和还原型两种存在形式，两者都具有生物活性。维生素 C 在体内参与氧化还原反应时，二者可相互转化（图 7-6），通过接受和放出氢起到传递氢的作用。维生素 C 的还原作用还可保护酶分子中的—SH 不受氧化，因此常用于防治职业中毒，如铅、汞、砷、苯等的慢性中毒。此外，维生素 C 还参与一些羟化反应，如脯氨酸、类固醇的羟化等。

维生素 C 的功能较为广泛，主要包括：参与胶原蛋白的合成、治疗坏血病、预防牙龈萎缩或出血、预防动脉硬化、抗氧化、治疗贫血、提高人体免疫力、提高机体应急能力、抗癌和保护细胞等。

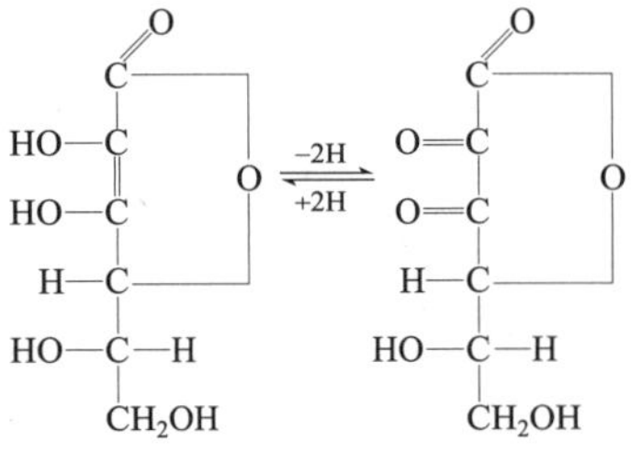

图 7-6 L- 抗坏血酸（还原型）与脱氢抗坏血酸（氧化型）

7-5 维生素 C 的工业化生产

7-6 维生素 C 的创新生物合成技术

第三节　脂溶性维生素

一、维生素 A

1. 结构——由 β- 胡萝卜素转化的不饱和一元醇

维生素 A 是具有脂环的不饱和一元醇，由一个 β- 白芷酮、两个异戊烯单位和一个伯醇基组成。维生素 A 有维生素 A_1 和维生素 A_2 两种形式，维生素 A_1 又称视黄醇（retinol），维生素 A_2 又称脱氢视黄醇（dehydroretinol）。维生素 A_2 与维生素 A_1 相比，在脂环的 3 位上多一个双键，两者生理功能相同，但前者的生理活性只是后者的 40%。两者结构见图 7-7。

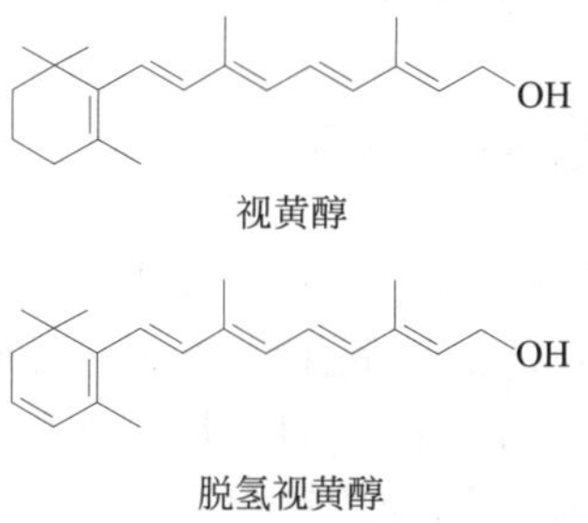

图 7-7　视黄醇和脱氢视黄醇

维生素 A_1 主要存在于哺乳动物及咸水鱼的肝脏中，而维生素 A_2 主要存在于淡水鱼的肝脏中。绿色植物中虽未发现维生素 A，但存在一种能在人体的肠黏膜或肝脏中转变成维生素 A 的物质，称为维生素 A 原（provitamin A），即胡萝卜素（carotene），包括 α- 胡萝卜素、β- 胡萝卜素、γ- 胡萝卜素和玉米黄素（zeaxanthin）。其中 β- 胡萝卜素最为重要，它可在肠壁分泌的胡萝卜素酶作用下裂解转变成维生素 A_1。

2. 功能——维持正常视觉和上皮组织健康

维生素 A 的首要作用是构成视觉细胞内感光物质。眼球的视网膜上有两类感觉细胞：圆锥细胞（通常称为视锥细胞）和圆柱细胞（或称视杆细胞）。视锥细胞负责感受强光并对颜色敏感，而视杆细胞负责微弱光线下的暗视觉，维生素 A 就与暗视觉直接相关。视杆细胞中所含的感受弱光的感光物质是视紫红质（rhodopsin），它是由视蛋白（opsin）和 11-顺视黄醛（retinal）结合成的色素蛋白。视紫红质受到光线作用后，11-顺视黄醛发生异构化作用转变为反视黄醛（结构见图 7-8），并触发神经冲动而产生视觉。视黄醛的产生和补充都需要维生素 A 为原料（维生素 A 氧化脱氢即产生视黄醛）。若维生素 A 供应不足，会导致视紫红质合成受阻，视网膜不能很好感受弱光，造成暗视觉障碍，即夜盲症。

视紫红质的合成、分解与视黄醛关系如图 7-9 所示。

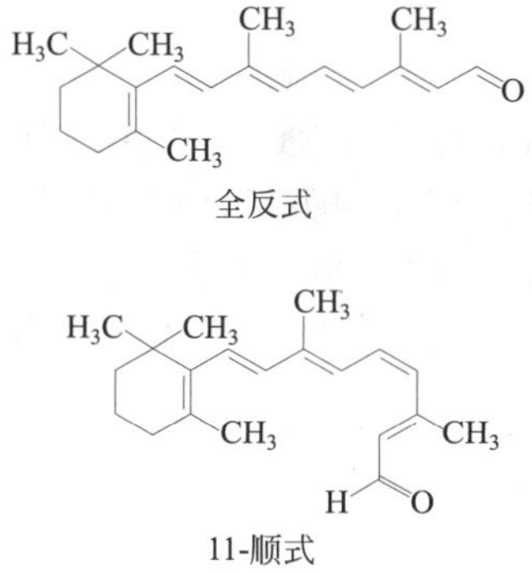

图 7-8　11- 顺视黄醛和反视黄醛

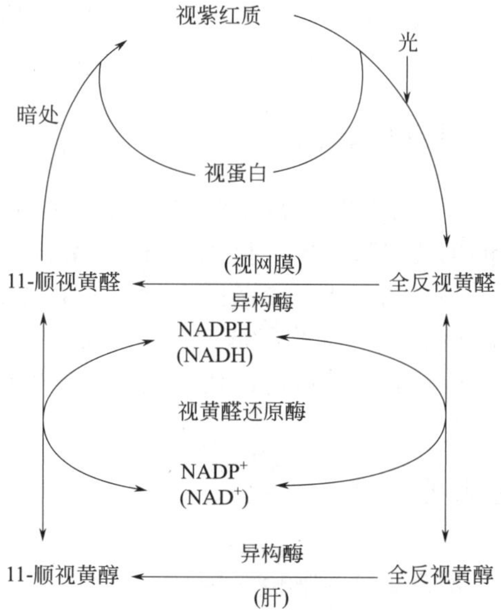

图 7-9　视紫红质的合成、分解与视黄醛关系

维生素 A 对维持上皮组织结构的完整性非常重要。缺乏时上皮干燥、增生及角质化。在眼部会因为泪腺上皮角质化，泪液分泌受阻，以至结膜干燥产生干眼病，所以维生素 A 又称为抗干眼病维生素。皮脂腺及汗腺角质化后，皮肤干燥，毛发易脱落。

此外，维生素 A 还与黏多糖、糖蛋白及核酸合成有关，因而能促进机体的生长与发育。缺乏时可出现生长停止，发育不良。

二、维生素 D

1. 结构——固醇类衍生物

维生素 D 是固醇类衍生物，其结构以环戊烷多氢菲为母核。由于维生素 D 具有抗佝偻病作用，故又称为抗佝偻病维生素。已知维生素 D 主要有维生素 D_2、维生素 D_3、维生素 D_4、维生素 D_5，它们都具有相同的核心结构，其区别仅在侧链上。4 种维生素 D 中，以维生素 D_2 和维生素 D_3 的活性最高。维生素 D_2 又称为麦角钙化醇（calciferol），维生素 D_3 称为胆钙化醇（cholecalciferol）。以上几种维生素 D 均由相应的维生素 D 原经紫外线照射转变而来。植物不含维生素 D，但维生素 D 原在动、植物体内都存在。动物的肝、肾、脑、皮肤以及蛋黄、牛奶中维生素 D 的含量都较高，鱼肝油中含量最丰富。

维生素 D_2 和维生素 D_3 的结构及对应维生素 D 原的转化如下：

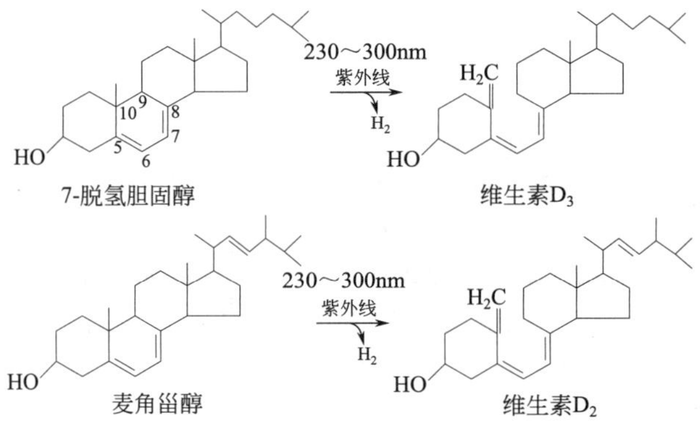

维生素 D 都为无色晶体，不易被酸、碱、氧化剂破坏，最大吸收峰在 265nm，比较稳定，可溶解于有机溶媒中。光会促进其异构作用，因此应储存在氮气、无光的冷环境中。双键体系被还原也可损失其生物效用。

2. 功能——调节钙磷代谢

维生素 D_2 和维生素 D_3 在体内并不具有生物活性，它们在体内主要以 $1,25\text{-}(OH)_2 \cdot D_3$（1,25-二羟胆钙化醇）的形式发挥作用。$1,25\text{-}(OH)_2 \cdot D_3$ 的主要功能是促进肠壁对钙和磷的吸收，调节钙磷代谢，有助于骨骼钙化和牙齿形成。小孩缺乏维生素 D 时，钙磷吸收不足，骨骼钙化不全，骨骼变软，软骨层增加、胀大，结果两腿因体重的影响而形成弯曲或畸形，称为佝偻病或软骨病。但维生素 D 吸收过多，可出现表皮脱屑，内脏有钙盐沉淀，还可使肾功能受损。

三、维生素 E

1. 结构——苯并二氢吡喃衍生物

维生素 E 是最主要的抗氧化剂之一，为苯并二氢吡喃的衍生物，又称生育酚（tocopherol）。现共发现有 6 种，其中 α、β、γ、δ 4 种有生理活性，它们的活性比为 100 ∶ 40 ∶ 8 ∶ 20，可见 α- 生育酚的活性最大。在结构上它们的侧链均相同，只是苯环上的甲基数量和位置不同（如图 7-10 所示）。

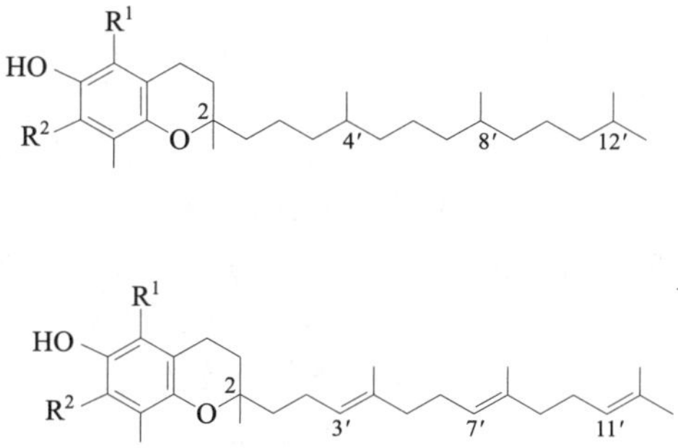

R^1	R^2	
CH_3	CH_3	α-生育酚
CH_3	H	β-生育酚
H	CH_3	γ-生育酚
H	H	δ-生育酚

R^1	R^2	
CH_3	CH_3	α-生育三烯酚
CH_3	H	β-生育三烯酚
H	CH_3	γ-生育三烯酚
H	H	δ-生育三烯酚

图 7-10 四种生育酚（tocopherol）和生育三烯酚（tocotrienol）

各种植物油，如麦胚油、棉籽油、玉米油、大豆油中都含有丰富的维生素 E，豆类及绿叶蔬菜中含量也较高。维生素 E 为淡黄色油状物，溶于脂肪和乙醇等有机溶剂中，不溶于水，对酸、碱及热都稳定。但易被氧化，可被紫外线破坏，在 259nm 处有吸收峰。

2. 功能——抗氧化、抗不育作用

维生素 E 常用作抗氧化剂，其抗氧化作用主要是通过自身被氧化成无活性的醌化合物，从而保护其他物质不被氧化。因而用维生素 E 治疗营养性巨幼红细胞贫血，正是利用了维生素 E 的抗氧化剂性能，使红细胞膜中的不饱和脂肪酸不能氧化破坏，防止了红细胞因破裂引起的溶血。

维生素 E 能抗动物不育症。实验动物缺乏维生素 E 会因生殖器官受损而不育，雄性睾丸萎缩，不能产生精子；雌性动物则因胚胎和胎盘萎缩引起流产。

7-7 维生素 E 的工业化生产

四、维生素 K

1. 结构——萘醌衍生物

天然维生素 K 最早于 1929 年由丹麦化学家达姆从动物肝和麻子油中发现并提取。分维生素 K_1 和维生素 K_2 两种，还有一种人工合成的产物维生素 K_3。它们都是 2-甲基萘醌的衍生物，维生素 K_3 无侧链，维生素 K_1 和维生素 K_2 只是侧链基团不同，其结构如下：

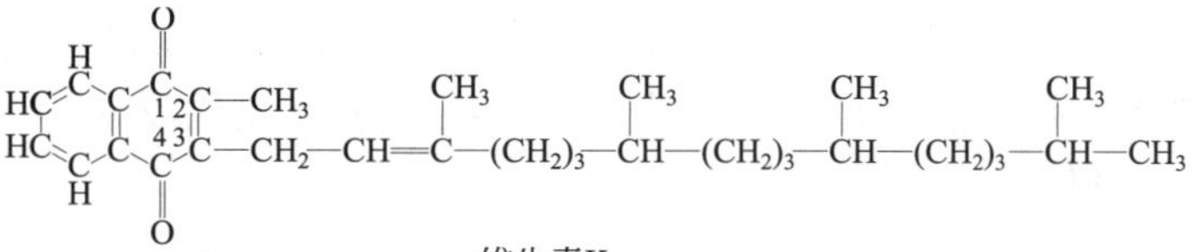

维生素K_1

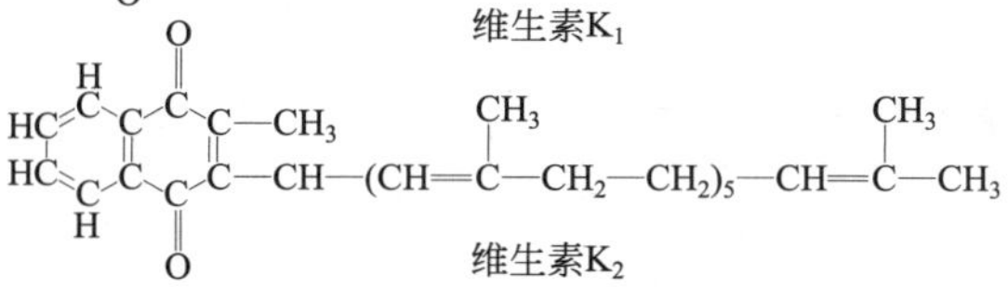

维生素K_2

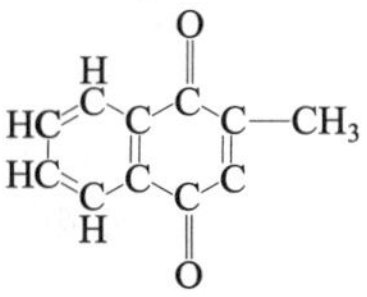

维生素K_3

维生素 K_1 广泛分布于绿色植物（如苜蓿、菠菜等）及动物肝脏中，维生素 K_2 则是人体肠道细菌的代谢产物，鱼肉中富含维生素 K_2。

维生素 K_1 为黄色油状物，维生素 K_2 为黄色晶体，耐高温，但易被光和碱性溶液破坏。

2. 功能——促进血液凝固

脂溶性维生素 K 吸收需要胆汁协助，水溶性维生素 K 的吸收则不需要胆汁。维生素 K 可通过促进肝脏合成凝血酶原而促进血液凝固。如果缺乏维生素 K，血液中凝血酶原含量降低，凝血时间延长，会导致皮下、肌肉及肠道出血，或者因为受伤后血流不凝或难凝，故维生素 K 又称为凝血维生素。此外，维生素 K 还参与骨骼代谢，原因是维生素 K 参与合成 BGP（维生素 K 依赖蛋白质），BGP 能调节骨骼中磷酸钙的合成。经常摄入大量含维生素 K 的绿色蔬菜能有效降低骨折的危险性。

五、硫辛酸

1. 结构——含硫一元羧酸

硫辛酸被称为"万能抗氧化剂"，是一个含硫的八碳酸，在 6、8 位上有二硫键相连，又称 6,8-二硫辛酸。硫辛酸有氧化型和还原型两种存在形式，6、8 位上巯基脱氢为氧化型硫辛酸（两个硫原子通过二硫键相连），加氢变成还原型称为二氢硫辛酸（二硫键还原为巯基）。

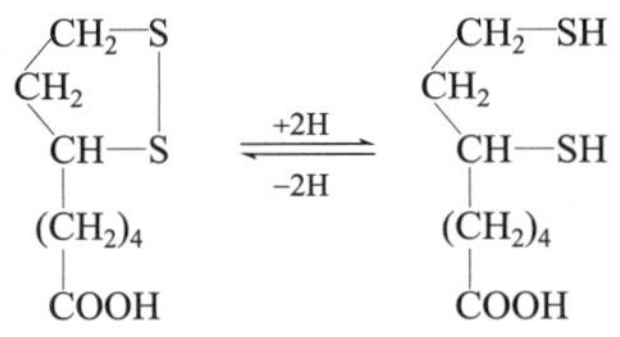

$$
\begin{array}{ccc}
CH_2-S & & CH_2-SH \\
CH_2 & & CH_2 \\
CH-S & \xrightleftharpoons[-2H]{+2H} & CH-SH \\
(CH_2)_4 & & (CH_2)_4 \\
COOH & & COOH \\
\text{氧化型} & & \text{还原型}
\end{array}
$$

硫辛酸可作为辅酶参与机体内物质代谢过程中酰基转移，起到递氢和转移酰基的作用（即作为氢载体和酰基载体），具有与维生素相似的功能（类维生素），故在此列入维生素一类介绍。因为是一种含硫的脂肪酸，故也有人将其归属于脂溶性维生素。同时，由于在体内代谢中与 TPP、NAD 等辅酶一起参加生化反应，因此，根据结构与功能的统一性，有人又将其归入 B 族维生素。硫辛酸是既具水溶性（微溶）又具脂溶性的淡黄色晶体，在食物中，硫辛酸常与维生素 B_1 同时存在。

2. 功能——脱羧酶系辅酶

硫辛酸在糖代谢中作为 α-酮酸氧化脱羧酶的辅酶，在 α-酮酸氧化脱羧中起受氢和递氢的作用。它可能与焦磷酸硫胺素（TPP）起协同作用，在细菌中它与 TPP 结合形成硫辛酰焦磷酸硫胺素（LTPP）而发挥作用。

硫辛酸有抗脂肪肝和降低胆固醇的作用，因为它容易发生氧化还原反应。还原型硫辛酸对含巯基酶具有保护作用，临床上用于砷汞等的解毒。

7-8　如何从自然界获取维生素？

第四节　维生素的应用与工业生产

一、维生素的应用

维生素最主要的应用是作为药品、营养强化剂与保健品，以及食品、饲料和化妆品添加剂等。

在工业中，维生素可作为抗氧化剂、催化剂、防腐剂和其他特殊化学物质，广泛应用于化工、医药、食品等各个制造领域，对于保证产品质量和提高生产效率具有重要意义。在食品工业中，维生素C可以增加食品的新鲜度，延长食品的保质期，如柑橘类水果、果汁、调味品和冷冻食品中常常添加维生素C保鲜。维生素C和维生素E具有抗氧化性质，可防止食品中的油脂氧化酸败，延长食品的保质期。在肉类加工中，维生素C可减少肉类在加工和储存过程中的氧化变色，同时也有助于保持肉的营养价值。

某些维生素及其衍生物可以作为催化剂或助剂参与化工反应，在精细化工和有机合成领域具有一定的应用价值。如维生素 B_1 的衍生物可以催化安息香缩合反应。部分维生素可用于制备表面活性剂或乳化剂。对维生素E进行化学修饰，使其具有亲水性和疏水性基团，可以作为乳化剂用于乳液聚合反应或者化妆品乳液的制备，具有良好的生物相容性和稳定性。

在金属材料的生产过程中，添加维生素C可减少氧化物的形成，改善金属材料的性能，提高材料的强度、硬度。维生素可作为浸渍剂，在金属材料表面形成一层保护膜，提高其的耐腐蚀性能。在塑料、橡胶等高分子材料加工过程中，加入维生素C或维生素E可以防止材料在加工和使用过程中因氧化而老化、变色，保持其物理和化学性能的稳定，提高其强度或耐久性。

二、维生素的工业生产

目前合成维生素占据了全球维生素市场约80%的份额。其中化学合成法技术十分成熟，并且实现了工业化生产，但是工艺流程复杂且废水排放量大，如维生素 B_2 化学合成需要60多个步骤。生物制造技术的应用可以有效实现节能、减排和降耗，是实现维生素制造绿色发展的重要突破口，所以也有相当一部分维生素采用发酵法制备。

1. 维生素B族的生产

维生素 B_1 由嘧啶环和噻唑环通过亚甲基结合而成，合成路线可以分为两大类：汇聚式和直线式。汇聚式路线由于中间过程收率较低，工业化生产路线受到限制，因此工业上主要采用的是直线式路线。

维生素 B_2 生产方法则有微生物发酵法、基因工程菌发酵法、化学合成法和化学半合成法，其中化学合成法存在颇多难以解决的问题，已完全被取代，而生物发酵法则为世界主流供应商主要采用的生产方法。传统的微生物发酵法主要以棉阿舒囊霉（*Ashbya gossypii*）、枯草芽孢杆菌（*Bacillus subtilis*）和阿舒假囊酵母（*Eremothecium ashbyii*）等作为核黄素生产菌种，工业生产中主要以阿舒假囊酵母为生产菌种。基因工程菌发酵法则运用DNA重组技术构建出能够过量合成核黄素的基因工程菌，取代原先使用的酵母菌。维生素 B_2 的工业发酵一般为二级发酵，发酵液先沉淀再氧化进行分离提纯。玉米是发酵生产维生素 B_2 的主要原料，约占生产成本的50%以上。

2. 维生素A的生产

对于维生素A产业链而言，其上游产品为以柠檬醛为原料制成的 β-紫罗兰酮，下游为饲料、医药、食品等产业。虽然维生素A可以从动物组织中提取，但资源分散、步骤繁杂、成本高，目前维生素A主要依靠化学合成。

柠檬醛是生产维生素A的关键原料，可从精油中分出，也可从工业香叶醇及橙花醇用铜催化剂减压气相脱氢得到，还可从脱氢芳樟醇在钒催化剂作用下合成。目前全球仅有德国巴斯夫、中国新和成和日本可乐丽三家企业能够生产柠檬醛，总产能为5.3万吨/年，巴斯夫为最主要的生产商，占全球70%以上的市场份额。

目前工业化生产维生素 A 的工艺主要有两种：Roche（C_{14}+C_6）合成工艺和 BASF（C_{15}+C_5）合成工艺。Roche（C_{14}+C_6）工艺技术成熟、收率稳定、各反应中间体的立体构型比较清晰、不必使用很特殊的原料，但其缺陷是原辅材料数量多达 40 种，反应步骤多导致整体收率较低，同时需要使用氯化氢气体，容易造成设备腐蚀。该工艺是目前维生素 A 的主要合成方法。BASF（C_{15}+C_5）工艺反应步骤少、工艺路线短，因此收率较高，但其核心技术难点是 Witting 乙炔化反应条件严苛；且该工艺中用到的三苯基膦价格较高，若再生使用还需用到剧毒的光气，这对工艺和设备提出严苛的要求。

7-9 维生素 D 的工业化生产

第五节 体液平衡

第七章第五节

7-10 体液失去平衡所导致的疾病

本章提要

营养素包括六大类：糖类、蛋白质、脂类、维生素、水、无机盐，这些营养素分别为机体提供能量、调节物质代谢并构成机体的结构成分。维生素是生物体生长和代谢所必需的微量小分子有机物，它们在化学结构上并无相似之处，有脂肪族、芳香族、脂环族、杂环族和甾类化合物等。可以分为水溶性维生素和脂溶性维生素两种。绝大多数维生素通过辅酶或辅基的形式参与生物体内的酶反应体系，调节酶活性及代谢活性。也有少数维生素还具有一些特殊的生理功能。

课后习题

1. 用对或不对回答下列问题。如果不对，请说明原因。

（1）维生素对于动植物都是不可缺少的营养成分。

（2）所有水溶性维生素作为酶的辅酶或辅基，必须都是它们的衍生物。

（3）人体内可将 β- 胡萝卜素转变成维生素 A。

（4）维生素 D_3 的活性形式是 1,25-（OH）$_2$ · D_3。

（5）Na^+ 和 K^+ 是重要的阳离子，通过调节，细胞内外的 Na^+ 和 K^+ 浓度都是相等的。

2. 脱氢酶的辅酶（或辅基）有哪些？它们各是由什么维生素转化的？

3. 为什么说维生素 C、维生素 E 和硫辛酸都可作抗氧化剂？

4. 如果人体内维生素 A、维生素 B、维生素 D 缺乏或不足，可引起什么样的疾病？如果红细胞的渗透压大于血浆，红细胞将发生什么变化？如果红细胞的渗透压小于血浆呢？

讨论学习

1. 对于那些商业上以维生素命名的实际上并非真正维生素的物质，谈谈你的看法。
2. 含有水溶性和脂溶性维生素的食品有哪些？
3. 若机体出现水平衡紊乱会有哪些表现？

7-11　自我测评

第八章　能量代谢与生物能的利用

8-1　学习目标

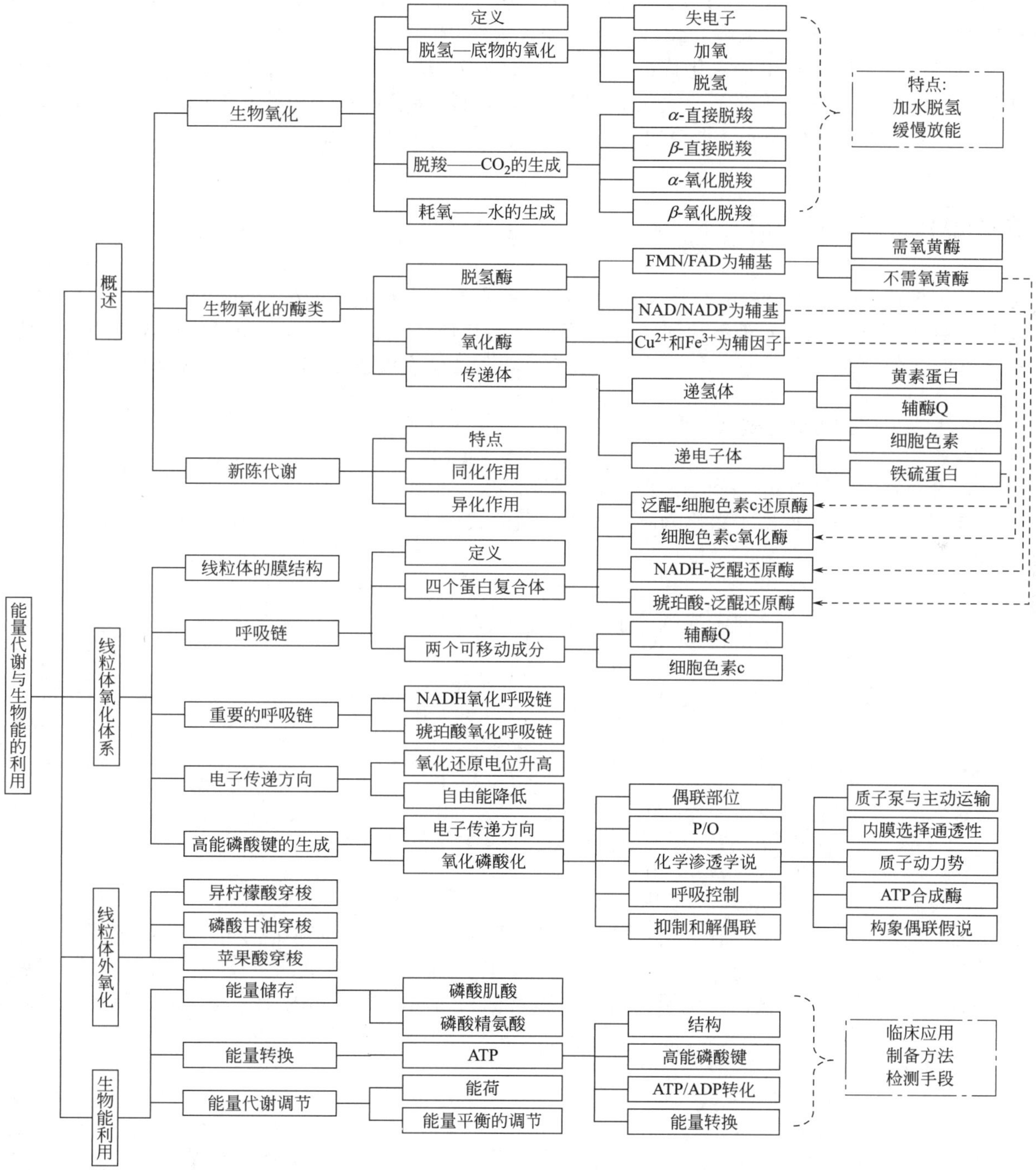
能量代谢与生物能的利用
概述
生物氧化
定义
脱氢—底物的氧化
脱羧——CO_2的生成
耗氧——水的生成
失电子
加氧
脱氢
α-直接脱羧
β-直接脱羧
α-氧化脱羧
β-氧化脱羧
特点:
加水脱氢
缓慢放能
生物氧化的酶类
脱氢酶
氧化酶
传递体
FMN/FAD为辅基
需氧黄酶
不需氧黄酶
NAD/NADP为辅基
Cu^{2+}和Fe^{3+}为辅因子
递氢体
黄素蛋白
辅酶Q
递电子体
细胞色素
铁硫蛋白
新陈代谢
特点
同化作用
异化作用
线粒体氧化体系
线粒体的膜结构
呼吸链
定义
四个蛋白复合体
泛醌-细胞色素c还原酶
细胞色素c氧化酶
NADH-泛醌还原酶
琥珀酸-泛醌还原酶
两个可移动成分
辅酶Q
细胞色素c
重要的呼吸链
NADH氧化呼吸链
琥珀酸氧化呼吸链
电子传递方向
氧化还原电位升高
自由能降低
高能磷酸键的生成
电子传递方向
氧化磷酸化
偶联部位
P/O
化学渗透学说
呼吸控制
抑制和解偶联
质子泵与主动运输
内膜选择通透性
质子动力势
ATP合成酶
构象偶联假说
线粒体外氧化
异柠檬酸穿梭
磷酸甘油穿梭
苹果酸穿梭
生物能利用
能量储存
磷酸肌酸
磷酸精氨酸
能量转换
ATP
结构
高能磷酸键
ATP/ADP转化
能量转换
临床应用
制备方法
检测手段
能量代谢调节
能荷
能量平衡的调节

第一节 概述

新陈代谢（metabolism）是生命最基本的特征之一，包括物质代谢和能量代谢两个方面。生物体通过物质代谢，从外界摄取营养物质，同时经过体内分解吸收将其中蕴藏的化学能释放出来，转化为细胞可以利用的能量，以维持生命活动。以物质代谢为基础，与物质代谢过程相伴随发生的，是蕴藏在化学物质中的能量转化（包括释放、转移、贮存和利用），统称为能量代谢（energetic metabolism）。生物体的一切生命活动都需要能量的提供，能量来源于有机物的氧化。这一过程不仅包括细胞内的有氧和无氧呼吸作用，还包括更广泛的光合作用和生态系统中能量的转换与传递。

有机物在生物体内的氧化还原作用被称为生物氧化（biological oxidation），主要指糖类、脂质、蛋白质等有机物质在生物体内氧化分解并逐步释放能量，最终生成 CO_2 和 H_2O 的过程。生物氧化需要消耗氧并放出二氧化碳，所以又将生物氧化称为组织呼吸或细胞呼吸（cellular respiration）。生物体内的氧化和生物体外的燃烧虽然最终产物都是二氧化碳和水，所释放的能量也完全相等，但两者所进行的方式却大不相同。生物氧化主要在线粒体（真核生物）或质膜（原核生物）中进行。

一、生物氧化的方式和特点

生物氧化是发生在生物体内的氧化 - 还原反应，主要表现为被氧化的物质总是失去电子，而被还原的物质总是得到电子，并且物质被氧化时，总伴随能量的释放。生物体内的完全氧化和体外燃烧在化学本质上是相同的，但是在细胞内进行，所以与有机物的体外燃烧有许多不同之处，具备自身的方式和特点。

1.脱氢——生物氧化的主要方式

生物体内物质的氧化方式包括失电子、加氧和脱氢。
① 失电子，例如，亚铁离子氧化为高铁离子，反应式如下：

$$Fe^{2+} \longrightarrow Fe^{3+} + e^-$$

② 加氧，向底物中加入氧原子或氧分子，如醛氧化为酸：

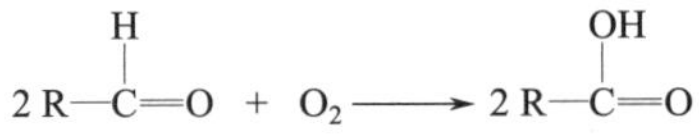

$$2\,R{-}\overset{\text{H}}{\underset{}{C}}{=}O + O_2 \longrightarrow 2\,R{-}\overset{\text{OH}}{\underset{}{C}}{=}O$$
醛 酸

③ 脱氢，例如醇氧化为醛：

$$2\,R{-}\overset{\text{H}}{\underset{\text{H}}{C}}{-}OH + O_2 \longrightarrow 2\,R{-}\overset{\text{H}}{\underset{}{C}}{=}O + 2H_2O$$
醇 醛

在以上不同的氧化方式中，脱氢是生物氧化的主要方式。氧化反应中脱下的电子或氢原子需由另一物质接受。接受电子或氢的物质称为受电子体或受氢体，提供电子或氢的物质称为供电子体或供氢体。失电子、加氧、脱氢称为氧化，得电子、得氢、脱氧称为还原。生物体内氧化与还原的偶联反应称为生物氧化。

2.脱羧——CO_2 的生成机制

细胞呼吸产生的 CO_2 是由有机酸在酶催化下的脱羧作用产生的。根据所脱羧基在有机酸分子中所处位置的不同分为 α-脱羧和 β-脱羧。脱羧过程伴随氧化作用的称为氧化脱羧，没有氧化作用的称为直接

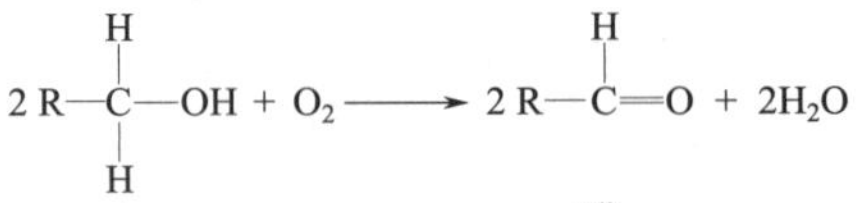

脱羧。

①α-直接脱羧，如丙酮酸脱羧：

$$CH_3-C-\boxed{COOH} \xrightarrow[\text{Mg}^{2+},\ \text{TPP}]{\alpha\text{-酮酸脱羧酶}} CH_3-C-H + CO_2$$

丙酮酸　　　　　　　　　　　　　　乙醛

②β-直接脱羧，如草酰乙酸脱羧：

$$\begin{array}{c} COOH \\ \alpha\ C=O \\ \beta\ CH_2 \\ COOH \end{array} \xrightleftharpoons{\text{丙酮酸羧化酶}} \begin{array}{c} COOH \\ C=O \\ CH_3 \end{array} + CO_2$$

草酰乙酸　　　　　　　　　　丙酮酸

③α-氧化脱羧，如丙酮酸的氧化脱羧：

$$CH_3C-\boxed{COOH} + CoA_{SH} + NAD^+ \xrightarrow{\text{丙酮酸氧化脱羧酶系}} CH_3C\sim SCoA + NADH+H^+ + CO_2$$

丙酮酸　　　　　辅酶A　　　　　　　　　　　乙酰辅酶A

④β-氧化脱羧，如苹果酸的氧化脱羧：

$$\begin{array}{c} COOH \\ \alpha\ CHOH \\ \beta\ CH_2 \\ \boxed{COOH} \end{array} + NADP^+ \xrightarrow{\text{苹果酸酶}} \begin{array}{c} COOH \\ C=O \\ CH_3 \end{array} + CO_2 + NADPH + H^+$$

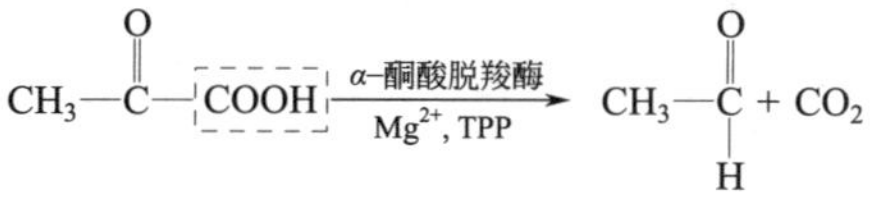

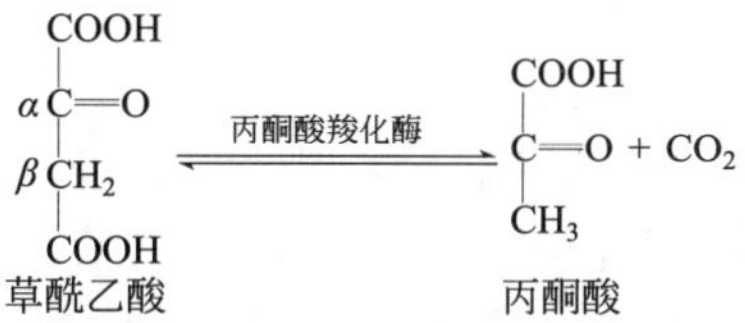

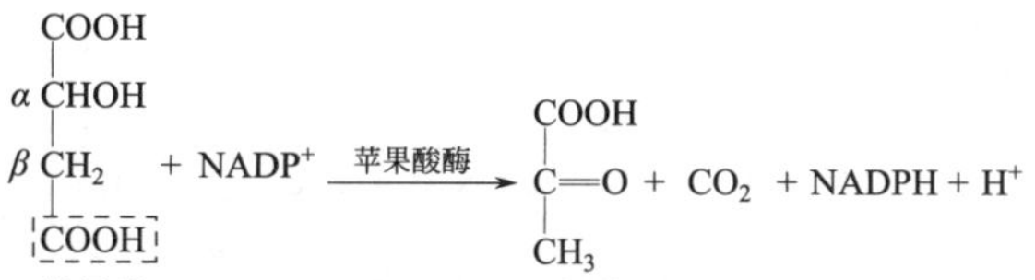

苹果酸　　　　　　　　　　丙酮酸

3. 耗氧——水的生成机制

H_2O 是生物氧化的产物之一。其生成机制是代谢物被各种脱氢酶催化脱氢，脱下的氢再经过一系列传递体的传递，最后与氧结合生成水。所以生物氧化是需氧的过程。

4. 特点——加水脱氢，缓慢放能

生物氧化和体外燃烧在本质上是相同的，但在表现形式上有很大差别。自然界中物质的燃烧通常是在干燥、高温下进行的，自由能以骤发的方式释放，并伴随光和热的产生。生物氧化是在细胞的水溶液中以较温和（pH 中性及体温条件）的方式进行的，产生的自由能缓慢释放，大部分可转化或储存。

水不仅是生物氧化的介质，而且还直接参与氧化还原反应过程，是一种高效的供氧体。在初级代谢中，加氧的氧分子通常不是由分子氧提供，而是由水分子提供。三羧酸循环中由琥珀酸再生草酰乙酸的过程是生物通过加水脱氢实现加氧的典型（见第九章）。琥珀酸首先脱氢生成延胡索酸在碳骨架形成双键，水分子再对延胡索酸的双键进行水合生成苹果酸，苹果酸再脱氢生成草酰乙酸，从而在 α- 碳原子上引入羰基氧原子。

广泛存在于生物体内的加水脱氢氧化还原反应，可使代谢物为机体生命活动提供更多的能量。以葡萄糖为例，每分子葡萄糖含 12 个氢原子，如果每次脱 2 个氢原子，按生成 2.5 分子 ATP 计算（见第三节），进行 6 次脱氢，可产生 15 分子 ATP。但实际上在生物体内每分子葡萄糖完全氧化分解，可产生 32（或 30）分子 ATP（见第九章），这就是由于生物氧化中存在加水脱氢反应，在底物中每加 1 分子水，即多 1 次脱氢过程，可多产生 ATP。

二、参与生物氧化的酶类

参与生物氧化的酶类包括脱氢酶、氧化酶、传递体等。这些酶主要存在于线粒体中，所以生物氧化也主要在线粒体中进行。

8-2 Warburg 和 Theorell 对呼吸酶的研究

1. 脱氢酶——催化呼吸底物的氧化

能使代谢物的氢活化、脱落并将其传递给受氢体或中间传递体的一类酶称为脱氢酶（dehydrogenase）。根据所含辅因子的不同，可将脱氢酶分为两类。

第一类，以黄素核苷酸为辅基的脱氢酶。

这类酶（E）以黄素单核苷酸（FMN）或黄素腺嘌呤二核苷酸（FAD）为辅基。酶蛋白部分与辅基之间多数以非共价键连接，个别以共价键连接。如琥珀酸脱氢酶，酶蛋白部分与 FAD 之间是以共价键连接的。以黄素核苷酸为辅基的脱氢酶又称为黄素酶，直接催化底物（SH_2）脱下一对氢原子，由 FMN 或 FAD 接受，反应式如下：

$$SH_2 + E—FMN \rightleftharpoons S + E—FMNH_2$$

$$SH_2 + E—FAD \rightleftharpoons S + E—FADH_2$$

根据最终受氢体的不同，还可将黄素酶分为两类。

① 需氧黄酶（aerobic flavoenzyme） 以氧为直接受氢体的称为需氧黄酶。氧化底物脱下的氢由氧接受并产生过氧化氢。反应过程如下：

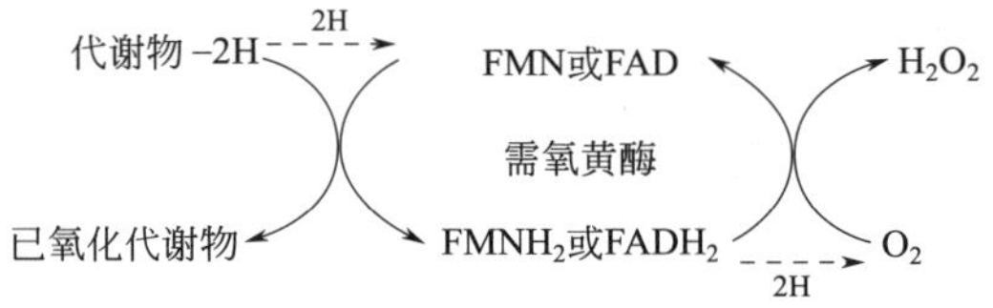

② 不需氧黄酶（anaerobic flavoenzyme） 不以氧为直接受氢体，催化底物脱下的氢先经中间传递体，再传给氧生成水，这一类酶称为不需氧黄酶。如琥珀酸脱氢酶、NADH 脱氢酶、脂肪酰 CoA 脱氢酶、α-磷酸甘油脱氢酶等就是不需氧黄酶，催化过程如下：

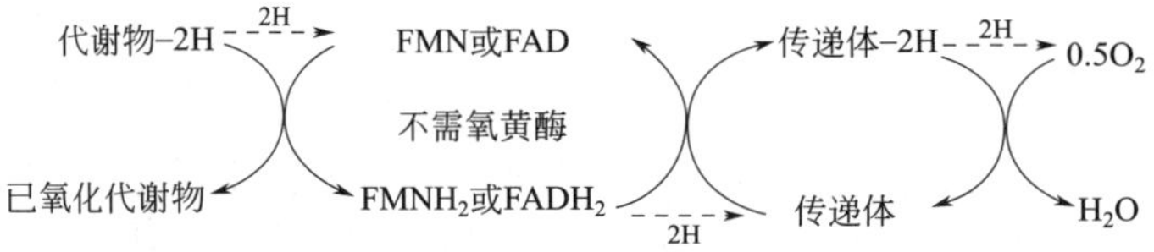

第二类，以烟酰胺核苷酸为辅酶的脱氢酶。

此类脱氢酶以 NAD（Co Ⅰ）或 NADP（Co Ⅱ）为辅酶，催化代谢物脱下的氢由 NAD^+ 或 $NADP^+$ 接受，再交给中间传递体，最后传给氧生成 H_2O。这类酶不能以氧为直接受氢体，属于不需氧脱氢酶。催化反应如下：

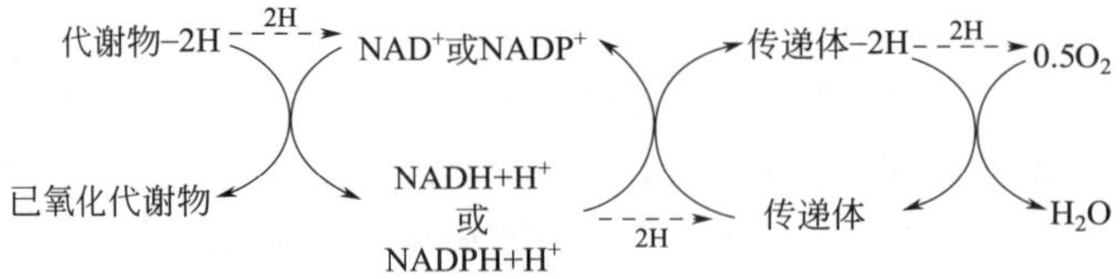

已发现以烟酰胺核苷酸为辅酶的脱氢酶 200 多种，常见的如表 8-1 所示。

表 8-1　一些重要的烟酰胺核苷酸脱氢酶

酶	辅　酶	催化的反应
醇脱氢酶	NAD	乙醇⇌乙醛　维生素A⇌视黄醛
异柠檬酸脱氢酶	NAD	异柠檬酸⇌草酰琥珀酸⇌α-酮戊二酸+CO_2
异柠檬酸脱氢酶	NADP	异柠檬酸⇌α-酮戊二酸+CO_2
β-羟丁酸脱氢酶	NAD	β-羟丁酸⇌乙酰乙酸
β-羟脂酰CoA脱氢酶	NAD	β-羟脂酰CoA⇌β-酮脂酰CoA
乳酸脱氢酶	NAD	L-乳酸⇌丙酮酸
苹果酸脱氢酶	NAD	L-苹果酸⇌草酰乙酸
苹果酸酶	NADP	L-苹果酸⇌丙酮酸+CO_2
胆碱脱氢酶	NAD	胆碱⇌三甲氨乙醛
3-磷酸甘油醛脱氢酶	NAD	3-磷酸甘油醛+磷酸⇌1,3-二磷酸甘油酸
6-磷酸葡萄糖脱氢酶	NADP	6-磷酸葡萄糖⇌6-磷酸葡萄糖酸
谷氨酸脱氢酶	NAD或NADP	L-谷氨酸⇌α-酮戊二酸+NH_3
谷胱甘肽脱氢酶	NADP	还原型谷胱甘肽⇌氧化型谷胱甘肽
胱氨酸还原酶	NAD	胱氨酸⇌2半胱氨酸
α-酮戊二酸脱氢酶	NAD	α-酮戊二酸+CoA⇌琥珀酰CoA+CO_2
丙酮酸脱氢酶	NAD	丙酮酸+CoA⇌乙酰CoA+CO_2
类固醇脱氢酶	NADP	类固醇⇌类固酮

2. 氧化酶——氧的还原

以氧为直接受电子体的氧化还原酶称为氧化酶（oxidase）。氧化酶一般是含金属 Cu^{2+} 和 Fe^{3+} 的蛋白质，通过 Cu^{2+} 和 Fe^{3+} 氧化态与还原态的互变，将传递体或底物的 $2e^-$ 传给氧并使其激活为 O^{2-}，再与 $2H^+$ 结合生成水。如细胞色素氧化酶、抗坏血酸氧化酶等即属此类酶。催化反应如下：

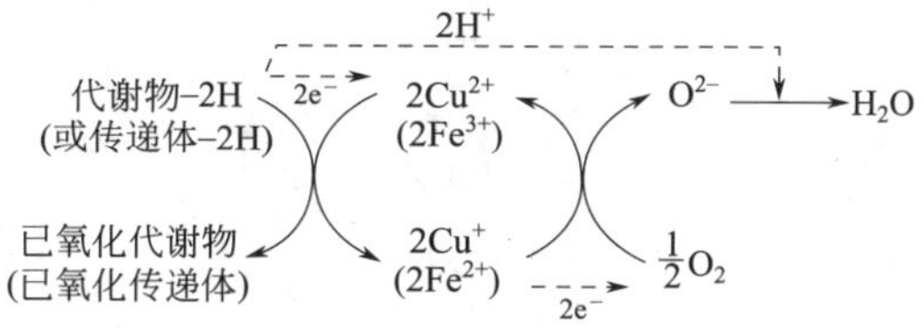

3. 传递体——能量转换的重要环节

在生物氧化过程中起传递氢或传递电子作用的物质称为传递体（carrier）。传递体既不能使代谢物脱氢，也不能使氧活化。能传递氢原子的传递体称为递氢体，如黄素蛋白传递体及辅酶 Q 等。能传递电子的传递体称为递电子体，如细胞色素及铁硫蛋白等。

三、同化作用与异化作用

1. 同化作用——主要是合成代谢

生物机体从环境中获取物质，转化为体内的新物质，这一过程称为同化作用（assimilation）。换句话说，绿色植物将 CO_2 转化为葡萄糖，并进一步合成淀粉；人和动物将小分子葡萄糖合成糖原，将氨基酸合成蛋白质，将核苷酸合成核酸等都属同化作用。同化作用是耗能的生命活动过程。

2. 异化作用——主要是分解代谢

生物体内的旧物质转化为环境中的物质，这一过程称为异化作用（dissimilation）。如人和动物体内的糖原降解为葡萄糖，再被氧化成 CO_2 和 H_2O，就属异化作用。异化作用伴随着能量的释放。

同化作用与异化作用可简单表示如下：

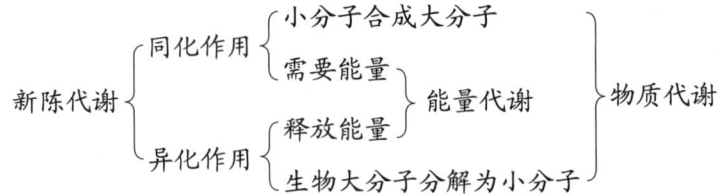

- 新陈代谢
  - 同化作用
    - 小分子合成大分子（物质代谢）
    - 需要能量（能量代谢）
  - 异化作用
    - 释放能量（能量代谢）
    - 生物大分子分解为小分子（物质代谢）

第二节 线粒体氧化体系

在线粒体中，由若干递氢体或递电子体按一定顺序排列组成的，与细胞呼吸过程有关的链式反应体系往往以复合体的形式存在于线粒体内膜上。存在于线粒体内的细胞色素氧化酶体系（cytochrome oxidase system）称为线粒体氧化体系。在生物氧化中，它是主要的氧化还原体系，此外还有微粒体氧化体系、过氧化物体氧化体系、多酚氧化酶体系、抗坏血酸氧化酶体系等生物氧化体系。

一、线粒体的膜相结构

线粒体（mitochondria）是真核细胞内的一种细胞器，是生物氧化和能量转换的主要场所。其膜相结构如图 8-1 所示。

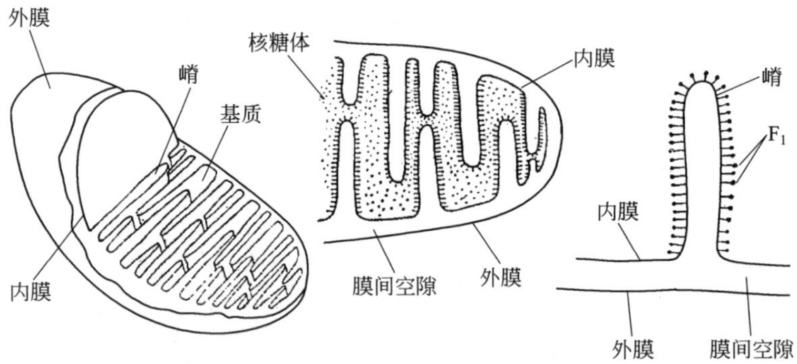

图 8-1 线粒体膜相结构示意图

参与生物氧化的各种酶类如脱氢酶、电子传递体系、偶联磷酸化酶类等都分布在线粒体内膜和嵴上。因此，线粒体内膜在生物氧化及能量转换代谢中具有重要作用。

二、呼吸链

1. 概念——呼吸作用中的电子传递链

由供氢体、传递体、受氢体（O_2）以及相应的酶系统组成的生物氧化还原链称为呼吸链（respiratory chain）。

2.组成——具辅基的结合蛋白类

目前已发现，构成呼吸链的成分有 20 多种，一般可分为 5 类。

（1）以 NAD 或 NADP 为辅酶的脱氢酶 这类酶催化代谢物脱氢，脱下的氢由辅酶 NAD$^+$（Co Ⅰ）或 NADP$^+$（Co Ⅱ）接受。NAD$^+$ 和 NADP$^+$ 吡啶环上的氮为 5 价氮，能可逆地接受电子转变成 3 价氮。酶催化代谢物分子脱下两个氢原子，其中一个氢原子加到吡啶环氮对位的碳原子上，另一个氢原子裂解为 H$^+$ 和 e$^-$，e$^-$ 和吡啶环上的 5 价氮结合，中和正电荷而变为 3 价氮，质子则留在介质中。该反应可用下式表示：

$$NAD^++2H \rightleftharpoons NADH+H^+ \qquad NADP^++2H \rightleftharpoons NADPH+H^+$$

NAD$^+$或NADP$^+$
（氧化态）
NADH + H$^+$或NADPH + H$^+$
（还原态）

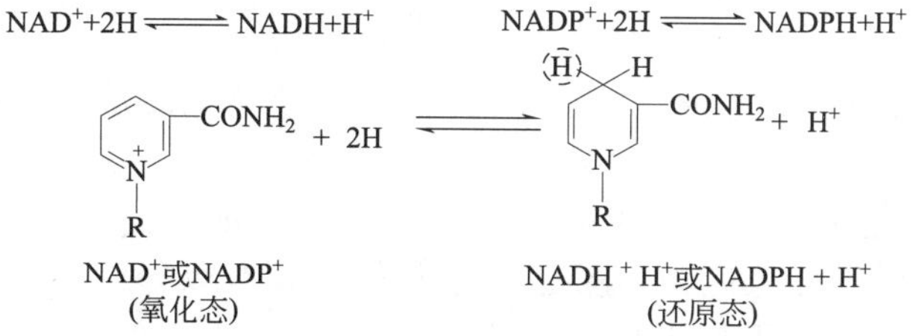

（2）黄素酶 黄素蛋白（flavoproteins，FP）是指以黄素单核苷酸（FMN）或黄素腺嘌呤二核苷酸（FAD）为辅基的不需氧脱氢酶。FMN 和 FAD 分子结构中有异咯嗪，起到传递氢的作用。氧化型 FMN 既可接受两个氢形成 FMNH$_2$，又可接受一个 H$^+$ 和一个 e$^-$ 形成不稳定的 FMNH·（半醌中间体），再接受一个 H$^+$ 和一个 e$^-$ 转变为还原型 FMN（FMNH$_2$）。FAD 也有相同的转变。FMN 和 FAD 以三种不同形式（氧化型、半醌型和还原型）存在，在呼吸链中参与一个或两个电子的传递。反应式如下：

FMNH·或FADH·（半醌中间态）　　FMNH$_2$或FADH$_2$（还原态）

FMN或FAD(氧化态)

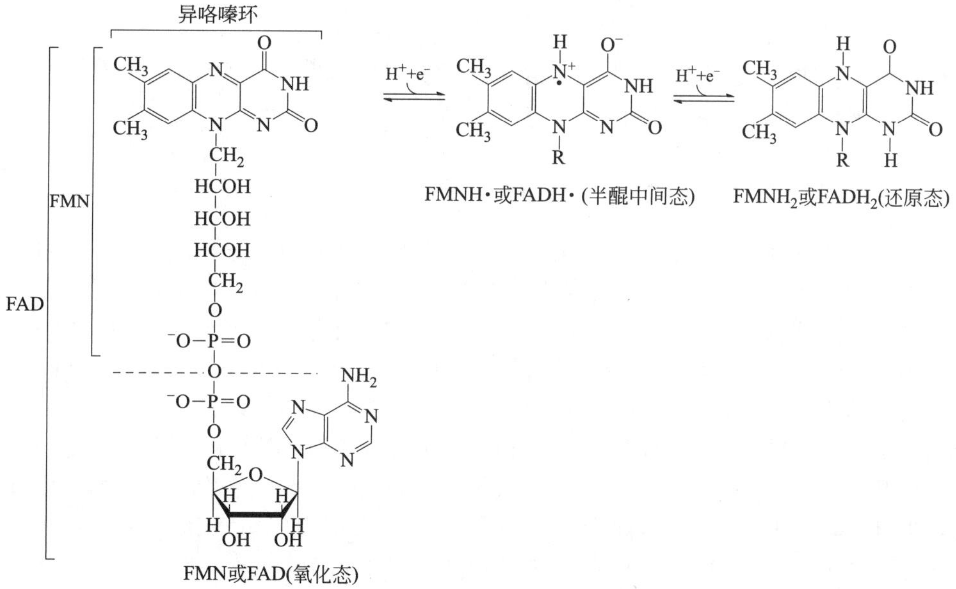

NADH 脱氢酶是含有 FMN 的黄素蛋白，它可催化 NADH 脱氢。琥珀酸脱氢酶、脂酰辅酶 A 脱氢酶等是以 FAD 为辅基的黄素蛋白，它们可直接将底物脱下的氢传递进入呼吸链。

（3）铁硫蛋白 铁硫蛋白（iron-sulfur proteins，Fe-S）又称铁硫中心，是以铁硫簇（iron-sulfur cluster）为辅基，分子量较小的一类蛋白质。铁硫簇主要形式有 Fe$_2$S$_2$ 和 Fe$_4$S$_4$。Fe$_2$S$_2$ 由两个 Fe 原子与两个不稳定 S 原子构成，其中每个铁原子还分别与两个半胱氨酸残基的巯基硫相结合，其活性部分含有两个活泼的无机硫和两个铁原子。Fe$_4$S$_4$ 由四个铁原子与四个不稳定的 S 原子构成，铁与硫相间排列在一个正六面体的八个顶角端，此外四个铁原子还各与一个半胱氨酸残基上的巯基硫相连。常见铁硫蛋白的结构如下：

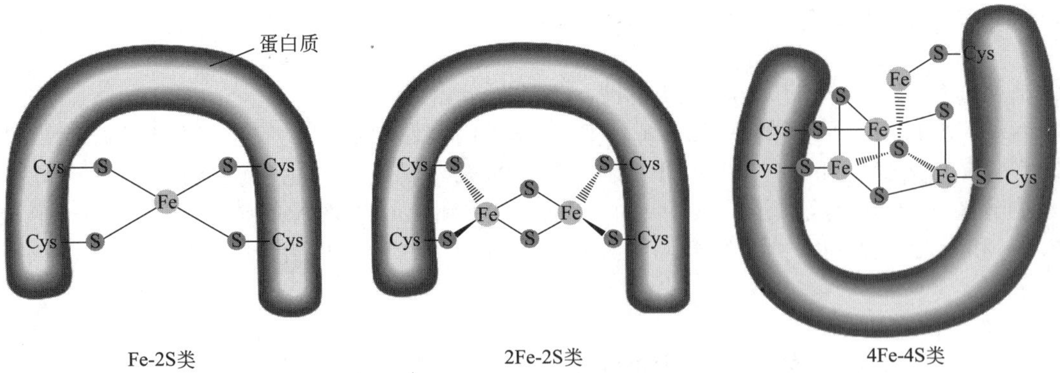

铁硫蛋白中的铁原子可进行 $Fe^{2+} \rightleftharpoons Fe^{3+}+e^-$ 反应而传递电子，是一类单电子传递体。当铁硫蛋白还原后，3 价铁变成 2 价铁。

（4）辅酶Q　辅酶Q（coenzyme Q，CoQ）又称泛醌（ubiquinone，UQ，Q），是一种脂溶性醌类化合物，在呼吸链中是一种和蛋白质结合不紧密的辅酶，分子结构中含有以异戊二烯为单位构成的长碳氢链，异戊二烯侧链使 CoQ 在线粒体内膜脂双层中局部扩散，作为一种流动着的电子载体在复合体Ⅰ（复合体Ⅱ）和复合体Ⅲ之间起传递电子的作用。CoQ 在电子传递链中处于中心地位。哺乳动物细胞内的 CoQ 含有十个异戊二烯单位，故又称 Q_{10}。CoQ 可接受一个 e^- 和一个 H^+ 还原成半醌式；再接受一个 e^- 和一个 H^+ 还原成二氢泛醌。CoQ 也有三种不同存在形式，即氧化型、半醌型和还原型，在呼吸链中传递一个或两个电子。

不同的 CoQ 只是侧链（R）异戊二烯基的数目不同。CoQ 的醌型结构可以结合两个氢而被还原为氢醌。CoQ 在呼吸链中起传递氢作用，是一类递氢体。氧化还原反应如下：

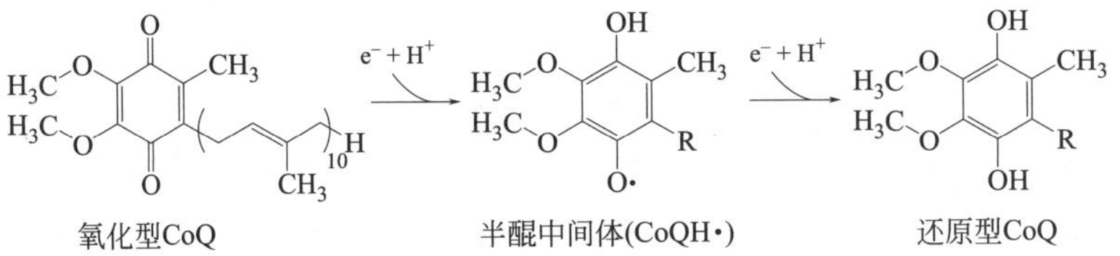

（5）细胞色素　细胞色素（cytochrome，Cyt）是一类以铁卟啉为辅基催化电子传递的结合蛋白。细胞色素因有特殊的吸收光谱而呈现颜色。根据它们吸收光谱的不同，将细胞色素分为 Cyt a、b、c 三类，每一类中又因其最大吸收峰的微小差异再分成几个亚类。例如，Cyta 可分为 a 和 a_3，Cytc 可分为 c 和 c_1。典型的线粒体呼吸链中，常见 5 种不同的细胞色素：Cytb、Cytc、$Cytc_1$、Cyta 和 $Cyta_3$。各种细胞色素之间的主要差别是铁卟啉辅基侧链的差异以及铁卟啉与蛋白质部分的连接方式的不同。细胞色素 b、c 的铁卟啉都是铁原卟啉Ⅸ，与血红素相同，但细胞色素 c 中卟啉环上的乙烯侧链与酶蛋白多肽链中半胱氨酸残基共价相连，而细胞色素 b 则是以非共价方式与蛋白质肽链相联。细胞色素 a 中的铁卟啉为血红素 A，其卟啉环上相连的一个甲基被甲酰基取代，一个乙烯基侧链连接一条聚异戊二烯长链。铁卟啉中的铁原子可进行 $Fe^{2+} \rightleftharpoons Fe^{3+}+e^-$ 反应而传递电子。Cyt a 的辅基是血红素 A，Cyt b 的辅基是血红素 B。这些血红素辅基只是侧链基团不同（见图 8-2）。Cytc 是唯一可溶性的细胞色素，分子量很小，为 12.3kDa，是单肽链蛋白，为位于线粒体内膜外侧的外周蛋白，与内膜结合较松，易于分离纯化。其余以细胞色素为辅基的蛋白质均为内膜整合蛋白，与内膜紧密结合。目前还不能把 a 和 a_3 分开，且后者直接与氧气接触，故把 a 和 a_3 合称为细胞色素氧化酶。在 aa_3 分子中除铁卟啉外，尚含有 2 个铜原子，依靠价态的变化（$Cu^+ \rightleftharpoons Cu^{2+}+e^-$）将电子从 a_3 传到氧。典型的线粒体呼吸链中电子在细胞色素上的传递顺序是 Cytb → $Cytc_1$ → Cytc → $Cytaa_3$ → O_2。除 $Cytaa_3$ 外，其余细胞色素中的铁原子均与卟啉环蛋白质形成 6 个配位键，唯有 $Cytaa_3$ 中的铁原子形成 5 个配位键，因此还能与 O_2、CO、CN^- 等结合，其正常时与 O_2 结合，如果 $Cytaa_3$ 与 O_2 以外的物质（如氰化物）结合，就会阻断呼吸链的电子传递，引起中毒。

细胞色素通过铁卟啉辅基中铁原子的氧化还原反应传递电子。因此，细胞色素是呼吸链中的递电子体。传递电子方式如下图 8-2 所示。

$$2Cyt \cdot Fe^{3+} + 2e^- \rightleftharpoons 2Cyt \cdot Fe^{2+}$$

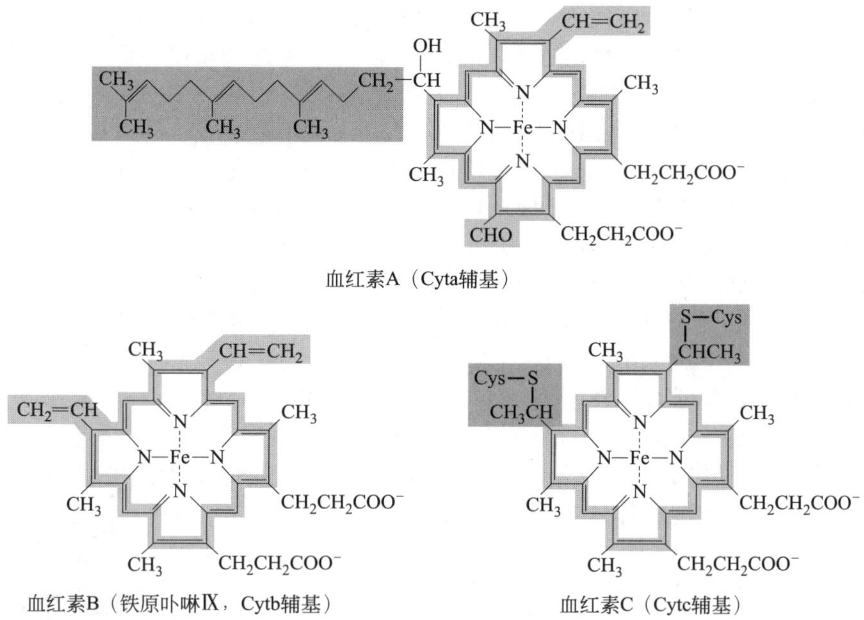

图 8-2　细胞色素 a、b 和 c 的辅基

3. 呼吸链复合体

上述呼吸链中的电子载体组分除泛醌和细胞色素 c 外，其余组分均形成几种超分子复合体嵌入内膜。用胆酸盐、毛地黄皂苷等去污剂对线粒体内膜进行温和处理，可得到 4 种仍保存部分电子传递活性的复合体。电子从 NADH 或 $FADH_2$ 传递到氧是通过上述复合体的联合作用实现的（图 8-3）。

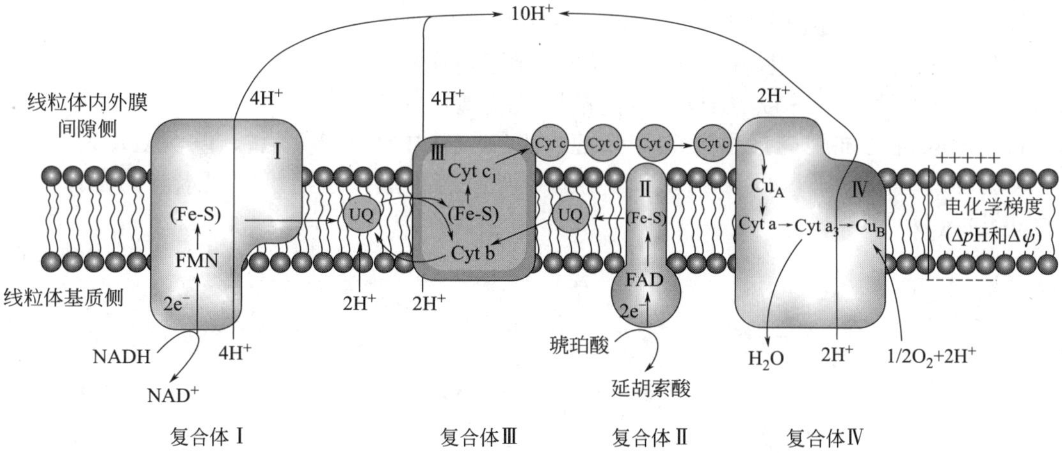

图 8-3　呼吸链上的复合体组成和电子传递

复合体 I，又称 NADH-CoQ 还原酶（NADH-Q reductase），整个分子呈 L 形，其中一个臂镶嵌在线粒体内膜上，另一个臂伸入线粒体基质中。有研究发现，如果复合体 I 发生突变，会引发线粒体疾病，甚至致盲。复合体 I 成分非常复杂，含有 40 多条分别由细胞核与线粒体基因组编码的多肽链、1 个黄素辅基（FMN）、7 个铁硫中心（FeS）。复合体 I 既属于黄素蛋白，又属于铁硫蛋白。复合体 I 有两个重要

作用：①将电子从 NADH 传递给 CoQ。复合体 I 朝向线粒体基质的一侧与 NADH 瞬间结合，接受 2 个电子，经过 FMN 和 Fe-S 中心传递给 CoQ，即：NADH → FMN → Fe-S → CoQ；②作为“质子泵”，将 4 个 H^+ 从线粒体内膜内侧泵到膜间隙。

复合体Ⅱ，即琥珀酸 -CoQ 还原酶（succinate-Q reductase），能将电子从琥珀酸传递给 CoQ，但该步反应没有 ATP 形成。它含有 4 个蛋白质亚基、1 个 FAD、3 个 Fe-S 中心和 1 个 Cytb，既属于黄素蛋白，又属于铁硫蛋白。完整的酶还包括三羧酸循环中使琥珀酸氧化为延胡索酸的琥珀酸脱氢酶。复合体Ⅱ起电子传递作用的组分是 FAD 和 Fe-S 中心，电子传递顺序为：琥珀酸→ FAD → Fe-S → CoQ。Cytb 不在电子转移的主要路径上，但可以防止泄漏的电子（即直接从琥珀酸传出）与 O_2 形成活性氧（ROS）。值得注意的是，复合体 I 和复合体Ⅱ在电子传递过程中不存在前后关系，它们分别从 NADH 和琥珀酸接受电子，传递给 CoQ。复合体Ⅱ不具有“质子泵”功能，不能推动质子易位。

复合体Ⅲ，即 CoQ-Cytc 还原酶（CoQ-cytochrome c reductase），能将电子从 $CoQH_2$ 传递给 Cytc。该酶复合体含有 20 多个蛋白质亚基，起电子传递作用的是 $Cytb_{560}$（b_L）和 $Cytb_{562}$（b_H）、1 个 $Cytc_1$ 和 1 个铁硫蛋白（含 2Fe-2S）。$Cytc_1$ 和铁硫蛋白凸出在线粒体膜间隙中。复合体Ⅲ从 2 分子 $CoQH_2$ 同时接受两对电子：一对电子经过 $Cytb_L$ 和 $Cytb_H$，传递给氧化型的 CoQ，形成一个 Q 循环；另一对电子经过 Fe-S 和 $Cytc_1$ 传递给 Cytc，整个过程可以简表示为：$CoQH_2$ →（Cytb）Fe-S → $Cytc_1$ → Cytc。复合体Ⅲ是一个“质子泵”，以 Q 循环形式每传递一对电子，向线粒体膜间隙泵出 4 个质子。

复合体Ⅳ为细胞色素 c 氧化酶（cytochrome c oxidase），是线粒体电子链中最后一个酶复合体，含有 13 个蛋白质亚基，其中起电子传递作用的是 Cyta 和 $Cyta_3$；另外含有一个铜中心 Cu_A（2Cu）和一个铜原子（Cu_B），它们通过自身化合价的变化（Cu^{2+}/Cu^+）传递电子。复合体Ⅳ的一个重要作用是将电子从 Cytc 传递给 O_2。还原型 Cytc 的电子首先经过 Cu_A 到 Cyta，再经过 $Cyta_3$ 和 Cu_B，最后传递给分子氧。O_2 作为最终电子受体接受2个电子，被还原成水。此过程可简化为：Cytc → Cu_A → $Cytaa_3$ → Cu_B → O_2。复合体Ⅳ另一个作用是作为“质子泵”，每传递一对电子，向膜间隙泵出 2 个质子。

8-3 在数据库中检索呼吸链复合体

8-4 哺乳动物线粒体复合物Ⅰ超高分辨率结构和质子转运机制

4. 生物体内重要的呼吸链

确定线粒体电子传递链及其传递顺序是理解生物体能量代谢的重要内容。按标准氧化还原电位递增值确定的呼吸链各传递体的排列顺序是目前一致认可的方法。在生物化学中，以 E_0' 值来表示氧化还原剂对电子的亲和力。根据氧化还原原理，E_0' 值愈低的氧化还原对释放出电子的倾向愈大，愈容易成为还原剂，因而排列于呼吸链的前面。生物体内存在两条重要的呼吸链：

（1）NADH 氧化呼吸链——以 NAD 为辅酶的脱氢酶催化的物质氧化

NADH 氧化呼吸链是细胞内最重要的呼吸链。生物氧化中绝大多数都是以 NAD^+ 为辅酶的脱氢酶。这些酶催化代谢物脱氢并生成 NADH，NADH 再通过呼吸链将氢传递给氧生成水。NADH 呼吸链各组分的排列顺序如图 8-4 所示。

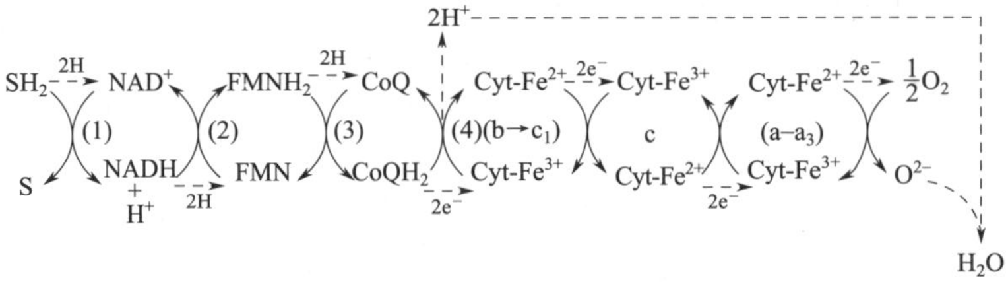

图 8-4 NADH 氧化呼吸链

以 $NADP^+$ 为辅酶的脱氢酶催化代谢物脱氢生成的 NADPH 多数存在于线粒体外，主要作为还原力用于物质的合成代谢。线粒体内生成的少量 NADPH，可在转氢酶催化下生成 NADH，再进入呼吸链被氧化。反应式如下：

$$NADPH + H^+ + NAD^+ \xrightleftharpoons{\text{转氢酶}} NADP^+ + NADH + H^+$$

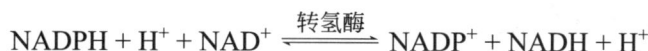

（2）琥珀酸氧化呼吸链——以 FAD 为辅基的脱氢酶催化的物质氧化

琥珀酸由琥珀酸脱氢酶催化，脱下的 2H 经复合体Ⅱ使 CoQ 形成 $CoQH_2$，再往下的传递与 NADH 氧化呼吸链相同。琥珀酸氧化呼吸链中各组分的排列顺序如图 8-5 所示。

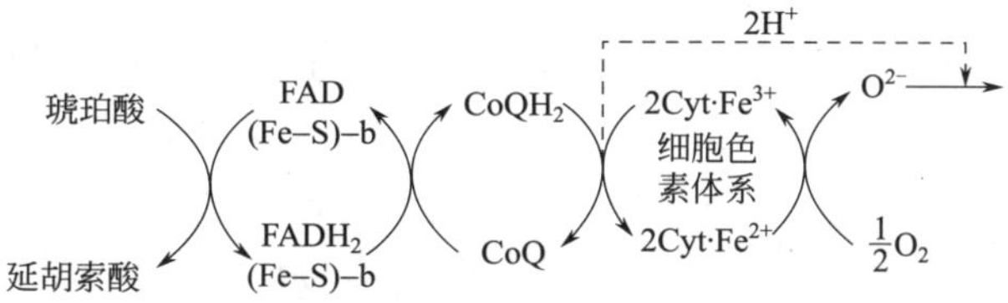

图 8-5　琥珀酸氧化呼吸链

线粒体中 NADH 呼吸链和琥珀酸氧化呼吸链的相关性以及某些重要代谢物被氧化时进入呼吸链的途径见图 8-6。

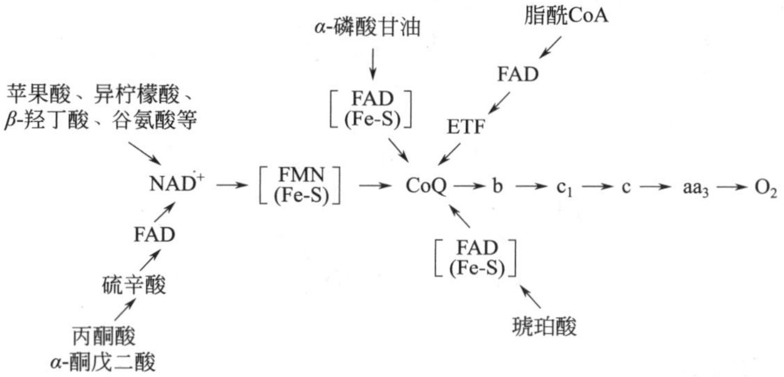

图 8-6　线粒体中某些底物氧化的呼吸链

从图 8-6 可见，琥珀酸脱氢酶催化底物产生的 $FADH_2$，不需经过 NAD^+，而直接将氢传给 CoQ。凡是以 FAD 为辅基的脱氢酶所催化的底物脱氢反应，其电子传递按此顺序进行。各种代谢物被氧化后脱下的氢进入呼吸链的途径略有不同。α- 磷酸甘油脱氢酶及脂酰 CoA 脱氢酶催化代谢物脱下的氢也由 FAD 接受，最终传递至 CoQ 进入呼吸链被氧化。

8-5　一网无遗：绘制电子传递链挂图

第三节　能量代谢中生物能的产生、转移和储存

在生物氧化过程中，既消耗氧，产生 CO_2 和 H_2O，同时还释放出大量的能量。生物氧化过程中，有许多环节可将葡萄糖释放出的能量捕获储存起来，以便用于机体做功。肌肉收缩、合成代谢、跨膜运输以及所有的需能反应都属于机体做功，用于做功的能量称为自由能（free energy）。机体利用自由能所做的功是在常温常压下进行的。ATP、ADP 和无机磷酸广泛存在于生物体的各个细胞内，起着传递能量的作用，因此又称为能量传递系统（energy-transmitting system），即生物氧化产生的能量可被转移和储存。

一、氧化还原与自由能变化

在某一系统的总能量中，在恒定的温度、压力及一定体积条件下能够用来做功的那部分能量，称为自由能。用 *G* 表示。

1. 反应方向与趋势——自由能变化与浓度的关系

在化学反应 A ⇌ B 的过程中，产物 B 和反应物 A 的自由能之差 G_B-G_A，就是该反应的自由能变化（用 ΔG 表示）。

ΔG 可用于判断反应是否能够自发进行。$-\Delta G$：表示反应有自由能释放，能自发进行；$+\Delta G$：表示反应不能自发进行；若 $\Delta G=0$，反应无自由能变化，表示反应处于平衡状态。

一个反应的自由能变化既与产物的浓度有关，又与反应物浓度有关，还与反应时的温度有关。ΔG 可由下式计算：

$$\Delta G = \Delta G^{\ominus} + RT\ln\frac{[产物]}{[反应物]}$$

式中，ΔG 为自由能变化；$\Delta G^{\ominus}$为标准自由能变化，指在 1mol/L 浓度、1atm（1atm=101.32kPa）、温度 298K（25℃）、pH=7.0 的条件下，反应的自由能变化。生物体中化学反应一般是在 pH7 的条件下进行，标准自由能变化用 $\Delta G^{\ominus\prime}$ 表示）；R 为气体常数，8.315 J/（mol · ℃）；T 为热力学温度，K；[产物] 和 [反应物] 为产物和反应物浓度，mol/L；ln 为自然对数。

当反应达到平衡时，$\Delta G^{\ominus}=0$，即无自由能变化，$[B]_{eq}/[A]_{eq}=K'_{eq}$。表示上述特定条件下生化反应的平衡常数。因此 $\Delta G^{\ominus\prime}$ 可用下式计算：

$$\Delta G^{\ominus\prime}=-RT\ln K'_{eq}$$

若换算成常用对数，上式则演变为下式：

$$\Delta G^{\ominus\prime}=-2.303\,RT\lg K'_{eq}$$

2. 电子转移——氧化还原与自由能变化

在生物氧化中，氧化反应与还原反应相偶联。一种物质失去电子（还原剂），则必然有另一物质获得电子（氧化剂）。研究各种物质对电子的亲和力，可以判断氧化还原反应的趋势。各种物质对电子的亲和力大小可通过测定氧化电位或还原电位来衡量。

氧化还原电位与温度、氧化剂和还原剂浓度有关：

$$E = E'_0 + \frac{RT}{nF}\ln\frac{[氧化剂]}{[还原剂]}$$

式中，E'_0 为标准电位（即在 pH=7.0、25 ～ 30℃条件下）；R 为气体常数，8.315 J/（mol · ℃）；T 为热力学温度，K；n 为氧化还原反应得失电子价数；F 为法拉第常数，96487C/mol；ln 为自然对数；[氧化剂] 和 [还原剂] 为氧化剂和还原剂的浓度，mol/L。

生物体内一些重要的氧化还原反应体系的标准电位见表 8-2。

表 8-2 生物体内一些重要氧化还原体系标准电位 E'_0（pH7.0、25 ~ 30℃）

氧化还原体系（半反应）	E'_0/V
$\frac{1}{2}H_2O_2+H^+/H_2O$	+1.35
$\frac{1}{2}O_2/H_2O$	+0.82
细胞色素aa$_3$ Fe^{3+}/Fe^{2+}；Cu^{2+}/Cu^+	+0.29
细胞色素c Fe^{3+}/Fe^{2+}	+0.25
高铁血红蛋白/血红蛋白	+0.17
辅酶Q/还原型辅酶Q	+0.10
脱氢抗坏血酸/抗坏血酸	+0.08

续表

氧化还原体系（半反应）	E'_0/V
细胞色素b　Fe^{3+}/Fe^{2+}	+0.07
亚甲蓝氧化型/还原型	+0.01
延胡索酸/琥珀酸	+0.03
黄素蛋白FMN/$FMNH_2$	−0.03
丙酮酸+NH_3/丙氨酸	−0.13
α-酮戊二酸+NH_3/谷氨酸	−0.14
草酰乙酸/苹果酸	−0.17
丙酮酸/乳酸	−0.19
乙醛/乙醇	−0.20
1,3-二磷酸甘油酸/3-磷酸甘油醛	−0.29
NAD^+/NADH+H^+	−0.32
$NADP^+$/NADPH+H^+	−0.32
丙酮酸+CO_2/苹果酸	−0.33
乙酰乙酸/β-羟丁酸	−0.34
α-酮戊二酸+CO_2/异柠檬酸	−0.38
$2H^+/H_2$	−0.42
乙酸/乙醛	−0.58
琥珀酸/α-酮戊二酸+CO_2	−0.67

电子总是从低电位向高电位流动，因此，标准电极电位 E'_0 值越小（负值越大），提供电子的趋势越大，还原能力越强；E'_0 值越大，得到电子的趋势越大，氧化能力越强。

在一个氧化还原反应中，标准自由能变化与标准电极电位变化之间存在下列关系：

$$\Delta G^{\ominus\prime}=-nF\Delta E'_0$$

式中，n 为氧化还原反应的电子转移数；F 为法拉第常数；$\Delta E'_0$ 为标准电极电位变化，等于氧化剂电极电位与还原剂电极电位之差。

利用上式可由任何一种氧化还原反应的 $\Delta E'_0$ 计算出 $\Delta G^{\ominus\prime}$，并可估计该反应的方向和趋势。当某一反应 $\Delta G^{\ominus\prime}<0$ 或 $\Delta E'_0>0$ 时，该反应能自发进行。若 $\Delta G^{\ominus\prime}$ 负值愈大，$\Delta E'_0$ 正值愈大，那么此反应自发进行的倾向也愈大。

以 NADH 呼吸链为例，计算 NADH 最终被 O_2 氧化的 $\Delta E'_0$ 和 $\Delta G^{\ominus\prime}$。NADH 呼吸链的推动力是其电子转移趋势。

与 NADH 相关的部分反应如下：

① $\frac{1}{2}O_2+2H^++2e^- \longrightarrow H_2O$　　　$\Delta E'_0=+0.82V$

② $NAD^++H^++2e^- \longrightarrow NADH$　　　$\Delta E'_0=-0.32V$

由反应①减去反应②，得：

③ $\frac{1}{2}O_2+NADH+H^+ \longrightarrow H_2O+NAD^+$　　　$\Delta E'_0=+1.14V$

NADH 呼吸链的自由能变化是：

$$\Delta G^{\ominus\prime}=-nF\Delta E'_0=-2\times23.06\times1.14\text{kcal/mol}=-52.6\text{kcal/mol}\ (-220\text{kJ/mol})$$

NADH 呼吸链的 $\Delta E'_0>0$，$\Delta G^{\ominus\prime}<0$，所以该反应能自发进行。NADH 与 O_2 之间尽管存在较大的电位差，但它们并不直接发生反应，NADH 脱下的氢必须通过递氢体和递电子体的传递，使能量逐步释放，释放的能量才能被转移和储存。

二、高能磷酸键的生成机制

一般将水解或基团转移时，能释放出20.92kJ/mol以上自由能的化学键称为高能键（high-energy bond）。含有高能键的化合物称为高能化合物，高能键常用符号“～”表示。生物化学中所用的“高能键”的含义和化学中使用的“键能”（energy bond）含义是完全不同的。化学中“键能”的含义是指断裂一个化学键所需要提供的能量；而生物化学中所说的“高能键”是指该键水解时所释放出的大量自由能。

生物氧化中高能化合物ATP的生成主要通过ADP的磷酸化（phosphorylation）实现。ATP生成方式有两种：一种是代谢物经过脱氢、脱水等作用后，分子内部能量重新分布，使无机磷酸酯化先形成一个高能中间代谢物，促使ADP变成ATP，称为底物水平磷酸化（substrate-level phosphorylation）。如3-磷酸甘油醛氧化生成1,3-二磷酸甘油酸，再降解为3-磷酸甘油酸。另一种是在呼吸链电子传递过程中偶联ATP的生成，这就是氧化磷酸化（oxidative phosphorylation）。异养生物体内95%的ATP来自氧化磷酸化。

1. 氧化磷酸化——有氧化作用的ATP生成

氧化磷酸化作用是指有机物包括糖、脂类、氨基酸等在分解过程中的氧化步骤所释放的能量，驱动ATP合成的过程。在真核细胞中，氧化磷酸化作用在线粒体中发生，参与氧化及磷酸化的体系以复合体的形式分布在线粒体的内膜上，构成呼吸链，也称电子传递链。其功能是进行电子传递、H^+传递及氧的利用，产生H_2O和ATP。即脱氢酶催化代谢物脱下的氢进入呼吸链，经过递氢体和递电子体的传递，再与氧结合生成水，这一过程有大量的自由能产生。产生的能量用于ADP和无机磷酸合成ATP。这一过程是氧化磷酸化的重要形式，称为呼吸链磷酸化（respiratory chain phosphorylation）。呼吸链磷酸化的场所是线粒体。

8-6 检索氧化磷酸化途径

根据电化学的计算结果，NADH呼吸链中有3个磷酸化部位，理论上可以产生3分子ATP，见图8-7。

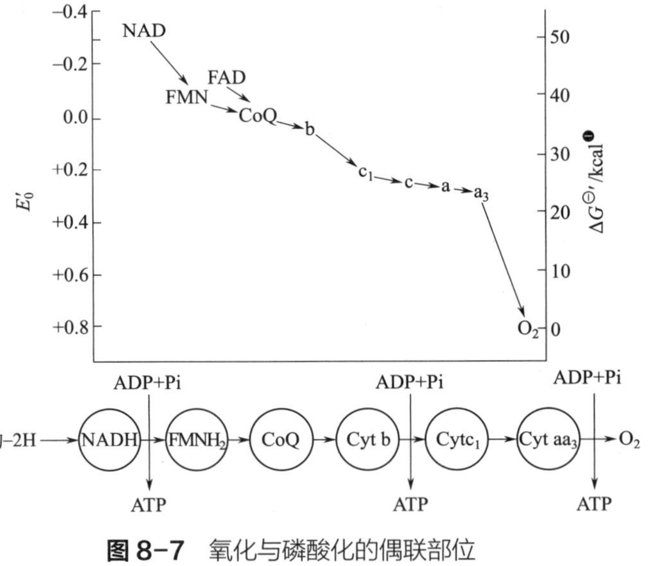

图8-7 氧化与磷酸化的偶联部位

从图8-7可见，下面3个磷酸化部位自由能变化$\Delta G^{\ominus\prime}$都超过30.5kJ/mol（ATP $\xrightarrow{\text{水解}}$ ADP+Pi时释放的能量为30.5kJ/mol）：

$$\text{NADH} \rightarrow \text{FMN} \quad \Delta G^{\ominus\prime}=-2\times23.06\times[(-0.03)-(-0.32)]\times4.184\text{kJ/mol}=-56.0\text{kJ/mol}$$

$$\text{Cytb} \rightarrow \text{Cytc}_1 \quad \Delta G^{\ominus\prime}=-2\times23.06\times[(+0.25)-(+0.07)]\times4.184\text{kJ/mol}=-34.7\text{kJ/mol}$$

$$\text{Cytaa}_3 \rightarrow \text{O}_2 \quad \Delta G^{\ominus\prime}=-2\times23.06\times[(+0.82)-(+0.29)]\times4.184\text{kJ/mol}=-102.3\text{kJ/mol}$$

以上三步反应产生的 $\Delta G^{\ominus\prime}$ 完全足以合成一个高能磷酸键。NADH 呼吸链中其余部位释放的自由能都小于 30.5kJ/mol，不足以合成 ATP。

琥珀酸脱氢产生的 $FADH_2$ 从 CoQ 进入呼吸链，理论上只产生 2 分子 ATP；抗坏血酸氧化从 Cytc 进入呼吸链，理论上仅产生 1 分子 ATP。

2. 底物水平磷酸化——非呼吸链相关的 ATP 生成

代谢物在氧化分解过程中通过脱氢、脱水等作用使分子内部能量重新分配，形成高能磷酸化合物，然后将高能磷酸基团转移到 ADP 形成 ATP 的过程称为底物水平磷酸化。这是不需氧，也不通过呼吸链的一种 ATP 生成方式。代谢底物可以在脱氢（氧化）时，分子内部发生能量重新分配而形成高能键，并用于 ATP 生成。例如，3-磷酸甘油醛转变成 3-磷酸甘油酸时的 ATP 生成即为底物水平磷酸化。反应为：

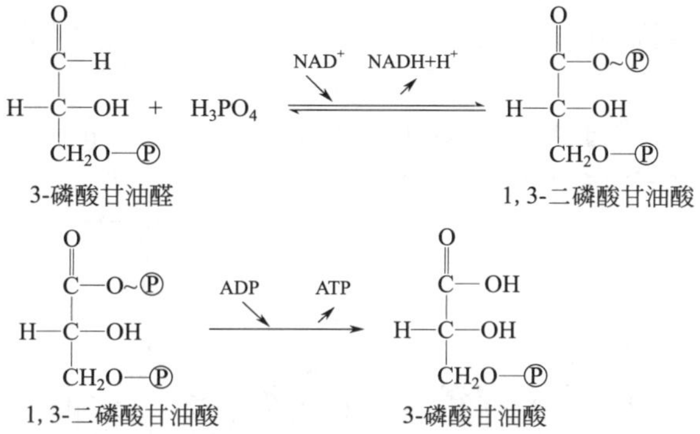

此外，底物水平磷酸化生成 ATP，也可既不需氧，也没有代谢物脱氢，而是代谢物在脱水、基团转移等过程中分子内部能量重新分布和转移合成 ATP。例如：2-磷酸甘油酸脱水生成磷酸烯醇式丙酮酸时分子内部发生能量重新分布，再生成丙酮酸时，发生能量转移。

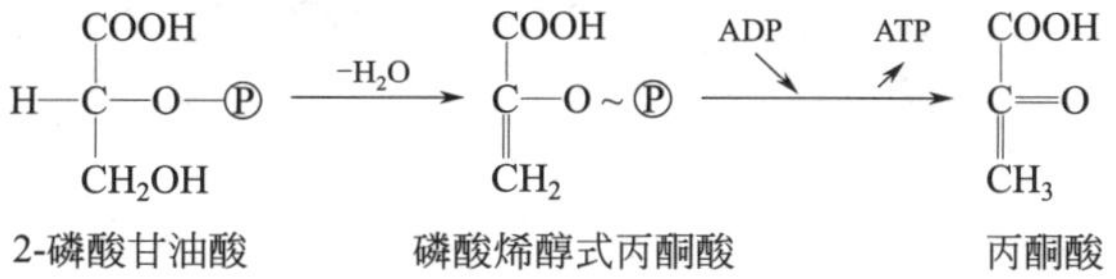

该磷酸化方式是生物体在缺氧条件下，特别是厌氧微生物获取能量的一种方式。

3. 氧化磷酸化的机制——化学渗透假说

对氧化磷酸化的机制解释有 3 种假说：化学偶联假说、构象偶联假说和化学渗透假说（chemiosmotic hypothesis）。下面介绍化学渗透假说。

8-7　化学渗透假说与诺贝尔奖

（1）质子梯度的形成

1961 年，Peter Mitchell 提出化学渗透假说的要点是：在电子传递和 ATP 形成之间起偶联作用的是 H^+ 浓度梯度；在偶联过程中，线粒体内膜必须是完整、封闭的，对质子具有不可自由透过的性质；位于线粒体内膜的呼吸链复合体（Ⅰ、Ⅲ和Ⅳ）是一系列主动运输 H^+ 的“质子泵”，电子传递导致复合体构象变化；电子传递释放出的自由能驱动线粒体基质中的 H^+ 跨膜主动转运到线粒体内膜外侧的膜间隙，形成线粒体内膜外高内低的［H^+］梯度（ΔpH）和电势梯度（$\Delta\psi$）（统称电化学梯度，见图 8-3 和图 8-8）。

化学渗透假说已得到以下证据支持：

① 在电子传递过程中产生了跨越线粒体内膜的［H^+］梯度，内膜外侧的 pH 比内侧低 1.4 个单位，膜电势为 0.14V；

② 当把某一 pH 梯度强加于线粒体时，在没有电子传递的情况下也有 ATP 合成；

③ 呼吸链和 ATP 合酶在生物化学上是分开的体系，它们可由质子梯度联系起来；

④ 氧化磷酸化需要一密闭的区域。在没有固定内外区域的膜碎片中，与电子传递偶联的 ATP 合成不

能进行；

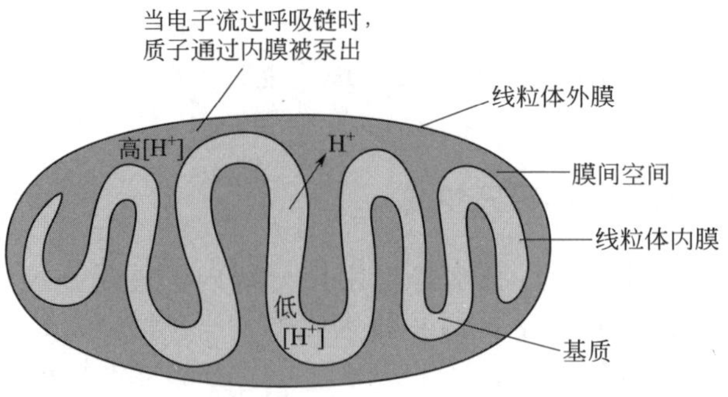

图 8-8 电子通过呼吸链的传递产生了跨越线粒体内膜的质子梯度和膜电势

⑤ 携带 H^+ 穿过线粒体内膜的物质能使 H^+ 梯度消失，也能使氧化作用与磷酸化作用解除偶联。

（2）ATP 合成机制

在电化学梯度的驱动下，H^+ 通过 ATP 合酶（ATP synthase）特异的 H^+ 通道或“孔道”流动返回线粒体基质，所释放的自由能推动 ATP 合酶催化 ADP 与磷酸合成 ATP（见图 8-9）。

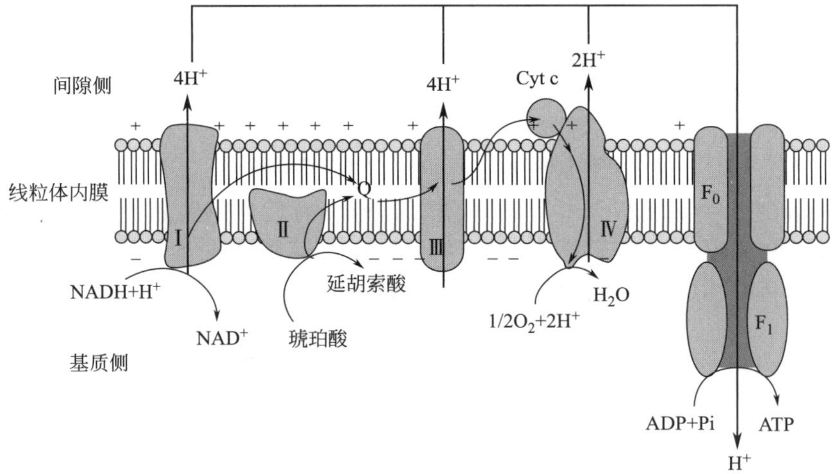

图 8-9 化学渗透假说示意图

ATP 合酶又称为 F_oF_1ATP 酶，由两个单元构成（见图 8-10）。F_1 头部起催化 ATP 合成作用，突出于线粒体基质侧，呈球状结构，由 5 种不同的多肽链组成，其组分为 $\alpha_3\beta_3\gamma\delta\varepsilon$。3 个 α 亚基和 3 个 β 亚基交替排列。其中，催化 ATP 合成的部位在 β 亚基；γ 和 ε 亚基构成转子。F_o 基部起质子通道作用，是嵌入线

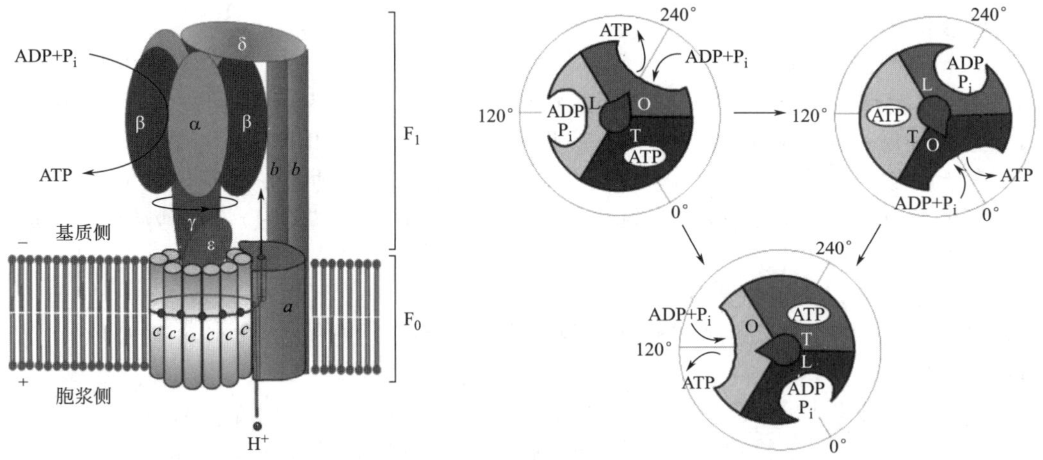

图 8-10 ATP 合酶的结构

粒体内膜的疏水蛋白质，由 4 种多肽链组成。F_1 和 F_o 之间通过转子和定子连接。

ATP 合酶的 3 个 β 亚基依次处于三种状态。“O”状态为开放形式，对 ATP 亲和力极低；“L”状态为松散形式，与底物 ADP 和磷酸结合较松弛，对底物没有催化能力；“T”状态为紧密形式，与底物结合紧密，具有催化活性。当质子流从 F_o 流至 F_1 时，驱动转子旋转，带动 F_1 旋转，导致 β 亚基构象变化。连续发生“T → O”、“O → L”、“L → T”之间相互转化。当 ATP 所处部位发生“T → O”，导致 ATP 解脱下来；同时，ADP 和磷酸由原来的“L”变为“T”部位，则合成新的 ATP。

8-8 ATP 合酶的结构和 ATP 合成机制

（3）氧化磷酸化中 ATP 计量

根据化学渗透假说，结合最新实验测定结果，可以推断一对电子经呼吸链传至 O_2 所偶联产生的 ATP 分子个数（即氧化磷酸化的效率）。氧化磷酸化的效率可测定线粒体的 P/O 值来判断。P/O 值是指用某一代谢物作呼吸底物，消耗 1mol 氧时，有多少摩尔无机磷转化为有机磷。根据图 8-3 和图 8-9，每对电子经 NADH-Q 还原酶（Ⅰ）、细胞色素 bc_1 复合物（Ⅲ）、细胞色素氧化酶（Ⅳ）传递时，从线粒体内膜基质泵出到膜间隙的 H^+ 数分别为 4、4、2，而合成一个 ATP 需要 3 个 H^+ 通过 ATP 合酶所驱动。另外，将 ATP 从基质运往膜外可能需要 1 个 H^+ 回流用以交换 ADP 和磷酸根。因此，每分子 ATP 在线粒体中生成并转运到胞浆需 4 个 H^+ 回流进入线粒体基质中（图 8-11）。

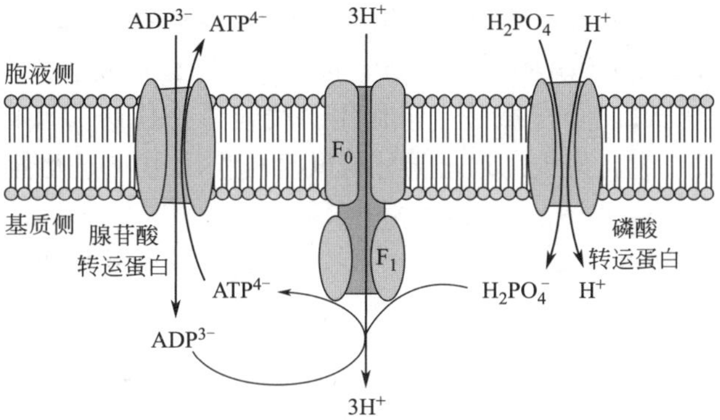

图 8-11 线粒体 ATP 的合成与转运示意图

由此可知，一对电子通过 NADH 呼吸链将产生 2.5 个［(4+4+2）/4］ATP，其间消耗 1 个氧原子（$\frac{1}{2}O_2$）、2.5 分子 ADP 和 2.5 个无机磷，P/O 值为 2.5；而通过 $FADH_2$ 呼吸链将产生 1.5 个［(4+2）/4］ATP，其间消耗 1 个氧原子（$\frac{1}{2}O_2$）、1.5 分子 ADP 和 1.5 个无机磷，P/O 值为 1.5。

8-9 在数据库中检索 ATP 合酶复合体

4. 氧化磷酸化的调控——呼吸控制

电子传递和 ATP 合成的偶联具有相辅相成的关系。ATP 的生成必须以电子传递为前提，而呼吸链只有生成 ATP 才能推动电子的传递。[ATP] / [ADP] 在细胞内对电子传递速度起着重要的调节作用，同时对还原型辅酶的积累和氧化也起调节作用。ADP 作为 Pi 的受体，对呼吸链中氧化磷酸化作用的调节称为呼吸控制（respiratory control）或受体控制（acceptor control）。当细胞消耗 ATP 时，细胞内 ATP 水平下降，ADP 的浓度升高，F_1F_0-ATPase 活性增加，ATP 的合成加速，导致质子梯度下降，相应的电子传递也加速，各种辅酶参与的氧化 - 还原反应也活跃起来，底物则不断地被氧化，氧的利用也增加。反之，若 ATP 在细胞内积累时，ADP 的浓度降低，因缺少磷酸受体则不能进行磷酸化作用，电子传递变缓或停止，还原型辅酶的氧化力减弱，以致不能再接受电子，呼吸链也受到抑制或停止，耗氧率减少，细胞氧化呼吸减慢。因此，氧化磷酸化作用的进行和细胞对 ATP 的需要是相适应的，其主要依靠以 ADP 作为关键物质的“呼吸控制”来实现。

三、线粒体外的氧化磷酸化

1. 膜屏障——线粒体膜的选择通透性

线粒体是糖类、脂类和蛋白质等燃料分子的最终氧化场所。但是，这些燃料分子的全部氧化过程不是都在线粒体内完成的。因为线粒体膜的屏障作用，许多物质不能“自由”通过线粒体膜。在线粒体内膜上存在一些转运物质的特异载体，分别转运不同的物质。

如 ATP 和 ADP 透过膜的流动是偶联的。只有当 ATP 出来时，ADP 才能进入。这一偶联转运是由 ATP-ADP 转运酶完成的（见图 8-11）；线粒体膜上的二羧酸载体是苹果酸、琥珀酸、延胡索酸和 Pi 的交换扩散媒介；三羧酸载体转运柠檬酸。丙酮酸通过丙酮酸载体与 OH^- 交换扩散进入线粒体基质。燃料分子在胞液中部分氧化所产生的 NADH 和 NADPH，因在线粒体上不存在转运此类物质的载体，因此不能直接透过线粒体膜，这类代谢物要经过一种“穿梭机制”才能进入线粒体和呼吸链。

2. 穿梭作用——膜外向膜内的能量转移

胞外代谢物氧化产生的 NADH 和 NADPH 具有氧化产能趋势，但这种产能趋势只有通过线粒体中的呼吸链才能磷酸化生成 ATP。因此，穿梭作用是膜外向膜内输送能量的转移过程。穿梭作用有以下几种类型。

（1）异柠檬酸穿梭作用　线粒体外代谢物氧化产生的 NADPH 多数情况下作为还原力用于物质的合成代谢。但也可通过异柠檬酸穿梭作用进入呼吸链产生 2.5 分子 ATP（见图 8-12）。

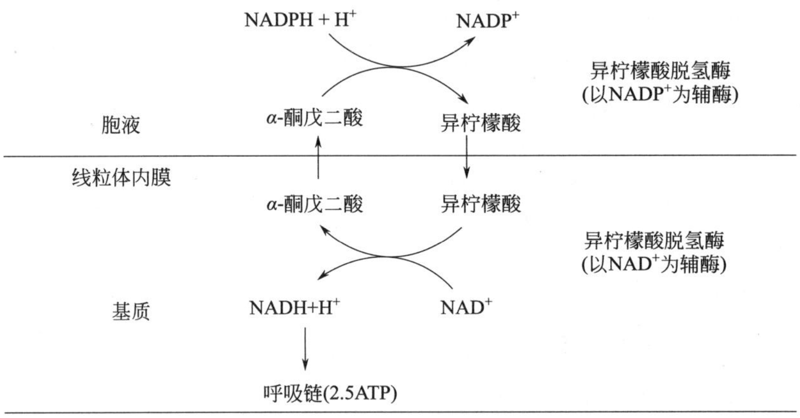

图 8-12　异柠檬酸穿梭作用

（2）磷酸甘油穿梭作用　参与磷酸甘油穿梭作用的酶是 α- 磷酸甘油脱氢酶，此酶有两种：一种存在于线粒体外，以 NAD^+ 为辅酶；另一种存在于线粒体内，以 FAD 为辅基。胞液中代谢物氧化产生的 NADH 通过磷酸甘油穿梭作用进入线粒体，则转变为 $FADH_2$，$FADH_2$ 进入呼吸链只产生 1.5 分子 ATP（见图 8-13）。

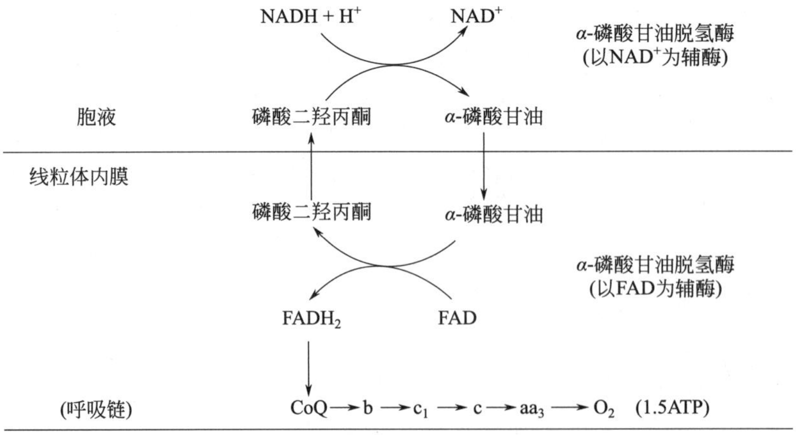

图 8-13　磷酸甘油穿梭作用

（3）苹果酸穿梭作用　胞液中代谢物氧化产生的 NADH 还可通过苹果酸穿梭作用进入线粒体和呼吸链，产生 2.5 分子 ATP（见图 8-14）。

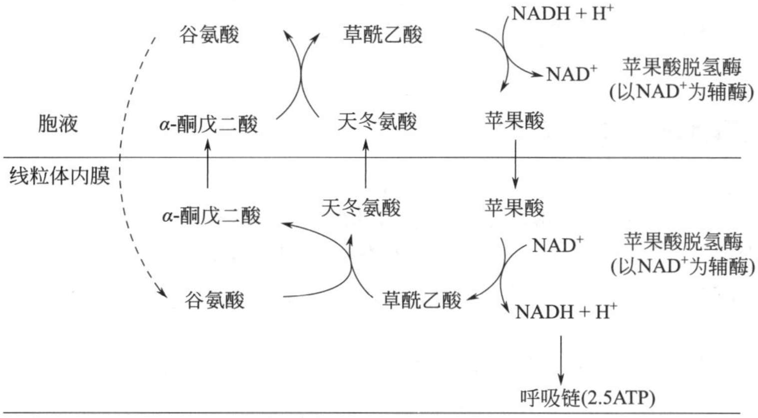

图 8-14　苹果酸穿梭作用

四、氧化磷酸化的解偶联作用和抑制作用

1. 呼吸毒物——阻断电子传递

某些物质能抑制呼吸链传递氢和传递电子，使氧化作用受阻，自由能释放减少，ATP 不能生成。如阿米妥、鱼藤酮、抗霉素、一氧化碳、氰化物等。抑制部位见图 8-15。这些物质称为呼吸毒物。

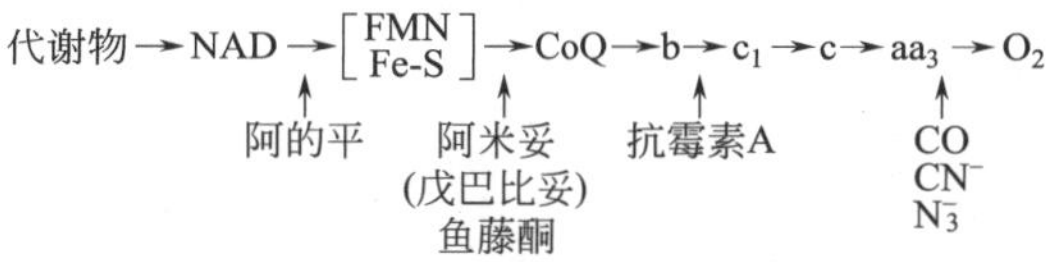

图 8-15　生物氧化中电子传递的抑制剂

2. 解偶联剂——破坏呼吸链释放的能量用于 ATP 合成

氧化作用与磷酸化作用相偶联，是一切需氧生物体内两种不同的生物化学反应相互依赖、相互联系的运动方式。磷酸化作用所需的能量由氧化作用提供，氧化作用所产生的能量通过磷酸化作用储存。

凡是能破坏氧化与磷酸化相偶联的作用称为解偶联作用（uncoupling），能引起解偶联作用的物质称为解偶联剂。如 2,4-二硝基苯酚、对三氟甲氧基苯腙二氰化物、双香豆素都是常见的解偶联剂（见图 8-16）。解偶联剂并不抑制电子传递过程，能携带质子穿过线粒体内膜，破坏内膜两侧的［H^+］梯度，抑制呼吸链过程的磷酸化作用，ATP 不能生成，但对底物水平磷酸化没有影响。

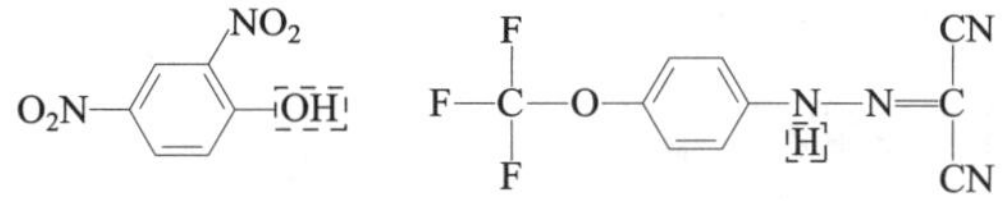

2,4-二硝基苯酚(DNP)　对三氟甲氧基苯腙二氰化物

图 8-16　两种氧化磷酸化的解偶联剂

8-10　污泥减肥-代谢解偶联技术在污泥减量中的应用

8-11　非线粒体氧化体系

第四节　生物能的利用

生物能是以生物为载体将太阳能以化学能形式储存的一种能量，它直接或间接地来源于植物的光合作用，其蕴藏量极大，仅地球上的植物，每年生产量就相当于目前人类消耗矿物能的 20 倍。在各种可再

生能源中，生物质是储存的太阳能，更是一种唯一可再生的碳源，可转化成常规的固态、液态和气态燃料。据估计地球上每年植物光合作用固定的碳达 2×10^{11}t，含能量达 3×10^{21}kJ。

化能营养生物从食物的氧化作用获得能量，光能营养生物捕获光能获得能量。来自于食物氧化和光的能量需先转变成 ATP，才能用于运动、主动转运和生物合成。

一、ATP 是生物体系中自由能的通用货币

不论是低等生物，还是高等生物，都是以 ATP 作为能量传递的中间载体。在生物体内，糖、脂肪等被氧化后释放的能量不能直接用来做功（运输、运动、合成等），而是储存在高能化合物中。ATP 是生物做功最重要的直接供能者，绝大部分高能化合物必须转换为 ATP。所以，ATP 是一切生物体中自由能的通用货币。

1. 能量储存——体内以磷酸肌酸和磷酸精氨酸储存能量

ATP 是自由能的载体，但不是能量的储存物质。在脊椎动物肌肉和神经组织中，能量的储存物质是磷酸肌酸。无脊椎动物体内能量的储存物质是磷酸精氨酸。

当机体中 ATP 过剩时，ATP 的高能磷酸键可转移给肌酸，生成磷酸肌酸（creatine phosphate，CP）。当机体中 ATP 不足时，磷酸肌酸又可将能量转移给 ADP 生成 ATP，以供生命活动之需。催化这一可逆反应的酶是肌酸磷酸激酶，催化反应如下：

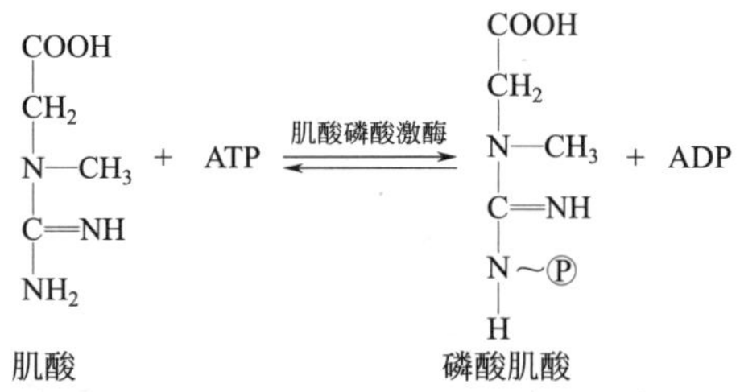

催化磷酸精氨酸合成的酶是精氨酸磷酸激酶，反应如下：

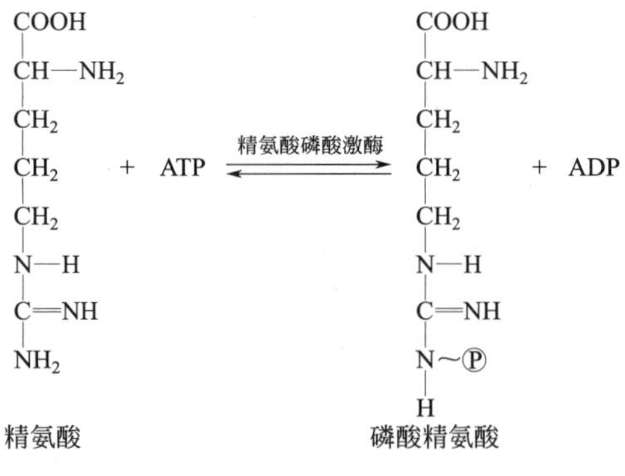

2. 能量转换——ATP 是产能与需能反应中能量的转换物质

生物细胞中许多热力学上不允许的反应，可以依靠 ATP 水解传递能量而顺利地进行。例如，离子逆浓度的跨膜运输和蛋白质构象的转变，都需要 ATP 的偶联参与供给能量。ATP 在生物体系的能量交换中起核心作用。

磷酸基团转移势能在数值上相当于其水解反应的 $\Delta G^{\ominus\prime}$。ATP 的 $\Delta G^{\ominus\prime}$ 在所有的含磷酸基团的化合物中处于中间位置（7.3 kcal/mol，见图 8-17），其可看作一个能量传递的中转站，可将储存在具有高磷酸基团转移势能的化合物中的能量传递到具有较低磷酸基团转移势能的化合物中。例如，在糖酵解途径中，葡萄糖产生甘油酸 -1,3-二磷酸和磷酸烯醇式丙酮酸，同时将能量保留在这两个化合物中。在细胞中，它

们并不直接水解，而是分别通过磷酸甘油酸激酶和丙酮酸激酶的作用，将磷酸基团转移给 ADP，生成 ATP。这是葡萄糖分解过程中产生 ATP 的方式之一。在这个过程中，前两者的能量转移到了 ATP 分子中，当细胞需要能量进行生命活动时，ATP 通过水解释放自由能以满足细胞能量消耗的需要。ATP 在磷酸基团转移中起到了中间传递体的作用，这个过程实质上是在传递能量，ATP 是能量的传递者（图 8-17）。

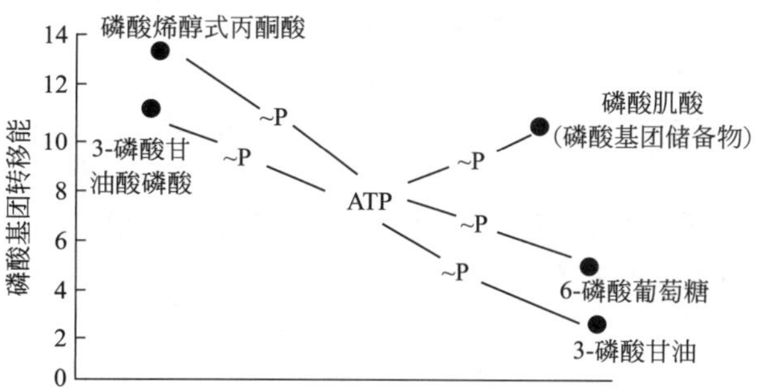

图 8-17　ATP 作为磷酸基团共同中间传递体示意图

ATP 以多种形式参与生化反应，进行能量的转移和释放。

① ATP 末端磷酸基转移给葡萄糖，使葡萄糖转化为 6-磷酸葡萄糖，反应式如下：

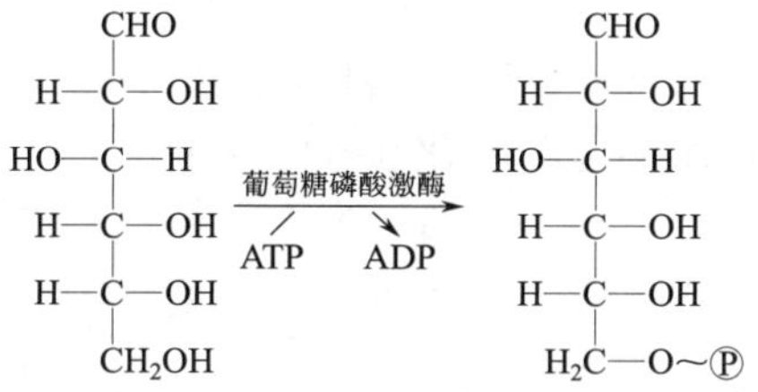

葡萄糖　　6-磷酸葡萄糖

② ATP 将焦磷酸基转移给 5-磷酸核糖，使其转变为 5-磷酸核糖-1-焦磷酸，反应式如下：

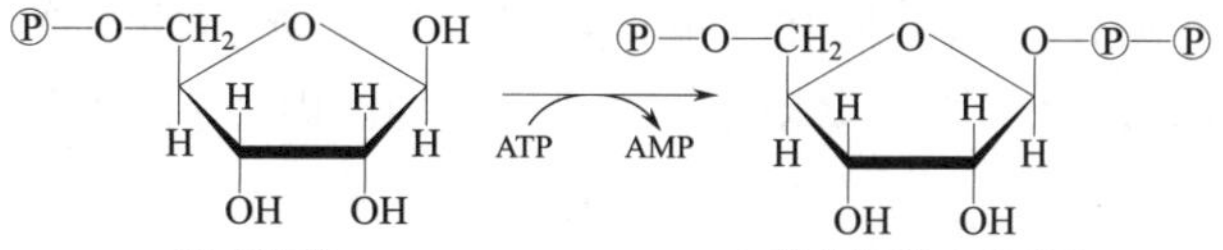

5-磷酸核糖　　5-磷酸核糖-1-焦磷酸

③ ATP 将 AMP 转移给氨基酸，生成氨基酰腺苷一磷酸，反应式如下：

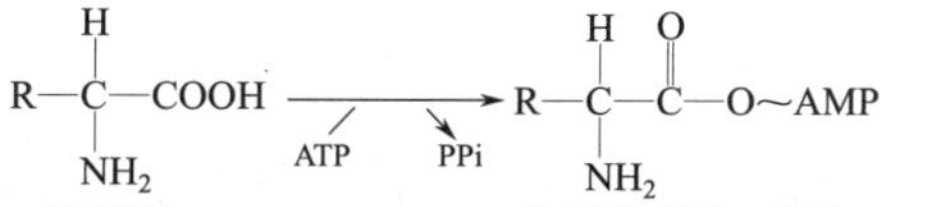

氨基酸　　氨基酰腺苷一磷酸

④ ATP 将腺苷转移给甲硫氨酸，生成 *S*- 腺苷甲硫氨酸，反应式如下：

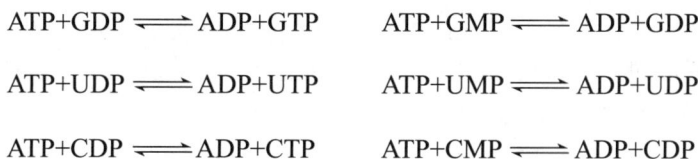

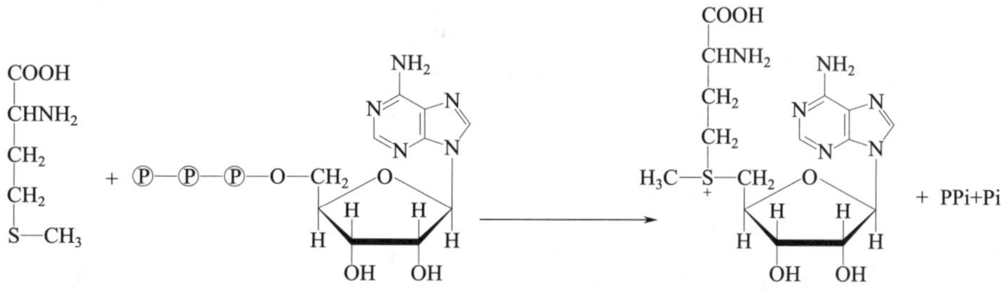

甲硫氨酸　　ATP　　*S*-腺苷甲硫氨酸

⑤ ATP 将高能键转移给其他高能化合物。

有些生物合成是由 GTP、UTP、CTP 所推动的。ATP 也可将其磷酸基转移给核苷二磷酸或核苷一磷酸。反应式如下：

$$ATP+GDP \rightleftharpoons ADP+GTP \qquad ATP+GMP \rightleftharpoons ADP+GDP$$

$$ATP+UDP \rightleftharpoons ADP+UTP \qquad ATP+UMP \rightleftharpoons ADP+UDP$$

$$ATP+CDP \rightleftharpoons ADP+CTP \qquad ATP+CMP \rightleftharpoons ADP+CDP$$

二、体内能量代谢的调节

1. 能荷——腺苷酸库中可供利用能量的量度

生物体的能量储备状况可用 ATP、ADP、AMP 等物质的消长来衡量。能荷（energy charge）就是指细胞内 ATP-ADP-AMP 系统中可供利用的高能磷酸键的量度。能荷可用下式表示：

$$能荷=\frac{[ATP]+\frac{1}{2}[ADP]}{[AMP]+[ADP]+[ATP]}$$

2. 能量平衡——ATP/ADP 值的调节作用

从理论上讲，能荷数值在 0 ～ 1.0。当细胞中游离腺苷酸全为 AMP 时，能荷为 0；全为 ATP 时，能荷为 1.0。但根据实际测定，大多数细胞的能荷变化在 0.8 ～ 0.95 之间，处于一个很窄的范围，这说明细胞对 ATP 的利用和生成存在严格的自我调节。ATP 的转换率非常高。例如，一个静卧的成人，24h 之内可消耗约 40kg ATP。人在激烈活动时，ATP 的利用速率可高达每分钟 0.5kg。[ATP]、[ADP] 等影响能荷的物质，对各种燃料分子的分解产能过程具有调节作用。ATP 对产能过程起反馈抑制作用，ADP、AMP 则起活化作用。当体内 [ATP] 降低，[ADP] 和 [AMP] 升高，即能荷降低时，ADP 和 AMP 就会激活催化燃料分子分解的酶类，并抑制催化合成的酶，产生大量的 ATP。当体内 [ATP] 高，[ADP] 和 [AMP] 低，能荷高时，就会抑制燃料分子的分解，促进燃料分子的合成。ATP 和 ADP 的比值或浓度直接调节生物体内能量代谢平衡。

8-12 能量代谢调控助力生物制造

三、ATP 和磷酸肌酸的应用

1. ATP

自 1929 年 Lohman 从糖分解代谢旺盛的肌肉中首次发现并提取 ATP 以来，ATP 已被证实在生命细胞的新陈代谢以及各种生化反应的能量供应中扮演着极其重要的角色，是生命活动及生化反应所必需的高能化合物。腺苷三磷酸（ATP）是一种重要的生化能量试剂和临床核苷酸类药物，在医疗领域被广泛用作细胞激活剂，适用于因细胞损伤后细胞酶减退引起的疾病。对进行性肌肉萎缩、脑出血后遗症、急慢性肝炎、癌症、心力衰竭、心肌炎、心肌梗死、脑动脉硬化、冠状动脉硬化、急性脊髓灰质炎均有良好的治疗或辅助治疗效果。

2. 磷酸肌酸

磷酸肌酸（CP）是脊椎动物体内的一种生物活性物质。存在于哺乳动物的心肌、骨骼肌、脑等器官或组织中。其作用是对能量物质 ATP 起到缓冲作用，上述器官或组织的生命活动过程中所消耗的大量 ATP 由 CP 补充，以避免 ATP 供应的波动；CP 是能量物质 ATP 分子中高能磷酸基团传递的载体，线粒体所生成的 ATP 分子的高能磷酸基团在胞浆中向耗能部位传递就是以胞浆中的磷酸肌酸为载体，并通过胞浆中磷酸肌酸 - 肌酸激酶系统来实现。

近年来，发现磷酸肌酸具有重要的药理作用，它是一种重要的心肌保护剂。临床用于心麻痹症患者的心脏保护及心肌代谢窘迫的其他状况，如心肌缺血、肥厚、心肌梗死及心衰的治疗，以及在心脏外科手术中减轻手术给患者心肌功能带来的损伤。因此，磷酸肌酸对改善患者心肌的能量代谢有重要意义。对先天性心脏病患儿治疗中发现，外源性磷酸肌酸有利于未成熟心肌的保护。磷酸肌酸可增加肌肉的最大收缩力和腺苷三磷酸的利用率，可作为营养剂提高运动员的耐力和速度，抵抗疲劳，在短时间内提高无氧代谢的运动成绩。还可用于神经保护，皮肤保护，延缓衰老。

8-13 辅酶 Q10 的高效清洁生产

第五节 高能化合物的制备技术

机体内高能化合物的种类是很多的，其中高能磷酸化合物占了绝大多数。生物体内重要的高能磷酸化合物主要包括 ATP、磷酸肌酸（脊椎动物肌肉和神经组织中）、磷酸精氨酸（无脊椎动物体内）。

一、ATP 的制备技术

1. ATP 的提取法

20 世纪 40 年代末至 50 年代，ATP 主要从兔肌中提取获得。以前兔肌提取法大多采用汞盐沉淀工艺，提取液先生成 ATP 钡盐，再转化为 ATP 汞盐，除汞后转化成 ATP 二钠盐沉淀，干燥后得成品。近年来，改进了 ATP 的分离提纯方法，建立了适合我国工业生产的新工艺，如树脂分离工艺等。采用氯型 201×7 或 717 阴离子交换树脂色谱柱，纯化操作在 0 ～ 10℃进行，以防止 ATP 分解。通过改进 ATP 结晶工艺，使浆状结晶变为针状结晶；ATP 产品色泽洁白，含量 85% 以上，提取收率 50% ～ 60%。

2. ATP 的合成法

继提取法之后，以 AMP 为原料的化学合成法开始出现。20 世纪 60 年代，厉仓等人用磨碎的或经丙酮干燥的面包酵母以 AMP 或腺苷为前体生物合成 ATP，20 世纪 70 年代后这一方法又有所改进，如利用酵母自溶后的酶液或将酵母用表面活性剂处理再用于合成 ATP，从而大幅度提高反应效率。这种利用酵母细胞为酶源进行酶合成 ATP 的方法一直沿用至今。

ATP 的生物合成方法主要有以下几种：利用酵母以葡萄糖作为能量供体的磷酸化前体（如腺苷和 AMP）法；利用克隆有 6-磷酸果糖激酶和磷酸丙糖异构酶基因的大肠杆菌磷酸化的 AMP 法；利用产氨短杆菌分段合成及磷酸化将腺嘌呤直接核苷酸化法。实际应用于 ATP 工业化生产的主要是发酵法和酶法。

（1）发酵法　国外关于发酵法合成 ATP 的最早报道是利用渗透性酵母磷酸化腺苷来合成 ATP。Hatanaka 等则利用能同化甲醇的酵母细胞来生产 ATP，培养 16h 后 ATP 和 ADP 的浓度分别为 10.5mg/mL 和 1.8mg/mL。Kadowcki 和 Setsu 等构建了一个由微生物和面包酵母组成的偶联反应系统，这一系统可将 150mmol/L 腺苷转化为 98mmol/L ATP（约 50g/L）。目前，国内发酵法生产 ATP 一般通过单独培养产氨短杆菌或混合培养产氨短杆菌和酵母菌。

单独培养产氨短杆菌：将培养 20 ～ 24h 的种子以 7% ～ 9% 接种量接入发酵罐，然后投加腺嘌呤。腺嘌呤加入前无需控制 pH 值，加入腺嘌呤后，必须通过流加尿素、NaOH 或氨水将 pH 控制在 6.8 ～ 7.2 的范围之内以保证高产。发酵温度通常控制在 28 ～ 30℃。研究发现十余种表面活性剂对 ATP 的生成有促进作用，同时还发现添加表面活性剂对防止 ATP 降解十分有效。温度对合成 ATP 合酶系的活性影响较大。若在发酵后期，将温度提高到 37℃保持 24h，可使 ATP 浓度达到峰值。ATP 最高产量可达 3.0g/L。

产氨短杆菌和酵母混合培养：以腺嘌呤为前体单独培养产氨短杆菌，ATP 转化率较低（仅 45%），大部分腺嘌呤转化成 AMP 和 ADP。一方面是因为培养系统中磷酸化酶的缺乏使得腺嘌呤不能全部转化成 ATP；另一方面是由于 ATP 降解酶的存在使已经生成的 ATP 不断降解，从而很难大幅度提高反应系统中的 ATP 浓度。为此，程金芬等人筛选出一些具有较高 ATP 合成活性的酵母菌，大量培养后离心收集菌体，再接入产氨短杆菌继续发酵，保温培养 17h 后 ATP 含量趋于稳定。结果发现，采用混合培养工艺可使腺嘌呤转化为 ATP 的转化率提高到 75% 以上。

（2）酶法　国内外关于用酶法合成 ATP 的报道较多，包括从微生物细胞中提取酶合成 ATP；用游离微生物细胞外的酶合成 ATP；由固定化微生物细胞生产 ATP。酵母厌氧发酵可产生一系列的胞外酶，其中某些酶能使腺嘌呤和腺苷酸转化成 ATP，由于酵母产生的胞外酶稳定性好，可长期用于工业化生产。使用的菌种主要包括啤酒酵母，日晒或风干酵母（含水量低于 5%）以及经厌氧发酵转型的面包酵母。

国外常用于酶法合成 ATP 的菌种主要有产氨短杆菌、酵母菌和芽孢杆菌等。Ado 等人将冻干啤酒酵母固定在乙基纤维素微胶囊中，在反应器内连续反应，生成 ATP 的转化率最初为 70%，以后维持在 50% 以上。Asada 等人设计了一种含有半透膜的 8 个反应槽串联的装置，其中含有从干酵母抽提获得的粗酶溶液，能连续将 80% 的腺苷转化成 ATP。Sode、Koji 等人则利用微胶囊包封的载体连续化生产 ATP，ATP 生成速率为 14mmol/（L・h），从 ADP 生产 ATP 的产率是 35%。

与游离细胞相比，利用固定化酵母细胞生产 ATP 具有反应器效能高、降低主要原材料成本、提高收率及简化工艺等显著优点。

二、磷酸肌酸的制备技术

1927 年，磷酸肌酸由 Eggleton 从哺乳动物肌肉中分离得到。目前磷酸肌酸的生产制备方法主要有生物提取法，化学合成法，酶催化法。化学合成法是利用三氯氧磷对一水肌酸进行磷酰化，生成的磷酸肌酸以钡盐形式与氯化钠分离，然后把钡盐转化成钠盐，并在乙醇 - 水体系中结晶析出，从而得到纯净的磷酸肌酸钠。磷酸肌酸钠的合成反应温度控制在 –3 ～ 3℃，反应时间 2h，磷酸肌酸钠的析晶温度为 20℃，析晶时间为 2d，磷酸肌酸钠的收率可达 75% 以上。化学合成法的优点是路线短，能一次成盐，且产品质量稳定。缺点是条件苛刻，成本高，产率低，而且由于大量使用酸碱等化学试剂会对环境造成不利影响。合成路线如下：

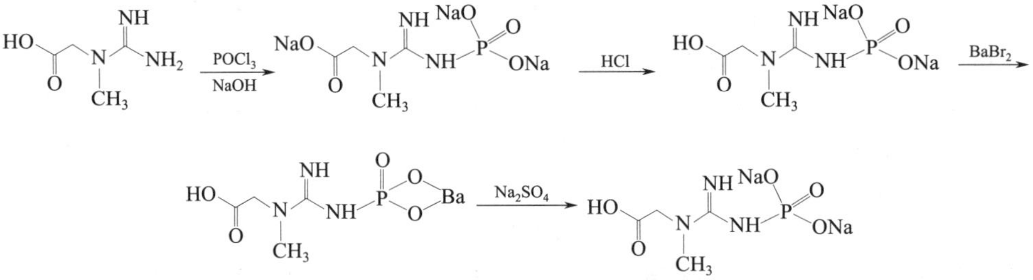

生物酶催化法具有反应条件温和、反应速率快和专一性强等优点。最初用粗酶制剂作为酶源，采用糖酵解过程中的某一物质，例如 3-磷酸甘油酸，作为反应起始底物来生产磷酸肌酸，因此用的是包括肌酸激酶在内的复合酶体系，即动物肌肉细胞浆的粗抽提液。由于参与反应的酶较多，各种酶所要求的最适条件不同，不能保证同时满足所有酶的最适条件，最终结果是影响磷酸肌酸的产率。针对粗酶体系的缺点，改用从动物肌肉提取的较为纯净的肌酸激酶制剂作为酶源，以它的直接底物腺苷三磷酸作为初始底物，在腺苷三磷酸和肌酸的最适酶反应条件下生产磷酸肌酸，用离子交换树脂进行分离纯化。反应体系只含一种生成磷酸肌酸的酶，酶反应条件容易控制，保证了磷酸肌酸的产率，也减少了杂蛋白混入产品的可能性，提高了产品纯度。用酶法生产磷酸肌酸，生产过程可以监控，成本低，产率高，产物分离纯化容易，不对环境造成污染。

本章提要

新陈代谢包括物质代谢和能量代谢。生物氧化是有机物质在生物体内氧化分解并逐步释放能量，最终生成 CO_2 和 H_2O 的过程。存在于线粒体内膜上，呼吸链由供氢体、传递体、受氢体以及相应的酶系统按一定顺序排列组成。4 种酶复合体和两种可移动电子载体（辅酶 Q 和细胞色素 c），实现底物中电子从 NADH 或 $FADH_2$ 传递到氧的过程。氧化磷酸化是代谢物在生物氧化过程中经过呼吸链氧化放能和 ATP 生成（磷酸化）相偶联的过程，其效率用 P/O 值衡量。1 对电子经过 NADH 呼吸链，测得 P/O 值为 2.5；经过 $FADH_2$ 呼吸链的 P/O 值为 1.5。化学渗透假说认为电子传递是一个主动转移 H^+ 的"泵"，将线粒体基质中的 H^+ 转运到线粒体内膜外侧，形成［H^+］梯度和电势梯度，在电化学梯度的驱动下，H^+ 通过 ATP 合酶 H^+ 通道流动返回线粒体基质，释放的自由能提供 ATP 合酶催化 ADP 与 Pi 偶联生成 ATP。线粒体外 NADH 的氧化磷酸化作用主要有磷酸甘油穿梭系统和苹果酸－天冬氨酸穿梭系统。线粒体外 NADPH 通过异柠檬酸穿梭作用进入呼吸链。

课后习题

1. 用对或不对回答下列问题。如果不对，请说明原因。

（1）生物氧化既包括细胞内的氧化作用又包括还原作用。

（2）不需氧黄酶是指不需要氧的黄素核苷酸脱氢酶。

（3）氧化酶只能以氧为受电子体，不能以呼吸传递体为受电子体。

（4）$NADPH+H^+$ 通过呼吸链氧化时比 $FADH_2$ 产生 ATP 多。

（5）如果线粒体内的 ADP 浓度很低，加入解偶联剂将会降低电子传递速度。

2. 在由磷酸葡萄糖变位酶催化的反应 G-1-P ⟶ G-6-P 中，在 pH7.0、25℃下，起始时［G-1-P］为 0.020mol/L，平衡时［G-1-P］为 0.001mol/L，求 $\Delta G^{\ominus\prime}$ 值。

3. 当反应 ATP +H_2O ⟶ ADP+Pi 在 25℃时，测得 ATP 水解的平衡常数为 250000，而在 37℃时，测得 ATP、ADP 和 Pi 的浓度分别为 0.002mol/L、0.005mol/L 和 0.005mol/L。求在此条件下 ATP 水解的自由能变化。

4. 在有相应酶存在时，在标准状态下，下列反应中哪些反应可按箭头指示的方向进行？

① 丙酮酸 +$NADPH+H^+$ ⟶ 乳酸 +NAD^+

② 苹果酸 + 丙酮酸 ⟶ 草酰乙酸 + 乳酸

③ 乙醛 + 延胡索酸 ⟶ 乙酸 + 琥珀酸

④ 琥珀酸 +CO_2+NADH+H^+ ⟶ α- 酮戊二酸 +NAD^+

⑤ 丙酮酸 +β- 羟丁酸 ⟶ 乳酸 + 乙酰乙酸

5. 在充分供给底物、受体、无机磷及 ADP 的条件下，在下列情况中，肝线粒体的 P/O 值各为多少？

底　物	受　体	抑 制 剂	P/O
苹果酸	O_2	—	
苹果酸	O_2	抗霉素A	
琥珀酸	O_2	—	
琥珀酸	O_2	巴比妥	
琥珀酸	O_2	抗霉素A	
琥珀酸	O_2	KCN	

6. 一般物质的分解代谢是产能的，合成代谢是耗能的。当测定一个细胞内的能荷值降低时，此时细胞内是合成代谢加强，还是分解代谢加强？

讨论学习

1. 加水脱氢的加氧方式与分子氧直接加氧有何区别，该氧化方式有何生理意义？

2. 如何理解 Q 循环的意义？

8-14　自我测评

第九章　糖代谢

9-1　学习目标

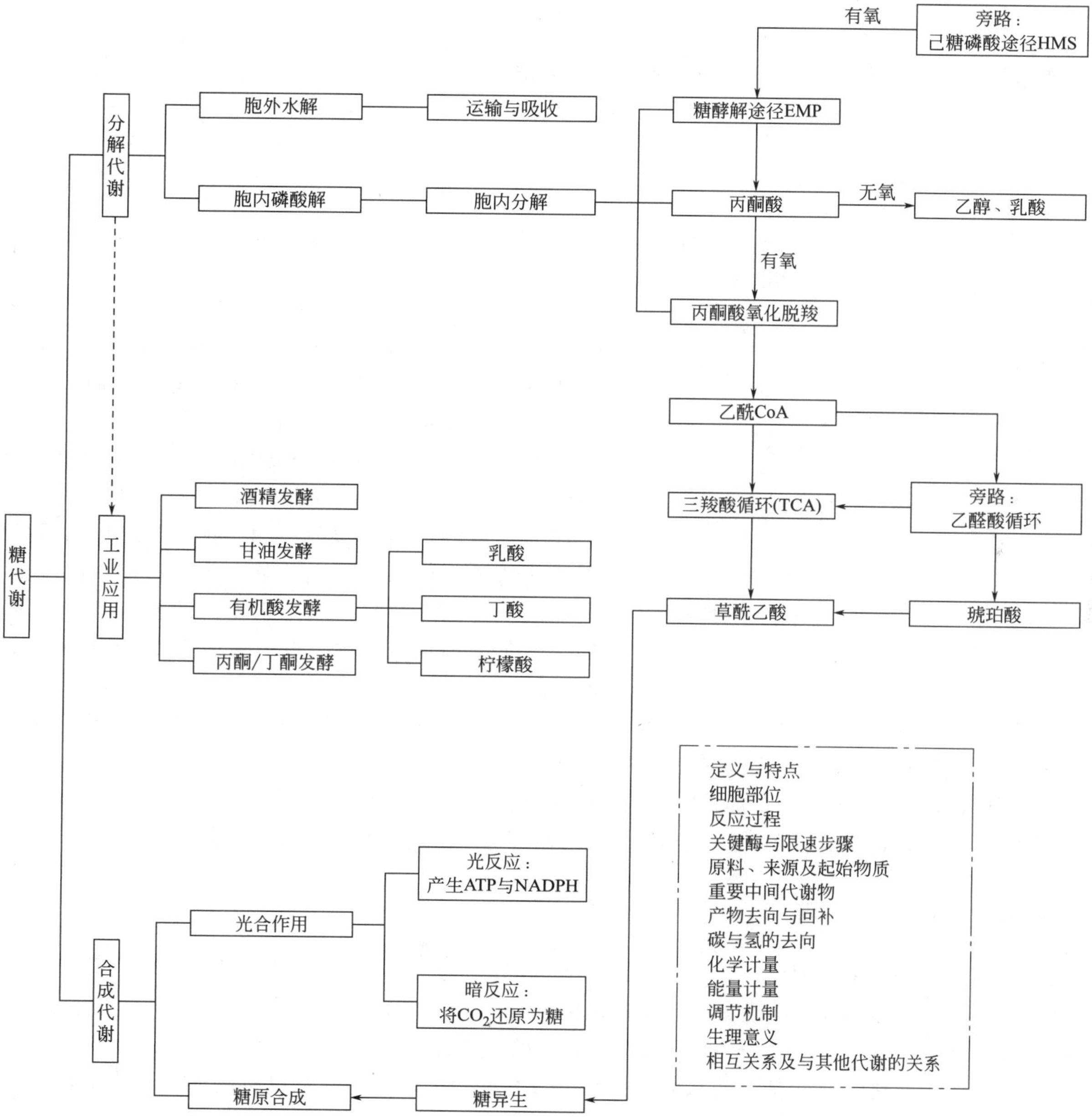

糖代谢
分解代谢
胞外水解
运输与吸收
胞内磷酸解
胞内分解
有氧
旁路：己糖磷酸途径HMS
糖酵解途径EMP
丙酮酸
无氧
乙醇、乳酸
有氧
丙酮酸氧化脱羧
乙酰CoA
三羧酸循环(TCA)
旁路：乙醛酸循环
草酰乙酸
琥珀酸
工业应用
酒精发酵
甘油发酵
有机酸发酵
丙酮/丁酮发酵
乳酸
丁酸
柠檬酸
合成代谢
光合作用
光反应：产生ATP与NADPH
暗反应：将CO_2还原为糖
糖原合成
糖异生
定义与特点
细胞部位
反应过程
关键酶与限速步骤
原料、来源及起始物质
重要中间代谢物
产物去向与回补
碳与氢的去向
化学计量
能量计量
调节机制
生理意义
相互关系及与其他代谢的关系

第一节 概述

葡萄糖及其他单糖经分解代谢可为机体提供大量的能量，成人每天所需能量的60%～70%来自糖类。植物和光合细菌能将 CO_2 和 H_2O 合成糖类，人类和动物则利用植物所制造的糖类以获取能量。食物中的糖是机体中糖的主要来源，被人体摄入经消化成单糖吸收后，经血液运输到各组织细胞进行合成代谢和分解代谢。机体内糖的代谢途径主要有葡萄糖的无氧酵解、有氧氧化、磷酸戊糖途径、糖原合成与糖原分解、糖异生以及其他己糖代谢等。

一、多糖及寡糖的降解

多糖及寡糖均需在酶的催化下，降解成单糖，才能进入分解代谢途径。多糖和寡糖的降解分为胞外水解和胞内磷酸解。

1. 胞外降解——糖苷酶的水解方式

多糖在细胞外的降解是一种加水分解的过程，催化多糖胞外水解的酶称为糖苷酶（glycosidase），包括 *α*-淀粉酶、*β*-淀粉酶、*γ*-淀粉酶及 R 酶、纤维素酶等。

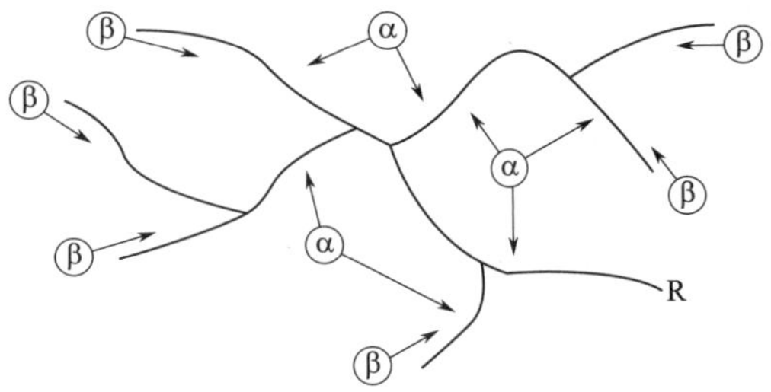

图 9-1 *α*- 淀粉酶和 *β*- 淀粉酶对支链淀粉的作用

ⓐ为 *α*- 淀粉酶；ⓑ为 *β*- 淀粉酶；R 为还原性末端

α-淀粉酶（*α*-amylase）广泛分布于动物（唾液、胰脏等）、植物（麦芽、山萮菜）及微生物中。水解淀粉的 *α*（1 → 4）糖苷键，产物为麦芽糖、麦芽三糖和 *α*- 糊精，所以又称为 *α*- 糊精酶或液化酶。

β- 淀粉酶（*β*-amylase）主要见于高等植物中（大麦、小麦、甘薯、大豆等），但也有报道在细菌、牛乳、霉菌中存在。水解淀粉的 *β*（1 → 4）糖苷键，其作用方式是水解淀粉的非还原性末端残基，并依次切下两个葡萄糖单位，产物为麦芽糖。作用于支链淀粉，除产生麦芽糖外，还产生 *β*- 极限糊精。以上两种酶的作用位点如图 9-1 所示。

γ-淀粉酶（*γ*-amylase）水解淀粉的 *α*（1 → 4）糖苷键和 *α*（1 → 6）糖苷键，从非还原端开始逐个切下葡萄糖残基。无论作用于直链淀粉还是支链淀粉，终产物均是葡萄糖。

R 酶（脱支酶）能特异作用于淀粉的 *α*（1 → 6）糖苷键，将支链淀粉的分支切下。

纤维素酶（cellulase）水解纤维素的 *β*（1 → 4）糖苷链，产物为纤维二糖和葡萄糖。

2. 胞内降解——糖原的磷酸解

在人和动物的肝脏中，糖原是葡萄糖非常有效的储藏形式。糖原在细胞内的降解称为磷酸解，即加磷酸分解。胞内糖原的降解需要脱支酶（debranching enzyme）和糖原磷酸化酶（glycogen phosphorylase）的催化。脱支酶水解糖原的 *α*（1 → 6）糖苷键，切下糖原分支。

糖原磷酸化酶催化的反应是不需水而需要磷酸参与的磷酸解作用，从糖链的非还原末端依次切下葡萄糖残基，产物为1-磷酸葡萄糖和少一个葡萄糖残基的糖原，反应总是从糖原的非还原端开始。虽然这一反应的标准自由能变化为正值，但由于细胞内无机磷酸的浓度远远超过1-磷酸葡萄糖的浓度，所以此分解反应可以顺利进行（图 9-2）。

糖原磷酸化酶的催化过程起始于处于磷酸吡哆醛与糖原之间的无机磷酸，它贡献一个质子给将要断裂的非还原端葡萄糖残基，使之形成半椅形的氧正离子中间体，然后该中间体被磷酸根离子进攻，从而产生 1-磷酸葡萄糖（图 9-2）。

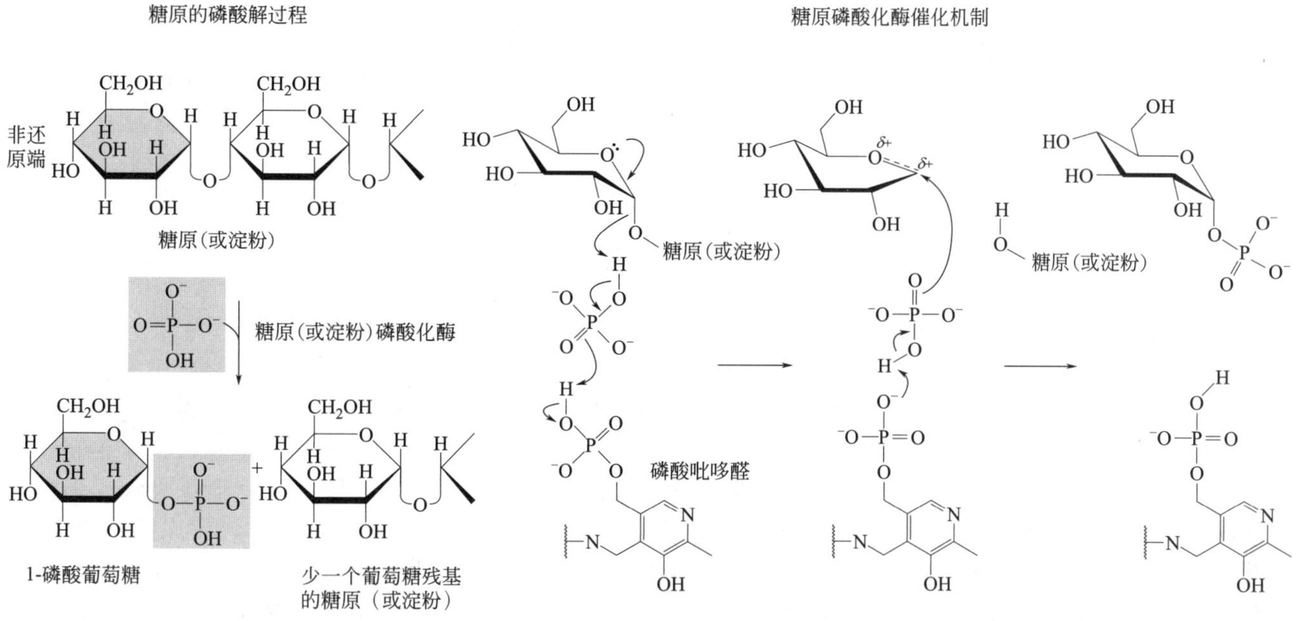

图 9-2 糖原的磷酸解过程及其机制

糖原磷酸化酶只能切断某些 α（1 → 4）糖苷键，并不能作用于糖原分子分支部分的 α（1 → 6）糖苷键。而且，对于与分支点相距三个葡萄糖残基的 α（1 → 4）糖苷键，糖原磷酸化酶同样是无能为力，这些糖苷键只有借助脱支酶才能水解。

在肌肉细胞中，1-磷酸葡萄糖不能扩散至细胞外，可直接进入糖酵解途径，而葡萄糖则需消耗一个 ATP 经磷酸化后才能进入糖酵解途径，且葡萄糖易扩散至细胞外。

糖原磷酸化酶在哺乳动物中主要存在三种同工酶：肌型、肝型和脑型。

二、糖的吸收与转运

多糖需先被消化分解成单糖后才能被吸收与转运。对人或动物而言，口腔中的唾液（含有 α- 淀粉酶）能将淀粉部分水解为麦芽糖。再由口腔、胃转运至小肠，经胰液淀粉酶、麦芽糖酶、蔗糖酶和乳糖酶的水解，产生葡萄糖、果糖和半乳糖等单糖。小肠是多糖消化的重要器官，又是吸收葡萄糖等单糖的重要器官。

1. 糖吸收——单糖同 Na^+ 的同向协同运输

单糖的吸收是消耗能量的主动过程，它可逆着浓度差进行，能量来自钠泵，属于继发性主动转运。机体对葡萄糖和半乳糖的吸收属典型的主动转运，吸收很快且能逆浓度梯度进行。有些糖，如山梨糖、木糖、阿拉伯糖的吸收是简单扩散过程，果糖则介于两者之间。

葡萄糖跨膜运输所需要的能量来自细胞膜两侧 Na^+ 浓度梯度，葡萄糖和 Na^+ 都是由细胞外向细胞内转运。此同向协同运输过程如图 9-3 所示。

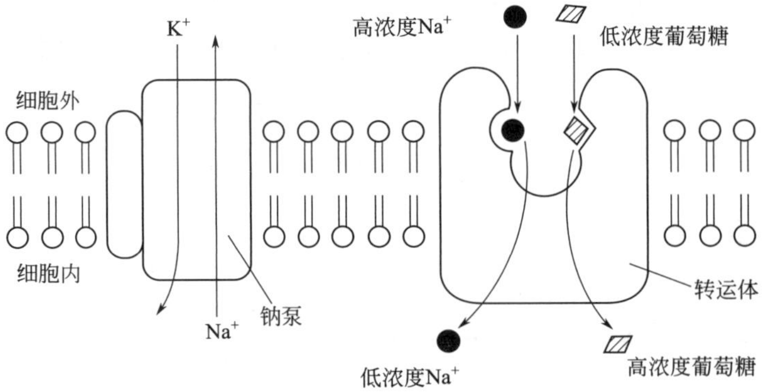

图 9-3 葡萄糖跨膜同向协同运输过程

2. 糖转运——血糖的来源与去路

葡萄糖等单糖被吸收后会进入血液，血液中的糖称为血糖（blood sugar）。血糖含量高低是表示体内糖代谢的一项重要指标。正常人血糖浓度为4.4～6.7mmol/L，高于8.8mmol/L称为高血糖，低于3.8mmol/L称为低血糖。正常机体可通过肝糖原或肌糖原的合成或分解作用来维持血糖恒定。消化吸收的葡萄糖或体内其他物质转变而来的葡萄糖进入肝脏和肌肉后，合成肝糖原和肌糖原的过程称为糖原的合成作用，肝糖原在肝脏分解为葡萄糖的过程则称为糖原的分解作用。糖原的合成和分解作用在维持血糖相对恒定方面具有重要作用，例如当机体处于暂时饥饿时，血糖趋于低下，这时肝糖原分解加速，及时使血糖升高恢复正常；反之，当机体饱餐后，消化吸收的葡萄糖大量进入血循环，血糖趋于升高，这时可通过糖原合成酶的活化及磷酸化酶的活性降低，使血糖水平下降而恢复正常。

三、糖的中间代谢——糖类在细胞内的分解与合成

糖类被机体吸收后会发生一系列代谢反应，糖的中间代谢即是指糖类物质在细胞内合成和分解的化学变化过程。合成糖类的代谢是耗能的化学反应。分解糖类的代谢是产能的化学过程。从小肠吸收的甘露糖、果糖、半乳糖、葡萄糖可在各种酶的催化下，转化成6-磷酸葡萄糖，如图9-4所示。

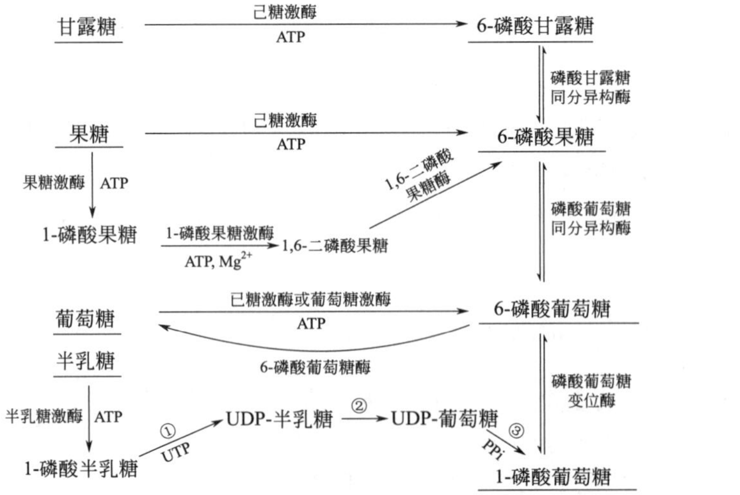

图 9-4 分解糖类代谢

①UDP-半乳糖焦磷酸化酶；②半乳糖-1-磷酸尿苷酰转移酶；③UDP-葡萄糖焦磷酸化酶

第二节　糖的分解代谢

一、糖的分解代谢类型

糖的主要分解代谢类型有如下几种。

（1）无氧分解　糖的无氧分解又称为无氧呼吸（anaerobic respiration）。自然界中有少数生物或生物的某些组织可在缺氧的极端环境中生活。在此条件下，糖也可以分解并释放出能量，但分解不完全，释放出的能量也大大少于糖的有氧氧化。人和高等动物的肌肉及酵母菌均能进行无氧呼吸：葡萄糖在肌肉中无氧呼吸的酵解产物为乳酸，而在酵母菌中无氧呼吸的发酵产物为乙醇。

（2）需氧分解　将糖在有氧存在下彻底分解成 CO_2 和 H_2O，同时释放出能量的过程称为有氧氧化或有氧呼吸。此过程可分为三个阶段。第一阶段是糖被氧化成丙酮酸，此阶段称为糖酵解（glycolysis）。第二阶段是丙酮酸经氧化脱羧酶体系，生成乙酰辅酶 A。第三阶段是乙酰辅酶 A 经过一个称为三羧酸循环的代谢过程，最终被氧化成二氧化碳和水。每一个阶段都伴有能量的产生，但尤以第三阶段为主。

糖的有氧氧化与无氧氧化的主要区别在于，糖的有氧氧化是以氧作为最终受氢体；糖的无氧分解，在酵解过程中是以中间产物丙酮酸为受氢体，在发酵过程中是以乙醛为受氢体。糖的无氧分解是一种用以合成少量 ATP 的效率极差的途径；而糖的有氧分解是各种需氧生物获取大量能量的最有效的途径，在糖的分解代谢中占主导地位，产能最多。

此外，糖分解代谢的重要途径包括：糖酵解途径（EMP）、三羧酸（TCA）循环和己糖磷酸途径（HMP）。

二、糖酵解途径

发酵和酵解是糖无氧分解的两种主要形式，都在胞浆中进行，起始物质都是葡萄糖。从葡萄糖到丙酮酸的生成，二者都是相同的。通常将葡萄糖至丙酮酸生成的 10 步分解代谢途径称为糖酵解途径（为纪念阐明糖酵解途径做成重要贡献的科学家而并命名为 Embden-Meyerhof-Parnas pathway，EMP）。

9-2　糖酵解途径的阐明

1. 糖的裂解——糖酵解的第一阶段是耗能过程

糖酵解的第一阶段包括①～⑤步化学反应。

① 葡萄糖磷酸化生成 6-磷酸葡萄糖。

葡萄糖由己糖激酶（hexokinase）催化，消耗一分子 ATP，形成 6-磷酸葡萄糖（G-6-P）。此酶催化的反应不可逆。这是糖酵解途径中的第一个限速（关键）步骤。葡萄糖的磷酸化是葡萄糖活化的一种形式，其降低了细胞内葡萄糖的浓度，有利于胞外葡萄糖进入胞内反应；磷酸化的葡萄糖带上负电荷，不再逃逸出细胞，有利于其在细胞内进一步代谢。糖原在糖原磷酸化酶的催化下，生成 1-磷酸葡萄糖，再经磷酸葡萄糖变位酶的催化，产生 6-磷酸葡萄糖。

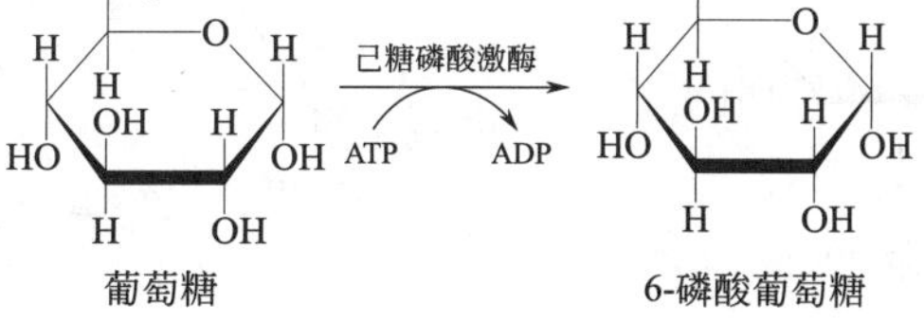

$$\Delta G^{\ominus\prime}=-16.8\text{kJ/mol}$$

己糖磷酸激酶除催化葡萄糖（G）生成 G-6-P 以外，也能催化甘露糖（M）、果糖（F）和半乳糖（Gal）分别生成 6-磷酸甘露糖、6-磷酸果糖和 1-磷酸半乳糖。

在人和动物的肝脏中还存在一种葡萄糖激酶（glucokinase），只能催化葡萄糖生成 G-6-P，不能催化其他己糖的磷酸化，此酶存在于细胞内质网的脂质中。

逆反应可由 G-6-P 磷酸酶催化，使 G-6-P 水解产生葡萄糖并释放到血液中：

$$\text{G-6-P} + H_2O \xrightarrow{\text{磷酸酶}} \text{G} + H_3PO_4$$

② 6-磷酸葡萄糖异构化生成 6- 磷酸果糖。

6- 磷酸葡萄糖（G-6-P）经磷酸己糖异构酶（phosphohexose isomerase）催化转变为 6- 磷酸果糖（F-6-P）。该酶催化可逆反应。果糖在 ATP 参与下，由己糖激酶催化也能生成 F-6-P。

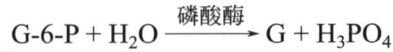

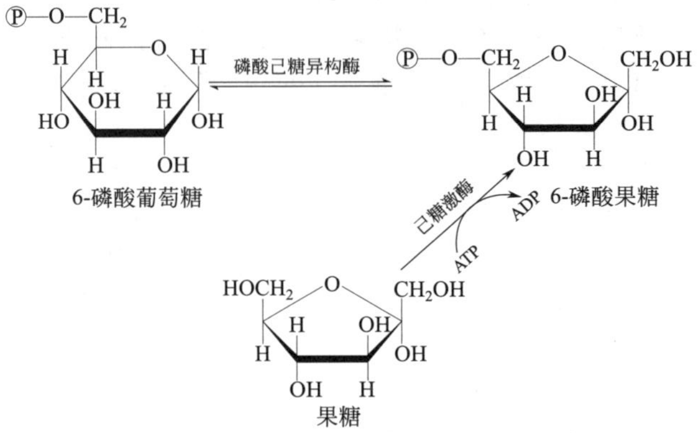

$$\Delta G^{\ominus\prime}\text{（G-6-P} \rightleftharpoons \text{F-6-P）} = 1.7\text{kJ/mol}$$

③ 6-磷酸果糖磷酸化生成 1,6- 二磷酸果糖。

F-6-P 在 ATP 参与下，经磷酸果糖激酶（phosphofructokinase）催化，进一步磷酸化生成 1,6-二磷酸果糖（F-1,6-2P）。该酶催化的反应不可逆，是糖酵解过程中的第二个限速反应。反应如下：

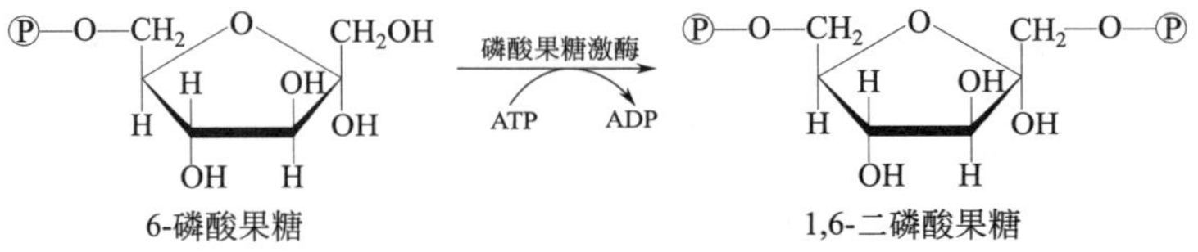

$$\Delta G^{\ominus\prime} = -14.2\text{kJ/mol}$$

9-3 在数据库中检索磷酸果糖激酶

④ 1,6-二磷酸果糖裂解为两分子磷酸丙糖。

F-1,6-2P 在醛缩酶（aldolase）催化下，从 C3 和 C4 之间裂解，生成一分子磷酸二羟丙酮和一分子 3-磷酸甘油醛。其反应过程如下：

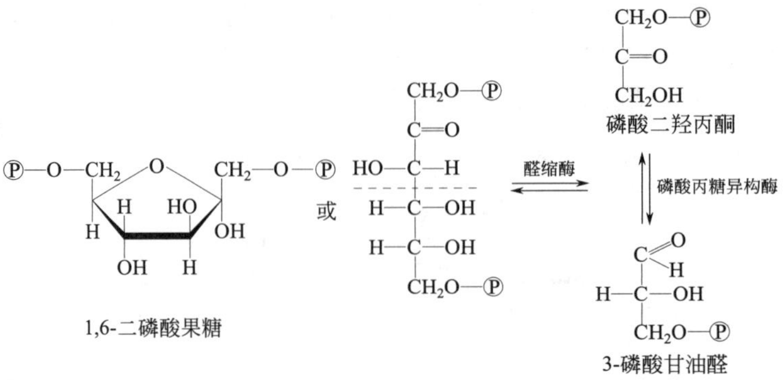

$$\Delta G^{\ominus\prime} = +23.8\text{kJ/mol}$$

醛缩酶也可催化一分子磷酸二羟丙酮和一分子 3-磷酸甘油醛经醛醇缩合反应生成一分子 F-1,6-2P。

⑤ 磷酸二羟丙酮和 3-磷酸甘油醛互变。

磷酸二羟丙酮和 3-磷酸甘油醛在异构酶催化下可以互变：

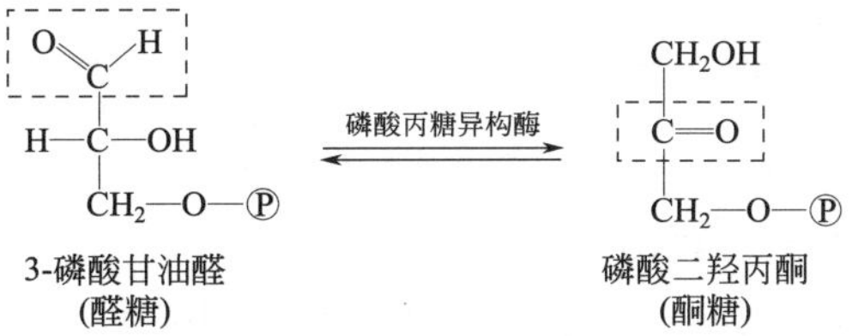

$\Delta G^{\ominus\prime}$=–7.5kJ/mol

磷酸丙糖异构酶（phosphotriose isomerase）催化可逆反应，达平衡时磷酸二羟丙酮占 96%，3-磷酸甘油醛仅占 4%。但 3-磷酸甘油醛随分解代谢不断被消耗，仍有利于向 3-磷酸甘油醛的方向进行。

在 EMP 的第一阶段，经以上 5 步反应，将一分子葡萄糖转变为两分子丙糖，并消耗两分子 ATP。所以，糖酵解的第一阶段是耗能的。

2. 醛氧化成酸——糖酵解的第二阶段是产能过程

糖酵解的第二阶段是指从 3-磷酸甘油醛至丙酮酸生成这一代谢过程，包括⑥～⑩步化学反应。

⑥ 3-磷酸甘油醛被氧化为 1,3-二磷酸甘油酸。

3-磷酸甘油醛在磷酸甘油醛脱氢酶（glyceraldehyde-3-phosphate dehydrogenase，GAPDH）催化下脱氢并磷酸化生成 1,3-二磷酸甘油酸（1,3-DPG）。其反应式如下：

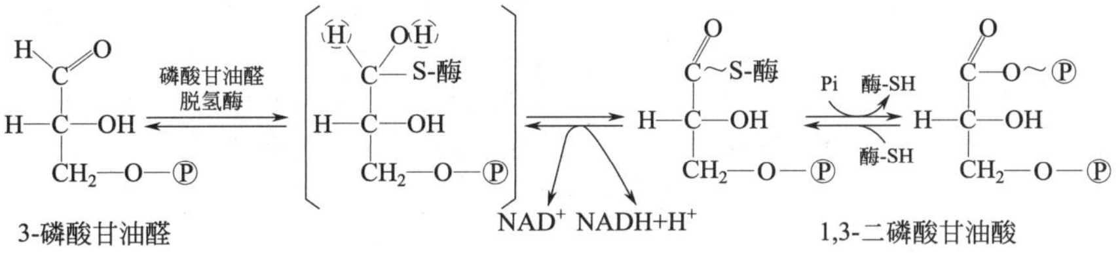

$\Delta G^{\ominus\prime}$=+6.3kJ/mol

该反应为糖酵解过程唯一的脱氢反应，醛基被氧化为羧基，释放的能量一部分储存在 1,3-DPG 的高能磷酸键上，还有一部分被 NADH 的高能电子带走。磷酸甘油醛脱氢酶活性中心有半胱氨酸残基，为巯基酶，碘乙酸可强烈抑制其活性。

⑦ 1,3-二磷酸甘油酸转变为 3-磷酸甘油酸。

在磷酸甘油酸激酶（phosphoglycerate kinase）催化下，1,3-DPG 分子中的酰基磷酸转移到 ADP 上，产生一分子 ATP 和 3- 磷酸甘油酸。反应式如下：

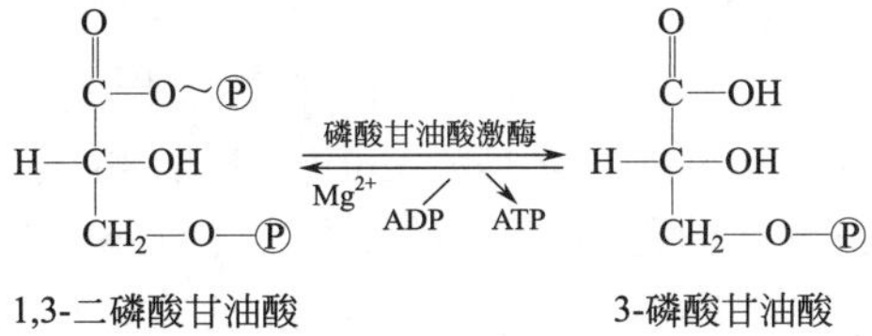

$\Delta G^{\ominus\prime}$=–18.5kJ/mol

这是 EMP 中第一个产生 ATP 的反应，是利用磷酸甘油醛脱氢酶与底物 3-磷酸甘油醛形成的共价中间产物，并使其氧化产生的能量供 ADP 形成 ATP，所以这个 ATP 的生成属于底物水平磷酸化。

⑧ 3-磷酸甘油酸生成 2-磷酸甘油酸。

由磷酸甘油酸变位酶（phosphoglycerate mutase）催化，3-磷酸甘油酸生成 2-磷酸甘油酸。反应式如下：

$$\Delta G^{\ominus\prime}=+4.4\text{kJ/mol}$$

⑨ 2-磷酸甘油酸脱水生成磷酸烯醇式丙酮酸。

在烯醇化酶（enolase）催化下，2-磷酸甘油酸脱水生成磷酸烯醇式丙酮酸。反应式如下：

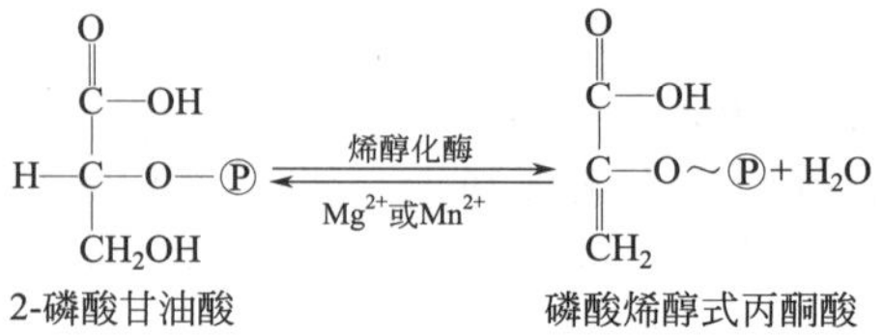

$$\Delta G^{\ominus\prime}=+7.5\text{kJ/mol}$$

催化 2-磷酸甘油酸脱水的同时，使其分子内部能量发生重排，由 2-磷酸甘油酸分子中的普通磷酸酯键转变为磷酸烯醇式丙酮酸分子中的高能磷酸酯键。该反应需要 Mg^{2+} 或 Mn^{2+}，而 F^- 能与 Mg^{2+} 络合并结合在酶上，因此氟化物能抑制烯醇化酶的活性。

⑩ 磷酸烯醇式丙酮酸生成丙酮酸。

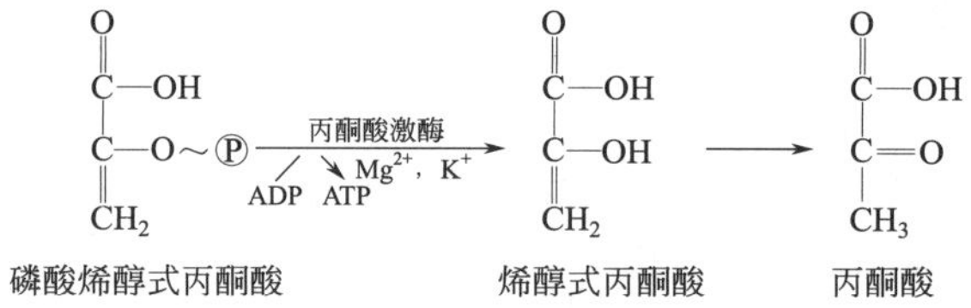

$$\Delta G^{\ominus\prime}=-31.4\text{kJ/mol}$$

在丙酮酸激酶（pyruvate kinase）催化下，磷酸烯醇式丙酮酸分子中的磷酸基转移至 ADP 上，产生一分子 ATP 和烯醇式丙酮酸。这一磷酸化作用是底物水平磷酸化，反应不可逆，也是 EMP 的第三个限速反应。烯醇式丙酮酸极不稳定，很容易自发转变为丙酮酸。至此，EMP 全部完成。

9-4 检索 EMP 代谢途径

9-5 一网无遗：绘制 EMP 途径挂图

3. 糖酵解过程的化学计量与生物学意义——供能与中间代谢原料

从葡萄糖到丙酮酸的净反应如下：

$$C_6H_{12}O_6\text{（葡萄糖）}+2NAD^++2ADP+2Pi \longrightarrow 2C_3H_4O_3\text{（丙酮酸）}+2NADH+2H^++2ATP+2H_2O$$

从总反应式可以看出，1mol 葡萄糖降解成 2mol 丙酮酸的过程中，净生成 2mol ATP 和 2mol NADH。在有氧状态下，1mol NADH 进入呼吸链被氧化成 1mol NAD^+，经过不同的穿梭机制，产生 2.5mol 或 1.5mol 的 ATP。由此可以计算出 1mol 葡萄糖通过糖酵解净产生 7 mol ATP 或 5 mol ATP。

糖酵解具有重要的生物学意义。①糖酵解是葡萄糖在生物体内进行有氧或无氧分解的共同途径；通过糖酵解，生物体获得生命活动所需要的能量。虽然糖酵解生成 ATP 的效率远远低于糖的有氧代谢，但是对于很多细胞来说却是主要的，甚至是唯一合成 ATP 的手段。例如，厌氧生物、无氧状态下的兼性生物和哺乳动物成熟的红细胞，它们都以糖酵解作为产生 ATP 的唯一途径。而体内的某些组织，在缺氧的情况下（如肌肉组织），或者因线粒体的数目有限（如视网膜和睾丸组织等）会以糖酵解作为合成 ATP 的主要途径。②糖酵解生成的许多中间产物，可作为合成其他物质的原料。如磷酸二羟丙酮可转变为甘油，丙酮酸可转变为丙氨酸，它们分别是脂肪和蛋白质合成的原料，这样就使糖酵解与蛋白质和脂类合成代谢途径联系起来。另外，在糖酵解途径中虽然有三步反应不可逆，但其余反应均可逆，这为在特定生理条件下葡萄糖的合成（糖异生作用）提供了基本途径。

4. 糖酵解途径的调控——依能量代谢需求而调节

葡萄糖转化为丙酮酸的速率是受到严格调控的。生物体主要通过调节糖酵解途径中几种关键酶的活性来控制整个途径的速度，被调节的酶为催化反应历程中不可逆反应的三种酶，即己糖激酶、磷酸果糖激酶和丙酮酸激酶。通过酶的别构效应或共价修饰实现活性的调节，调节物多为本途径的中间物或与本途径有关的代谢产物。

（1）己糖激酶 / 葡萄糖激酶参与糖酵解速率的调节

催化糖酵解第一步反应 - 葡萄糖转变成葡萄糖-6-磷酸的酶有两种，即已糖激酶和葡萄糖激酶。已糖激酶对葡萄糖亲和力很强（K_m 值 0.1mmol/L），即使血糖浓度较低，也能使葡萄糖快速转化为葡萄糖 -6-磷酸，进入糖酵解途径；而当葡萄糖-6-磷酸浓度高时，将抑制已糖激酶的活性，即反应受到产物反馈抑制作用。如果葡萄糖供给不断，而己糖激酶的磷酸化作用又因葡萄糖-6-磷酸的积累而被减弱，则葡萄糖会积累，血糖浓度升高。这使葡萄糖更利于被另一个磷酸化酶——葡萄糖激酶所利用。

葡萄糖激酶是葡萄糖的特异性激酶，仅存在于肝脏中，催化葡萄糖生成葡萄糖-6-磷酸。葡萄糖激酶只有在葡萄糖浓度大于其 K_m 值（10mmol/L）时才能以接近最大反应速率的状态发挥作用。若己糖激酶被葡萄糖饱和而使得血糖浓度大量升高，则在肝脏中葡萄糖激酶活力升高，以维持葡萄糖的流通。另外，葡萄糖激酶不受葡萄糖-6-磷酸的抑制。通过己糖激酶和葡萄糖激酶的协同作用，机体能够根据需要调节糖酵解速率。

（2）磷酸果糖激酶是控制糖酵解的关键酶

糖酵解的第三步反应，磷酸果糖激酶催化果糖-6-磷酸生成果糖-1,6-二磷酸，是糖酵解途径中最重要的调控部位，糖酵解速率主要取决于该酶活性。

ADP 和 AMP 对磷酸果糖激酶有激活作用，而 ATP、$NADH+H^+$、柠檬酸和长链脂肪酸都能抑制磷酸果糖激酶的活性。当细胞处于低能状态时，ADP 和 AMP 含量较多，而 ATP 含量较少，此时磷酸果糖激酶被激活，与底物果糖-6-磷酸的亲和力较高；当细胞处于高能状态时，ATP 的含量较多，而 ADP 和 AMP 的含量较少，这时 ATP 与磷酸果糖激酶的调节部位结合，使酶的构象发生改变，酶与底物的亲和力降低，反应速率下降。柠檬酸是丙酮酸代谢产物进入柠檬酸循环的第一个中间产物，高水平的柠檬酸意味着生物合成前体是足量的，过多的葡萄糖不应该再降解。柠檬酸对磷酸果糖激酶有抑制作用，其抑制作用通过加强 ATP 对磷酸果糖激酶的抑制来实现。另外，果糖-2,6-二磷酸是磷酸果糖激酶强有力的别构激活剂，其可以增加磷酸果糖激酶与 6- 磷酸果糖的亲和力，并能降低 ATP 的抑制作用。

9-6　磷酸果糖激酶 -2 是双功能酶

（3）丙酮酸激酶对糖酵解的调节

糖酵解的第十步反应，由丙酮酸激酶催化磷酸烯醇式丙酮酸不可逆地生成丙酮酸。由于丙酮酸处在代谢中心位置上，因此丙酮酸激酶控制着产物丙酮酸的外流，是一个重要的调节部位，其活性调节是通过磷酸化和去磷酸化修饰实现的。

果糖-1,6-二磷酸和磷酸烯醇式丙酮酸是丙酮酸激酶的激活剂，ATP、柠檬酸和长链脂肪酸是丙酮酸激酶的抑制剂。丙酮酸激酶的调控方式类似于磷酸果糖激酶，在细胞处于高能状态时，这两种酶同时受到抑制。在低能状态时，果糖-1,6-二磷酸也能激活丙酮酸激酶。在 ATP 较少时和 ADP、AMP 较多时，磷酸果糖激酶被激活，产生丙酮酸激酶的第一个激活剂，即果糖-1,6-二磷酸，该产物氧化产生的磷酸烯醇式丙酮酸是丙酮酸激酶的第二个激活剂。这两种激活剂的协调作用激活丙酮酸激酶、加速糖酵解的进行。同样在 ATP 浓度升高时，这两种反应都受到抑制。由于磷酸果糖激酶活力下降，因而果糖-6-磷酸浓度上升，在葡萄糖磷酸异构酶的作用下，果糖-6-磷酸转变为葡萄糖-6-磷酸，同时因葡萄糖-6-磷酸浓度的增加而抑制了已糖激酶。肝细胞中的丙酮酸激酶（L 型）受磷酸化调节，低血糖时引起胰高血糖素的释放，通过 cAMP 第二信使系统激活蛋白激酶 A（PKA），活化的蛋白激酶 A 使丙酮酸激酶磷酸化而失活，从而阻断糖酵解，促进糖异生，使血糖升高。高血糖时丙酮酸激酶发生去磷酸化而恢复活性，从而有利于糖酵解的进行，使血糖降低。此外，丙酮酸激酶还受丙氨酸抑制。细胞中丙氨酸浓度增加意味着其前体丙酮酸浓度过量，因此丙氨酸的抑制作用有利于维持糖代谢的动态平衡。

5. 丙酮酸的去向——有氧和无氧条件下转变成不同产物

从葡萄糖到丙酮酸的生成，在所有生物体中和所有各种细胞内都是非常相似的。但是，在有氧和无氧条件下，丙酮酸的去向或代谢途径是各式各样的。下面介绍丙酮酸的三种不同去向。

① 丙酮酸转变为乙醇。

在酵母和其他部分微生物体内，在无氧条件下，丙酮酸经发酵生成乙醇。反应过程包括两步酶促反应：第一步，丙酮酸在丙酮酸脱羧酶（pyruvate decarboxylase）催化下，脱去羧基并产生乙醛。丙酮酸脱羧酶的辅酶是焦磷酸硫胺素。第二步，在乙醇脱氢酶（alcohol dehydrogenase）催化下，由 $NADH+H^+$ 提供氢（NADH 来源于 EMP 中磷酸甘油醛脱氢），使乙醛还原为乙醇。反应式如下：

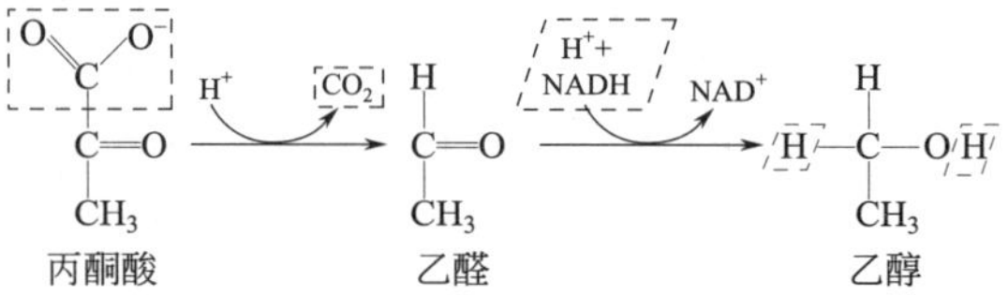

当葡萄糖转变为乙醇时，没有净氧化还原反应，该途径称为酒精发酵。这一无氧过程的净反应可用下式表示：

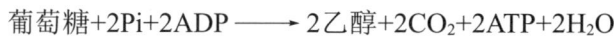

$$\text{葡萄糖}+2Pi+2ADP \longrightarrow 2\text{乙醇}+2CO_2+2ATP+2H_2O$$

② 丙酮酸转变为乳酸。

丙酮酸在无氧条件下转变为乳酸，是丙酮酸分解代谢的第二条途径。反应式如下：

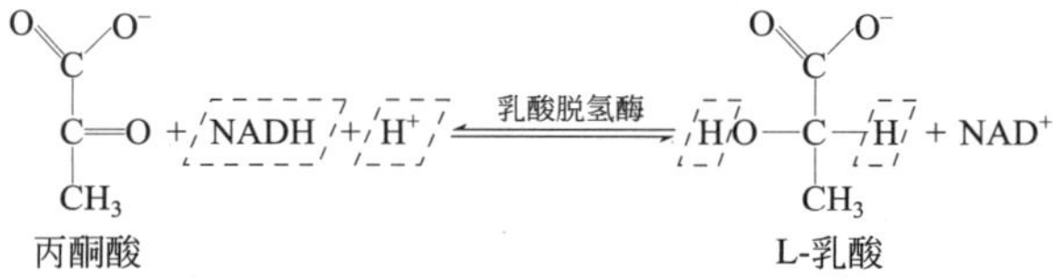

葡萄糖转变为乳酸的总反应是：

$$\text{葡萄糖}+2Pi+2ADP \longrightarrow 2\text{乳酸}+2ATP+2H_2O$$

与酒精发酵一样，乳酸发酵过程也没有净氧化还原反应。

③ 丙酮酸转变为乙酰 CoA。

在有氧存在下，丙酮酸转变为乙酰 CoA，再进入三羧酸循环，被彻底氧化成 CO_2、H_2O 并释放出能量。

9-7　检索丙酮酸代谢途径

三、三羧酸循环

9-8　三羧酸循环的发现

糖酵解是三羧酸循环的序幕。EMP 使葡萄糖变成丙酮酸。在有氧条件下，丙酮酸被氧化脱羧，生成乙酰 CoA。

1. 丙酮酸的氧化脱羧——需 3 种酶、6 种辅因子

丙酮酸经氧化脱羧作用生成乙酰 CoA，是由丙酮酸脱氢酶复合体（pyruvate dehydrogenase complex）

催化的，这个多酶复合体包括 3 种酶，即 24 个丙酮酸脱氢酶（A 或 E_1）、24 个二氢硫辛酰转乙酰基酶（B 或 E_2）和 12 个二氢硫辛酸脱氢酶（C 或 E_3）；6 种辅因子，即焦磷酸硫胺素（TPP）、辅酶 A（CoA_{SH}）、FAD、NAD^+、硫辛酸和 Mg^{2+}。丙酮酸脱氢酶复合体呈圆球形，3 种酶形成有机的整体，使得复杂的丙酮酸氧化脱羧反应得以相互协调依次有序地进行。其中二氢硫辛酰转乙酰基酶为复合体的核心，其赖氨酸残基与硫辛酸通过酰胺键连接，形成硫辛酸臂，可以定向旋转，将一个酶的产物转送到下一个酶。氧化脱羧过程包括 5 步化学反应（如图 9-5 所示）。

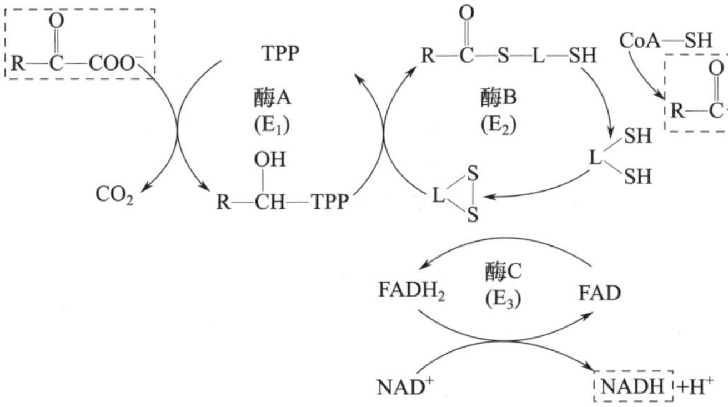

9-9　在数据库中检索丙酮酸脱氢酶复合体

图 9-5　丙酮酸氧化脱羧反应简图（L 为硫辛酰基，R 为 CH_3）

丙酮酸在丙酮酸脱氢酶（E_1）的作用下，脱去羧基释放 CO_2，并与 TPP 结合生成羟乙基 TPP；然后羟乙基 TPP 经二氢硫辛酰转乙酰基酶（E_2）催化，先将乙酰基转移给氧化型硫辛酸（L）生成乙酰硫辛酸，再将乙酰基转移给 CoA_{SH} 生成乙酰 CoA，氧化型硫辛酸被 E_2 转变成还原型的二氢硫辛酸；最后二氢硫辛酸在二氢硫辛酸脱氢酶（E_3）的作用下脱去两个氢再生为氧化型硫辛酸，使 FAD 生成 $FADH_2$，$FADH_2$ 将两个氢转移给 NAD 生成 NADH+H^+，其自身被氧化再生为 FAD。

整个过程是在细胞内线粒体的基质中进行的。总反应可用下式表示：

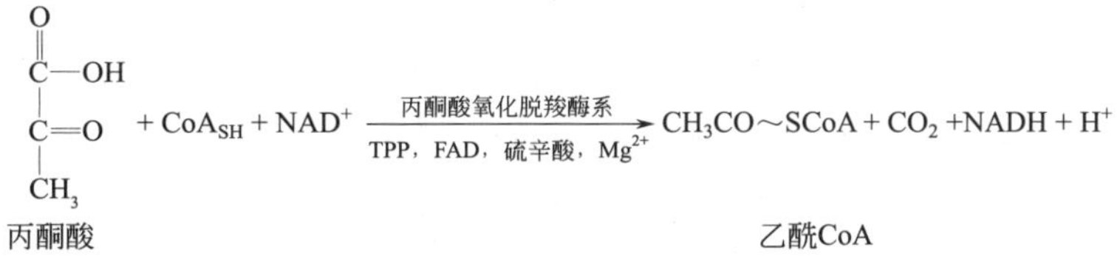

$$\Delta G^{\ominus\prime}=-33.4\text{kJ/mol}$$

2. 乙酰 CoA 的氧化——三羧酸循环途径

在有氧条件下，丙酮酸氧化脱羧产生的乙酰辅酶 A 被彻底氧化成 CO_2 和 H_2O，还需经历一个环式代谢途径。这一环式代谢途径的中间产物中有 4 个三羧酸，故称为三羧酸循环（tricarboxylic acid cycle，TCA 循环）。又因该循环的第一个产物是柠檬酸，又称为柠檬酸循环（citrate cycle）；为纪念发现三羧酸循环的杰出科学家克雷布斯（Hans Adolf Krebs），又被称为 Krebs 循环。

TCA 循环的主要目的，可视为将来自葡萄糖的两个乙酰辅酶 A 分子的碳原子彻底无机化为 CO_2。细胞呼吸产生 CO_2 的主要方式为脱羧作用，而乙酰辅酶 A 分子本身缺乏羧基。为解决该矛盾，生物体采取借用其他有机酸羧基的方式实现脱羧作用，然后再生该有机酸，从而使脱羧反应周而复始地进行。草酰乙酸富含羧基，适合作为羧基供体，为 TCA 循环的有序性、封闭性、持续性奠定了基础。通过借用中间产物作为特定基团的供体，然后再生该中间产物，是代谢循环的典型特征。TCA 循环在细胞的线粒体基质中进行，包括以下 8 步反应。

① 乙酰 CoA 与草酰乙酸结合成柠檬酸　在柠檬酸合酶（citrate synthase）催化下，乙酰 CoA 与草酰乙酸结合生成柠檬酸。反应过程如下：

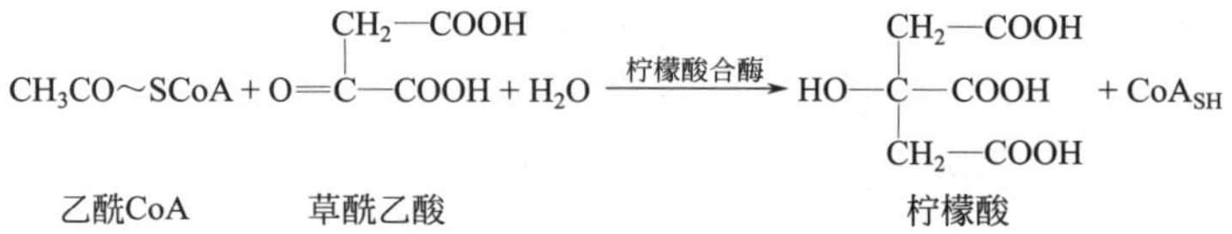

$$\Delta G^{\ominus\prime}=-32.2\text{kJ/mol}$$

这是 TCA 循环中第一个限速调节酶，一般为不可逆反应。逆反应由另一种酶——ATP- 柠檬酸裂解酶催化，需要 ATP 提供能量，反应式如下：

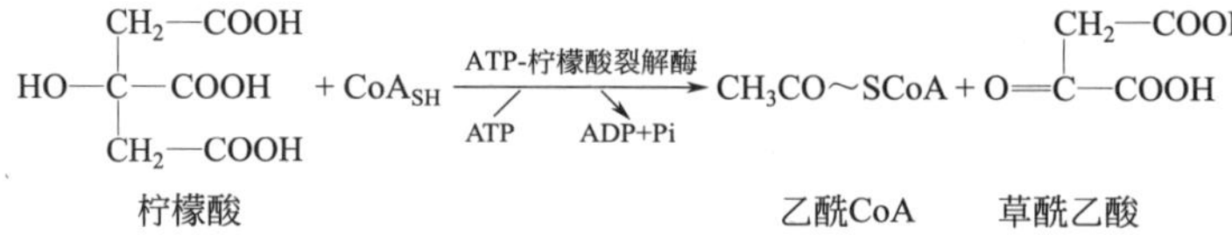

② 柠檬酸异构化生成异柠檬酸　柠檬酸的异构化包括脱水和加水两个步骤，均由顺乌头酸酶（aconitase）催化，反应的中间产物是顺乌头酸。反应式如下：

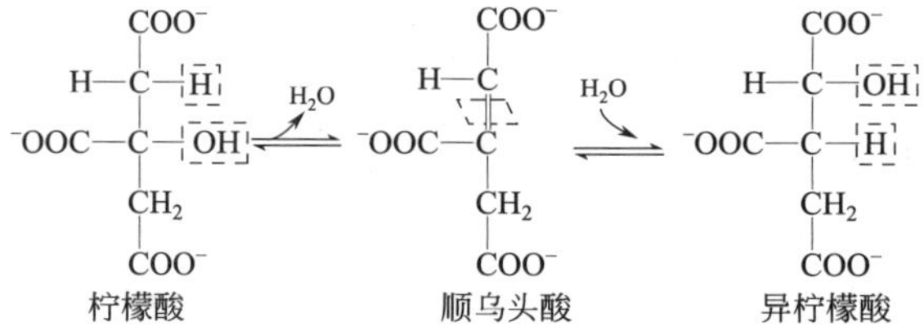

9-10　在数据库中检索柠檬酸合酶

$$\Delta G^{\ominus\prime}=+13.3\text{kJ/mol}$$

③ 异柠檬酸被氧化脱羧生成 α- 酮戊二酸　异柠檬酸脱氢酶（isocitrate dehydrogenase）催化异柠檬酸氧化脱羧生成 α- 酮戊二酸。这是 TCA 循环中的第一个氧化还原反应。反应式如下：

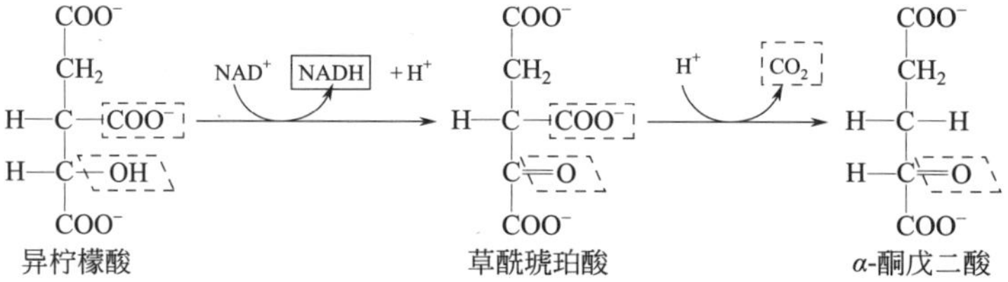

$$\Delta G^{\ominus\prime}=-20.92\text{kJ/mol}$$

在生物细胞内，存在两种异柠檬酸脱氢酶，一种以 NAD^+ 为辅酶，存在于线粒体基质中，是 TCA 循环中第二个重要的调节酶。另一种是以 $NADP^+$ 为辅酶，既存在于线粒体中，又存在于细胞浆中，这两种酶具有不同的代谢功能。

④ α- 酮戊二酸氧化脱羧形成琥珀酰辅酶 A　α- 酮戊二酸转变为琥珀酰 CoA，由 α- 酮戊二酸脱氢酶复合体（α-ketoglutarate dehydrogenase complex）催化，这是与丙酮酸脱氢酶复合体相类似的一个多酶复合体。含有 3 种酶、6 种辅因子。反应式如下：

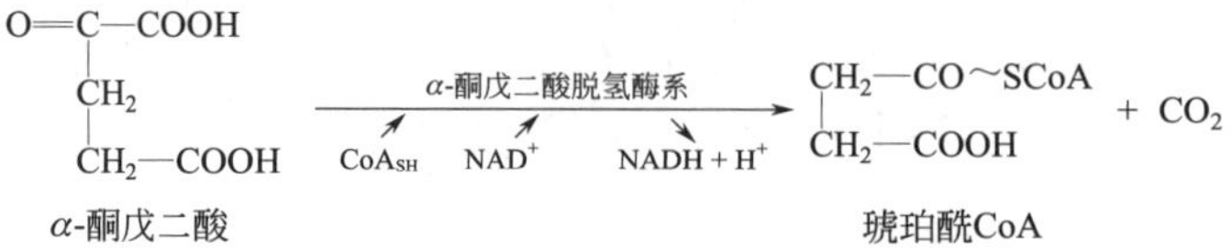

$$\Delta G^{\ominus\prime}=-33.5\text{kJ/mol}$$

这是 TCA 循环的第三个限速步骤，同时也是 TCA 的第二个氧化反应。

⑤ 琥珀酰 CoA 转变为琥珀酸　在琥珀酰 CoA 合成酶（succinyl-CoA synthetase）或琥珀酸硫激酶（succinate thiokinase）催化下，琥珀酰 CoA 转变为琥珀酸。

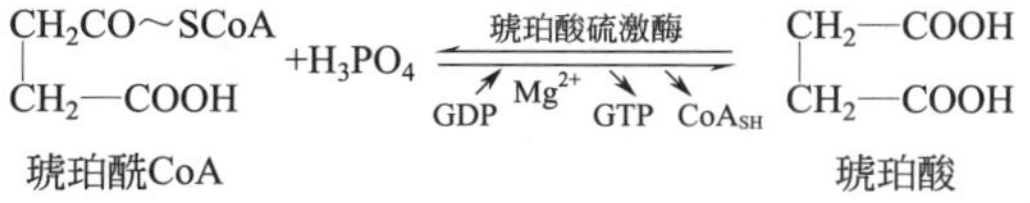

$$\begin{array}{c} CH_2CO\sim SCoA \\ | \\ CH_2-COOH \end{array} +H_3PO_4 \underset{GDP\ \ Mg^{2+}\ \ GTP\ \ CoA_{SH}}{\overset{琥珀酸硫激酶}{\rightleftharpoons}} \begin{array}{c} CH_2-COOH \\ | \\ CH_2-COOH \end{array}$$

琥珀酰CoA　　　　　　　　　　　　　　　　　琥珀酸

$$\Delta G^{\ominus\prime}=-2.9kJ/mol$$

这是 TCA 循环中唯一的底物水平磷酸化反应。生成的 GTP 在二磷酸核苷激酶催化下，可形成 ATP。

⑥ 琥珀酸被氧化生成延胡索酸　琥珀酸被琥珀酸脱氢酶（succinate dehydrogenase）催化生成延胡索酸。反应式如下：

$$\begin{array}{c} CH_2-COOH \\ | \\ CH_2-COOH \end{array} \underset{FAD\quad FADH_2}{\overset{琥珀酸脱氢激酶}{\rightleftharpoons}} \begin{array}{c} HC-COOH \\ \parallel \\ HOOC-CH \end{array}$$

琥珀酸　　　　　　　　　　　　　　延胡索酸

$$\Delta G^{\ominus\prime}\approx 0kJ/mol$$

这是 TCA 循环中第三步氧化还原反应，受氢体是 FAD 而不是 NAD$^+$。在真核生物中，琥珀酸脱氢酶与线粒体牢固结合在一起，是电子传递链复合体 II（琥珀酸 -CoQ 还原酶）的组成部分。该酶催化的反应具有高度的立体专一性，反应产物为反丁烯二酸（即延胡索酸）。丙二酸、戊二酸等是该酶的竞争性抑制剂。

⑦ 延胡索酸经水化作用生成苹果酸　延胡索酸在延胡索酸酶（fumarase）催化下，加水生成 L- 苹果酸。反应式如下：

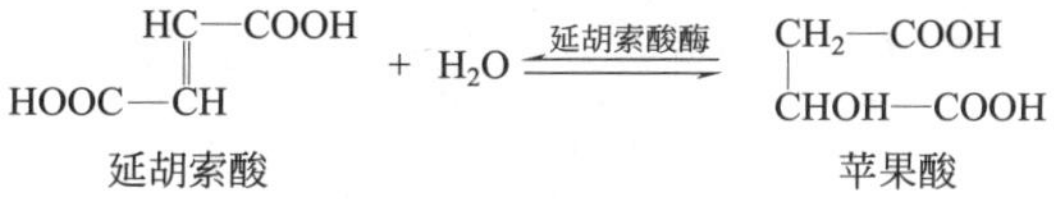

$$\begin{array}{c} HC-COOH \\ \parallel \\ HOOC-CH \end{array} + H_2O \overset{延胡索酸酶}{\rightleftharpoons} \begin{array}{c} CH_2-COOH \\ | \\ CHOH-COOH \end{array}$$

延胡索酸　　　　　　　　　　　　　　苹果酸

$$\Delta G^{\ominus\prime}=-3.76kJ/mol$$

⑧ 苹果酸氧化成草酰乙酸　苹果酸被苹果酸脱氢酶（malate dehydrogenase）催化脱氢生成草酰乙酸。反应式如下：

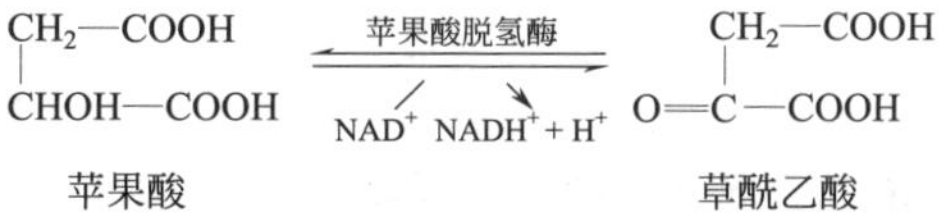

$$\begin{array}{c} CH_2-COOH \\ | \\ CHOH-COOH \end{array} \underset{NAD^+\ NADH+H^+}{\overset{苹果酸脱氢酶}{\rightleftharpoons}} \begin{array}{c} CH_2-COOH \\ | \\ O=C-COOH \end{array}$$

苹果酸　　　　　　　　　　　　　　草酰乙酸

$$\Delta G^{\ominus\prime}=+29.7kJ/mol$$

这是 TCA 循环的第四步氧化还原反应。尽管热力学上有利于逆反应进行，但体内的草酰乙酸和 NADH 迅速被消耗，使得整个反应趋于正向。生成产物草酰乙酸也是 TCA 循环第一步反应的底物，又可与另一分子乙酰 CoA 缩合生成柠檬酸，开始新一轮的 TCA 循环。

每循环 1 次，经历 2 次脱羧反应，使 1 分子乙酰辅酶 A 氧化成 CO$_2$ 和 H$_2$O（图 9-6）。其中，第①、②步属于柠檬酸生成阶段，乙酰 CoA（含 1 个羧基）与草酰乙酸（含 2 个羧基、1 个羰基）生成柠檬酸并异构为具有 3 个羧基的异柠檬酸，为下一阶段提供脱羧的物质基础，但消耗了草酰乙酸的 1 个羰基将其还原为羟基。第③、④、⑤步属于氧化脱羧阶段，经过连续两次借用草酰乙酸的羧基进行氧化脱羧，可视为将来自乙酰 CoA 的 2 个碳原子彻底无机化为 CO$_2$；在异柠檬酸氧化脱羧时新生成 1 个羧基，从而转化为具有 2 个羧基的琥珀酸，相较于起始物草酰乙酸，羰基氧原子被消耗了。第⑥、⑦、⑧步属于草酰乙酸再生阶段，从琥珀酸再生为草酰乙酸，形式上只需要将 α- 碳原子加上氧原子，而 TCA 循环属于典型的通过加水脱氢而不是直接加氧方式实现氧化，即通过脱氢 - 水合 - 再脱氢过程，在 α- 碳原子上再引入羰基氧原子，氧供体为水分子。

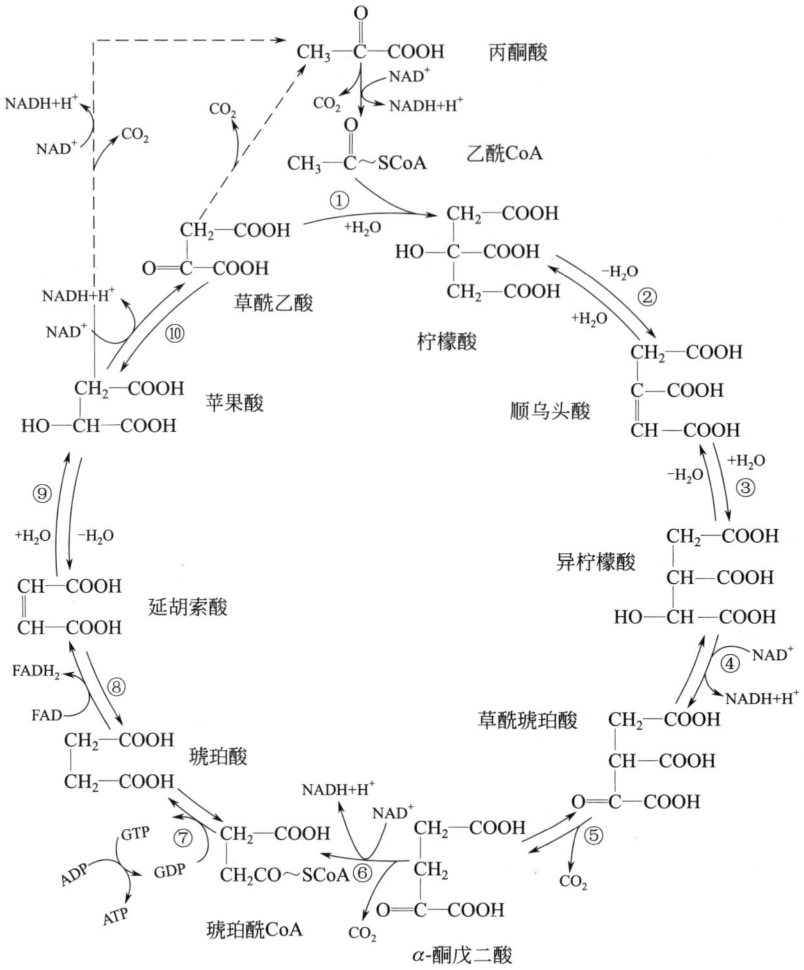

图 9-6　TCA 循环总图

① 柠檬酸合酶；②③ 顺乌头酸酶；④⑤ 异柠檬酸脱氢酶；⑥ α- 酮戊二酸脱氢酶复合物；⑦ 琥珀酸硫激酶；⑧ 琥珀酸脱氢酶；⑨ 延胡索酸酶；⑩ 苹果酸脱氢酶

3. 生理意义——糖的无氧分解和需氧分解的能量转换效率

糖的无氧分解和有氧分解均可为机体生命活动提供能量，但在无氧和有氧条件下的产能有所不同（见表 9-1 和表 9-2）。

表 9-1　葡萄糖无氧分解的 ATP 生成量

产能反应	产生或消耗ATP物质的量/mol
葡萄糖──→6-磷酸葡萄糖	−1
6-磷酸果糖──→1,6-二磷酸果糖	−1
1,3-二磷酸甘油酸──→3-磷酸甘油酸	+2
磷酸烯醇式丙酮酸──→丙酮酸	+2
净生成	2

表 9-2 每摩尔葡萄糖在有氧代谢中产生 ATP 的物质的量

代谢阶段	反应步骤	反　应	产生或消耗ATP物质的量/mol
无氧分解阶段（糖酵解途径）	①	葡萄糖⟶6-磷酸葡萄糖	−1
	③	6-磷酸果糖⟶1,6-二磷酸果糖	−1
	⑥	3-磷酸甘油醛⟶1,3-二磷酸甘油酸	+3或5①
	⑦	1,3-二磷酸甘油酸⟶3-磷酸甘油酸	+2
	⑩	磷酸烯醇式丙酮酸⟶丙酮酸	+2
		糖酵解阶段ATP生成总和	5或7
三羧酸循环		丙酮酸⟶乙酰CoA	+5
	③	异柠檬酸⟶草酰琥珀酸	+5
	④	α-酮戊二酸⟶琥珀酰CoA	+5
	⑤	琥珀酰CoA⟶琥珀酸	+2
	⑥	琥珀酸⟶延胡索酸	+3
	⑧	苹果酸⟶草酰乙酸	+5
		三羧酸循环阶段ATP生成总和	25
		净生成	30或32

① 根据 $NADH+H^+$ 穿梭进入线粒体的方式不同，可产生 2.5mol ATP，也可产生 1.5mol ATP（见第八章）。

从表 9-1 和表 9-2 可见，每摩尔葡萄糖在无氧条件下经 EMP 只生成 2 mol ATP。如果在有氧条件下彻底氧化，则可生成 32 mol ATP。糖的需氧分解产能量是无氧分解的 16 倍。

糖的无氧分解和需氧分解的能量转换效率也不同。

（1）发酵和酵解是糖无氧分解的两种主要形式　总反应式如下：

$$\underset{\text{葡萄糖}}{C_6H_{12}O_6} + 2ADP + 2H_3PO_4 \xrightarrow{\text{酵解}} \underset{\text{乳酸}}{2CH_3CHOHCOOH} + 2ATP + 2H_2O$$

$$\Delta G^{\ominus\prime} = -196.6\ \text{kJ/mol}$$

$$\underset{\text{葡萄糖}}{C_6H_{12}O_6} + 2ADP + 2H_3PO_4 \xrightarrow{\text{发酵}} \underset{\text{乙醇}}{2CH_3CH_2OH} + 2CO_2 + 2ATP + 2H_2O$$

$$\Delta G^{\ominus\prime} = -217.6\ \text{kJ/mol}$$

糖无氧分解的储能效率（按每生成 1 mol ATP 储能 30.54kJ 计算）：

$$\text{酵解：}\frac{30.54\times 2}{196.6}\times 100\% = 31\%$$

$$\text{发酵：}\frac{30.54\times 2}{217.6}\times 100\% = 28\%$$

糖需氧分解的总反应式如下：

$$C_6H_{12}O_6 + 32ADP + 32H_3PO_4 \longrightarrow 6CO_2 + 6H_2O + 32ATP$$

1mol 葡萄糖在体外燃烧成 CO_2 和 H_2O 时，共放出 2870kJ 的能量，若每 1mol 葡萄糖在体内被氧化成 CO_2 和 H_2O 时，以产生 32 mol ATP 计，则葡萄糖有氧氧化的储能效率为：

$$\frac{30.54\times 32}{2870}\times 100\% = 34\%$$

由此可见，糖的需氧分解储能效率比发酵高 21%，比酵解高 10%。所以，糖的有氧氧化是生物机体获取能量的主要途径。

（2）糖的需氧代谢是物质代谢的总枢纽 凡是能转变成糖需氧分解代谢中间产物的物质都可进入 TCA 循环，被完全氧化成 CO_2、H_2O 并释放出能量。TCA 循环的部分中间产物也可作为脂肪、蛋白质合成的原料。TCA 循环在糖、脂肪、蛋白质代谢中的作用如图 9-7 所示。

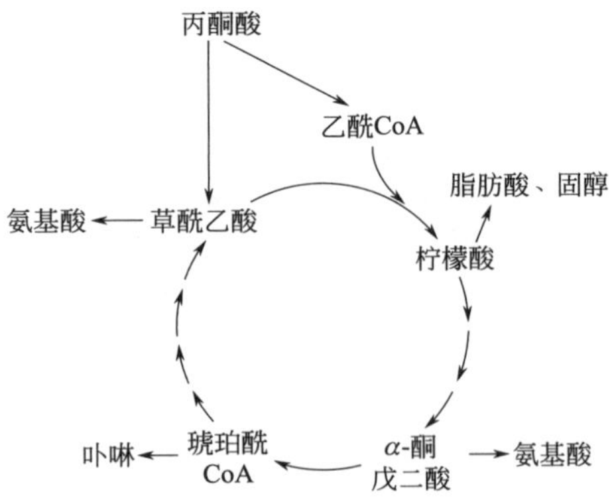

图 9-7 TCA 循环在糖、脂肪、蛋白质代谢中的作用

（3）草酰乙酸在 TCA 循环中的作用 草酰乙酸的浓度影响 TCA 循环的速度。由于 TCA 循环的许多中间产物是合成氨基酸、糖、脂肪等的原料，为了保证三羧酸循环的正常进行，必须使草酰乙酸保持一定的浓度。草酰乙酸可由以下 3 种回补反应（anaplerotic reaction）生成。

第一，由苹果酸酶和苹果酸脱氢酶催化产生。反应如下：

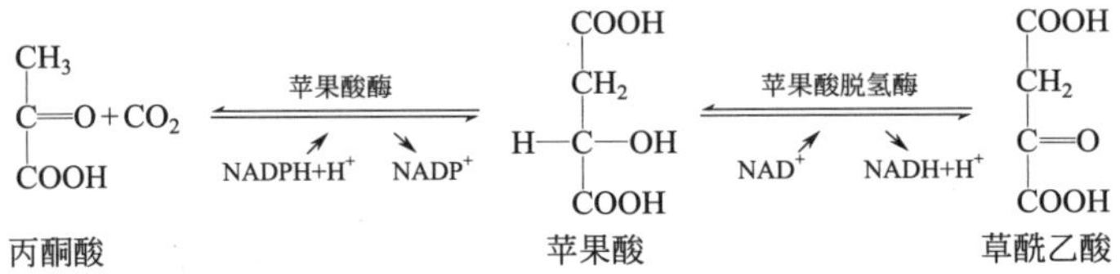

第二，由丙酮酸羧化酶催化产生。反应如下：

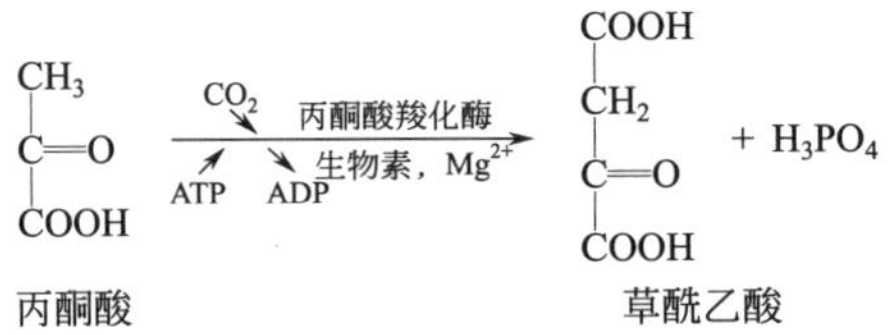

第三，由磷酸烯醇式丙酮酸羧化酶催化产生。反应如下：

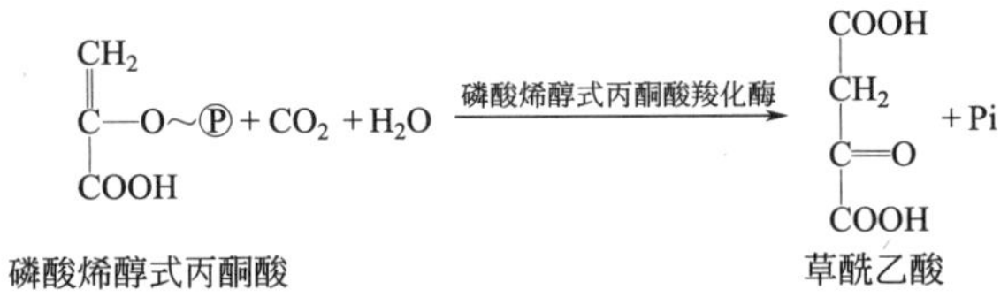

4.TCA 循环的调控——有氧氧化的关键酶调节

TCA 循环作为生物大分子共同分解代谢途径以及有氧氧化最主要的能量来源，其运行受到严格调节。

（1）丙酮酸脱氢酶复合体的调控 乙酰 CoA 是 TCA 循环的直接底物，因此对乙酰 CoA 生成速度的调节非常重要。丙酮酸脱氢酶复合体催化丙酮酸转变成乙酰 CoA，其催化过程受到别构调控和共价修饰调控。产物乙酰 CoA 和 NADH 分别是二氢硫辛酸乙酰基转移酶（E_2）和二氢硫辛酸脱氢酶（E_3）的别构抑制剂，而底物 CoA 和 NAD^+ 分别是其对应酶的别构激活剂。乙酰 CoA/CoA 或 $NADH/NAD^+$ 比值上升时，其活性也受到抑制。在哺乳动物和植物中，丙酮酸脱氢酶（E_1）的活性受到磷酸化和去磷酸化的共价修饰调节。处于丙酮酸脱氢酶复合体核心部位上的 E_2 结合着两种特殊酶，即激酶和磷酸酶。前者使 E_1 磷酸化而被激活，后者则使 E_1 去磷酸化而失活。同样该磷酸化酶的活性受 Ca^{2+} 浓度的调节：当游离 Ca^{2+} 浓度升高时，该酶便被激活；而游离 Ca^{2+} 浓度的变化则取决于细胞对 ATP 的需要，若细胞需要产生 ATP 时，Ca^{2+} 浓度也随之升高。

（2）柠檬酸合酶的调控 ATP、NADH 和琥珀酰 CoA 作为负别构效应物可以抑制该酶的活性，而 ADP 可作为正别构效应物激活该酶的活性。此外，高浓度的产物柠檬酸可以通过竞争的方式反馈抑制柠檬酸合酶。

（3）异柠檬酸脱氢酶的调控 ATP 和产物 NADH 作为负别构效应物抑制异柠檬酸脱氢酶的活性，而 ADP 和 Ca^{2+} 是正别构效应物，增加异柠檬酸脱氢酶的活性。

（4）α- 酮戊二酸脱氢酶系的调控　Ca^{2+} 和 AMP 可以别构激活 α- 酮戊二酸脱氢酶，产物琥珀酰 CoA 和 NADH 分别反馈抑制二氢硫辛酸转琥珀酰酶和二氢硫辛酸脱氢酶。

总之，细胞的有氧氧化是根据其对物质代谢和能量代谢的需求通过关键酶进行调节实现；TCA 循环与糖酵解途径、氧化磷酸化也是互相协调的有机统一整体。

9-11　检索TCA代谢途径

9-12　一网无遗：绘制TCA途径挂

5.TCA 循环的支路——乙醛酸循环

乙醛酸循环（glyoxylate cycle）是 TCA 循环的一个旁路（图 9-8），主要在植物和某些微生物（大肠杆菌、醋酸杆菌等）及一些无脊椎动物细胞内发生，涉及两个反应：（1）在异柠檬酸裂解酶（isocitrate lyase）催化下，异柠檬酸裂解为二碳分子乙醛酸和四碳分子琥珀酸；（2）在苹果酸合酶（malate synthase）作用下，乙醛酸与乙酰 CoA 合成苹果酸。

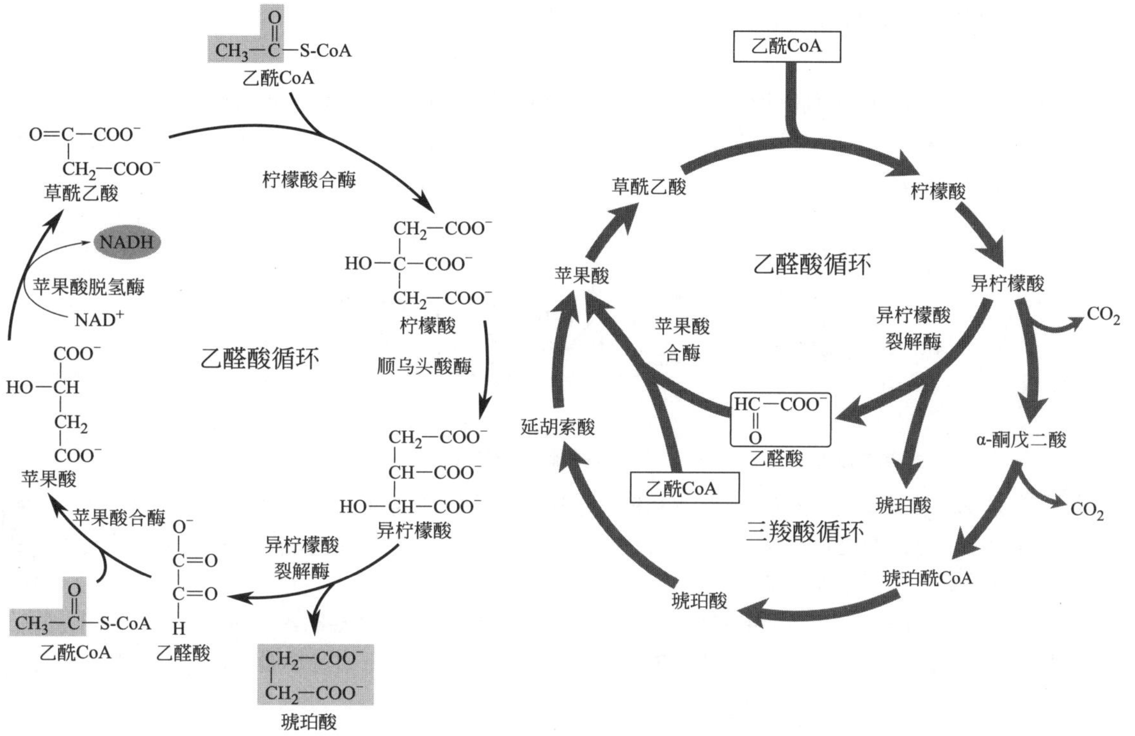

图 9-8　乙醛酸循环及其与三羧酸循环的关系

从图 9-8 可以看出，乙醛酸途径能将乙酰 CoA 的碳原子转化为苹果酸和琥珀酸，而不是像 TCA 循环那样生成 CO_2，而苹果酸和琥珀酸仍可返回 TCA 循环，因此乙醛酸循环可以看作是 TCA 循环的支路，其总反应式如下：

$$2\text{乙酰 CoA}+NAD^{+}+2H_2O \longrightarrow \text{琥珀酸}+NADH+2CoA+H^{+}$$

由于苹果酸、琥珀酸通过 TCA 循环转化为草酰乙酸，而草酰乙酸可沿糖异生途径生成葡萄糖，因此，乙醛酸循环实现了从乙酰 CoA 到糖的转变。有了乙醛酸循环，细胞便可以从乙酰 CoA 的各种前体物质合成所需要的碳水化合物。如一些细菌能利用乙酸合成乙酰 CoA 进而通过乙醛酸循环合成糖类，故一些微生物能在乙酸环境中生长繁殖。此外，脂肪可以通过乙醛酸循环途径转化为糖。在油料植物种子萌发时，乙醛酸循环尤其活跃，种子储存的脂肪（三酰甘油）降解产生的乙酰 CoA（见第十章）可以通过乙醛酸循环转化为糖类物质，从而满

9-13　琥珀酸的生物制造

足种子萌发对糖的需求。植物的乙醛酸循环在乙醛酸体（glyoxysome）中进行。乙醛酸体是一种特化的过氧化物酶体（peroxisome），动物中没有。

四、己糖磷酸途径

EMP 和 TCA 循环是糖分解代谢的主要途径，但不是唯一的途径。糖的分解除 EMP 和 TCA 循环以外，还存在其他的分解代谢途径，被称为分解代谢支路或旁路。己糖磷酸途径（hexose monophosphate pathway，HMP；或称己糖一磷酸支路，hexose monophosphate shunt，HMS）是糖需氧分解的重要代谢旁路之一，从磷酸己糖开始该途径与 EMP 分支。在整个过程中，葡萄糖经过几步氧化反应产生 5-磷酸核酮糖和 CO_2,5-磷酸核酮糖发生同分异构化或表异构化而分别产生 5-磷酸核糖和 5-磷酸木酮糖。故 HMS 途径又称为戊糖磷酸途径（pentose phosphate pathway，PPP）。上述各种戊糖磷酸在无氧参与的情况下发生碳架重排，产生己糖磷酸和丙糖磷酸。

1. HMS 途径的特点——开始即有糖的氧化代谢

① 6-磷酸葡萄糖在 6-磷酸葡萄糖脱氢酶（glucose-6-phosphate dehydrogenase，G6PD）催化下氧化脱氢生成 6-磷酸葡萄糖酸内酯，$NADP^+$ 作为氢受体，产生 NADPH；进一步在 6-磷酸葡萄糖酸内酯酶的催化下水解生成 6-磷酸葡萄糖酸。反应如下：

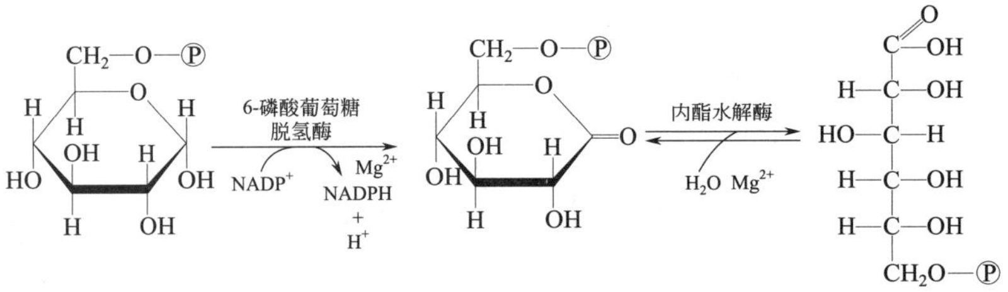

6-磷酸葡萄糖　　6-磷酸葡萄糖酸内酯　　6-磷酸葡萄糖酸

这一步反应是 HMS 途径的限速步骤，G6PD 是其限速酶，NADPH 是 G6PD 的强竞争性抑制剂。HMS 途径受［NADPH］/［$NADP^+$］的相对比例控制，如果细胞内的 NADPH 浓度低，戊糖磷酸途径将被激活，反之则被抑制。

9-14 6-磷酸葡糖脱氢酶缺陷病

② 6-磷酸葡萄糖酸在 6-磷酸葡糖糖酸脱氢酶（6-phosphogluconate dehydrogenase）催化下脱氢并脱羧生成 5-磷酸核酮糖和 CO_2，$NADP^+$ 再次作为氢受体，又产生 NADPH，反应如下：

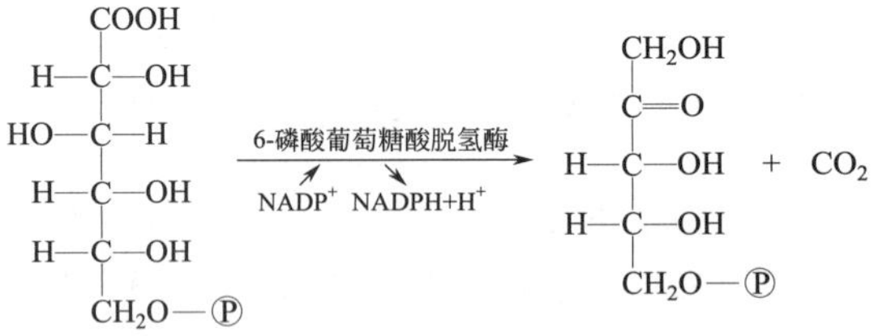

6-磷酸葡萄糖酸　　5-磷酸核酮糖

③ 5-磷酸核酮糖由戊糖磷酸异构酶（pentose phosphate isomerase）催化，异构化生成 5-磷酸核糖。此反应涉及醛糖与酮糖互变，烯二醇是中间产物，反应如下：

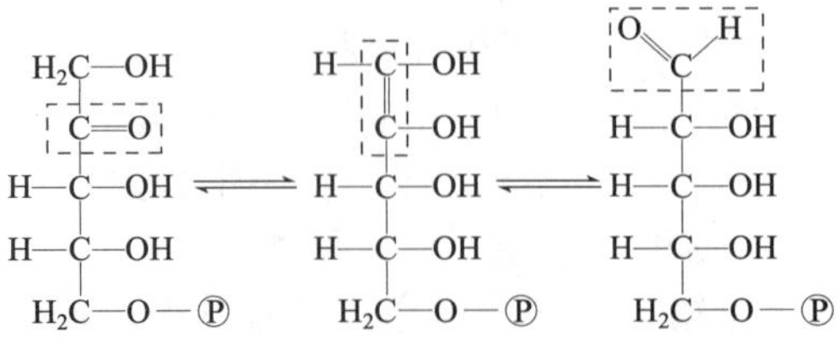

5-磷酸核酮糖　　烯二醇(中间产物)　　5-磷酸核糖

④ 5-磷酸核酮糖经磷酸戊糖差向异构酶（pentose phosphate epimerase）催化，差向异构生成 5-磷酸木酮糖，反应如下：

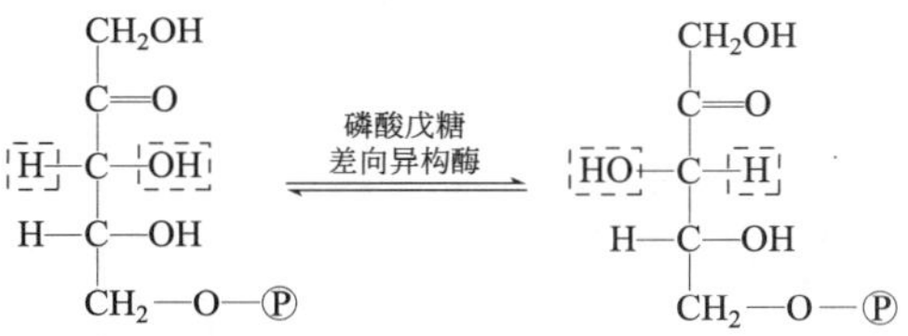

5-磷酸核酮糖　　5-磷酸木酮糖

⑤ 转酮醇酶（transketolase）的催化作用是联系 HMS 途径和 EMP 的纽带，反应如下：

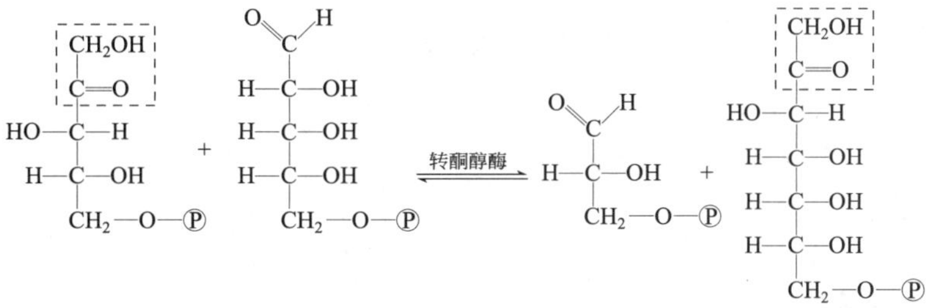

5-磷酸木酮糖　　5-磷酸核糖　　3-磷酸甘油醛　　7-磷酸景天庚酮糖

此酶催化 HMS 途径的中间产物 5-磷酸木酮糖的两碳单位转移到 5-磷酸核糖 C1 上，生成 7-磷酸景天庚酮糖，5-磷酸木酮糖剩余部分为 3-磷酸甘油醛，3-磷酸甘油醛可进入 EMP 代谢途径。反之，EMP 的中间产物 3- 磷酸甘油醛也可进入 HMS 代谢途径。

⑥ 转醛醇酶（transaldolase）也能将 HMS-EMP 串联在一起，反应如下：

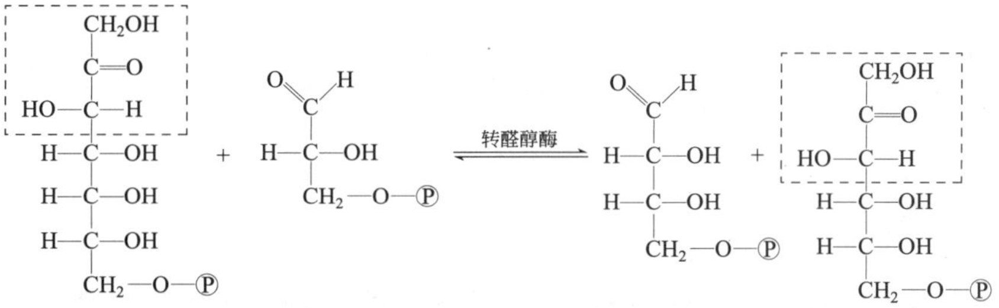

7-磷酸景天庚酮糖　　3-磷酸甘油醛　　4-磷酸赤藓糖　　6-磷酸果糖

此酶催化 7-磷酸景天庚酮糖的三碳单位转移到 3-磷酸甘油醛上生成 4-磷酸赤藓糖和 6-磷酸果糖，6-磷酸果糖可进入 EMP 代谢途径。

⑦ 转酮醇酶也能转移 5-磷酸木酮糖的二碳单位给 4-磷酸赤藓糖，生成 3-磷酸甘油醛和 6-磷酸果糖。反应如下：

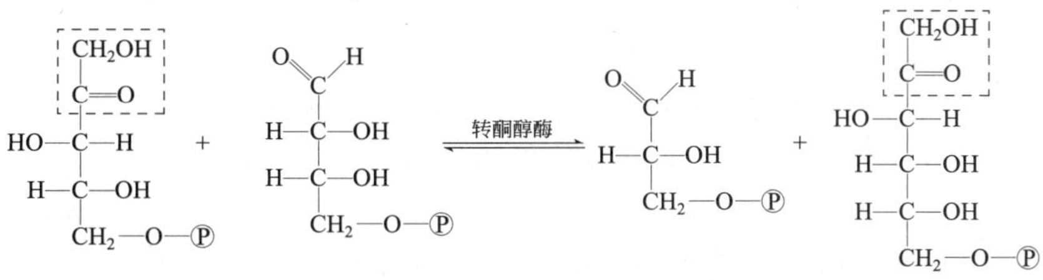

5-磷酸木酮糖　　4-磷酸赤藓糖　　3-磷酸甘油醛　　6-磷酸果糖

⑧ 6- 磷酸果糖异构化为 6- 磷酸葡萄糖，再作为 HMS 途径的原料，反应式如下：

$$
\begin{array}{ccc}
\text{CH}_2\text{OH} & & \text{CHO} \\
| & & | \\
\text{C}=\text{O} & & \text{H}-\text{C}-\text{OH} \\
| & & | \\
\text{HO}-\text{C}-\text{H} & \xrightleftharpoons[\text{磷酸己糖异构酶}]{} & \text{HO}-\text{C}-\text{H} \\
| & & | \\
\text{H}-\text{C}-\text{OH} & & \text{H}-\text{C}-\text{OH} \\
| & & | \\
\text{H}-\text{C}-\text{OH} & & \text{H}-\text{C}-\text{OH} \\
| & & | \\
\text{CH}_2-\text{O}-\text{P} & & \text{CH}_2-\text{O}-\text{P} \\
\text{6-磷酸果糖} & & \text{6-磷酸葡萄糖}
\end{array}
$$

HMS 途径反应历程如图 9-9 所示。

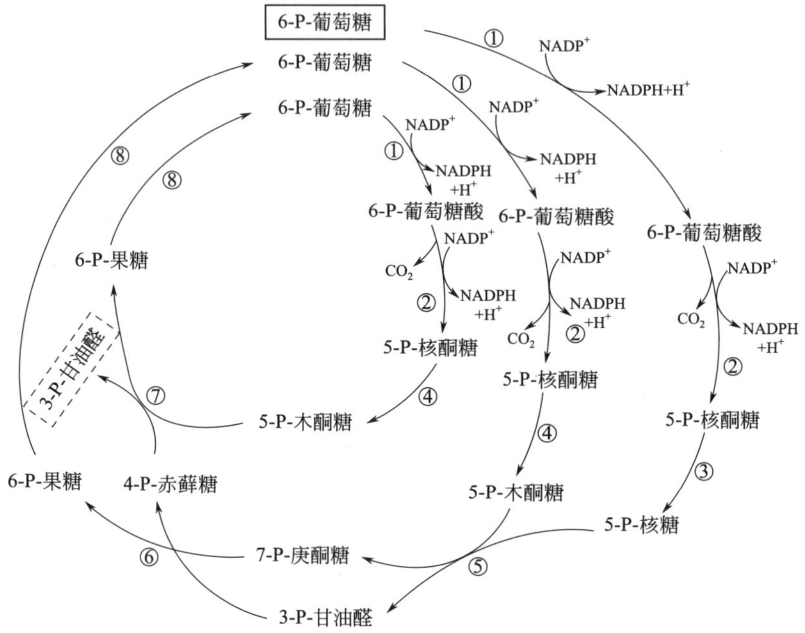

图 9-9 HMS 途径反应历程总图

2. 生理意义——产生重要的还原力（NADPH）

HMS 途径和 EMP 途径一样存在于细胞浆中。葡萄糖通过 EMP、TCA 代谢途径和氧化磷酸化主要产生 ATP，供耗能的生命活动所需；而 HMS 代谢途径则主要是产生 NADPH，NADPH 在还原性生物合成中作氢和电子的供体。HMS 途径一方面可为合成脂肪酸、固醇等物质提供还原力，另一方面通过呼吸链产生大量能量。HMS 代谢在脂肪组织中比在肌肉中更活跃，因为脂肪组织中需要大量 NADPH 用于从乙酰 CoA 到脂肪酸的还原性生物合成。

由图 9-9 可见，每 1 分子 6- 磷酸葡萄糖进入 HMS 途径循环 1 次，可产生 3 分子 CO_2，6 分子 NADPH 和 1 分子 3- 磷酸甘油醛。2 分子 3- 磷酸甘油醛经过 EMP 途径逆行，又可合成 1 分子 6- 磷酸葡萄糖。因此，1 分子 6- 磷酸葡萄糖经 HMS 途径完全氧化，需循环 2 次，可产生 12 分子 NADPH，这是细胞内还原力的主要来源。此外，NADPH 也可通过穿梭作用进入呼吸链进行氧化磷酸化产生 ATP，若以每分子 NADPH 产生 2.5 分子 ATP 计算，每分子 6- 磷酸葡萄糖经 HMS 代谢途径可产生 30 分子 ATP。

HMS 代谢途径是串联己糖代谢与戊糖代谢的途径。HMS 途径的中间产物 5- 磷酸核糖及其衍生物是 ATP、CoA_{SH}、NAD^+、FAD、RNA 和 DNA 等重要生物分子的组分。中间产物中的几种磷酸戊糖与光合作用密切相关。

9-15 检索 HMS 代谢途径

9-16 一网无遗：绘制 HMS 途径挂图

第三节　糖的合成代谢

和前面介绍的分解代谢不同，合成代谢（又称为同化作用）是指生物体利用能量将小分子合成为大分子的一系列代谢途径。多糖的合成代谢主要包括人和动物体内糖原的合成以及植物体内淀粉的合成。

一、光合作用

1. 概念——光合作用是合成糖的最大途径

绿色植物、藻类和光合细菌利用太阳光能，以 CO_2 和 H_2O 等无机物为原料合成糖类等有机物并释放出氧气的过程称为光合作用（photosynthesis）。植物体中的糖类是光合作用的直接产物，光合作用把无机物转变成有机物。糖类是众多有机物中的主要产物之一，而其他有机物的合成常常又以糖类作为原料。植物通过光合作用制造有机物的规模非常巨大。据估计，地球上的自养植物每年约同化 2×10^{11}t 碳素，如以葡萄糖计算，地球上每年同化的碳素相当于 $4\times10^{11}\sim5\times10^{11}$t 葡萄糖。光合作用是生物界最庞大、最基本的生物化学过程，它是生物界物质转化和能量转换的基础。

2. 能量转换——光合作用分两个阶段进行

光合作用是绿色植物积蓄能量和形成有机物的过程。能量的积蓄是把光能转变为电能，电能再转换成活跃的化学能，活跃的化学能最后转变为稳定的化学能。

光合作用过程根据其是否需要光可分为光反应和暗反应两个阶段。光反应是必须在光照下才能引发的反应；暗反应是在暗处（可在光下）进行并由若干种酶催化的化学反应。

绿色植物的光合作用是在植物体内特有细胞器——叶绿体（chloroplast）中进行的。叶绿体内含有光合色素，包括叶绿素、叶黄素、类胡萝卜素等。这些色素能吸收光能。不同色素吸收不同波长的光，它们所吸收的光能最后都要传递给叶绿素（主要是叶绿素 a），它能激发叶绿素的电子跃迁，产生光电子，具有高能量的电子再按一定途径传递，在传递过程中能量逐渐释放，用于 ADP 磷酸化生成 ATP（称为光合磷酸化），并使 $NADP^+$ 还原。这就是光反应，因此，光反应就是利用光能合成 ATP，还原 $NADP^+$，并释放氧气的过程。

$$2H_2O + 2NADP^+ + 3ADP + 3Pi \xrightarrow{光} 2NADPH + 2H^+ + 3ATP + O_2$$

所谓暗反应就是绿色植物和光合细菌利用上述光反应产生的 NADPH（还原能）和 ATP（水解能）这些活化的化学能，促进 CO_2 还原成糖，这是“纯”生物化学过程，是需要许多酶参与的酶促反应。

$$6CO_2+18ATP+12NADPH+12H^++12H_2O \xrightarrow{叶绿体} C_6H_{12}O_6+18ADP+18Pi+12NADP^+$$

暗反应是固定 CO_2 并转变为糖的过程。这个过程基本上是按由 M.Calvin 发现的一个循环代谢途径进行的。固定 CO_2 的物质是 1,5- 二磷酸核酮糖，在酶的催化下，1,5- 二磷酸核酮糖与 CO_2 结合，生成 3- 磷酸甘油酸，然后在多种酶的催化下，由 ATP 和 NADPH 提供能量，经过复杂的环式代谢，生成 3- 磷酸甘油醛，最后再由 3- 磷酸甘油醛转变成葡萄糖。整个途径见图 9-10。

9-17　Calvin 循环的发现

由此可见，光反应和暗反应的联系在于都是能量的转化过程，其区别如下。

① 条件：光反应必须有光才能进行，暗反应没有光的要求。

② 场所：光反应在叶绿体的类囊体的薄膜上，暗反应在叶绿体基质中进行。

③ 物质变化：光反应需水生成还原态的氢，放出氧气，ADP 生成 ATP，暗反应由还原态的氢和 ATP 提供能量，转化为 ADP，C_5 被 CO_2 固定成 C_3，C_3 用能量转化成糖类，有多种酶的参与。

④ 能量变化：光反应光能转变为 ATP 中活跃的化学能，暗反应活跃的化学能转变为有机物中的稳定的化学能。

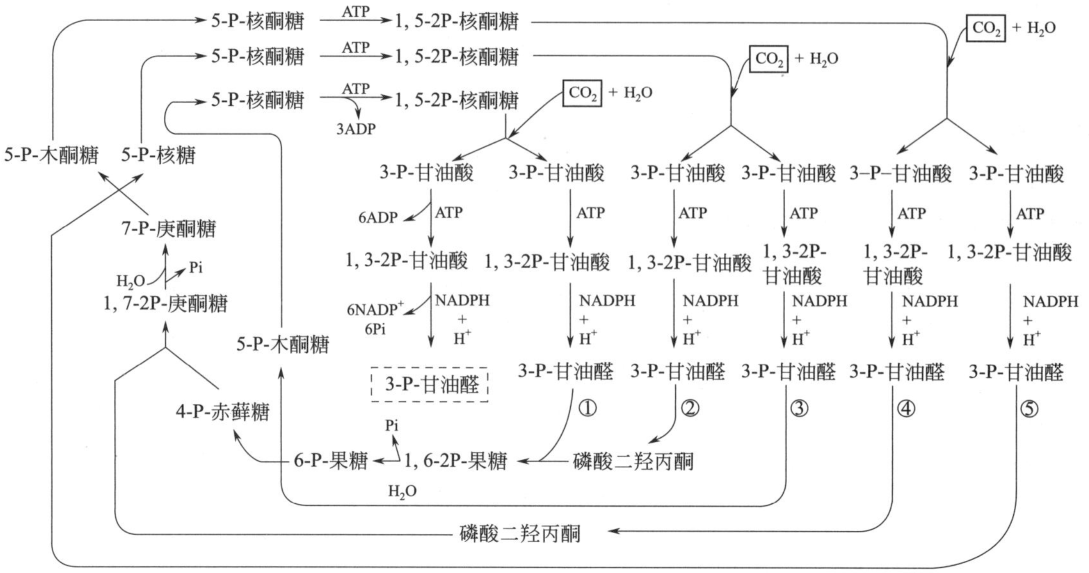

图 9-10 卡尔文循环代谢途径

9-18 景天酸代谢的特殊 C_4 途径

9-19 检索 Calvin 循环和其他固碳相关代谢途径

9-20 微生物 CO_2 固定与化学品生产技术

二、糖原合成

由葡萄糖（包括少量果糖和半乳糖）合成糖原的过程称为糖原合成，反应在细胞质中进行，需消耗 ATP 和 UTP。人和动物体内合成糖原的过程包括糖原生成作用和糖异生作用。

1. 糖原生成作用——由葡萄糖合成糖原

由葡萄糖合成糖原的过程，称为糖原生成作用，包括下列几步反应。

（1）6- 磷酸葡萄糖的生成 反应式如下：

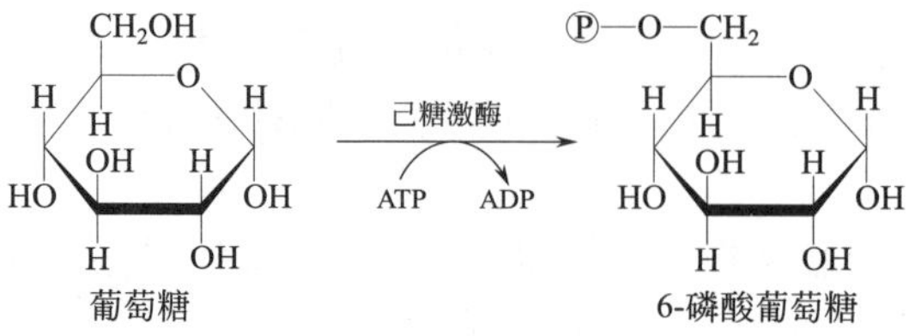

（2）1- 磷酸葡萄糖的生成 反应式如下：

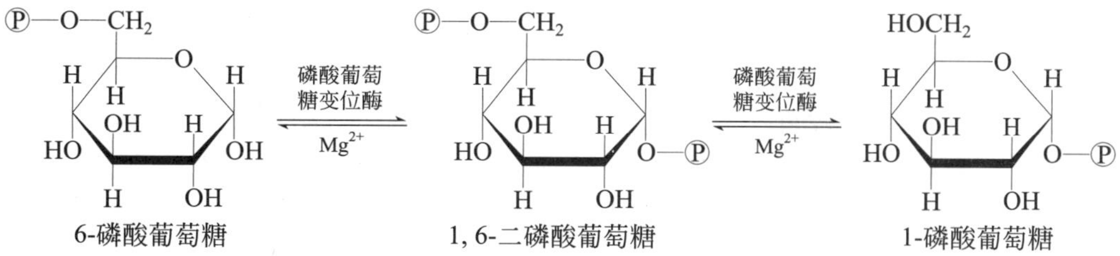

（3）二磷酸尿苷葡萄糖（UDPG）的生成　反应如下：

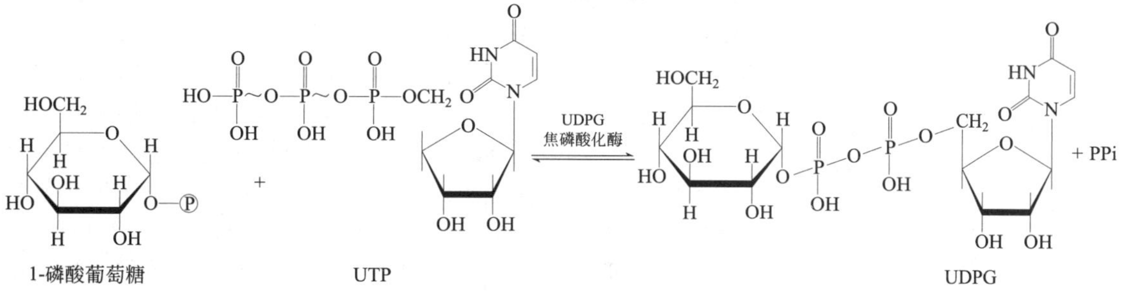

（4）葡萄糖直链的延长　糖原合成酶（glycogen synthase）催化下 UDPG 将葡萄糖残基加到在原有糖原引物的非还原性末端，残基之间的连接为 $\alpha(1 \rightarrow 4)$糖苷键。以下反应每循环一次延长一个葡萄糖残基：

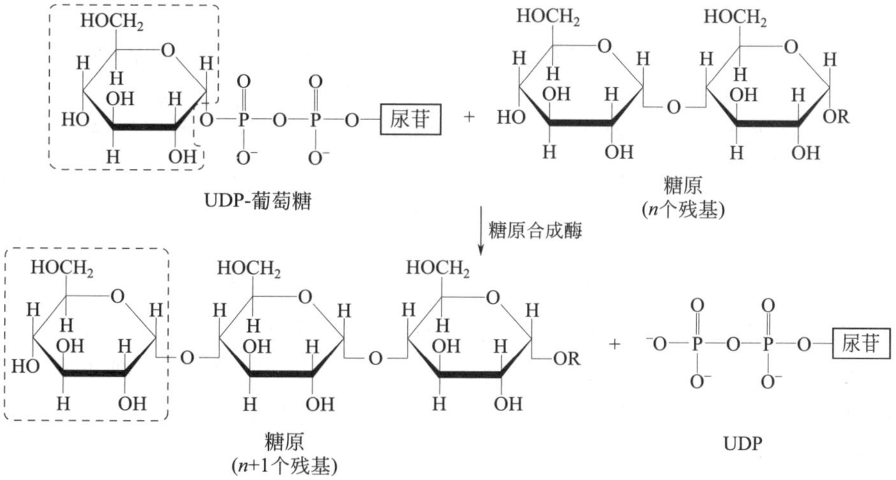

（5）糖原生成　在分支酶（branching enzyme）催化下，糖的直链形成分支，在分支处糖残基之间的连接方式为 $\alpha(1 \rightarrow 6)$糖苷键。

分支增加则糖原的溶解度增加，非还原性末端增加，糖原合成和降解的速率也会增加。

（6）UTP 的再生　反应如下：

$$\text{UDP} + \text{ATP} \xrightarrow[\text{Mg}^{2+}]{\text{二磷酸核苷激酶}} \text{UTP} + \text{ADP}$$

UTP 加上葡萄糖生成的 UDPG 是糖原合成中葡萄糖的活化形式。因此 UTP 浓度高低影响糖原合成速率。

9-21　在数据库中检索糖原合成酶

9-22　检索糖原和淀粉相关代谢途径

2. 糖异生作用——由非糖物质合成糖原

由非糖物质合成糖原的过程称为糖异生作用（gluconeogenesis）。糖异生作用并非完全是糖酵解的逆转，在 EMP 中，由激酶催化的反应是不可逆的，其逆反应需由另外的酶催化，如以下反应：

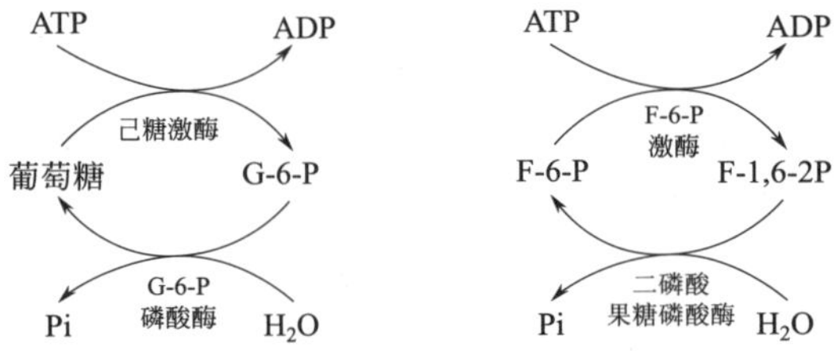

丙酮酸羧化支路：在 EMP 中，丙酮酸激酶催化磷酸烯醇式丙酮酸转变为丙酮酸的反应是不可逆的。在糖异生中，丙酮酸要先羧化成草酰乙酸，再转变成磷酸烯醇式丙酮酸，这个途径称为丙酮酸羧化支路（见图 9-11）。由于丙酮酸羧化酶仅存在于线粒体内，胞液中的丙酮酸必须进入线粒体，才能羧化生成草酰乙酸，而磷酸烯醇式丙酮酸羧激酶在线粒体和细胞液中都存在，因此草酰乙酸可在线粒体中先转变为磷酸烯醇式丙酮酸再进入细胞液中，也可在细胞液中被转变为磷酸烯醇式丙酮酸。草酰乙酸不能直接通过线粒体膜，但可通过以下两种方式进入细胞液。①经苹果酸脱氢酶作用，将草酰乙酸还原成苹果酸，然后通过线粒体膜进入细胞液，再由细胞液中 NAD^+- 苹果酸脱氢酶，将苹果酸脱氢氧化为草酰乙酸，然后进入糖异生反应途径。因此，以苹果酸代替草酰乙酸透过线粒体膜，不仅解决了糖异生所需要的碳单位，同时又从线粒体内带出一对氢，以 $NADH+H^+$ 形式将 1,3- 二磷酸甘油酸还原成 3- 磷酸甘油醛，从而保证了糖异生顺利进行。②经谷草转氨酶作用，将草酰乙酸转变成天冬氨酸后逸出线粒体，进入细胞液中的天冬氨酸，再经细胞液中谷草转氨酶催化而恢复生成草酰乙酸（见图 9-11）。

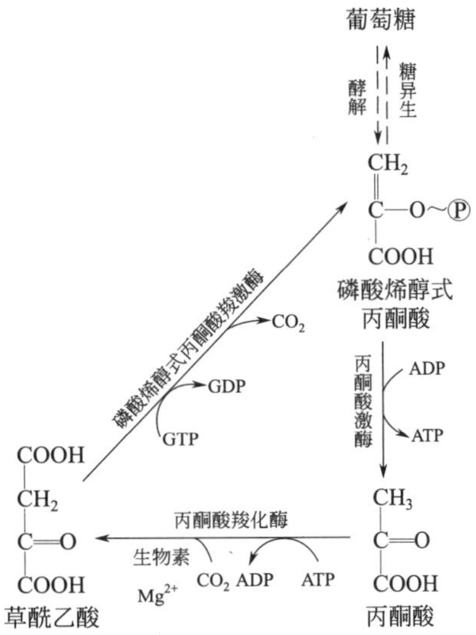

图 9-11　丙酮酸羧化支路

糖异生的总反应式为：

$$2\text{ 丙酮酸}+4ATP+2GTP+2NADH+2H^++4H_2O \longrightarrow \text{葡萄糖}+4ADP+2GDP+6Pi+2NAD^+$$

由葡萄糖经酵解途径形成丙酮酸可产生 2 个 ATP 分子，而由丙酮酸合成葡萄糖（糖异生）需消耗 4 个 ATP 分子和两个 GTP 分子，即 6 个高能磷酸键。总体算起来，糖异生需消耗 4 个额外的高能键。这 4 个额外的高能磷酸键的能量即用于将不可能逆行的过程转变为可以通行的反应，同时也说明糖异生作用需要在能量充足的状态下才能发生。

糖异生作用的 3 种主要原料是乳酸、甘油和某些氨基酸。乳酸在乳酸脱氢酶催化下生成丙酮酸，经羧化支路再沿 EMP 逆行生成糖；甘油被磷酸化生成磷酸甘油，再被氧化成磷酸二羟丙酮，经 EMP 逆行合成糖；氨基酸可通过多种方式转变成 EMP 的中间产物再生成糖。糖氧化与糖异生作用的关系如图 9-12 所示。

糖异生具有重要的生理作用：①维持血糖的稳定。人正常的血糖浓度为 3.89mmol/L，即使禁食数周，血糖浓度仍可保持在 3.40mmol/L 左右，禁食一夜（8 ～ 10h），处于安静状态下时，正常人体每日利用葡萄糖约 225g；贮糖量最多的肌糖原只供给本身氧化供能，体内贮存可供利用的糖约有 150g，若只用肝糖原的贮存量来维持血糖浓度，最多不超过 12h，因此只有从非糖物质转化为糖，才能维持机体血糖的稳定。因此，糖异生作用主要的生理意义在于保证在饥饿情况下血糖浓度的相对恒定。②参与乳酸循环，维持酸碱平衡，避免乳酸损失。在刚进行剧烈活动的肌肉细胞中，因糖酵解作用瞬间加强，大量消耗 NAD^+，生成 NADH。此时，有氧呼吸链再生 NAD^+ 的速度无法满足糖酵解继续进行。为了及时补充 NAD^+，糖酵解产物 - 丙酮酸便在乳酸脱氢酶作用下转变为乳酸。为了避免乳酸大量积累造成酸中毒，同时回收乳酸分子中的能量，机体通过乳酸循环（即 Cori cycle）将乳酸转变为葡萄糖。如图 9-13 所示，在肌肉细胞中，葡萄糖经糖酵解生成丙酮酸，丙酮酸转变为乳酸；乳酸扩散进入血液，随血流进入肝脏；在肝细胞内，乳酸先转变为丙酮酸，丙酮酸再通过糖异生途径转变为葡萄糖；葡萄糖再回到血液中，随血流供应肌肉（或脑），满足对葡萄糖的需要。

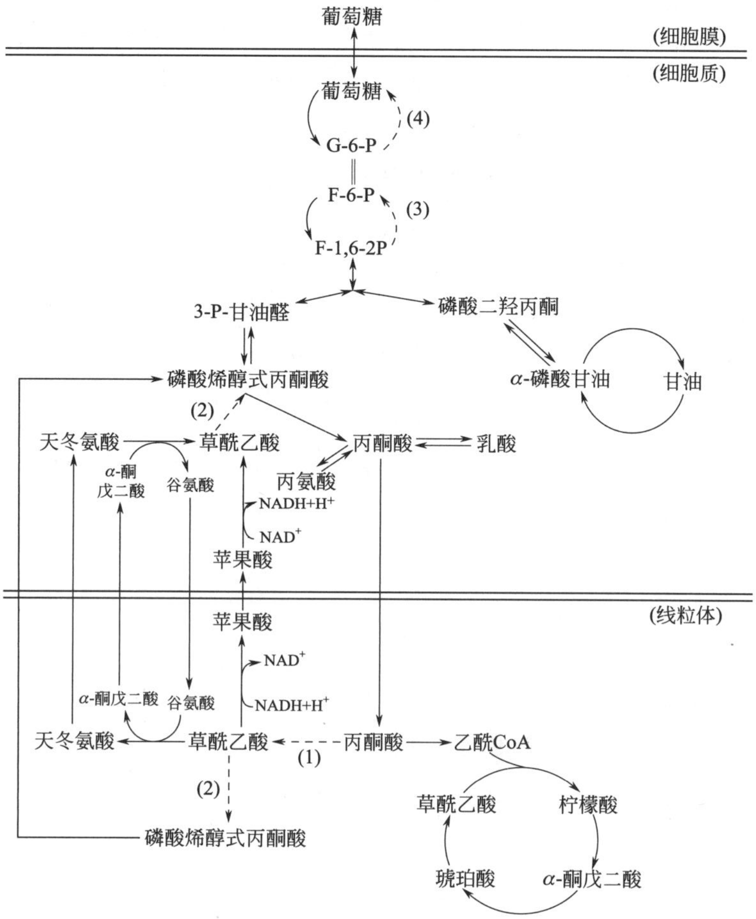

图 9-12 糖氧化与糖异生作用的关系

（1）丙酮酸羧化酶；（2）磷酸烯醇式丙酮酸羧激酶；（3）二磷酸果糖磷酸酶；（4）G-6-P 磷酸酶为糖异生作用的关键反应

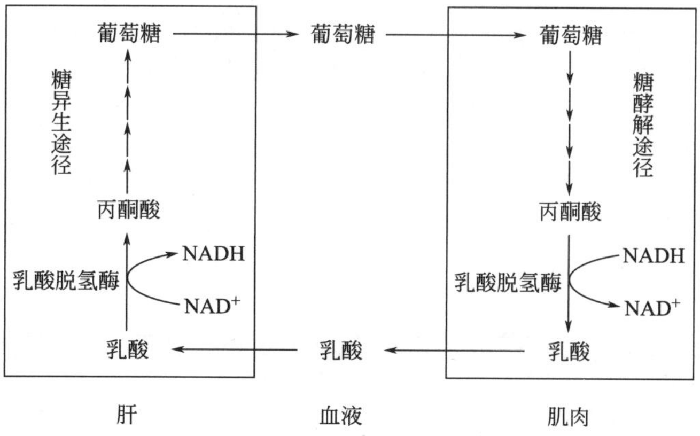

图 9-13 Cori 循环

9-23 检索糖异生代谢途径

第四节 糖代谢在工业上的应用

利用微生物的糖代谢途径，控制一定的条件可以在工业化的规模上生产多种产品。在发酵工业上，常根据某些微生物的代谢途径设法阻断某步中间反应，积累某些中间产物；或者将中间产物引入其他途径生成另外的产物。在这些代谢中，丙酮酸是具有枢纽性地位的中间产物，由它可产生乙醇（酒精发酵）、乳酸（乳酸发酵）、丙酮、丁醇（丙酮 - 丁醇发酵）及多种有机酸（如图 9-14 所示），应用于医药、食品、化工等行业。

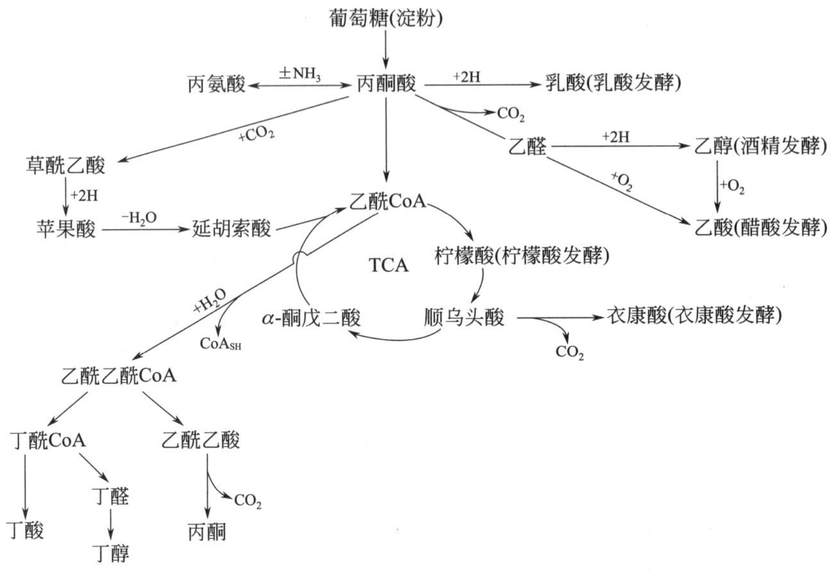

图 9-14 糖代谢的不同产物

一、酒精发酵

酒精发酵涉及生产工业酒精以及食用白酒、曲酒、啤酒等的发酵。主要是利用酵母、霉菌、细菌等微生物在中性或微酸性以及无氧条件下将糖分解产生乙醇。原料及产品不同，所使用的主要微生物

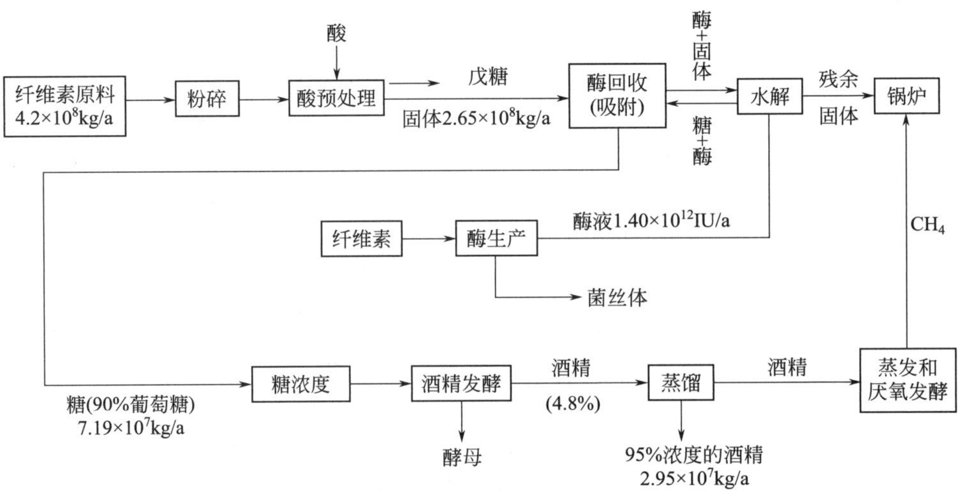

图 9-15 纤维素生产酒精的水解、发酵工艺

也不同。例如，在生产工业酒精中，以糖蜜为原料，使用酿酒酵母（*Saccharomyces cerevisiae*）；以纤维素为原料，可采用热纤梭菌（*Clostridium thermocellum*）、热硫化氢梭菌（*C. thermohydrosulfuricum*）等。一种典型的以纤维素为原料生产酒精的水解、发酵工艺如图 9-15 所示。

在曲酒发酵中，常以薯干、玉米、高粱等淀粉质为原料，使用酒精酵母（*Saccharomyces cerevisiae*）、裂殖酵母（*Schizosaccharomyces pombe*）等；啤酒发酵则使用啤酒酵母（*Saccharomyces cerevisiae*）。以淀粉质为原料的酒精发酵，其工艺及转化过程如下：

9-24　钢厂废气生物转化为乙醇

9-25　生物质废弃物发酵生产燃料发酵

$$\text{原料}\xrightarrow{\text{蒸煮，液化}}\text{淀粉、糊精}\xrightarrow{\text{糖化}}\text{葡萄糖}\xrightarrow[\text{蒸馏}]{\text{发酵}}\text{乙醇}$$

二、甘油发酵

甘油是国防、化工及医药工业上的重要原料。利用酵母细胞对糖的无氧代谢来生产甘油（即所谓酵母的二型及三型发酵），是人为地改变其正常代谢途径，使乙醛不转变成乙醇，而是积累甘油。主要有两种方法：亚硫酸氢钠法和碱性法。

1. 亚硫酸氢钠法

在发酵液中加入亚硫酸氢钠，使发酵生成的乙醛与亚硫酸氢钠发生加成反应，这样乙醛就不能作为受氢体，不生成乙醇。此时 3- 磷酸甘油醛氧化产生的 NADH，就以磷酸二羟丙酮为受氢体，还原为 α- 磷酸甘油，再由磷酸酶催化切去磷酸后生成甘油。

2. 碱性法

使发酵液呈碱性，在碱性条件下，醇脱氢酶的活性被抑制，乙醛不能还原为乙醇。此时乙醛可发生歧化反应，即两分子乙醛间发生氧化还原反应，一分子被氧化成乙酸，另一分子被还原成乙醇。在这种情况下，NADH 也不能以乙醛为受氢体，只能以磷酸二羟丙酮为受氢体，最后生成甘油。

用于甘油发酵的酵母有假丝酵母（*Candida albicans*）、异常汉逊酵母（*Hansenula anomala*）、酿酒酵母（*Saccharomyces cerevisiae*）等。由于目前利用发酵法生产甘油的成本高于从肥皂工业废水中回收甘油，故应用不多，有待进一步降低成本，方能大规模用于工业生产。

三、丙酮 - 丁醇发酵

丙酮、丁醇都是常用的工业溶剂，需求量很大。在 20 世纪 40 至 50 年代曾大量利用厌氧菌发酵生产，发酵进行激烈并附带有大量的气体析出。正常发酵的主要产品有丙酮、丁醇及乙醇，二氧化碳和氢气，酪酸和醋酸，此外尚生成微量的其他酸类和少量的乙酰甲基甲醇和己醇。20 世纪 60 年代后由于使用石油的合成法成本低廉，发酵法曾一度停止使用。目前由于使用了固定化细胞技术，又呈现出迅速发展的势头。

丙酮 - 丁醇发酵都是利用丙酮丁醇梭菌（*Clostridium acetobutylicum*）等微生物在严密无氧的酸性（pH 3.5）条件下，糖无氧代谢产生丙酮酸，丙酮酸再转变成乙酰 CoA，2 分子乙酰 CoA 合成乙酰乙酰 CoA，进一步转变为丙酮和丁醇，发酵过程为放热反应。通常以玉米为原料，利用生产菌分泌的淀粉酶进行边糖化边发酵。溶剂比例因菌种、原料、发酵条件不同而异。正常情况下丙酮、丁醇和乙醇的比例为

30 ∶ 60 ∶ 10。近年来选出的菌种，可使丁醇产量提高至 70%。按发酵方法可分为间隙发酵和连续发酵。生成的溶剂利用分馏法进行分离、提取。具体代谢途径如图 9-16 所示。

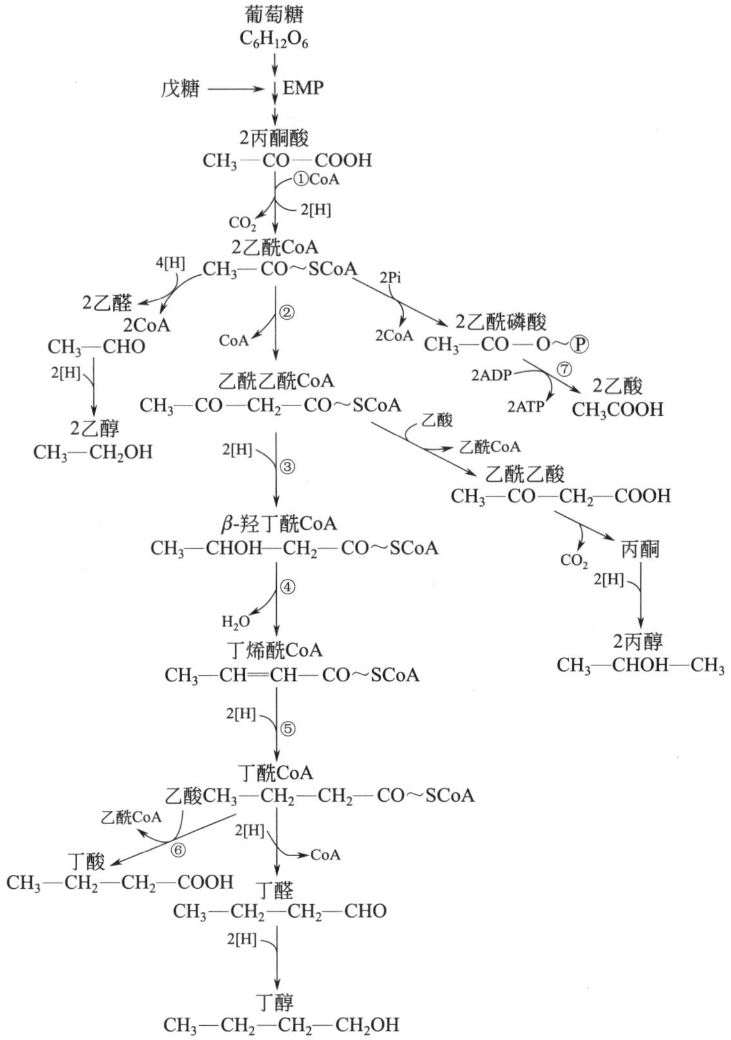

图 9-16 丙酮 - 丁醇发酵代谢途径

① 丙酮酸：铁氧还蛋白氧化还原酶；② 硫解酶；③ β- 羟丁酰 CoA 脱氢酶；④ 丁烯酰 CoA 水解酶；⑤ 丁酰 CoA 脱氢酶；⑥ CoA 转移酶；⑦ 乙酸激酶

9-26 生物工程的力量——丙酮发酵与一个国家的建立

四、有机酸发酵

利用微生物糖的无氧及有氧代谢，可以生产多种有机酸，在食品、医药、化工、塑料等部门应用广泛。现举几个工业上常用的例子。

1. 乳酸发酵

乳酸常用于化工、医药、烟草、食品等工业，许多发酵食品如腌菜、酸菜、泡菜、酱菜、发酵醪、啤酒中均含有乳酸。酒精厂所用酒母醪，多先经过乳酸发酵，使达到一定酸度后，再接种纯酵母，使其繁殖，这样才能避免杂菌污染，获得纯粹而不含杂菌的酒母醪。

乳酸发酵分为同型发酵与异型发酵。如果产物只有乳酸称为同型乳酸发酵；如果产物除乳酸外，还有乙醇、乙酸等其他物质，则称为异型乳酸发酵。同型乳酸发酵是利用德氏乳杆菌（*Lactobacillus delbruckii*）对糖的无氧代谢，丙酮酸作为受氢体，直接还原为乳酸。异型乳酸发酵是肠膜明串珠菌（*Leuconostoc mesenteroides*）和葡聚糖明串珠菌（*Leuconostoc dextranicum*）等通过磷酸酮解途径进行的。所谓磷酸酮解途径是类似于 HMS 的一个糖的有氧分解途径。葡萄糖经 6-磷酸葡萄糖转变为 5- 磷酸木酮糖后，经磷酸酮解酶催化，分解为乙酰磷酸和 3- 磷酸甘油醛。乙酰磷酸经磷酸转乙酰酶作用变为乙酰 CoA，再经乙醛脱氢酶和醇脱氢酶作用生成乙醇。3- 磷酸甘油醛经多种酶作用，通过丙酮酸转变为乳酸。

9-27　糖蜜原料乳酸发酵工艺

2. 丁酸发酵

丁酸也是常用工业溶剂。进行丁酸发酵的主要是一些专性厌氧菌，常见的有丁酸梭菌（*Clostridium butyricum*）、巴氏芽孢杆菌（*Bacillus pasteurianum*）等。这些细菌在无氧条件下经 EMP 将己糖分解为丙酮酸，在丙酮酸 : 铁氧还蛋白氧化还原酶催化下，将丙酮酸转变为乙酰 CoA，再经乙酰乙酰 CoA、丁酰 CoA 转变为丁酸。丁酰 CoA 转变为丁酸时，不是简单地将 CoA_{SH} 切下，这样势必造成能量浪费，而是在硫转移酶催化下，将丁酰 CoA 的 CoA_{SH} 转移给乙酸，生成乙酰 CoA，将能量储存，同时生成丁酸。

3. 柠檬酸发酵

柠檬酸是重要的工业原料，市场需求量较大，主要用于食品、医药、化工。柠檬酸发酵的菌种主要是黑曲霉（*Aspergillus niger*），通过糖的有氧代谢的调节，使柠檬酸积累。在黑曲霉的糖代谢途径中，柠檬酸对异柠檬酸脱氢酶和磷酸果糖激酶（PFK）有抑制作用，为了解除柠檬酸对 PFK 的抑制作用，必须限制 Mn^{2+} 的浓度及氧的供应。在缺锰的条件下，可提高黑曲霉细胞内的 NH_4^+ 浓度，这种细胞内高浓度 NH_4^+ 可使 PFK 不受柠檬酸的抑制，而且可降低三羧酸循环中一些酶的活性，这样就可使柠檬酸大量积累。图 9-17 为柠檬酸的发酵生产过程及关键环节中对 pH 的监测控制。

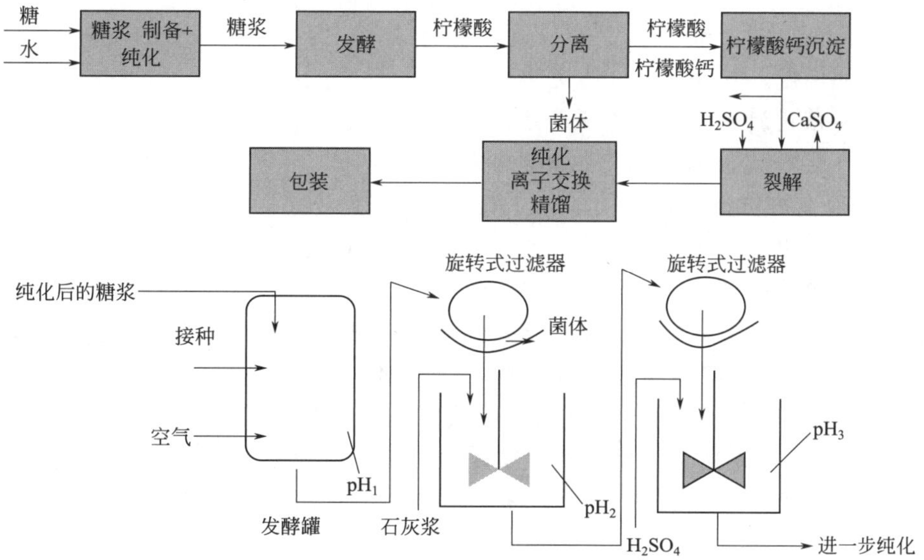

图 9-17　柠檬酸的发酵生产过程及关键 pH 监控

根据微生物的糖代谢原理，发酵生产的产品还有多种，有的由于化学合成或半合成的成功，其成本大大低于发酵法生产，因而发酵生产被淘汰；有的或因产率不高，或效益不佳，也难用于生产；有的则随市场需求的波动，其发展时快时慢。但由于发酵条件的不断改进，特别是现代生物技术（如基因编辑、合成生物学等）的渗入，用发酵法生产有些产品是有广阔前景的。

本章提要

糖分解代谢主要代谢途径包括糖酵解途径（EMP）、三羧酸（TCA）循环、乙醛酸循环和己糖磷酸途径（HMS）等。EMP 在细胞液中进行，每分子葡萄糖可以转化为 2 分子丙酮酸，存在 3 个不可逆反应，分别由己糖激酶、磷酸果糖激酶和丙酮酸激酶催化，其中磷酸果糖激酶是限速酶，其活性被 ATP、柠檬酸变构抑制，被 AMP、果糖 -2,6- 二磷酸变构激活。在无氧条件下，EMP 产生的 NADH 用于还原丙酮酸生成乳酸或乙醇。在有氧存在下，丙酮酸经丙酮酸脱氢酶酶系氧化脱羧生成乙酰 CoA，受到乙酰 CoA 和 NADH 的别构抑制。TCA 循环起始于乙酰 CoA 与草酰乙酸结合成柠檬酸，异构化生成异柠檬酸，连续两次氧化脱羧被彻底氧化成 CO_2，经 α- 酮戊二酸、琥珀酰辅酶 A 并转变为琥珀酸，最终再生草酰乙酸。1 分子葡萄糖经过有氧分解，净生成 30 或 32 分子 ATP。柠檬酸合酶、异柠檬酸脱氢酶与 α- 酮戊二酸脱氢酶复合物是 TCA 循环的关键酶，其活性受 ATP、NADH 等抑制。糖的有氧氧化是获取能量的主要途径和物质代谢的总枢纽。HMS 是糖需氧分解的重要代谢旁路，1 分子 6- 磷酸葡萄糖可产生 12 分子 NADPH，是细胞内还原力的主要来源。光合作用光反应利用光能合成 ATP，还原 $NADP^+$ 成 NADPH，释放氧气。暗反应利用光反应产生的 NADPH 和 ATP，通过卡尔文循环实现 CO_2 还原成糖。由葡萄糖合成糖原的过程，在糖原合成酶催化下，UDPG 将葡萄糖残基加到糖原引物非还原端形成 α-1,4- 糖苷键，再由分支酶合成 α-1,6- 糖苷键分支。糖异生是非糖物质如甘油、生糖氨基酸和乳酸等合成葡萄糖或糖原的过程，基本上是糖酵解途径的逆过程，其中丙酮酸转变为磷酸烯醇式丙酮酸通过丙酮酸羧化支路完成。

课后习题

1. 用对或不对回答下列问题。如果不对，请说明原因。

（1）糖代谢中所有激酶催化的反应都是不可逆的。

（2）糖的发酵和酵解产生净 ATP 数相同，但其磷酸化效率不同。

（3）1mol 丙酮酸完全氧化可产生 15mol 或 14mol ATP。

（4）5mol 葡萄糖经 HMS 途径完全氧化分解，可产生 180mol ATP。

（5）糖原合成和糖异生都是耗能的。

（6）单糖进入细胞后都生成磷酸单糖，这实际上是细胞的一种保糖机制，以免单糖再转移到细胞外。

（7）丙酮酸氧化脱羧产生的 CO_2，是来自于葡萄糖 C3 和 C4。

2. 1710g 蔗糖在动物体内经有氧分解为水和 CO_2，总共可产生多少摩尔 ATP？多少摩尔 CO_2？

3. 某厂用发酵法生产酒精，对淀粉质原料液化酶和糖化酶的总转化率为 40%，酿酒酵母对葡萄糖的利用率为 90%。问投料 5000kg 可生产多少升酒精（酒精密度 0.789)? 酵母菌获得多少能量（多少摩尔 ATP)?

4. 1mol 乳酸完全氧化分解可生成多少摩尔 ATP？每生成 1mol ATP 若以储能 30.54kJ 计算，其储能效率为多少？如果 2mol 乳酸转化成 1mol 葡萄糖，需要消耗多少摩尔 ATP？

5. 1mol 下列各物质在酵母细胞内完全氧化时产生多少摩尔 ATP 及 CO_2？假定酵解、三羧酸循环和氧化磷酸化系统完全具有活性。

①麦芽糖；②乳糖；③ 1- 磷酸葡萄糖；④ 3- 磷酸甘油醛；⑤琥珀酸；⑥ α- 酮戊二酸；⑦核糖；⑧木糖。

6. 虽然氧分子并不直接参与 TCA 循环，但该循环的运行必须在有氧的情况下才能发生，为什么？

讨论学习

1. 从结构上思考由葡萄糖异构化为果糖对 EMP 途径有何重要意义？
2. 以 EMP 为例，讨论关键酶和限速酶之间的联系与区别，以及在生物工程实际生产中有何意义与应用。
3. 细胞在代谢过程中形成多酶复合体催化代谢物转化的意义是什么？在人工构建生物催化体系中有什么借鉴价值？
4. 是否可能存在逆三羧酸循环？其可能的发生条件和生物学意义为何？
5. 糖异生与糖酵解能否同时进行，机体如何进行协调控制？

9-28　自我测评

第十章　脂代谢

10-1　学习目标

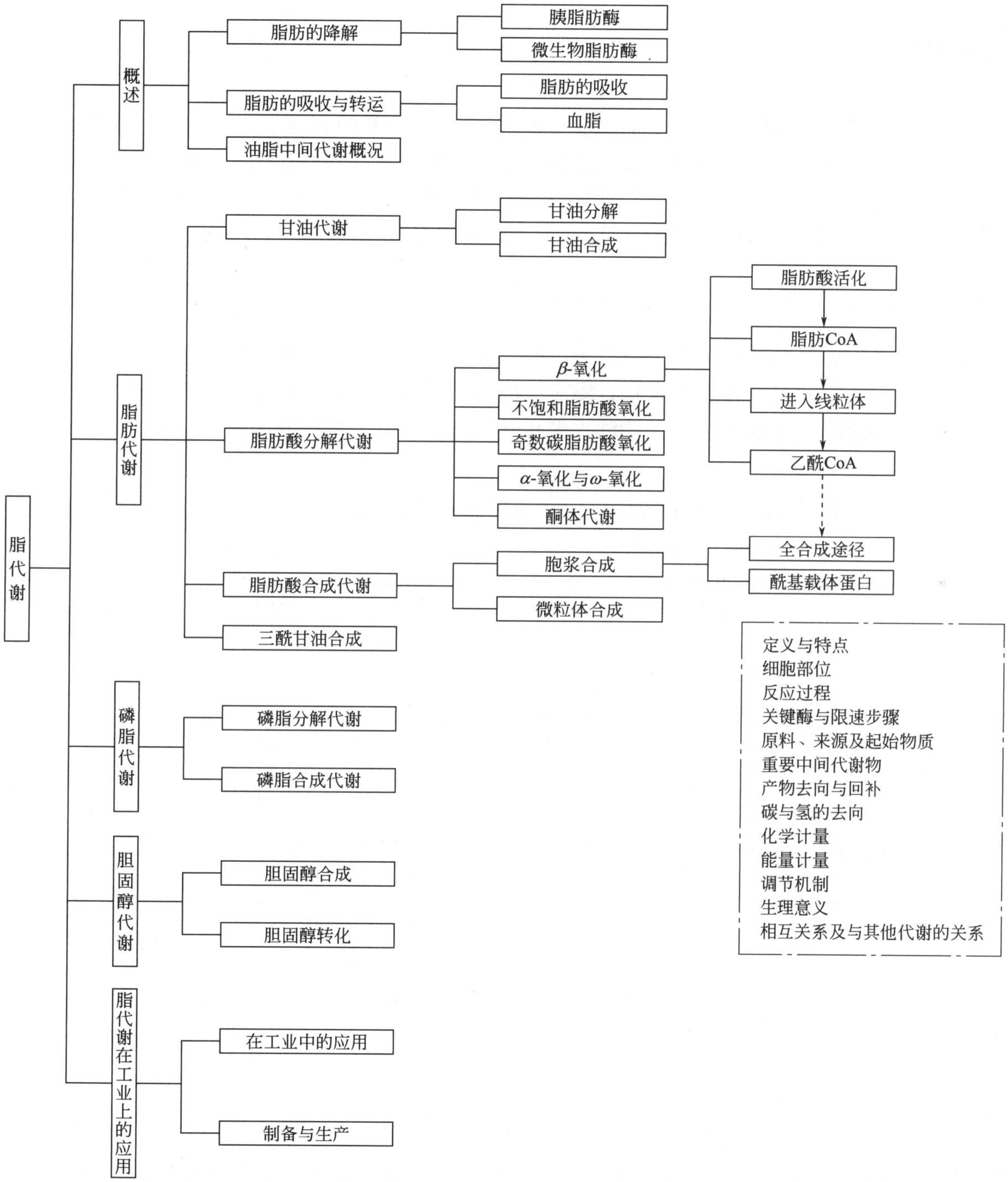
脂代谢
概述
脂肪的降解
胰脂肪酶
微生物脂肪酶
脂肪的吸收与转运
脂肪的吸收
血脂
油脂中间代谢概况
脂肪代谢
甘油代谢
甘油分解
甘油合成
脂肪酸分解代谢
β-氧化
脂肪酸活化
脂肪CoA
进入线粒体
乙酰CoA
不饱和脂肪酸氧化
奇数碳脂肪酸氧化
α-氧化与ω-氧化
酮体代谢
脂肪酸合成代谢
胞浆合成
全合成途径
酰基载体蛋白
微粒体合成
三酰甘油合成
磷脂代谢
磷脂分解代谢
磷脂合成代谢
胆固醇代谢
胆固醇合成
胆固醇转化
脂代谢在工业上的应用
在工业中的应用
制备与生产
定义与特点
细胞部位
反应过程
关键酶与限速步骤
原料、来源及起始物质
重要中间代谢物
产物去向与回补
碳与氢的去向
化学计量
能量计量
调节机制
生理意义
相互关系及与其他代谢的关系

第一节 概述

脂肪和类脂总称为脂类，是一类一般不溶于水而溶于脂溶性溶剂的化合物。脂肪作为高等动植物的重要能源大量储存于某些组织细胞内，称为储存脂质。类脂是构成机体组织的结构成分，称为结构脂质。氧化 1g 脂肪释放 38.91kJ 能量，而 1g 糖被氧化仅释放 17.15kJ 能量，氧化 1g 蛋白质释放 23.43kJ 能量。1g 几乎无水的脂肪储存的能量是 1g 水化糖原的 2 倍左右。所以，脂肪是生物体内高度密集的能量储存库。人体所需能量的 40% 左右来自脂肪。

一、脂肪的降解

食物中的脂类主要是三酰甘油（又称甘油三酯），少量磷脂和胆固醇（酯）等。由于脂类不溶于水，脂类在肠道内的消化不仅需要相应的消化水解酶，还需要胆汁中胆汁酸盐的乳化作用。胆汁酸盐能降低油水两相间的表面张力，使食物中的脂类乳化并分散为细微脂滴，增加消化水解酶与脂质的接触面积，促进脂类消化吸收。脂肪的降解是指脂肪在脂肪酶催化下的水解。

1. 胰脂肪酶——在人和动物体消化道中对脂肪的降解

胰脂肪酶的作用需要辅脂酶和胆汁酸盐的协助，辅脂酶能与胰脂肪酶和胆汁酸盐结合，使胰脂肪酶能吸附在微团的水油界面上，有利于胰脂肪酶对三酰甘油的水解。根据胰脂肪酶作用的底物不同可分为酯酶（esterase）和脂酶（lipase）两类。酯酶主要水解脂肪酸和一元醇构成的酯：

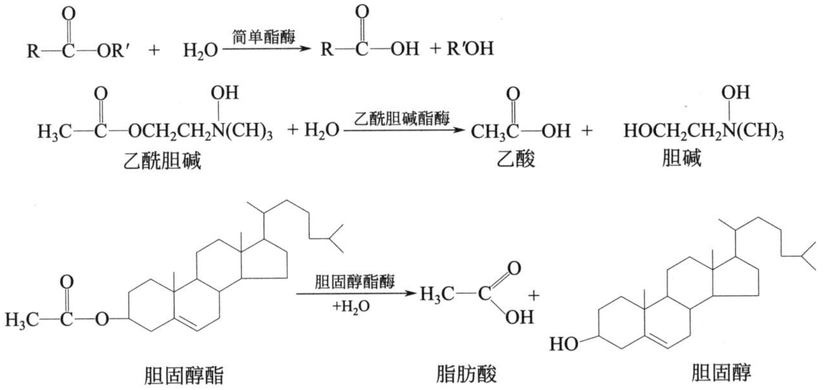

脂酶又包括脂肪酶和磷脂酶。脂肪酶水解三酰甘油，产生甘油和脂肪酸。

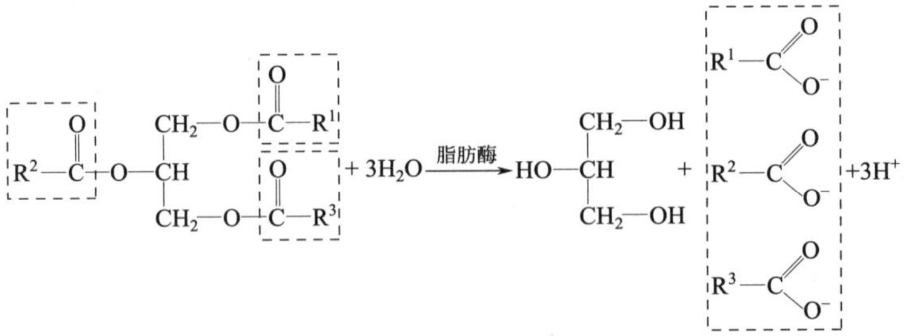

三酰甘油 甘油 脂肪酸

磷脂酶（phospholipase）包括卵磷脂酶、甘油磷脂酶、胆碱磷酸酶、胆胺磷酸酶等。作用于磷脂，可产生甘油、脂肪酸、磷酸、胆碱、胆胺等。

2. 微生物脂肪酶——具有双向催化特性

细菌的脂肪酶降解活性一般不高，但真菌的脂肪酶活性较高。真菌脂肪酶降解脂肪的方式类似于人和哺乳动物的胰脂肪酶，水解产物为脂肪酸和甘油。细菌脂肪酶虽也能将脂肪分解为甘油和脂肪酸，但其降解能力不强。微生物脂肪酶的另一个显著特点，是在一定条件下可以催化醇与酸缩合成酯。尤其是霉菌，包括毛霉（*Mucor*）、曲霉（*Aspergillus*）、根霉（*Rhizopus*）和青霉（*Penicillium*），不仅能催化甘油酯的合成，而且能催化乙酸乙酯等简单酯类和芳香酯合成。离体实验发现，这种合成作用在非水相系统中更强。这已引起曲酒生产及香料工业的重视。

二、脂肪的吸收与转运

1. 脂肪的吸收——吸收形态的多样性

脂肪被吸收的形态有 3 种。

一是完全水解，脂肪被水解为甘油和脂肪酸，脂肪酸再与胆汁盐按比例结合成可溶于水的复合物，与甘油一起被小肠上皮细胞吸收并进入血液。

二是不完全水解，脂肪经部分水解为脂肪酸、单酰甘油（又称甘油单酯、甘油一酯）、二酰甘油（又称甘油二酯）也可被吸收。

三是完全不水解，少量脂肪完全不水解，经胆汁高度乳化成脂肪微粒，直径小于 0.5mm，同样能被小肠黏膜细胞吸收，经淋巴系统再进入血液循环。脂肪酸和单酰甘油的吸收如图 10-1 所示。

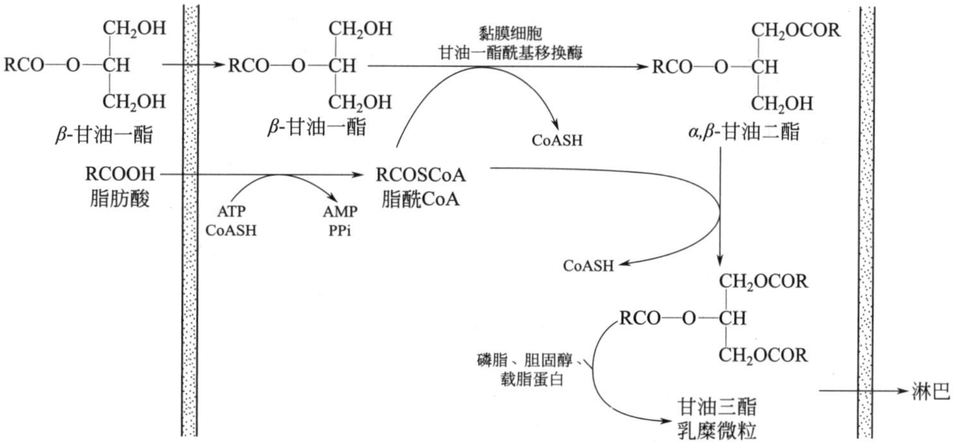

图 10-1 小肠中长链脂肪酸和甘油一酯的吸收

R 代表不同的饱和或不饱和的烃基

2. 血脂——油脂的转运

血浆中的脂质统称为血脂。包括三酰甘油、二酰甘油、单酰甘油、卵磷脂、溶血卵磷脂、脑磷脂、神经磷脂、胆固醇和胆固醇酯、游离脂肪酸等。

血脂与蛋白质结合形成脂蛋白。根据密度不同可将脂蛋白分为高密度脂蛋白（high density lipoprotein，HDL）、低密度脂蛋白（low density lipoprotein，LDL）、极低密度脂蛋白（very low density lipoprotein，VLDL）、乳糜微粒（chylomicron，CM）等几类。脂蛋白具有较强的亲水性，以便随血液循环被转运至各器官组织。

三、油脂中间代谢概况

油脂的中间代谢如图 10-2 所示。

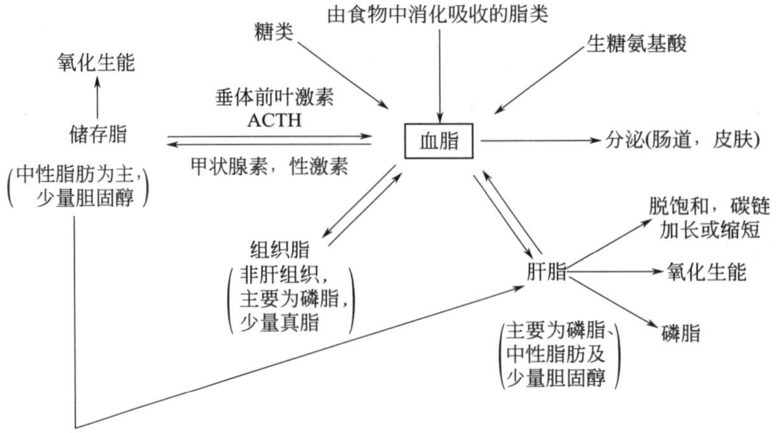

图 10-2　油脂的中间代谢简图

第二节　脂肪的代谢

脂肪水解产生甘油和脂肪酸，脂肪的代谢包括甘油和脂肪酸的代谢。

一、甘油代谢

1. 甘油的分解——从磷酸丙糖插入 EMP

在脂肪细胞中，因为没有甘油激酶，所以不能利用脂肪分解产生的甘油，甘油只有通过血液循环运输至肝、肾、肠等组织才能被利用。甘油在 ATP 参与下，在甘油激酶（glycerokinase）作用下，转变为 α-磷酸甘油，然后脱氢生成磷酸二羟丙酮，再循糖代谢 EMP 进行氧化分解释放能量，也可在肝中沿糖异生途径逆行合成糖原，顺行生成乙酰 CoA，再进入 TCA 循环被彻底氧化（如图 10-3 所示）。

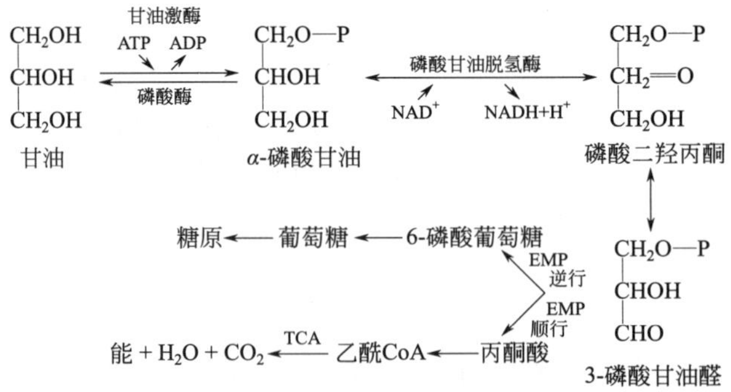

图 10-3　甘油的分解与合成途径

2. 甘油的合成——分解代谢的逆行

甘油的合成可以糖原、氨基酸、丙酮酸等为原料，再经分解代谢的可逆过程而合成：

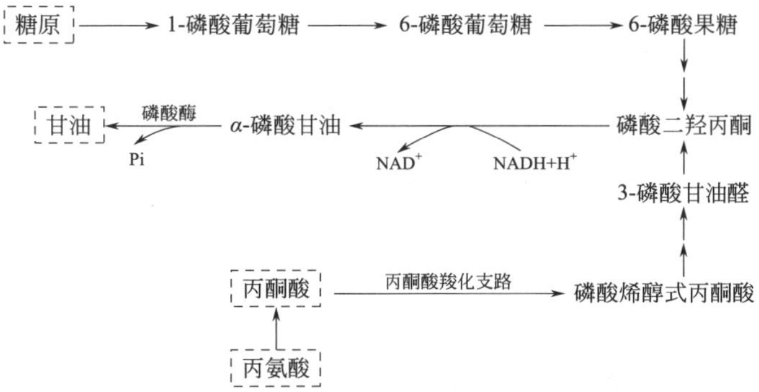

甘油的分解与合成代谢和糖原与葡萄糖以及蛋白质、氨基酸代谢之间均有密切关系。

二、脂肪酸的分解代谢

脂肪酸的分解有 β- 氧化、ω- 氧化、α- 氧化等不同方式。

1. β- 氧化——分解代谢的主要途径

脂肪酸通过酶催化 α- 碳原子与 β- 碳原子间的断裂、β- 碳原子上的氧化，相继切下二碳单位而降解的方式称为 β- 氧化（β-oxidation）。脂肪酸的 β- 氧化在细胞线粒体基质中进行，是分解代谢的主要途径。

10-2　脂肪酸 β- 氧化的发现

脂肪酸在氧化分解前，必须先转变为活泼的脂酰 CoA。内质网和线粒体外膜上的脂酰 CoA 合成酶（acyl-CoA synthetase）在 ATP、CoA_{SH}、Mg^{2+} 参与下，催化脂肪酸活化形成脂酰 CoA。反应分两步，在胞浆中进行。反应式如下：

$$\underset{\text{脂肪酸}}{RCH_2CH_2CH_2COOH} + ATP \rightleftharpoons \underset{\text{脂酰腺苷一磷酸}}{RCH_2CH_2CH_2\overset{\overset{O}{\|}}{C}\sim AMP} + PPi$$

$$\underset{\text{脂酰腺苷一磷酸}}{RCH_2CH_2CH_2\overset{\overset{O}{\|}}{C}\sim AMP} + CoA_{SH} \rightleftharpoons \underset{\text{脂酰CoA}}{RCH_2CH_2CH_2\overset{\overset{O}{\|}}{C}\sim SCoA} + AMP$$

$$\Delta G^{\ominus\prime}=-34kJ/mol$$

活化的脂肪酸在胞浆，而 β- 氧化过程在线粒体内，脂酰 CoA 不能自由通过线粒体内膜，必须由一种酰基载体——肉毒碱（carnitine）转运进入线粒体基质。

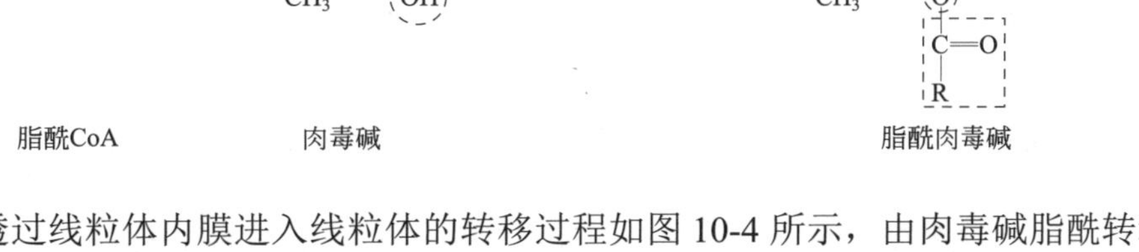

脂酰CoA　　肉毒碱　　脂酰肉毒碱

脂酰肉毒碱透过线粒体内膜进入线粒体的转移过程如图 10-4 所示，由肉毒碱脂酰转移酶催化。位于线粒体外膜的肉毒碱脂酰转移酶Ⅰ催化肉毒碱取代 CoA，生成脂酰肉毒碱。该酶是 β- 氧化的限速酶。在线粒体基质，脂酰肉毒碱在位于内膜的肉毒碱脂酰转移酶Ⅱ作用下，脂酰基与 CoA 结合生成脂酰 CoA，释放出肉毒碱，实现脂酰 CoA 穿过线粒体内膜。肉毒碱脂酰转移酶再将游离的肉毒碱运出至膜间隙。

10-3　在数据库中检索肉毒碱脂酰转移酶Ⅰ

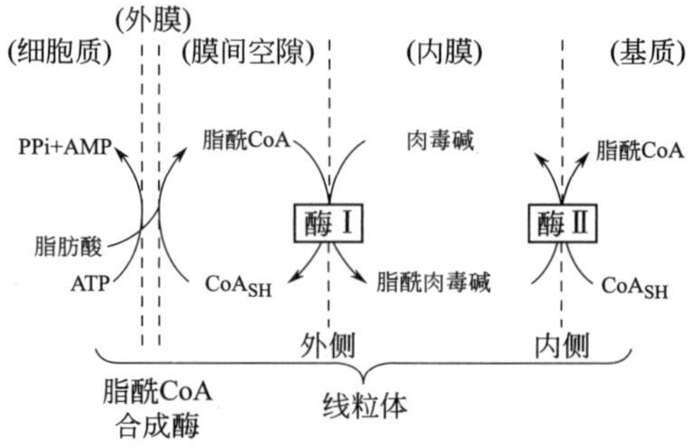

图 10-4　脂酰 CoA 转运入线粒体示意图

在线粒体基质中进行的脂肪酸 β- 氧化包括脱氢、水合、再脱氢、硫解 4 步化学反应。

（1）脱氢　进入线粒体的脂酰 CoA 被脂酰 CoA 脱氢酶催化，脱去 α- 碳原子和 β- 碳原子上的氢，形成反式双键，同时生成 $FADH_2$ 和烯脂酰 CoA。反应式如下：

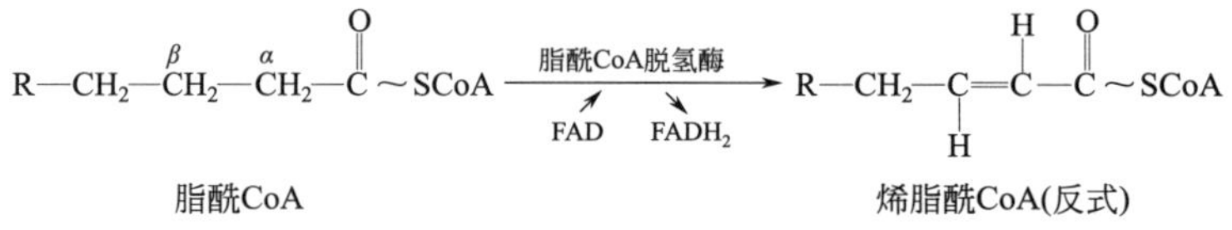

$$\Delta G^{\ominus\prime}=-20\text{kJ/mol}$$

（2）水合　α,β- 烯脂酰 CoA 在烯脂酰 CoA 水合酶催化下，水分子的 H 加到 α- 碳上，OH 加到 β- 碳上，生成 L-β- 羟脂酰 CoA。反应式如下：

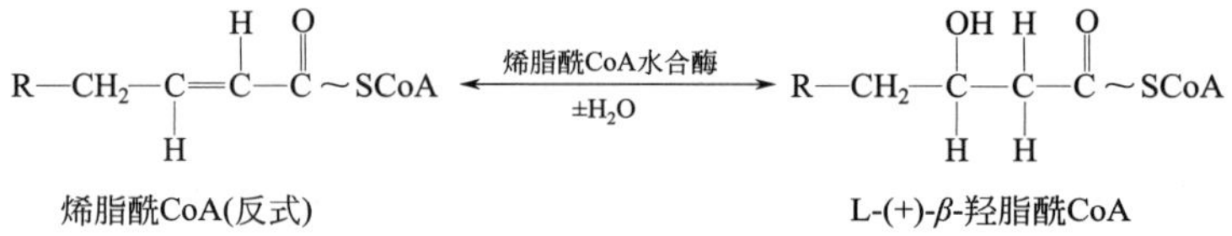

$$\Delta G^{\ominus\prime}=-3.1\text{kJ/mol}$$

（3）再脱氢　L-β- 羟脂酰 CoA 经 β- 羟脂酰 CoA 脱氢酶催化，脱下 β- 碳上的 2 个 H，生成 β- 酮脂酰 CoA，并产生 1 分子 $NADH+H^+$。反应式如下：

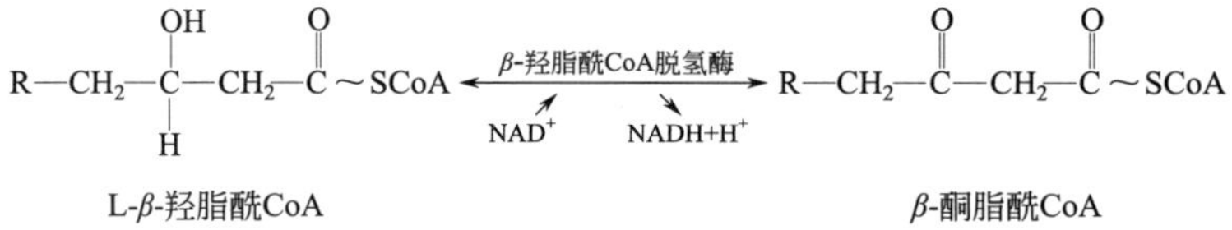

$$\Delta G^{\ominus\prime}=+15.7\text{kJ/mol}$$

（4）硫解　在 β- 酮脂酰 CoA 硫解酶催化下，β- 酮脂酰 CoA 被 CoA 硫解，生成 1 分子乙酰 CoA 和 1 分子比第一步氧化底物少 2 个碳原子的脂酰 CoA。反应式如下：

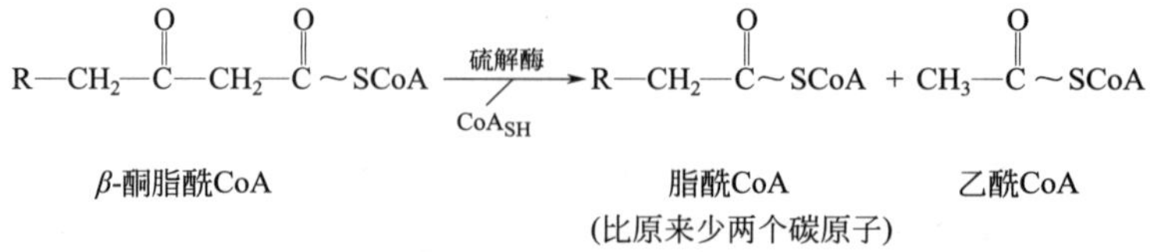

$$\Delta G^{\ominus\prime}=-28.0\text{kJ/mol}$$

脂肪酸的 β- 氧化过程如图 10-5 所示。

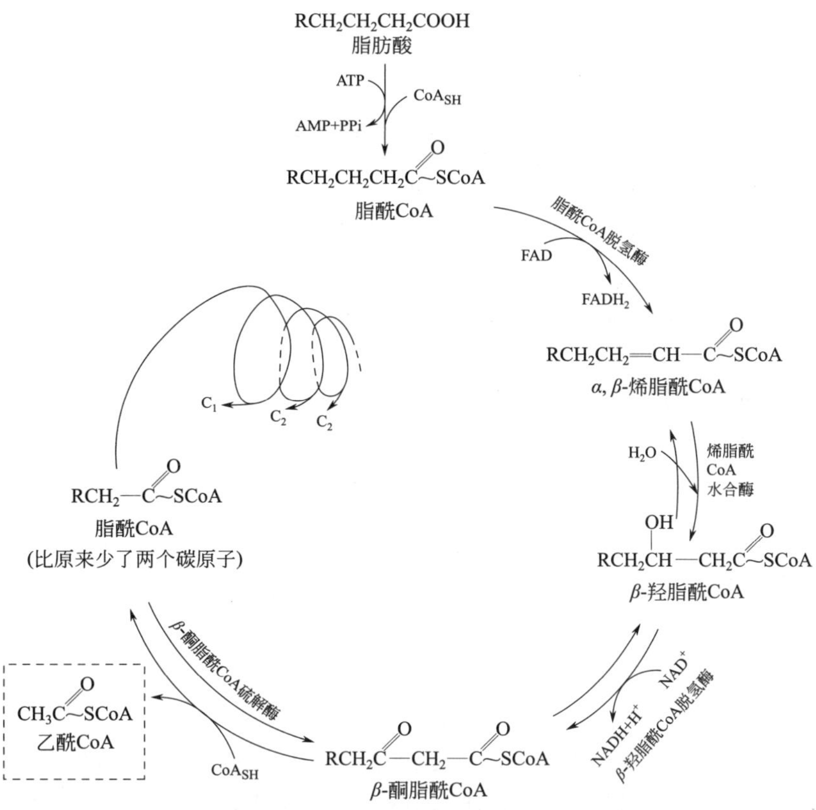

图10-5　脂肪酸的 β- 氧化途径

脂肪酸 β- 氧化的特点如下：① β- 氧化过程在线粒体基质内进行；② β- 氧化为一循环反应过程，由脂肪酸氧化酶系催化，反应不可逆；③需要 FAD、NAD、CoA 为辅因子；④每进行一轮 β- 氧化，生成 1 分子 $FADH_2$、1 分子 NADH、1 分子乙酰 CoA 和 1 分子减少两个碳原子的脂酰 CoA；⑤脂肪酸氧化分解是体内重要的能量来源。

脂肪酸经过 β- 氧化生成的比原来少 2 个碳原子的脂酰 CoA，可再进行 β- 氧化，如此反复进行，直至生成 4 碳的丁酰 CoA，后者进行最后一次 β- 氧化，即将 1 分子脂酰 CoA 全部分解为乙酰 CoA，完成 β- 氧化的全过程。

10-4　检索脂肪酸 β- 氧化代谢途径

10-5　一网无遗：绘制脂肪酸 β- 氧化途径挂图

2. 生理意义——脂肪酸分解的能量转换

脂肪酸氧化成乙酰辅酶 A，是动植物、很多原生生物及某些细菌体内一个重要的产能途径。在脂肪氧化过程中，通过线粒体呼吸链，移去电子，促进 ATP 的合成，从脂肪酸产生的乙酰辅酶 A，可能完全氧化成二氧化碳（通过三羧酸循环）得到进一步的能量储存。

（1）饱和脂肪酸的分解　以软脂酸为例，活化后生成软脂酰辅酶 A。软脂酰 CoA 是 C_{16} 酸，需经 7 轮 β- 氧化，才能完全硫解为乙酰 CoA。因此，软脂酰 CoA 的 β- 氧化可用以下反应表示：

$$软脂酰CoA + 7FAD^+ + 7NAD^+ + 7CoA_{SH} + 7H_2O \longrightarrow 8乙酰CoA + 7FADH_2 + 7NADH + H^+$$

1 分子 $FADH_2$ 进入呼吸链磷酸化产生 1.5 分子 ATP，$NADH+H^+$ 进入呼吸链产生 2.5 分子 ATP，乙酰 CoA 进入 TCA 循环氧化产生 10 分子 ATP。软脂酸活化消耗 2 个高能磷酸键，按消耗 2 个 ATP 计，因此，软脂酸完全氧化的净产生能量 ATP 为：

$$1.5\times7+2.5\times7+10\times8-2=106\ (ATP)$$

1 分子软脂酸氧化比 1 分子葡萄糖氧化所产能量高得多。

第十章

脂肪酸氧化的能量转换率，可根据所产生的 ATP 数目（106）和用量热法所测的软脂酸氧化为 CO_2 和 H_2O 的自由能变化 $\Delta G^\ominus$=–9790kJ/mol 进行计算：

$$\frac{30.54\times106}{9790}\times100\%=33\%$$

软脂酸完全氧化与葡萄糖氧化的能量转换率相似。

（2）不饱和脂肪酸的分解　不饱和脂肪酸的氧化需要异构酶和差向异构酶参与。异构酶可改变双键的位置和构型。

例如棕榈油酸（C_{16}）的氧化，该脂肪酸在 C9 和 C10 之间有一个双键，经 3 轮 β- 氧化后剩下顺 -Δ^3- 烯脂酰 CoA，此物不是脂酰 CoA 脱氢酶的底物。C3 和 C4 双键的存在妨碍 C2 和 C3 双键的形成。异构酶的催化解决了这一难题。反应如下：

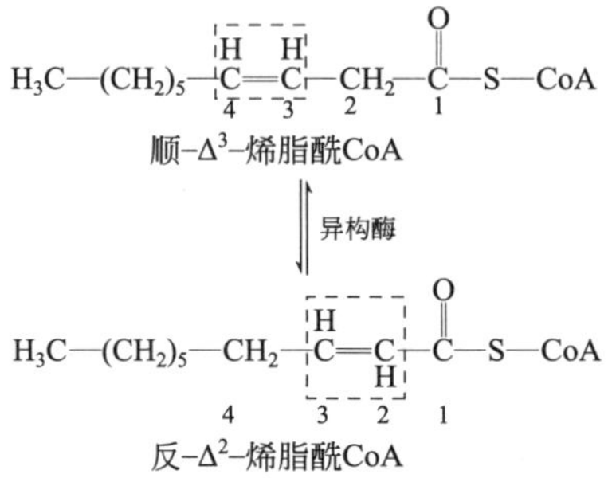

差向异构酶可使 C3 上羟基的构型发生改变。如具有顺 -Δ^6 和顺 -Δ^9 两个双键的 C_{18} 不饱和脂肪酸，经 2 轮 β- 氧化后产生顺 -Δ^2，Δ^5- 烯脂酰 CoA，再水合后产生 3- 羟基 CoA 的 D- 异构体，它不是 L-3- 羟脂酰 CoA 脱氢酶的底物，这一障碍由差向异构酶克服。反应如下：

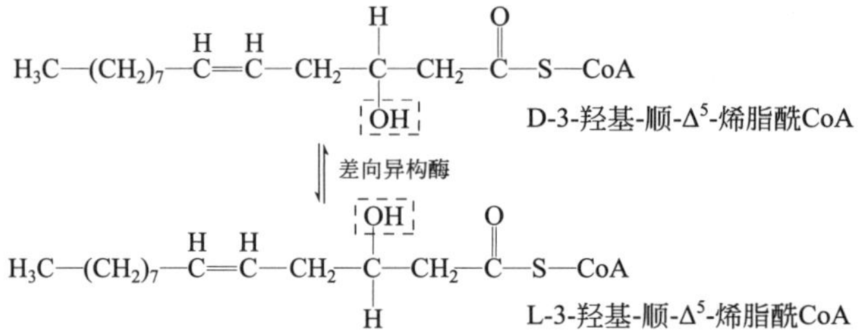

具有奇数碳原子的脂肪酸，仍先按 β- 氧化降解，最后剩下丙酰 CoA。丙酰 CoA 羧化生成琥珀酰 CoA，再进入 TCA 循环。反应过程如下：

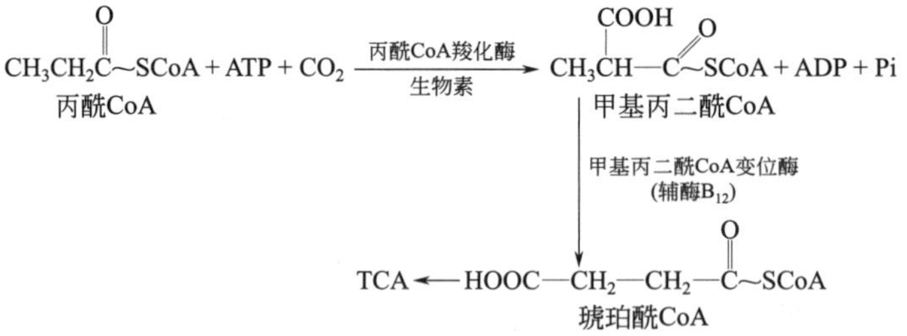

（3）ω- 氧化　ω- 氧化是指长链脂肪酸的末端碳原子被氧化，产生 α,ω- 二羧酸，活化后再进行 β- 氧化，最后余下琥珀酰 CoA 可直接进入 TCA 循环。

（4）α- 氧化　α- 氧化可用以下反应表示：

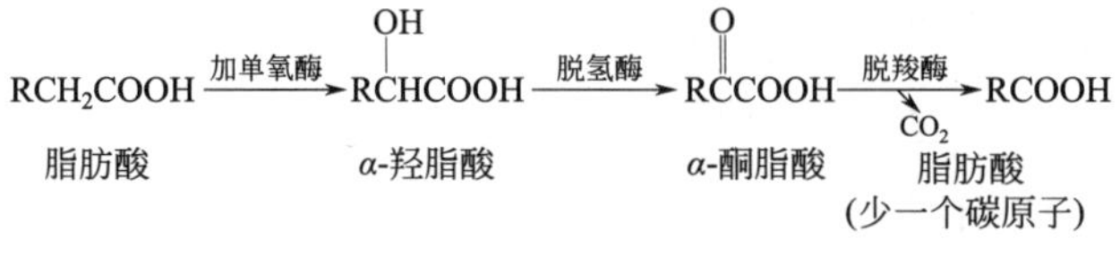

（5）酮体　作为体内脂肪代谢的中间产物，酮体主要由乙酰乙酸、β-羟丁酸和丙酮三种化合物构成。酮体在肝脏中生成，在机体内具有重要的生理作用，是肝脏输出能源物质的一种形式，在长时间饥饿、糖供应不足或剧烈运动时，酮体成为脑组织及肌肉的主要能源来源。

10-6　酮体代谢

三、脂肪酸的合成

合成各种脂的能力对所有的有机体而言是基本的功能。脂肪酸的合成分为全程合成途径和加工改造途径。

1. 胞浆合成——全程合成途径

脂肪酸的合成主要在肝、肾，脑等组织的细胞胞浆中进行，因为脂肪酸合酶多酶复合体存在于此，肝是人体合成脂肪酸的主要场所。全程合成途径是指从二碳单位开始的脂肪酸合成过程。反应历程如下。

（1）乙酰 CoA（来自葡萄糖代谢）羧化生成丙二酸单酰 CoA　在乙酰 CoA 羧化酶催化下，乙酰 CoA 被羧化生成丙二酸单酰 CoA，此酶以生物素为辅因子，并需 Mn^{2+} 参与。包括以下两步化学反应：

$$HCO_3^- + \text{酶-生物素} + ATP \longrightarrow \text{酶-生物素-}COO^- + ADP + Pi$$

$$\text{酶-生物素-}COO^- + \underset{\text{乙酰CoA}}{CH_3\overset{O}{\overset{\|}{C}}\sim SCoA} \longrightarrow \underset{\text{丙二酸单酰CoA}}{HOOC—CH_2—\overset{O}{\overset{\|}{C}}\sim SCoA} + \text{酶-生物素}$$

此反应不可逆，是脂肪酸合成的关键步骤。

（2）酰基移换反应　脂肪酸的 β-氧化是以 CoA_{SH} 为酰基载体。但脂肪酸的合成却以另一种酰基载体蛋白（acyl carrier protein，ACP）携带酰基。ACP 是一个相对分子质量低的蛋白质，其辅基为磷酸泛酰巯基乙胺，通过磷酸酯键与 ACP 的丝氨酸残基连接，辅基的巯基与脂酰基形成硫酯键。磷酸泛酰巯基乙胺也是辅酶 A 的一部分，ACP 在脂肪酸合成中的作用与辅酶 A 在脂肪酸降解中的作用相同。乙酰 CoA 在 ACP 转酰基酶催化下进行酰基转移，生成乙酰 ACP。同样地，丙二酸单酰 CoA 也将丙二酸单酰基转移到 ACP，生成丙二酸单酰 ACP。反应如下：

10-7　在数据库中检索乙酰 CoA 羧化酶

$$\underset{\text{乙酰CoA}}{CH_3—\overset{O}{\overset{\|}{C}}\sim SCoA} + {}_{HS}ACP \rightleftharpoons \underset{\text{乙酰ACP}}{CH_3—\overset{O}{\overset{\|}{C}}\sim SACP} + {}_{HS}CoA$$

$$\underset{\text{丙二酸单酰CoA}}{HOOC—CH_2—\overset{O}{\overset{\|}{C}}\sim SCoA} + {}_{HS}ACP \rightleftharpoons \underset{\text{丙二酸单酰ACP}}{HOOC—CH_2—\overset{O}{\overset{\|}{C}}\sim SACP} + {}_{HS}CoA$$

然后乙酰基再转移到 β-酮脂酰 ACP 合酶（β-ketoacyl-ACP synthase）的半胱氨酸残基上。反应如下：

$$CH_3—\overset{O}{\overset{\|}{C}}\sim SACP + HS—\text{合酶} \rightleftharpoons CH_3—\overset{O}{\overset{\|}{C}}\sim S—\text{合酶} + {}_{HS}ACP$$

（3）乙酰乙酰 ACP 的生成　乙酰化的 β-酮脂酰 ACP 合酶催化其与丙二酸单酰 ACP 反应，生成乙酰乙酰 ACP。丙二酸单酰 ACP 脱羧既活化其次甲基，又有利于反应在热力学上不可逆进行。反应如下：

$$CH_3—\overset{O}{\overset{\|}{C}}\sim S—\text{合成酶} + \underset{\text{丙二酸单酰ACP}}{\overset{COOH}{\overset{|}{CH_2}}—\overset{O}{\overset{\|}{C}}\sim SACP} \longrightarrow \underset{\text{乙酰乙酰ACP}}{CH_3—\overset{O}{\overset{\|}{C}}—CH_2—\overset{O}{\overset{\|}{C}}\sim SACP} + HS—\text{合成酶} + CO_2$$

（4）β-羟丁酰 ACP 的生成　在 β-酮脂酰 ACP 还原酶催化下，生成 β-羟丁酰 ACP，此酶的辅酶为 NADPH。反应如下：

$$
\underset{\text{乙酰乙酰ACP}}{CH_3-\overset{O}{\overset{\|}{C}}-CH_2-\overset{O}{\overset{\|}{C}}-SACP} \xrightleftharpoons[\text{还原酶}]{NADPH+H^+ \quad NADP^+} \underset{\beta\text{-羟丁酰ACP}}{CH_3-\overset{OH}{\overset{|}{C}}H-CH_2-\overset{O}{\overset{\|}{C}}-SACP}
$$

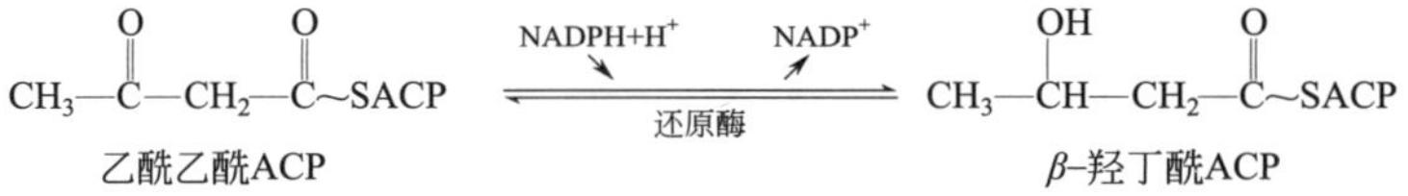

（5）β-羟丁酰 ACP 脱水　在 β-羟脂酰 ACP 脱水酶催化下，β-羟丁酰 ACP 脱水，生成 α，β-反式-丁烯酰 ACP。反应如下：

$$
\underset{\beta\text{-羟丁酰ACP}}{CH_3-\overset{OH}{\overset{|}{C}}H-\overset{H}{\overset{|}{C}}H-\overset{O}{\overset{\|}{C}}-SACP} \xrightarrow{\text{脱水酶}} \underset{\alpha,\beta\text{-丁烯酰ACP}}{CH_3-CH=CH-\overset{O}{\overset{\|}{C}}-SACP} + H_2O
$$

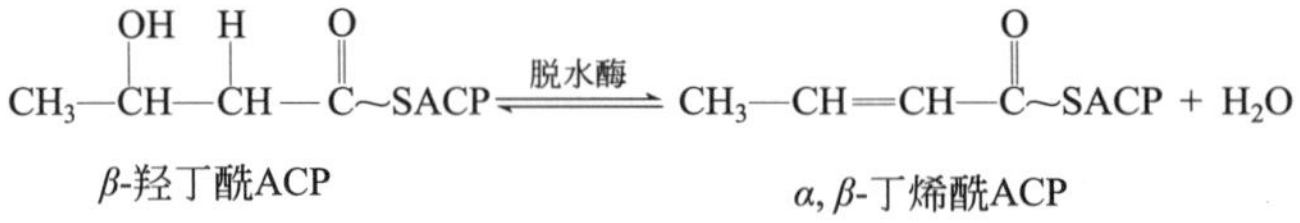

（6）丁烯酰 ACP 还原　在烯脂酰 ACP 还原酶催化下，α，β-丁烯酰 ACP 还原为丁酰 ACP，由 NAPDH 提供氢。

$$
\underset{\alpha,\beta\text{-丁烯酰ACP}}{CH_3-CH=CH-\overset{O}{\overset{\|}{C}}-SACP} \xrightleftharpoons[\text{还原酶}]{NADPH+H^+ \quad NADP^+} \underset{\text{丁酰ACP}}{CH_3-CH_2-CH_2-\overset{O}{\overset{\|}{C}}-SACP}
$$

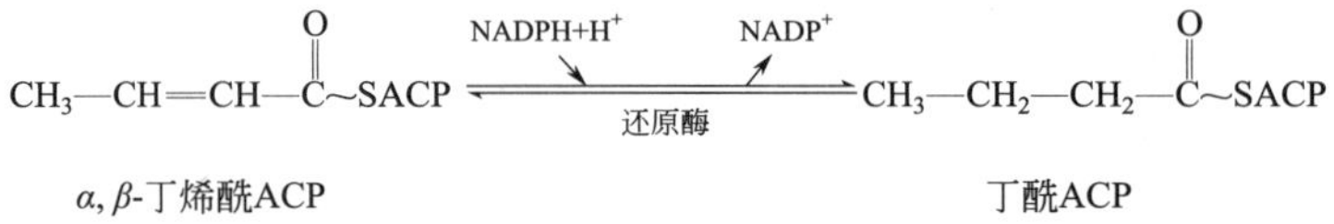

丁酰 ACP 再与丙二酸单酰 ACP 缩合，重复以上（3）～（6）步反应，每重复一次延长两碳单位，再重复 6 次生成软脂酰 ACP（C_{16}），软脂酰 ACP 与辅酶 A 在转酰基酶催化下生成软脂酰 CoA，后者可作为合成脂肪的原料。脂肪酸全合成过程如图 10-6 所示。

10-8 在数据库中检索脂肪酸合酶复合体

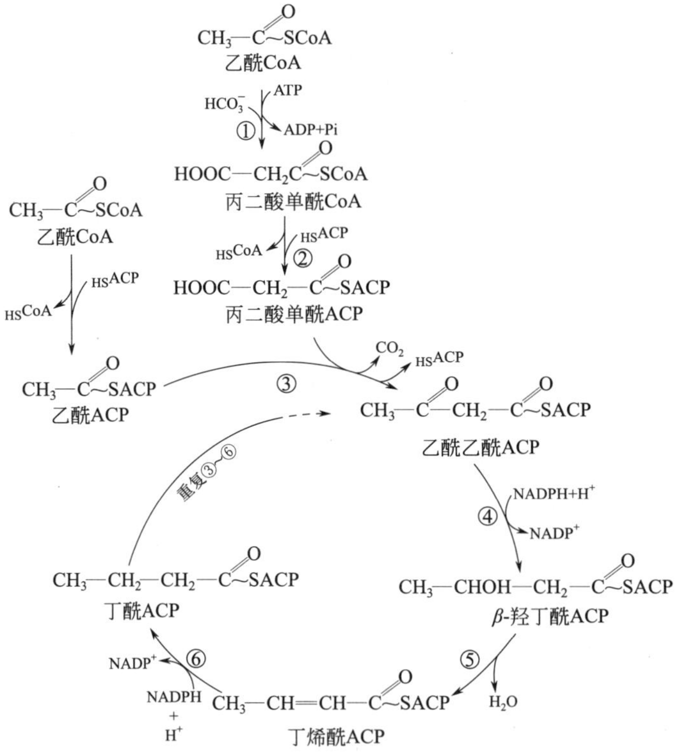

图 10-6　胞浆中脂肪酸的全合成途径
①乙酰 CoA 羧化酶；②丙二酸单酰 CoA-ACP 转酰基酶；③β-酮脂酰 ACP 合酶；
④β-酮脂酰 ACP 还原酶；⑤β-羟脂酰 ACP 脱水酶；⑥烯脂酰 ACP 还原酶

10-9 检索脂肪酸合成代谢途径

10-10 发酵生产丙二酸

脂肪酸的全合成是在细胞溶质中进行的。催化脂肪酸合成的酶系与ACP组成多酶复合体。合成过程的中间产物都以共价键连接在ACP分子的长链磷酸泛酰巯基乙胺上，犹如摆臂，将中间产物从一个酶催化中心转移到下一处。脂肪酸合成的还原剂是NADPH。全合成过程只合成软脂酸。其他脂肪酸碳链的延长和双键的形成是由另外的酶体系催化完成的。

2. 微粒体合成——脂肪酸加工改造

细胞溶质中脂肪酸合酶催化的主要产物是软脂酸。在真核生物中，更长的脂肪酸是在软脂酸的基础上加工改造，延长碳单位形成的。催化这些反应的酶体系结合在内质网膜（亦称微粒体体系）上。以丙二酸单酰CoA作为二碳单位的供体，加到饱和或不饱和脂肪酸的羧基末端上。微粒体中脂肪酸的合成以NADPH作供氢体，以CoA_{SH}作为酰基载体。中间过程与细胞溶质中脂肪酸合酶体系相同。

亚油酸（顺-$\Delta^{9,12}$-$C_{18:2}$）和亚麻酸（顺-$\Delta^{9,12,15}$-$C_{18:3}$）是哺乳动物体内不能合成的脂肪酸，因为哺乳动物体内没有催化C_9以后的碳原子上引入双键的酶，必须从食物中获得。所以，这两种脂肪酸称为必需脂肪酸（essential fatty acid）。

四、三酰甘油的合成

三酰甘油合成的原料是α-磷酸甘油和脂肪酰CoA。合成过程如下：

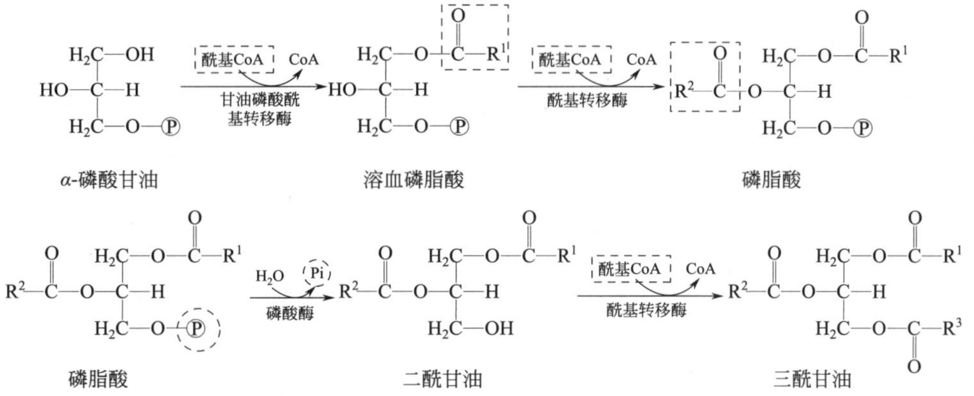

第三节 磷脂代谢与胆固醇代谢

一、磷脂代谢

1. 磷脂的分解代谢——4种磷脂酶的协同作用

甘油磷脂的分解靠存在于体内的各种磷脂酶将其分解为脂肪酸、甘油、磷酸等，然后再进一步降解。磷脂酶A_1、A_2、C、D分别催化磷脂分子中的1、2、3、4酯键水解（如图10-7所示）。磷脂酶A作用于甘油磷脂1位或2位的酯键，得到溶血磷脂和脂肪酸；磷脂酶B作用于溶血磷脂1位或2位的酯键，得到甘油磷酸胆碱等；磷脂酶C作用于甘油磷脂3位的磷酸酯键，得到二酰甘油和磷酸胆碱等；磷脂酶D作用于磷酸与取代基间的酯键，得到磷脂酸和胆碱等。

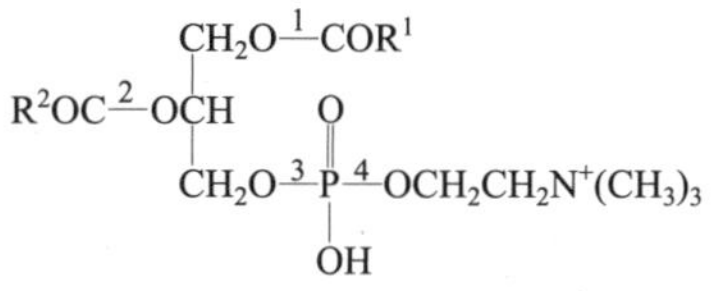

图10-7 磷脂酶催化卵磷脂水解部位

卵磷脂（磷脂酰胆碱）的水解产物有甘油、脂肪酸、磷酸和胆碱。甘油转变为磷酸二羟丙酮进入EMP和TCA循环分解；脂肪酸

经 β- 氧化分解；胆碱可沿下述途径转变为氨基酸：

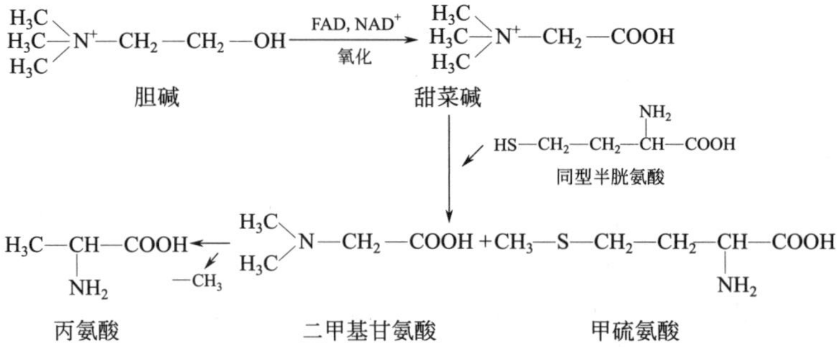

2. 磷脂的合成代谢——CTP 是必需的辅因子

磷脂合成部位在内质网。合成的原料及辅因子为：脂肪酸、甘油（糖代谢）、不饱和脂肪酸（食物）、磷酸盐、极性醇、ATP 和 CTP。卵磷脂的合成起始于磷酸甘油，反应式如下：

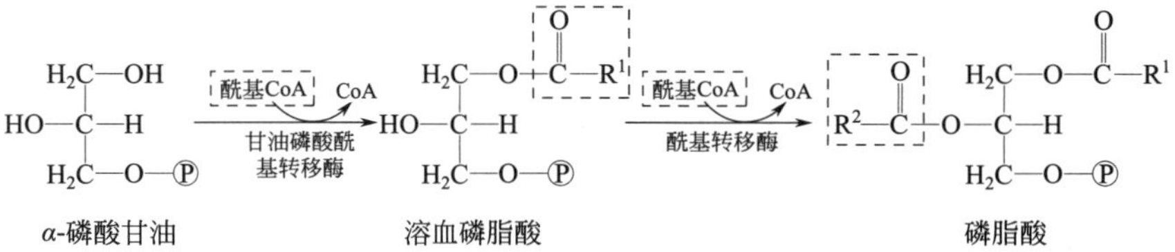

CDP- 二酰甘油（胞苷二磷酸二酰甘油）是卵磷脂合成的活化中间体，反应式如下：

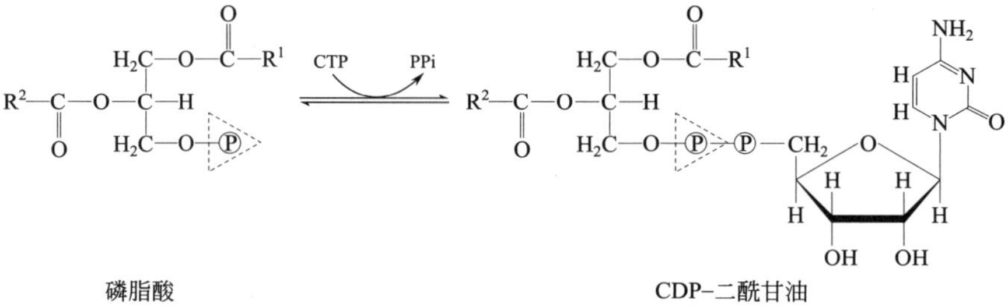

丝氨酸是合成卵磷脂的原料之一，首先合成磷脂酰丝氨酸。反应过程如下：

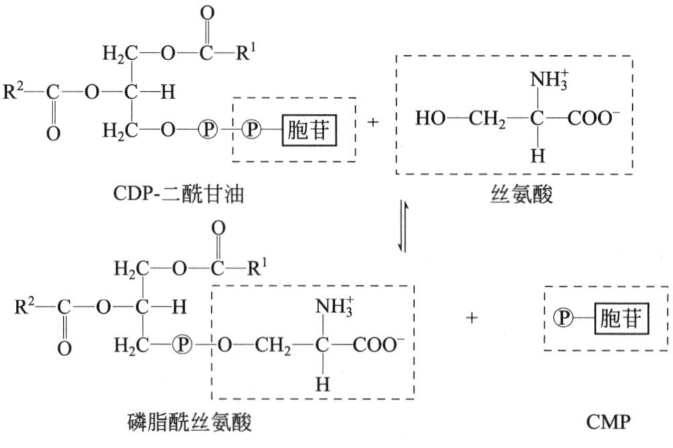

磷脂酰丝氨酸脱羧再甲基化（*S*- 腺苷甲硫氨酸为甲基供体）生成磷脂酰胆碱（即卵磷脂），中间物经历磷脂酰乙醇胺（脑磷脂）阶段，反应过程如下：

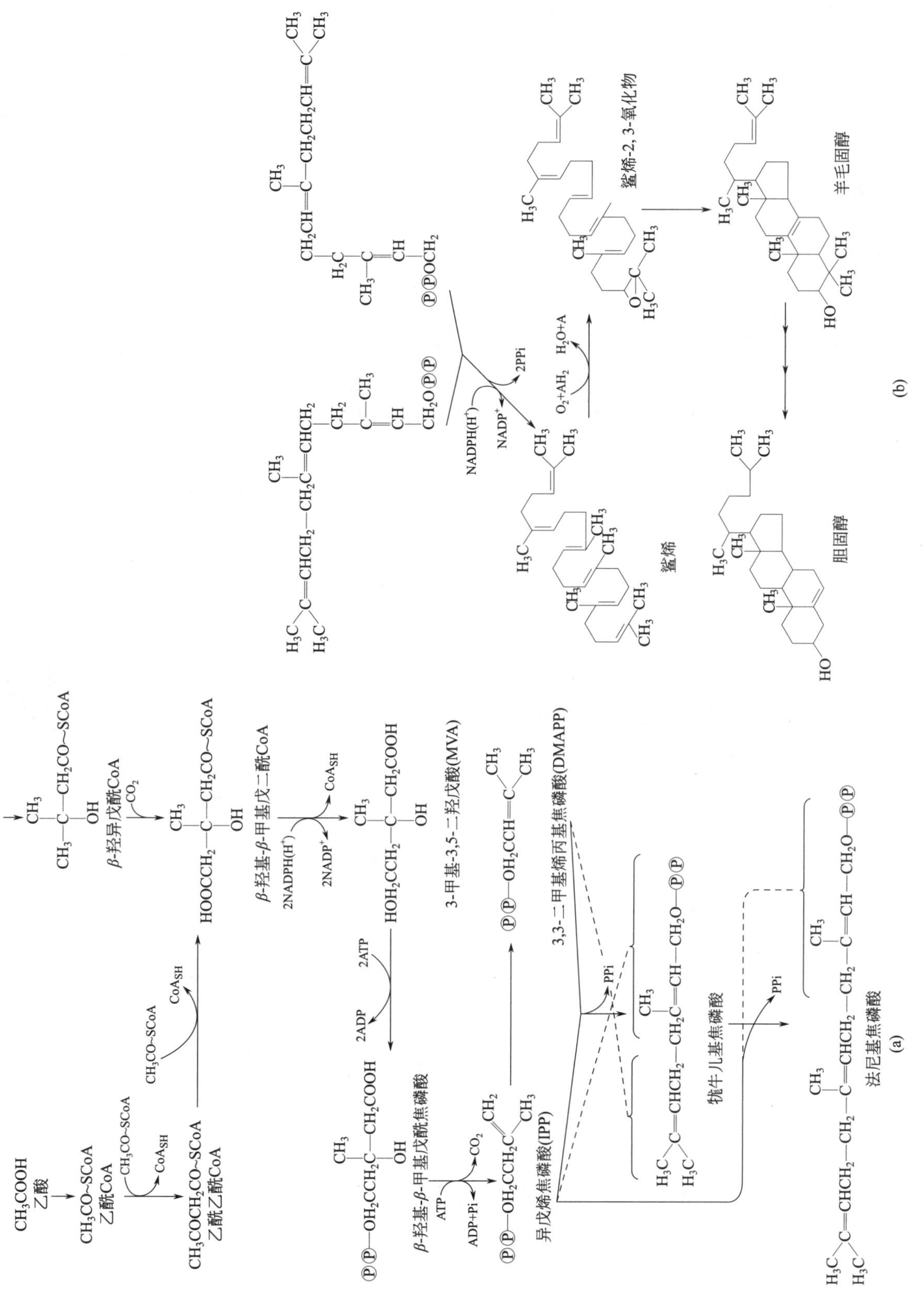

图10-8　胆固醇生物合成途径

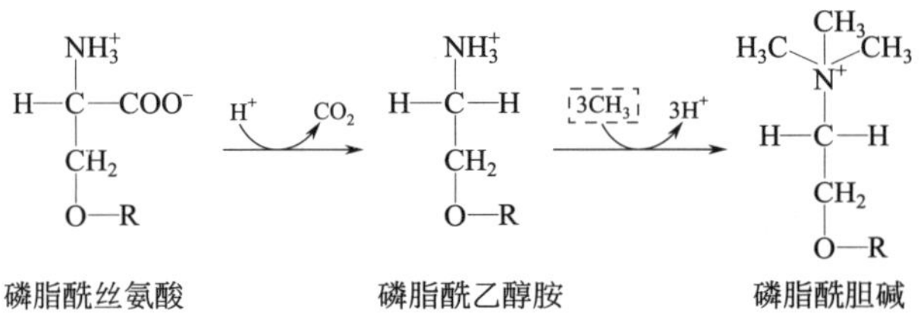

二、胆固醇代谢

1. 胆固醇的合成

除脑组织和成熟红细胞以外的组织都可以合成胆固醇，每天合成 1g 左右。其中 70% ～ 80% 由肝脏合成，10% 由小肠合成。胆固醇合成的关键酶为 HMG-CoA 还原酶（羟甲基戊二酰 CoA 还原酶）。胆固醇合成的合成原料有乙酰 CoA（合成胆固醇的唯一碳源）、ATP 以及 NADPH +H^+。胆固醇合成部位主要是在肝脏和小肠的胞液及微粒体，其合成量几乎占总合成量的四分之三以上。在微生物中，以酵母菌合成胆固醇等固醇物质的能力最强。

胆固醇的合成从乙酰 CoA（或乙酸）开始，在胞浆中经一系列酶的催化，合成 30 碳开链的鲨烯，再由固醇载体蛋白将其转运到内质网（微粒体），在一套氧化环化酶系作用下，最后生成胆固醇，合成的关键酶是催化 *β*- 羟基 -*β*- 甲基戊二酰 CoA 生成 3- 甲基 -3,5- 二羟戊酸（即甲羟戊酸，mevalonic acid，MVA）的羟甲基戊二酰 CoA 还原酶。整个合成途径如图 10-8 所示。

10-11 类胡萝卜素微生物制造技术

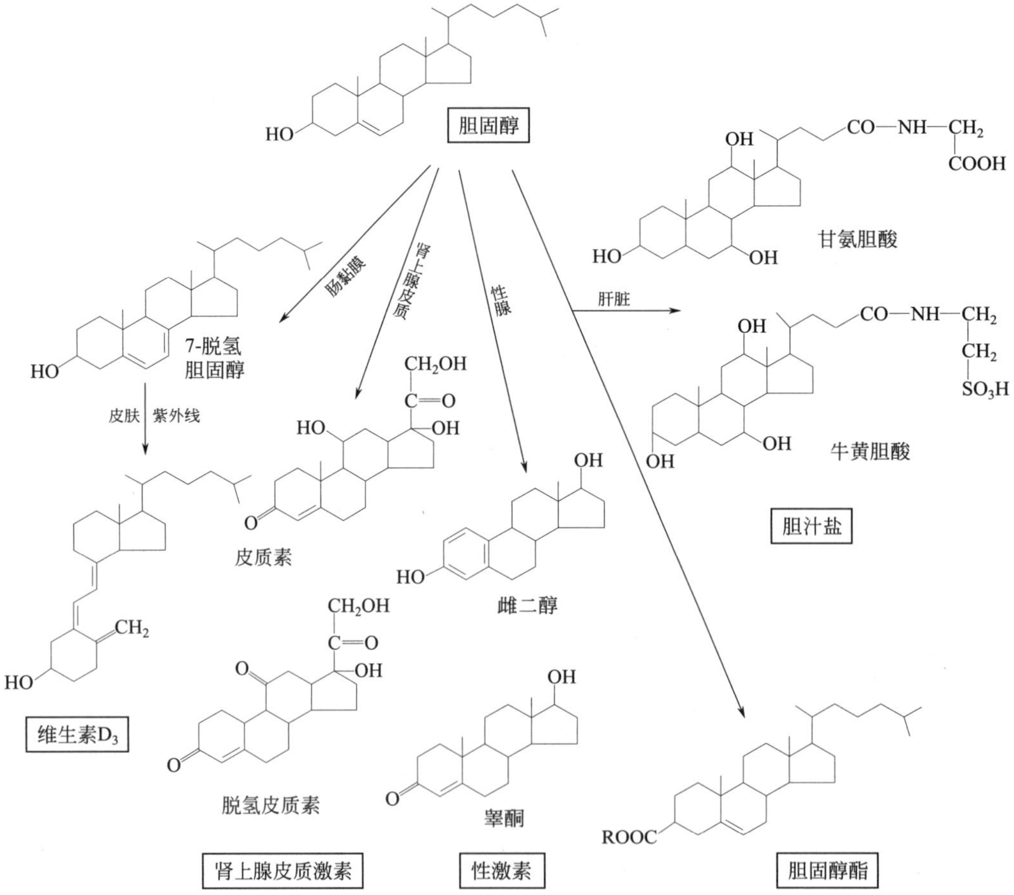

图 10-9 哺乳动物体内胆固醇的转化

各种因素可对胆固醇的合成进行调节，主要是对合成过程的关键酶（HMG-CoA 还原酶）活性的调节。第一，饥饿会导致肝脏合成的胆固醇的量下降。第二，饱食会激发胆固醇的合成量增加。胆固醇及其氧化产物，如 7*β*- 羟胆固醇、25- 羟胆固醇等可反馈抑制 HMG-CoA 还原酶的活性。第三，激素像胰岛素和甲状腺素会诱导 HMG-CoA 还原酶的合成；胰高血糖素和皮质醇会抑制 HMG-CoA 还原酶的活性，减少胆固醇的合成；甲状腺素虽然能促进 HMG-CoA 还原酶的合成，增加胆固醇合成，但又能高效促进胆固醇转化为胆汁酸，故总的调节效应是使血浆胆固醇含量下降。临床上可见甲状腺功能亢进患者的血胆固醇含量降低。

2. 胆固醇的转化——转变成多种活性物质

在人体和哺乳动物体内，胆固醇可转化为固醇类激素、胆酸及胆汁酸盐、维生素 D_3 等活性物质（如图 10-9 所示）。在植物体内，由鲨烯转变为豆固醇和谷固醇，在酵母和霉菌中由鲨烯转变成麦角固醇。这个转化同动物体内由鲨烯转变成胆固醇一样，都是十分复杂的酶促反应过程，有一些中间反应过程尚在继续研究中。

10-12 胆固醇代谢调控巨噬细胞抗肿瘤新机制

第四节 脂代谢在工业上的应用

10-13 脂水解的应用

一、在食品工业中的应用

在食品工业中常常利用脂肪酶的催化特性进行实际应用。

脂酶作用于食品材料中的油脂，产生游离脂肪酸，后者很容易进一步氧化而产生一系列短碳链的脂肪酸、脂肪醛等，从而影响食品的风味。例如，采用微生物脂酶用鱼油生产多不饱和脂肪酸，可用于食品，也可用于医药。

利用微生物脂酶催化脂肪水解反应具有可逆性特点，用脂酶可将醇和脂肪酸合成酯。改变不同的脂肪酸，即可与甘油反应生成不同的甘油酯，作为乳化剂或食品添加剂。当脂酶作用于油和脂肪时，同时发生甘油酯的水解和再合成反应，于是酰基在甘油酯分子间移动和发生酯交换反应。根据需要在反应体系中加入不同的脂肪，就有可能生产出具有独特性质并有价值的新产品。例如，通过酯交换反应用廉价的原料生产有价值的可可奶油。

二、脂肪酸发酵生产

脂肪酸是肥皂、医药、食品、化工等工业的原料，利用假丝酵母（*Candida albicans*）107 可以转化 $C_{11} \sim C_{15}$ 正烷烃为脂肪酸。也可利用固定化脂肪酶装于生物反应器中，将脂肪分解为脂肪酸和甘油。如果使用分批生产或连续生产法，可使成本大大下降。

长链饱和二羧酸是制造合成纤维、工程塑料、涂料、香料和医药的重要原料。有机合成比较困难。中国科学院等单位以石油为原料，利用热带假丝酵母（*Candida tropicalis*）及其诱变种，生产十三碳二酸和十四碳二酸，已获成功。

10-14 法尼烯的生产

第十章

1. 共轭亚油酸的制备与应用

共轭亚油酸（conjugated linoleic acids，CLA）是亚油酸（linoleic acids，LA）的一系列位置和几何异构体的混合物，是存在于食物中的天然成分。

9c,11t-18:2 和 10t,12c-18:2 异构体具有抗动脉硬化、抗血栓、降血压、降血脂、减肥、提高免疫力等一系列生理活性。此外，CLA 表现出抗肿瘤功能。无论是作为药品、保健食品、功能食品、食品防腐剂，还是在肉类工业、饲料工业中均具有重要作用。

化学合成是获取 CLA 的重要途径之一，如异构化法、脱水法、溴化 / 脱溴化氢法等。

生物合成法是采用特定的酶或微生物催化相应的底物生成 CLA。用亚油酸异构酶催化亚油酸生成 9c,11 t -18:2 异构体。厌氧的瘤胃细菌和兼性厌氧的乳酸菌均具有将亚油酸转化为 CLA 的能力。用乳酸菌 SP 培养液催化亚油酸，生成 CLA 的浓度可达 7mg/g，而且产物中 9c,11t -18:2 异构体占总 CLA 的含量达 96% 以上。在亚油酸浓度为 0.1%（1mg/mL）的发酵液中加入嗜酸乳酸菌（*Lactobacillus acidophilus*）发酵，37℃发酵 24h，生成的 CLA 含量达到 8.247μg/mL。

CLA 的生物合成法与化学合成法相比，具有选择性合成的优势，可得到生理活性较高的 9c,11t -18:2 高纯度异构体，避免了化学合成法生成复杂的 CLA 异构体混合物而带来的分离和纯化上的困难。

2. γ- 亚麻酸的制备与应用

γ- 亚麻酸（GLA）为全顺式 6,9,12- 十八碳三烯酸，是人体内不能合成又必需的一种脂肪酸，作为体内合成前列腺素的前体具有重要生理功能。GLA 降低胆固醇的作用是亚油酸的 163 倍。在临床上将 GLA 用于防治冠心病和心绞痛，降低胆固醇及抑制肥胖症等。GLA 作食品营养补充剂具有广泛的应用前景。GLA 具有抗黑色素生成作用，加到护肤品中用于抗色素沉着。

月见草、紫草科植物玻璃苣及黑醋栗等是 GLA 的植物来源，采用微生物发酵法是获取 GLA 的又一重要途径。仅脂肪酸合成过程转化为软脂酸，再经延长酶和脱氢酶催化合成 GLA。在已报道的微生物发酵制备 GLA 的技术中，发酵用微生物菌种主要有被孢霉、雅致枝霉、雅致小克银汉霉、微小毛霉、高大毛霉等。通过代谢工程的方法提高 GLA 的产量。其工艺如下。

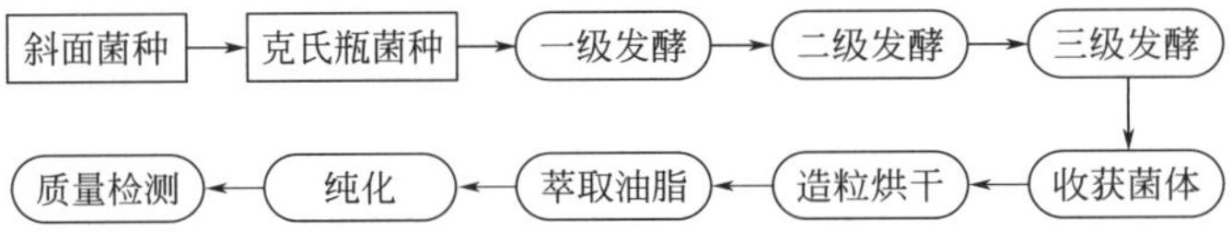

3. DHA 的制备与应用

二十二碳六烯酸（DHA）是目前发现的碳链最长、不饱和程度最高的不饱和脂肪酸，促进视力和智力发育，可治疗和预防心血管疾病，俗称“脑黄金”，在医药、食品、饲料行业中具有重要应用价值。微生物发酵生产 DHA 具有很多优势。裂殖壶菌生长速度快，易于培养，DHA 含量在总油脂中的含量高达 56%，是一种有潜力的生产 DHA 的资源。将裂殖壶菌在密闭的系统中进行规模化培养，发酵结束后提取油脂，再经过精炼等工艺，最终得到高纯度的 DHA 藻油，已通过欧盟、美国等国际权威机构的审核、认证，被列入新资源食品清单，具有巨大市场潜力。

三、脂溶性维生素的微生物制造

酿酒酵母和大肠杆菌可高细胞密度发酵生产 β- 胡萝卜素。以乙酰辅酶 A 为起始原料，经一系列酶促反应生成甲羟戊酸，再进一步生成异戊烯焦磷酸（IPP）和二甲基烯丙基焦磷酸（DMAPP），它们是合成维生素 A 的重要前体。由 IPP 和 DMAPP 经一系列缩合反应生成牻牛儿基焦磷酸、法尼基焦磷酸等，最终合成八氢番茄红素，再经过脱氢等反应生成 β- 胡萝卜素。β- 胡萝卜素在加氧酶的作用下生成两分子视黄醛，视黄醛再经氧化或者还原生成视黄酸或视黄醇，转化为维生素 A。

酵母是麦角固醇的生产菌株。HMG-CoA 还原酶是控制麦角固醇合成的限速酶，中断其反馈抑制途径，可以获得高产率的麦角固醇。通过甲羟戊酸途径合成角鲨烯，角鲨烯环化形成羊毛甾醇，最后羊毛甾醇经过一系列反应转化为麦角固醇。麦角固醇在紫外线照射下转化为维生素 D_2 前体。

四、石油开采和处理石油污染

一些可分解烃类及石油组分的微生物，可将烃类末端甲基氧化为伯醇，再被与 NADH 偶联的脱氢酶氧化为醛，并进一步氧化为相应的脂肪酸。除了末端氧化外，有的微生物（如假单胞菌 *Pseudomonas*）能够在亚末端氧化烃类，即首先将第二碳氧化成仲醇，再氧化为酮，还有能将烃类的两个末端甲基同时氧化，氧化成二羧酸，细菌将此二羧酸经 β- 氧化分解利用。此法用于石油开采或海洋石油污染的处理以保护环境。

本章提要

油脂代谢包括甘油和脂肪酸的分解与合成。脂肪酸 β– 氧化途径在线粒体内进行，脂酰 CoA 通过肉毒碱转运进入线粒体。每一循环经四步反应生成一分子乙酰 CoA，一分子软脂酸通过 β– 氧化产生 10^6 分子 ATP，是体内获取能量的重要方式。脂肪酸全程合成途径在胞浆进行，需要酰基载体蛋白参与。乙酰 CoA 羧化酶催化丙二酸单酰 CoA 生成，是脂肪酸合成的关键步骤，为脂肪酸合成提供原料。CTP 是磷脂合成必需辅因子，胆固醇的代谢可进一步转化为多种活性物质。

课后习题

1. 用对或不对回答下列问题。如果不对，请说明原因。

（1）脂肪酸的氧化分解是在有机分子的羧基端开始的。

（2）只有偶数碳原子的脂肪酸才能在氧化降解时产生乙酰 CoA。

（3）因为甘油和 3- 磷酸甘油醛都是三碳化合物，所以它的完全降解所产生的 ATP 数是一样的。

（4）从乙酰 CoA 合成 1 分子软脂酸，需消耗 8 分子 ATP。

（5）合成糖原需要 UTP，合成磷脂需要 CTP。

2. 1mol 三软脂酰甘油酯完全氧化分解，产生多少摩尔 ATP？多少摩尔 CO_2？如由 3 分子软脂酸和 1 分子甘油合成 1 分子三软脂酰甘油需要几分子 ATP？

3. 1mol 下列含羟基不饱和脂肪酸完全氧化成 CO_2 和水，可净生成多少摩尔 ATP？

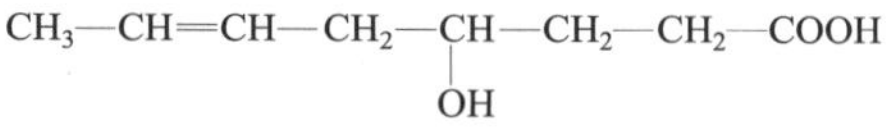

4. 据你所知，乙酰 CoA 在动物体内可转变成哪些物质？

5. 8 个碳原子的脂肪酸可以进行几轮 β- 氧化？

6. 简述胞浆中脂肪酸的全程合成途径包括哪些步骤，各步骤的主要酶是什么。

讨论学习

1. 在脂肪酸分解过程中，如何优化能量转换效率，以实现更高效、更环保的生物质能利用？

2. 脂质从头合成本质上是加上来自于乙酰辅酶 A 的二碳单位，但其起始物质（直接原料）却是丙二酸单酰辅酶 A，有何意义？联系糖原合成的起始物质为 UDPG、核酸生物合成（复制、转录及逆转录）的起始物质为 NTP 或 dNTP，蛋白质生物合成（翻译）的起始物质氨酰 -tRNA，思考为何生物合成其起始物质都是其构件分子活化的衍生物而不是以构件分子作为直接原料，有何意义？

3. 脂分解代谢与合成代谢的异同。二者使用相同的代谢途径，细胞如何实现分解代谢与合成代谢的有序进行而避免无效循环？并联系糖酵解与糖异生途径二者关系进行讨论。

4. 如何利用脂质代谢的生化机制，开发更环保、高效且可持续的工业生产过程，以应对全球能源危机和环境污染问题？

10-15　自我测评

第十一章　核酸代谢

11-1　学习目标

核酸代谢
核酸的酶促降解
核酸酶
酶解产物
核苷酸分解代谢
核苷酸分解
核苷酸酶
核苷分解
核苷磷酸化酶
核苷水解酶
嘌呤分解
嘧啶分解
核苷酸合成代谢
嘌呤核苷酸合成
从头合成
补救途径
嘧啶核苷酸合成
从头合成
补救途径
脱氧核糖核苷酸合成
DNA复制
DNA复制有关的酶
DNA聚合酶
引发酶
DNA连接酶
单链结合蛋白
旋转酶与解旋酶
DNA的复制方式
半保留复制
半不连续复制
前导链
滞后链
冈崎片段
复制的忠实性
DNA复制过程
起始
识别起始位点
DNA解链
RNA引物合成
延伸
模板
底物
dNTP
方向
5′端向3′端合成
终止
RNA生物合成
RNA聚合酶
基因转录过程
起始
启动子
聚合酶与模板DNA结合
转录起始
延伸
模板
底物
NTP
方向
5′端向3′端合成
终止
终止子
不依赖ρ因子
依赖ρ因子
转录产物加工修饰
RNA的复制合成
逆转录
核酸合成抑制剂
核苷酸合成抑制剂
氨基酸类似物
叶酸类似物
碱基和核苷类似物
与DNA模板结合
作用于聚合酶
核酸代谢的应用
嘌呤核苷酸合成
鸟苷酸发酵生产
定义与特点
细胞部位
反应过程
关键酶与限速步骤
原料、来源及起始物质
重要中间代谢物
产物去向与回补
碳、氢、氮的去向
化学计量
能量计量
调节机制
生理意义
相互关系及与其他代谢的关系

第一节　核酸的降解和核苷酸的分解代谢

核酸是一类极其重要的生物大分子，它是遗传和变异的物质基础，是遗传信息的载体，与许多重要的生命现象密切相关。核酸和核苷酸分解产生的戊糖在生物体内可以作为能源物质被彻底分解，糖、氨基酸等也可再合成核苷酸和核酸。

一、核酸的酶促降解

核酸是由许多核苷酸以3′,5′-磷酸二酯键连接而成的大分子化合物，其酶促降解依据条件不同，得到大小不同的核苷酸片段及单核苷酸。

1. 核酸酶

催化降解核酸中磷酸二酯键的酶称为核酸酶（nuclease）。核酸酶根据底物不同，分为DNA酶（deoxyribonuclease，DNase）和RNA酶（ribonuclease，RNase）；根据对底物作用方式不同，又分为核酸内切酶（endonuclease）和核酸外切酶（exonuclease）。

（1）DNase　DNase是一类特异水解DNA磷酸二酯键的酶类。主要有DNase Ⅰ、DNase Ⅱ、限制性内切酶。它们的作用部位是：DNase Ⅰ切断磷酸二酯键的3′端酯键，产物为5′端带磷酸的寡聚脱氧核苷酸片段，该酶特异性不强；DNase Ⅱ切断磷酸二酯键的5′端酯键，产物为3′末端带磷酸的寡聚脱氧核苷酸片段；DNA限制性内切酶（restriction endonuclease）只作用于双链DNA，且只在特定核苷酸序列处切开核苷酸之间的连接键。限制性内切酶是基因工程中常用的一类酶，已发现有几百种（见本书第十四章）。

（2）RNase　RNase是一类切断RNA中磷酸二酯键的内切酶，其特异性较高。RNase主要有RNase A、RNase T_1、RNase U_2等。

（3）核酸外切酶　核酸外切酶从多核苷酸链的一端逐个切下单核苷酸。在核酸外切酶中，比较常见的如牛脾磷酸二酯酶（spleen phosphodiesterase，SPDase）和蛇毒磷酸二酯酶（venom phosphodiesterase，VPDase）。SPDase从RNA的5′-OH端逐个切下核苷酸，产生3′-单核苷酸；VPDase与之相反，从3′-OH端逐个切下核苷酸，产生5′-单核苷酸。SPDase和VPDase既可作用于RNA，又可作用于DNA。

2. 酶解产物

核酸酶解产物有低聚核苷酸和核苷酸。这些产物既可是核酸结构分析的直接成分，又可是基因工程的基因来源。在机体内还可进一步分解和转化。

二、核苷酸的降解

1. 核苷酸的分解

核苷酸经核苷酸酶（nucleotidase）作用，水解为核苷和无机磷酸，即：

$$\text{核苷酸} \xrightarrow[H_2O]{\text{核苷酸酶}} \text{核苷} + Pi$$

核苷酸酶在生物机体内分布广泛，特异性不强，可作用于一切核苷酸的磷酸单酯键。但也存在特异性的核苷酸酶，如存在于植物中的3′-核苷酸酶，只能水解3′-核苷酸；存在于脑、网膜、土豆、蛇毒中的5′-核苷酸酶只能水解5′-核苷酸。

2. 核苷的分解

核苷经核苷酶（nucleosidase）作用分解为碱基（嘌呤或嘧啶）和核糖（或脱氧核糖）。核苷酶有两类：一是核苷磷酸化酶，广泛存在于生物机体中，能催化可逆反应；二是核苷水解酶，主要存在于植物、微生物体内，只作用于核糖核苷，催化反应不可逆，即：

$$(\text{脱氧})\text{核苷}+\text{Pi} \xrightleftharpoons{\text{核苷磷酸化酶}} \text{嘌呤或嘧啶}+(\text{脱氧})\text{核糖-1-磷酸}$$

$$\text{核糖核苷}+H_2O \xrightarrow{\text{核苷水解酶}} \text{嘌呤或嘧啶}+\text{核糖}$$

以上各分解产物都可进一步氧化分解，其中戊糖的氧化分解可参见本书第九章相关部分，嘌呤和嘧啶的进一步分解是沿不同的途径进行的。

三、嘌呤碱的分解

嘌呤的分解代谢见图 11-1。

腺嘌呤在腺嘌呤脱氨酶（adenine deaminase）作用下脱氨产生次黄嘌呤（hypoxanthine），次黄嘌呤在黄嘌呤氧化酶（xanthine oxidase）作用下氧化成黄嘌呤（xanthine）。动物组织中腺嘌呤脱氨酶含量极少，腺嘌呤脱氨基作用可在核苷和核苷酸水平进行。鸟嘌呤在鸟嘌呤脱氨酶（guanine deaminase）作用下脱氨生成黄嘌呤。

黄嘌呤在黄嘌呤氧化酶（xanthine oxidase）作用下生成尿酸（uric acid）。尿酸是人、灵长类、鸟类、爬行类及大多数昆虫的嘌呤代谢终产物。正常人血浆尿酸含量为男性 3 ～ 6mg/100mL，女性 2.5 ～ 5mg/100mL。尿中尿酸排泄量为 200 ～ 400mg/d。尿酸在体内过量积累会引起痛风，次黄嘌呤的结构类似物别嘌呤醇作为黄嘌呤氧化酶的自杀性底物，能抑制尿酸的生成，嘌呤以黄嘌呤和次黄嘌呤形式排泄，可用于治疗痛风。

除灵长类以外的哺乳动物、双翅目昆虫以及腹足类动物等不排泄尿酸，而是排泄尿囊素（allantoin）。尿囊素是尿酸在尿酸酶（uricase）作用下氧化而成的。人及灵长类不具有尿酸酶。

某些硬骨鱼类的体内含尿囊素酶（allantoinase），能水解尿囊素生成尿囊酸（allantoic acid）。大多数鱼类、两栖类不仅具有尿酸酶、尿囊素酶，而且还具有尿囊酸酶（allantoicase），后者能将尿囊酸水解为尿素（urea），即这些动物体内的嘌呤最终代谢产物是尿素。

植物和微生物体内嘌呤代谢途径，大致与动物相似。

11-2　在数据库中检索黄嘌呤氧化酶

11-3　痛风的由来与治疗

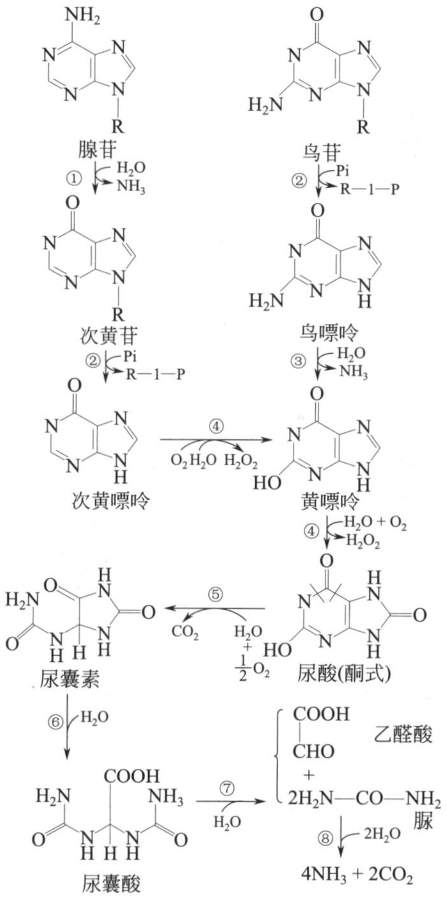

图 11-1　嘌呤的分解代谢

① 腺苷脱氨酶；② 核苷磷酸化酶；③ 鸟嘌呤脱氨酶；④ 黄嘌呤氧化酶；⑤ 尿酸酶；⑥ 尿囊素酶；⑦ 尿囊酸酶；⑧ 脲酶

四、嘧啶碱的分解

嘧啶的分解代谢见图 11-2。

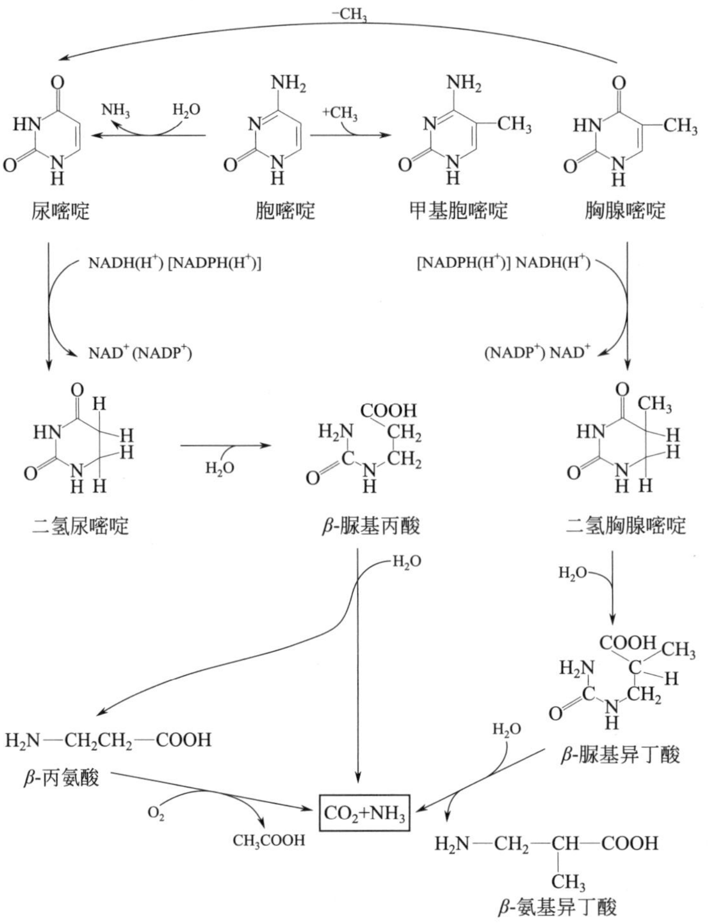

图 11-2 嘧啶的分解代谢

嘧啶碱基的分解主要在肝中进行，不同种类生物对嘧啶碱的分解过程也不完全一样。一般胞嘧啶脱氨基生成尿嘧啶，尿嘧啶还原生成二氢尿嘧啶（dihydrouracil），再经水解开环，生成 NH_3、CO_2 和 *β*- 氨基丙酸。因此，经脱氨氧化、还原及脱羧等反应，胞嘧啶、尿嘧啶的主要分解产物为 *β*- 丙氨酸（*β*-alanine）。胸腺嘧啶的分解与尿嘧啶相似，其主要分解产物为 *β*- 氨基异丁酸（*β*-aminoisobutyric acid）。*β*-氨基异丁酸经转氨基作用转变为琥珀酰 CoA 而进入三羧酸循环。在人体内，*β*- 丙氨酸、*β*- 氨基异丁酸可继续进行分解，但部分 *β*- 氨基异丁酸可随尿排出体外。

第二节 核苷酸的合成代谢

无论嘧啶核苷酸还是嘌呤核苷酸，其合成代谢都有两条不同的途径：一条是以氨基酸等为原料逐渐掺入原子合成碱基，是“从无到有”的全程合成途径；另一条是以现存碱基为原料合成核苷酸的“补偿途径”，是次要途径。

一、嘌呤核苷酸的合成

1. 从头合成

（1）原料及来源

① 5- 磷酸核糖 来自磷酸戊糖途径的中间产物。

② 嘌呤碱　由同位素标记实验证明，嘌呤环中各原子来源于不同的物质（图 11-3）。

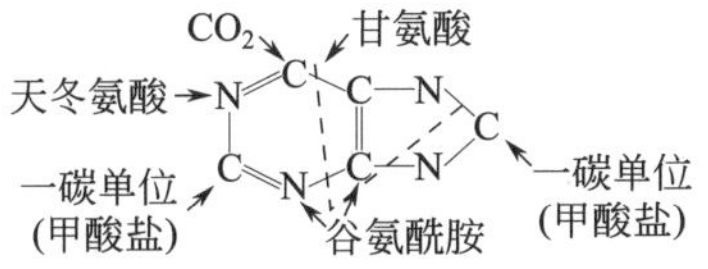

图 11-3　嘌呤环各原子的来源

（2）合成过程及特点　嘌呤核苷酸的合成不是先合成嘌呤环，再与核糖、磷酸结合成核苷酸，而是核糖与磷酸先合成磷酸核糖，然后逐步由谷氨酰胺、甘氨酸、一碳基团、CO_2 及天冬氨酸掺入碳原子或氮原子形成嘌呤环，最后合成嘌呤核苷酸。

合成的起始物质是 5- 磷酸核糖 -1- 焦磷酸（5-phosphoribosyl-1-pyrophosphate，PRPP），其生成的反应为：

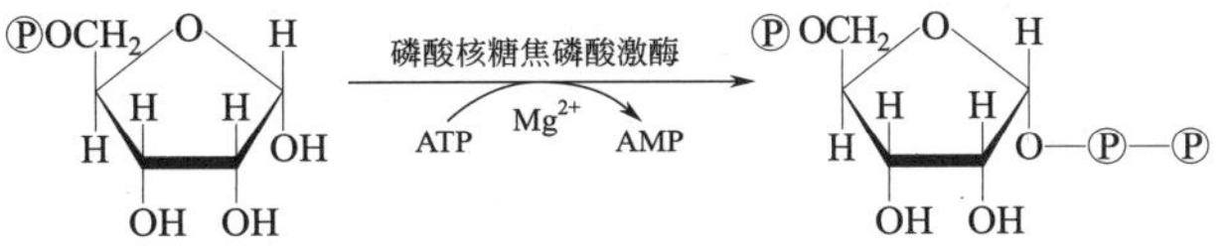

5-磷酸核糖　　PRPP

11-4　在数据库中检索 PRPP 合成酶

① 特点　5- 磷酸核糖先与谷氨酰胺的 NH_2 的 N（嘌呤环上的 N9）结合，然后再以此基础合成环。

② 合成过程　从 PRPP 到嘌呤核苷酸的生成要经历两个主要阶段：一是由 PRPP 到次黄嘌呤核苷酸（IMP）的合成（如图 11-4 所示）；二是由 IMP 分别合成 AMP 和 GMP（如图 11-5 所示）。

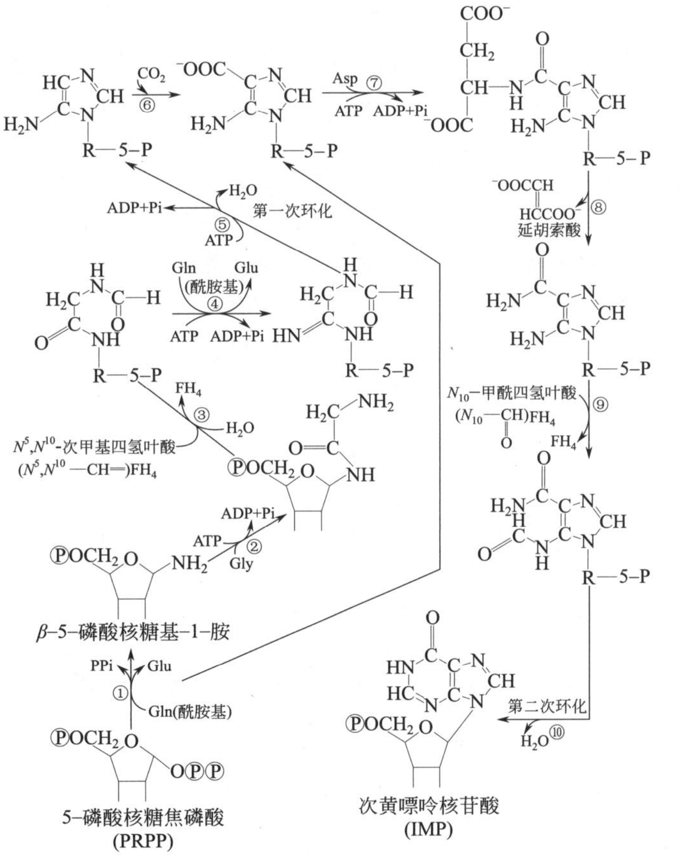

图 11-4　IMP 生成合成途径

① 磷酸核糖焦磷酸酰胺转移酶；② 甘氨酰胺核苷酸合成酶；③ 甘氨酰胺核苷酸转甲酰酶；④ 甲酰甘氨酰胺核苷酸合成酶；⑤ 氨基咪唑核苷酸合成酶；⑥ 氨基咪唑核苷酸羧化酶；⑦ 氨基琥珀酸甲酰胺咪唑核苷酸合成酶；⑧ 氨甲酰咪唑核苷酸琥珀酸裂解酶；⑨ 甲酰转移酶；⑩ 次黄嘌呤核苷酸环化脱水酶

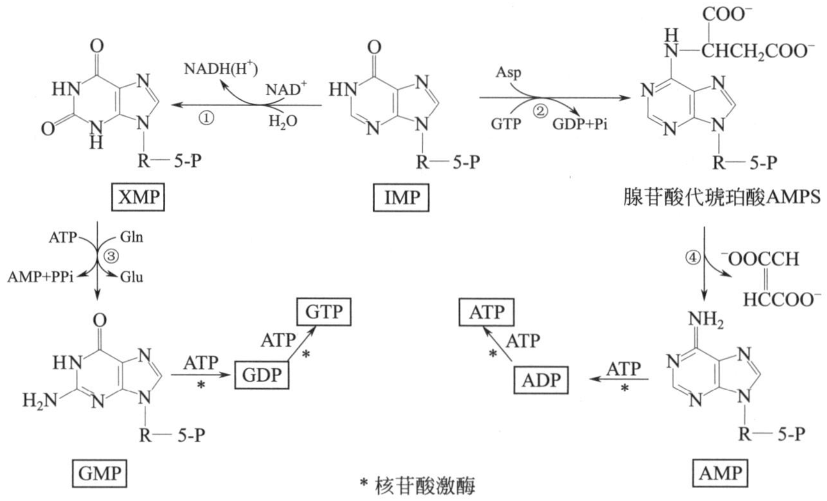

图 11-5　AMP 和 GMP 的合成

① 次黄嘌呤核苷酸脱氢酶；② 腺苷酸代琥珀酸合成酶；③ 鸟苷酸合成酶；④ 腺苷酸代琥珀酸裂解酶

AMP 和 GMP 可由核苷激酶催化转变为相应的核苷二磷酸和核苷三磷酸，高能磷酸基团由 ATP 提供。

IMP 生成 AMP 由两步完成。首先在腺苷酸代琥珀酸合成酶催化下，由 GTP 供能，IMP 与天冬氨酸的氨基相连生成腺苷酸代琥珀酸；后者在腺苷酸代琥珀酸裂解酶作用下裂解生成延胡索酸和 AMP。

IMP 生成 GMP 由两步完成。IMP 在 IMP 脱氢酶催化下，以 NAD^+ 为受氢体，氧化生成黄嘌呤核苷酸（xanthosine monophosphate，XMP）；再经 GMP 合成酶催化，黄嘌呤核苷酸 C2 上的氧被谷氨酰胺提供的酰胺基取代生成 GMP，该反应由 ATP 水解供能。

嘌呤核苷酸的从头合成受终产物 AMP 和 GMP 的反馈控制。调节合成速率的关键酶有 3 个，即 PRPP 酰胺转移酶、腺苷酸代琥珀酸合成酶和次黄嘌呤核苷酸脱氢酶。IMP、AMP 和 GMP 抑制 PRPP 酰胺转移酶。分支后，AMP 抑制腺苷酸代琥珀酸合成酶，AMP 过量抑制自身合成；GMP 抑制次黄嘌呤核苷酸脱氢酶，GMP 过量抑制自身合成。由 IMP 转变为 AMP 时需要 GTP，由 IMP 转变为 GMP 时需要 ATP，即 GTP 促进 AMP 生成，ATP 促进 GMP 生成。这种交叉调节对维持 ATP 和 GTP 的浓度平衡具有重要意义。

11-5　检索嘌呤从头合成代谢途径

11-6　一网无遗：绘制嘌呤从头合成途径挂图

2. 补救途径

在动物的某些组织（如脑、骨髓和脾脏）以及微生物内还存在利用内源性的核苷酸分解代谢产物嘌呤碱为原料再合成核苷酸的补救途径。嘌呤核苷酸合成的补救途径有两种。

① 核苷酸焦磷酸化酶（nucleotide pyrophosphorylase）催化：

$$\text{腺嘌呤}+\text{PRPP}\xrightleftharpoons{\text{腺苷酸焦磷酸化酶}}\text{腺苷酸}+\text{PPi}$$

$$\text{鸟嘌呤}+\text{PRPP}\xrightleftharpoons{\text{鸟苷酸焦磷酸化酶}}\text{鸟苷酸}+\text{PPi}$$

② 核苷磷酸化酶（nucleoside phosphorylase）催化：

$$\text{嘌呤}+1\text{-磷酸核糖}\xrightleftharpoons{\text{核苷磷酸化酶}}\text{嘌呤核苷}+\text{Pi}$$

$$\text{嘌呤核苷}\xrightarrow[\text{ATP}\quad\text{ADP}]{\text{核苷磷酸激酶}}\text{嘌呤核苷酸}$$

11-7　嘌呤核苷酸及其衍生物的发酵生产

嘌呤核苷酸的补救合成是一种次要途径。其生理意义一方面在于可以节约能量和氨基酸的消耗，另一方面体内某些组织器官如脑、骨髓只能通过此途径合成核苷酸。

二、嘧啶核苷酸的合成

1. 从头合成

（1）合成嘧啶碱的原料

同位素标记实验证明，嘧啶是由天冬氨酸、谷氨酰胺和 CO_2 合成的，如图 11-6 所示。

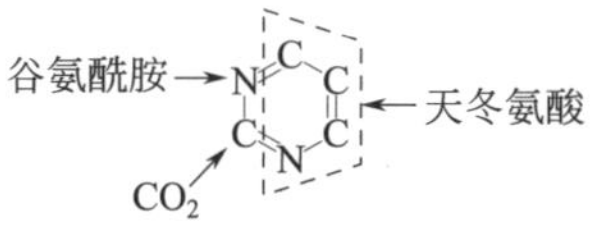

图 11-6　嘧啶环各原子的来源

（2）合成过程及特点

① 特点　嘧啶核苷酸的合成与嘌呤核苷酸的合成不同，是先利用小分子化合物合成嘧啶环，再与磷酸核糖结合成乳清酸核苷酸（orotidine monophosphate，OMP），然后生成尿嘧啶核苷酸。

② 过程　先合成尿嘧啶和尿苷酸（UMP），再转化成其他嘧啶类核苷酸，它们的合成、转化途径如图 11-7 和图 11-8 所示，其中合成 UMP 的过程又分为三个阶段：第一，以 CO_2 和 Gln 为原料合成氨甲酰磷酸（carbamoyl phosphate）；第二，氨甲酰磷酸和天冬氨酸缩合生成氨甲酰天冬氨酸，进而脱水、脱氢生成乳清酸（orotic acid）；第三，乳清酸接受 PRPP 的 5- 磷酸核糖生成乳清酸核苷酸，进而脱羧生成尿嘧啶核苷酸。

11-8　在数据库中检索氨基甲酰合成酶

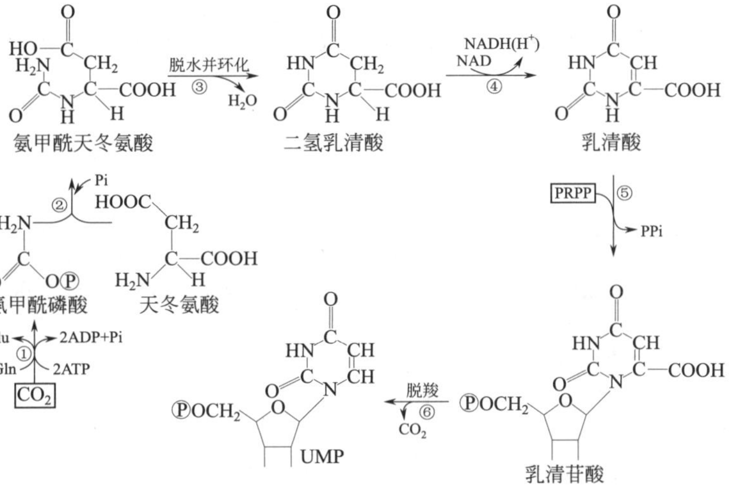

图 11-7　UMP 的生成途径

① 氨甲酰磷酸合成酶 Ⅱ；② 天冬氨酸氨甲酰基转移酶；③ 二氢乳清酸酶；④ 乳清酸还原酶；⑤ 乳清酸磷酸核糖转移酶；⑥ 羧基尿苷酸脱羧酶

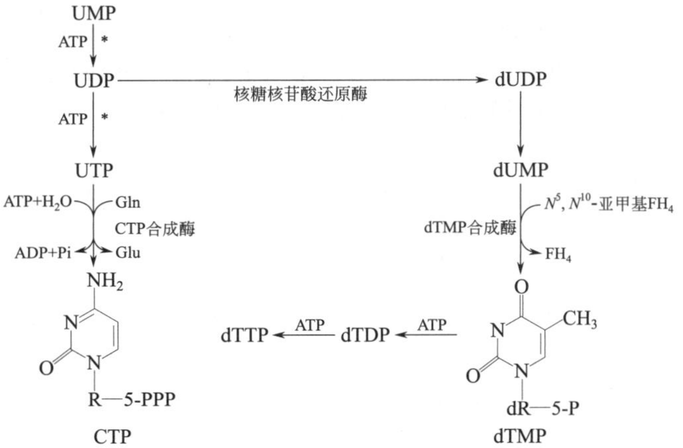

*核苷酸激酶

图 11-8　由 UMP 生成 CTP 及 dTTP 途径

在尿嘧啶合成中的前 3 个酶，即氨甲酰磷酸合成酶Ⅱ、天冬氨酸氨甲酰基转移酶以及二氢乳清酸酶，在真核细胞中位于同一条肽链上，是一种多功能酶。而乳清酸磷酸核糖转移酶、羧基尿苷酸脱羧酶也是位于同一条肽链上的多功能酶。

UMP 生成后，可由激酶催化、ATP 提供高能磷酸键生成 UDP 和 UTP。而 UTP 可在 CTP 合成酶催化氨基化生成三磷酸胞苷（CTP）。动物体内，由谷氨酰胺提供氨基，细菌则直接由 NH_3 提供。尿苷酸向胞苷酸的转变只能在核苷三磷酸的水平上进行。

11-9 检索嘧啶从头合成代谢途径

2. 补救合成

生物体对外源或体内核苷酸代谢产生的嘧啶碱和核苷都可以重新用来合成嘧啶核苷酸。催化此类反应的酶有磷酸核糖转移酶、嘧啶核苷磷酸化酶以及嘧啶核苷激酶。

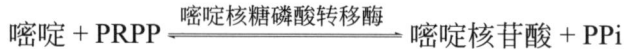

$$\text{嘧啶} + \text{PRPP} \xrightleftharpoons{\text{嘧啶核糖磷酸转移酶}} \text{嘧啶核苷酸} + \text{PPi}$$

胞嘧啶不能直接与 PRPP 反应生成胞嘧啶核苷酸。但是胞嘧啶核苷酸在尿苷激酶催化下被 ATP 磷酸化形成胞嘧啶核苷酸（CMP）。

$$\text{胞嘧啶核苷} + \text{ATP} \xrightleftharpoons{\text{尿苷激酶}} \text{CMP} + \text{ADP}$$

此外，UMP 还可由尿嘧啶磷酸化转变而来，即尿嘧啶与 1- 磷酸核糖反应生成尿嘧啶核苷，后者再经尿苷激酶催化生成尿嘧啶核苷酸。

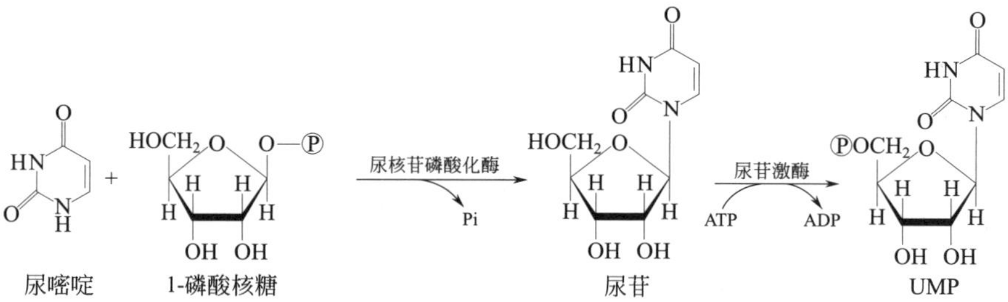

尿嘧啶也可以与 PRPP 作用生成 UMP，反应式为：

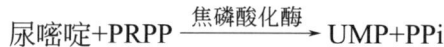

$$\text{尿嘧啶+PRPP} \xrightarrow{\text{焦磷酸化酶}} \text{UMP+PPi}$$

11-10 一网无遗：绘制嘧啶从头合成途径挂图

三、脱氧核糖核苷酸的合成

脱氧核糖核苷酸是由核糖核苷酸转变来的，将核糖第二位碳原子的氧脱去，这种转变对大多数生物来说都是在核糖核苷二磷酸水平上进行的，反应由核糖核苷酸还原酶系催化，包括核糖核苷酸还原酶（由 B1 和 B2 两个亚基组成）、硫氧还蛋白和硫氧还蛋白还原酶。NADPH 作为该反应的供氢体。整个还原过程为：

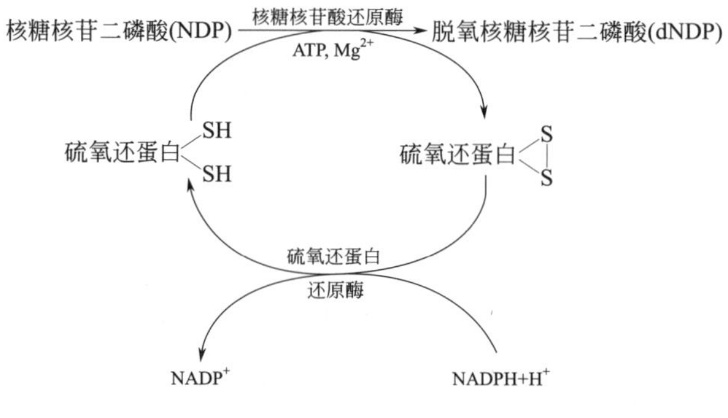

按此方式生成的 dNDP 仅包括 dADP、dGDP 和 dCDP，不包括 dTDP。

胸腺嘧啶脱氧核苷酸的合成则由另外的途径生成，有以胸腺嘧啶为原料的途径和由 UMP 经甲基化转变的途径（如图 11-9 所示）。甲基的供体为 N^5，N^{10}- 亚甲基四氢叶酸，是一碳单位载体，在核苷酸合成中起重要作用。叶酸的结构类似物，如氨基蝶呤、氨甲蝶呤等，是二氢叶酸还原酶的竞争性抑制剂，阻止四氢叶酸的合成，能抑制肿瘤细胞核酸的合成，是一类重要的抗肿瘤药物。

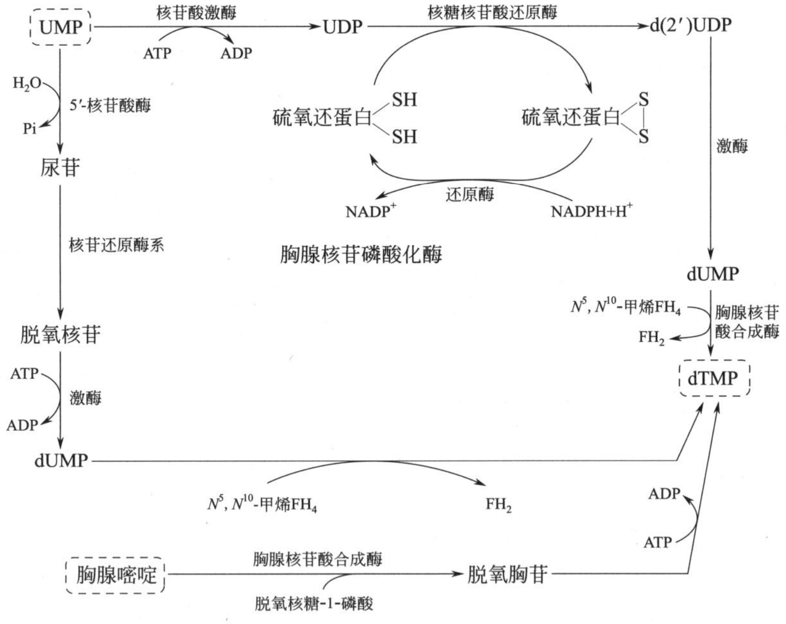

图 11-9　胸腺嘧啶脱氧核苷酸的生成途径

四、核苷酸合成抑制剂

核苷酸合成抑制剂是结构上类似于核苷酸合成代谢底物或中间产物的化合物，可作为核苷酸代谢的拮抗物而抑制核苷酸前体的合成，即所谓“抗代谢物”，主要有以下三类。

1. 氨基酸类似物

例如谷氨酰胺参与嘌呤核苷酸和 CTP 的合成，其类似物重氮乙酰丝氨酸、6- 重氮 -5- 氧代 -L- 正亮氨酸可干扰核苷酸合成对 Gln 的利用，因而被用作抗生素和抗肿瘤药物。

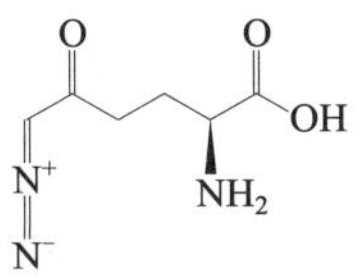

6-重氮-5-氧代-L-正亮氨酸

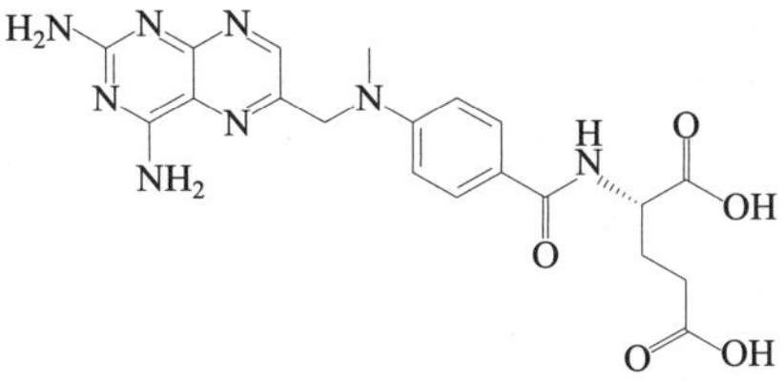

氨甲蝶呤

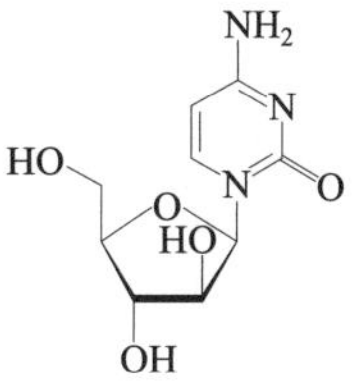

阿糖胞苷

2. 叶酸类似物

四氢叶酸作为一碳基团载体参与嘌呤核苷酸的合成，dTMP 的合成也需要亚甲基四氢叶酸提供甲基。因此，叶酸的结构类似物如氨基蝶呤、氨甲蝶呤等，可竞争性地与二氢叶酸还原酶结合，抑制二氢叶酸的再生，从而抑制核苷酸的合成，它们也被用作抗生素和抗肿瘤药物。

3. 碱基和核苷类似物

如 6- 巯基嘌呤、6- 氮嘌呤、8- 氮杂鸟嘌呤、6- 硫鸟嘌呤、5- 氟尿嘧啶、5- 碘尿嘧啶、阿糖胞苷和环胞苷等，常用作抗肿瘤和抗病毒药物。碱基类似物在体内转变为相应的核苷酸，直接抑制核苷酸合成过程中有关的酶类，或掺入核酸分子形成异常的 DNA 或 RNA，从而影响核酸功能，导致突变。

第三节 核酸代谢在工业上的应用

核酸是细胞最为重要的组成成分之一，是遗传和变异的物质基础；核苷酸是核酸分解代谢的产物，也是合成核酸的单体。核苷酸在细胞的组成、能量的产生与消耗、机体代谢、功能调节等方面都发挥着重要作用。此外，核苷酸还具有许多独特、重要的性质及功能，使得核苷酸的应用范围很广。目前，核苷酸广泛应用于食品和医药领域。在食品领域，核苷酸常作为食品增鲜剂添加到调味品中，用于增加食品鲜味，开发功能性食品。在医药领域，核酸参与机体生长代谢、合成蛋白质及遗传等生命过程，是生命不可或缺的物质，在机体免疫功能、肝脏保护、脂质代谢以及抗氧化等方面具有重要作用，核苷酸的医药价值越来越受到重视。根据微生物的核酸代谢途径，目前已可以实现多种核酸类物质包括核苷酸及其衍生物的工业化生产。本节以鸟苷酸为例，讲述鸟苷酸的发酵生产过程。

一、嘌呤核苷酸及其衍生物的生物合成

核苷酸的生产方法有化学合成法、酶水解 RNA 法、菌体自溶法和发酵法 4 种。发酵法生产核苷酸主要是通过控制微生物菌株的代谢途径使其过量合成核苷酸来实现的，具有产率高、周期短、控制容易、产量大等优点，目前已成为工业生产核苷酸的重要来源。

微生物的嘌呤生物合成途径主要包括从头合成和补救合成途径，如图 11-10 所示。在微生物中，嘌呤核苷酸的生物合成途径是从 5- 磷酸核糖焦磷酸（PRPP）和谷氨酰胺开始，经过十步反应生成肌苷酸（IMP）。IMP 又称为次黄嘌呤核苷酸，是转变为其他嘌呤核苷酸的重要前体物，因此可以将 IMP 称为嘌呤生物合成途径的中心代谢物。IMP 通过两条支路分别转化为腺苷酸（AMP）和鸟苷酸（GMP）。其中，AMP 合成途径中腺苷酸琥珀酸合成酶和腺苷酸琥珀酸裂解酶分别催化 IMP 生成 sAMP 和 AMP，而在 GMP 合成途径中 IMP 脱氢酶催化 IMP 生成黄苷酸（XMP），再由 GMP 合成酶催化 XMP 生成 GMP。

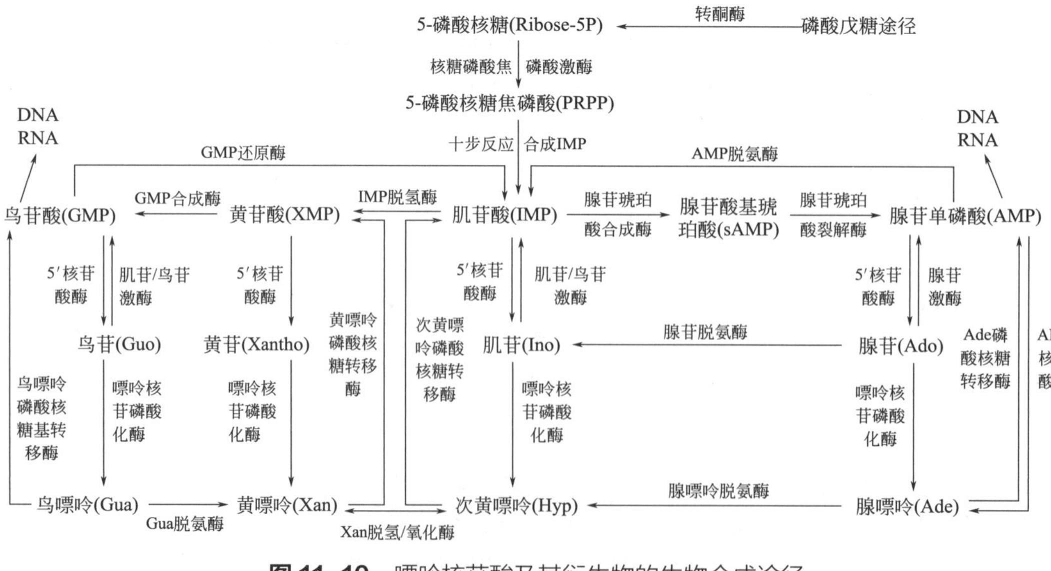

图 11-10 嘌呤核苷酸及其衍生物的生物合成途径

在补救合成途径中，磷酸核糖转移酶催化 PRPP 和嘌呤碱生成相应的嘌呤核苷。另外一些脱氨酶可以催化不同的嘌呤之间的相互转化，腺嘌呤脱氨酶催化腺嘌呤（Ade）生成次黄嘌呤（Hyp）；鸟嘌呤脱氨酶催化鸟嘌呤（Gua）生成黄嘌呤（Xan）；黄嘌呤脱氢酶催化黄嘌呤（Xan）生成次黄嘌呤（Hyp）。

二、鸟苷酸的发酵生产

鸟苷酸，又名 5'- 鸟嘌呤核苷酸（GMP），是组成核酸的五种核苷酸之一，具有特殊的香菇样鲜味，在食品工业中主要作为食品添加剂和用做调味品的原料。通常情况下，鸟苷酸与肌苷酸二钠合用，增加鲜味，且对谷氨酸钠增鲜具有协同效果，添加量是谷氨酸钠的 1% ～ 5%。鸟苷酸亦具有高度生物活性，具有调节机体营养代谢、提高机体免疫力及辅助抗肿瘤等功效。

发酵法生产鸟苷酸分为两种方法：直接发酵法和发酵转换法。直接发酵法利用一定数量微生物，例如枯草芽孢杆菌、产氨棒杆菌，以葡萄糖作为碳源，酵母粉或者玉米浆作为氮源进行发酵得到鸟苷酸，但是由于 GMP 是核苷酸合成途径的一种终产物，其积累会对嘌呤合成途径中的 PRPP 转酰胺酶，IMP 脱氢酶、GMP 还原酶等关键酶造成反馈抑制，因而其直接发酵受到抑制，得到的鸟苷酸产量低且产物品质及纯度低，不能达到工业化的要求。由于菌体中普遍存在有将鸟苷酸降解为鸟苷的核苷酸酶，并且可以直接通过细胞膜，另一方面，鸟苷溶解度很低，在发酵液中很容易析出结晶，因而基本不会对嘌呤合成造成反馈抑制，并且通过化学或生物磷酸化形成鸟苷酸的工艺已相当成熟。因此，目前运用最广泛的方法是发酵转化法，利用一定的微生物，以葡萄糖或多糖为碳源生产鸟苷，再利用生物或化学的方法将其转化为鸟苷酸。一般是先对枯草芽孢杆菌进行斜面培养、种子培养以及发酵培养获得鸟苷，再利用三氯氧磷溶液与吡啶溶液对鸟苷磷酸化制得鸟苷酸，工业上称为鸟苷发酵的二步生产法。如图 11-11 和图 11-12 所示。

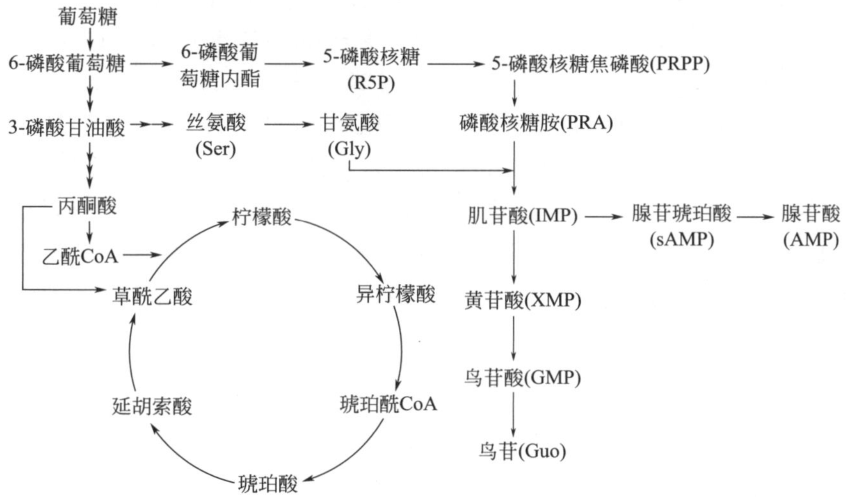

图 11-11　鸟苷生物合成途径

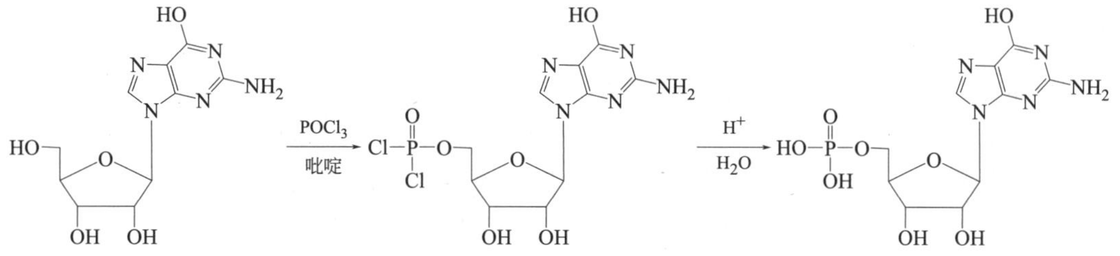

图 11-12　鸟苷磷酸化生产鸟苷酸

第四节 DNA 复制

第十一章第四节

第五节 RNA 的生物合成

第十一章第五节

本章提要

核酸经多种酶作用，降解为核苷酸，进一步分解为戊糖、磷酸和碱基。嘌呤核苷酸分解代谢的终产物有尿酸、尿囊素、尿囊酸、尿素以及氨。嘧啶核苷酸分解代谢产生 β– 丙氨酸和 β– 氨基异丁酸。核苷酸的合成包括从头合成途径和补救合成途径。嘌呤核苷酸的合成以磷酸核糖焦磷酸（PRPP）、甘氨酸、天冬氨酸、谷氨酰胺、CO_2 和一碳单位为原料，首先合成次黄嘌呤核苷酸（IMP）。嘧啶核苷酸的合成以 PRPP、天冬氨酸、谷氨酰胺和 CO_2 为原料，首先合成尿嘧啶核苷酸（UMP）。DNA 复制是一个十分复杂的过程，有多种酶及蛋白因子参与，包括 DNA 聚合酶、DNA 连接酶、解螺旋酶及拓扑异构酶等。以 DNA 为模板，RNA 为引物，dNTP 为底物，按照 5' → 3' 的方向合成一条与模板链互补的 DNA 链，按照半保留、半不连续的方式进行。RNA 转录以 DNA 为模板。在 RNA 聚合酶的作用下，由多种转录因子参与，以 NTP 为底物，从启动子到终止子按照 5' → 3' 的方向合成一条与模板 DNA 链互补的 RNA 新链，经过加工修饰转变为成熟 RNA。

课后习题

1. 用对或不对回答下列问题。如果不对，请说明原因。

（1）DNA 复制和转录都需要 DNA 变性。

（2）在 DNA 合成中，用 UTP 代替 dTTP，DNA 合成可照常进行。

（3）在 DNA 复制中，新链的合成只能是一条连续，另一条不连续。

（4）DNA 合成和 RNA 合成，新链延伸方向都是 5′ → 3′。

（5）负链病毒的繁殖，是以本身病毒 DNA 为模板合成的互补链用于组装新的病毒颗粒。

2. 生物体内嘌呤环及嘧啶环是如何合成的？有哪些氨基酸直接参与核苷酸的合成？

3. 若 ΦX174 噬菌体 DNA（单链）的碱基组成为 A 21%、G 29%、C 26%、T 24%。问由 RNA 聚合酶催化其转录产物 RNA 的碱基组成如何？

4. 有下列一段 DNA，写出其复制产物及转录产物。

5′ATGTCACCGT　　3′（非转录链）

3′TACAGTGGCA　　5′（转录链）

5. 在分子生物学中，经常使用一些转录的抑制剂。利福霉素能特异抑制细菌的 RNA 聚合酶，α- 鹅膏蕈碱能特异抑制真核细胞的 RNA 聚合酶，而放线菌素 D 能作用于 DNA，使 DNA 不起模板作用。判断在下列各情况下，是感染真核的病毒，还是感染原核的病毒？是 RNA 病毒，还是 DNA 病毒？

① 被利福霉素和放线菌素 D 抑制，而不被 α- 鹅膏蕈碱抑制。

② 不被利福霉素抑制，但被放线菌素 D 和 α- 鹅膏蕈碱抑制。

③ 以上 3 种抑制剂都不能抑制。

讨论学习

1. 大脑与心脏是人体最重要的器官，从生物化学代谢角度，总结有哪些机制支持大脑全力行使中枢而心脏行使动力的机能？
2. 核酸类营养品真的有功效吗？为什么？
3. 试比较微生物体内的 DNA 复制与 PCR 反应有哪些异同点？
4. 放线菌素 D 可以抑制原核生物的基因转录，那么它能否被用于人作为治疗性的抗细菌药物？为什么？

11-11　自我测评

第十二章 蛋白质代谢

12-1 学习目标

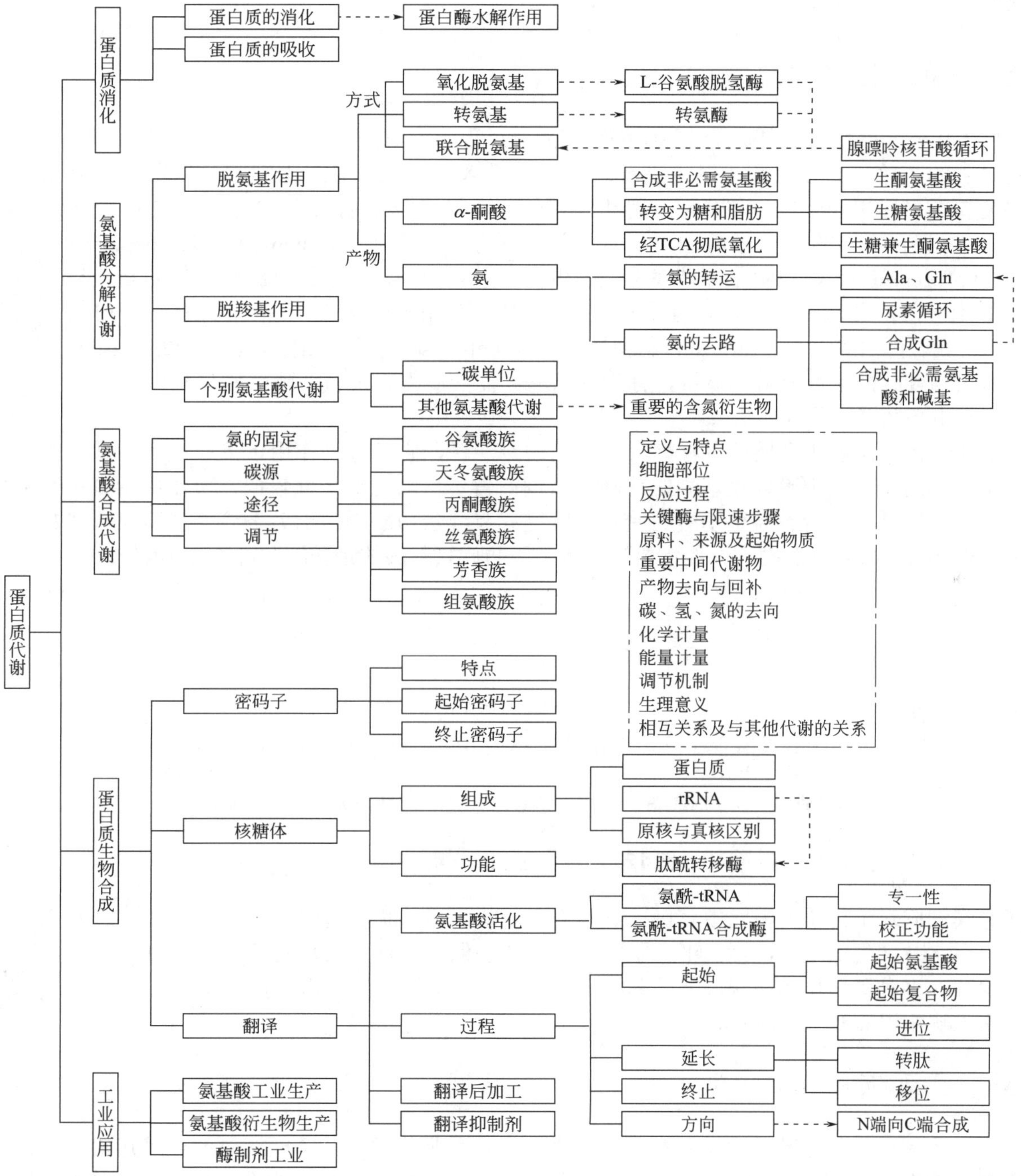

第一节　概述

蛋白质代谢是指蛋白质在细胞内的分解、转化与合成。蛋白质是生命的物质基础，它的代谢在生命活动过程中起重要作用。体内的大多数蛋白质都不断地进行分解与合成。如人血浆白蛋白的“生物半衰期”为 20 ～ 25d，在此期间，白蛋白有一半进行更新。由于蛋白质需不断更新，因此生物体需要经常供给蛋白质，以维持组织细胞生长、更新和修复。

一、蛋白质的消化与吸收

1. 消化——蛋白酶的水解作用

生物体从外界摄取的蛋白质经过降解为氨基酸的过程称为消化。

蛋白质的消化主要在胃和小肠中进行。当食物进入胃后，胃黏膜主细胞分泌胃蛋白酶原，经胃底壁分泌的胃酸（HCl，pH 1.5 ～ 2.5）作用和自我催化，经氨基末端切除 42 肽后，它被转化为胃蛋白酶（pepsin）。胃蛋白酶可将大分子的蛋白质水解为分子量较小的朊（proteose）、胨（peptone）及多肽（polypeptide）。在胃中未经彻底消化的蛋白质进入肠中，在肠中有胰脏分泌的胰液和由肠壁细胞分泌的肠液，它们均含有多种蛋白酶和肽酶（peptidase）。胰液中含有胰蛋白酶（trypsin）、凝乳蛋白酶（chymotrypsin）、弹性蛋白酶（elastase）及羧肽酶（carboxypeptidase）。前 3 种蛋白酶催化断裂肽链内部肽键，称为内肽酶；而羧肽酶以及氨肽酶分别催化断裂羧基末端和氨基末端肽键，称为外肽酶。

12-2　凝乳酶制造干酪

动物和人体内水解蛋白质的各种酶具有不同的专一性，它们分别作用于多肽链不同部位的肽键。胰蛋白酶主要作用于肽链中碱性氨基酸的羧基侧肽键；胃蛋白酶的专一性较低，可作用于多种氨基酸，特别作用于酸性氨基酸及芳香族氨基酸的羧基端肽键；凝乳蛋白酶作用于芳香族氨基酸及一些具有大的非极性侧链氨基酸的羧基端肽键；弹性蛋白酶作用于脂肪族氨基酸的羧基端肽键（图 12-1）。

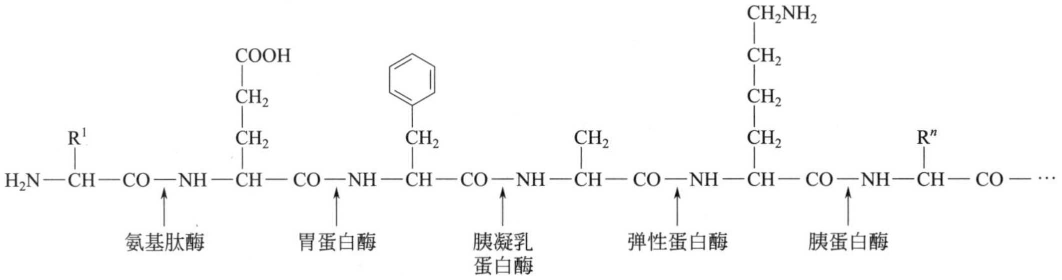

图 12-1　动物蛋白酶作用的专一性

肠黏膜细胞对蛋白质的消化中，包括氨肽酶、羧肽酶和二肽酶的作用。前两种可将小肠腔内蛋白质水解产生氨基酸，至剩下二肽时，经二肽酶催化水解为氨基酸。在微生物和植物细胞内也存在多种蛋白质水解酶，如枯草杆菌蛋白酶、菠萝蛋白酶和木瓜蛋白酶等。这些酶对蛋白质水解作用的专一性较低。

12-3　在数据库中预测蛋白酶酶切位点

2. 吸收——需要特定的膜蛋白转运

蛋白质水解产生的氨基酸由小肠黏膜细胞吸收，这种吸收是一个需能耗氧的主动运输过程，即由肠黏膜细胞上的需钠氨基酸载体协助完成，该载体是一种活性受 Na^+ 调节的膜蛋白。细胞对不同氨基酸的吸收通过不同的载体协助完成。

（1）中性氨基酸载体　这类载体可转运芳香族氨基酸、脂肪族氨基酸、含硫氨基酸、组氨酸、谷氨酰胺以及天冬酰胺等，并且转运速度很快。这类载体所转运的氨基酸主要是人或动物必需的氨基酸。

（2）碱性氨基酸载体　这类载体转运赖氨酸，但转运速度较慢。

（3）酸性氨基酸载体　这类载体转运两种酸性氨基酸。

（4）亚氨基酸及甘氨酸载体　这类载体转运脯氨酸、羟脯氨酸及甘氨酸，转运速度很慢。

由肠壁细胞吸收的氨基酸，通过毛细血管经门静脉进入肝脏，有小部分从乳糜管经淋巴系统进入血液循环，在肝脏中消耗一部分，发生分解并释放能量；其余绝大部分随血液循环运往外周组织参与组织蛋白的更新。

二、蛋白质的营养价值

人和动物体的蛋白质主要由20种常见氨基酸组成，它们也都是合成体内蛋白质不可缺少的。这些氨基酸可分为两大类：一类是人或动物机体自身不能合成，必须由食物提供的氨基酸，称为必需氨基酸（essential amino acid）；另一类是人或动物机体能够自身合成的氨基酸，称为非必需氨基酸（non-essential amino acid）。

动物种类不同，所需的必需氨基酸也不同。对人而言，必需氨基酸有8种，即：赖氨酸、色氨酸、缬氨酸、亮氨酸、异亮氨酸、苏氨酸、甲硫氨酸和苯丙氨酸。由于人体内合成精氨酸和组氨酸速率较慢，常常不能满足机体组织构建的需要，因此精氨酸和组氨酸对婴幼儿也是必需氨基酸或称半必需氨基酸。

12-4　苏氨酸的作用

第二节　氨基酸的分解代谢

氨基酸是蛋白质的结构单位和水解产物，它既可以进一步分解代谢，也可作为合成蛋白质的原料，因此氨基酸的代谢是蛋白质代谢的枢纽。氨基酸代谢包括合成代谢和分解代谢两方面，本节重点讨论分解代谢。氨基酸在高等动物体内的代谢变化如图12-2所示。

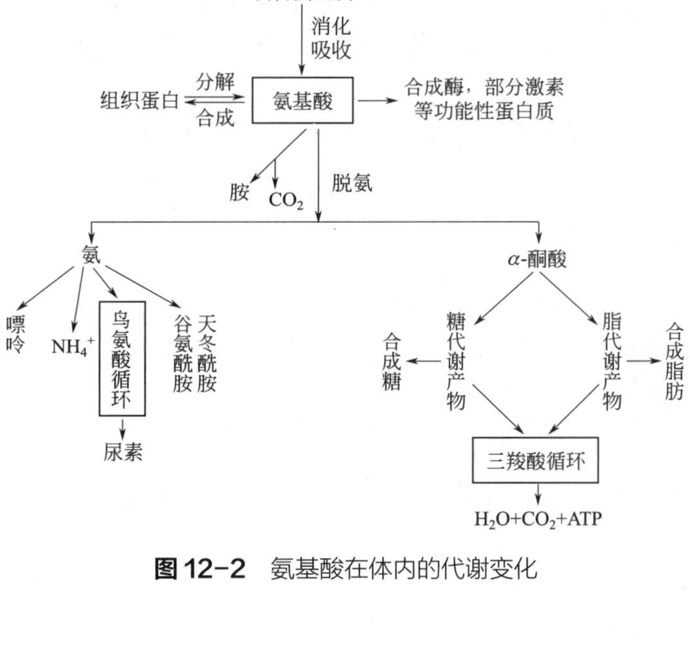

图12-2　氨基酸在体内的代谢变化

一、氨基酸的脱氨作用

氨基酸脱去氨基生成 α- 酮酸的过程称为脱氨基作用（deamination）。机体内氨基酸脱氨基作用主要有氧化脱氨基、转氨基、联合脱氨基及非氧化脱氨基等几种方式。

1. 氧化脱氨基——L- 谷氨酸的脱氨方式

α- 氨基酸在有关酶的催化下氧化生成 α- 酮酸并产生氨的过程，称为氧化脱氨基作用（oxidative deamination）。反应通式为：

$$R-CH-COOH + H_2O + O_2 \longrightarrow R-C-COOH + NH_3 + H_2O_2$$
$$\quad\ \ | \qquad\qquad\qquad\qquad\qquad\qquad\ \ \|$$
$$\quad\ \ NH_2 \qquad\qquad\qquad\qquad\qquad\qquad\ O$$

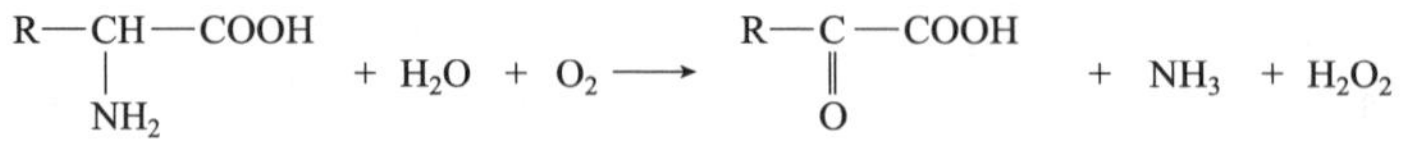

这个反应实际上包括脱氢和水解两步化学反应的酶促过程，即：

$$R-CH-COOH \xrightarrow[\text{FMN}\ \text{FMNH}_2]{\text{氨基酸氧化酶}} R-C-COOH \xrightarrow[\text{H}_2\text{O}\ \text{NH}_3]{\text{自发}} R-C-COOH$$

（FAD）（FADH₂） NH（亚氨基酸）（不稳定） O

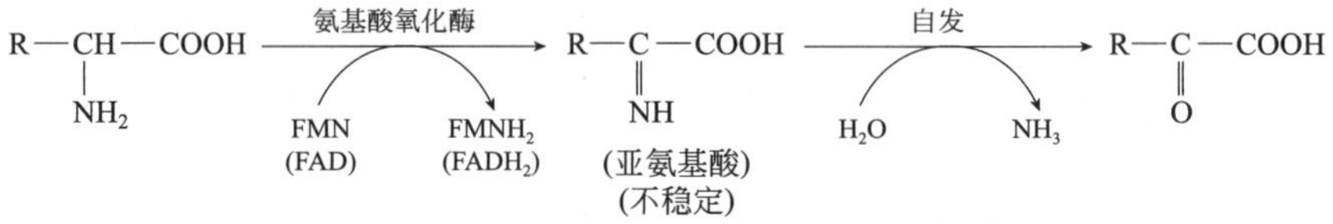

氨基酸氧化酶（amino acid oxidase）为需氧黄酶，并不是体内氨基酸代谢的主要酶类，它们不能脱去多数氨基酸的氨基。在体内存在比较广泛、活性最强，且在氨基酸代谢中具有重要作用的酶是 L- 谷氨酸脱氢酶（L-glutamate dehydrogenase）。L- 谷氨酸脱氢酶是不需氧的脱氢酶，其辅酶是 NAD^+ 或 $NADP^+$；该酶主要存在于真核细胞的线粒体中，专一性很高，尤其在动物的肝细胞中。该酶的具体作用是：

$$\text{COOH} \qquad\qquad \text{COOH} \qquad\qquad \text{COOH}$$
$$|\qquad\qquad\qquad |\qquad\qquad\qquad |$$
$$CH_2 \qquad\qquad CH_2 \qquad\qquad CH_2$$
$$|\ \xrightarrow[\text{NAD}^+\ \text{NADH+H}^+]{\text{L-谷氨酸脱氢酶}}\ |\ \xrightleftharpoons{+H_2O}\ |\ +\ NH_3$$
$$CH_2 \qquad\qquad CH_2 \qquad\qquad CH_2$$
$$|\qquad\qquad\qquad |\qquad\qquad\qquad |$$
$$CHNH_2 \qquad\qquad C=NH \qquad\qquad C=O$$
$$|\qquad\qquad\qquad |\qquad\qquad\qquad |$$
$$\text{COOH} \qquad\qquad \text{COOH} \qquad\qquad \text{COOH}$$

L-谷氨酸 α-酮戊二酸

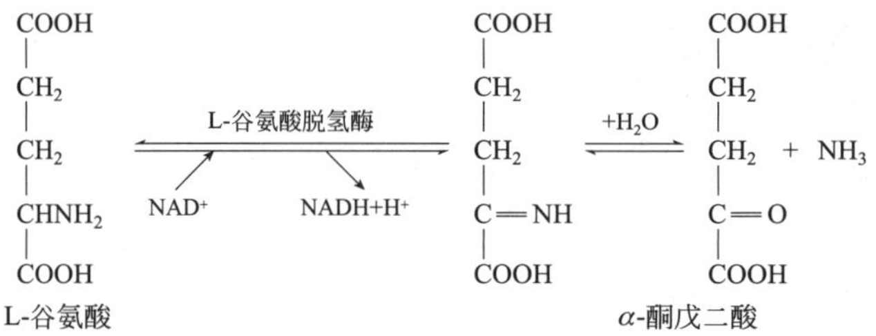

α- 酮戊二酸可以进入三羧酸循环彻底氧化产能。α- 酮戊二酸也可来自三羧酸循环，按照上述反应的逆过程还可生成 L- 谷氨酸，进而变成谷氨酸钠（味精）。所以 L- 谷氨酸脱氢脱氨的逆反应也是味精生产的主要反应。

由于 L- 谷氨酸与 α- 酮戊二酸间的相互转化关系，L- 谷氨酸脱氢酶在糖代谢和氨基酸代谢（合成）中具有重要作用。

12-5 在数据库中检索 L-谷氨酸脱氢酶

2. 转氨基——普遍存在的脱氨方式

氨基酸分子的 α- 氨基在氨基转移酶（简称转氨酶，transaminase）的催化作用下转移到 α- 酮酸的羧基上，使酮酸变成相应的 α- 氨基酸，原来的氨基酸失去氨基变成相应的 α- 酮酸，此反应称为转氨基作用（transamination）。反应通式为：

$$\text{COOH} \qquad \text{COOH} \qquad\qquad \text{COOH} \qquad \text{COOH}$$
$$|\qquad\qquad\quad |\qquad\qquad\qquad\qquad |\qquad\qquad\quad |$$
$$CH-NH_2\ +\ C=O\ \xrightleftharpoons{\text{转氨酶}}\ C=O\ +\ CH-NH_2$$
$$|\qquad\qquad\quad |\qquad\qquad\qquad\qquad |\qquad\qquad\quad |$$
$$R^1 \qquad\qquad R^2 \qquad\qquad\qquad R^1 \qquad\qquad R^2$$

此反应在氨基酸和 α- 酮酸间普遍存在。转氨基作用的产物仍然是氨基酸和酮酸，本质上并没有导致氨基的净脱去。

转氨酶种类很多、分布广，它们都以磷酸吡哆醛作为辅酶。转氨酶大多数都优先利用 α- 酮戊二酸作为氨基的受体。转氨酶中最常见且作用最强的是谷丙转氨酶（glutamic-pyruvic transaminase，GPT；alanine aminotransferase，ALT）和谷草转氨酶（glutamic oxaloacetic transaminase，GOT；aspartate aminotransferase，AST）。谷丙转氨酶所催化的转氨基反应如图 12-3 所示。

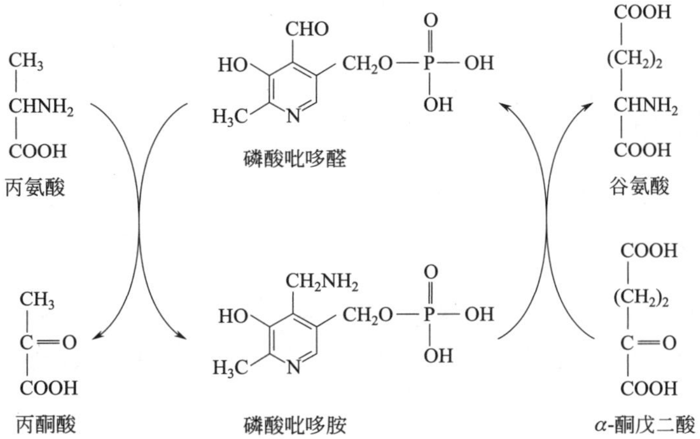

图 12-3　谷丙转氨酶催化的转氨基反应

在正常情况下，转氨酶主要分布在细胞内，在肝脏和心脏中活性最高；血清中的活性很低。当肝脏或心脏出现炎症时，细胞膜通透性增加，转氨酶即大量进入血液，于是血清转氨酶活性增加。临床上测定血清转氨酶（GOT、GPT 等）的活力即可诊断肝脏、心脏的疾病。

12-6　肝功能检测与转氨酶

12-7　在数据库中检索丙氨酸氨基转移酶

3. 联合脱氨基——大多数氨基酸的实际脱氨方式

虽然转氨基作用在生物体内普遍存在，但它仅解决了氨基的转移，并未导致氨基的净脱去。氧化脱氨基作用也不能满足机体脱氨的需要，因为只有 L- 谷氨酸脱氢酶活性最高，其他氨基酸不能直接由它催化脱氨。体内的氨基酸主要是由转氨基与氧化脱氨基联合作用进行脱氨，即联合脱氨基（如图 12-4 所示）。

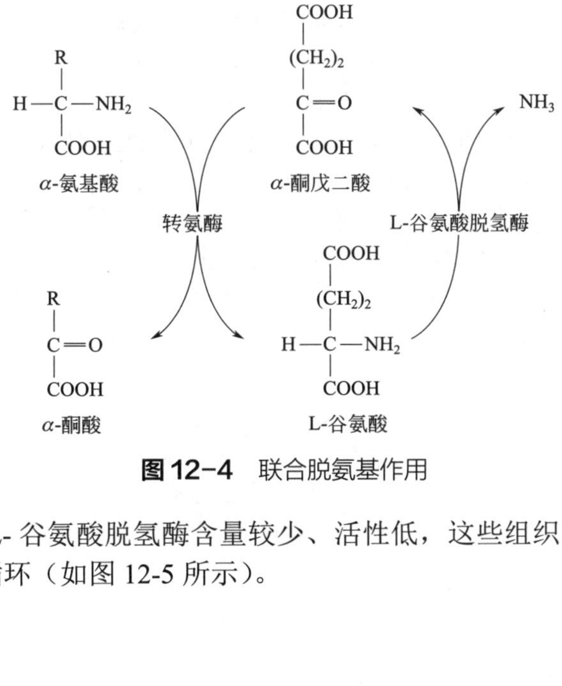

图 12-4　联合脱氨基作用

由于骨骼肌、心肌中的 L- 谷氨酸脱氢酶含量较少、活性低，这些组织中是以另一种联合脱氨基作用进行脱氨，即腺嘌呤核苷酸循环（如图 12-5 所示）。

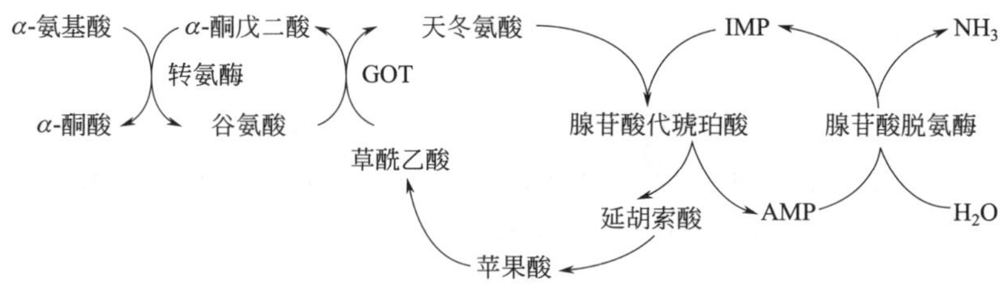

图 12-5 腺嘌呤核苷酸循环

二、氨基酸的脱羧基作用

1. 脱羧方式——氨基酸脱羧酶的作用

氨基酸在脱羧酶作用下，脱羧产生 CO_2 和胺（amine）的过程称为脱羧基作用（decarboxylation）。例如，组氨酸脱羧基生成组胺，赖氨酸脱羧基生成尸胺，色氨酸脱羧基生成色胺，酪氨酸脱羧基生成酪胺等。反应通式为：

$$\underset{\displaystyle\underset{NH_2}{|}}{R-CH-COOH} \xrightarrow{\text{脱羧酶}} \underset{\text{伯胺}}{R-CH_2-NH_2} + CO_2$$

氨基酸脱羧酶（amino acid decarboxylase）在生物体内存在广泛，大多专一性很高，有的甚至仅作用于 L 型，如 L- 谷氨酸脱羧酶只能催化 L- 谷氨酸脱羧。工业上常用从大肠杆菌中制备的谷氨酸脱羧酶来测定发酵过程中谷氨酸的产量。

12-8 天冬氨酸酶转化法脱羧制备 L- 丙氨酸

除组氨酸脱羧酶无需辅酶外，其他氨基酸脱羧酶均以磷酸吡哆醛为辅酶。

2. 生理意义——胺的代谢

常见氨基酸脱羧产生的胺大多有毒有害，但有些具有生物活性，体现强烈的药理作用。

组氨酸脱羧产生的组胺（histamine）有降低血压、扩张血管、引起支气管痉挛和促进胃液分泌的作用；谷氨酸脱羧产生的 γ- 氨基丁酸（γ-aminobutyric acid）对中枢神经系统具有抑制作用，同时又是神经组织的能量来源；色氨酸经氧化和脱羧作用产生的 5- 羟色胺（5-hydroxytryptamine）可促进微血管收缩、血压升高和促进胃肠运动，并且和神经兴奋传导有关。此外，由酪氨酸脱羧产生酪胺，酪氨酸在酪氨酸羟化酶作用下产生多巴（DOPA），多巴脱羧后产生多巴胺，其中多巴胺、去甲肾上腺素及肾上腺素统称为儿茶酚胺（catecholamine）。多巴胺是中枢和周围神经系统的一种神经递质，帕金森病就是多巴胺生成减少。在植物体中某些氨基酸的脱羧产物可作为合成生物碱及生长刺激素的前体。例如天冬氨酸脱羧后产生的 β- 氨基丙酸（β-aminopropionic acid）对酵母、苹果、马铃薯和豆科植物有生长刺激的作用；色氨酸脱羧产生的色胺（tryptamine）可转变为植物生长素吲哚乙酸（β-indoleacetic acid）。

脱羧作用产生的胺可在体内胺氧化酶作用下氧化成为醛和氨，进而参与代谢转化。正常情况下，氨基酸脱羧作用不是氨基酸分解的主要方式。

三、氨与 α- 酮酸的转化

氨基酸经脱氨基作用和脱羧基作用后，产生 NH_3、α- 酮酸、CO_2 和胺，其中 NH_3、α- 酮酸的代谢较为重要。

1. 氨的代谢——不同生物转变成不同终产物

经氨基酸脱氨基作用生成的氨（NH_3 或 NH_4^+），即使浓度较低时，也对细胞有毒害作用（尤其在人和动物体内），因此人和动物体内虽不断产生 NH_3，但血氨浓度并不太高（正常人血浆中氨的浓度一般不超过 $0.60\mu mol/L$ 或 $1 mg/L$），家兔血氨浓度达 $50 mg/L$ 时即会死亡。故必须将 NH_3 转变为其他化合物。不同生物将 NH_3 转变成不同的化合物。

（1）植物和某些微生物　氨的储存利用比较显著，在大多数植物和微生物中，可以天冬酰胺的形式将氨储存，由天冬酰胺合成酶催化生成。

$$NH_3 \xrightarrow[\text{草酰乙酸}]{} 天冬氨酸 \xrightarrow[NH_3]{} 天冬酰胺$$

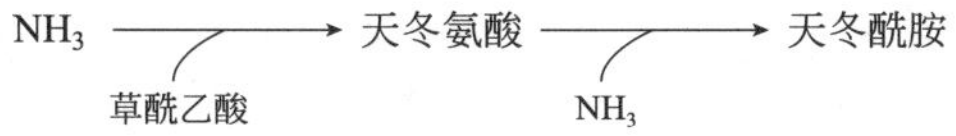

（2）在动物体中　NH_3 的利用和转变形式多样。

① 丙氨酸-葡萄糖循环　在肌肉中，通过转氨基作用使氨基酸的氨基转移给丙酮酸，而生成丙氨酸，丙氨酸经血液运至肝中，通过联合脱氨基作用，释放出氨。转氨后生成的丙酮酸经糖异生途径生成葡萄糖。葡萄糖再经血液运至肌肉，经 EMP 生成丙酮酸，再发生转氨，于是形成一个环式途径，称为丙氨酸-葡萄糖循环（alanine-glucose cycle）。

② NH_3 可重新利用　主要是谷氨酰胺转运氨。酰胺是羧酸中的羟基被氨基（或胺）取代而生成的化合物，也可看成是氨（或胺）的氢被酰基取代的衍生物。生物体内可以通过形成酰胺的方式进行解毒，同时对 NH_3 有储存作用。Gln、Asn 的生成反应如下：

$$谷氨酸 + NH_3 \underset{\underset{H_2O}{\text{谷氨酰胺酶}}}{\overset{\overset{ATP \qquad ADP+Pi}{\text{Gln合成酶，}Mg^{2+}}}{\rightleftharpoons}} 谷氨酰胺$$

$$天冬氨酸 + NH_3 \underset{\underset{H_2O}{\text{天冬酰胺酶}}}{\overset{\overset{ATP \qquad ADP+Pi}{\text{Asn合成酶，}Mg^{2+}}}{\rightleftharpoons}} 天冬酰胺$$

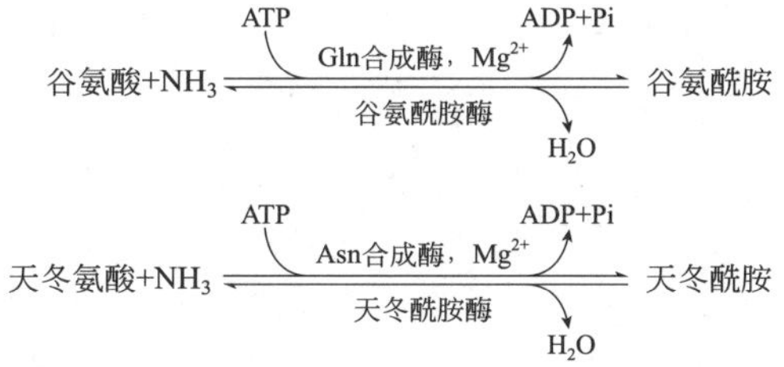

人和动物的脑、肝、肌肉等组织中谷氨酰胺合成酶（glutamine synthetase）的活性较高，它催化氨与谷氨酸反应生成谷氨酰胺，再由血液运送至肝或肾，经谷氨酰胺酶催化，发生上述反应的逆反应，将氨释放出来。由此可见，谷氨酰胺既是氨的解毒产物，又是氨的储存及运输形式。谷氨酰胺还可以提供酰胺基。由天冬酰胺合成酶（asparagine synthetase）催化，将天冬氨酸转变为天冬酰胺。Gln、Asn 可运输到特定部位（如肾）分解。

③ 转变成废物排泄到体外　这也是动物体内 NH_3 转变的主要方式。不同动物体内 NH_3 转变成的最终排泄废物不同。尿素是包括人和哺乳动物在内的大多数陆生脊椎动物体内排出氨的方式。鸟类和爬行动物因体内水分有限，它们的排氨方式是形成膏状尿酸排泄出去；许多水生动物则直接排氨。有人依据生物排出氨的方式不同，将动物大致分为排尿素、排尿酸和排氨 3 类。但实际上，生物排泄氨毒的方式很丰富，不仅与物种有关，还与环境有关。如肺鱼在雨季排氨，旱季藏于泥土中则排尿素。

12-9 尿素循环的发现

（3）尿素的生成

尿素合成的原料是 NH_3 和 CO_2，但二者不能直接化合。尿素在动物肝脏中形成，是 2 分子氨（1 分子游离氨，1 分子来自天冬氨酸）和 1 分子 CO_2 经过一个环式代谢途径生成的。该途径是第一个被发现的环式代谢途径，被称为尿素循环（urea cycle），由 H.A.Krebs 和 K.Henseleit 于 1932 年提出。这一环式代谢途径又称为鸟氨酸循环（ornithine cycle），可分为以下几个阶段。

① 氨甲酰磷酸的形成　在线粒体基质中，氨甲酰磷酸合成酶 I 催化来自联合脱氨基作用产生的 NH_3 与 CO_2、ATP 生成氨甲酰磷酸，反应在线粒体基质中进行，消耗 2 分子 ATP。反应式如下：

$$2\,ATP + CO_2 + NH_3 + H_2O \xrightarrow[\text{Mg}^{2+}]{\text{氨甲酰磷酸合成酶 I}} H_2N-C-O\sim P=O + 2\,ADP + Pi$$

氨甲酰磷酸

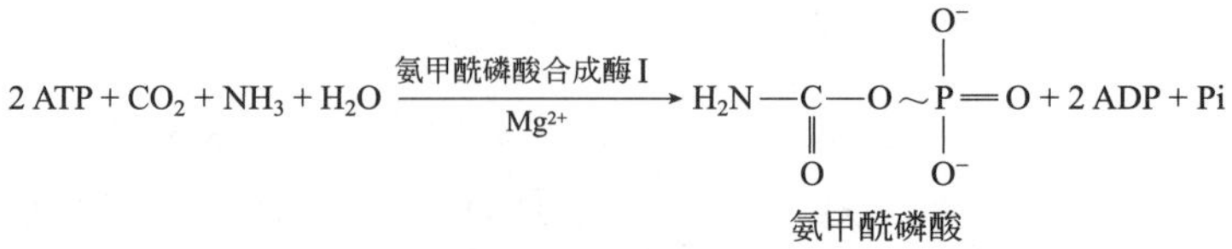

生成的氨甲酰磷酸是氨的活化形式，类似高能化合物。

② 瓜氨酸的形成　氨甲酰磷酸在鸟氨酸氨甲酰基转移酶催化下与来自胞液的鸟氨酸在线粒体内反应，形成瓜氨酸，瓜氨酸离开线粒体基质进入胞液。反应如下：

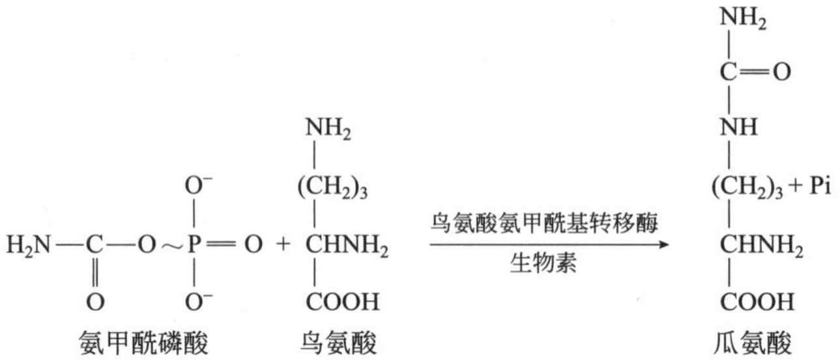

③ 精氨酸代琥珀酸的生成　在胞液中，瓜氨酸与天冬氨酸由精氨酸代琥珀酸合成酶催化合成精氨酸代琥珀酸，反应需要消耗 1 分子 ATP 的两个高能磷酸键的能量。其反应为：

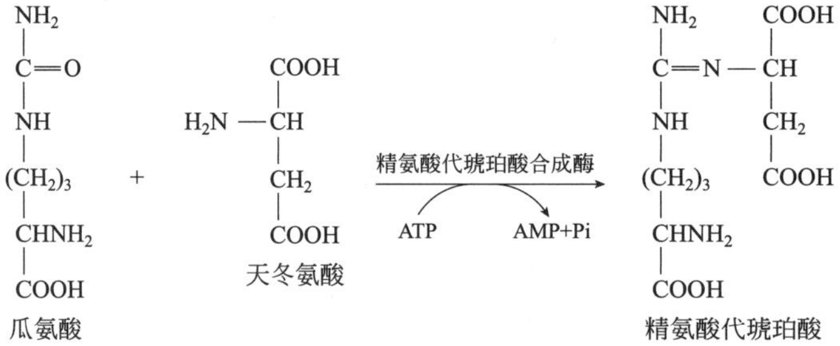

精氨酸代琥珀酸在其裂解酶作用下分解成精氨酸，释放出延胡索酸。延胡索酸可变成苹果酸、草酰乙酸后又可变成天冬氨酸，反应在细胞质内进行。

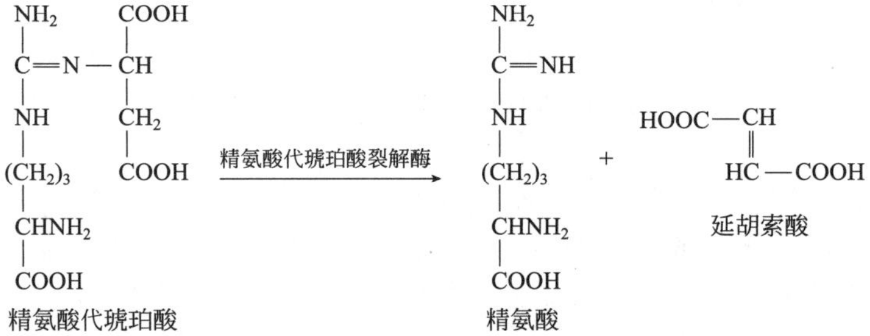

12-10 在数据库中检索精氨酸代琥珀酸合成酶

④ 尿素的生成　精氨酸在精氨酸酶催化下，水解成尿素和鸟氨酸；鸟氨酸可通过线粒体膜进入线粒体，可再次与氨甲酰磷酸合成瓜氨酸，重复上述循环过程。

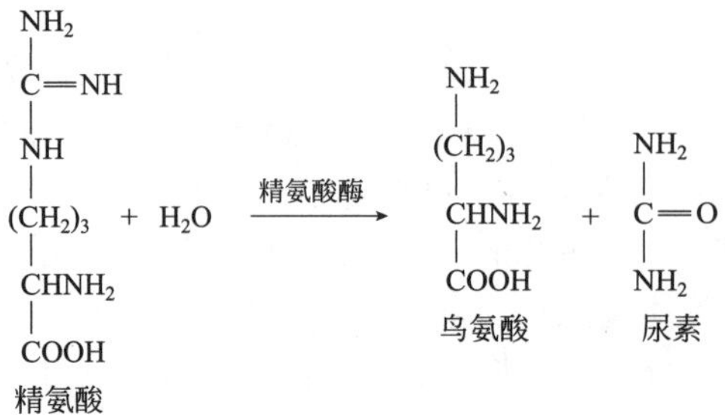

尿素生成的总反应为：

$$CO_2 + NH_3 + Asp + 3\,ATP + 2\,H_2O \longrightarrow H_2N-\overset{\overset{\large O}{\|}}{C}-NH_2 + \text{延胡索酸} + 2ADP + 2\,Pi + AMP + PPi$$

鸟氨酸循环各反应通式见图 12-6。尿素循环不仅将氨和 CO_2 合成为尿素，而且生成一分子延胡索酸，使尿素循环与三羧酸（TCA）循环联系起来了。

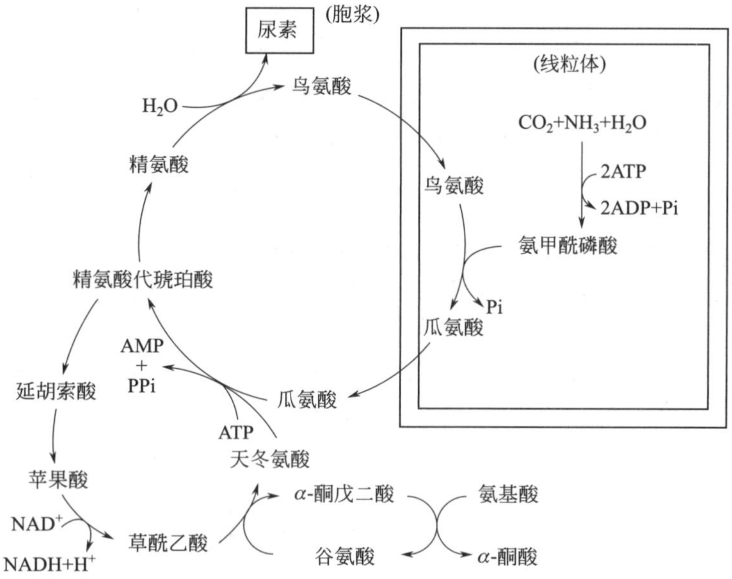

图 12-6 鸟氨酸循环（尿素的生成机制）

（4）尿素生成的调节　精氨酸代琥珀酸合成酶是鸟氨酸循环的限速酶，调节着尿素合成的速率。另外，氨甲酰磷酸合成酶Ⅰ受精氨酸浓度的影响。此酶的变构激活剂是 *N*- 乙酰谷氨酸，而 *N*- 乙酰谷氨酸由乙酰 CoA 和谷氨酸反应生成，由 *N*- 乙酰谷氨酸合成酶（*N*-acetyl glutamic acid synthetase）催化，精氨酸是此酶的激活剂。所以，当精氨酸浓度增加时，可加速尿素的合成。

肝脏中尿素的合成是除去氨毒害作用的主要途径，尿素循环的任何一个步骤出问题都有可能产生疾病。如果完全缺乏尿素循环中的某一个酶，婴儿在出生不久就昏迷或死亡；如果是部分缺乏，会引起智力发育迟滞、嗜睡和经常呕吐。在医学治疗中，常通过减少蛋白质摄入量以减少游离氨的来源，从而缓解轻微的高氨血遗传性疾病患者症状。

植物体内也存在尿素循环，但转运活性低，其意义在于合成精氨酸。个别植物也可产生尿素，在脲酶作用下分解产生氨，用以合成其他含氮化合物，包括核酸、激素、叶绿体、血红素、胺、生物碱等。

12-11　检索尿素循环代谢途径

12-12　一网无遗：绘制尿素循环途径挂图

2. α- 酮酸代谢——可分解产能，也可再转化

氨基酸脱去氨基后生成的 α- 酮酸在体内的代谢途径有 3 种。

（1）再合成氨基酸　沿着脱氨基作用的逆反应进行，主要发生转氨基作用和还原氨基化。

例如：谷氨酸 +α- 酮酸 $\rightleftharpoons$ α- 酮戊二酸 +α- 氨基酸

$$\alpha\text{-酮戊二酸}+NH_3 \xrightarrow[NAD(P)H+H^+ \quad NAD(P)^+]{\text{L-谷氨酸脱氢酶}} \text{谷氨酸}+H_2O$$

（2）转变为糖及脂肪　α- 酮酸基本上都能转变为糖代谢的中间产物，继而异生成糖，这类氨基酸称为生糖氨基酸（glucogenic amino acid）。包括：丙氨酸、精氨酸、天冬氨酸、胱氨酸、半胱氨酸、谷氨酸、

甘氨酸、组氨酸、脯氨酸、羟脯氨酸、甲硫氨酸、丝氨酸、缬氨酸，共 13 种氨基酸。

生糖氨基酸的 α- 酮酸直接或间接地与糖酵解、三羧酸循环中的丙酮酸、α- 酮戊二酸、草酰乙酸等相联系，继而逆行生成糖或转变成脂肪。

亮氨酸的 α- 酮酸可转变成酮体（丙酮、乙酰乙酸和 β- 羟丁酸统称为酮体），能使动物尿中酮体增加。因此，亮氨酸被称为生酮氨基酸（ketogenic amino acid）。生酮氨基酸主要包括亮氨酸和赖氨酸。生酮氨基酸也能转变成脂肪。亮氨酸的生酮反应为：

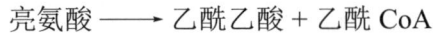

$$\text{亮氨酸} \longrightarrow \text{乙酰乙酸} + \text{乙酰 CoA}$$

有些氨基酸产生的 α- 酮酸既能转变成糖又能转变成酮体，这类氨基酸称为生糖兼生酮氨基酸。共 5 种：酪氨酸、色氨酸、苯丙氨酸、异亮氨酸、苏氨酸。例如：

$$\text{酪氨酸} \longrightarrow \text{乙酰乙酸} + \text{延胡索酸}$$

乙酰乙酸是酮体，而延胡索酸是糖代谢中三羧酸循环的中间产物。

（3）氧化成 CO_2 和 H_2O 并释放能量　α- 酮酸经过三羧酸循环途径被彻底氧化成 CO_2 和 H_2O，并满足机体的能量需要。

糖、脂肪和氨基酸（蛋白质）三大物质代谢是紧密相关的，通过一定中间物将它们互相联系起来（如图 12-7 所示）。

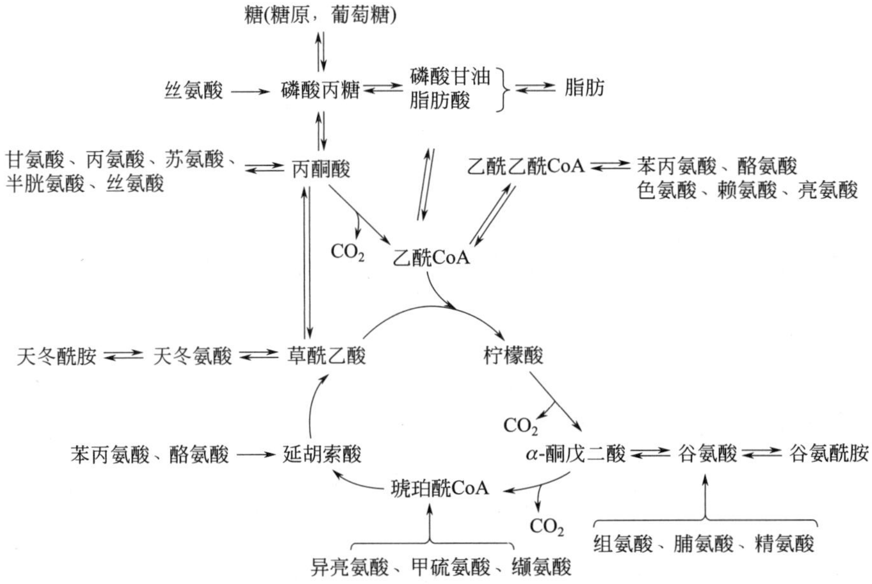

图 12-7　氨基酸与糖、脂代谢的关系

四、个别氨基酸的分解代谢

1. 一碳基团代谢

生物机体在合成嘌呤、嘧啶、肌酸、胆碱等化合物时，需要某些氨基酸参与，这些氨基酸提供一个碳原子的化学基团，这些基团称为一碳基团（one carbon group）或一碳单位。凡是这种有关一个碳原子的转移和代谢，都统称为一碳基团代谢。

体内参与氨基酸代谢和核苷酸代谢的一碳基团有多种，它们分别来自组氨酸、甘氨酸、丝氨酸和甲硫氨酸等氨基酸。例如：

甲基：$—CH_3$，来自甲硫氨酸

次甲基（又称甲川基）：—CH═，来自组氨酸、甘氨酸、丝氨酸

亚甲基（又称甲叉基）：$—CH_2—$，来自丝氨酸、甘氨酸、苏氨酸

羟甲基：$—CH_2OH$，来自丝氨酸

甲酰基：—CHO，来自甘氨酸、色氨酸

亚氨甲基：—CH═NH，来自组氨酸

一碳基团在生物体内不能以游离形式存在。在氨基酸代谢和核苷酸代谢中，携带一碳基团的物质（一碳基团载体）为四氢叶酸（tetrahydrofolic acid），用 FH_4 表示。它是由叶酸（folic acid）经还原而成的。

现将一碳基团的来源、转变及参与体内重要物质的合成总结于图 12-8 中。

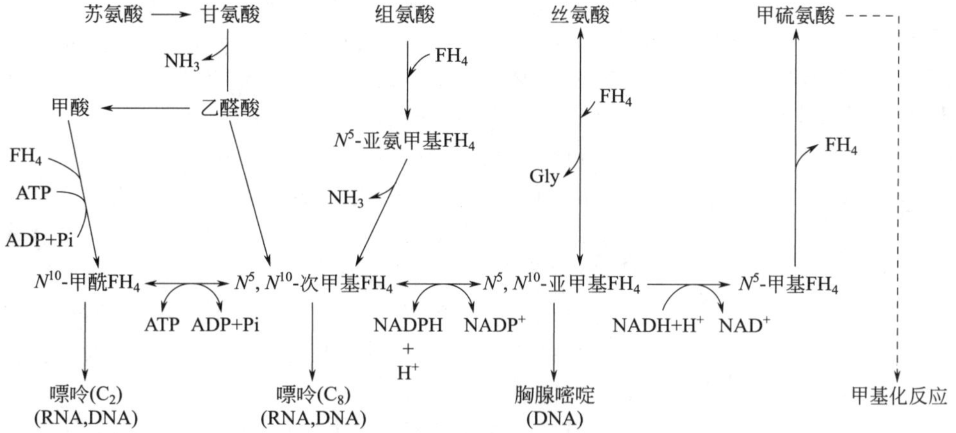

图 12-8　一碳基团的来源和转变

2. 甘氨酸及丝氨酸的分解代谢

甘氨酸经甘氨酸氧化酶（glycine oxidase）催化而生成乙醛酸，乙醛酸可将甲酰基转移给四氢叶酸，生成 N^5,N^{10}- 次甲基 FH_4（N^5,N^{10}═CH—FH_4）和甲酸。乙醛酸也可氧化成草酸。

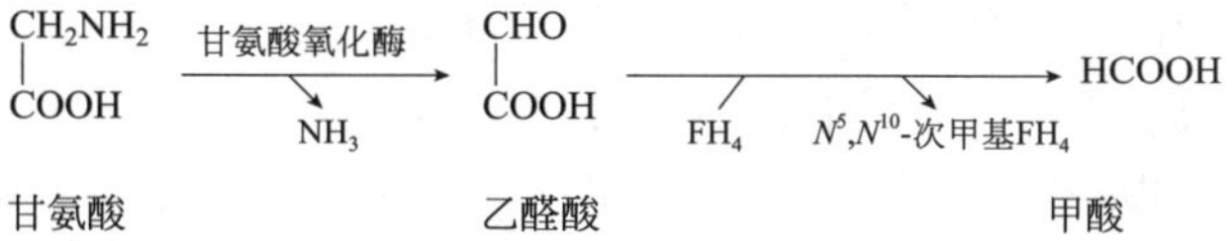

甘氨酸除上述氧化途径外，还可作为合成多种化合物的原料（如图 12-9 所示）。

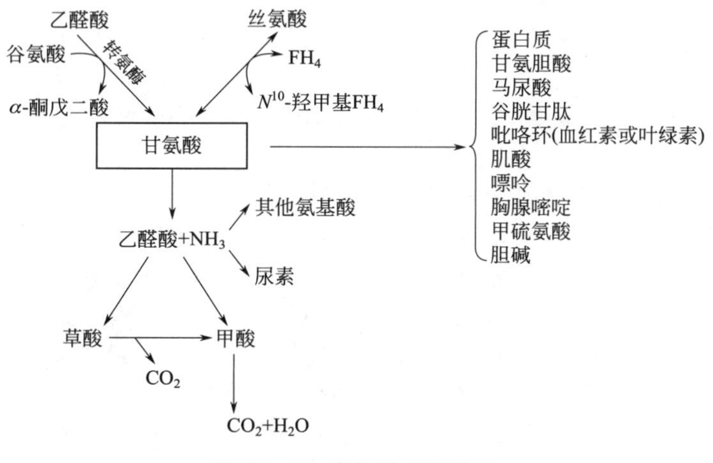

图 12-9　甘氨酸代谢途径

3. 含硫氨基酸的分解代谢

体内含硫氨基酸有 3 种，即半胱氨酸、胱氨酸和甲硫氨酸，这 3 种氨基酸的代谢互有联系。半胱氨酸和胱氨酸通过氧化还原互变；在体内甲硫氨酸可变为半胱氨酸和胱氨酸，但后两者不能变为甲硫氨酸。因此，甲硫氨酸是必需氨基酸，而半胱氨酸和胱氨酸是非必需氨基酸。

（1）甲硫氨酸的分解　在生物机体中，甲硫氨酸主要是作为一碳代谢的甲基供体，许多物质（如肌酸、胆碱、肾上腺素等）在合成中所需的甲基均来自于甲硫氨酸。在这些物质的合成中，甲硫氨酸上的甲基转移到受体物质上的作用称为转甲基作用（transmethylation）。在转甲基作用中，甲硫氨酸并不能直接提供甲基，必须转变成 *S*- 腺苷甲硫氨酸（活性甲硫氨酸）后才能提供甲基。

因甲硫氨酸的 S 原子带上腺苷，故称为 *S*- 腺苷甲硫氨酸（*S*-adenosylmethionine，或称 *S*- 腺苷蛋氨酸）。*S*- 腺苷甲硫氨酸在甲基转移酶（transmethylase）的作用下，可将甲基转移至另一种物质分子上（称为甲基受体），*S*- 腺苷甲硫氨酸变成 *S*- 腺苷同型半胱氨酸（或称 *S*- 腺苷高半胱氨酸，*S*-adenosylhomocysteine）。后者脱去腺苷即成为同型半胱氨酸（或称高半胱氨酸，homocysteine）。

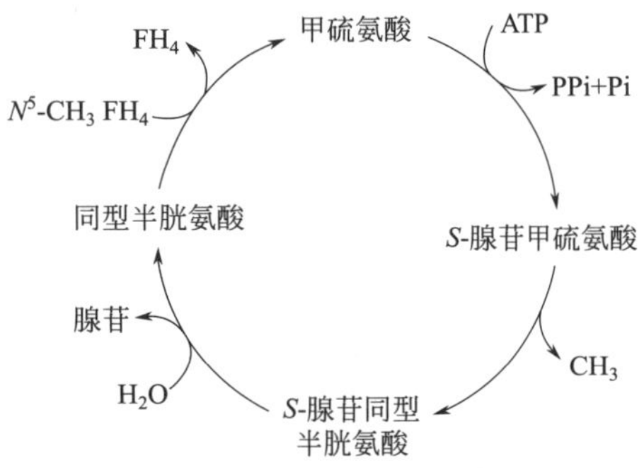

图 12-10　*S*- 腺苷甲硫氨酸循环

同型半胱氨酸又可以在甲基四氢叶酸的参与下，经过甲基转移作用而生成甲硫氨酸。从甲硫氨酸形成的 *S*- 腺苷甲硫氨酸进一步变成同型半胱氨酸，然后又从同型半胱氨酸再合成甲硫氨酸（如图 12-10 所示），这一循环称为 *S*- 腺苷甲硫氨酸循环。据目前所知，由同型半胱氨酸转变为甲硫氨酸，由 N^5-CH_3FH_4 提供甲基，这是体内唯一利用甲基四氢叶酸的反应。该反应由甲硫氨酸合成酶催化，此酶的辅酶为维生素 B_{12}。

甲硫氨酸除参与甲基转移反应外，也可完全氧化分解。上述反应产生的高半胱氨酸与丝氨酸缩合，生成丙氨酸丁氨酸硫醚（简称丙丁硫醚，cystathionine），再由裂解酶分解产生 *α*- 酮丁酸（*α*-ketobutyrate），继而氧化成丙酰 CoA（propionyl CoA），按奇数碳脂肪酸分解途径，转变为琥珀酰 CoA，进入三羧酸循环。

（2）半胱氨酸和胱氨酸的分解　细胞内游离的胱氨酸极少。蛋白质分子中的胱氨酸是由半胱氨酸掺入后，经氧化而成。蛋白质经酶水解后生成的胱氨酸可通过还原作用生成半胱氨酸，即在细胞内半胱氨酸与胱氨酸可以互相转化。因此，胱氨酸的代谢途径与半胱氨酸基本是一致的。

半胱氨酸在体内的分解代谢有几条途径：①半胱氨酸直接脱去巯基和氨基而生成丙酮酸、NH_3 和 H_2S；H_2S 经氧化生成 H_2SO_4；②半胱氨酸分子中的巯基先氧化成亚磺基，然后脱去氨基和亚磺基，最后生成丙酮酸和亚硫酸，后者经氧化后变为硫酸；③半胱氨酸经氧化和脱羧作用可生成牛磺酸（taurine），它是胆汁盐组成成分。半胱氨酸虽有不同的代谢途径，但其主要代谢产物是丙酮酸和硫酸。

4. 芳香族氨基酸的分解代谢

芳香族氨基酸包括苯丙氨酸、酪氨酸和色氨酸。苯丙氨酸与酪氨酸的结构相似，代谢途径相同（图 12-11）。

酪氨酸分解的第一步由酪氨酸转氨酶催化，生成对羟苯丙酮酸（*p*-hydroxyphenylpyruvate），而后经过氧化、脱羧生成尿黑酸（homogentisic acid），最后转变为延胡索酸和乙酰乙酸。

人体内由于氨基酸代谢中某个酶的缺乏（由相应基因突变引起），而导致一些疾病，称为先天性氨基酸代谢缺陷症，病人常常排出某些代谢中间物。这类疾病在芳香族氨基酸代谢中尤为多见。如缺乏苯丙氨酸羟化酶，苯丙氨酸不能转变为酪氨酸，而生成苯丙酮酸，进入血液，最后随尿排出，称为苯丙酮尿症（phenylketonuria）；尿黑酸氧化酶缺乏，尿黑酸可氧化聚合成尿黑

12-13　酪氨酸代谢与生物活性物质

12-14　检索酪氨酸分解代谢途径

12-15　甲状腺素的生产

酸色素，随尿排出，使尿变黑，称为尿黑酸症（alkaptonuria）。

色氨酸的分解代谢　色氨酸的分解途径较为复杂，它可转变为丙酮酸和乙酰 CoA，所以色氨酸是生糖兼生酮氨基酸。另外，色氨酸还可转变为尼克酸，这是人体内合成维生素的特例。但其转化量很少，不能满足机体的需要。

在动物体内，色氨酸经氧化和脱羧作用可产生 5- 羟色胺（serotonin），5- 羟色胺具有使组织和血管收缩的作用，并与脑细胞活动、体温调节等生理作用有关。在植物体内，色氨酸经转氨和脱羧作用可产生吲哚乙酸，吲哚乙酸是一种植物生长激素。

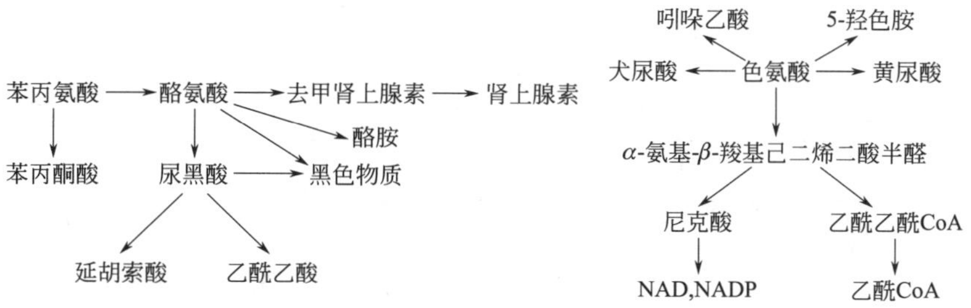

图 12-11　芳香族氨基酸的分解及转化

5. 其他氨基酸的分解代谢

（1）分支氨基酸的分解　分支氨基酸包括亮氨酸、异亮氨酸和缬氨酸，它们的分解代谢途径非常相似，先后经过转氨、脱羧、脱氨、水化等反应，亮氨酸产生乙酰 CoA 和乙酰乙酸（进一步生成乙酰乙酰 CoA），异亮氨酸生成乙酰 CoA 和丙酰 CoA，缬氨酸生成丙酰 CoA。丙酰 CoA 通过奇数碳脂肪酸代谢途径生成琥珀酰 CoA，进入三羧酸循环。

（2）苏氨酸的分解　苏氨酸的分解代谢有 3 个途径。①在动物的肝、肾及一些微生物中，由苏氨酸醛缩酶（threonine aldolase）催化，苏氨酸分解为甘氨酸和乙醛。乙醛可氧化为乙酸，进而转变为乙酰 CoA。②由苏氨酸脱水酶（threonine dehydratase）催化脱水脱氨，苏氨酸转变为 α- 酮丁酸（α-ketobutyrate），再由脱羧酶催化，生成丙酰 CoA，从而进入奇数碳脂酸代谢途径。③苏氨酸在某些细菌中水解为丁酸和丙酸，从而进入脂肪酸分解途径。

（3）组氨酸的分解　组氨酸经脱氨、水解、转移甲氨基等 4 步反应转变为谷氨酸，而后进入谷氨酸的分解途径。由组氨酸转变为谷氨酸，经历 3 种中间物：尿刊酸（urocanate，或称咪唑丙烯酸）、4- 咪唑酮 -5- 丙酸（4-imidazolone-5-propionate）和甲亚氨基谷氨酸（formiminoglutamic acid）。分别由 4 个酶催化：组氨酸氨裂合酶（histidine ammonia lyase，又称组氨酸分解酶，histidase）、尿刊酸水合酶（urocanate hydratase）、咪唑酮丙酸酶（imidazolone propionatase）和甲亚氨基转移酶（transformiminase）。

（4）赖氨酸的分解　在赖氨酸的分解代谢中，有 α- 酮戊二酸参与，并经历脱氢、脱氨、脱羧和加水等多步反应产生谷氨酸和乙酰乙酰 CoA。在分解过程中，有酵母氨酸（saccharopine）、戊二酸单酰 CoA（glutaryl CoA）和 β- 羟丁酰 CoA（β-hydroxybutyryl CoA）等中间产物生成。

（5）精氨酸的分解　在精氨酸酶（arginase）作用下，精氨酸水解形成尿素和鸟氨酸，后者再由鸟氨酸转氨酶催化，将 δ- 氨基转移给 α- 酮戊二酸，自身变为谷氨酸半醛（glutamate semialdehyde），再由脱氢酶作用，使醛基氧化为羧基，从而形成谷氨酸。

（6）丙氨酸、谷氨酸和天冬氨酸的分解　这 3 种氨基酸通过转氨基及氧化脱氨基作用，分别形成丙酮酸、α- 酮戊二酸和草酰乙酸。这 3 种 α- 酮酸通过三羧酸循环被氧化。

此外，谷氨酸通过脱羧产生 γ- 氨基丁酸。在人及哺乳动物大脑中，γ- 氨基丁酸既是抑制性神经递质，又是大脑细胞的能源物质，它通过一个称为 γ- 氨基丁酸代谢支路（GABA 支路）与三羧酸循环联系，从而使谷氨酸（及谷氨酰胺）分解提供能量。

12-16　5- 羟色胺和组胺的生产

第三节 氨基酸的合成代谢

氨基酸是用于构成蛋白质的元件，在不同生物体内，利用20种氨基酸可以组装成各种各样的蛋白质。但是，氨基酸本身的合成在不同生物中，有较大的差异。不仅不同生物合成氨基酸的能力不同，而且合成氨基酸的种类、原料等也有所不同。然而许多氨基酸的合成途径，在不同生物中也有共同之处。

在不同氨基酸的生物合成中，其起始物分别来自糖代谢的几个中间物。按照起始物可将氨基酸的合成分成五个家族组（图12-12），用以合成非必需氨基酸，而动物营养必需氨基酸的合成，主要是指存在于微生物或植物中的合成途径。

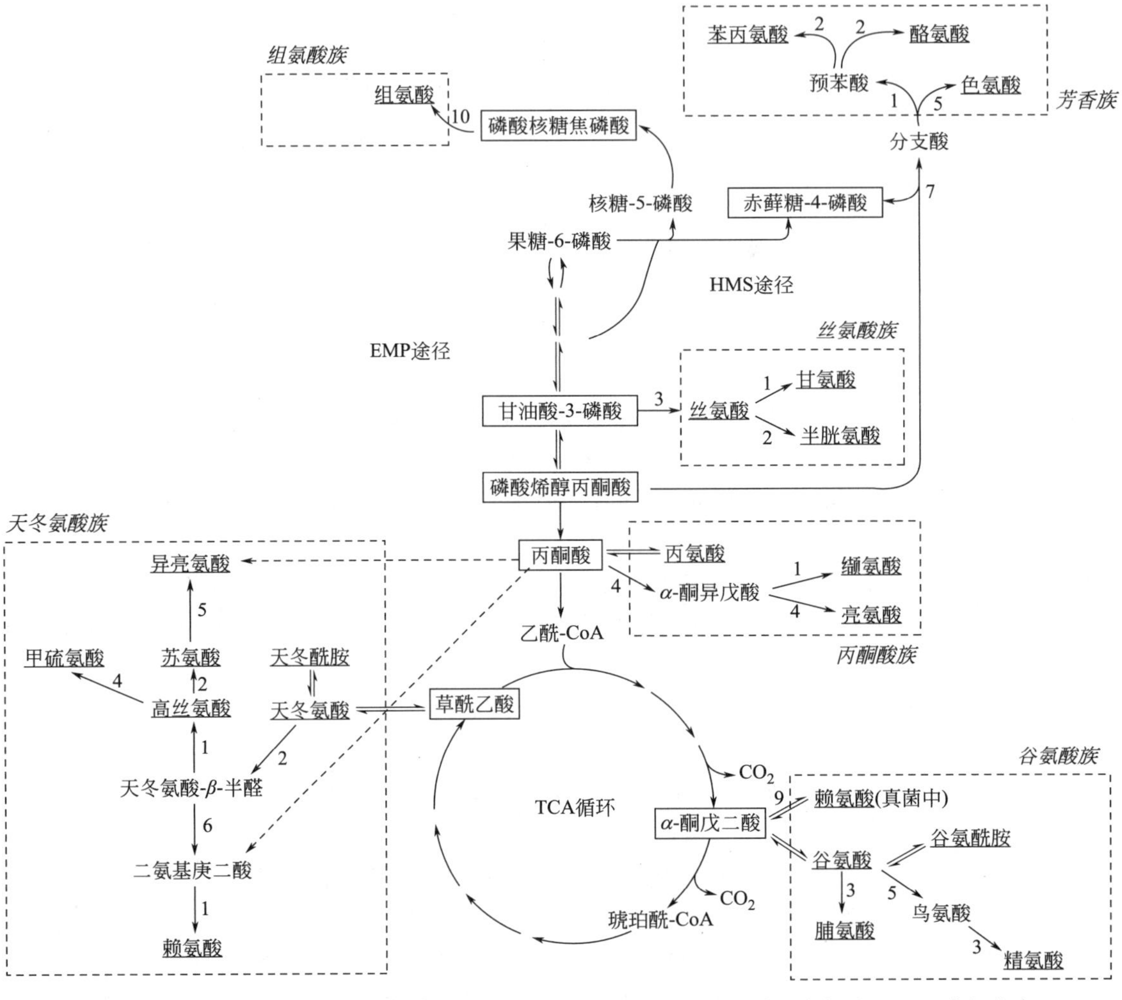

图 12-12 氨基酸生物合成（图中箭头上的数字表示反应步骤数，方框表示重要中间物）

一、谷氨酸族

该族包括谷氨酸、谷氨酰胺、脯氨酸和精氨酸，皆以三羧酸循环的中间产物α-酮戊二酸为前体。谷氨酰胺、脯氨酸和精氨酸的合成，以谷氨酸为起始物。

1. 谷氨酸合成

作为许多代谢物的前体，谷氨酸合成在氮代谢中处于轴心位置，为多种氨基酸合成提供氨基。α-酮戊二酸和氨基酸经过转氨酶的催化即可生成谷氨酸。另外，谷氨酸脱氢酶可利用NADH或NADPH为辅酶，以游离氨为氨源，催化 α- 酮戊二酸发生还原氨基化作用，生成谷氨酸。

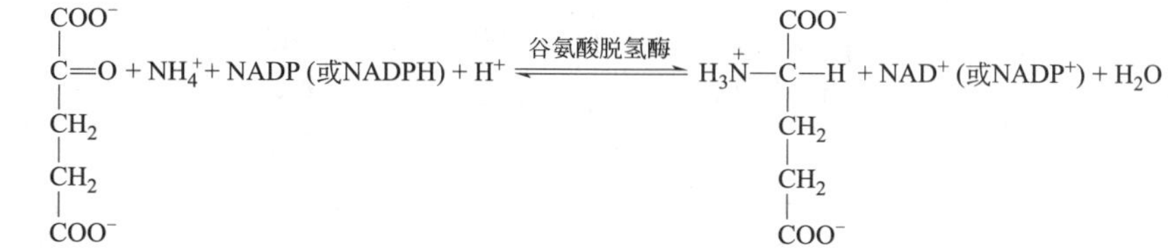

α-酮戊二酸　　谷氨酸

实际上，由 α- 酮戊二酸直接与氨反应合成谷氨酸的途径，在自然界中并不普遍。通常最普遍的合成谷氨酸的途径是谷氨酸合酶（glutamate synthase）催化 α- 酮戊二酸与谷氨酰胺反应，生成两分子谷氨酸。

12-17　检索谷氨酸合成代谢途径

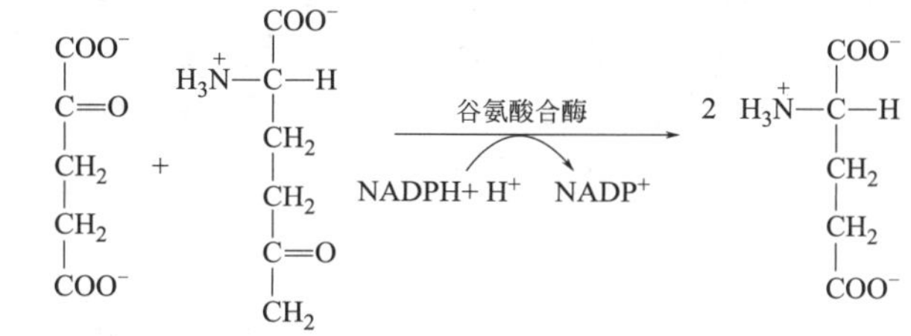

α-酮戊二酸　谷氨酰胺　　谷氨酸

12-18　一网无遗：绘制谷氨酸合成代谢途径挂图

2. 谷氨酰胺合成

谷氨酰胺由谷氨酰胺合成酶催化谷氨酸与氨反应生成，该过程需 ATP 水解为 ADP 提供能量。

3. 脯氨酸合成

谷氨酸激酶催化谷氨酸生成谷氨酰磷酸，谷氨酸脱氢酶将其还原为谷氨酸 -γ- 半醛，自发环化为五元环化合物 Δ′- 二氢吡咯 -5- 羧酸，还原酶将其还原为脯氨酸。

4. 精氨酸合成

在谷氨酸转乙酰基酶作用下，谷氨酸获得乙酰辅酶 CoA 提供的乙酰基，形成 *N*- 乙酰谷氨酸；乙酰谷氨酸激酶将其磷酸化生成 *N*- 乙酰 -γ- 谷氨酰磷酸，磷酸基团来自 ATP。*N*- 乙酰 -γ- 谷氨酰磷酸还原酶以 NADPH 为辅酶，将其还原为 *N*- 乙酰 - 谷氨酸 -γ- 半醛；乙酰鸟氨酸转氨酶催化其与谷氨酸进行转氨反应，生成 α-*N*- 乙酰鸟氨酸；经乙酰鸟氨酸脱乙酰基酶或谷氨酸转乙酰基酶的催化，脱去乙酰基形成鸟氨酸。其后鸟氨酸经过与尿素循环相同途径，生成精氨酸。即鸟氨酸氨甲酰基转移酶催化鸟氨酸接受来自氨甲酰磷酸的氨甲酰基生成瓜氨酸，瓜氨酸在精氨酸代琥珀酸合成酶催化下，与天冬氨酸结合生成精氨酸代琥珀酸，精氨酸代琥珀酸裂解酶催化其分解最终生成精氨酸和延胡索酸。

12-19　NO 作为信号分子

二、天冬氨酸族

该族包括天冬氨酸、天冬酰胺、苏氨酸、甲硫氨酸、异亮氨酸和赖氨酸，皆以三羧酸循环的中间产物草酰乙酸为前体。天冬酰胺、苏氨酸、甲硫氨酸、异亮氨酸和赖氨酸的合成，以天冬氨酸为起始物。赖氨酸、甲硫氨酸、苏氨酸的合成具有一段共同途径。天冬氨酸 -β- 半醛为分支点化合物，赖氨酸合成由此分支。甲硫氨酸和苏氨酸的合成还共同经过至 L- 高丝氨酸再分支。

1. 天冬氨酸合成

天冬氨酸由谷草转氨酶催化草酰乙酸接受谷氨酸转移的氨基形成。

2. 天冬酰胺合成

天冬酰胺由天冬酰胺合成酶（asparagine synthetase）催化天冬氨酸与氨反应生成，该过程需ATP水解为AMP提供能量。在哺乳动物中，酰胺基由谷氨酰胺提供；而在细菌中，酰胺基还可以由游离氨提供。

3. 赖氨酸合成

赖氨酸的生物合成在不同生物体内有两条不同途径，真菌以 *α*- 酮戊二酸为前体，细菌和植物以草酰乙酸为前体。天冬氨酸激酶（aspartokinase）催化天冬氨酸的 *β*- 羧基磷酸化生成天冬酰胺 -*β*- 磷酸而活化。天冬氨酸 -*β*- 半醛脱氢酶以NADPH为氢供体，催化天冬酰胺 -*β*- 磷酸还原为天冬氨酸 -*β*- 半醛。在二氢吡啶甲酸合酶的作用下，天冬氨酸 -β- 半醛与丙酮酸缩合为环状化合物2,3- 二氢吡啶 -2,6- 二羧酸。以NADPH为辅酶的还原酶将其还原为Δ'- 哌啶 -2,6- 二羧酸，在合酶作用下与琥珀酰CoA生成 *N*- 琥珀酰 -2- 氨基 -6- 酮 -L- 庚二酸。在转氨酶催化下6- 酮基与谷氨酸进行转氨基作用，转化为 *N*- 琥珀酰 -L,L-2,6- 二氨基庚二酸。脱琥珀酸酶催化脱去琥珀酸生成L,L-*α*,*ε*- 二氨基庚二酸，再由差向异构酶催化生成消旋 *α*,*ε*- 二氨基庚二酸，最终由脱羧酶催化脱去羧基生成赖氨酸。

4. 甲硫氨酸合成

甲硫氨酸合成途径的前两步与赖氨酸合成途径前两步相同。以NADPH为氢供体，还原酶将天冬氨酸 -*β*- 半醛还原为L- 高丝氨酸（L-homoserine）。在酰基转移酶的作用下，酰基CoA提供酰基，生成 *O*- 酰基高丝氨酸。胱硫醚 -*γ*- 合酶催化其与半胱氨酸反应，生成L,L- 胱硫醚。*β*- 胱硫醚酶催化其水解，生成L- 高半胱氨酸，并释放 NH_4^+ 及丙酮酸。在转移酶作用下，由 N^5- 甲基四氢叶酸提供甲基，L- 高半胱氨酸转化为甲硫氨酸。

5. 苏氨酸合成

苏氨酸合成途径与甲硫氨酸合成从L- 高丝氨酸分支。高丝氨酸在激酶催化下，其羟基磷酸化生成 *O*- 磷酰 -L- 高丝氨酸。经苏氨酸合酶催化水解，合成苏氨酸。

6. 异亮氨酸合成

异亮氨酸的6个碳原子有4个来自天冬氨酸，2个来自丙酮酸，其合成途径中有4种酶与缬氨酸合成相同。苏氨酸在脱水酶作用下转化为 *α*- 酮丁酸。丙酮酸脱羧与 *α*- 羟乙基硫胺素焦磷酸结合成活性乙醛基。*α*- 酮丁酸与活性乙醛基在乙酰乳酸合酶的催化下缩合生成 *α*- 乙酰 -*α*- 羟丁酸。经变位酶和还原酶作用生成 *α*,*β*- 二羟基 -*β* 甲基戊酸，脱水酶催化脱水生成 *α*- 酮 -*β* 甲基戊酸，再经转氨酶由谷氨酸提供氨基生成异亮氨酸。

三、丙酮酸族

该族包括丙氨酸、缬氨酸和亮氨酸，皆以糖酵解过程的中间产物丙酮酸为前体。缬氨酸与亮氨酸的合成具有一段共同途径，*α*- 酮异戊酸为分支点化合物。

1. 丙氨酸合成

丙氨酸由谷丙转氨酶催化丙酮酸接受谷氨酸转移的氨基形成。

2. 缬氨酸合成

缬氨酸合成途径与异亮氨酸合成呈平行关系。丙酮酸与活性乙醛基在乙酰乳酸合酶的催化下缩合生

成 α- 乙酰 - 乳酸。经变位酶和还原酶作用生成 α,β- 二羟基异戊酸，二羟酸脱水酶催化脱水生成 α- 酮异戊酸，再经转氨酶由谷氨酸提供氨基生成缬氨酸。

3. 亮氨酸合成

亮氨酸合成途径与缬氨酸合成从 α- 酮异戊酸分支。由乙酰 CoA 提供乙酰基，在 α- 异丙基苹果酸合酶的催化下，α- 酮异戊酸转化为 α- 异丙基苹果酸，经异构酶作用转化为 β- 异丙基苹果酸。异丙基苹果酸脱氢酶以 NAD^+ 为辅酶，催化其氧化脱羧生成 α- 酮异己酸。再经转氨酶由谷氨酸提供氨基生成亮氨酸。

四、丝氨酸族

该族包括甘氨酸、丝氨酸和半胱氨酸，皆以糖酵解过程的中间产物 3 磷酸甘油酸为前体。甘氨酸与半胱氨酸的合成以丝氨酸为起始物。

1. 丝氨酸合成

磷酸甘油酸脱氢酶以 NAD^+ 为氢受体，催化 3 磷酸甘油酸还原为 3- 磷酸羟基丙酮酸。经磷酸丝氨酸转氨酶催化，由谷氨酸提供氨基，生成 3- 磷酸丝氨酸。磷酸丝氨酸磷酸酶催化水解磷酸酯键，生成丝氨酸。

2. 甘氨酸合成

以四氢叶酸为辅酶，丝氨酸转羟甲基酶催化丝氨酸脱去羟甲基，生成甘氨酸。同时生成 N^5,N^{10}- 亚甲基四氢叶酸，因此丝氨酸是一碳基团亚甲基的供体。

3. 半胱氨酸合成

半胱氨酸合成所需的巯基，大多数植物和微生物来自于硫酸，而动物则主要来自于高半胱氨酸。植物和微生物以乙酰 CoA 为供体，丝氨酸转乙酰基酶催化丝氨酸生成 O- 乙酰丝氨酸。在硫氢解酶的作用下，生成半胱氨酸。在动物中，胱硫醚 -β- 合酶催化高半胱氨酸与丝氨酸反应，生成 L,L- 胱硫醚。γ- 胱硫醚酶催化其水解，生成半胱氨酸，并释放 NH_4^+ 及 α- 酮丁酸。

五、芳香族

该族包括苯丙氨酸、酪氨酸和色氨酸，皆以己糖磷酸途径的中间产物 4- 磷酸赤藓糖及糖酵解过程的中间产物磷酸烯醇式丙酮酸为前体。这三种芳香族氨基酸的只能由植物和微生物合成，具有 7 步共同途径，又称为莽草酸途径（shikimate pathway）。分支酸（chorismate）为分支点化合物，一条合成苯丙氨酸和酪氨酸，一条合成色氨酸。莽草酸途径也是合成生物碱（alkaloid）、苯丙烷类化合物（phenylpropanoid）等重要次生代谢物的基础途径。

1. 苯丙氨酸合成

4- 磷酸赤藓糖和磷酸烯醇式丙酮酸在合酶催化下缩合为 3- 脱氧 - 阿拉伯庚酮糖酸 -7- 磷酸，经脱磷酸环化为 3- 脱氢奎尼酸，脱水酶催化脱去水分子生成 3- 脱氢莽草酸，脱氢酶以 NADPH 为氢供体催化加氢生成莽草酸。激酶催化莽草酸磷酸化生成 5- 磷酸莽草酸，并与另一分子磷酸烯醇式丙酮酸在合酶催化下缩合为 3- 烯醇丙酮酰莽草酸 -5- 磷酸，经脱磷酸生成分支酸。

分支酸变位酶P-预苯酸脱水酶是双功能酶，既能催化分支酸的烯醇丙酮酸侧链从3位转移到1位转化为预苯酸（prephenate），又具有脱水酶活性进一步催化预苯酸脱水、脱羧转化为苯丙酮酸（phenylpyruvate）。再经转氨酶催化，由谷氨酸提供氨基，生成苯丙氨酸。

12-20 转氨酶法制备L-苯丙氨酸

2. 酪氨酸合成

NAD^+依赖性分支酸变位酶T-预苯酸脱氢酶是双功能酶，既能催化分支酸的烯醇丙酮酸侧链从3位转移到1位转化为预苯酸，又具有脱氢酶活性进一步催化预苯酸脱氢、脱羧转化为4-羟基苯丙酮酸（4-hydroxy phenylpyruvate）。再经转氨酶催化，由谷氨酸提供氨基，生成酪氨酸。

酪氨酸还可由苯丙氨酸羟化酶（phenylalanine hydroxylase）催化苯丙氨酸对位羟基化而生成。

3. 色氨酸合成

在氨基苯甲酸合酶催化下，谷氨酰胺提供氨基，将分支酸的烯醇丙酮酸侧链以丙酮酸形式脱去，生成邻氨基苯甲酸（*o*-anthranilate）。以5-磷酸核糖-1-焦磷酸（PRPP）为载体，氨基苯甲酸磷酸核糖转移酶催化氨基苯甲酸以*N*-糖苷键连接在磷酸核糖上，生成*N*-5′-磷酸核糖-氨基苯甲酸。异构酶将呋喃环开环并进行互变异构，将其转化为烯醇式1-(*O*-羧基苯氨基)-1-脱氧核酮糖-5′-磷酸。吲哚-3-甘油磷酸合酶催化将其脱羧，并再次环化为吲哚-3-甘油磷酸。色氨酸合酶首先催化脱去3磷酸甘油醛而生成吲哚（indole），并进一步催化吲哚与丝氨酸脱水结合而生成色氨酸。

因此，色氨酸吲哚苯环C1和C6来自磷酸烯醇式丙酮酸，C2、C3、C4、C5来自4-磷酸赤藓糖，吲哚吡咯环C7和C8来自磷酸核糖焦磷酸，氮原子来自谷氨酰胺的酰胺氮，侧链来自丝氨酸。

12-21 芳香族氨基酸细胞工厂构建策略

六、组氨酸

除上述氨基酸外，组氨酸的合成为一独立系统。以5-磷酸核糖-1-焦磷酸为底物，ATP核糖转移酶催化ATP嘌呤环的N1以*N*-糖苷键连接在磷酸核糖上，生成N^1-5′-磷酸核糖-ATP。焦磷酸酶水解ATP，脱去焦磷酸，生成N^1-5′-磷酸核糖-AMP。磷酸核糖-AMP解环酶催化水解，嘌呤环在N1和C6之间打开，生成N^1-5′-磷酸核糖亚氨甲基-5-氨基咪唑-4-羧酰胺核苷酸。异构酶将连在N1的磷酸核糖呋喃环开环并进行互变异构，将其转化为核酮糖，生成N^1-5′-磷酸核酮糖亚氨甲基-5-氨基咪唑-4-羧酰胺核苷酸。在谷氨酰胺酰氨基转移酶催化下，谷氨酰胺提供氨基，亚氨甲基键断裂将其分解，环化形成咪唑环而生成为咪唑甘油磷酸，谷氨酰胺的酰胺氮构成咪唑环的N1。同时释放出5′-磷酸核糖-4-羧酰胺-5-氨基咪唑核苷酸，后者可进入嘌呤核苷酸生物合成途径。脱水酶催化咪唑甘油磷酸脱水，经烯醇式互变生成咪唑丙酮醇磷酸。经转氨酶催化，由谷氨酸提供氨基，转化为组氨醇磷酸。组氨醇磷酸磷酸酶水解生成组氨醇。组氨醇脱氢酶以NAD^+为氢受体，催化连续脱氢，经组胺醛最终生成组氨酸。

因此，组氨酸咪唑环N1来自谷氨酰胺的酰胺氮，N2和C5来自ATP的嘌呤环，C3和C4来自磷酸核糖焦磷酸，侧链碳也来自磷酸核糖焦磷酸，侧链氨基来自谷氨酸。

七、氨基酸生物合成的调节

氨基酸生物合成具有严格的调节机制，不同氨基酸的调节机制不同，可通过酶活性或酶生成量的调节两方面实现，前者反应更迅速，后者效应更持久。不同生物的同一种氨基酸的调节机制也不同。

别构效应是最有效的调节方式，终端产物抑制反应途径中第一个酶的活性。异亮氨酸是苏氨酸脱氨酶的反馈抑制物。谷氨酰胺合成酶受八种产物的反馈抑制。芳香族氨基酸分别抑制分支途径的第一步反应，而分支点中间产物分支酸的累积，又能反馈抑制共同途径第一步反应。丙氨酸、天冬氨酸、谷氨酸是中心代谢环节的关键中间产物，其生物合成不受终端产物的反馈抑制。而甘氨酸生物合成通过一碳单位和四氢叶酸进行调节。

酶生成量的控制通过酶编码基因表达调控实现。当氨基酸合成过量时，阻遏其合成途径酶的编码基因表达；当氨基酸合成不足时，诱导其合成途径酶的编码基因表达。甲硫氨酸过量时，天冬氨酸激酶和天冬氨酸半醛脱氢酶的同工酶受到阻遏。异亮氨酸过量时，苏氨酸脱水酶同工酶受到阻遏。

第四节　氨基酸代谢在工业上的应用

一、氨基酸的工业生产

通过微生物的氨基酸代谢途径，可以发酵生产多种氨基酸，如谷氨酸、赖氨酸、苏氨酸等。这些氨基酸在食品、饲料、医药、化工等领域有广泛的应用。

1. 味精生产

味精是一种常见的调味品，即谷氨酸钠，为白色结晶或粉末，具特殊鲜味，可增强食物风味，起提鲜作用。早期味精是通过蛋白质水解而工业化生产的，成本较高，且产量有限。20 世纪 60 年代实现了微生物发酵法工业化生产味精，效率高、成本低，适合大规模生产。味精给人们的烹调食品带来了鲜美，也推动了氨基酸生产的大发展。L- 谷氨酸发酵是将生物素（biotin）控制在亚适量条件下以淀粉水解糖和糖蜜为碳源，以氨、尿素为氮源，进行好氧发酵，生产 L- 谷氨酸。

（1）生产菌株

常用的谷氨酸生产菌有谷氨酸棒状杆菌（*Corynebacterium glutamicum*）、黄色短杆菌（*Brevibacterium flavum*）、乳糖发酵短杆菌（*Brevibacterium lactofermentum*）等，大多为生物素缺陷型，这些菌种生长速度快、产酸能力强。目前国内使用的谷氨酸生产菌主要有天津短杆菌及其突变株、钝齿棒杆菌及其突变株、北京棒杆菌及其突变株。多数厂家生产上常用的菌株是天津短杆菌 T_{613}、TG-961、FM-415、S9114、CMTC6282 等。

谷氨酸生产菌具有一些特殊的生化特性，如 α- 酮戊二酸脱氢酶缺失或微弱，使得 TCA 到达 α- 酮戊二酸时即受到阻挡，有利于 α- 酮戊二酸积累，进而生成谷氨酸；其谷氨酸脱氢酶活性比其他微生物高得多，同时 $NADPH+H^+$ 再氧化能力弱，所以 TCA 中间物就不再往下氧化，而以谷氨酸的形式积累起来。

合成生物学技术为氨基酸工业带来了新的发展机遇，通过对微生物基因的改造和优化，构建高产、高效的氨基酸生产菌株，提高氨基酸的生产效率，提升产品质量，降低生产成本。

（2）发酵机理及调控

氨基酸的生物合成受到严格的代谢调节，氨基酸发酵是典型的代谢控制发酵，利用生物化学和遗传学、分子生物学的方法，人为地改变、控制微生物代谢，使微生物大量合成并积累目的产物。

葡萄糖经 EMP 途径通过乙酰辅酶 A 进入 TCA 循环，并产生 α- 酮戊二酸。在有 NH_4^+存在的条件下，谷氨酸脱氢酶催化 α- 酮戊二酸发生还原氨基化反应生成 L- 谷氨酸。这是谷氨酸生物合成的关键步骤，其中 HMP 途径产生的 NADPH 为该还原氨基化反应提供了必需的供氢体。

谷氨酸生物合成受体内复杂机制的调控。其发酵过程中，第一阶段是菌体生长阶段，一定量的生物素是菌体增殖所必需，须保证生物素充足使菌体快速生长；第二阶段是产酸阶段，则要限制生物素浓度，以保证产物正常合成，一般将生物素控制在亚适量条件下。

谷氨酸发酵的关键在于发酵期间谷氨酸生产菌细胞膜结构与功能的特异性变化。提高细胞膜对谷氨酸的通透性，使谷氨酸从胞内排出，细胞内谷氨酸不能积累到引起反馈调节的浓度，谷氨酸就会被持续不断地优先合成，又不断通过细胞膜分泌，大量累积于发酵液中。根细胞膜通透性的控制因素分为两种类型，一是生物素、表面活性剂、油酸、甘油及温度的作用，二是青霉素的作用。

谷氨酸发酵受菌种质量、培养基组成（碳氮比）、温度、pH、$NH4^+$ 浓度以及供氧速率等因素控制。氮源是合成菌体蛋白质、核酸等含氮物质和合成谷氨酸氨基的来源。谷氨酸发酵的碳氮比一般为（100 ∶ 15）～（100 ∶ 30），当碳氮比在 100 ∶ 11 以上才开始累积谷氨酸。菌体生长阶段氨根离子过量会抑制菌体生长，产酸阶段氨根离子不足，则 α- 酮戊二酸不能还原并氨基化，谷氨酸生成量少。

（3）生产工艺

味精生产工艺包括原料处理、淀粉水解、主发酵、分离提纯、产品精制等工序（图 12-13），分别对应味精生产厂的糖化、发酵、提取和精制 4 个主要车间。

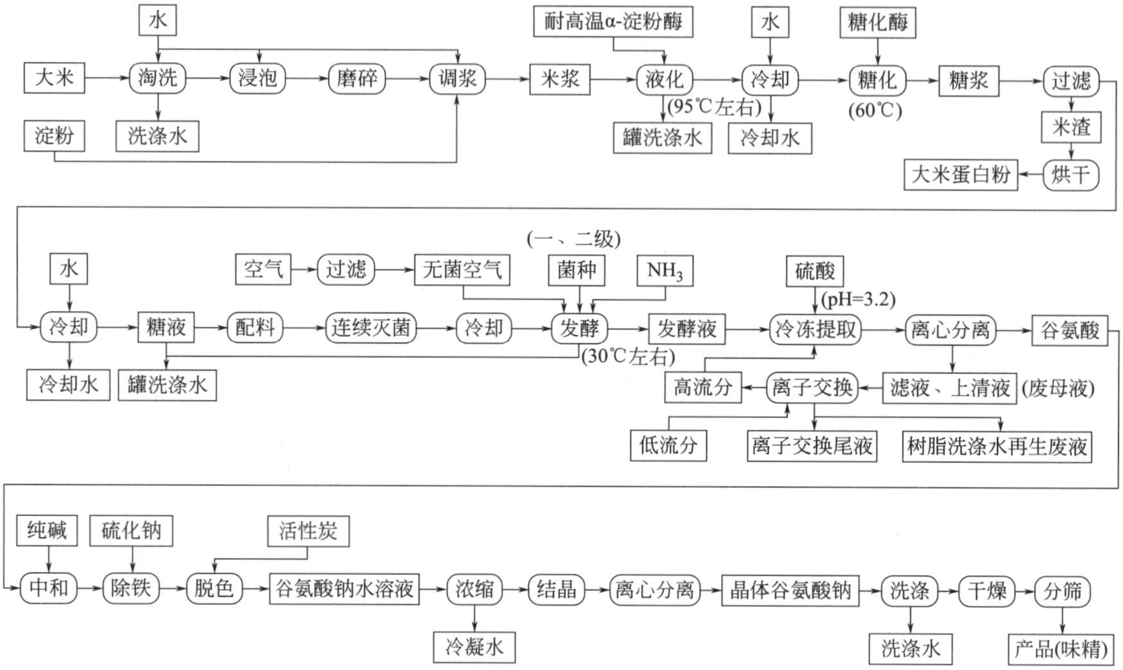

图 12-13 味精生产工艺流程

① 淀粉水解糖制备

常用原料有玉米、小麦、甘薯、大米等淀粉质原料，多数味精生产企业设有淀粉生产车间。原料经粉碎、调浆等预处理，制成 10% ～ 20% 浓度的淀粉乳。高温加酸或利用淀粉水解酶破坏淀粉结构颗粒，切断 α-1,4- 糖苷键及 α-1,6- 糖苷键，最终将其水解为葡萄糖等糖类物质，为后续发酵提供碳源。淀粉水解糖的制备方法有水解法、酸解法、酶酸法、双酶法 4 种。目前主要采用双酶法，即耐高温 α- 淀粉酶在高温条件下（90 ～ 110℃）进行喷射液化约 1 h，糖化酶在 60℃左右、pH 4.0 ～ 4.5 的条件下催化糖化反应 18 ～ 32 h。液化过程中需加入氯化钙，以提高淀粉酶的稳定性和活性。糖化结束后，糖化罐加热至 80 ～ 85℃使酶灭活 30 min，以终止糖化反应，过滤得葡萄糖液。双酶法液化和糖化基本不产生高浓度有机废水。另外，也能以甘蔗、甜菜等糖蜜原料进行处理。

② 谷氨酸发酵

培养基高温蒸汽灭菌。谷氨酸生产菌经过活化、一级种子及二级种子扩大培养后，按 5% ～ 10% 接种量接入发酵罐，好氧发酵约 30 h。谷氨酸生产菌以葡萄糖为碳源，经过糖酵解和三羧酸循环生成谷氨酸，并在体外大量积累。发酵需要对温度、pH、溶解氧、搅拌速度等重要参数进行控制，提高谷氨酸的产量和质量。发酵前期（0 ～ 12h）温度控制在 30 ～ 32℃，pH 值控制在 7.5 ～ 8.0，低通风量，以有利于菌体生长和繁殖；对数生长期（12h 以后），温度控制在 32 ～ 36℃，pH 值控制在 7.0 ～ 7.6，逐渐增加通风量，以促进谷氨酸合成和积累。发酵过程中会产生大量泡沫，可采用机械消泡（如耙式、离心式、刮板式、蝶式消泡器等）和化学消泡（如天然油脂、聚酯类、醇类、硅酮等）相结合的方法进行消泡。

③ 谷氨酸提取与分离

谷氨酸发酵是一个复杂的生化反应过程，在发酵液中除含有溶解的谷氨酸外，还存在菌体、残糖、色素、胶体物质和其他发酵产物。利用谷氨酸的两性电解质性质、溶解度、分子大小、吸附剂作用以及成盐作用等，将谷氨酸从发酵液中分离提取出来。常用方法包括等电点沉淀法、离子交换树脂吸附法、电析和反渗透法、膜分离法等。

提取与分离工艺是味精废水的主要污染负荷，离子交换尾液、洗涤废液及再生废液，包含高浓度 COD。提取过程中伴随大量废菌体产生，菌体蛋白质营养丰富，具有极高的利用价值。

④ 谷氨酸精制味精

以适量碳酸钠溶液对谷氨酸进行中和反应，生成谷氨酸一钠。经过活性炭脱色、离子交换树脂除杂，去除色素、杂质离子等，对谷氨酸钠溶液进行精制，得到高纯度的谷氨酸钠溶液。通过减压蒸发浓缩、结晶分离，得到谷氨酸一钠晶体。结晶过程中需控制好温度、搅拌速度、蒸发速度等参数，以获得粒度均匀、质量良好的味精结晶。结晶完成后，将味精结晶与母液分离，然后进行干燥、筛分等操作，得到成品味精。

（4）废弃物综合处理

在味精工业迅速发展的同时，也产生了环境污染。谷氨酸发酵生产工业废水是治理难度很高的一种高浓度有机废水，主要特点是有机物和悬浮物菌丝体含量高、酸度大、高氨氮和高硫酸盐含量，对厌氧和好氧生物具有直接和间接的毒性。每生产 1t 味精，约排放 1 ～ 1.5 t 有机物和 2 ～ 3 t 无机物，形成浓度高达 4×10^4 ～ 8×10^4 mg/L 的 COD 15 ～ 18 t、氨氮浓度近 1.2×10^4 mg/L 的高浓度有机废水。提取过程中伴随大量废菌体产生。谷氨酸发酵为好氧发酵，发酵尾风中携带着微生物和发酵过程特有气味，属于生产废气，工业上常采用尾气洗涤塔处理。

味精行业的废水治理，是国内外均未彻底解决的一个难题，通常使用厌氧生物处理工艺如上流式厌氧污泥床 UASB 或上流式污泥床过滤器 UBF，并以好氧生物处理工艺作为后续处理手段如序批式活性污泥法 SBR，投资和运行费用较高。将味精废水进行资源化利用，如将发酵废母液提取菌体蛋白用于蛋白饲料、发酵液浓缩制备复合有机肥料，或以味精废水进一步发酵生产饲料酵母，有较好的社会效益和经济效益（图 12-14）。

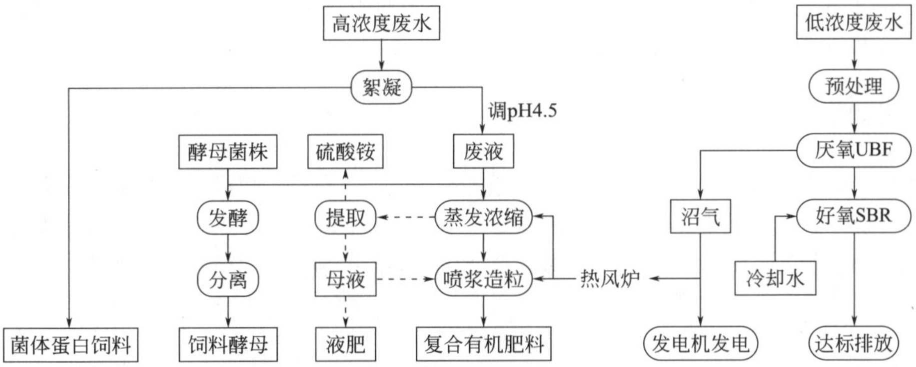

图 12-14　味精废弃物综合处理工艺流程

谷氨酸发酵工业将更加注重绿色环保生产，利用可再生资源，采用清洁生产工艺和节能减排技术，减少废水、废气、废渣的排放，实现资源循环利用，降低对环境的影响。

12-22　味精的工业生产

2. 赖氨酸生产

以诱变选育的谷氨酸棒状杆菌、黄色短杆菌等微生物的营养缺陷型突变株兼抗氨基酸结构类似物组合型突变株进行发酵，其 L- 赖氨酸生物合成调节较为简单。高丝氨酸缺陷型菌株在发酵过程中，由于自身不能合成高丝氨酸，从而解除了高丝氨酸对赖氨酸生物合成途径中关键酶的反馈抑制，使赖氨酸得以大量积累。通常是以各种淀粉水解糖或甘蔗糖蜜为碳源，氨或尿素为氮源。发酵过程中需要严格控制培养基的成分、温度、pH、溶解氧等条件，以提高赖氨酸的产量和生产效率保证菌株的正常生长和赖氨酸的高效合成。培养基中必须提供亚适量的相应生长因子。发酵过程中通过流加氨或尿素维持 pH 中性。

12-23　苏氨酸、芳香族氨基酸以及支链氨基酸的生产

二、重要氨基酸衍生物的生产

1. 氨基酸脱羧衍生物生产

通过氨基酸脱羧反应，可以生产 γ- 氨基丁酸、牛磺酸、戊二胺、5- 羟色胺和组胺等。

（1）γ- 氨基丁酸（GABA）　谷氨酸脱羧酶（glutamic acid decarboxylase，GAD）是催化 L- 谷氨酸转化为 GABA 的关键酶，一些微生物能够利用培养基中的谷氨酸，在 GAD 的作用下生成 γ- 氨基丁酸（GABA）。乳酸菌是生产 GABA 的常用微生物，如植物乳杆菌（*Lactobacillus plantarum*）具有较强的 GAD 活性。酿酒酵母（*Saccharomyces cerevisiae*）可以通过基因工程改造，使其过量表达 GAD，从而提高 GABA 的产量。谷氨酸是合成 GABA 的底物，其添加量对 GABA 产量影响较大。一般在培养基中添加 0.5% ～ 2% 的谷氨酸，可以保证足够的原料供应，同时避免因过量添加导致的底物抑制等问题。发酵过程中的 pH 值很关键，乳酸菌在酸性环境下生长良好，而且 GAD 在 pH 在 5.0 ～ 6.0 之间活性较高。乳酸菌一般是厌氧菌或兼性厌氧菌，在发酵过程中对溶氧要求较低。谷氨酸脱羧酶能以酿酒废弃物为原料发酵生产 γ- 氨基丁酸。

（2）牛磺酸　以 *O*- 乙酰基 -L- 丝氨酸（OAS）为底物，以 OAS 巯基化酶进行催化，在亚硫酸盐存在的条件下产生 L- 磺基丙氨酸，随后再利用 L- 半胱氨酸亚磺酸脱羧酶、天冬氨酸脱羧酶或谷氨酸脱羧酶等将 L- 磺基丙氨酸脱羧形成牛磺酸。另外，某些芽孢杆菌属的菌株如枯草芽孢杆菌（*Bacillus subtilis*）在特定的培养条件下能合成牛磺酸，可用于发酵生产牛磺酸。利用多种微生物之间的协同作用可提高牛磺酸的产量，将枯草芽孢杆菌 ys-45、酵母 s-78、黑曲霉 pl-39 等菌种共同接种到芝麻粕等发酵底物中进行固态发酵，生产富含牛磺酸的菌肽饲料。

（3）酶法制备戊二胺和丁二胺　L- 赖氨酸脱羧酶高效催化 L- 赖氨酸生产 1,5- 戊二胺的合成，L- 精氨酸脱羧酶催化合成 1,4- 丁二胺，用于合成耐高温尼龙。

2. 氨基酸脱氨衍生物生产

α- 酮戊二酸广泛应用于食品、医药、化工和化妆品行业。微生物发酵法和酶转化法逐渐成为化学法生产 α- 酮戊二酸的替代方法。奇异变形杆菌（*Proteus mirabilis*）L- 氨基酸脱氨酶能够催化 L- 谷氨酸脱氨转化为 α- 酮戊二酸。将其在枯草芽孢杆菌中异源过表达，全细胞转化 L- 谷氨酸脱氨生产 α- 酮戊二酸。

12-24　α- 苯丙酮酸、α- 酮基 -γ- 甲硫基丁酸的生产

3. 酪氨酸衍生物生产

利用特定的酶催化肾上腺素合成过程中的关键反应，以酪氨酸为原料，实现肾上腺素的合成。酪氨酸羟化酶可以将酪氨酸转化为多巴，然后再通过 L- 脱羧酶作用脱去羧基形成多巴胺，多巴胺进一步通过多巴胺 -β- 羟化酶羟基化得到去甲肾上腺素，最后通过苯乙醇胺 -*N*- 甲基转移酶甲基化生成肾上腺素。通过基因工程技术构建高效表达这些酶的工程菌或细胞系，或者直接使用从生物体内提取纯化的酶，在体外进行酶促反应，合成肾上腺素，再经过分离、纯化等工艺，获得高纯度的肾上腺素。

4. 生物法生产肌酸

谷氨酸棒杆菌、大肠杆菌常用于肌酸的生物合成。通过基因工程技术对菌株进行改造，使其过表达

肌酸合成的关键酶，例如同时过表达 L- 精氨酸 - 甘氨酸脒基转移酶和胍乙酸 *N*- 甲基转移酶，显著提高肌酸的合成能力。此外，整合表达 *S*- 腺苷同型半胱氨酸水解酶，解除肌酸生产酶所受到的副产物 *S*- 腺苷同型半胱氨酸的反馈抑制作用，同时促进其再生底物 *S*- 腺苷甲硫氨酸，进一步提高肌酸的产量。发酵结束后，过滤去除发酵液中的菌体和固体杂质，采用强酸性阳离子交换树脂对肌酸选择性吸附，通过调节上样液和洗脱液的 pH 值和离子强度，将其与发酵上清液中其他杂质分离。初步纯化的肌酸溶液进行浓缩、结晶、重结晶，得到高纯度肌酸。结晶过程中需要控制好温度、pH 值和搅拌速度等条件，以获得高质量的肌酸晶体产品。

12-25　生物法生产谷胱甘肽

三、氨基酸代谢相关酶的应用

氨基酸代谢过程中的一些关键酶，如蛋白酶、转氨酶、脱羧酶等，可用于医学、制药、食品、饲料、纺织、皮革、精细化工等行业。谷氨酰胺转氨酶等转氨酶通过催化蛋白质分子间或分子内的交联反应，在肉制品加工中可将碎肉黏结在一起，还能将非肉蛋白交联到肉蛋白上，提高肉制品的弹性、嫩度、质地、风味。转氨酶能促进酮类化合物的胺化反应，可用于制备多种药物及其中间体。手性胺是许多药物、农药、香料等精细化学品的重要中间体，以 3- 异丁基戊二酸二乙酯为起始原料，在转氨酶的催化下与氨基供体反应，制备普瑞巴林合成所需的关键手性中间体（*S*）-3- 异丁基戊二酸单乙酯。转氨酶催化 1,2- 环己二胺转化为（1*R*，2*R*）- 反式 -1,2- 环己二胺，构建奥沙利铂中间体的两个手性中心，适合工业化生产。

第五节　蛋白质的生物合成

第十二章第五节

本章提要

氨基酸的分解代谢包括脱氨基与脱羧基作用。联合脱氨基是脱去氨基的重要方式，通过转氨基作用将不同氨基酸的氨基转移到 α– 酮酸，再与氧化脱氨基作用或嘌呤核苷酸循环偶联，由后者脱去氨基。转氨酶催化转氨基作用，其辅酶为磷酸吡哆醛。L– 谷氨酸脱氢酶催化 L– 谷氨酸氧化脱氨基，生成 α– 酮戊二酸。尿素循环起始于 NH_3、CO_2 与 ATP 合成氨甲酰磷酸，包括鸟氨酸、瓜氨酸、精氨酸等中间物。氨基酸是一碳单位的直接提供者，也是多种生物活性物质的前体。氨基酸合成的碳骨架起源于三羧酸循环、糖酵解、己糖磷酸途径，按照起始物分为 5 个家族：谷氨酸族、天冬氨酸族、丙酮酸族、丝氨酸族、芳香族，组氨酸的合成为一独立系统。蛋白质生物合成以 mRNA 为模板，每 3 个核苷酸决定一个氨基酸，即密码子。tRNA 携带氨基酸，其反密码子通过碱基配对方式识别 mRNA 的密码子。核糖体是合成蛋白质的工厂，沿着 mRNA 从 5' 端向 3' 端移动。肽链延伸方向是从 N 端到 C 端。

课后习题

1. 判断对错，如果不对，请说明原因。

（1）氨基酸的 α- 氨基氮转变成 NH_3 是一个氧化过程，每生成 1 分子 NH_3 需要 1 分子氧化剂 NAD^+。

（2）植物可直接利用 NH_3 作为氮源，而动物却不能。

（3）在动物体内亮氨酸分解产生乙酰 CoA，因此它也是一种生糖氨基酸。

（4）分解代谢总体说来是产能的，但在氨基酸脱氨基后，生成尿素过程却是耗能的。

（5）动物和细菌都能以 AUG 和 GUG 作为起译密码子合成肽链。

（6）利福霉素既能抑制原核细胞的转录，也抑制真核细胞的转录。

2. 写出人体内丙氨酸完全分解的代谢途径。1 mol 丙氨酸完全分解可产生多少摩尔 ATP？

3. 葡萄糖、丁酸、丙氨酸在人体内完全氧化时，每个碳原子平均产生多少 ATP？当由丙酮酸分别合成 1mol 上述三种物质时，各消耗多少摩尔 ATP 及还原型辅酶（NADH 或 NADPH)?

4. 假设反应从游离氨基酸、tRNA、氨酰 -tRNA 合成酶、mRNA、80S 核糖体以及翻译因子开始，翻译 1 分子胰岛素及 1 分子牛胰核糖核酸酶（124 个残基）各需消耗多少高能磷酸键？

5. 有下列一段细菌 DNA，写出其复制、转录及翻译的产物，并注明产物的末端及合成方向（不管合成过程中的起点和终点）。

5′GTAGGACAATGGGTGAAGTGACTTATA 3′（非转录链）

3′CATCCTGTTACCCACTTCACTGAATAT 5′（转录链）

6. 称取 25 mg 蛋白酶粉配制成 25mL 酶溶液，从中取出 0.1mL 酶液，以酪蛋白为底物用 Folin- 酶比色法测定酶活力，结果表明每小时产出 1500mg 酪氨酸。另取 2mL 酶液，用凯氏定氮法测得蛋白氮为 0.02mg，若以每分钟产生 1mg 酪氨酸的酸量为一个活力单位计算，试根据上述数据求出：

（1）1mL 酶液中所含的蛋白质量及酶的活力单位；

（2）酶的比活力；

（3）g 酶制剂的总蛋白含量及酶的总活力。

讨论学习

1. 氨甲酰磷酸的合成是尿素循环的第一步，氨甲酰磷酸再释放出高能磷酸键并与鸟氨酸结合生成瓜氨酸，以此为切入点，总结有哪些代谢途径是以活化为高能化合物形式起始的？为何生物普遍采用该方式？该方式对生物而言有何意义？该方式对生物工程实际应用中有何启示？

2. 瓜氨酸的结构中已经具有了尿素分子的基本骨架，但在尿素循环中，为何不直接由瓜氨酸水解断裂生成尿素，而是瓜氨酸夺取天冬氨酸的氨基生成精氨酸后再水解生成尿素？

3. 糖、脂肪、氨基酸三大物质代谢有何联系？对生理调控有何意义？对生物工程工业化生产有何意义？

4. 谷氨酸合成谷氨酰胺需要消耗 ATP，为何自然界中生物仍以通过谷氨酰胺提供酰胺基的这一从能量观点看似不经济的方式合成谷氨酸？

5. 合成精氨酸时，谷氨酸经历了 α- 氨基乙酰化和去乙酰化，有何意义？

6. 比较亮氨酸合成途径从 α- 酮异戊酸起始到 α- 酮异己酸阶段，与 TCA 循环从草酰乙酸起始到 α- 酮戊二酸阶段的异同。

7. 作为甲硫氨酸合成的中间产物，高半胱氨酸的合成需要消耗半胱氨酸，而半胱氨酸的合成需要高半胱氨酸为前体。该两种途径如何平衡？

12-26　自我测评

第十三章 代谢的调节控制

13-1 学习目标

第一节 生物体内的代谢调控模式

生物体内的物质代谢网络通过多维度、动态化的调控系统实现精密协调，这种精妙的调控机制确保了代谢过程在复杂环境中的稳态维持与能量优化。现代研究表明，代谢调控通过“时 - 空耦合”的多层次体系实现：在分子层面，酶活性调控（别构调节、共价修饰）与基因表达调控（转录因子、表观遗传）构成基础调控单元；在细胞层面，代谢区室化与代谢物浓度梯度形成空间调控网络；在系统层面，内分泌激素通过信号转导实现器官间代谢协同，而神经系统通过神经递质与神经肽整合整体代谢需求。值得关注的是，近年研究揭示了代谢物本身可作为信号分子，通过代谢 - 表观遗传 - 基因表达的互作网络实现动态平衡。这种多层级、网络化的调控模式不仅是生物进化的智慧结晶，更为合成生物学代谢工程提供了仿生设计原理。理解代谢调控的分子逻辑，对生物制造技术开发和疾病机制解析具有重要指导意义。

一、前馈与反馈

前馈（feedforward）和反馈（feedback）这两个术语都是电子学的概念，前者指“输入对输出的影响”，后者指“输出对输入的影响”。用于代谢调控中，则指代谢底物和代谢产物对代谢速率的影响。

1. 前馈——代谢底物浓度的调节作用

前馈是代谢途径的底物对代谢速率的影响。如果底物浓度增高，酶会被激活，或酶活性会提高，从而使代谢速率加快，称为正前馈（positive feedforward）。若底物浓度增高，酶活性下降，使代谢速率减慢，称为负前馈（negative feedforward）。

正前馈常见于分解代谢途径，包括前体激活和底物诱导。如在糖酵解中 6- 磷酸葡萄糖对丙酮酸激酶的激活作用。粪链球菌（*Enterococcus faecalis*）的乳酸脱氢酶活性被 1,6- 二磷酸果糖所促进，粗糙脉孢菌（*Neurospora crassa*）的异柠檬酸脱氢酶的活性受柠檬酸的促进。这些都是正前馈的例子。负前馈的例子不多见，在脂肪酸合成中，高浓度的乙酰 CoA 对乙酰 CoA 羧化酶有抑制作用就是一例，这种情况通常在底物过量时才产生。

2. 反馈——终产物的调节作用

反馈是代谢途径的终产物对代谢速率的影响，这种影响是通过对某种酶活性或酶量的改变来实现的，在大多数情况下终产物（或某些中间产物）影响代谢途径中的第一个酶，这样就不会造成中间产物的积累，以便合理利用原料并节约能量。

在一个代谢过程中如果随终产物浓度的升高，关键酶活性增高，这种现象称为正反馈（positive feedback）；相反，终产物的积累，使关键酶的活性降低，代谢速率减慢，称为负反馈（negative feedback）。

在细胞内的反馈调节中，广泛地存在负反馈，包括反馈抑制和反馈阻遏，正反馈的例子不多。例如，在糖的有氧氧化三羧酸循环中，乙酰 CoA 必须先与草酰乙酸结合才能被氧化，而草酰乙酸又是乙酰 CoA 被氧化的最终产物。草酰乙酸的量若增多，则乙酰 CoA 被氧化的量亦增多；草酰乙酸的量减少（如部分 α- 酮戊二酸氨基化生成谷氨酸；导致草酰乙酸量减少），则乙酰 CoA 的氧化量亦减少。这是草酰乙酸对乙酰 CoA 氧化正反馈控制的例子。

二、细胞内的调控

细胞自主调控是生命体维持代谢稳态的基础性机制，其进化起源可追溯至早期单细胞生物。在真核生物中，这种调控机制已发展为具有时空特异性的精密系统：通过区室化代谢途径（如线粒体 β- 氧化与胞浆脂肪酸合成）、代谢物浓度梯度感知（如 ATP/AMP 比值调控）以及动态蛋白质互作网络实现代谢通量调节。现代研究表明，多细胞生物虽然进化出神经 - 内分泌系统级联调控，但其调控效应仍需通过细胞膜受体介导的信号转导（如胰岛素受体 -PI3K 通路）与细胞器间对话（如内质网 - 线粒体代谢偶联）来实现。值得关注的是，合成生物学研究揭示工程化细胞可通过重构代谢模块实现人工代谢调控，这为理解原始调控机制的工程化改造提供了新视角。

细胞内的调控，主要是通过酶来实现的，所以又称酶水平的调控，或分子水平的调控。细胞一般是对代谢途径中关键酶（key enzyme）进行控制，关键酶所催化的反应为不可逆反应且通常较慢，决定着代谢途径的方向和是否进行，多为代谢途径的第一个酶或分支后的第一个酶。其中，催化反应速率最慢的，活性高低决定了整个代谢途径的总速率的关键酶被称为限速酶（rate-limiting enzyme），对代谢途径的通量起主要调节作用。改变限速酶活性可以显著影响代谢途径中代谢物的流量和代谢产物的生成量。酶的调节按下面几种模式进行。

1. 代谢区室化调节——不同酶分布于细胞的不同部位

酶的区域化分布是细胞代谢调控的重要机制。真核细胞通过细胞器分隔不同酶系，原核细胞虽无膜结构细胞器，但仍存在酶的空间定位差异。这种区域化特征既避免了代谢途径间的相互干扰，又实现了协同调控。典型例证可见脂肪酸代谢：氧化酶系定位于线粒体基质，而合成酶系主要分布于胞质，二者通过乙酰 CoA 和脂酰 CoA 的跨膜转运形成代谢互作。区域化分布赋予代谢调节空间特异性，特定调节因子（如 Ca^{2+}）或代谢物可通过跨区移动选择性地改变局部酶活性，实现代谢网络的精准调控，确保不同代谢途径的独立运行与动态平衡。

一些重要的酶在细胞内的分布列于表 13-1。

表 13-1　一些重要的酶在细胞内的分布

细胞部位		酶	相关代谢
细胞膜		ATP酶、腺苷酸环化酶等	能量及信息转换
细胞核		DNA聚合酶、RNA聚合酶、连接酶	DNA复制、转录
溶酶体		各种水解酶类	糖、脂、蛋白质的水解
粗面内质网		蛋白质合成酶类	蛋白质合成
滑面内质网		加氧酶系、合成糖、脂酶系	加氧反应、糖蛋白、脂蛋白加工
过氧化体		过氧化氢酶、过氧化物酶	处理H_2O_2
叶绿体		ATP酶、卡尔文循环酶系、光合电子传递酶系	光合作用
线粒体	外膜	单胺氧化酶、脂酰转移酶、NDP激酶	胺氧化、脂肪酸活化、NTP合成
	膜间隙	腺苷酸激酶、NDP激酶、NMP激酶	核苷酸代谢
	内膜	呼吸链酶类、肉毒碱脂酰转移酶	呼吸电子传递、脂肪酸转运
	基质	TCA酶类、β-氧化酶类、氨基酸氧化脱氨及转氨酶类	糖、脂肪酸及氨基酸的有氧氧化
细胞浆		EMP酶类、HMP酶类、脂肪酸合成酶类、卟啉合成酶、谷胱甘肽合成酶系、氨酰-tRNA合成酶	糖分解、脂肪酸合成、谷胱甘肽代谢、氨基酸活化

2. 酶活性的调节——酶结构的变化改变酶活性

酶可以通过多种方式改变其结构，从而改变活性，来控制代谢的速率。这种调节所需时间较短，为快速调节，但作用时间短暂。这些方式包括：酶原激活、酶的修饰、酶分子的聚合与解聚、别构调节等

（1）酶原激活　许多水解酶类以无活性的酶原形式从细胞分泌出来，经特定肽段的切除后转变为活性酶。如胃蛋白酶原（pepsinogen，分子量 42500）在胃酸和胃蛋白酶作用下，切除 42 肽（分子量 8100）后，转变为活性胃蛋白酶（pepsin，分子量 34500）。胰蛋白酶原（trypsinogen）则通过肠激酶（enterokinase）或胰蛋白酶的自身催化，切掉 N 末端六肽后激活为胰蛋白酶（trypsin）。酶原激活通常伴随构象变化。

（2）酶的化学修饰　有些酶在它的某些氨基酸残基上可逆地连接或去除化学基团，实现活性态与非

活性态的转换，称为酶的化学修饰（或共价修饰）。例如，糖原磷酸化酶（glycogen phosphorylase）和糖原合酶（glycogen synthase）通过磷酸化与去磷酸化调节活性：糖原磷酸化酶磷酸化后活性增加，而糖原合成酶去磷酸化后才具有活性。这种调节机制通过磷酸化 / 去磷酸化控制糖原分解与合成的平衡。

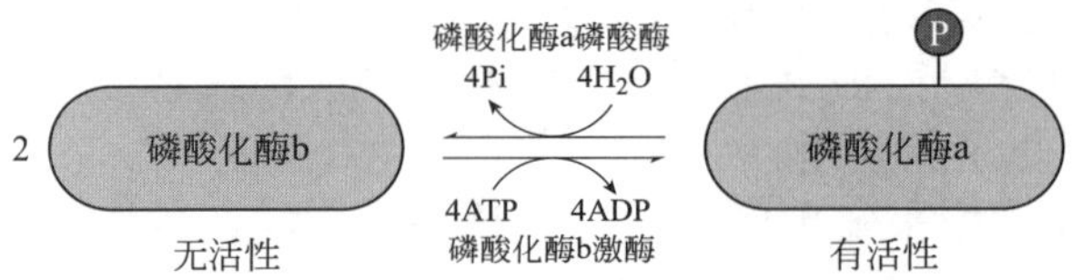

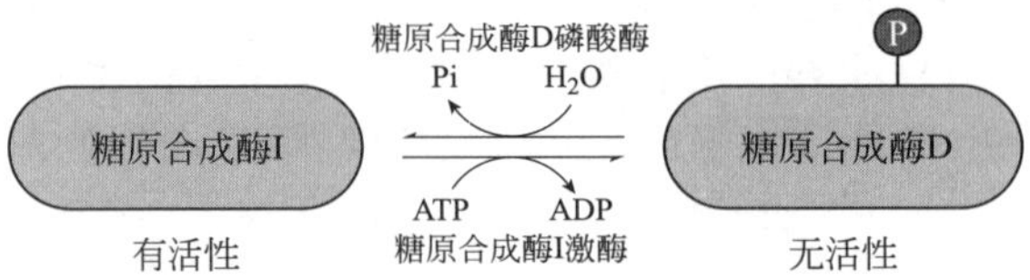

磷酸化 / 去磷酸化是化学修饰中最重要的一种方式。磷酸化作用由蛋白激酶催化，将磷酸基团共价连接到蛋白质 Ser、Thr 以及 Tyr 残基的羟基，磷酸供体是通常是 ATP，少数为 GTP；去磷酸化则由磷蛋白磷酸酶催化，水解磷酸基团。目前已发现几十种参与磷酸化调节的酶，表 13-2 列举了常见的磷酸修饰调节酶，其中有些酶磷酸化后成为活性态（或活性增高），有的磷酸化后成为非活性态（或活性降低）。

表 13-2　常见的磷酸修饰调节酶

磷酸化后成为活性态（或活性升高）	磷酸化后成为非活性态（或活性降低）	磷酸化后成为活性态（或活性升高）	磷酸化后成为非活性态（或活性降低）
糖原磷酸化酶	糖原合成酶	酪氨酸羟化酶	谷氨酰胺合成酶（大肠杆菌）
糖原磷酸化酶b激酶	丙酮酸激酶	HMG-CoA还原酶激酶	HMG-CoA还原酶
果糖磷酸化酶	丙酮酸脱氢酶	eIF_2激酶	肌球蛋白P-轻链激酶
果糖-1,6-二磷酸酶	乙酰CoA羧化酶	RNA聚合酶	支链α-酮酸脱氢酶
三酰甘油酯酶	甘油磷酸基转移酶	依赖cAMP蛋白激酶	
卵磷脂酶	谷氨酸脱氢酶（酵母）	黄嘌呤氧化酶	

除了磷酸化 / 去磷酸化外，酶的化学修饰还包括乙酰化 / 去乙酰化、腺苷酰化 / 去腺苷酰化、尿苷酰化 / 去尿苷酰化、甲基化 / 去甲基化等。磷酸化 / 去磷酸化因其反应灵敏、节能、机制多样且生理效应显著，成为哺乳动物酶化学修饰的主要形式，而细菌则主要采用核苷酰化形式。

（3）酶分子的聚合与解聚　有一些寡聚酶通过与一些小分子调节因子结合，引起酶的聚合或解聚，从而使酶发生活性态与非活性态的互变，也是代谢调节的一种重要方式。调节因子通常与酶的调节中心区以非共价结合。有的酶聚合态时是活性态，有的酶解聚为单体后才是有活性的。

谷氨酸脱氢酶（glutamate dehydrogenase）由 6 个相同亚基组成，每 3 个亚基形成一个三面体，6 个亚基聚合时形成三个双层三面体。这个酶有两种活性形式：X 型和 Y 型。聚合态时为 X 型，催化谷氨酸脱氢；X 型解聚为 Y 型时，催化丙氨酸脱氢。但若 X 型进一步聚合，三面体层数增加呈长纤维状，此种聚集体为非活性型。

$$\underset{\text{(催化Ala脱氢)}}{\text{Y型}} \underset{\text{GTP(或GDP)或NADPH}}{\overset{\text{ADP和Leu}}{\rightleftharpoons}} \underset{\text{(催化Glu脱氢)}}{\text{X型}} \rightleftharpoons \underset{\text{(无活性)}}{\text{多聚体型}}$$

乙酰 CoA 羧化酶（acetyl coenzyme A carboxylase）是脂肪酸合成中的关键酶，由 4 个不同亚基组成，亚基的聚合与解聚，使酶存在 3 种形态。当有柠檬酸或异柠檬酸结合后，促使其聚合成多聚体，才具有催化活性。

$$\underset{\text{(无活性，分子量 100000)}}{\text{4个不同亚基}} \longleftrightarrow \underset{\text{(无活性，分子量 409000)}}{\text{原体}} \xleftrightarrow{\text{柠檬酸或异柠檬酸}} \underset{[\text{有活性，分子量 }(4\sim8)\times10^6]}{\text{多聚体}}$$

一些常见通过聚合 / 解聚调节活性的酶见表 13-3。

表 13-3　酶的聚合与解聚

酶	聚合或解聚	促进聚合或解聚的因素	酶活性变化
磷酸果糖激酶（兔骨胳肌）	聚合 解聚	F-6-P、FDP ATP	↑（激活） ↓（抑制）
异柠檬酸脱氢酶（NAD^+特异的）（牛心）	聚合 解聚	ADP NADH	↑ ↓
苹果酸脱氢酶（猪心）	单体→二聚体	NAD^+	↑
丙酮酸羧化酶（羊肾）	聚合	乙酰CoA	↑
G-6-P脱氢酸（人红细胞）	单体→二聚体→四聚体	$NADP^+$	↑
糖原磷酸化酶b	四聚体→二聚体	糖原	↑
糖原合成酶（鼠肌）	寡聚 解聚	UDPG+G-6-P ATP或K^+	↑ ↓
乙酰CoA羧化酶（脂肪组织）	聚合	柠檬酸、异柠檬酸	↑
谷氨酸脱氢酶（牛肝）	聚合 解聚	ADP、Leu GTP（或GPP）、NADPH	↑ ↓
谷氨酰胺酶（猪肾）	聚合	α-酮戊二酸、苹果酸、Pi	↑

（4）酶的构象变化——别构（allostery）　某些酶与细胞内一定代谢物结合后可引起空间结构的改变，从而改变其酶活性，调节代谢速率，这种调节称为别构调节（见本章第二节）。

别构调节可通过聚合解聚实现。磷酸果糖激酶一般以四聚体形式存在，具有较高活性。ATP 作为别构抑制剂，与其结合诱导其构象变化，导致四聚体解聚，酶活性受到抑制，糖酵解速度减慢。当细胞内能量水平下降，AMP 浓度升高，AMP 作为别构激活剂与其结合，稳定四聚体结构，增强酶活性，加快糖酵解，以满足细胞对能量的需求。聚合解聚状态也可影响别构调节。磷酸果糖激酶四聚体对 ATP 具有较高亲和力，而解聚为单体时破坏了亚基之间的协同作用并改变别构位点构象，导致 ATP 与别构位点的结合能力下降。

3. 酶量的调节——基因的诱导与阻遏

细胞内有些酶的数量不是固定不变的，而是随相关代谢物的浓度而改变。这种调节机制涉及酶的基因表达，代谢物控制酶蛋白的合成（见本章第三节），调节所需时间较长，为迟缓调节，但作用时间持久。

三、体液激素的调控

1. 激素的概念——调节代谢的活性物质，量少而作用大

激素（hormone，旧称“荷尔蒙”）是由动植物分泌的微量活性物质，用于协调体内组织间或器官间的代谢平衡。微生物中虽无激素概念，但部分微生物存在类似激素的物质。

激素一般具有下列几个特点：①它们是动植物体内某一种特殊组织或细胞产生的，其量甚微。在动物大多由特异腺体细胞分泌，称为内分泌激素；少部分由非腺体细胞分泌称为组织激素；②激素由细胞分泌出来后，由体液（血液）运往敏感器官（称靶器官）或细胞（称靶细胞）而发挥调节作用；③激素在体内虽然含量少，但作用大、效率高，它作为“化学信使”可引起靶细胞中一系列新陈代谢变化。

2. 激素的分类——动物激素分为三类

按照来源，激素分为高等动物激素、植物激素和昆虫激素。按照化学本质，高等动物激素分为 3 类。

13-2　高等动物激素

① 含氨激素。包括氨基酸衍生物激素（如甲状腺素、肾上腺素等）、肽类激素（如加压素、催产素等）和蛋白质激素（如生长素、胰岛素等）；

② 类固醇激素（如肾上腺皮质激素、性激素等）；

③ 脂肪酸衍生物激素（如前列腺素等）。

3. 蛋白质激素的作用机制——第二信使学说

根据现有对激素作用机理的研究表明，肽和蛋白质激素与类固醇激素对代谢的调节作用具有不同的机理。

13-3 G蛋白偶联受体信号通路

13-4 腺苷酸环化酶与信号传导

氨基酸、肽和蛋白质类激素从内分泌腺分泌出来后，经血液运送到靶细胞，它首先与细胞膜上的特异受体（通常为特异膜蛋白）非共价结合，这种激素 - 受体复合物刺激同样处于膜上的腺苷酸环化酶（adenylate cyclase）活化，活化的腺苷酸环化酶催化 ATP 转变成 cAMP，cAMP 再影响某些酶的活性和膜的通透性等，以发挥这一激素的生理、生化效应。在这里，激素作为细胞外的一种信号对细胞的代谢进行调节时并未进入细胞，而 cAMP 作为细胞内的一种信息影响代谢，所以，将激素胞外信号称为“第一信使”，而将 cAMP 等胞内信号称为“第二信使”。这就是 20 世纪 50 年代 Sutherland 提出的第二信使学说（second messenger hypothesis）。起第二信使作用的，除 cAMP 外，还有 cGMP、Ca^{2+}、IP_3（三磷酸肌醇）和 DG（二酰甘油）等。

cAMP 如何调节细胞的代谢呢？现以肾上腺素（adrenaline）促进糖原分解，使血糖升高为例加以说明（见图 13-1）。

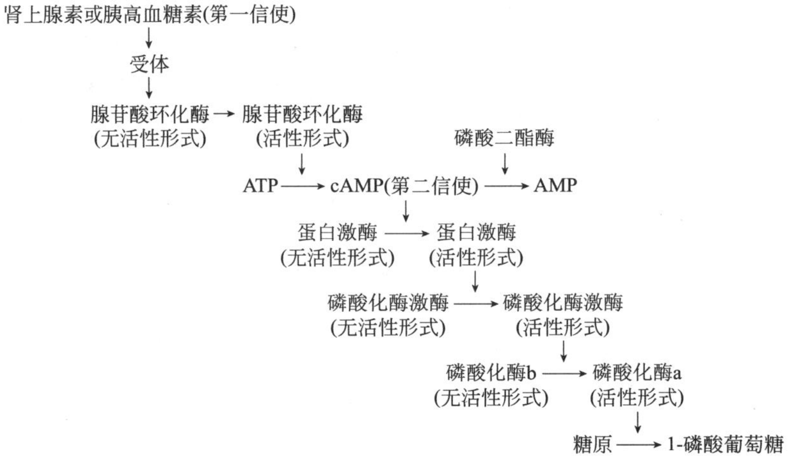

图 13-1 糖原分解的激素调节

由图 13-1 可见，肾上腺素（第一信使）一旦与靶细胞膜上的 G 蛋白偶联受体结合，通过 G 蛋白激活腺苷酸环化酶，即可促进细胞内 cAMP（第二信使）的产生。cAMP 与蛋白激酶 A（具 cAMP 依赖性，PKA）的调节亚基结合，使得 PKA 四聚体解聚，游离出催化亚基，解除调节亚基对催化亚基的抑制作用，PKA 成为活性态。PKA 通过磷酸化引起细胞内一系列酶的激活，使糖原磷酸化酶激酶磷酸化而活化，进而使糖原磷酸化酶磷酸化而活化，最后导致糖原分解成葡萄糖，进入血液引起血糖升高。另一方面，PKA 又促进糖原合成酶磷酸化转变为无活性状态，从而抑制糖原合成。同时，PKA 活化磷蛋白磷酸酶抑制剂，从而使磷蛋白磷酸酶失活，阻止糖原磷酸化酶和糖原合成酶的去磷酸化状态，保证了糖原分解的加强，糖原合成的减弱。当血糖达到一定浓度后，细胞内还有一种 cAMP 特异的环核苷酸磷酸二酯酶，促使 cAMP 分解成 AMP，从而不再起第二信使的作用。所以，细胞内 cAMP 的浓度受到腺苷酸环化酶和磷酸二酯酶两种酶活性的制约。

cAMP 作为一种胞内信号，在细胞内的含量虽然很少（约 10^{-6}mol/L），但它在细胞内具有很重要且广泛的生理效应。它促进糖原分解，抑制糖原合成，促进糖异生；促进三酰甘油及胆固醇酯水解，抑制脂类合成；促进类固醇激素合成及分泌；增强细胞膜的通透性；促进基因转录及蛋白质合成，促进细胞分化等。cGMP 的作用常常与 cAMP 相拮抗。

4. 类固醇激素的作用机制——调节基因表达

类固醇激素（甾类激素）分子量小（约 300）且疏水，它可通过简单扩散进入细胞内，与胞内受体结合后调控基因表达。因此，肽和蛋白质激素受体多为细胞膜表面受体（apparent receptor），而类固醇激素受体为胞内受体（intracellular receptor）。甲状腺素作为疏水性小分子，作用机制与类固醇激素相同。与水溶性的肽类和蛋白质激素相比，疏水性信号分子（如类固醇激素和甲状腺素）在体内存留时间更长，通过调节基因表达发挥长期生理效应，常参与生长发育等重要生理过程。

类固醇激素 - 受体复合物可特异性结合 DNA 上的特定序列，诱导基因转录，因此类固醇激素本质上是转录调节因子，促进特异蛋白质的合成。

四、神经系统的调控

人和高等动物的代谢活动极为复杂，但又是高度协调统一的，这是由于人和高等动物除具备细胞水平和激素水平调节外，还具有神经系统的调节控制，人和高等动物的新陈代谢都处于中枢神经系统的控制之下。神经调节与激素调节比较，神经系统的作用迅速而短暂，激素的作用缓慢而持久；激素的调节往往是局部性的，协调组织与组织间、器官与器官间的代谢，神经系统的调节则具有整体性，协调全部代谢。由于绝大多数激素的合成和分泌是直接或间接地受到神经系统支配的，因此激素调节也离不开神经系统的调节。

神经系统的调节既能直接影响代谢活动，又能影响内分泌腺分泌激素而间接控制新陈代谢的进行。神经系统既能直接调节内分泌系统，又能通过脑下垂体控制内分泌调节系统，一般按照这样一个多元控制多级调节模式进行：中枢神经系统→丘脑下部→脑下垂体→内分泌腺→靶细胞。

第二节　反馈抑制

一、反馈抑制的方式

反馈抑制（feedback inhibition）指代谢途径中最终产物对该途径中前面某一步反应的酶活性产生抑制作用，通常作用于关键酶的活性中心或别构中心，其方式分为线性代谢反馈与分支代谢反馈。

1. 线性反馈——反馈抑制的基本方式

在许多代谢过程中，由一定的代谢底物开始，一个反应接着一个反应，前一个反应的产物是后一个反应的底物，形成连续的、线性代谢途径，直到整个代谢终产物的形成。随着终产物的积累，对整个途径产生反馈抑制作用。在线性反馈调节中又有直接反馈抑制和连续反馈抑制之分。

在脂肪的合成中，终产物脂肪酸（或脂酰 CoA）对关键酶乙酰 CoA 羧化酶的反馈抑制就是直接反馈抑制的例子：

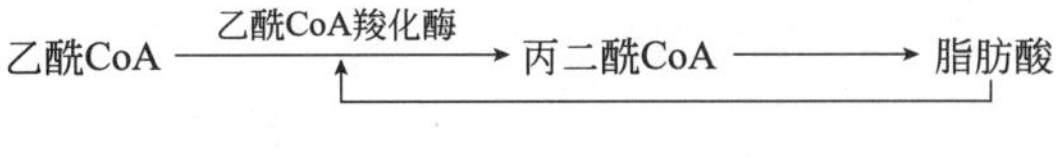
乙酰CoA
乙酰CoA羧化酶
丙二酰CoA
脂肪酸

又如，由乙酰 CoA 合成胆固醇，终产物胆固醇对关键酶羟甲基戊二酰 CoA 还原酶的反馈抑制，也是直接反馈抑制：

$$乙酰CoA \longrightarrow 乙酰乙酰CoA \longrightarrow \beta\text{-羟甲基戊二酰CoA} \xrightarrow{\text{还原酶}} 甲羟戊酸 \longrightarrow 胆固醇$$

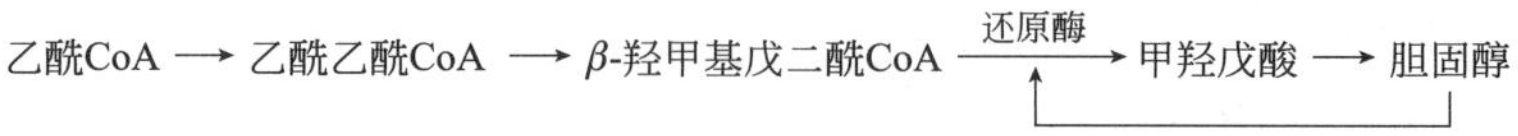

在糖的酵解途径中，作为终产物之一的 ATP 不是直接抑制第一个关键酶己糖激酶，而是首先抑制磷酸果糖激酶，这样必然造成 6- 磷酸葡萄糖的积累，6- 磷酸葡萄糖再反馈抑制己糖激酶，最后使整个代谢停止。这种方式称为连续反馈抑制或逐步反馈抑制，即：

$$G \xrightarrow{\text{己糖激酶}} G\text{-}6\text{-}P \longleftrightarrow F\text{-}6\text{-}P \xrightarrow{\text{磷酸果糖激酶}} F\text{-}1,6\text{-}2P \longrightarrow 丙酮酸$$
$$\longrightarrow ATP$$

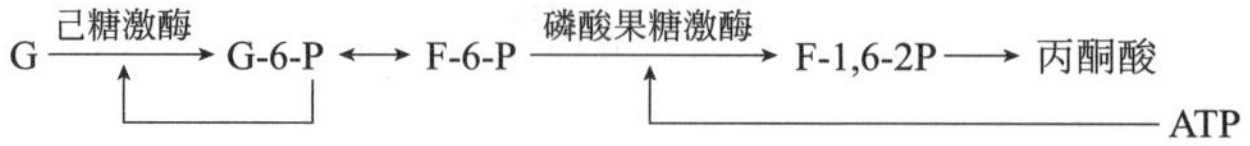

2. 分支代谢反馈——原核生物中的重要调控方式

有两种或两种以上终末产物的分支代谢的调节方式比上述线性代谢更复杂。其特点是每一个分支途径的终产物常常控制分支后的第一个酶，同时每一个终产物又对整个途径的第一个酶有部分抑制作用。这是细菌等原核生物中普遍存在的调节方式。不同的原核生物中分支代谢途径的调节方式又有区别，常见的有下列几种调节方式（图 13-2）。

(a) 多价反馈抑制 (b) 协同反馈抑制 (c) 累积反馈抑制

(d) 合作反馈抑制 (e) 顺序反馈抑制

----- 抑制作用弱 ；—— 抑制作用强

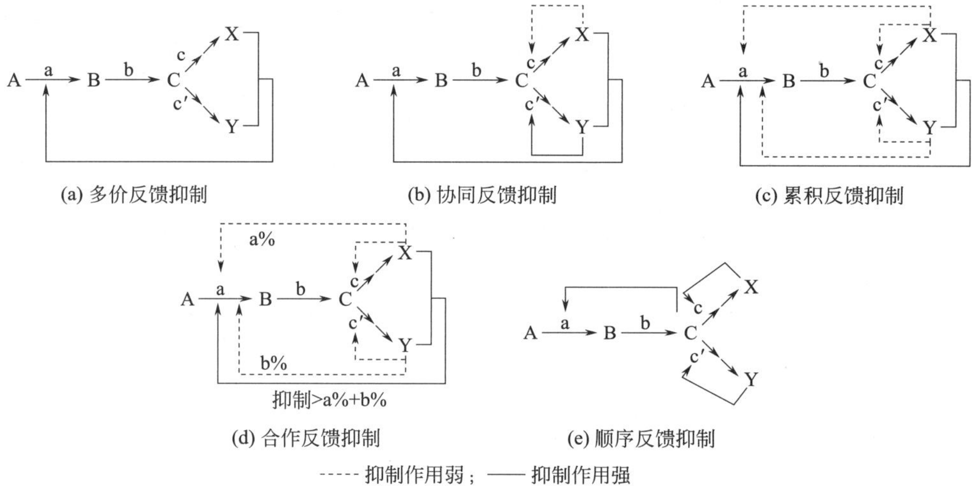

图 13-2 分支代谢途径的反馈抑制类型

（1）多价反馈抑制（multivalent feedback inhibition） 分支代谢途径中的几个终产物每一个单独过量时对共同途径中较早的一个酶（关键酶）不产生抑制作用，因而并不影响整个代谢速率，只有几个终产物同时过量时才能对关键酶产生抑制作用，见图 13-2（a）。例如，在荚膜红细菌（*Rhodobacter capsulatus*）中，由天冬氨酸合成赖氨酸、苏氨酸、甲硫氨酸的途径中即存在多价反馈调节的关系。赖氨酸、苏氨酸或甲硫氨酸单独过量时，对整个途径的第一个酶天冬氨酸激酶不产生抑制作用，3 种氨基酸都过量时才抑制。

（2）协同反馈抑制（concerted feedback inhibition） 协同（或称协调）反馈抑制与多价反馈抑制的相同之处，是几个终产物同时过量时才抑制关键酶的活性。两者的不同点是每一个终产物单独过量时，在多价反馈中不产生抑制作用；但在协同反馈中，一个终产物单独过量虽不抑制共同途径的第一个酶（关键酶），但它可抑制相应分支上的第一个酶（分支关键酶）的活性，因而并不影响其他分支上的代谢。只在所有终产物过量时，才抑制整个途径中的第一个酶，见图 13-2（b）。例如，多黏芽孢杆菌（*Bacillus polymyxa*）的天冬氨酸族氨基酸的合成，终产物赖氨酸、苏氨酸、甲硫氨酸对代谢途径的第一个酶天冬氨酸激酶的调节，就是协同反馈抑制。

（3）累积反馈抑制（cumulative feedback inhibition） 几个终产物中任何一个过量都能单独地部分抑制（按一定百分率）共同途径中前面某个酶（关键酶），各终产物之间既无协同效应，也无拮抗作用。但各终产物对共同关键酶的抑制作用有累积效应，当所有终产物都过量时，对这个酶的抑制达到最大，见图 13-2（c）。大肠杆菌谷氨酰胺合成酶是最早发现具有累积反馈抑制的例子，它催化谷氨酸合成谷氨酰胺，而谷氨酰胺是用于合成甘氨酸、丙氨酸、组氨酸、色氨酸、AMP、CTP、氨甲酰磷酸和 6- 磷酸葡萄糖胺的前体，它受这 8 种终产物的累积反馈抑制。这 8 种终产物单独存在或同时存在时的抑制效果可根据表 13-4 进行计算。

13-5 检索赖氨酸苏氨酸甲硫氨酸合成代谢途径

表 13-4 *E. coli* 谷氨酰胺合成酶累积反馈抑制

终产物	单独存在	同时存在时各个抑制酶活力	终产物	单独存在	同时存在时各个抑制酶活力
色氨酸	16%	16%	氨甲酰磷酸	13%	（100%−16%−11.8%）×13%=9.4%
CTP	14%	（100%−16%）×14%=11.8%	AMP	41%	（100%−16%−11.8%−9.4%）×41%=25.7%

由表 13-4 可见，当色氨酸和 CTP 同时过量时，可抑制酶活 16%+11.8%=27.8%；当色氨酸、CTP 和氨甲酰磷酸三者都同时过量时，可抑制酶活 16%+11.8%+9.4%=37.2%。依次类推。只有当 8 种终产物都同时过量时，酶活力才完全被抑制。

（4）合作反馈抑制（cooperative feedback inhibition） 任何一个终产物单独过量时，仅部分抑制共同反应步骤的第一个酶的活性，几个终产物同时过量时，其抑制程度可超过各产物单独存在时抑制作用的总和，即各终产物均过量具有增效的作用，所以这种调节方式又称为增效反馈抑制，见图 13-2（d）。例如，催化嘌呤核苷酸生物合成最初反应的谷氨酰胺磷酸核糖焦磷酸转移酶分别受 GMP、IMP、AMP 等终产物的反馈，但当两者混合（AMP+GMP 或 IMP+AMP 或 IMP+GMP 等）时，抑制效果比各自单独存在时的和还大。

13-6 在数据库中检索谷氨酰胺合成酶

（5）顺序反馈抑制（sequential feedback inhibition） 如图 13-2（e）所示，终产物 X 和 Y 首先分别反馈抑制各自支路上第一个酶 c 和 c′，从而使中间产物 C 积累。然后终产物 X 和 Y 及中间产物 C 再对共同途径第一个酶 a 产生反馈抑制。这种调节方式首先发现于枯草芽孢杆菌（*Bacillus subtilis*）的芳香族氨基酸合成。酪氨酸、苯丙氨酸、色氨酸单独过量时，各自首先抑制自身支路代谢速率，继而引起它们的共同前体分支酸和预苯酸的积累，这些中间产物最后才反馈抑制共同途径第一个酶的活性。

生物体内存在多种反馈抑制方式，是由生物适应所处环境并不断进化的结果，然而这些分支代谢的调节从整体来看具有一个显著的特点，即保证细胞内分支代谢的几种产物浓度不因某一个产物浓度过高而减低，不因一个产物的过量而影响其他产物的生成。

二、反馈抑制的机制

在反馈抑制中，代谢终产物或某些中间产物，是怎样改变代谢途径中某些特异酶的活性的？终产物同酶的结合改变了酶的活性，这不同于一些化学基团对酶的共价修饰，因为终产物同酶的结合是非共价的、可逆的。具有反馈抑制作用的酶通过结构的变化改变酶活性，主要涉及别构酶、同工酶、多功能酶等特异性酶的作用。

1. 别构酶调节——反馈抑制的普遍机制

通过构象的变化来改变酶的活性，这种酶称为别构酶（allosteric enzyme）。因为这种酶分子上具有底物结合部位和产物（调节物）结合部位，两个特异部位彼此是分开的，所以又称为别位酶或变构酶。底物结合部位称为活性部位（active site），产物结合部位称为调节部位（regulatory site）。许多别构酶与底物及产物的结合分别由两个不同亚基担任，则分别称为催化亚基（catalytic subunit）和调节亚基（regulatory subunit）。

当底物与酶的活性部位结合时，酶处于一种具有活性的构象，于是就催化底物发生反应；当代谢途径的终产物（或某些中间产物）与酶的调节部位结合时，酶分子变成另一种构象，此时底物不再能与酶结合，酶的活性被抑制，反应终止（图 13-3）。终产物（或某些中间产物）是调节代谢速率的因子，称为

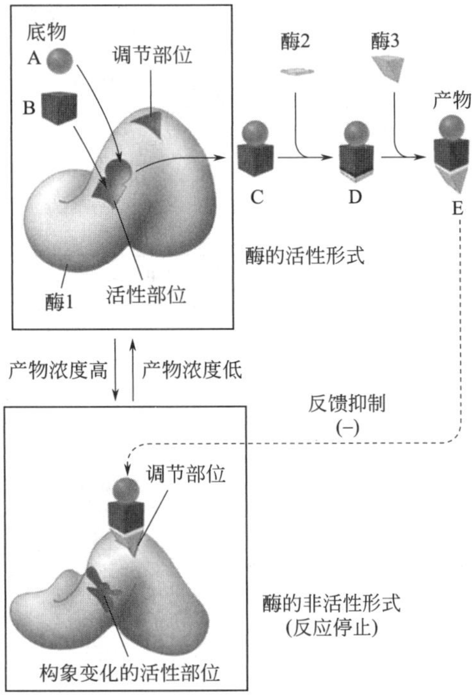

图 13-3 代谢途径的别构调节

别构剂（allosteric agent）。在反馈抑制（负反馈）中称为抑制别构剂，在正反馈中称为激活别构剂。

在反馈调节中，处于代谢途径的第一个酶或分支上的第一个酶常常是别构酶，终产物（或中间产物）浓度的变化能改变这个酶的构象，从而改变代谢速率及流量，这种调节称为变构调节或别构调节（allosteric regulation）。

别构酶的催化亚基和调节亚基因空间结构不同，可通过特定变性条件使调节亚基的敏感性丧失或降低，而保留催化亚基的活性，这种现象称为脱敏作用（desensitization）。脱敏作用可证明酶的别构现象。例如，大肠杆菌的天冬氨酸氨甲酰基转移酶（ATCase）受产物 CTP 反馈抑制。经对氯汞苯甲酸处理和蔗糖密度梯度离心后，ATCase 分为 5.8S（有催化活性但不受 CTP 抑制）和 2.8S（无催化活性）两种亚基。将这两种亚基按 1 ∶ 1 比例在巯基乙醇中保温，酶可重新组装为 11.2S 组分，恢复天然 ATCase 的活性和 CTP 抑制特性，表明 5.8S 为催化亚基，2.8S 为调节亚基。

13-7 在数据库中检索天冬氨酸甲酰基转移酶

此外，在微生物分支代谢中，多价别构酶通过多个调节位点与分支代谢终产物结合，实现累积反馈抑制。一种终产物结合时，酶构象改变并部分抑制活性；随着更多终产物结合，酶构象进一步改变，活性逐步降低；当所有终产物结合后，酶活性被完全抑制，从而调节代谢速率。

2. 同工酶调节——对环境及代谢变化的一种适应机制

同工酶（isozyme）是指能催化相同生化反应但结构略有不同的酶。在分支代谢途径中，分支点前的早期反应由多个同工酶催化时，各分支终产物会分别抑制对应的同工酶，实现协同调节。只有当所有终产物过量时，所有同工酶才会被完全抑制，反应终止。

13-8 天冬氨酸族氨基酸合成代谢中的同工酶调节

13-9 氨基酸工业生产的同工酶调控

例如，在鼠沙门氏伤寒菌（*Salmonella typhimurium*）中，催化天冬氨酸族氨基酸合成第一步反应的天冬氨酸激酶有三种同工酶（AK Ⅰ、AK Ⅱ、AK Ⅲ），分别受苏氨酸、甲硫氨酸和赖氨酸的反馈抑制。该途径的第二个控制点是高丝氨酸脱氢酶的两种同工酶（HSDH Ⅰ和 HSDH Ⅱ），分别受苏氨酸和甲硫氨酸的反馈抑制。

同工酶的调节机制可能是生物体对环境或代谢变化的适应性策略。当一种同工酶被抑制或受损时，其他同工酶仍可发挥作用，从而维持代谢的正常进行。

3. 多功能酶调节——更灵活的调节机制

多功能酶（multifunctional enzyme）是指一种酶分子具有两种或两种以上催化活力的酶。如一个多功能酶既具有催化分支代谢中共同途径第一步反应的活力，又具有分支途径第一步反应的活力，那么这种调节将是比同工酶调节更灵活、更精密的调节作用。因为一个终产物的过量，在使共同途径第一步反应受到抑制的同时，分支途径第一步反应也受到抑制，使代谢沿着另一分支途径进行。所以一个终产物过量不至于干扰其他产物的生成。

大肠杆菌的天冬氨酸激酶Ⅰ和高丝氨酸脱氢酶Ⅰ组成一个多功能酶分子，由 4 个相同亚基通过非共价键结合。每个亚基的 N 末端具有天冬氨酸激酶Ⅰ活性，C 末端具有高丝氨酸脱氢酶Ⅰ活性。当苏氨酸过量时，这两种酶活性同时被抑制。类似地，天冬氨酸激酶Ⅱ和高丝氨酸脱氢酶Ⅱ也组成一个多功能酶，受甲硫氨酸调控。

第三节 诱导与阻遏

细胞内代谢调节主要通过酶的活性和酶量的变化实现。酶活性调节通过酶分子结构变化快速影响代谢速率，而酶量调节则通过控制酶的合成和降解，间接、缓慢地发挥作用。酶量调节分为诱导（促进酶合成）和阻遏（阻止酶合成），能防止酶的过量合成，节省生物合成的原料和能量。

酶的合成即酶蛋白的生物合成，由基因决定。基因通过转录生成mRNA，再由mRNA翻译为蛋白质，这一过程称为基因表达。基因表达的开启、关闭及蛋白质的合成量均受特定调控机制控制，这种调控称为基因表达的调节控制。通过基因表达调控，细胞可调节酶的含量，进而调节代谢活动。

根据细胞内酶的合成对环境影响反应不同，可分为两大类。一类称为组成酶（constitutive enzyme），如糖酵解和三羧酸循环的酶系，其酶蛋白合成量十分稳定，不大受代谢状态的影响。一般，保持机体基本能源供给的酶常常是组成酶。编码组成酶的基因，称为组成型基因（constitutive gene）或管家基因（housekeeping gene），不受诱导与阻遏，能恒定地表达，使细胞内保持一定数量的酶。另一类酶，它的合成量受环境营养条件及细胞内有关因子的影响，分为诱导酶（inducible enzyme）和阻遏酶（repressible enzyme）。如β-半乳糖苷酶，在以乳糖为唯一碳源时，大肠杆菌细胞受乳糖的诱导，可大量合成，其量可成千倍地增长，这类酶称为诱导酶；而与组氨酸合成相关的酶系，在有组氨酸存在下，其酶蛋白合成量受到抑制，这类酶称为阻遏酶。诱导酶通常与分解代谢有关，阻遏酶与合成代谢有关。

一、酶的诱导合成

1. 二度生长现象——酶的诱导合成

早在20世纪40年代，大肠杆菌在含有两种不同碳源的培养基中，即有人观察到其生长特点是具有两个对数生长期，中间相隔一段停顿生长时间。例如，大肠杆菌在葡萄糖和山梨糖醇作为碳源的合成培养基中，其两次生长的量和两种碳源的浓度成比例。即第一次生长的量与葡萄糖浓度成比例，第二次生长的量与山梨糖醇的浓度成比例。这种现象称为二度生长（diauxie）。

在两种碳源中，大肠杆菌生长出现二度生长现象，是因为大肠杆菌细胞中分解葡萄糖的酶是组成酶，所以首先利用葡萄糖。当葡萄糖消耗完后再利用山梨糖醇。但是分解山梨糖醇的酶是诱导酶，经山梨糖醇的诱导才产生。诱导涉及基因表达程序，所以有一段停顿生长时间。诱导酶的存在对生物体是有利的，细胞不需要在任何时候合成所有的酶。对于不经常存在的底物，就不必在任何时候都准备着这种酶，这有利于节约原料和能量。

2. 诱导的方式——酶诱导合成的多样性

在酶的诱导合成中，能起诱导作用的物质称为诱导物（inducer）。一般情况下底物是最好的诱导物，有时与底物结构类似的物质也可以作为诱导物，但它不被诱导产生的酶所作用。相反，有些虽然是酶的底物，但并不能作为该酶的诱导物。此外，不同的诱导物具有不同的诱导能力。

酶的诱导合成，有多种不同的方式。有的诱导作用，当加入诱导物后，仅仅产生一种酶，称为单一诱导，这种情况是比较少见的。有的是加入诱导物后，能够同时或几乎同时诱导几种酶合成。例如，将乳糖加入培养基后，可同时诱导大肠杆菌合成3种酶：β-半乳糖苷酶、β-半乳糖苷透性酶和半乳糖苷转乙酰基酶。这种诱导方式称为协同诱导。协同诱导作用主要存在于短的代谢途径中。

另外，也存在顺序诱导酶的合成。在这种诱导方式中，诱导物先诱导合成分解底物的酶，再依次诱导合成分解各中间代谢物的酶。在顺序诱导中，又具有一些不同的方式。有的是同一个物质既可诱导合成催化前一个反应的酶，又诱导合成催化后一个反应的酶；有的是底物诱导合成催化底物分解的酶，再由此酶催化底物分解的中间产物作为诱导物，诱导催化后续反应的酶的合成。

13-10 在数据库中检索β-半乳糖苷酶

这些诱导方式的多样性，是生物适应环境的能力不断加强而形成的。一般说来，顺序诱导是一种对更复杂的代谢途径进行分段调节的手段。因为一个代谢途径的所有酶所起作用的大小是不等的，有的酶特别重要，因为它催化产生的产物可能形成不止一种终产物。因此，存在不同的诱导方式，不需要时就不诱导合成，这是诱导酶合成的另一种经济形式。

二、酶合成的阻遏作用

在微生物细胞内的代谢中（常指合成代谢），当某终产物过量时，除可通过反馈抑制的方式抑制关键酶的活性而减少终产物的积累外，还可通过阻遏作用，阻遏代谢途径中关键酶的进一步合成，以降低终产物的合成量。有的代谢途径仅具有反馈抑制的调节方式，有的仅具有反馈阻遏的方式，有的则是两者均具备，对代谢起着更有效的调节作用。阻遏作用主要有两种方式。

1. 终产物阻遏——反馈阻遏

酶合成的反馈阻遏（feedback repression），是指细胞内代谢途径的终产物或某些中间产物的过量积累，阻止代谢途径中某些酶合成的现象。这种阻遏作用是比较普遍而重要的。例如，在大肠杆菌的天冬氨酸族氨基酸合成中，终产物苏氨酸和甲硫氨酸对关键酶天冬氨酸激酶有较强的反馈抑制作用，而另一终产物赖氨酸对这个酶却具有较强的反馈阻遏作用。也就是说，当细胞内赖氨酸积累过量时，它阻遏天冬氨酸激酶的合成；当赖氨酸用于蛋白质合成，使细胞内赖氨酸浓度降低到一定水平后，对天冬氨酸激酶合成的阻遏作用解除。于是天冬氨酸激酶基因又表达合成该酶，它再催化天冬氨酸转化为赖氨酸；当赖氨酸浓度升高到一定浓度，再次发生阻遏作用。因此，赖氨酸（终产物）是调节天冬氨酸激酶基因活性的调节物。

终末产物反馈阻遏的作用部位，主要是代谢途径中的第一个酶，或相关联的几个酶。在分支代谢途径中，反馈阻遏常常发生在分支后的第一个酶。有的分支途径的终产物对共同途径的第一个酶及分支后的第一个酶都具有反馈阻遏作用。

2. 分解代谢物阻遏

将大肠杆菌培养在含乳糖的培养基上，大肠杆菌不能立即利用乳糖，必须经过一段停顿时间后才加以利用。这是由于分解乳糖的酶 *β*- 半乳糖苷酶必须经过乳糖诱导后才能生成。如果将大肠杆菌培养在既含葡萄糖又含乳糖的培养基上时，细菌要将葡萄糖用完后才能利用乳糖，就是说葡萄糖的存在对乳糖的诱导有抑制作用。经研究发现，这种抑制作用还不是葡萄糖本身引起的，而是葡萄糖分解代谢产生的某些中间物对 *β*- 半乳糖苷酶的诱导生成有阻遏作用。这种现象称为葡萄糖效应（glucose effect）。

实际上，这种分解代谢物对某些酶的诱导合成产生阻遏作用，不仅限于葡萄糖，在微生物代谢中是比较普遍的。在含氮化合物的分解代谢中也有这种现象。例如，有铵离子存在时，精氨酸的利用受到阻遏。因此，将这一类阻遏统称为分解代谢物阻遏（catabolite repression）。

分解代谢物阻遏是指微生物在有优先可被利用的底物时，其他一些物质的分解途径受到抑制，这是因为某些分解代谢产物阻遏了利用这些物质的酶的生成。在培养基中如果含有多种可被利用的底物时，不是同时诱导分解各种底物的酶，而是在第一种可被利用的底物耗尽后才利用第二种底物，产生分解第二种底物的酶。细胞总是优先利用易于分解的底物，难于利用的底物最后利用。这种调节方式具有明显的生理意义：如果环境中存在易于利用的物质，微生物就不必将大量的代谢能量消耗于合成那些效果不佳的其他酶系。所以，分解代谢物阻遏对酶的诱导合成具有调节作用。

在工业生产上常采用一些必要的手段避免分解代谢物的阻遏作用。如在青霉素发酵中利用乳糖代替葡萄糖可以提高青霉素的产量，在用嗜热脂肪芽孢杆菌（*Bacillus stearothermophilus*）生产淀粉酶时，用甘油代替果糖可提高淀粉酶产量。

酶合成的阻遏作用除上述方式外，还有其他方式，如自身阻遏等。

三、诱导与阻遏的机制

1. 操纵子学说——原核基因表达的模型

一个染色质 DNA 上含有许多基因，从基因表达的角度而言可分为结构基因和调控基因。结构基因是指决定蛋白质结构的基因，即这部分 DNA 上的脱氧核苷酸顺序决定了相应蛋白质的氨基酸顺序。此外，决定各种 RNA（tRNA、rRNA 等）分子中核苷酸顺序的基因也称为结构基因。调控基因指的是 DNA 上对结构基因表达起调节控制的一些基因，这些基因有的并不产生蛋白质（如启动子、操纵基因等），有的要产生具有特定结构的蛋白质（如调节基因），这种蛋白质对调节结构基因表达起重要作用。

酶合成的诱导与阻遏是怎样进行调节的？这就涉及基因表达的调控机理。1961 年 Monod 和 Jacob 提出了操纵子（operon）的概念。指出一个操纵子就是 DNA 分子中在结构上紧密连锁、在信息传递中以一个单位起作用而协调表达的遗传结构，也就是能够决定一个独立生化功能的相关基因表达的调节单位。它包括下列几种基因（图 13-4）。

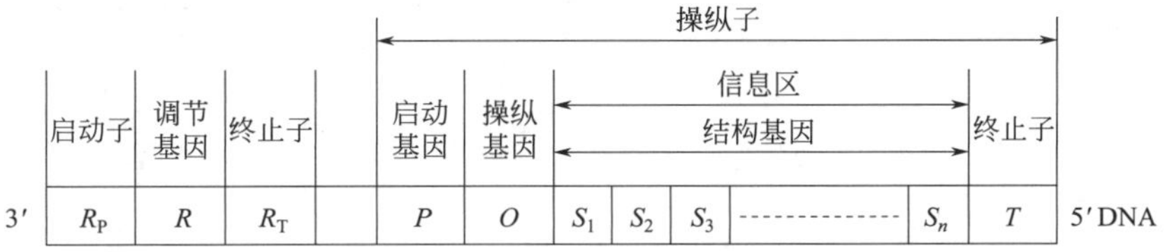

图 13-4　操纵子模型及相关基因

13-11　操纵子学说的提出

结构基因（S，structure gene）：决定蛋白质结构的基因，是操纵子的信息区。一个操纵子常含有多个结构基因，通常彼此连锁，共同转录在一条 mRNA 链上，构成多顺反子。但有的操纵子的结构基因并不连在一起，如大肠杆菌有关精氨酸合成的 8 个结构基因分处于 5 个不同部位，但都为同一个操纵基因所控制。

启动子（P，promoter）：是基因转录时 RNA 聚合酶首先结合的区域。

操纵基因（O，operator）：是调节基因产生的一种特异蛋白质（阻遏蛋白或激活蛋白）结合的区域。操纵基因位于启动子和结构基因之间，常与启动子有部分重叠。如果操纵基因与阻遏蛋白结合，结构基因就不能表达，基因处于关闭状态。

终止子（T，termination gene）：转录的终止信号。

调节基因（R，regulator gene）：是调节控制操纵子结构基因表达的基因，这种调节控制是通过它表达的产物来实现的。调节基因编码合成参与基因表达调控的 RNA 和蛋白质。调节基因有自己转录的启动子（R_P）和终止子（R_T）。

一个操纵子包括启动子、操纵基因、结构基因和终止子，通常不将调节基因包括在操纵子内。因为除了在多数情况下一个调节基因控制一个操纵子外，还存在更为复杂的调节系统。例如，在组氨酸合成系统中，有 1 个操纵子和 5 个调节基因；在精氨酸合成的调节系统中恰恰相反，有 5 个操纵子和 1 个调节基因，即调节基因同时控制 5 个操纵子的协同表达。在这种情况下，将这几个结构上分开的、协同表达的功能单位，称为调节子（regulon）。

调节基因表达产生一种与 DNA 特定位点相互作用的特异蛋白，既有能以正调控的方式（启动或增强基因表达活性）调节靶基因的蛋白，称为激活蛋白；也有能以负调控的方式（关闭或降低基因表达活性）调节靶基因的蛋白，称为阻遏蛋白（或阻遏物，repressor）。阻遏蛋白是一种别构蛋白，其分子上有两个特异部位，一个部位能同操纵子中的操纵基因结合，另一个部位能同诱导物或辅阻遏物（共阻遏物，corepressor）结合。诱导物和辅阻遏物统称为效应物（effector）或调节物（modulator）。阻遏物同操纵基因及效应物的结合都是专一的、可逆的。

如果调节基因的产物阻遏蛋白同操纵基因结合，由于空间位阻效应使 RNA 聚合酶不能发挥作用，基因即关闭，结构基因不能表达，此时称操纵子处于阻遏状态；相反，阻遏蛋白脱离了操纵基因，不与操纵基因结合，此时结合于启动子的 RNA 聚合酶即可沿模板滑动，结构基因得以表达，称为去阻遏作用

（或消阻遏作用）（图 13-5）。

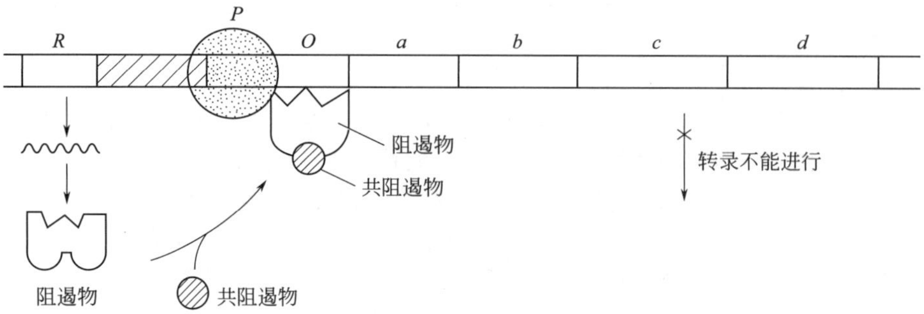

(a)

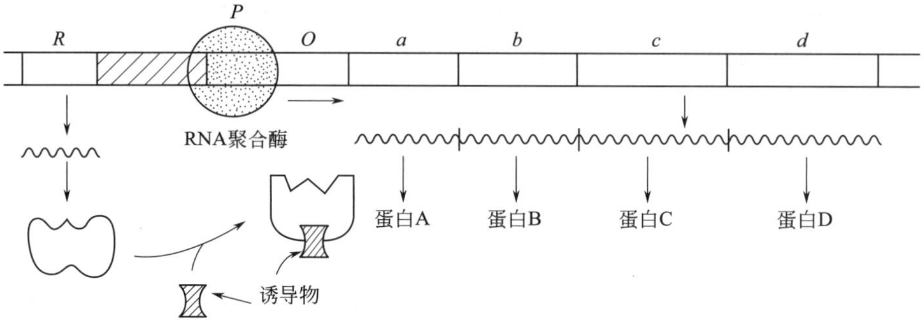

(b)

图 13-5　操纵子的阻遏状态与去阻遏状态

（a）阻遏状态；（b）去阻遏状态

由此可见，操纵子的基因表达与否取决于阻遏蛋白是否同操纵基因结合。那么，什么因素来决定阻遏蛋白的状态呢？这由效应物来决定。当诱导物（常常是分解代谢反应的底物）同阻遏蛋白结合后，阻遏蛋白构象改变，于是就不能再与操纵基因结合，操纵子处于去阻遏状态，基因得以表达。与此相反，辅阻遏物（常常是合成代谢反应的终产物）与脱辅阻遏蛋白（aporepressor）结合后，能促进阻遏蛋白同操纵基因结合，操纵子处于阻遏状态，于是关闭结构基因的表达。凡是促进基因表达的因素，称为正调控因子（如诱导物），凡是阻遏基因表达的因素，称为负调控因子（如阻遏物、辅阻遏物）。

从基因表达调节的角度而言，操纵子可分为可诱导操纵子和可阻遏操纵子两类。

2. 可诱导操纵子——分解代谢基因表达的调节

可诱导操纵子（inducible operon）通常情况下基因是关闭的，即阻遏蛋白处于活性状态，它同操纵基因紧密地结合着。如有分解代谢反应的底物存在时，它作为诱导物与阻遏物结合，改变了阻遏物的构象，不再能与操纵基因结合而脱离，这时结合于启动子上的 RNA 聚合酶即可沿模板滑动，转录结构基因，合成 mRNA，进而翻译成酶，以分解代谢底物。

大肠杆菌乳糖操纵子（Lac operon）是最早发现的一个可诱导操纵子，它有 3 个结构基因，可产生 3 种酶，将乳糖分解。*lac Z* 基因决定 β- 半乳糖苷酶（β-galactosidase）的结构，它将乳糖分解成半乳糖和葡萄糖；*lac Y* 基因决定半乳糖苷透性酶（galactoside permease）的结构，它促进乳糖透过大肠杆菌的质膜，控制乳糖进入菌体的速度；*lac A* 基因决定半乳糖苷乙酰基转移酶（galactoside acetyltransferase）的结构，它的功能还不清楚，在体外可催化乙酰 CoA 的乙酰基转移到硫代半乳糖苷的 C6 羟基上。这 3 个结构基因紧密连锁，基因表达时转录为一个 mRNA（多顺反子转录），同时合成 3 个酶。乳糖操纵子的结构见图 13-6（图中数字为各个基因的核苷酸数）。控制乳糖操纵子的调节基因习惯上用 *lac I* 表示，编码阻遏蛋白，以四聚体为其活性形式。

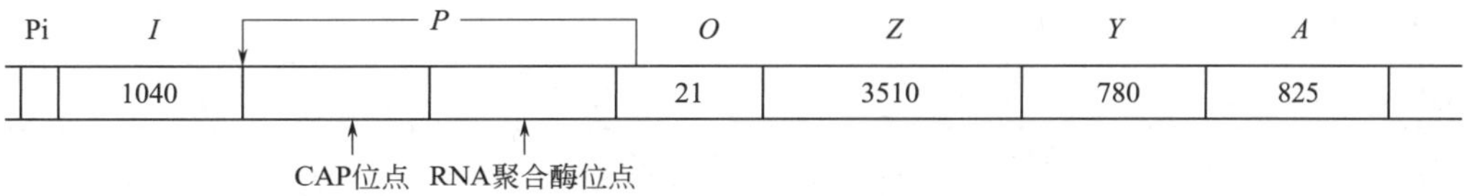

图 13-6　乳糖操纵子

Pi—调节基因的启动子；*I*—调节基因；*P*—启动子；*O*—操纵基因；
Z—*β*- 半乳糖苷酶基因；*Y*—半乳糖苷透性酶基因；*A*—半乳糖苷乙酰基转移酶基因

在通常情况下，乳糖操纵子处于阻遏状态，操纵基因 *lac O* 同阻遏蛋白四聚体结合着。由于操纵基因与启动子 *lac P* 有部分重叠，当阻遏蛋白同操纵基因结合时，RNA 聚合酶就不能同启动子结合，因而 3 个结构基因不能表达。如果向培养基中加入乳糖，乳糖作为诱导物与阻遏蛋白结合，引起阻遏蛋白变构，结合有乳糖的阻遏蛋白，与操纵基因的亲和力大大降低，因而脱离 DNA，RNA 聚合酶即可结合到启动子上起始转录，沿模板滑动，使 3 个结构基因得以表达，同时合成 3 个酶，从而将乳糖分解。所以乳糖操纵子具有协同诱导作用。当乳糖被逐渐消耗，甚至结合在阻遏蛋白上的乳糖也被分解后，阻遏蛋白恢复活性形式，重新与操纵基因结合，操纵子又再次处于阻遏状态。

进一步研究发现，乳糖不是乳糖操纵子的真正诱导物，真正起诱导作用的是别乳糖［D- 葡萄糖 $\beta(1\rightarrow6)$ 半乳糖苷］。作为 *β*- 半乳糖苷酶的底物，乳糖在细胞内可转变为别乳糖。此外，与乳糖结构类似的一些化合物也具有诱导作用，特别是经常用于乳糖操纵子研究的 *β*-D- 硫代异丙基半乳糖苷（isopropyl *β*-D-1-thiogalactoside，IPTG），其诱导效率比乳糖大 1000 倍。

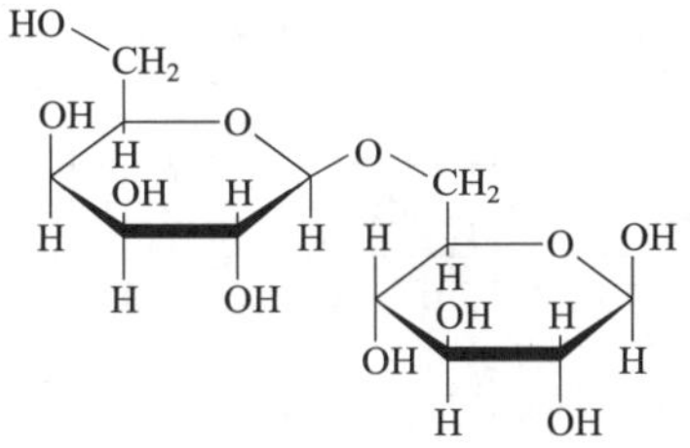

别乳糖

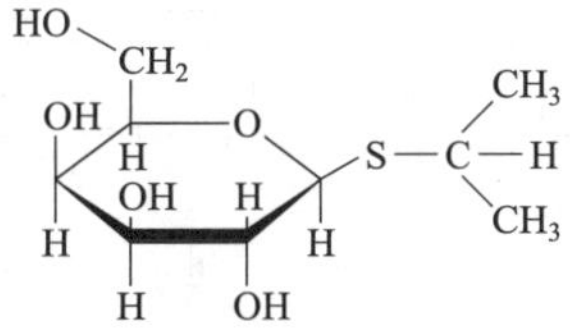

IPTG

乳糖或类似物不是使乳糖操纵子活化的唯一因素，乳糖操纵子的活化还需要 cAMP 及一种特异蛋白质，这种蛋白质称为降解物基因活化蛋白（catabolite gene activator protein，CAP）或环腺苷酸受体蛋白（cAMP receptor protein，CRP），它是由位于调节基因之前的 CAP 基因编码的。在调节基因 *lac I* 与启动子 *lac P* 之间存在一个 cAMP-CAP 结合位点，当 cAMP 同 CAP 结合后，此复合物结合于该位点，可促进 RNA 聚合酶的结合，并对转录加速。因此，对乳糖操纵子而言，cAMP 和 CAP 都是正调控因子（图 13-7）。葡萄糖饥饿信号可转化为胞内 cAMP 浓度，通过 CAP 传递给操纵子，使细菌在缺乏葡萄糖的环境中能利用其他碳源。

葡萄糖存在时抑制乳糖的诱导作用（葡萄糖效应），是由于葡萄糖的分解代谢物可抑制腺苷酸环化酶活性，并激活 cAMP- 磷酸二酯酶及 cAMP 透性酶活性，这 3 个酶活性的变化最终导致细胞内的 cAMP 浓度降低，CAP 失去对乳糖操纵子的正调控作用，从而使乳糖操纵子的转录活性降低。这便是分解代谢物阻遏的机理。

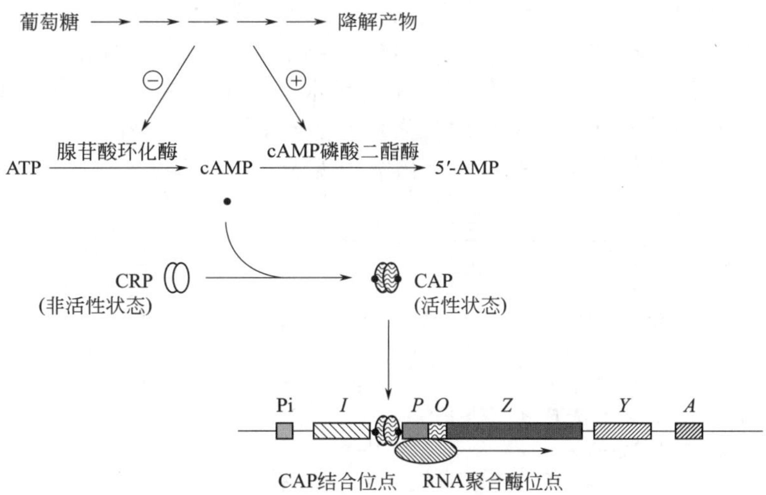

图 13-7　葡萄糖利用对乳糖操纵子的影响

大肠杆菌中一些可诱导操纵子见表13-5。

表13-5　*E. coli* 中可诱导操纵子

操纵子	代号	结构基因数	所产酶的功能
乳糖操纵子	Lac	3	β-半乳糖苷的水解和转运
半乳糖操纵子	Gal	3	将半乳糖转变成UDPG
阿拉伯糖操纵子	Ara	5	将L-阿拉伯糖转变成D-木酮糖
组氨酸利用操纵子	Nut	4	将组氨酸转变为谷氨酸和甲酰胺
麦芽糖调节子	Mal	7	麦芽糖的转运和分解

3. 可阻遏操纵子——合成代谢基因表达的调节

可阻遏操纵子（repressible operon）通常情况下是开放的，即阻遏蛋白处于失活状态（又称为脱辅阻遏蛋白），不能同操纵基因结合。当合成代谢的终产物积累，它作为辅阻遏物与阻遏蛋白结合，并使其发生构象改变，变构后的阻遏蛋白与操纵基因的亲和力增大，于是同操纵基因结合，将操纵子关闭。这便是合成代谢的终产物反馈阻遏机制。辅阻遏物通常是操纵子结构基因编码的酶所催化的代谢产物。

色氨酸操纵子（Trp operon）是色氨酸合成的调节功能单位。芳香族氨基酸的合成是一个分支代谢途径，从原料4-磷酸赤藓糖和磷酸烯醇式丙酮酸开始，到生成分支酸（chorismate），是共同途径。从分支酸分成3个途径分别合成苯丙氨酸、酪氨酸和色氨酸。从分支酸到色氨酸有5步反应，5个酶催化。色氨酸操纵子含有5个结构基因，分别编码这5个酶。控制色氨酸操纵子的调节基因（*trp R*）与色氨酸操纵子并不连锁，相隔较远（图13-8）。

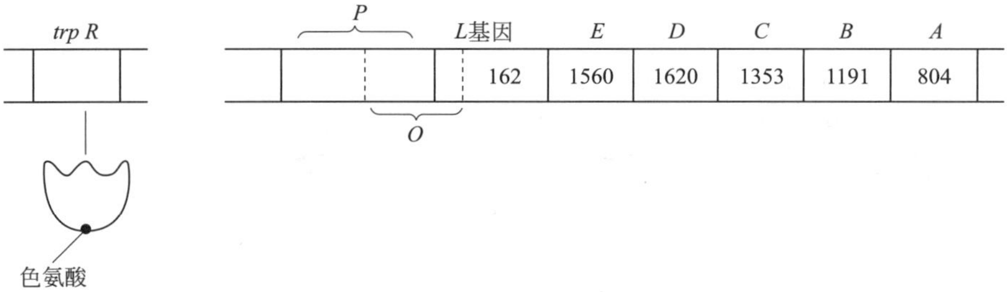

图13-8　色氨酸操纵子

由 *trp R* 基因所产生的阻遏蛋白并无阻遏作用，当其与色氨酸（实际为Trp-tRNA^{Trp}）结合后才能结合于操纵基因 *trp O* 上，使转录降低98.6%。除了阻遏作用外，色氨酸操纵子还有第二水平控制。操纵基因与第一个结构基因之间有一个 *L* 基因（leader gene），*trp L* 上有一个可以与Trp-tRNA^{Trp} 结合的位点，称为弱化子或衰减子（attenuator），此位点具有特殊二级结构，为不依赖ρ因子的终止子，可终止转录，若Trp-tRNA^{Trp} 与此部位结合，可使转录降低90%，称为衰减作用。阻遏和衰减作用都在转录水平上进行调节，阻遏控制转录的起始，衰减作用是在控制转录的延伸。这两级调节总共可使转录降低99.5%。

13-12　检索色氨酸合成代谢途径

大肠杆菌中一些可阻遏操纵子见表13-6。

表13-6　*E. coli* 中可阻遏操纵子

操　纵　子	代　　号	结构基因数（编码酶数）	所产酶的功能
色氨酸操纵子	Trp	5（3）	将分支酸转变成色氨酸
苯丙氨酸操纵子	Phe	2（2）	从分支酸合成苯丙氨酸
苏氨酸操纵子	Thr	4（4）	从天冬氨酸合成苏氨酸
亮氨酸操纵子	Leu	4（3）	从α-酮异戊酸合成亮氨酸
异亮氨酸操纵子	Ilu	8（7）	从苏氨酸合成异亮氨酸和缬氨酸
组氨酸操纵子	His	9（10）	组氨酸的全程合成
精氨酸调节子	Arg	9（8）	从谷氨酸合成精氨酸
嘧啶调节子	Pyr	8（7）	UTP全程合成
生物素操纵子	Bio	6（5）	将葡萄糖转变为生物素

第四节　代谢调控在工业上的应用

研究生物代谢调控的最终目标是依据生物自身的代谢调节规律，实现生物改造、产品设计、疾病防治，并为现代工业生产（如程序化、自动化）提供参考。在发酵工业中，代谢调控研究主要贡献包括：①为人工诱变筛选高产优质菌株提供理论依据，以成功选育出优良菌株；②创造人工控制代谢途径的条件，从而提高发酵产品的产量和质量。

在正常细胞内，由于每种物质代谢都有其合理的调控机制，其中间产物和终产物不会积累。若要选育某种代谢物高度积累的菌株，必须破坏或解除原有的调控体系并建立新的调节机制。由于生物工程产业主要是利用微生物大量合成目的产品，而反馈抑制和反馈阻遏是阻碍目的产品过量累积的主要因素。为此通常采取下列措施：①降低终产物浓度，以解除反馈抑制及反馈阻遏；②改变敏感的酶（关键酶）和酶生成的机制，使其发生脱敏作用；③改变细胞膜透性，以使所需产物不断转运到细胞外；④控制发酵条件（搅拌速率、pH、溶氧、温度和 CO_2），以利于所需产品的生成。

在实践中，常使用营养缺陷型（auxotroph），这是指微生物的一类突变型，失去合成某种营养成分（如氨基酸、核酸或维生素等）的能力，只有在基本培养基中加入所缺乏的生长因子才能生长，而野生型不加这种生长因子就能生长。微生物的营养缺陷型有天然的，但更常用人工诱变育种筛选。解除反馈抑制和反馈阻遏是在工业微生物育种重要目标。随着基因工程和合成生物学技术的发展，对相关调控基因、酶以及代谢途径进行目的性设计和改造，突破其自身的代谢限制，实现高水平的目标产物合成。

一、酶活性调节在工业上的应用

1. 降低终产物浓度——解除反馈抑制

降低终产物浓度可以解除终产物对合成途径的反馈抑制或反馈阻遏作用，有利于某些中间产物或最终产物的积累，从而实现过剩生产。这种方法用于简单代谢途径和分支代谢途径。

（1）鸟氨酸发酵　鸟氨酸（ornithine）是精氨酸合成途径的中间产物。在正常的合成过程中，谷氨酸经 5 步反应生成鸟氨酸，鸟氨酸再由鸟氨酸转氨甲酰酶（ornithine transcarbamylase）催化生成瓜氨酸（citrulline），再经过一系列反应最后生成精氨酸。在这个途径中终产物精氨酸对关键酶 *N*- 乙酰谷氨酸激酶（*N*-acetylglutamate kinase；又称 *N*- 乙酰谷氨酸 -5- 磷酸转移酶，*N*-acetylglutamate-5-phosphotransferase）有反馈抑制作用（图 13-9），因此鸟氨酸不可能大量积累。但利用人工诱变筛选出的谷氨酸棒杆菌（*Corynebacterium glutamicum*）瓜氨酸营养缺陷型菌株，由于该菌株鸟氨酸转氨甲酰酶缺陷，所以不能合成瓜氨酸，也就没有终产物精氨酸的积累，解除了它的反馈。只要供给少量的瓜氨酸或精氨酸以保证细菌生长，就能不断积累鸟氨酸。

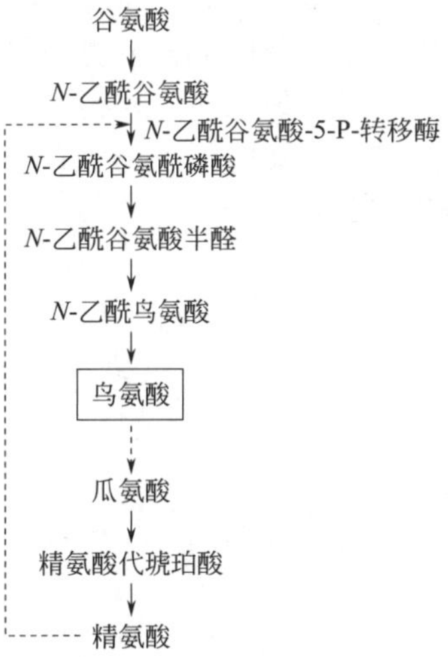

图 13-9　精氨酸合成的反馈抑制

（2）肌苷酸发酵　肌苷酸（inosine monophosphate，IMP）是嘌呤核苷酸合成的中间产物，在正常情况下，由于这个分支代谢的终产物 AMP 和 GMP 对此合成途径中的第一个酶 PRPP 酰胺转移酶（5-phosphoribosyl-1-pyrophosphate transamidase）和分支点后的第一个酶 AMPS 合成酶（adenylosuccinate synthetase）及 IMP 脱氢酶（inosine phosphate dehydrogenase）有反馈抑制和反馈阻遏作用（图 13-10），所以不会有肌苷酸的积累。

13-13　在数据库中检索 *N*- 乙酰谷氨酸激酶

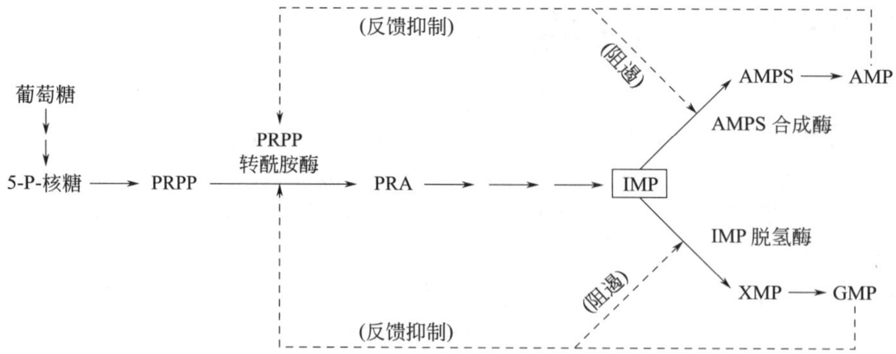

图 13-10 嘌呤核苷酸合成的调节

在肌苷酸生产中曾选用产谷氨酸棒杆菌的一个腺嘌呤缺陷型菌株，这种突变型菌株缺乏 AMPS 合成酶，因而 AMP 合成受阻，解除了 AMP 的反馈抑制和阻遏作用。这种菌株在每升发酵液中能积累肌苷酸 1g。再从这个菌株出发又筛选出腺嘌呤、甲硫氨酸、组氨酸等几种缺陷型菌株，使肌苷酸产量提高到 5g/L。

利用营养缺陷型菌株生产时，如果完全缺乏也是不行的。如完全缺乏 AMP，腺嘌呤缺陷菌株虽解除了反馈抑制，但由于 RNA 合成受阻，细菌将不能生长。因此，在肌苷酸发酵时，必须加入一定量的 AMP，这个外加的 AMP 的量不可过多（足量 AMP 产生反馈抑制），一般少于最适量的量，即“亚适量”为最好。

IMP 代谢的另一支路的终产物 GMP 对 IMP 脱氢酶及 PRPP 酰胺转移酶有反馈抑制作用。如果在培养基中加入某种特异抑制 IMP 脱氢酶的化学物质（如 8- 氮杂鸟嘌呤），则 IMP → XMP 被切断，GMP 不能生成，又解除了 GMP 的反馈抑制，可使 IMP 进一步积累。现在用类似的方法已从产氨短杆菌（*Brevibacterium ammoniagenes*）中选育出 IMP 产量达 15g/L 的菌株。

（3）赖氨酸发酵　天冬氨酸合成苏氨酸、甲硫氨酸和赖氨酸的途径中，3 种终产物氨基酸对第一个酶天冬氨酸激酶（aspartic acid kinase，AK）具有反馈抑制及反馈阻遏作用（图 13-11）。赖氨酸生产中采用谷氨酸棒杆菌的高丝氨酸缺陷型。这个菌株的高丝氨酸脱氢酶失活，不能合成高丝氨酸，因而苏氨酸和甲硫氨酸的量很少，解除了它们对关键酶 AK 的反馈抑制和阻遏作用，从而有利于另一个终产物赖氨酸的积累。只要给予亚适量的苏氨酸、甲硫氨酸或高丝氨酸，使这种突变型菌株能正常生长就可以积累大量的赖氨酸。

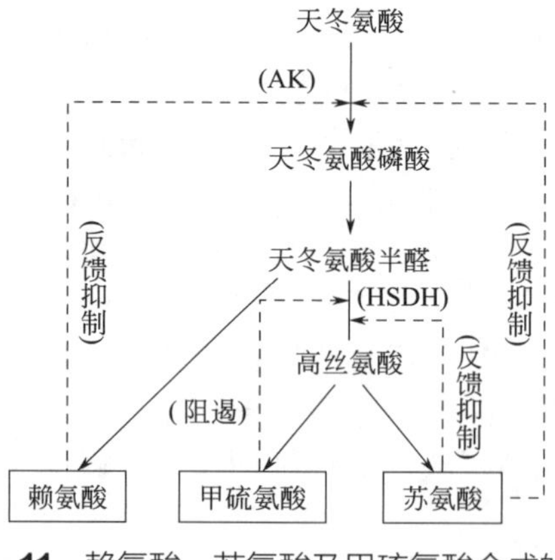

图 13-11 赖氨酸、苏氨酸及甲硫氨酸合成的调节

13-14 一网无遗：绘制赖氨酸苏氨酸甲硫氨酸合成途径挂图

2. 利用抗代谢产物类似物——关键酶的脱敏作用

代谢产物类似物是指结构与代谢产物相似的化合物，如嘌呤类似物（6- 巯基嘌呤、2,6- 二氨基嘌呤等）

和嘧啶类似物（5- 溴尿嘧啶、5- 氟尿嘧啶等），它们常在代谢合成过程中引起反馈抑制。通过人工诱变可获得对这些类似物有抵抗力的菌株（抗代谢产物类似物变异株），这些菌株的酶对产物抑制和阻遏的敏感性降低，但保持催化活性，从而避免终产物的反馈抑制。工业生产菌常具有营养缺陷型和代谢产物类似物抗性双重变异，这种育种方法比单纯营养缺陷型更有效，因为改变调节酶的性质使其脱敏，可专一地解除代谢物的反馈抑制。

例如，将产氨短杆菌 KY13102 涂布于含 6- 巯基嘌呤的培养基上，可分离出抗 6- 巯基嘌呤的变异株，该变异株能积累大量肌苷。在氨基酸发酵中，通过抗代谢产物类似物育种或结合降低终产物浓度的方法，选育出多种抗氨基酸类似物突变株，显著提高了氨基酸产量。例如，黄色短杆菌（*Brevibacterium flavum*）经诱变处理后，用赖氨酸类似物 *S*-(β- 氨基乙基)-L- 半胱氨酸（AEC）及琥珀酸定向育种，获得 L- 赖氨酸高产菌，产量达 80g/L。α- 氨基 -β- 羟基己二酸（AHV）是 L- 苏氨酸的类似物，可抑制谷氨酸棒杆菌生长，获得在 AHV 存在下生长的变异株后，天冬氨酰激酶和高丝氨酸脱氢酶不再受苏氨酸反馈抑制，可用于苏氨酸生产。

在氨基酸发酵中，用上述类似的方法，或用抗代谢产物类似物与降低终产物浓度相结合的方法，选育出多种抗氨基酸类似物突变株（见表 13-7），不同程度地提高了氨基酸的产量。

表 13-7　诱变氨基酸产生菌的结构类似物

终　产　物	结构类似物	微　生　物
酪氨酸	对氟苯丙氨酸	大肠杆菌（*Escherichia coli*）
酪氨酸	D-酪氨酸	枯草杆菌（*Bacillus subtilis*）
苯丙氨酸	对氟苯丙氨酸	枯草杆菌（*B. subtilis*）
苯丙氨酸	β-2-噻嗯丙氨酸	大肠杆菌（*E. coli*）
色氨酸	5-甲基色氨酸	大肠杆菌（*E. coli*）
组氨酸	噻唑丙氨酸	谷氨酸棒杆菌（*Corynebacterium glutamicum*）
组氨酸	联氨咪唑丙酸	大肠杆菌（*E. coli*）
精氨酸	D-精氨酸、精胺羟肟酸	谷氨酸棒杆菌（*C.glutamicum*）
精氨酸	刀豆氨酸	大肠杆菌（*E. coli*）
苏氨酸	α-氨基-β-羟基己二酸、硫代赖氨酸、硫代异亮氨酸	谷氨酸棒杆菌（*C. glutamicum*）
缬氨酸	正亮氨酸	大肠杆菌（*E. coli*）
脯氨酸	3,4-脱氢脯氨酸	大肠杆菌（*E. coli*）
甲硫氨酸	正亮氨酸	大肠杆菌（*E. coli*）
甲硫氨酸	乙硫氨酸	酿酒酵母（*Saccharomyces cerevisiae*）
亮氨酸	三氟亮氨酸、甲代丙烯亮氨酸	粗糙脉孢霉（*Neurospora crassa*）
异亮氨酸	缬氨酸	大肠杆菌（*E. coli*）

3. 增大细胞膜通透性——使代谢产物易于转运到胞外

细胞膜对物质的通过具有选择性，细胞内的产物不能随意通过细胞膜而分泌到细胞外，如果一些代谢产物过多的积累，不能分泌到胞外，必然产生反馈抑制而影响进一步生成。所以，在生产实践中除了注意筛选细胞膜通透性强的野生菌株外，更要控制发酵条件，以增大细胞膜的通透性。

（1）谷氨酸发酵的控制　在谷氨酸生产中，目前主要是设法控制细胞膜组分磷脂的合成，从而影响细胞的通透性。在谷氨酸发酵中，生物素的量对谷氨酸的生产有较大影响。生物素过量时，胞外谷氨酸的量很少，只有将生物素控制在亚适量时，才能使细胞膜的通透性增大，谷氨酸不断分泌到胞外。

生物素影响细胞膜的通透性，是由于生物素影响磷脂的合成。生物素是乙酰 CoA 羧化酶（acetyl-CoA carboxylase）的辅酶，此酶是脂肪酸合成的关键酶。控制生物素的量，必然影响该酶的活性，从而影响脂肪酸的合成。细胞膜磷脂的合成需要脂肪酸，因此进一步影响磷脂的合成，细胞膜的通透性就发生了变化。

应用谷氨酸生产菌油酸缺陷型菌株在限量添加油酸的条件下，也能使谷氨酸分泌到细胞外，提高其谷氨酸产量。这是由于油酸是细菌磷脂合成的重要脂肪酸。由于油酸缺陷型菌株不能合成油酸，结果就影响了细胞膜的完整性，增大了细胞膜的通透性，谷氨酸易于分泌到细胞外。

在谷氨酸生产中，如果发酵液中生物素含量高，添加适量青霉素也可以提高谷氨酸产量。这是因为青霉素抑制了细胞壁肽聚糖合成中的转肽酶活性，从而影响了细胞壁的正常合成。由于细胞没有完整的细胞壁保护细胞膜，经不起细胞压力的作用，使得胞内物质的分泌量增大，从而提高谷氨酸产量。

如果采用解烃棒杆菌（*Corynebacterium hydrocarboclastus*）的甘油缺陷型菌株来生产谷氨酸，也可以提高谷氨酸的产量。这是由于该菌株的 α- 磷酸甘油脱氢酶缺陷，不能合成甘油，这也限制了磷脂的正常合成。在限量添加甘油时，其细胞的磷脂含量仅为野生型的 50% 以下，其谷氨酸产量可达 72g/L。

此外，还可利用表面活性剂、高级脂肪酸、甘油等物质，其目的都是干扰细胞膜磷脂的正常合成，从而改变质膜的结构，增大其通透性。

（2）核苷酸发酵中锰离子对细胞通透性的影响　利用产氨短杆菌生产肌苷酸的发酵中，Mn^{2+} 浓度对肌苷酸的产量有重要影响。Mn^{2+} 过高，细菌生长良好，但并不合成肌苷酸。因此，控制发酵液中 Mn^{2+} 浓度，成为肌苷酸生产中的关键。

Mn^{2+} 过量时，5- 磷酸核糖与两种短路合成的酶——PRPP 激酶和核苷酸焦磷酸化酶留在菌体内；Mn^{2+} 限量时，短路合成的酶分泌到胞外，在胞外催化 5- 磷酸核糖、PRPP 与碱基结合形成核苷酸。

Mn^{2+} 限量时菌体内脂肪酸显著减少。说明 Mn^{2+} 浓度变化改变细胞膜通透性，可能与生物素类似，是由影响磷脂合成而影响细胞膜的通透性。因此在肌苷酸生产中应尽量降低发酵液中的 Mn^{2+} 浓度。

在发酵工业上所用的原料和工业用水往往含有较多的 Mn^{2+}，而产氨短杆菌对 Mn^{2+} 十分敏感（10μg/L）。因此，如何消除 Mn^{2+} 的影响，是肌苷酸生产中必须解决的问题。现有工艺上采取了一些措施，如在发酵液中添加链霉素、丝裂霉素等抗生素，或添加阳离子表面活性剂（如聚氧化乙烯硬脂酰胺等），可降低 Mn^{2+} 的影响。

4. 控制发酵条件——使产品定向生成

在微生物的发酵过程中，发酵条件既影响菌体的生长，又影响代谢产物的生成。不同发酵条件可得到不同产物。如在酵母菌的酒精发酵中，通过控制通气条件、培养基的成分（添加亚硫酸氢钠）及 pH 值等，可以使酒精发酵转变为甘油发酵，产物为甘油而非酒精。

在谷氨酸发酵中，由于发酵条件不同，由细菌的代谢途径改变或代谢调节的变化，会产生不同的代谢产物。例如：

$$\text{乳酸或琥珀酸} \underset{\text{通气不足}}{\overset{\text{适量通气}}{\rightleftharpoons}} \text{谷氨酸}$$

$$\alpha\text{-酮戊二酸} \underset{NH_4^+\text{缺乏}}{\overset{NH_4^+\text{适量}}{\rightleftharpoons}} \text{谷氨酸} \underset{NH_4^+\text{适量}}{\overset{NH_4^+\text{过量}}{\rightleftharpoons}} \text{谷氨酰胺}$$

$$\text{谷氨酰胺，}N\text{-乙酰谷氨酰胺} \underset{\text{酸性}}{\overset{\text{pH中性，微碱性}}{\rightleftharpoons}} \text{谷氨酸}$$

$$\text{缬氨酸} \underset{\text{磷酸过量}}{\overset{\text{磷酸适量}}{\rightleftharpoons}} \text{谷氨酸}$$

$$\text{乳酸或琥珀酸} \underset{\text{生物素过量}}{\overset{\text{生物素亚过量}}{\rightleftharpoons}} \text{谷氨酸}$$

在发酵条件的控制中，应考虑几个原则：①培养基的营养成分是微生物生长的基础，必须考虑菌体生长的必需条件；②要求有利于代谢产物的积累，比如要尽量避免使用会发生分解代谢物阻遏的营养成分；③应考虑生产的经济成本，以利于工业生产应用。

在工业生产中，通常采取下列几种措施。

（1）使用混合碳源 混合碳源中有一部分是能够被快速利用的碳源，它有利于菌体的生长；另一部分是缓慢利用的碳源，它有利于产物的积累。在碳源的选择中，需要考虑碳源原料的成本。例如，在青霉素生产中，如果仅用乳糖作碳源，虽能提高青霉素发酵单位，但成本太高。如果采用葡萄糖与乳糖以适当比例组成的碳源，就可以既提高青霉素产量，又降低生产成本。又比如用甘油代替果糖培养嗜热脂肪芽孢杆菌（*Bacillus stearothermophilus*）可以提高淀粉酶产量，用甘露糖代替半乳糖培养荧光假单胞菌（*Pseudomonas fluorescens*）可以提高纤维素酶活力，同时降低生产成本。

（2）应用流加法 对碳源及其他营养成分用流加的方法，或用恒化器连续培养，能使发酵顺利进行。例如，用流加方法将葡萄糖加入发酵液，可提高纤维素酶的产量。

（3）加入前体法 在发酵液中添加代谢产物前体或代谢途径的某中间产物，绕过反馈抑制，可以提高产品产量。例如，用异常汉逊氏酵母（*Hansenula anomala*）进行色氨酸发酵时，关键酶 3- 脱氧 -2- 酮 -D- 阿拉伯庚酮糖酸合成酶受色氨酸的反馈抑制，但如果加入处于此酶催化反应之后的中间物邻氨基苯甲酸，即绕过了反馈抑制的步骤，使色氨酸不断地合成。在黏质沙雷氏菌（*Serratia marcescens*）的异亮氨酸发酵中添加 D- 苏氨酸是同样原理，绕过 L- 异亮氨酸对 L- 苏氨酸脱氨酶的反馈抑制，由 D- 苏氨酸脱氨酶催化 D- 苏氨酸，同样可转变成中间物 α- 酮丁酸，进一步合成 L- 异亮氨酸。

13-15 1,4-丁二醇的生物制造

二、酶合成调节在工业上的应用

在正常细胞中之所以没有各种代谢物的过量积累，是因为正常细胞有完善的调控系统。在基因表达中，有完善的调控基因的调节作用。如果破坏了这种调控关系，就能导致某些酶及其催化产物的过量积累。例如，破坏基因表达的某些负控制因素，或激活某些正控制因素，就能达到此目的。办法是筛选某些调控基因有改变的突变株，或引进额外的新基因。

1. 筛选调控基因突变的突变株——解除阻遏作用

通过诱变处理，野生型菌的调节基因可发生突变，形成组成型突变株，无需诱导物即可大量合成酶。此外，降低产物或分解代谢物浓度可解除其对酶合成的阻遏作用。

例如，野生型大肠杆菌的 β- 半乳糖苷酶需乳糖诱导才能大量合成。若其乳糖操纵子调节基因突变，则无需乳糖诱导即可合成大量 β- 半乳糖苷酶，这种突变称为组成型突变。筛选组成型突变株的方法是：将大肠杆菌涂布在含不同浓度 IPTG（异丙基硫代半乳糖苷）的培养皿中，从低浓度到无 IPTG，筛选出在无 IPTG 下能存活的菌株，经繁殖和酶活性测定后，可获得高产突变株，其 β- 半乳糖苷酶产量可达细胞总蛋白的 1/4。

类似方法也可用于筛选抗终产物反馈阻遏的突变株。例如，用亮氨酸类似物三氟亮氨酸筛选出抗亮氨酸反馈阻遏的突变株，其亮氨酸合成酶产量比野生型增加 10 倍；抗刀豆氨酸的突变株，精氨酸合成酶产量增加 30 倍。

2. 增加遗传单位的数量和种类——提高基因表达能力

通过基因工程或基因转导技术（见第十四章），可改变发酵工程菌的遗传结构，增加遗传单位的数量或种类，从而提高结构基因表达水平和产物产量。例如，在基因调控区引入强启动子，可增加转录速率，使大肠杆菌 6- 磷酸葡萄糖脱氢酶产量提高 6 倍。此外，将携带特定酶基因的噬菌体（如 λ 或 P22）导入大肠杆菌染色体 DNA，可增加遗传物质并提高酶产量。引入不同结构基因可生产不同产物。利用基因工程技术构建的氨基酸工程菌已显著提高了色氨酸和苏氨酸的产量。

本章提要

生物体代谢调节包括细胞水平调节、激素水平调节和整体水平调节。细胞水平调节是基础，包括区室化调节、酶活性调节、酶量调节。关键酶通常催化代谢途径的第一步或分支点反应。酶活性调节是直接改变酶分子结构，快速而短暂，包括酶原激活、共价修饰、聚合与解聚、别构调节；酶量调节是控制酶基因表达，迟缓而持久，主要通过诱导与阻遏实现。含氨激素通过与表面受体结合激活腺苷酸环化酶，生成第二信使 cAMP，cAMP 激活蛋白激酶；类固醇激素则进入细胞与胞内受体结合形成复合物，进入细胞核作用于特定部位调节基因表达。反馈抑制是产物降低关键酶活性，包括线性反馈和分支代谢反馈，涉及别构酶、同工酶、多功能酶调节。诱导与分解代谢有关，阻遏与合成代谢有关，通过操纵子实现。操纵子包括启动子、操纵基因、结构基因、终止子，其关闭与开启受调节基因产物阻遏蛋白与效应物共同控制。在工业应用中，主要需要解除反馈抑制和反馈阻遏。

课后习题

1. 用对或不对回答下列问题。如果不对，请说明原因。

(1) 酶活性对代谢的调节比酶量的调节来得快，但没有酶量调节持久。

(2) 在反馈调节中，所有途径的终产物都是作用于第一个酶。

(3) 酶的化学修饰有共价键的变化，而酶的变构作用只有次级键的变化。

(4) 可诱导操纵子通常情况下结构基因都是开放的，有诱导物存在时，激活了阻遏物，从而使基因表达。

(5) 在糖酵解中，ATP 过量首先是反馈抑制磷酸果糖激酶，然后再作用于己糖激酶和丙酮酸激酶。

2. 生物体内物质代谢的调节有哪些方式？动物、植物、微生物在代谢调控方式上有何异同？

3. 何谓第二信使？第二信使有哪些？它们在代谢调节中如何起作用？

4. 举例说明代谢途径的关键酶在代谢调节中的多样性。

5. 在原核生物的基因表达中，哪些是正调控因子？哪些是负调控因子？

6. 发现有几种大肠杆菌突变型菌株，请指出在下列各种情况下，它们分别可能是调节乳糖操纵子表达中的何种基因发生了突变？①虽在培养基中加入乳糖，也没有 β- 半乳糖苷酶生成；②培养基中不加乳糖，仍有 β- 半乳糖苷酶大量生成；③在②的情况下，培养基中额外加入一定浓度的阻遏蛋白，则 β- 半乳糖苷酶不再合成；④在③的情况下，仍有 β- 半乳糖苷酶大量生成。

7. 虽然 β- 半乳糖苷酶和半乳糖苷转乙酰基酶受到协同调节，能够协同表达，但最终表达产生的多肽链量是不等的。这是因为它们 mRNA 的半衰期和翻译速率不等。mRNA 的半衰期分别是 90s 和 55s，在一条 mRNA 上翻译起始时间的平均间隔分别为 3s 和 16s。试计算这两种多肽链合成的相对速率。

8. 名词解释：变构调节，反馈抑制，操纵子，第二信使，诱导与阻遏，葡萄糖效应。

讨论学习

1. 如何利用人工智能技术深入挖掘代谢调节控制中的潜在规律？

2. 合成生物学致力于构建人工细胞工厂，如何有效整合天然的代谢调节控制机制？

3. 生物工程生产高附加值化学品，产物积累常触发反馈抑制，限制产量提升。从工程设计角度出发，设计一种新颖的生物反应器系统，通过物质传递和代谢调控，克服反馈抑制，需要考虑哪些关键因素？

4. 在构建高效生产色氨酸的工程菌株时，如何利用阻遏作用与衰减作用的复杂关联，以实现对色氨酸合成的精准控制？

5. 代谢工程常用策略可以用五个字概括为“进、通、节、堵、出”，分别指的是什么？与代谢调节控制有何关系？有何工程案例？

6. 基于化学工程原理与方法，有哪些方式可以降低终产物浓度？

13-16　自我测评

第十四章　生物化学新技术

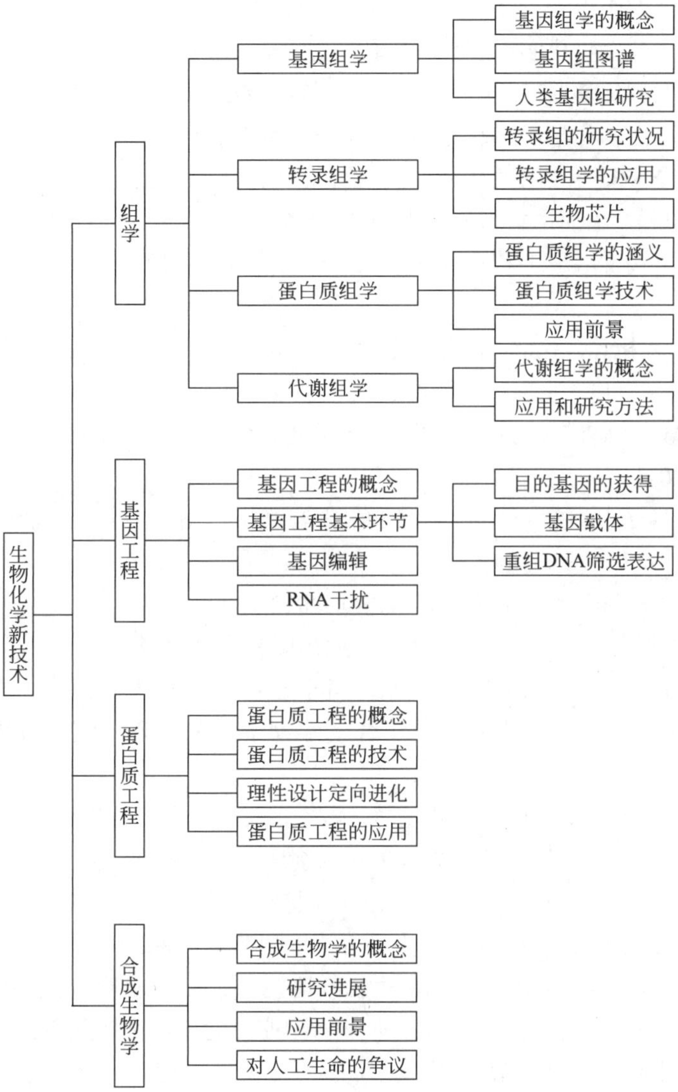
生物化学新技术
组学
基因组学
基因组学的概念
基因组图谱
人类基因组研究
转录组学
转录组的研究状况
转录组学的应用
生物芯片
蛋白质组学
蛋白质组学的涵义
蛋白质组学技术
应用前景
代谢组学
代谢组学的概念
应用和研究方法
基因工程
基因工程的概念
基因工程基本环节
目的基因的获得
基因载体
重组DNA筛选表达
基因编辑
RNA干扰
蛋白质工程
蛋白质工程的概念
蛋白质工程的技术
理性设计定向进化
蛋白质工程的应用
合成生物学
合成生物学的概念
研究进展
应用前景
对人工生命的争议

第十四章

参考文献

[1] 朱圣庚，徐长法 . 生物化学 . 4 版 . 北京：高等教育出版社，2017.

[2] 张洪渊 . 生物化学教程 . 4 版 . 成都：四川大学出版社，2016.

[3] 董晓燕 . 生物化学 . 3 版 . 北京：高等教育出版社，2021.

[4] 张冬梅，陈钧辉 . 普通生物化学 . 6 版 . 北京：高等教育出版社，2021.

[5] 魏民 . 生物化学简明教程 . 6 版 . 北京：高等教育出版社，2020.

[6] 赵国芬，张红梅 . 生物化学 . 北京：中国农业大学出版社，2019.

[7] 杨荣武 . 基础生物化学原理 . 4 版 . 北京：高等教育出版社，2021.

[8] 解军，汤立军 . 生物化学 . 3 版 . 北京：高等教育出版社，2020.

[9] 周勉，叶江，李素霞 . 应用生物化学 . 3 版 . 北京：化学工业出版社，2022.

[10] 周春燕，药立波 . 生物化学与分子生物学 . 9 版 . 北京：人民卫生出版社，2018.

[11] 孙宏伟，张国俊 . 化学工程——从基础研究到工业应用 . 北京：化学工业出版社，2015.

[12] 焦庆才 . 糖工程概论 . 北京：科学出版社，2010.

[13] 于殿宇 . 油脂工艺学 . 北京：科学出版社，2012.

[14] 梅乐和，曹毅，姚善泾，黄俊，胡升 . 蛋白质化学与蛋白质工程基础 . 北京：化学工业出版社，2011.

[15] 邹国林，刘德立，周海燕，张新潮 . 酶学与酶工程导论 . 北京：清华大学出版社，2021.

[16] 马延和 . 高级酶工程 . 北京：科学出版社，2022.

[17] 孙志浩 . 生物催化工艺学 . 北京：化学工业出版社，2005.

[18] 辛嘉英，夏春谷 . 应用生物催化 . 北京：科学出版社，2023.

[19] 王智文，陈涛，赵学明 . 代谢工程与合成生物学 . 第 2 版 . 北京：高等教育出版社，2023.

[20] 杨立，龚乃超，吴士筠 . 现代工业发酵工程 . 北京：化学工业出版社，2020.

[21] 陈坚，周景文，刘龙 . 新型有机酸的生物法制造技术 . 北京：化学工业出版社，2015.

[22] 刘立明，陈修来 . 有机酸工艺学 . 北京：中国轻工业出版社，2020.

[23] 陈宁 . 氨基酸工艺学 . 2 版 . 北京：中国轻工业出版社，2020.

[24] 刘龙，陈坚，堵国成 . 功能营养品微生物制造技术 . 北京：科学出版社，2020.

[25] 刘祖洞，吴燕华，乔守怡，赵寿元 . 遗传学 . 4 版 . 北京：高等教育出版社，2021.

[26] 朱玉贤，李毅，郑晓峰，郭红卫 . 现代分子生物学 . 5 版 . 北京：高等教育出版社，2019.

[27] 丁明孝，王喜忠，张传茂，陈建国 . 细胞生物学 . 5 版 . 北京：高等教育出版社，2020.

[28] 袁婺洲 . 基因工程 . 2 版 . 北京：化学工业出版社，2019.

[29] COX M M,NELSON D L.Lehninger Principles of Biochemistry.7th ed.New York：W.H.Freeman and Company,2017.

[30] BERG J M,TYMOZCZKO J L,GATTO G J,et al.Biochemistry.8th ed.New York：W.H.Freeman and Company,2015.

[31] GARRETT R H,GRISHAM C M.Biochemistry.5th ed.Boston：Cengage Learning,2016.

[32] PALLADINO M A.Biochemistry.6th ed.New York：McGraw-Hill Education,2018.

[33] RODWELL V,BENDER D,BOTHAM K,et al.Harper’s Illustrated Biochemistry.31st ed.New York：McGraw-Hill Co.,2018.

[34] KREBS J E,GOLDSTEIN E S,KILPATRICK S T.Lewin’s Genes XII.New York：Jones and Bartlett Publishers,2017.